松科

华山松(叶)

华山松(球果)

华山松(树干)

柏科

圆柏(雄花)

刺柏

洒金柏

木兰科

白玉兰

鹅掌楸

红花木莲

山玉兰

深山含笑

云南含笑

樟科

香叶树

小檗科

南天竹

紫叶小檗

紫叶小檗(花)

金缕梅科

枫香

安息香科

大花野茉莉

柽柳科

柽柳

大戟科

变叶木

一品红

榆科（大麻科）

四蕊朴

冬青科

枸骨冬青

豆科

花木蓝

五叶槐(叶)

紫穗槐(叶)

紫穗槐(花)

鸡冠刺桐

紫荆(花)

豆科

紫藤（花）

多花杭子（梢）

龙牙花

朱樱（花）

双荚决明

毛叶合欢

杜鹃花科

美丽马醉木

马缨（花）

映山红

杜英科

山杜英

禾本科

小琴丝竹

胡桃科

核桃

胡颓子科

密花胡颓子（果）

虎耳草科

香茶藨子（花）

香茶藨子（叶）

夹竹桃科

大纽子（花）

夹竹桃

黄花夹竹桃

锦葵科

垂花悬玲（花）

重瓣木槿（花）

木芙蓉

蓝果树科

珙桐

楝科

马鞭草科

木棉科（锦葵科）

木樨科

红丁香(叶)

红丁香(花)

连翘(树形)

连翘(花)

流苏树(树形)

流苏(花)

迎春(树形)

迎春(叶)

迎春(花)

雪柳(花、叶)

葡萄科

五叶地锦（秋季）

爬山虎

槭树科

复叶槭（叶）

复叶槭（果）

元宝枫（叶、果）

漆树科

黄栌（叶）

黄栌（花）

火炬树（花）

火炬树

黄连木

茜草科

粉纸扇

红纸扇

龙船花

蔷薇科

棣棠（叶）

棣棠（花）

华北珍珠梅（花）

灰栒子（花）

蔷薇科

毛樱桃（花枝）

郁李（花）

郁李（叶）

山楂（果）

山楂（花、叶）

水栒子（树形）

水栒子（花、叶）

重瓣麦李（树形）

蔷薇科

重瓣麦李(花)

皱皮木瓜(树形)

皱皮木瓜(花)

重瓣榆叶梅

紫叶李(花)

梅

木香

球花石楠

红花高盆樱

茄科

大花曼陀罗

忍冬科

葱皮忍冬(树形)

葱皮忍冬(花)

金银忍冬(叶)

金银忍冬(果)

金银忍冬(花)

忍冬科

天目琼花（树形）

天目琼花（花）

天目琼花（叶）

桑科

构树（叶）

构树（果）

山茶科

滇山茶

山龙眼科

银桦

山茱萸科

红瑞木（叶）

红瑞木（花）

使君子科

使君子

天门冬科

朱蕉

鼠李科

枣树(花叶)

五加科

八角金盘

五桠果科

大花五桠果

西番莲科

西番莲

卫矛科

白杜（叶）

白杜（果）

大叶黄杨（花）

卫矛（花、叶）

无患子科

复羽叶栾树

栾树（花）

栾树（叶）

紫茉莉科

光叶子花

紫葳科

滇楸（花）

棕榈科

贝叶棕

大王椰子

假槟榔

椰子

普通高等教育"十四五"规划教材
(风景园林/园林)

园林树木学

第2版

关文灵　李叶芳　主编

中国农业大学出版社
·北京·

内容简介

本书较全面地介绍了园林树木的基本知识。全书分为总论和各论两部分，总论着重理论阐述；各论主要介绍了我国西南地区常用及有发展前途的园林树种，详细介绍了387种常见园林树木的形态、分布、习性、观赏特性和用途，其余种类简要介绍。本书内容全面，重点突出，图文并茂，并通过二维码链接拓展知识，适合当代大学生使用。本书可作为园林、风景园林、环境设计、城乡规划、园艺等本科专业的教学用书，也可供园林工作者和园林爱好者参考。

图书在版编目(CIP)数据

园林树木学 / 关文灵，李叶芳主编. --2版. --北京 ：中国农业大学出版社，2025. 6.
ISBN 978-7-5655-3330-3

Ⅰ. S68

中国国家版本馆CIP数据核字第2024VM5241号

书　名　园林树木学　第2版
Yuanlin Shumuxue

作　者　关文灵　李叶芳　主编

策划编辑　梁爱荣　　**责任编辑**　梁爱荣
封面设计　郑　川　李尘工作室
出版发行　中国农业大学出版社
社　址　北京市海淀区圆明园西路2号　　**邮政编码**　100193
电　话　发行部 010-62733489,1190　　读者服务部 010-62732336
编辑部 010-62732617,2618　　出　版　部 010-62733440
网　址　http://www.caupress.cn　　**E-mail** cbsszs@cau.edu.cn
经　销　新华书店
印　刷　天津鑫丰华印务有限公司
版　次　2025年7月第2版　　2025年7月第1次印刷
规　格　210 mm×260 mm　16开本　24.25印张　642千字　彩插12
定　价　79.00元

普通高等教育风景园林/园林系列 “十四五”规划建设教材编写指导委员会

（按姓氏拼音排序）

第2版编写人员

主　　编　关文灵（云南农业大学）
　　　　　李叶芳（云南农业大学）

副 主 编　（以姓氏笔画为序）
　　　　　杨　慧（贵州师范大学）
　　　　　孟　静（云南农业大学）
　　　　　贾　茵（四川农业大学）
　　　　　韩　鹏（内蒙古农业大学）

参编人员　（以姓氏笔画为序）
　　　　　王　娟（成都理工大学）
　　　　　王玉英（云南农业大学）
　　　　　刘　燮（西昌学院）
　　　　　刘春红（重庆师范大学地理与旅游学院）
　　　　　刘雪凝（长江师范学院）
　　　　　李　俊（北京市园林绿化科学研究院）
　　　　　韩美玲（山西农业大学）

主　　审　唐　岱（西南林业大学）

第1版编写人员

主　编　关文灵（云南农业大学）
　　　　　李叶芳（云南农业大学）

副主编　（以姓氏笔画为序）
　　　　　杨荣和（贵州师范大学）
　　　　　贾　茵（四川农业大学）
　　　　　唐　岱（西南林业大学）

参　编　（以姓氏笔画为序）
　　　　　王　娟（成都理工大学）
　　　　　王玉英（云南农业大学）
　　　　　牛来春（云南师范大学文理学院）
　　　　　刘　燮（西昌学院）
　　　　　刘春红（重庆师范大学地理与旅游学院）
　　　　　刘雪凝（长江师范学院）

出版说明

美丽乡村建设、生态文明建设、人们对美好生活的新期待等对风景园林/园林专业提出了新的更高要求，也为风景园林/园林专业高质量发展提供了新的发展机遇，学科内容更加丰富，与人民生活更加密切，社会需求更加广泛。

风景园林学科是规划、设计、保护、建设和管理户外自然和人工境域的学科，是人居环境学科的三大支柱之一，涉及气候、地理、水文等自然要素，同时也包含了人工建筑物、历史文化、传统风俗及地方色彩等人文元素，是一门涉及多学科、多知识体系、相对复杂的综合应用型学科，协调好人与自然之间的关系是其最重要的基本要求。

在生态文明建设大背景下，基于“四新”融合的新工科建设要求，面对新一轮科技革命和产业变革，风景园林教育应进一步强化与新兴的科技、工程和设计领域深度结合。“工农艺”多元融合是风景园林学科的基本特征，融合了风景园林学、林学、生态学、建筑学、艺术学等多学科知识体系。系统性是多学科融合的基本要求。规划与设计、植物与生态、人文与社会三大模块是课程设置的基础，围绕风景园林学科的核心内涵，相关课程应在统一的大系统上形成整体，内核突出，外延有度。围绕“概念成型—总体规划—方案设计—施工图绘制—项目概预算—施工组织与管理”的流程主线，既注重学科内容的系统性，又注重各个环节的独立性和应用性，将知识传授、能力培养与价值观塑造融为一体，在注重培养学生的发现问题能力、分析问题能力和解决问题能力的同时，更加注重培养学生的创新意识和实践能力，强调跨学科专业合作能力和可持续发展能力。

2022 年 9 月，风景园林学被正式取消一级学科。但同时相应地新增了风景园林专业学位，研究生培养以专业硕士和专业博士为主，更注重对综合实践能力的培养。这一措施的落地，对风景园林学科包括本科教育在内人才培养体系产生了一定的影响。风景园林学科有关专业组织、高等院校等竞相开展积极的研讨活动，为在新的形势下实现风景园林学科健康和可持续发展，为在高质量要求下更好培养符合新时代要求的新型风景园林专业人才开展新的探索和实践活动。“自信自强守初心，创新致远启新程”彰显了风景园林人追求新形势下学科发展的决心和信心。

2023 年 12 月，中国农业大学出版社于 2023 年 9 月在四川农业大学召集近 20 位来自全国不同高校的专家召开的新形势下本科人才培养及系列教材建设研讨会的基础上，又在北京召开了“风景园林/园林专业‘十四五’规划系列教材建设研讨会”。专家代表们对 2017 年前后以面向西南地区高等院校风景园林专业人

才培养的系列教材做了全面回顾和分析总结，立足新的形势和要求在人才培养目标和定位上，在知识结构调整上、在课程体系建设上、在学生综合能力培养上，特别是针对教材建设更好服务学科发展，保障人才培养质量方面展开了深入研讨和论证。会议对新时期、新形势、新要求下的课程教学和教材建设做出如下判断并提出相应要求：

1.课程教学应立足新的发展要求，更加注重生态文明建设大背景下学科内容新的发展要求，更加注重新时期新形势下本科人才培养新的目标定位，更加注重新的人才培养目标下课程体系与教学内容建设，更加注重人才培养方式与教学方式方法的创新性和适应性。

2.系列教材应努力处理好夯实专业基础与彰显优势特色之间的关系，在教材内容上特别是案例资源上努力做到品种丰富、特色鲜明、质量优良、适用性强。注重人工智能等新技术在提高教学质量和效率上的积极作用。

3.系列教材建设应系统谋划、整体运行、立体化建设，统筹好教材内容间的知识衔接，教材内容形成分工明确、边界交叉、结构相连、彼此呼应的格局，构建与课程建设相互关联、联动发展的教材内容以及与能力、素质培养的关系。

4. 教材体系构建从教材内容、课程、科研、实践与教学手段等方面综合形成动态、复合、多元的网络化特点。教材编写同精品课程、数字平台进行建设联动，鼓励各门课程教材编写人员将科研课题的研究内容、方法、结论融入教材，通过实际案例启发学生深入思考，提高发现问题、分析问题和解决问题的能力。

5.鼓励参编人员主动开展各类、各级教学研究，总结教学中的问题及经验，申报教学成果，并将其转化为教学理论，丰富和指导教材内容组织构架。

6.系列教材建设要遵循整体要求，保证系列教材体例与形式的合理性和统一性，注重形式与内容的有机融合。注重案例素材的典型性、适用性和高质量，全方位满足高质量教材建设要求。

7.教材出版形式努力满足风景园林/园林学科的审美要求，在封面、版式以及案例素材等细微之处体现学科特色和对风景园林人心灵深处润物细无声的慰藉。

8. 坚持“大思政课”的理念，站在风景园林/园林专业整体教学与特色的高度整体设计课程思政教学内容，努力构建风景园林/园林专业应有的课程思政教育内容体系。

9.坚持理论与实践相结合，满足产教融合、科教融汇要求。教材品种和内容与科研、教学、生产及人民生活（行业发展）密切联系。吸收企业人员或用人单位人员加入教材编写队伍。

编写指导委员会

2024 年 7 月

第2版前言

随着社会、经济的发展和城市化进程的推进，全国城乡生态建设和园林绿化备受关注。党的二十大对推动绿色发展、促进人与自然和谐共生作出重大决策部署，提出我国发展的总体目标之一是到2035年，广泛形成绿色生产生活方式，碳排放达峰后稳中有降，生态环境根本好转，美丽中国目标基本实现。为实现美丽中国建设的目标，必须持续推进城乡绿化及生态修复，而园林树木是城乡绿化及生态修复不可或缺的重要绿化材料。为了适应当代园林发展的需要，许多高校开设了园林、风景园林及其他相关专业。园林树木学是这些专业的骨干课程之一，是园林生态学、园林苗圃学、园林规划设计及园林养护管理的重要基础。近年来，我国从野生资源中发掘或从国外引种了大量的优良树种，但许多树种的相关资料未收录在以往教材中。因此，编写具有时代性的教材是相关专业教学的迫切需要。

本教材是在第1版的基础上，主要针对西南地区各学校园林树木学教学工作的特点和需要编写而成，同时兼顾其他地区的通用性。编写内容充分考虑了园林、风景园林等专业的创新人才培养目标和要求。编写过程中坚持理论和实践结合的原则，既强调本学科的系统性和科学性，又突出针对性和实用性，并尽可能反映本学科的最新技术、研究成果和发展趋势。考虑到园林树木学内容繁多而篇幅有限，本书将拓展阅读材料浓缩于二维码中，通过扫码可阅读相关内容，这样既节约篇幅，又符合当代学生学习习惯。教材贯彻《高等学校课程思政建设指导纲要》有关精神，以"大思政课"的理念，针对风景园林和园林专业特点，融入课程思政元素和相关案例。

本教材分总论和各论两部分。总论着力于理论阐述，重点介绍园林树木功能作用、观赏特性、地理分布与区划、分类、种质资源特点及保护利用、城乡园林绿化树种的调查与规划等。各论则分科、分属、分种进行介绍，每个科附有1个二维码，扫描二维码可查看该科的相关详细信息；每个属下详细介绍了园林中常见或目前使用还不广泛却具有较高观赏价值和广阔应用前景的一个或几个重要树种，包括中文名、拉丁学名、别名、形态特征、产地、习性、观赏特性和园林应用，同时匹配一幅墨线图；对于属下的其他一般树种则简要介绍；树种的介绍，以西南地区原产和引种栽培的为主。

本教材共收集了园林树木694种，分属于104科，348属；其中387种作为重要树种详细介绍，并附黑白线条图，其余树种则简要介绍。同时，书的前面配有树木彩图。植物名称的确定，参考了《中国高等植物图鉴》《中国植物志》《云南植物志》《中国树木志》《中国高等植物》等学术专著及植物智网站(https://www.iplant.cn/)。裸子植物部分按郑万钧教授的分类系统排列,被子植物部分按克朗奎斯特(A. Cronquist)系统(1981)排列。同时根据 APG Ⅳ系统,对系统位置发生变化的类群作了说明。根据植物分类学的最新成果,对部分物种学名的变化作相应修正。

本教材中的黑白插图主要引自《中国植物志》《中国高等植物图鉴》《中国树木志》和部分地方植物志。限于篇幅,未在书中图下一一注明,在此特向原作者表示诚挚的感谢。教材中彩图全部由本教材编委拍摄。

在本书编写过程中,尽管编者已尽最大努力,但限于现有资料和编者学术水平及写作水平不足,书中疏漏及不当之处在所难免,敬请读者批评指正并提出宝贵意见,以便今后修正与完善。

编　者

2024 年 10 月

第1版前言

随着社会、经济的发展和城市化进程的加快，全国城市生态建设和园林绿化迅猛发展，并得到了全社会的广泛关注。为了适应当代风景园林发展的需要，许多高校和职业学校开设了园林、风景园林及其他相关专业。园林树木学是这些专业的骨干课程之一，是园林生态学、园林苗圃学、园林规划设计及园林养护管理的重要基础。近年来，我国从野生资源中发掘或从国外引种了大量的优良树种，但许多树种的相关资料未收录在以往教材中。我国的园林树木种类繁多，区域性强，一本教材很难囊括全国所有的园林树种。因此，编写区域性教材更符合教学实际。

本书是针对西南地区各学校园林树木学教学工作的特点和需要编写的，编写内容充分考虑了园林、风景园林等专业的创新人才培养目标和要求。编写过程中坚持理论和实践相结合的原则，既强调本学科的系统性和科学性，又突出针对性和实用性，并尽可能反映本学科的最新技术、研究成果和发展趋势。本书引入二维码技术，可通过二维码扫描链接至中国植物物种信息数据库等相关学习网站，符合当代学生学习习惯。

本书共收集了园林树木695种，分属于104科，348属；其中388种作为重要树种详细介绍，并附黑白线条图，其余树种则简要介绍。同时，书中配有彩图102幅。植物名称的确定，参考了《中国高等植物图鉴》《中国植物志》《云南植物志》《中国树木志》《中国高等植物》等学术专著。裸子植物部分按郑万钧教授的分类系统排列，被子植物部分按克朗奎斯特(A. Cronquist)系统(1981)排列。

本书中的黑白插图主要引自《中国植物志》《中国高等植物图鉴》《中国树木志》和部分地方植物志。限于篇幅，在书中图下未一一注明，在此特向原作者表示诚挚的谢意。教材中彩图全部由本教材主编摄影。

在本书编写过程中，尽管编者已尽最大努力，但限于现有资料和编者学术水平及写作水平不足，书中遗漏、错误及不当之处在所难免，敬请读者批评指正并提出宝贵意见，以便今后修正与完善。

编　者

2017年3月

目　录

总论部分

各论部分

总论部分

绪　论

0.1　园林树木学的概念

应用于各类园林绿地及风景区的木本植物，统称为园林树木(landscape trees)。这类树木不仅具有绿化、美化、改善和保护环境的功能，还兼具一定的经济价值。研究园林树木的分类、形态特征、产地、生态习性、观赏特性、繁殖、栽培管理及其在园林中的应用等多方面内容的学科，称之为园林树木学(landscape dendrology)。

园林树木学属于应用科学范畴，是为园林建设服务的，是园林、风景园林等专业的重要专业基础课程。只有认真学好该课程，认知尽可能多的园林树种，并掌握其生物学和生态学特性，了解其观赏特性和园林用途，才能更好地做好园林规划设计和绿化养护工作，为园林建设服务。从园林建设的发展趋势来看，植物造景是主流，而园林树木是植物造景的骨干材料。因此，学好园林树木学对于园林绿化建设具有十分重要的意义。

鉴于课程教学上的分工和篇幅，本教材重点介绍树木的分类、形态特征、产地、习性及园林用途等方面的内容。

0.2　园林树木学的学习方法

学习园林树木学的目的，是在识别各种园林树木的基础上，进一步了解其生长习性、对环境条件的要求、分布和适于栽培地区及在园林中的观赏应用特点，以便能在园林规划、设计中正确选择、配置树种，以达到建设优秀园林的目的。中国地域辽阔，园林树木种类繁多，其形态、习性上有很大差别，给学习者造成一定的困难。要学好园林树木学应做到以下几点。

(1)掌握必要的基础知识　欲学好园林树木学，必须具备一定的基础学科和专业基础学科的知识，如为了辨识树种、了解植物资源，必须有植物学方面的知识；为了掌握树木单体和群体的生长发育规律、生态习性和树木改善环境的作用，必须有植物生理学、土壤学、肥料学、气象学、植物生态学等知识。其中植物分类知识是核心基础，只有在认识树木的基础上才能进一步了解树木的其他方面的内容。在学习或实践中若遇到本教材未收编的树种，可借助其他书籍查找，可用园林树木学方面的专著，也可用《世界有花植物分科检索表》或《中国高等植物科属检索表》先查其科或属，再用《中国植物志》或各地方植物志或《中国高等植物图鉴》等工具书的有关卷册查属定种。

(2)理论联系实际　对园林树木的认识和了解，不能只凭书本上的文字描述，更重要的是必须接触实际，从实践中学习和加深理解。对树木的识别、了解与应用，必须多观察、多动手、多比较分析、多总结归纳，在日积月累中充实自己的园林树木知识。对同一种树木，应在不同季节反复观察，掌握树木在不同季节的形态特征。

(3)要随时随地抓住学习机会　我们日常生活环境中不乏各种园林树木,为我们学习园林树木学知识提供了便利条件,平时不论在校园里散步或在公园中游玩,均是学习树木学的好机会。当地的老师、专家和园林工作者对当地的树木最熟悉、最了解,是我们学习或工作中不可缺少的良师益友,应虚心向他们请教、学习,可收事半功倍之效。

0.3　学习园林树木学的目的

园林专业是高度综合的专业,既培养园林植物产业方面的人才,又培养园林设计、施工、养护等人才,而园林树木学正是承前启后的专业基础课,所以本课程在该专业中属于重要的核心课程。通过本课程的学习,掌握园林树木的系统分类、形态特征,了解其地理分布、生物学特性及生态习性,最后达到能科学、合理、艺术地在园林中应用园林树木的目的。要达此目的,就必须有植物分类方面的坚实基础,能正确识别树木种类,并充分了解园林树木的生态学和生物学特性,这是合理栽培和配置园林树木的依据。

第1章 园林树木的功能作用

园林树木作为城乡绿化的骨干材料，在多个方面发挥着重要功能。除具有保护和改善生态环境等基本功能外，在园林空间艺术表现中还具有明显的景观特色；还具有陶冶情操、文化教育的功能；某些园林树种的种植还能带来一定的经济效益。本章重点介绍园林树木的生态功能、空间构筑功能、美化功能及其他功能。

1.1 园林树木的生态功能

园林树木是城市生态系统的第一生产者，在改善小气候、净化空气和土壤、蓄水防洪以及维护生态平衡、改善生态环境中起着主导和不可替代的作用，建设“生态园林”的观点也正是基于此。在建设“生态园林”的时代背景下，园林树木的生态功能成为其最具价值的功能，应予以充分重视。

1.1.1 改善城市小气候

1)调节气温

树木有浓密的树冠，其叶面积一般是树冠面积的20倍。当太阳光辐射到树冠时，20%～25%的热量被反射回天空，35%的热量被树冠吸收，加上树木蒸腾作用所消耗的热量，树木可有效降低空气温度。据测定，有树荫的地方比没有树荫的地方一般要低3～5 ℃；在冬季，一般在林内比对照地点温度提高1 ℃左右。

垂直绿化对于降低墙面温度的作用也很明显。根据对复旦大学宿舍楼的测定结果，与没有绿化的外墙面相比，爬满爬山虎的外墙面表面温度下降5 ℃左右。另据测定，在房屋东墙上爬满爬山虎，可使墙壁温度降低4.5 ℃。

2)增加空气湿度

据测定，1 hm^2阔叶林一般比同面积裸地蒸发的水量高20倍；每公顷油松林一天的蒸腾量为(4.36～5.02)×10^4 kg。宽10.5 m的乔木林带，可使近600 m范围内的空气湿度显著增加。据北京市测定，平均每公顷绿地日平均蒸腾水量为1.82×10^5 kg，北京市建成区绿地日平均蒸腾水量为3.42×10^9 kg。南京多以悬铃木作为行道树，在夏季对北京东路与北京西路相对湿度做了比较，因北京西路上行道树完全郁闭，其相对湿度最大差值可达20%以上。

3)控制强光与反光

应用栽植树木的方式可遮挡或柔化直射光或反射光。树木控制强光与反光的效果，取决于其体积及密度。透过单个叶片的日射量，随着叶质不同而异，一般在10%～30%。若多数叶片重叠，则透过的日射量更少。

4)防风

乔木或灌木可以通过阻碍、引导、偏射与渗透等方式控制风速，也因树木体积、树形、叶密度与滞留度，以及树木栽植地点，而影响控制风速的效应。群植树木可形成防风带，其大小因树高与渗透度而异。一般而言，防风树木带的高度与宽度比为

1∶11.5及防风树木带密度在50%～60%，防风效果最佳。

1.1.2 净化空气

1)维持空气中二氧化碳和氧气的平衡

园林树木在进行光合作用时，大量吸收二氧化碳，放出氧气，是氧气的天然加工厂。通常情况下，大气中的二氧化碳含量约为0.032%，但在城市环境中有时高达0.05%～0.07%。绿色树木每积累1000 kg干物质，要从大气中吸收1800 kg二氧化碳，放出1300 kg氧气，对维持城市环境中的氧气和二氧化碳的平衡有着重要作用。计算表明，一株叶片总面积为1600 m^2 的山毛榉可吸收二氧化碳约2352 g/h、释放氧气1712 g/h。

2)吸收有害气体

城市环境尤其是工矿区空气中的污染物很多，最主要的有二氧化硫、酸雾、氯气、氟化氢、苯、酚类、氨及铅汞蒸气等，这些气体虽然对树木生长是有害的，但在一定浓度下，许多树木对它们亦具有吸收能力和净化作用。在上述有害气体中，以二氧化硫的数量最多、分布最广、危害最大。绿色树木的叶片表面吸收二氧化硫的能力最强，在处于二氧化硫污染的环境里，有的树木叶片内吸收积聚的硫含量可高达正常含量的5～10倍。随着树木叶片衰老和凋落、新叶产生，树木体又可恢复吸收能力。夹竹桃、广玉兰、龙柏、罗汉松、银杏、臭椿、垂柳、悬铃木等树木吸收二氧化硫的能力较强。

据测定，每公顷干叶量为2.5 t的刺槐林，可吸收氯42 kg，构树、合欢、紫荆等也有较强的吸氯能力。生长在有氨气环境中的树木，能直接吸收空气中的氨作为自身营养(可满足自身需要量的10%～20%)；很多树木如大叶黄杨、女贞、悬铃木、石榴、白榆等可在铅、汞等重金属存在的环境中正常生长；樟树、悬铃木、刺槐、海桐等有较强的吸收臭氧的能力；女贞、泡桐、刺槐、大叶黄杨等有较强的吸氟能力，其中女贞吸氟能力比一般树木高100倍以上。

3)吸滞粉尘

空气中的大量尘埃既危害人们的身体健康，也对精密仪器的产品质量有明显影响。树木的茂密枝叶可以大大降低风速，从而使大尘埃下降。不少树木的躯干、枝叶外表粗糙，在小枝、叶子处生长着茸毛，叶缘锯齿和叶脉凹凸处及一些树木分泌的黏液，都能对空气中的小尘埃有很好的黏附作用。沾满灰尘的叶片经雨水冲刷，又可恢复吸滞灰尘的能力。

据观测，有绿化林带阻挡的地段，比无树木的空旷地降尘量少23.4%～51.7%，飘尘少37%～60%，铺草坪的运动场比裸地运动场上空的灰尘少2/3～5/6。树木的滞尘能力与树冠高低、总叶面积、叶片大小、着生角度、表面粗糙程度等因素有关。刺楸、白榆、朴树、重阳木、刺槐、臭椿、悬铃木、女贞、泡桐等树种的防尘效果较好。

4)杀灭细菌

空气中有许多致病的细菌，而绿色树木如樟树、黄连木、松树、白榆、侧柏等能分泌挥发性的树木杀菌素，可杀死空气中的细菌。松树所挥发的杀菌素对肺结核病人有良好的作用，圆柏林分泌出的杀菌素可杀死白喉、肺结核、痢疾等病原体。

地面水在经过30～40 m林带后，水中含菌数量比不经过林带的减少1/2；在通过50 m宽、30年生的杨树和桦木混交林后，其含菌量能减少90%。有些水生树木如水葱、田蓟、水生薄荷等也能杀死水中的细菌。

杀菌能力强的树木有油松、桑树、核桃等，较强的有白皮松、侧柏、圆柏、洒金柏、栾树、国槐、杜仲、泡桐、悬铃木、臭椿、碧桃、紫叶李、金银木、珍珠梅、紫穗槐、紫丁香、美人蕉，中等的有华山松、构树、银杏、茸毛白蜡、元宝枫、紫薇、木槿、鸢尾、地肤；较弱的有洋白蜡、毛白杨、玉兰、玫瑰、太平花、樱花、野蔷薇、迎春等。

此外，绿色树木能够阻隔吸收部分放射性物质及射线。例如，空气中含有1 Ci/m^3 (1 Ci为3.71010 Bq)以上碘时，在中等风速情况下，1 kg叶片在1 h内可吸附阻滞1 Ci的放射性碘；其中1/3进入叶片组织，2/3吸附在叶子表面。不同树木吸收阻滞放射性物质的能力也不同，常绿阔叶树比常绿针叶树净化能力高得多。

1.1.3 净化土壤和水质

城市和郊区的水及土壤常受到工厂废水及居民生活污水的污染而影响环境卫生和人们的身体健康。绿色树木能够吸收污水及土壤中的硫化物、氰化物、磷酸盐、有机氯、悬浮物及许多有机化合物，可以减少污水中的细菌含量，起到净化污水及土壤的作用。绿色树木体内有许多酶的催化剂，有解毒能力；有机污染物渗入树木体后，可被酶改变而其毒性减轻。

含氨的污水流过30～40 m宽的林带后，氨的含量可降低1/2～2/3，通过30～40 m宽的林带后，水中所含的细菌量比不经过林带的减少1/2。许多水生树木和沼生树木对净化城市污水有明显的作用。在实验水池中种植芦苇后，水中的悬浮物可减少30%、氯化物减少90%、有机氯减少60%、磷酸盐减少20%、氨减少66%、总硬度减少33%。水葱可吸收污水池中有机化合物，凤眼莲能从污水里吸取汞、银、金、铅等金属物质，并有降低镉、酚类、铬等有机化合物的能力。

1.1.4 降低噪声

城市的噪声污染已成为一大公害，是城市应解决的问题。树木对于一些特定频率的声音的影响比其他物体更有效。例如，乔木能通过控制额外的低音来降低噪声的影响；声波的振动可以被树的枝叶、嫩枝所吸收，尤其是那些有许多又厚又新鲜叶子的树木；长着细叶柄，具有较大的弹性和振动程度的树木，也可以反射声音。在阻隔噪声方面，树木的存在可使噪声减弱，其噪声控制效果受树木高度、种类、种植密度、音源和听者相对位置的影响。大体而言，常绿树较落叶树效果为佳，若与地形、软质建材和硬面材料配合，会得到良好的隔音效果。一般来说，噪声通过林带后比空地上同距离的自然衰减量多10～15 dB。据南京环境保护办公室测定：噪声通过18 m宽、由两行圆柏及一行雪松构成的林带后，减少16 dB；而通过36 m宽同类林带后，则减少30 dB。

1.1.5 保持水土

树木和草地对保持水土有非常显著的功能。当自然降雨时，15%～40%的水量被树冠截留或蒸发，5%～10%的水量被地表蒸发，地表的径流量仅占0%～1%，即50%～80%的水量被林地上一层厚而松的枯枝落叶所吸收，然后逐步渗入土壤中，变成地下径流，因此树木具有涵养水源、保持水土的作用。坡地上铺草能有效防止土壤被冲刷流失，这是由于树木的根系形成纤维网络，从而加固土壤。

1.2 园林树木的空间构筑功能

树木以其特有的点、线、面、形体以及个体和群体组合，形成有生命活力的、呈现时空变化性的复杂动态空间，这种空间具有的不同特性，都会使人产生不同的视觉感受和心理感觉，这正是人们利用树木形成空间的目的。在进行室外景观设计时，树木的空间构筑功能应该优先考虑，树木不仅可以限制空间、控制室外空间的私密性，还能构建空间序列和视线序列。

树木营建户外空间时，由于树木的性质迥异于建筑物及其他人造物，所以界定出的空间个性，也异于建筑物所界定的空间。树木在构建空间过程中，因自身生长变化，形成不同于其他人造物的软质性空间；因枝叶疏密程度不同，形成声音、光线及气流与相邻空间的相互渗透性空间；因常绿、落叶树木的生理特征，形成随季节更替的变化性空间；因不同树木所特有的文化象征性，形成丰富多样的文化性空间。

因此，进行树木景观设计时，可充分发挥树木空间的特点，创造多样有机的柔性空间，丰富室外空间的构成类型，加强外部空间的亲和性。

1.2.1 利用树木营造空间序列

树木如同建筑中的门、墙、窗，合理地使用和发挥各要素的功能，就能为人们创造一个个“房间”，并引导人们进出和穿越一个个空间。设计师在不变动地形的情况下，利用树木调节空间范围内的所有方面，一方面树木通过改变空间顶平面的遮盖，另一方面有选择性地引导和阻止空间序列的视线，从而达到“缩地扩基”的效果，形成欲扬先抑的空间序列，如图 1-1 所示。

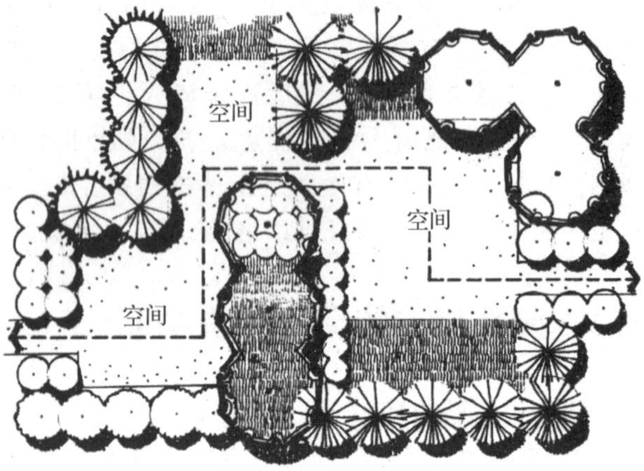

图 1-1 树木以建筑方式构成和连接空间序列

（图片引自：诺曼 K. 布恩，2006）

1.2.2 利用树木强调(弱化)地形变化所形成的空间

对于较小面积且地貌普通的区域，增加种植物能使其看起来有不同的空间感。树木与地形相结合，可以强调或弱化甚至消除由于地平面上地形的变化所形成的空间。如果将树木植于凸地形或山脊上，便能明显地增加地形凸起部分的高度，随之增强了相邻的凹地或谷地的空间封闭感。与之相反，树木若被植于凹地或谷地内的底部或周围斜坡上，它们将弱化最初由地形所形成的空间，削弱地形的变化感受。因此，为增强由地形构成的空间效果，最有效的办法就是将树木种植于地形顶端、山脊和高地；与此同时，让低洼地区更加透空，最好不要种植中、高型乔木或少量种植小灌木及地被树木(图1-2)。

1.2.3 利用树木分割空间

城市环境中，如果只有由人工构筑物形成的空间场所，无疑会显得呆板、冷酷、单调、缺乏生机，因此，树木的出现能改变空间构成，完善、柔化、丰富

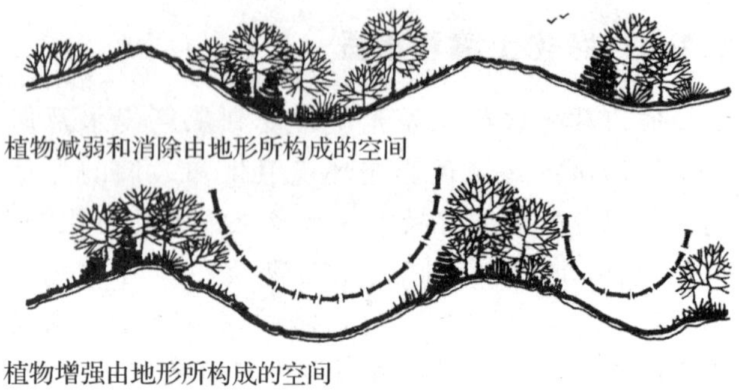

图 1-2 树木与地形结合构成的空间示例

（图片引自：诺曼 K. 布恩，2006）

这些空间的范围、布局及空间感受。如建筑物所围合的大空间，经过树木材料的分割，形成许多小空间，从而在硬质的主空间中，分割出了一系列亲切的、富有生命的次空间(图 1-3)。乡村风景中的树木，同样有类似的功能，林缘、小林地、灌木树篱等，通过围合、连接几种方式，将乡村分割成一系列的空间。

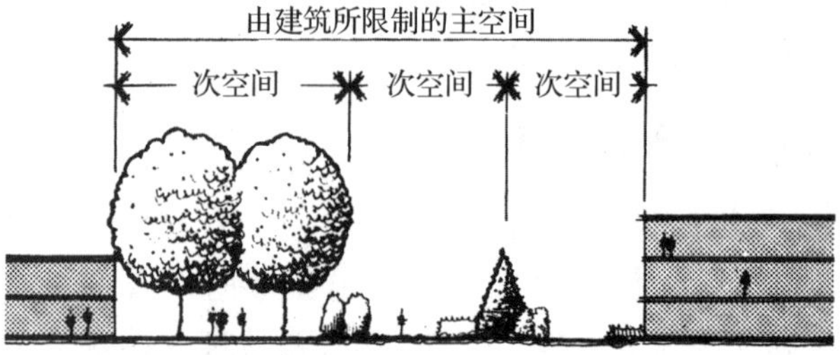

图 1-3 树木的空间分割作用

（图片引自：诺曼 K. 布恩，2006）

1.3 园林树木的美化功能

园林树木是一种有生命的景观材料，能使环境充满生机和美感，其美学观赏功能主要包括以下几方面。

1.3.1 创造主景

园林树木作为营造园林景观的重要材料，本身具有独特的姿态、色彩、风韵之美，不同的园林树木形态各异，变化万千，既可孤植以展示个体之美，又

能按照一定的构图方式造景，表现树木的群体之美；还可以根据各自生态习性，合理安排，巧妙搭配，营造出乔、灌、草组合的群落景观(图 1-4)。银杏、毛白杨树干通直，气势轩昂，油松曲虬苍劲，铅笔柏则亭亭玉立，这些树木孤立栽培，即可构成园林主景。而秋季变色树种如枫香、乌桕、黄栌、火炬树、银杏等大片种植，可以形成“霜叶红于二月花”的景观。许多观果树种，如海棠、柿子、山楂、火棘、石榴等的累累硕果，可表现出一派丰收的景象。

图 1-4　棕榈科树木群落形成主景

树木富有的神秘气味、美丽色彩、有触觉的组织会使观赏者产生浓厚的兴趣。许多园林树木芳香宜人，能使人产生愉悦的感受，如白兰花、桂花、蜡梅、丁香、茉莉、栀子、月季等，在园林景观设计中可以利用各种香花树木进行造景，营造“芳香园”景观；也可单独种植于人们经常活动的场所，如在盛夏夜晚纳凉场所附近种植茉莉和晚香玉，微风送香，沁人心脾。

色彩缤纷的彩叶灌木更是创造景观的好材料。由于彩叶灌木种类繁多，色彩丰富，植株矮小，园林应用十分普遍，形式也是多种多样，广泛用于各类绿地，以其艳丽的色彩点缀城市环境，创造赏心悦目的自然景观，烘托喜庆气氛，装点人们的生活。

1.3.2　烘托、柔化硬质景观

无论何种形态、质地的树木，都比那些呆板生硬的建筑物、构筑物和无植被的环境更显得柔和及自然。因此，园林中经常用柔质的树木材料来软化生硬的建筑、构筑物或其他硬质景观，如基础栽植(图 1-5)、墙角种植、墙壁绿化(图 1-6)等形式。被树木所柔化的空间，比没有树木的空间更加自然和谐。一般体型较大、立面庄严、视线开阔的建筑物附近，选干高枝粗、树冠开展的树种；在玲珑精致的建筑物四周，选栽一些枝态轻盈、叶小而致密的树种。现代园林中的雕塑、喷泉、建筑小品等也常用树木做装饰，或用绿篱做背景，通过色彩的对比和空间的围合来加强人们对景点的印象，产生烘托效果(图 1-7)。

图 1-5　基础栽植美化了建筑生硬的轮廓

图 1-6　垂直绿化美化了墙面

1.3.3　统一和联系

园林景观中的树木，尤其是同一种树木，能够使得两个无关联的元素在视觉上联系起来，形成统一的效果。如在两栋缺少联系的建筑之间栽植上树木，可使两栋建筑物构成联系，整个景观的完整感得到加强。要想使独立的两个部分(如树木组

图 1-7 绿篱作为背景衬托雕塑

团、建筑物或者构筑物等）产生视觉上的联系，只要在两者之间加入相同的元素，并且最好呈水平状态延展，比如球形树木或者匍匐生长的树木，从而产生“你中有我，我中有你”的感觉，就可以保证景观的视觉连续性，获得统一的效果。

1.3.4 强调及识别作用

强调作用就是指在户外环境中突出或强调某些特殊的景物。某些树木具有特殊的外形、色彩、质地等，格外引人注目，能将观赏者的注意力集中到树木景观上，树木能使空间或景物更加显而易见，更易被认识和辨明，这一点就是树木强调和识别的功能。树木的这一功能是借助它截然不同的大小、形态、色彩或质地来完成的，就如同种植在一件雕塑作品之后的高大树木。在一些公共场合的出入口、道路交叉点、庭园大门、建筑入口、雕塑小品旁等需要强调、指示的位置合理配置树木，能够引起人们的注意（图 1-8）。

图 1-8 入口处的大树起到指示作用

1.3.5 构成框景

树木对可见或不可见景物，以及对展现景观的空间序列，都具有直接的影响。树木以其大量浓密的叶片、有高度感的枝干屏蔽了两旁的景物，为主要景物提供开阔的、无阻拦的视野，从而达到将观赏者的注意力集中到景物上的目的。在这种方式中，树木如同众多的遮挡物，围绕在景物周围，形成一个景框，如同将照片和风景油画装入画框一样（图 1-9）。

图 1-9 树木的树干形成“画框”

1.3.6 表现时序景观

园林树木随着季节的变化表现出不同的季相特征，春季繁花似锦，夏季绿树成荫，秋季硕果累累，冬季枝干遒劲。这种盛衰荣枯的生命节律，为我们创造园林四时演变的时序景观提供了条件。根据树木的季相变化，把不同观赏特性的树木搭配种植，可使同一地点在不同时期产生特有景观，给人们不同感受，体会时令的变化。

1.3.7 作为意境创作的素材

中国树木栽培历史悠久，文化灿烂，很多诗、词、歌、赋和民风民俗都留下了歌咏树木的优美篇章，并为各种树木材料赋予了人格化内容，从欣赏树木的形态美升华到欣赏树木的意境美。因此，利用园林树木进行意境的创作是中国传统园林的典型造景风格和宝贵的文化遗产，亟须挖掘整理并发扬光大。

在园林景观创造中可借助树木抒发情怀，寓情于景，情景交融。如松苍劲古雅，不畏霜雪严寒的恶劣环境，能在严寒中挺立于高山之巅；梅不畏寒冷，傲雪怒放；竹则“未曾出土先有节，纵凌云处也虚心”。三种树木都具有坚贞不屈、高风亮节的品格，所以被称作“岁寒三友”。其造景形式，意境高雅而鲜明。

1.4　园林树木的其他功能

1.4.1　组织交通和安全防护

在人行道、车行道、高速公路和停车场种植树木时，树木能有助于调节交通。例如，种植带刺的多茎树木是引导步行方向的极好方式。用树木组织车辆交通，依赖于选择的树木种类和车辆速度。高速公路隔离带的树木能将夜晚车灯的亮度减到最小，降低日光的反射。停车场种植树木也能降低热量的反射。从心理角度讲，行道树增添了道路景观，同时又为行人和车辆提供了遮阴的环境。同时，行道树对于减小交通事故危害具有一定作用。

1.4.2　防灾避难

有些树木枝叶含有大量水分，一旦发生火灾，可阻止、隔离火势蔓延，减小火灾损失。珊瑚树即使叶片全都烤焦，也不发生火焰。防火效果好的树种还有厚皮香、山茶、油茶、罗汉松、蚊母、八角金盘、夹竹桃、石栎、海桐、女贞、冬青、枸骨、大叶黄杨、银杏、栓皮栎、苦楝、栲树、青冈栎、苦木等。

1.4.3　经济价值

园林树木具有一定经济价值，可以产生经济效益，其经济价值主要体现在以下两个方面。

(1)利用树木景观进行旅游开发。优美的园林树木景观，会吸引人们回到大自然中去享受无穷乐趣，这就可以促进旅游开发，为园林事业提供大量资金。

(2)生产树木产品。某些园林树木能够生产经济产品，如椰子树生产的果实(椰子)可食用，银杏树生产的叶片和种子(白果)可入药。在不影响园林树木美化和生态防护功能的前提下，可以利用园林树木生产的树木产品创造价值。

在园林树木应用中应当注意，园林树木的生态防护和美化作用是主导的、基本的，园林生产是次要的、派生的，应分清主次，充分发挥园林树木的作用，要防止片面强调生产而影响园林树木主要功能的发挥。

二维码 A-1
园林树木的外交功能

复习思考题

1. 树木的生态功能主要表现在哪些方面？
2. 树木可以构成哪些类型的空间？
3. 树木的美化功能主要表现在哪些方面？

第2章 园林树木的观赏特性

园林树木的体量、外形、色彩和质感等是重要的视觉观赏特性，树木的这些观赏特性犹如音乐中的音符以及绘画中的色彩、线条，是情感表现的语言。树木正是通过这些特殊的语言表现出一幅幅美丽动人的景观效果，激发起人们的审美热情。

除此之外，园林树木景观美感要素还包括其他要素，如芳香、季相变化、意境（文化）、声景及生态美等。

2.1 园林树木的体量

树木的体量（大小和高矮）是树木造景中最重要、最引人注目的特征之一，如果从远距离观赏，这一特征更为突出。树木的大小成为种植设计的骨架，而树木的其他特性为其提供细节。在一个设计中，树木的大小和高度能使整个布局显示出统一性和多样性，使整个布局丰富多彩，使树木的林冠线高低错落有致。除色彩的差异外，树木的大小和高度在视觉上的变化特征更为明显。因此，既定的空间中，树木的大小应成为种植设计中首先考虑的观赏特性，其他特性都要服从树木的大小。乔木的体量较大，成年树高度一般在 6 m 以上，最高的达 100 m 以上。灌木和草本植物体量一般较小，其高度从数厘米至数米不等（图 2-1）。在实际应用中，应根据需要选择适当体量的树木种类，并与周边环境及其他树木协调。

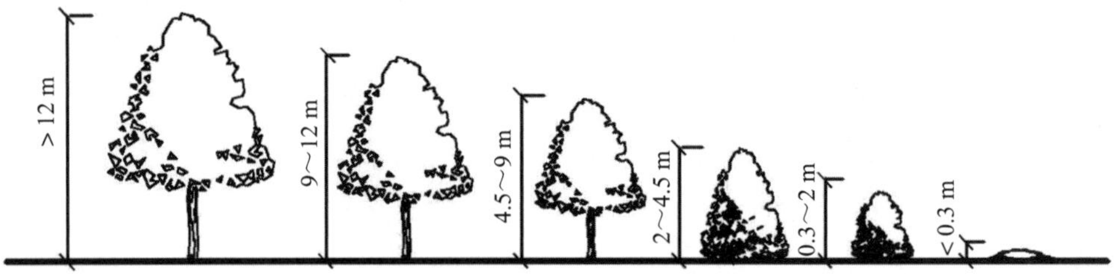

图 2-1 园林树木的体量（大小）

2.2 园林树木的形态

园林树木的形态是重要的观赏要素之一，对植物景观的构成起着至关重要的作用，尤其对园林树木而言更是如此。不同的树木形态可引起观赏者不同的视觉感受，因而具有不同的景观效果，或优雅细腻富于风致，或粗犷豪放野趣横生。树木形态包括植株整体外貌(树形),也包括叶、花、果等细部形态。树形是指树木生长过程中表现出的大致外部轮廓,由一部分主干、主枝、侧枝及叶幕组成。园林树木的种类丰富,形态各异,不同的树木种类有着属于自己的独特姿态。树木的形态特征主要由树种的遗传性而决定,但也受外界环境因子的影响,也可通过修剪等手法来改变其外形。

2.2.1　乔木的整体形态

一般而言,针叶乔木类的树形以尖塔形和圆锥形居多,具有严肃端庄的效果,园林中常用于规则式配置;阔叶乔木的树形以卵圆形、圆球形等居多,多有浑厚朴素的效果,常作自然式配置。园林树种常见的树形见表 2-1 和图 2-2。

表 2-1　园林树木整体形态分类

序号	类型	代表树木	观赏效果
1	圆柱形	桧柏、毛白杨、杜松、塔柏、新疆杨、钻天杨等	高耸、静谧,构成垂直向上的线条
2	塔形	雪松、冷杉、日本金松、南洋杉、日本扁柏、辽东冷杉等	庄重、肃穆,宜与尖塔形建筑或山体搭配
3	圆锥形	圆柏、侧柏、北美香柏、柳杉、竹柏、云杉、马尾松、华山松、罗汉柏、广玉兰、厚皮香、金钱松、水杉、落羽杉、鹅掌楸	庄重、肃穆,宜与尖塔形建筑或山体搭配
4	圆球形或卵圆形	球柏、加杨、毛白杨、丁香、五角枫、樟树、苦槠、桂花、榕树、元宝枫、重阳木、梧桐、黄栌、黄连木、无患子、乌桕、枫香	柔和,无方向感,易于调和
5	馒头形	馒头柳、千头椿	柔和,易于调和
6	扁球形	板栗、青皮槭、榆叶梅等	水平延展
7	伞形	老年的油松、成年的滇朴、合欢、幌伞枫、榉树、鸡爪槭、凤凰木等	水平延展
8	垂枝形	垂柳、龙爪槐、垂榆、垂枝梅等	优雅、平和,将视线引向地面
9	钟形	欧洲山毛榉等	柔和,易于调和,有向上的趋势
10	倒钟形	槐等	柔和,易于调和
11	风致形	特殊环境中的树木,如黄山松	奇特、怪异
12	龙枝形	龙爪桑、龙爪柳、龙爪槐等	扭曲、怪异,创造奇异的效果
13	棕榈形	棕榈、椰子、蒲葵、大王椰子、苏铁、桫椤等	雅致,构成热带风光
14	长卵形	西府海棠、木槿等	自然柔和,易于调和
15	丛生形	千头柏、玫瑰、榆叶梅、绣球、棣棠等	自然柔和
16	拱垂形	连翘、黄刺玫、云南黄馨等	自然柔和
17	匍匐形	铺地柏、沙地柏、偃柏、鹿角桧、匍地龙柏、偃松、平枝栒子、匍匐栒子、地锦、迎春、香荚蒾、笑靥花、胡枝子等	伸展,用于地面覆盖
18	雕琢形	黄杨、雀舌黄杨、小叶女贞、大叶黄杨、海桐、金叶假连翘、塔柏等	具有艺术感
19	扇形	旅人蕉	优雅、柔和

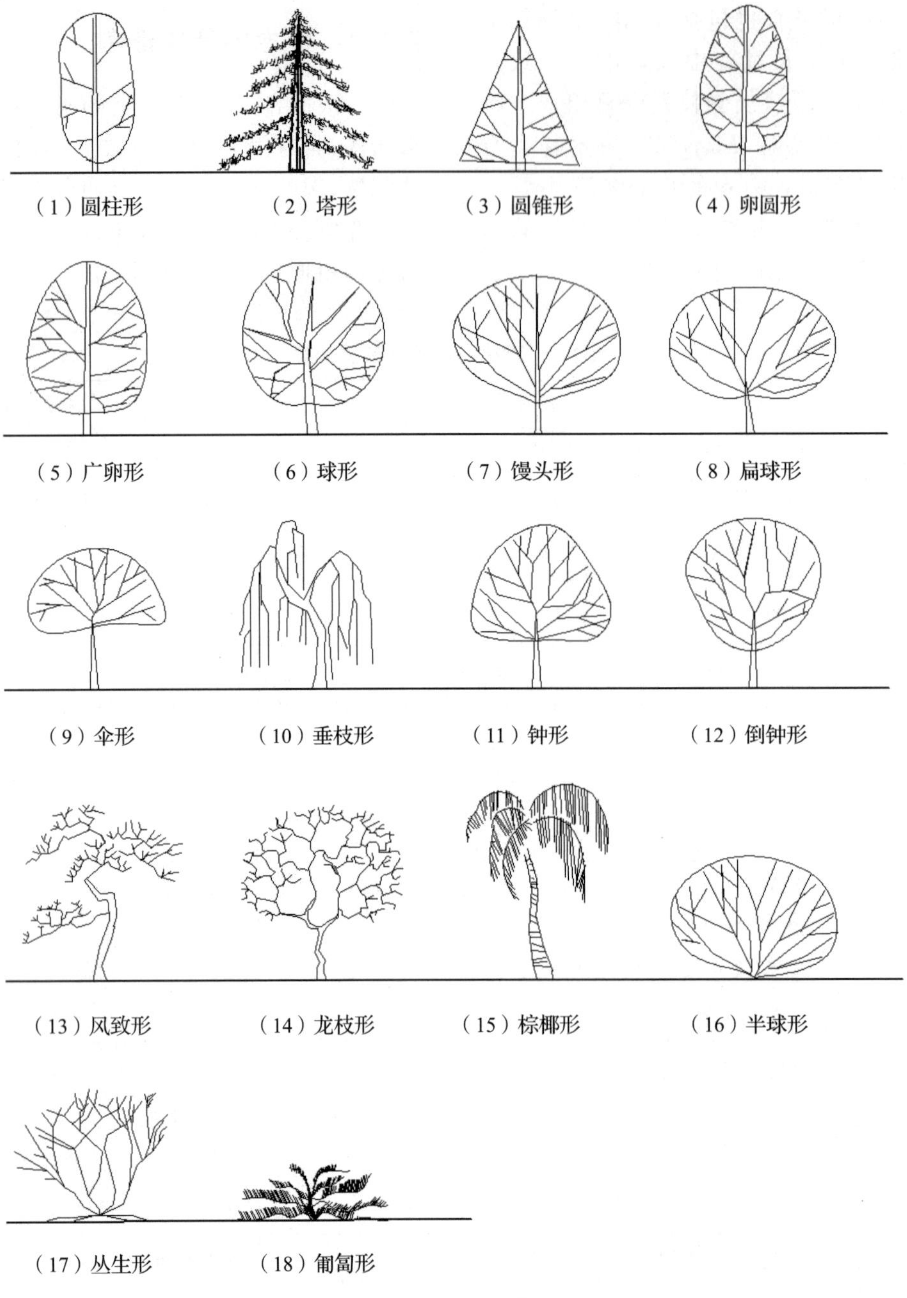

图 2-2　园林树木的形态

1)圆柱形或纺锤形

该类树木中央领导干较长，分棱角度小，枝条贴近主干生长，因而树冠狭窄，多有高耸、静谧的效果，尤其以列植时最为明显。纺锤形树木其形态狭长、顶部尖细，圆柱形树木除顶部是圆的外，其他形状与纺锤形相同。它们通过引导视线向上的方式，突出空间的垂直面；还能为一个树木群落和空间提供一种垂直感和高度感。在设计中应慎重使用这类树木，以免造成过多的视线焦点。

2)圆锥形

该类树木主枝向上斜伸，与主干呈 45°～60°，树冠较丰满，整个形体从底部逐渐往上收缩，外形呈圆锥状，轮廓非常明显，有严肃、端庄的效果，可以成为视线焦点，尤其是与低矮的圆球形植物配置在一起时，对比之下更为醒目；也可以与尖塔形的建筑或尖耸的山巅相呼应。它也可以用在硬质的、几何形状的传统建筑设计中。若植于小土丘上方，还可加强小地形的高耸感。

3）尖塔形

该类树木中央领导干明显，主枝平展，与主干几乎呈 90°角。基部主枝最粗长，向上逐渐细短，树冠外形呈尖塔形，具有端庄严肃的效果，其艺术效果及园林用途与圆锥形类似。

4）圆球形和卵圆形

该类树形的树木较常见，其中央领导干不明显，或在有限高度即分枝。树冠外形呈卵圆形或圆球形，具有朴实、浑厚的效果，给人以亲切感。因其外形圆柔温和，在引导视线方向上既无方向性也无倾向性，因而可以调和其他外形强烈的形体，也可以和其他曲线形的因素相互配合、呼应，并且可以调和外形较强烈的树木类型。与此相类似的树形还有扁球形、倒卵形、钟形和倒钟形等。

5）伞形和垂枝形

该类树木中央领导干不明显，或在有限高度即分枝。伞形树冠的上部平齐，呈伞状展开，其形态能使设计构图产生一种宽阔感和外延感，会引导视线沿水平方向移动。该类树木多用于从视线的水平方向联系其他树木形态。在构图中，这类树木与纺锤形和圆柱形树木形成对比的效果。垂枝形树木具有明显悬垂、下弯的枝条，其有引导人们视线向下的作用。伞形和垂枝形树冠具有柔和优雅的气氛，给人以轻松宁静之感，适植于水边、草地等安静休息区。

6）棕椰形

自然界有一类树木形态比较特殊，其主干明显，但不分枝，叶片大型，呈羽状或掌状，集生于主干顶端。该类树木树姿特异，可展现热带风光，具有此类树形的树木主要是棕榈科、苏铁科、大型蕨类植物。

7）风致形

该类树木形状奇特、千姿百态，通常是在某些特殊环境中已生存多年的老树，其形态大多数都是自然造成的。如黄山松长年累月受风吹雨打的锤炼形成特殊的扯旗形。这类树木多作为孤植树，放在突出的位置上，构成独特的景观效果。

2.2.2　灌木的整体形态

园林中应用的灌木一般受人为干扰较大，经修剪整形后树形往往发生很大的变化。但总体上，它可分为 5 大类。

1）团簇形（丛生形）

该类树木丛生，树冠团簇状，外形呈圆球形、扁球形或卵球形等，多有朴素、浑实之感，造景中最宜用于树群外缘，或装点草坪、路缘和屋基。

2）长卵形

枝条近直立生长而形成的狭窄树形，有时呈长倒卵形或近于柱状。尽管没有明显主干，但该类树形整体上有明显的垂直轴线，具有挺拔向上的生长势，能突出空间垂直感。

3）偃卧及匍匐形

该类植株的主干和主枝匍匐地面生长，上部的分枝直立或否。适于用作木本地被或植于坡地、岩石园。这类树冠属于水平展开型，具有水平方向生长的习性，其形状能使设计构图产生广阔感和外延感，引导视线沿水平方向移动。因此，常用于布局中从视线的水平方向联系其他树木形态，并能与平坦的地形、平展的地平线和低矮水平延伸的建筑物相协调。

4）拱垂形

该类植株枝条细长而拱垂，株型自然优美，多有潇洒之姿，能将人们的视线引向地面，不仅具有随风飘洒、富有画意的姿态，下垂的枝条引力向下，构图重心更加稳定还能活跃视线。为能更好地表现该类树木的姿态，一般将其植于有地势高差的坡地、水岸边、花台、挡土墙及自然山石旁等处，使下垂的枝条接近人的视平线，或者在草坪上应用构成视线焦点。

5）人工造型（雕琢形）

除自然树形外，造景中还常对一些萌芽力强、耐修剪的树种进行整形，将树冠修剪成人们所需要的各种人工造型。如修剪成球形、柱状、立方体、梯形、圆锥形等各种几何形体或者修剪成各种动物的形状，用于园林点缀。选用的树种应该是枝叶密集、萌芽力强的种类，否则达不到预期的效果。

虽然对树木的形态做了分类，但并不能概括所有树木的外形，有些形状极难描述。即使同一树种，树形并非永远不变，它随着生长发育过程而呈现规律性的变化，也会因环境和栽培条件的差异而改变，这需要设计师在平时工作生活中多注意观察。设计者必须了解这些变化的规律，对其变化能有一定的预见性，一般所谓某种树有什么样的树形均指在正常的生长环境下，其成年树的自然外貌。

2.2.3 园林树木的细部形态

园林树木的花、果、叶、枝干等细部形态也是植物造景中要考虑的构景要素。

1)叶的形态

园林树木叶的形状、大小以及在枝干上的着生方式各不相同。以大小而言，小的如侧柏、柽柳的鳞形叶长 2～3 mm，大的如棕榈类的叶片可长达 5～6 m，甚至 10 m 以上。一般而言，叶片大者粗犷，如泡桐、臭椿、悬铃木，小者细腻可爱，如黄杨、胡枝子、合欢等。

叶片的基本形状主要有：针形、条形、披针形、卵形、圆形、三角形等多种。叶生还有单叶、复叶之别，复叶又有羽状复叶、掌状复叶、三出复叶等类别。

另有一些叶形奇特的种类，更具有观赏性，如银杏呈扇形、鹅掌楸呈马褂状、琴叶榕呈琴肚形、槲树呈葫芦形、龟背竹形若龟背，其他如枸骨冬青、变叶木、龙舌兰、羊蹄甲等亦叶形奇特，而长叶刺葵、苏铁、椰子等大型叶具有热带情调，可展现热带风光。

2)花的形态

花的形态美既表现在花朵或花序本身的形状，也表现在花朵在枝条上排列的方式。花朵有各式各样的形状和大小，有些树木的花形特别，更具观赏性。如广玉兰的花形如荷花，又名荷花玉兰，珙桐头状花序上 2 枚白色的大苞片如同白鸽展翅，被誉为“东方鸽子树”；吊灯花花朵下垂，花瓣细裂，蕊柱突出，宛如古典的宫灯；蝴蝶荚蒾花序宽大，周围的大型不孕花似群蝶飞舞，中间的可孕花如同珍珠，故有“蝴蝶戏珠花”之称；红千层的花序颇似实验室常用的试管刷。

3)果的形态

许多园林树木果实具有观赏性，主要表现在形态和色彩两个方面，果实形态一般以奇、巨、丰为美。

奇是指果形奇特，如波罗蜜果实似牛胃，腊肠树的果实形似香肠，秤锤树的果实形似秤锤，紫珠的果实宛若晶莹透亮的珍珠。其他果形奇特的还有佛手、黄山栾树、阳桃、木通、马兜铃等。

巨是指单果或果穗巨大，如柚子、波罗蜜的单果重达数千克，其他如石榴、柿树、苹果、木瓜等均果实较大，而火炬树、葡萄、南天竹虽果实不大，但集生成大果穗。

丰是指全株结果繁密，如火棘、紫珠、花楸、金橘等。

4)枝干的形态

树木的枝干往往也是重要的观赏要素。树木主干、枝条的形态千差万别、各具特色，或直立，或弯曲，或刚劲，或细柔。如酒瓶椰子树干状如酒瓶、佛肚树的树干状如佛肚；而龟甲竹竹竿下部或中部以下节间极度缩短、肿胀交错成斜面，呈龟甲状；垂柳、龙爪槐的枝自然下垂；龙爪榆、龙爪柳、龙桑的枝自然扭曲。

5)其他部位的形态

榕树的气生根和支柱根、落羽杉和池杉的呼吸根、人面子的板根等均极具观赏性。

2.3 园林树木的色彩

色彩是最引人关注的视觉特征，是构图的重要因素。园林树木具有非常丰富的色彩，而且在不同的季节里，色彩呈现出不同的特征。因而，树木色彩是树木造景中最令人关注的景观元素之一，令人赏心悦目的树木，首先色彩动人。树木的色彩通过它的各个部分呈现出来，如叶、花、果、枝干及芽等。

2.3.1　干皮颜色

当秋叶落尽，深冬季节，枝干的形态、颜色更加醒目，成为冬季主要的观赏景观。多数树木的干皮颜色为灰褐色，当然也有很多树木的干皮表现为紫红色或红褐色、黄色、绿色、白色、灰色、斑驳色等（表 2-2）。

表 2-2　常见树木干皮颜色

颜色	代表树木
紫红色或红褐色	红瑞木、青藏悬钩子、紫竹、马尾松、杉木、山桃、中华樱、樱花、稠李、金钱松、柳杉、日本柳杉等
黄色	金竹、黄桦、金镶玉竹、连翘等
绿色	棣棠、竹、梧桐、国槐、迎春、幼龄青杨、河北杨、新疆杨等
白色或灰色	白桦、胡桃、毛白杨、银白杨、朴、山茶、柠檬桉、白桉、粉枝柳、考氏悬钩子、老龄新疆杨、漆树等
斑驳色	黄金镶碧玉、木瓜、白皮松、榔榆、悬铃木等

2.3.2　叶色

在树木的生长周期中，叶片出现的时间最久。叶色与花色及果色一样，是重要的观赏要素。自然界中大多数树木的叶色都为绿色，但仅绿色在自然界中也有深浅明暗不同的种类，多数常绿树种以及毛白杨、构树等落叶树木的叶色在生长期为深绿色，而水杉、落羽杉、落叶松、金钱松、玉兰等的叶色为浅绿色。即使是同一绿色树木其颜色也会随着树木生长、季节的变化而改变，如垂柳刚发叶时为黄绿，后逐渐变为淡绿，夏秋季为浓绿；春季银杏和乌桕的叶子为绿色，到了秋季银杏叶为黄色，乌桕叶为红色；鸡爪槭叶片在春季先红后绿，到了秋季又变成红色。凡是叶色随着季节变化出现明显改变，或是树木终年具备似花非花的彩叶，这些树木都被统称为色叶树木或彩叶树木。色叶树木往往呈现像花朵一样绚丽多彩的叶色，极具感染力。利用园林树木的不同叶色可以表现各种艺术效果，尤其是运用秋色叶树种和春色叶树种可以充分表现园林的季相美。

1）常色叶树木（全年彩叶树木）

常色叶树木是指整个生长期内叶片一直为彩色。叶色季相变化不明显，色彩稳定、长久。如紫叶矮樱、紫叶女贞、红花檵木等。

2）季相彩色叶树木

园林树木叶片随着季节的变化而呈现不同的色彩。该类树木种类繁多、色彩斑斓。按照季相特征分为春色叶、秋色叶、冬色叶及春秋两季色叶等类型。

（1）春色叶树木。叶片主要呈现红色，有五角枫、红枫、红叶石楠等。

（2）秋色叶树木。叶片色彩主要有红、黄两大类别。叶片呈金黄色的树种有金钱松、银杏、杨树等。秋叶红艳的树种有枫香、重阳木、丝棉木等。秋叶颜色由黄色转为红色的有水杉、池杉、落羽杉等。

3）彩色斑叶树木

叶片色彩斑斓、绚丽多姿，有彩边、彩心、花斑、彩脉等。如金叶千头柏、日本花柏、斑叶黄杨等都是优良的绿化树种。金边六月雪、变叶木、红桑等是极好的室内观赏树种。

2.3.3　花色

花色是树木观赏中最为重要的一部分，在树木诸多审美要素中，花色给人的美感最直接、最强烈。要掌握好树木的花色就应该明确树木的花期，同时以色彩理论作为基础，合理搭配花色和花期。正如刘禹锡诗中所述："桃红李白皆夸好，须得垂杨相发挥。"需要注意的是，自然界中某些树木的花色并不是一成不变的，有些树木的花色会随着时间的变化而改变。例如，忍冬一般都是一蒂双花，刚开花时花色为象牙白色，两三天后变为金黄色，这样新旧相参，黄白互映，所以又得名金银花。杏花在含苞待放时是红色，开放后却渐渐变淡，最后几乎变为白色。世界上著名的王莲，傍晚时刚出水的蓓蕾为洁白的花朵，第二天清晨，花瓣又闭合起来，待到黄昏花儿再度怒放时，花色变成了淡红色，后又逐渐变成深红色。在变色花中最奇妙的要数木芙蓉，一般的木芙蓉，刚开放的花朵为白色或淡红色，后来渐渐变成深红色，三醉木芙蓉的花可一日三变，清晨刚绽放时是白色，中午变成淡红色，而到了傍晚又变成深红色。

另外，有些树木的花色会随着环境的改变而改变，比如绣球花的花色是随着土壤 pH 的变化而有所变化的，生长在酸性土壤中的花为粉红色，生长在碱性土壤中的花为蓝色，所以八仙花不仅可以用于观赏，还可以指示土壤的 pH。

自然界中树木的花色多种多样，除红色、白色、黄色、蓝紫色等单色外，还有很多树木的花具有两种甚至多种颜色；而经人类培育的不少栽培品种的花色变化更为丰富。从花期来看，四季均有开花的种类，常见观花树木见表 2-3。

2.3.4 果实的颜色

“一年好景君须记，最是橙黄橘绿时”，自古以来，观果树木在园林中就有运用，比如苏州拙政园的“待霜亭”，亭名取自唐朝诗人韦应物“洞庭须待满林霜”的诗意，因洞庭产橘，待霜降后方红，此处原种植洞庭橘十余株，故此得名。很多树木果实色彩鲜艳，甚至经冬不落，在百物凋落的冬季也是一道难得的风景。就果色而言，一般以红紫为贵，以黄次之。

常见的观果树种果实颜色见表 2-4。

表 2-3 常见观花树木

花色	代表树木
白花系列	梨、郁李、白碧桃、深山含笑、火棘、海桐、茉莉、白玉兰、山玉兰、刺槐、麻叶绣线菊、毛白杜鹃、云南含笑、木香等
红花系列	木棉、红花檵木、紫荆、贴梗海棠、垂丝海棠、云南樱、西府海棠、冬樱花、红碧桃、丰花月季、映山红等
黄花系列	结香、双荚决明、阔叶十大功劳、棣棠、迎春、云南黄馨、黄刺玫、金花茶、蜡梅、黄槐等
蓝、紫花系列	蓝花楹、泡桐、紫藤、常春油麻藤等

表 2-4 常见观果树木果实颜色

果实颜色	代表树木
紫蓝色/黑色	越橘、紫叶李、紫珠、葡萄、十大功劳、八角金盘、海州常山、灯台树、稠李、小叶朴、金银花、君迁子等
红色/橘红色	平枝栒子、冬青、小果冬青、南天竺、卫矛、山楂、海棠、枸骨、枸杞、石楠、火棘、铁冬青、九里香、石榴、欧洲荚蒾、花椒、欧洲花楸、樱桃等
白色	红瑞木等
黄色/橙色	木瓜、柿、柑橘、乳茄、金橘等

2.4 园林树木的质感

树木存在着多种多样的质感，树木的质感分为细腻、普通与粗糙(表 2-5)。所谓树木的质感，又称质地，是指单株或群体树木直观的粗糙感和光滑感。不同的树种、不同的结构都会带给人以不同的质感和感受。例如：一些叶子大、厚、多毛的树冠显得粗糙厚重，而叶子小、薄、光洁的树冠则显得细腻轻盈；色彩素淡明亮、枝叶稀疏的树冠易产生轻柔的质感，而色彩浓重灰暗、枝叶茂密的树冠则易产生厚重的质感等。

质地除会随距离而变化外，落叶树木的质地也随季相的变化而不同。树木的质地会影响许多其他设计因素，其中包括布局的协调性和多样性、视距感以及设计的色调、观赏情趣和气氛。

表 2-5　常见树木树冠的质感

质感类型	代表树木
粗糙	枇杷、木槿、梓树、梧桐、悬铃木、泡桐、广玉兰、印度橡皮树、构树、五叶地锦等
普通	香樟、小叶榕、丁香、大戟属等
细腻	萼距花、小叶女贞、合欢、小叶黄杨、锦熟黄杨、瓜子黄杨、大部分绣线菊属、柳属、大多数针叶树种等

2.5　园林树木的芳香

人们对于树木景观的要求不仅仅满足于视觉上的美丽，还追求一种具有视听嗅等全方位美感。许多园林树木具有香味，由此产生的嗅觉感知更具独特的审美效应。有些则能分泌芳香物质如柠檬油、肉桂油等，具有杀菌驱蚊之功效。所以，熟悉和了解园林树木的芳香种类，配植成月月芬芳满园、处处馥郁香甜的香花园是树木造景的重要手段。常见的园林芳香树木见表 2-6。

表 2-6　常见园林芳香树木

分类名称	代表树种
香叶	侧柏、美洲香柏、香冠柏、互叶白千层等
香花	茉莉花、栀子花、米兰、玫瑰、芍药、含笑、玉兰、梅花、桂花、大纽子花
香果	桃、杏、梨、李、苹果、葡萄、杧果

运用芳香树木应该注意：有些芳香树木对人体是有害的，比如夹竹桃的茎、叶、花都有毒，其气味如闻得太久，会使人昏昏欲睡，智力下降；夜来香在夜间停止光合作用后会排出大量废气，这种废气闻起来很香，但对人体健康不利，如果长期把它放在室内，会引起头昏、咳嗽，甚至气喘、失眠；百合花所散发的香味如闻之过久，会使人的中枢神经过度兴奋而引起失眠；松柏类的树木散出来的芳香气味对人体的肠胃有刺激作用，如闻之过久，不仅影响人的食欲，还会使孕妇烦躁恶心、头晕目眩；月季花所散发的浓郁香味，初觉芳香可人，时间一长会使一些人产生郁闷不适、呼吸困难。可见，芳香树木也并非全都有益，设计师应该在准确掌握树木生理特性的基础上加以合理的利用。

2.6　园林树木的声景美

听觉也是树木审美的一个方面，园林树木景观的意境美，不仅能使人从视觉上获得诗情画意，还能从听觉等感官方面得到充分的表达。如苏州拙政园的“听雨轩”“留听阁”，借芭蕉、残荷在风吹雨打时所产生的声响效果而给人以艺术感受；承德避暑山庄中的“万壑松风”景点，也是借风掠松林发出的瑟瑟涛声而感染人的。

树木的声音是叶片在风、雨、雪的作用下发出来的，比如响叶杨因其在风的吹动下发出清脆的声响而得名。针叶树种最易发声，当风吹过树林，便会听到阵阵涛声，有时如万马奔腾，有时似潺潺流水，所以会有“松涛”“万壑松风”等景点题名。还有一些叶片较大的树木也会产生声响效果，如拙政园的“留听阁”，因唐代诗人李商隐《宿骆氏亭寄怀崔雍崔衮》诗“秋阴不散霜飞晚，留得枯荷听雨声”而得名，这对荷叶产生的音响效果进行了形象的描述。再如“雨打芭蕉，清声悠远”，唐代诗人白居易的“隔窗知夜雨，芭蕉先有声”最合此时的情景，就在雨打芭蕉的淅沥声里飘逸出浓浓的古典情怀。

2.7　园林树木的生态美

树木为昆虫、鸟类等动物提供了生存的空间，而这些动物又使得树木景观更富情趣，营造出鸟语花香的境界。正所谓“蝉噪林愈静，鸟鸣山更幽”。要想创造出这种效果就不能单纯地研究树木的生态习性，还应了解树木与动物之间的关系，利用合理的树木配置为动物营造一个适宜的生存空间。例如，在进行树木配置时，设计师可以选择蜜源树木或结果树木，如矮紫杉、罗汉松、香榧、龟甲冬青、樟、杨梅、女贞、厚皮香、荚蒾、桃叶珊瑚、十大功劳、火棘、黄杨、海桐、八角金盘等，借此吸引鸟类或者蝴蝶、蜜蜂，形成鸟语花香的优美景致。

2.8 园林树木的季相美

园林树木在一年四季的生长过程中，叶、花、果的形状和色彩随季节的更替而变化，这就是树木的季相。园林树木的季相演变及其独特的形态、色彩、意境之美使其成为唯一具有生命特征的园林要素，它能使园林空间体现出生命的活力，富于四时的变化，让人充分地感知四季的更替及树木的时序之美，因而成为园林的灵魂。利用树木的花开花落、四时季相的不同来模仿四季的交替规律，是中国古典园林中的造景手法之一，也是现代城市绿地树木造景重要方法。

2.9 园林树木的人文内涵

园林树木在某种程度上是一种文化的载体。长久以来，人们利用树木的姿态、色彩给人的不同感受而采用比拟、联想等修辞方式，赋予树木特定的思想感情或借树木表达某一意境，使树木具有深层次的文化内涵，为树木造景提供文化依据。各种树木由于生长环境和抗御外界环境变化的能力不同，在人们的观念中留下了它们各自不同的性格特征。例如，松刚强、高洁；梅坚挺、孤高；竹刚直、清高；菊傲雪凌霜；兰超尘绝俗；荷清白无染。杭州的西泠印社，以松、竹、梅为主题，比拟文人雅士清高、孤洁的性格。利用树木的文化内涵进行造景，更能提升园林景观的品位。

复习思考题

1. 简述园林树木的类型及各类树木在造景设计中的应用特点。
2. 阐述校园里10种常见树种的主要观赏特点。
3. 园林树木的文化美包括哪些方面？

第3章 园林树种的地理分布及区划

3.1 树木的垂直分布与水平分布

3.1.1 影响树木分布的因素

不同树木有着各自不同的生态习性，要求有特定的生长环境。而自然界中的生态因子因自然地理环境的差异而不同，因而每个树种都有一定的地理分布范围。如雪松的自然分布地在喜马拉雅山西部，广玉兰的自然分布地在北美等。树种分布区受气候、土壤、地形、生物、地质变迁及人类活动等因素的综合影响，它反映了树种的历史、散布能力及对各种生态因子的要求和环境的适应能力。

树种的地理分布主要取决于温度因子和水分因子，同时还受土壤、地形等因子的影响。此外，地质的变迁及人类生产活动的影响亦是相当重要的。如银杏、水杉等古老的孑遗树种在第四纪冰川后能在我国得以繁衍，就得益于得天独厚的地形地势。又如，人们可以通过引种驯化有目的扩大一些优良树种的分布区。水杉在20世纪40年代被发现时仅在湖北省利川市有少量野生树种，短短几十年现已广泛种植于我国20多个省、自治区、直辖市及世界许多国家。再如，刺槐产于北美，在20世纪初引入我国青岛，现在我国辽宁省铁岭以南已形成广大的栽培分布区。

温度和水分因子是决定树种分布的主要因子，因此其自然分布亦是有规律可循的。在地球表面，热量随纬度而变化，水分随着距离海洋远近及大气环流和洋流特点而变化。水热结合，导致气候、土壤及植被等的地理分布一方面从赤道向极地沿纬度方向成带状发生有规律的更替，称纬度地带性；另一方面，从沿海向内陆沿经度方向成带状发生有规律的更替，称经度地带性。此外，随着海拔高度的增加，气候、土壤、植被也发生相应的有规律的变化，即为垂直地带性。纬度地带性、经度地带性和垂直地带性三者结合决定了一个地区植被的基本特点，称为三向地带性(图3-1)。

在同样的气候条件下，由于地质构造，地表组成的物质、地貌、水文、盐分及其他生态因素的非地带性差异，往往出现一系列与该地带大气候的地带性植被不同的植被，即非地带性植被。例如，沙漠中的绿洲、森林中的沼泽地等。不同的植被类型分布着不同树种。

3.1.2 垂直分布

垂直分布是指山地随着海拔高度的上升，更替着不同的植被带。随着海拔的不断上升，则温度渐低(海拔每升高100 m，年平均温度约下降0.5 ℃)、湿度渐高，因此，树木的分布也有着相应的变化。垂直分布的模式为从热带雨林经阔叶常绿树带、阔叶落叶树带、针叶树带、灌木带、高山草原带、高山冻原带直至雪线。一座有足够高度的山，从山麓到山顶更替着的植被带系列类似于该山区所在水平地带到北极的水平植被。一般而言，除热带且具有高山的地区外，极难见到全部各带的垂直分布状况，普通只见到少数的几带。我国西南山地海拔高差悬殊，植物的垂直带谱丰富(图 3-2)。

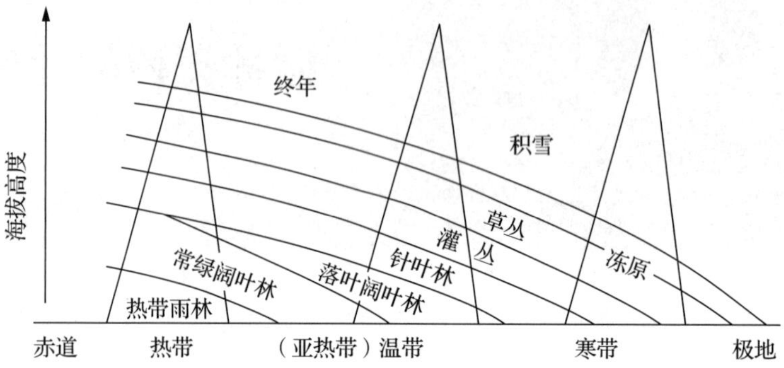

图 3-1　地区植被的三向地带性

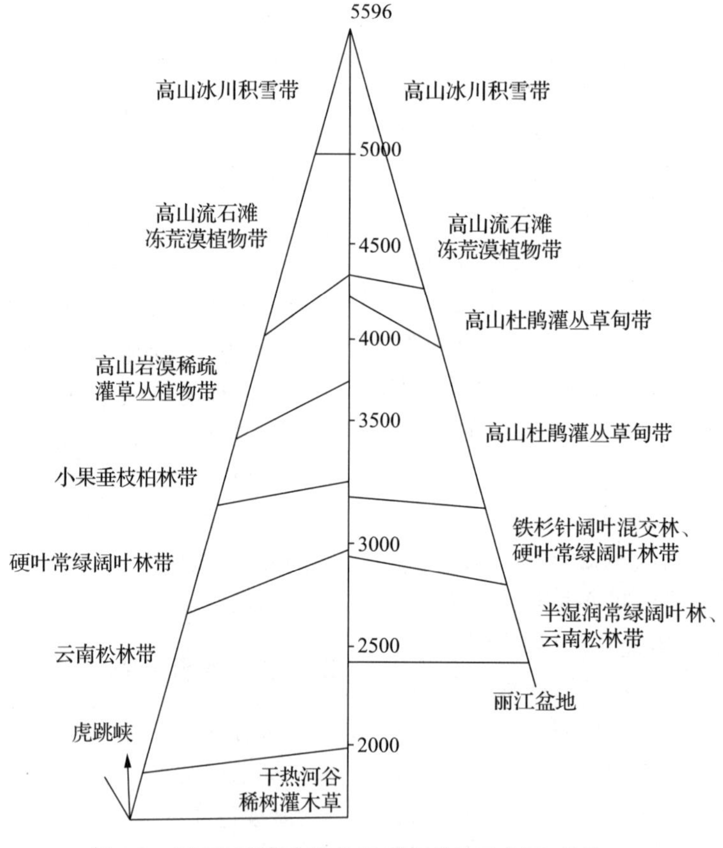

图 3-2　云南玉龙雪山植物的垂直带谱示意图(单位：m)

3.1.3　水平分布

水平分布是指树种在地球表面依纬度从南到北、依经度从东到西的变化而呈现有规律的分布。树种的水平分布主要是受纬度、经度的气候带的影响。此外，地形及土壤因子也起一定的作用。气候带的基本状况是自赤道向两极，热量随纬度的加大而渐减，并依经线的方向距海越远，则由海洋性气候逐渐变为大陆性气候。树种就受这种变化的影响而形成自然的水平分布带。从赤道至两极，由于太阳相对位置的不同，所接受的热量也不一样。根据热量状况，通常把地球划分为热带、温带和寒带三个基本气候带，也有分为热带、亚热带、暖温带、温带、亚寒带（寒温带）和寒带 6 带。从海洋到内陆，依水分状况的不同而分为湿润区、半湿润区及干旱区，也有分为 5 区者。植被受不同的水热变化而成自然的水平分布带。北半球夏雨气候植被水平分布的模式如图 3-3 所示，在同一气候带内，因为距海洋远近不同，干湿度不同，因而形成了不同的植被带。如同是在热带，从海洋到大陆中心依次分布着热带雨林、热带季雨林、夏绿阔叶林草原、草原和荒漠。在同一干湿度带内，因为距赤道的远近不同，温度不同，因而也形成了不同的植被带。如同是在过湿润带，从赤道到极地依次分布着热带雨林、亚热带雨林、照叶林、夏绿阔叶林、常绿针叶林和苔原。

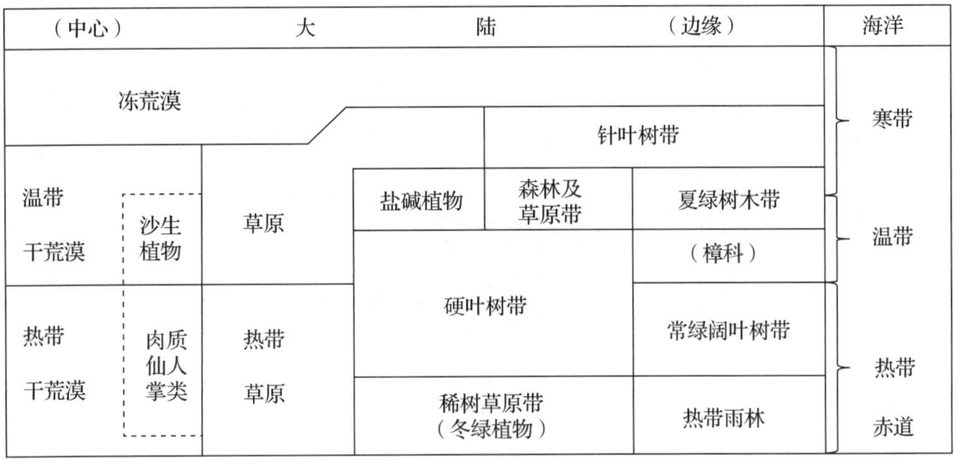

图 3-3　植物水平分布

3.2　我国园林树种区划

植物区划是植物资源合理利用、开发和保护的基础。园林树种区划是以城镇园林绿化树种地区差异性为主要依据的一类专门区划，对于合理开发和保护树种资源、突出城市绿化的地域特色、提高城市园林建设水平具有重要意义。

3.2.1　中国园林树种区划

我国地域辽阔，地形地势复杂，三向地带性差异很大，因此树种区划显得尤为重要。在综合分析各种自然因素和现代科学技术措施的基础上，依据已有研究成果，全国划分为 11 个绿化树种区（表 3-1）。

3.2.2　西南地区园林树种区划

西南地区地域广阔，地貌复杂，具有多样的气候类型，为植物区系的演化和发展提供了有利的条件。丰富的植物区系为植被类型的复杂性和多样性奠定了基础，全区植被类型有：雨林、季雨林、常绿阔叶林、常绿落叶阔叶混交林、落叶阔叶林、硬叶常绿阔叶林、暖性针叶林、温性针叶林、竹林、稀树灌木草丛、灌丛、草甸、沼泽、湖泊水生植被等，相当于从海南岛到黑龙江北部我国所见植被类型的缩影。因此，园林绿化植物资源异常丰富，是世界园林树木分布中心之一。西南地区园林树种分布可划分为 5 大区。

表 3-1　我国园林绿化树种区划

代码	植被区域	气候指标	代表树种
Ⅰ	寒温带半干旱绿化区域，包括内蒙古东北部、黑龙江西北部	最冷月均温<−30 ℃，最暖月均温<18 ℃，200 mm≤年均降水量<450 mm	冷杉、红皮云杉、樟子松、兴安落叶松、山杨、旱柳、紫椴、白桦、蒙古栎、榆树、黄檗、水曲柳
Ⅱ	温带湿润、半湿润绿化区域，包括黑龙江、吉林大部及辽宁东北部	−30 ℃≤最冷月均温<−12 ℃，最暖月均温≥18 ℃（16 ℃**），年均降水量≥450 mm（400 mm**）	青杆、白杆、雪松、油松、白皮松、华山松、黑松、侧柏、桧柏、蜀桧、龙柏、水杉、银杏、小青杨、毛白杨、旱柳、馒头柳、核桃、板栗、槲栎、榆树、玉兰、杂种鹅掌楸、杜仲、悬铃木、西府海棠、合欢、刺槐、国槐、臭椿、元宝枫、栾树、柿树、洋白蜡、毛泡桐
Ⅲ	北暖温带湿润、半湿润绿化区域，包括北京、天津、河北大部、辽宁南部、山东北部、陕西中南部、山西省南部	−12 ℃≤最冷月均温<−2 ℃，最暖月均温≥18 ℃，年均降水量≥450 mm	青杆、白杆、雪松、油松、白皮松、华山松、黑松、侧柏、桧柏、蜀桧、龙柏、水杉、银杏、小青杨、毛白杨、旱柳、馒头柳、核桃、板栗、槲栎、榆树、玉兰、杂种鹅掌楸、杜仲、悬铃木、西府海棠、合欢、刺槐、国槐、臭椿、元宝枫、栾树、柿树、洋白蜡、毛泡桐
Ⅳ	南暖温带湿润、半湿润绿化区域，包括山东南部、河南中北部、江苏、安徽北端、陕西中部	−2 ℃≤最冷月均温<0 ℃，最暖月均温≥18 ℃，年均降水量≥500 mm	云杉、雪松、油松、黑松、华山松、铅笔柏、桧柏、龙柏、水杉、广玉兰、大叶女贞、银杏、加杨、旱柳、垂柳、栓皮栎、小叶朴、玉兰、杂种鹅掌楸、杜仲、悬铃木、合欢、皂荚、刺槐、国槐、臭椿、苦楝、乌柏、七叶树、栾树、青桐、柿树、白蜡、泡桐、毛泡桐
Ⅴ	北亚热带湿润、半湿润绿化区域，包括江苏、上海、安徽、湖北大部，河南、陕西、甘肃南部，浙江北部，云贵川及中南省份高海拔山地	0 ℃≤最冷月均温<4 ℃，年均降水量≥600 mm	罗汉松、雪松、日本五针松、赤松、马尾松、湿地松、柏木、水杉、金钱松、苦槠、广玉兰、香樟、冬青、八角枫、木荷、大叶女贞、桂花、珊瑚树、银杏、垂柳、枫杨、麻栎、白栎、杂种鹅掌楸、无患子、枫香、法桐、合欢、国槐、重阳木、红枫、鸡爪槭、黄连木、七叶树、全缘叶栾树、无患子、青桐
Ⅵ	中亚热带湿润绿化区域，包括江西、福建、湖南、贵州等省大部，云南、广东、广西等省北部，浙江南部、四川东部、重庆西部	4 ℃≤最冷月均温<10 ℃，年均降水量≥800 mm	重阳木、雪松、马尾松、湿地松、柳杉、罗汉松、竹柏、三尖杉、南方红豆杉、香榧、金钱松、水松、落雨杉、池杉、粗榧、广玉兰、木莲、香樟、黑壳楠、阴香、杜英、杨桐、木荷、加拿利海枣、棕榈、银杏、垂柳、枫杨、鹅掌楸、枫香、法桐、乌柏、黄连木、三角枫、五角枫、红枫、鸡爪槭、全缘叶栾树、无患子、蓝果树

续表 3-1

代码	植被区域	气候指标	代表树种
Ⅶ	南亚热带湿润绿化区域，包括福建南部，广东大部至广西、云南中部，台湾低海拔地区及其附属海岛	10 ℃≤最冷月均温＜13 ℃，年均降水量≥1000 mm	南洋杉、马尾松、湿地松、柳杉、罗汉松、竹柏、三尖杉、香榧、水松、落羽杉、池杉、水杉、青冈栎、高山榕、大果榕、小叶榕、银桦、广玉兰、白兰、阴香、大叶相思、南洋楹、红花羊蹄甲、腊肠树、重阳木、木麻黄、桃花心木、杜英、木荷、柠檬桉、幌伞枫、鸡蛋花、假槟榔、棕榈、长叶刺葵、大叶榕、鹅掌楸、枫香、法桐、复羽叶栾树、木棉
Ⅷ	热带湿润绿化区域，包括云南南部，广西、广东、福建和海南等沿海地区，台湾南端	最冷月均温≥13 ℃，年均降水量≥1200 mm	南洋杉、海南五针松、湿地松、鸡毛松、竹柏、陆均松、罗汉松、池杉、落羽杉、白莲叶桐、木菠萝、大果榕、高山榕、银桦、白兰、红花羊蹄甲、铁刀木、秋枫、海南杜英、木麻黄、青梅、海南菜豆树、火焰木、长叶刺葵、槟榔、皇后葵、桄榔、董棕、琼棕、椰子、油棕、王棕、露兜树、榄树、盾柱木、腊肠树、假苹婆、榄仁树、玉蕊
Ⅸ	温带半干旱绿化区域，包括内蒙古中东部，辽宁、吉林西部，山西、宁夏、陕西、河北等北部，甘肃中部	最冷月均温＜0 ℃，最暖月均温≥18 ℃，200 mm≤年均降水量＜400 mm	青海云杉、云杉、樟子松、油松、华山松、杜松、侧柏、丹东桧、西安桧、祁连圆柏、大果圆柏、落叶松、银杏、银白杨、加杨、小黑杨、馒头柳、旱柳、圆冠榆、白榆、玉兰、山桃、臭椿、火炬树、丝棉木、栾、柿、白蜡、暴马丁香
Ⅹ	温带干旱绿化区域，包括新疆大部，甘肃西北部、宁夏北部、内蒙古西部	最冷月均温＜0 ℃，最暖月均温≥18 ℃，年均降水量＜200 mm	红皮云杉、青海云杉、油松、樟子松、侧柏、千头柏、丹东桧、塔柏、龙柏、圆柏、银杏、新疆杨、胡杨、箭杆杨、白柳、核桃、圆冠榆、白榆、刺槐、国槐、丝棉木、元宝枫、紫椴、柽柳、大叶白蜡、新疆小叶白蜡、暴马丁香
Ⅺ	青藏高原绿化区域，包括西藏、青海两地区，四川西北部和甘肃西南部分地区	最冷月均温＜0 ℃，最暖月均温＜18 ℃	鳞皮冷杉、川西云杉、青海云杉、柳杉、杉木、岷江柏、新疆杨、青杨、旱柳、垂柳、圆冠榆、国槐、臭椿、刺槐、白蜡、黄连木等

注：** 东北地区西北部接近寒温带区域，因温度低，蒸发量不大，故该区域指标采用年均降水 400 mm，最暖月均温 16 ℃为区划指标值。

1)热带雨林园林树种区

本区主要包括滇南和滇西南地区，总体属于中山宽谷丘陵常绿阔叶植物景观，地势明显呈现两类：一类是以云南德宏—红河哈尼族彝族自治州南部为主的中山宽谷丘陵；另一类则是以版纳为主的河谷盆地。从热量条件来看，主要是热带和南亚热带气候，年均极端最低温度为−5～0 ℃与0～5 ℃两种生态幅；相应地，该区内的年均最低温度也有两种情况，分别为5～10 ℃和10～15 ℃，年降水量最少处为900 mm，最多可达到2000 mm以上。由于其热量条件和特殊的地形地貌，本地区的自然植被呈现为热带雨林常绿阔叶林景观。

本区主要代表树种有：榕属、番龙眼属、橄仁树属、桃榄属、四数木属、八宝树属等植物可作为基调树种；树参属、鹅掌柴属、羊蹄甲属、柿属、槟榔属、无患子属、杜英属、紫薇属、杧果属、面条树属、美登木属、大萼葵属、假海桐属、翅叶木属等植物可作为骨干树种；龙脑香科、露兜树科、棕榈、假槟榔、油棕等植物为本区特色树种。

2)云贵高原园林树种区

本区涉及范围较广，西南三省一市均有城镇属于此区，地势复杂多样，高原、中山、低山丘陵、河谷等地貌均有分布，这也造成了该区自然景观较为丰富，但总体上属于山地高原常绿阔叶园林植物景观，少量河谷丘陵常绿落叶混交植物景观。

该区域可用的树种资源特别多，优势树种主要有铁杉、云杉、冷杉、圆柏、云南松、油杉、滇青冈、牛筋条、无患子科的茶条木等。

本区气候类型较复杂，南亚热带、中亚热带、北亚热带、暖温带等气候类型均有分布，其中滇中、滇东、黔中、黔西南等大部分地区属中亚热带，滇东北(昭通)等属于暖温带，黔西(毕节)及黔北(遵义)则属于北亚热带，攀枝花等地则属于以南亚热带为主的岛状立体气候，因此区内年极端温度、年降水量、年日照等气候指标也有着明显的差异性。依据这些热量条件、地形地貌的不同，其优势园林植物种群也不尽相同。

3)横断山脉园林树种区

本区主要包括滇西北、川西甘孜藏族自治州大部及阿坝州、凉山州和绵阳的一部分地区，位于横断山脉区间，属青藏高原东南缘。地貌以山河相间纵列的高山、峡谷为主，在四川盆地边缘有小部分地区为平原地貌景观。本区垂直分布特征明显，具有热带、亚热带、温带到高山寒带各类型的植被，植被景观主要为暖温带落叶阔叶林、北亚热带常绿阔叶混交林、中亚热带常绿阔叶林、亚高山森林草甸地带、高山草甸地带。土壤主要是棕壤、黄棕壤及草甸地带。本区为世界高山植物区系最丰富的区域，松柏类植物发达，可用的园林植物如侧柏、柏木、云南松、高山松、华山松、云杉、冷杉、圆柏等。另据记载，在较湿润地区分布有天然的杜鹃林或灌丛景观，杜鹃属等可作为园林建设中的主干或基调灌木种类。

4)华中园林树种区

本区主要指四川盆地中东部、渝、黔东北部，地势复杂，主要是中山、低山丘陵、盆地、平原、河谷等地貌景观，属中亚热带气候。该区海拔高度多为300～800 m，年平均气温为15～19 ℃，最冷月平均气温为5～8 ℃，最热月7月平均气温26～29 ℃，年均降水量为1000～1200 mm。植被景观则呈现为中亚热带常绿阔叶林和亚热带常绿落叶阔叶混交林。

该区园林植物多系中国—日本植物区成分，植物带水平分布明显，主要有温带、暖温带、亚热带，植被由各种落叶、半常绿和常绿阔叶针叶树组成。针叶优势种为金钱松属、铁杉属、黄杉属、油杉属、杉木属、柳杉属、柏属、花柏属、翠柏属等松柏类植物。阔叶优势种主要有木兰科、山茶科、金缕梅科、安息香科的植物较为显著。

5)滇黔东南园林树种区

本区主要包括黔东南州和以云南富宁为主的滇东南部分地区，此地区均属于中亚热带气候。地貌景观总体呈现为丘陵景观，植被景观有中亚热带常绿阔叶林和南亚热带雨林季雨林成分常绿阔叶林两大类。植物区系属中国—日本植物区成分。此区园林植物代表树种主要有：杉木、油杉多种、朴属、槭类、圆叶乌桕等多种特有种；木兰科鹅掌楸属、木兰属、木莲属、含笑属、异花木兰属等类群，金缕梅科蚊母树属、檵木属、枫香属、马蹄荷属等，槭树科金钱槭属，大风子科山桂花属，无患子科的伞花树属、栾树属，安息香科除银钏花属以外的大部分属。此区中有些种类与华中区域的相同，但如杉木、柏、枫香、檵木等比华中地区的分布区域减少。

复习思考题

1. 影响树木地理分布的因素有哪些？

2. 什么是树种的水平分布和垂直分布？

3. 你所在城市属于树种的哪个分布区？代表性的园林树种有哪些？

第4章 园林树木的分类

4.1 分类的意义

植物分类的重要任务是将自然界的植物分门别类，直至鉴别到种。前人对植物分类所总结的经验和规律，已成为人类认识植物并利用植物的理论基础。人们只有在认识植物种类的基础上，才能进一步深入研究植物其他方面的问题。因此，植物分类不仅是植物学的基础，还是其他有关学科，比如植物地理学、植物生态学、遗传学、植物生理学、生物化学等的基础，其与农、林、牧、副、渔、中医药等也有着千丝万缕的密切关系。

(1)充分挖掘园林树种资源，并科学规划树种的需要　中国树种资源丰富，原产我国的高等植物有3万种以上，其中木本植物近8000种。目前，园林生产中栽培利用的观赏树木仅为其中很小部分，大量的种类还未被认识与利用。要充分挖掘树种资源，丰富园林景观，科学合理地进行树种规划，首要的基础工作是必须开展树种分类，只有在认识树种的基础上，才有可能进一步研究园林树木其他方面的问题。

(2)保证苗木顺畅流通和学术交流的需要　我国地大物博，树种资源丰富，随着地区间、国与国间种质资源交流日渐频繁，树种的正确鉴定与识别，也是保证种苗顺畅流通和商品化生产的必然要求，并有利于学术交流。

(3)园林树木繁育、栽培、应用的需要　园林中栽培应用的各种观赏树木，均来自人们对野生植物长期人为选择、引种驯化的结果。尽管它们在形态、习性、用途等方面各异，但在某些方面存在着本质的必然联系与共性，才使分类变为可能。通过分类，尤其是植物系统分类，可以探讨树种进化演变历史，揭示树种自身生长发育特点及种间亲缘关系，为我们在育种、繁殖、栽培、应用方面提供依据。例如，山毛榉科树种多数木质坚硬，富含单宁，无性繁殖较困难，应以有性繁殖为主；又如，亲缘关系相近的种间，常有相似的形态结构与化学成分，一致的生理代谢特点，杂交、嫁接亲和力强，嫁接繁殖成活率高。前人利用亲缘关系较近的白玉兰与紫玉兰杂交培育出了二乔玉兰杂交种；以毛桃作为砧木可嫁接碧桃。

遵循不同的分类依据，把众多的园林树木分门别类，能为我们在各种场合快速、直观、正确地选用观赏树木提供方便。例如，垂直绿化应在主要为藤蔓习性的一些科中选择树种；多数针叶树种四季常青，树冠尖塔形，适用于庄严、肃穆场合；而木兰科、紫薇科、豆科等大量优秀的观花树种用于观赏。

因此，观赏树木的分类，不仅是培育、应用观赏树木的基础，开展观赏树木研究的前提，还为科学合理地使用观赏树木提供指导，具有理论与实践上的重要意义。

4.2 园林树木的系统分类法

自然分类系统客观地反映了植物界的亲缘关系和演化关系，其最基本的原则就是对物种应有较明确的概念和判断进化的特征标准，从而确定植物在分类系统上的等级。目前，常用的自然分类系统有哈钦松系统、恩格勒系统、克朗奎斯特系统、塔赫他间系统等。

4.3 园林应用中的分类法

4.3.1 依树木的生长习性分类

(1)乔木类　树体高大，高度6 m以上，具明显主干。可细分为伟乔(＞30 m)、大乔(21～30 m)、中乔(11～20 m)及小乔(6～10 m)等；依据树木的生长速度分为速生树、中生树、慢生树等；依落叶习性可分为常绿乔木、落叶乔木；依叶片类型可分为针叶乔木、阔叶乔木等。

(2)灌木类　树体矮小，高度6 m以下，通常无明显主干，多呈丛生状或分枝接近地面。按高度分为高灌木(2～5 m)、中灌木(0.3～2 m)、矮灌木(＜0.3 m)等。按落叶与否分为落叶灌木类及常绿灌木类。

(3)铺地类　铺地类树木实属灌木，但其干枝均铺地生长，与地面接触部分生出不定根，如矮生栒子、铺地柏等。

(4)藤蔓类　地上部分不能直立生长，须缠绕或攀附于其他支持物向上生长。如紫藤、葡萄、爬山虎、常春藤、金银花等。根据攀附方式，藤蔓类树木可分为缠绕类、卷须类、吸附类、钩刺类等。

(5)竹类　特指禾本科竹亚科的植物，如楠竹、佛肚竹等。

4.3.2 依树木对环境因子的适应能力分类

影响树木生长的环境因子有很多，主要包括光、水、气温、土壤以及空气因子等。园林应用中常根据树木对上述环境因子的适应能力进行分类。

1)依据气温因子分类

依据树木最适气温带分类，分为热带树种、亚热带树种、温带树种及寒带树种等。依据树木的耐寒性不同可分为耐寒树种、半耐寒树种、不耐寒树种。

(1)耐寒树种　大部分产于寒带或温带的园林树种属于此类。该类树种可在－5～10 ℃的低温下不会发生冻害，甚至在更低的温度下也能安全越冬。因此，这类树种大部分在北方寒冷的冬季不需要保护就可以露地安全越冬。如侧柏、白皮松、油松、红松、龙柏、桃花、榆叶梅、紫藤、凌霄、白桦、毛白杨、榆、白蜡、丁香、连翘、金银花等。

(2)半耐寒树种　大部分原产地在温带南缘或亚热带北缘的园林树种属于此类。该类树种耐寒力介于耐寒树种和不耐寒树种之间，一般可以忍受轻微的霜冻，在－5 ℃以上的低温条件下能够露地安全越冬而不发生冻害。如香樟、广玉兰、鸡爪槭、梅花、桂花、夹竹桃、结香、木槿、冬青、南天竹、枸骨等。

(3)不耐寒树种　该类树种一般产于热带和亚热带的南缘，在生长期对温度要求较高，不能忍受0 ℃以下的低温，甚至不能忍受5 ℃以下或者更高的温度。因此，该类园林树种在中国北方必须在温室中越冬。根据对温度的要求不同又可以分为：①低温温室园林树种：要求室温高于0 ℃，最好不低于5 ℃。如桃叶珊瑚、山茶、杜鹃、含笑、柑橘、苏铁等；②中温温室园林树种：要求室温不低于5 ℃。如扶桑、橡皮树、棕竹、白兰花、五色梅、一品红等；③高温温室园林树种：要求室温高于10 ℃，低于该温度则生长发育不良，甚至落叶死亡。如变叶木、龙血树、朱蕉等。

2)依据水分因子分类

可分为耐旱树种、湿生树种、中性树种。

(1)耐旱树种　是指能长期忍受大气干旱和土壤干旱，并能维持正常的生长发育的树种。

常见耐旱性强的树种：棕榈、雪松、黑松、马尾松、油松、侧柏、圆柏、龙柏、小檗、枫香、桃、枇杷、石楠、火棘、合欢、木芙蓉、君迁子、夹竹桃、栀子花等。

(2)湿生树种　是指在土壤含水量过多、甚至土壤表面积水的条件下能正常生长的树种。它们需要有足够多的水分，不能忍受干旱。常见耐淹树种有：垂柳、旱柳、龙爪槐、榔榆、桑、杜梨、柽柳、紫穗槐、水松、棕榈等。

(3)中性树种　多数树种为中性树种，不能长期忍受过干和过湿的环境。

3)依据光照因子分类

可分为喜光树种、阴性树种、中性树种三类。

(1)喜光树种　喜光照充足的环境而不耐荫蔽。光饱和点高，即当光照强度达到全部太阳光强时，光合作用才停止升高。光补偿点也高，当光强达到自然光强的3%～5%时才能达到光补偿点。因此，此类树种常常不能在林下正常生长和完成更新。如桃花、桦木、松树、刺槐、杨树、悬铃木等。

(2)阴性树种　对光照需求量较小，在弱光环境下可正常生长发育。光饱和点低，一般当光强达到自然光强的10%时便能进行正常的光合作用，光强过大则导致光合作用降低。适宜保持50%～80%的遮阴度，同时光补偿点也较低，仅为自然光强的1%以下。阴性树种的木质化程度差，机械组织不发达，维管束数目少，细胞壁薄而细胞体积较大；叶子表皮薄无角质层，栅栏组织不发达，而海绵组织发达，叶绿素A少，叶绿素B较多，更有利于利用林下散射光中蓝紫光，气孔数目较少，细胞液浓度低，叶片的含水量较高。严格来说，园林树木很少有典型的阴性树种，而多数为耐阴树种。

(3)中性树种　对光照强度的反应介于二者之间，同样能够满足在强光和弱光条件下的生长。即表现为在强光下生长最好，但同时也有一定的耐阴能力，但在高温干旱全光照条件下生长受抑制。中性树种又可细分为偏阳性的中性树种和偏阴性的中性树种。如榆属、朴属、榉属、樱花、枫杨等为中性偏阳树种；槐、圆柏、珍珠梅、七叶树、元宝槭、五角槭等为中性稍耐阴树种；冷杉属、云杉属、珊瑚树、红豆杉属、杜鹃、常春藤、竹柏、六道木、枸骨、海桐、罗汉松等为耐阴性较强的树种，有些著作中也将其列入阴性树种。中性树种如果温度、湿度条件合适，仍然以阳光充足的条件下比林荫下生长健壮。

4)依据空气因子分类

可以分为抗风树种、抗烟和有毒气体树种、抗粉尘树种以及卫生保健树种等。每类又可分为若干级。

(1)抗风树种　如马尾松、黑松、圆柏、榉树、胡桃、朴树、樟树、台湾相思树等。

(2)抗SO_2能力强的树种　圆柏、侧柏、白皮松、云杉、香柏、臭椿、国槐、刺槐、紫穗槐、加杨、毛白杨、柳树、柿、君迁子、核桃、山桃、褐梨、木香、蔷薇、珍珠梅、山楂、栒子、欧洲绣球、小叶白蜡、白蜡、北京丁香、雪柳、连翘、火炬树、紫薇、银杏、栾树、悬铃木、华北卫矛、桃叶卫矛、胡颓子、板栗、木槿、黄栌、朝鲜忍冬、金银木、金银花、大叶黄杨、小叶黄杨、五叶地锦等。

(3)抗Cl_2能力强的树种　桧柏、侧柏、白皮松、皂荚、刺槐、合欢、紫藤、银杏、毛白杨、加杨、接骨木、臭椿、山桃、枣、木槿、大叶黄杨、小叶黄杨等。

(4)抗HF能力强的树种　白皮松、圆柏、侧柏、银杏、构、胡颓子、泡桐、悬铃木、国槐、龙爪柳、垂柳、紫薇、紫穗槐、接骨木、连翘、朝鲜忍冬、金银花、丁香、小叶女贞、大叶黄杨、臭椿、海州常山、五叶地锦等。

5)依据土壤因子分类

园林树木种类不同、原产地不同，所要求的土壤酸碱度也不相同。据此可把园林树木分为以下3类。

(1)酸性土树种　在$pH<6.5$的土壤中生长最佳。如马尾松、池杉、红松、山茶、油茶、杜鹃、含笑等。

(2)中性土树种　土壤pH为6.5～7.5，生长最好。

(3)碱性土树种　$pH>7.5$的土壤中生长最好。如柽柳、沙棘、沙枣、仙人掌、侧柏、龙柏、榔榆、白蜡、桑树、槐、紫穗槐等。

4.3.3　依树木的观赏特性分类

(1)观形树木　树体的形状和姿态有较高观赏价值。如龙柏、龙爪槐、苏铁、雪松、圆柏、椰子、棕榈、榕树等。

(2)观花树木　花色、花形、花香等有较高观赏价值。如含笑、牡丹、梅花、蜡梅、月季、白玉兰等。

(3)观叶树木　指树木叶之色彩、形态、大小等有独特之处,可供观赏。如银杏、鹅掌楸、黄栌、红枫、七叶树、鸡爪槭等。

(4)观果树木　其果实具较高观赏价值的一类树,或果形奇特,或其色彩艳丽,或果实巨大。如柚子、南天竹、秤锤树、火棘、枸骨、石榴、佛手、栾树等。

(5)观干枝树木　枝、干具有独特的风姿或有奇特的色泽、附属物。如龙爪柳、榔榆、悬铃木、白皮松、梧桐、青榨槭、白桦、栓翅卫矛、红瑞木等。

(6)观根树木及其他　这类树木裸露的根或其他部位具观赏价值。如榕树、池杉可观根;银芽柳可观芽等。

4.3.4　按园林用途分类

1)独赏树类(孤植树类、公园树或园景树)

观赏价值高,可独立成景,通常作为庭园和园林局部的中心景物,赏其树形或姿态,也有赏其花、果、叶色等。如南洋杉、银杏、凤凰木、日本金松、雪松、金钱松、龙柏、云杉、冷杉、紫杉、紫叶李、龙爪槐、白玉兰、梅花、鹅掌楸等。

2)庭荫树类

树体高大,树冠宽阔,枝叶茂盛,栽种在庭园或公园以遮阴为主要目的。一般多为叶大荫浓的落叶乔木,在冬季人们需要阳光时落叶。例如:梧桐、七叶树、国槐、玉兰、柿树、枫杨、栾树、朴树、榉树、榕树、樟树等。

3)行道树类

栽植在道路两侧,整齐排列,以遮阴、美化为目的。要求树木树冠整齐,冠幅较大,树姿优美,抗逆性强、耐修剪、主干直、分枝点高、寿命长,无恶臭或其他凋落物污染环境,适应性强。如广玉兰、樟树、悬铃木、桉树、榕树、女贞、毛白杨、银桦、鹅掌楸、椴树、重阳木、栾树、椰子、王棕等。

4)防护树类

防护树类指能从空气中吸收有毒气体、阻滞尘埃、削弱噪声、防风固沙、保持水土的树木。

(1)防污染类　防尘类以树冠浓密,叶片密集,叶面粗糙、多毛能分泌黏性油脂,叶片细小、总叶面积大,气孔抗尘埃堵塞强者为佳。如马尾松、雪松、柳杉、广玉兰、樟树、臭椿、枇杷、冬青等。

(2)防噪声类　以叶面大而坚硬,叶片呈鳞片状重叠排列,树体自上至下枝叶密集的常绿树较理想,如雪松、柳杉、圆柏、柏木、樟树、石楠、冬青、桂花、女贞、日本珊瑚树等。

(3)防火类　以树脂含量少,体内水分多,叶细小,叶表皮质厚,树干木栓层发达,萌发再生力强,枝叶稠密,着火不发生烟雾,燃烧蔓延缓慢者为佳,如杨树、柳树、壳斗科、山茶科、冬青、女贞、棕榈等。

(4)防风类　防风类树种应适应当地环境,生长快,生长期长,根系发达,抗倒伏,寿命长,树冠呈塔形或柱状者为宜。如松、杉、柏科的树种以及榆、榉、白蜡等。

(5)保持水土类　保持水土类树木应根系发达,侧根多,耐干旱瘠薄,萌蘖性强,生长快,固土作用大的树种。如杨树、喜树、臭椿、竹类等。

5)花灌木类

以观花为主的灌木类,如山桃、榆叶梅、金银木、山楂、梅花、桃花、连翘、丁香、月季等。

6)植篱类

植篱类是指用作绿篱的树木类。要求耐密植,耐修剪,多分枝且枝叶密集、生长较慢、养护管理方便、具一定观赏价值。常用植篱树种有:圆柏、侧柏、杜松、雀舌黄杨、女贞、珊瑚树、小檗、贴梗海棠、木槿、法国冬青、九里香、火棘、小蜡树、六月雪等。

7)木本地被类

木本地被类是指用于覆盖裸露地面进行绿化的低矮、匍匐的灌木或藤本。地被类应以耐阴、耐践踏,铺展力强、适应能力强的常绿种类为主。

多以覆盖裸露地表、防止尘土飞扬、防止水土流失、减少地表辐射、增加空气湿度、美化环境为主要目的。如:铺地柏、平枝栒子、箬竹、金银花、爬山虎、常春藤等。

8)盆栽及造型类

盆栽及造型类主要指盆栽用于观赏及制作成树桩盆景的一类树木。树桩盆景类植物要求生长缓慢、枝叶细小、耐修剪、易造型、耐旱瘠、易成活、寿命长。如榔榆、银杏、梅、日本五针松、棕竹、榕树、苏铁等。

9)室内装饰类

室内装饰类主要指那些耐阴性强、观赏价值高,常盆栽放于室内观赏的一类树木,如散尾葵、朱蕉、鹅掌柴等。木本切花类主要用于室内装饰,故也归于此类,如蜡梅、银芽柳等。

10)垂直绿化类

垂直绿化类指用于垂直绿化的树木类群,以藤本为主。如紫藤、凌霄、络石、爬山虎、常春藤、葡萄、金银花、铁线莲、木香、炮仗花等。

11)经济用途类

(1)果树类　园林树种中有很多种类的果实美味可口,富含维生素等营养物质。其中有的果实可供直接食用,有些则可加工成果干等进行食用。比如桃、杏、李、梨、葡萄、海棠、柚子、柑橘、山楂、龙眼、荔枝、杨梅、枇杷、猕猴桃、石榴等。

(2)淀粉类　许多园林树种的果实、种子等富含淀粉,其中淀粉质地好,比如板栗、枣、银杏、乌饭树、三叶木通、栲树、栎树等一些植物等。

(3)油料类　许多园林树种的果实、种子等富含油脂,它们对人们的生活及工业方面均很重要。常见的园林油料树种有:油橄榄、榛子、核桃类、无患子、松类、山茶属的一些植物。

(4)菜用类　很多树木的叶、花、果可作蔬菜食用。如白榆、黄榆、三叶木通、合欢、山皂荚、刺桐花、刺楸、楤木、花椒、香椿、乌饭树等。

(5)药用类　园林树种很多可以入药,常见的有杜仲、五味子、连翘、枸杞、侧柏、草麻黄、牡丹、紫玉兰、十大功劳、使君子、厚朴、枳、何首乌等。

(6)香料类　很多园林树种的树皮、花等部位可以提取香精,比如桂花、玫瑰、月桂、白兰花、含笑、茉莉、肉桂、木姜子、橘子(干橘子皮为陈皮)等。

(7)纤维类　有些树木的茎富含纤维,对人们的生活及工业生产有很重要的作用,可用于编织、造纸、纺织、绳索等处,常见的可作各种纤维原料的树种有:青檀、构树、杨、榆、桑、木棉、刺槐、南蛇藤、棕榈等。

(8)饲料类　园林树木的果实或嫩枝、幼叶可作为饲养牲畜的原料,常见的有刺槐、构树、杨树、榛子、合欢等植物的叶或果实都可以作为动物的食物来源。

(9)薪炭材类　有些园林树种富含易燃烧的物质,可用于易燃材料,常见的有桉树、杉、松树等。

(10)乳胶类　在园林树种中,富含橡胶的种类有橡胶树、杜仲、漆树等。

复习思考题

调查校园里的树木,并把它们按照观赏部位、生态习性和园林用途进行分类。

第5章 中国园林树木种质资源

中国的园林树木资源极为丰富，是北半球最富植物多样性的国家，也是世界植物物种的保存、形成和进化中心之一，受到世界各国园林界及植物学界学者的高度评价，被西方人士尊称为“世界园林之母”。

5.1 园林树木种质资源的特点

5.1.1 中国园林树木资源特点

1)种类繁多

据不完全统计，原产中国的种子植物超过25000种，其中木本植物多达8000余种，乔木树种约有2500种，而原产欧洲的乔木树种仅250余种，原产北美的乔木树种也仅有600余种。《中国树木分类学》统计，国产乔木树种竟比全球其他北温带地区所产总数还多。中国树种数量世界第二，仅次于巴西。例如，裸子植物全世界共有12科71属约800种，中国原产的有11科41属243种，分别占全世界总数的91.7%、57.7%和30.4%。其中的17个属，半数以上产自中国，分别是苏铁属(17/14)*、银杏属(1/1)、油杉属(12/10)、银杉属(1/1)、落叶松属(18/10)、金钱松属(1/1)、杉木属(2/2)、台湾杉属(2/2)、柳杉属(2/1)、水松属(1/1)、水杉属(1/1)、侧柏属(1/1)、福建柏属(1/1)、三尖杉属(9/7)、白豆杉属(1/1)、穗花杉属(3/3)、榧树属(7/4)；另如，具有重要观赏价值的山茶属植物，全世界约有280种，其中约86%产自中国；杜鹃花属植物共约960种，其中约63%产自中国。

中国树木种类如此丰富的原因，一方面在于中国幅员辽阔，跨越了不同的气候带，地形地势复杂，造就了植物繁茂、林相丰富的景象；另一方面是地史变迁。在新生代第三纪之前，全球气候温热潮湿，林木极为繁茂，当时银杏科即有15属以上，水杉则广泛分布于欧亚地区直达北极附近。到新生代第四纪时，由于冰川时期的到来，大冰川从北向南运行，因为中欧山脉多为东西走向，所以北方树种为大山阻隔而几乎全部受冻灭绝，这就是北部、中部欧洲树种稀少的历史根源。在中国，由于冰川是属于山地冰川，所以不少地区未受冰川的直接影响，保存了许多欧洲已经灭绝的树种，称为孑遗植物，也称活化石植物。活化石植物是指起源久远，在新生代第三纪或更早有广泛的分布，而大部分已经因为地质、气候的变化而灭绝，只存在很小的范围内，其性状和在化石中发现的植物基本相同，保留了其远古祖先的原始形状，且其近缘类群多已灭绝，因此比较孤立，进化缓慢。中国的活化石树种有银杏、银杉、水杉、水松、穗花杉、红豆杉(紫杉)、台湾杉、鹅掌楸、珙桐、桫椤等100多种。

---

* 括号中数字，前面代表世界种数，后面代表中国种数。

2)分布集中

世界很多著名的花卉及其科属以中国为其分布中心,而其中一些又在国内一定范围内集中分布,形成中心的中心,该特点尤其以中国西南地区最为突出。现以25属园林树木为例,从表5-1中国产树种占世界树种的百分比可以看出此特点。

3)特点突出

(1)特有科、属、种多　在国产园林植物中,很多属于中国特产科、属、种,在世界上居于突出的地位。据统计,中国特有的种子植物分布在67科239属,其中木本植物特有科有银杏科、水青树科、昆栏树科、杜仲科、珙桐科等;木本植物特有属有银杉属、金钱松属、水杉属、白豆杉属、青钱柳属、青檀属、牛筋条属、观光木属、拟单性木兰属、宿轴木属、金钱槭属、枳属、梧桐属、蜡梅属、串果藤属、石笔木属、喜树属、猬实属、双盾木属、通脱木属、鸭头梨属、秤锤树属、香果树属等;以及不胜枚举的特有种,如黄杉、白杆、白皮松、粗榧、夏蜡梅、板栗、桤木、梅花、牡丹、黄牡丹、四川牡丹、金花茶、毛白杨、青杨、月季花、香水月季、大花香水月季、木香、栀子花等。很多中国特产的科、属、种树木已经在园林中广泛栽植,尚未栽培的应设法引种应用。

表5-1　25属园林树木中国产树种占世界总种数的百分比

序号	属名	中国种数	世界种数	所占百分比/%	分布中心
1	蜡梅 *Chimonanthus*	6	6	100	华中、西北
2	金粟兰 *Chloranthus*	15	15	100	西南
3	杉木 *Cunninghamia*	2	2	100	长江以南
4	穗花杉 *Amentotaxus*	3	3	100	西南、华南
5	刚竹 *Phyllostachys*	45	50	90	长江以南
6	猕猴桃 *Actinidia*	57	64	89	黄河流域以南
7	山茶 *Camellia*	240	280	86	西南、华南
8	丁香 *Syringa*	16	19	84	西南至东北
9	油杉 *Keteleeria*	10	12	83	西南
10	锦鸡儿 *Caragana*	50	60	83	黄河流域
11	溲疏 *Deutzia*	50	60	83	西部
12	桃叶珊瑚 *Aucuba*	10	12	83	长江以南
13	石楠 *Photinia*	45	55	82	华中、华南、西南
14	莸 *Caryopteris*	14	17	82	华东、中南
15	粗榧 *Cephalotaxus*	7	9	78	华东、华南、西南、华中
16	木樨 *Osmanthus*	23	30	77	长江以南及西南
17	幌伞枫 *Heteropanax*	6	8	75	西南至华南
18	梾木 *Cornus*	30	40	75	西南
19	火棘 *Pyracantha*	7	10	70	西南
20	蜡瓣花 *Corylopsis*	20	29	69	西南至东南
21	栒子 *Cotoneaster*	60	90	67	西南
22	油桐 *Vernicia*	2	3	67	长江以南
23	楝 *Melia*	2	3	67	东南至西南
24	女贞 *Ligustrum*	30	45	67	长江以南及西南
25	杜鹃花 *Rhododendron*	600	960	63	西南

(2)天然变异类型多　中国地域辽阔,地貌复杂,气候变化多端,在植物长期的进化演变过程中形成了众多的变异类型。以"木本花卉之王"的杜鹃花属植物为例,其形态特征、生长习性、生态要求以及地理分布变幅极大。有常绿、落叶及半落叶之分,其中常绿杜鹃亚属中,微型的平卧杜鹃高仅5～10 cm,巨型的如大树杜鹃高达25 m。花色更是美丽而丰富,红色系中可分出大红、朱红、紫红、粉红、肉红、橙红等不同纯度的红色;黄色系中也可以分出金黄、褐黄、纯黄、米黄、乳黄、浅黄、绿黄等色彩;白色中还有纯白和乳白的不同;甚至一株杜鹃上能长出红、淡红、黄、白等多种色彩的花朵。花形有漏斗状、钟状、管状或高脚碟状等。花香亦有不香、微香、幽香、浓香等变化。

(3)多季开花的种和品种多　多季开花的植物主要表现在一年四季或三季开花不断,这是培育周年开花新品种的重要基因资源和育种材料。中国拥有许多四季开花的植物资源,如月季花品种'月月红''月月粉''月月紫'等;香水月季品种'彩晕''淡黄'等;还有'四季米兰''四季桂''四季锦带花''四季金银花'(*Lonicera japonica* 'Semperflorens')等四季开花品种。

(4)早花种类及品种多　早花类植物多在冬季或早春较低温度条件下开花,是一类培育低能耗植物品种的重要育种材料。中国向世界提供了众多特殊早花性的观赏树木,如梅花、蜡梅、迎春、连翘、玉兰、瑞香等。

(5)珍稀黄色花的种类及品种多　许多重要园林植物的黄花种及品种罕见,是世界众多植物学家梦寐以求的植物资源。中国早在宋代即培育出梅花品种'黄香梅',是极其珍贵的黄花品种;中国科研工作者于1965年在中国广西南宁首次发现开黄色花的山茶花——金花茶,一经发表轰动了全世界,被誉为"茶族皇后";牡丹科植物大多为红、白色系花,中国却拥有如黄牡丹、大花黄牡丹等珍稀黄花种;中国古老香水月季品种'淡黄'1824年传入英国,对欧洲现代月季的育种起了决定性作用。

(6)奇异类型与品种多　中国除是世界公认的植物种质资源起源中心外,还以具有独特异彩的特点而闻名于世,主要表现在:一是变色类的品种多,如清晨和上午初开时花色洁白,逐渐转变为粉红色,午后至傍晚凋谢时变为深红色的木芙蓉品种'醉芙蓉',早在清代《花镜》中就有明确记载,说明该变色品种在我国已有300多年的栽培历史。除此之外,中国还有月季、牡丹、木槿、石榴、扶桑等变色品种。二是台阁类型品种多,如牡丹花由2或数花上下重叠构成的千层台阁型及楼子台阁型的若干品种。三是天然龙游品种多,此类品种枝条自然弯曲,如'龙桑''龙游梅''龙游槐'等。四是枝条天然下垂的品种多,如'垂枝榆''垂枝桃''垂枝梅'等。五是微型与巨型的种类和品种多,微型类型如微型月季、小月季等株高仅10～20 cm;巨型的如大树杜鹃,株高达25 m。六是抗性强的种类和品种多,如具有抗病虫、抗旱、抗寒、耐热、耐瘠薄以及适应性强等优良特性的园林植物资源,也多由中国引种至国外参加杂交育种并取得优秀的成果。

(7)外来树种日渐增多　为丰富我国园林植物景观,不少国外树种相继被引进我国园林,尤其是改革开放以来,引进的园林树木种类更加丰富多彩。如广玉兰、南洋杉、银桦、蓝花楹、加拿利海枣、华盛顿棕、金叶女贞、金森女贞、美国红栌、金叶皂荚、金叶接骨木、挪威槭、欧洲花楸、澳洲瓶子树等。尤其是棕榈科树种,从国外引种了200多个种(品种)。这些树种资源的引进大大丰富了中国园林树种资源,为植物造景提供了更加丰富多彩的材料。

5.1.2　中国西南地区园林树木资源特点

中国是世界园林植物重要的发祥地之一,尤其西南地区是世界众多著名的园林树木分布中心之一。中国西南地区位于中国西南部,包括四川省、云南省、贵州省、重庆市及西藏自治区,面积约235万 km^2,约占全国面积的1/4。该地区地貌以高原、山地和盆地为主,还有广泛分布的喀斯特地貌、冰川和冰缘地貌、火山地貌、河谷地貌和盆地地貌等,地理上涵盖青藏高原东南部、四川盆地和云贵高原大部。中国西南地区植物种质资源的特点有以下几点。

(1)种类丰富,成分复杂　该地区高山众多,河流纵横,峡谷广布,地跨寒、温、亚热带三个气候带,自然生态环境复杂，使之拥有了其他地区远远不及的植物多样性和丰富度。该地区种子植物达 2 万余种，约占全国总数的 2/3。西南地区的植被类型复杂多变，除不含西北地区的温带、暖温带荒漠、荒漠草原外，几乎包容了东部季风区从海南直至东北北端的所有地带性植被。因此，西南地区不仅具有与东亚、华东、华南以及三北地区相同的植物种类，还有与欧洲、美洲、非洲和大洋洲相同或相似的植物种类，成为中国乃至世界上植物种质资源最丰富和最典型的地区之一。如位于藏东南、四川西部和云南西北部的横断山脉地区被称为“中国西南山地生物多样性热点地区”，是世界上动植物最丰富的温带森林。据统计，中国西部的山地植物种类，比邻近的印度、缅甸、尼泊尔等山地的种类多 4～5 倍。

中国西南地区的植物对世界园林的贡献非常之大。如世界顶级植物园之一的英国皇家植物园(Royal Botanic Garden, Kew)，简称邱园(Kew Garden)，从中国采集的植物来自除黑龙江、吉林和天津以外的所有中国省份，据统计，其中来自西南地区云南、四川、西藏的数量分别占总标本数的 41.93%、17.55%、11.44%，合计占总数的 70%以上。

(2)孑遗及特有植物资源丰富　由于第四纪冰川对西南地区影响小，使该地区成为冰川时期植物的“避难所”，保存了大量古老的孑遗植物。此外，单种属、寡种属及特有种数量丰富。如西藏特有的裸子植物有 15 种以上，包括西藏红杉、喜马拉雅红杉、乔松、西藏柏木、巨柏、西藏冷杉、长叶云杉、林芝云杉等；被子植物中有西藏木莲、长喙厚朴等。此外，还有第三纪孑遗的云南红豆杉、海南粗榧、百日青以及短柄垂子买麻藤等。贵州目前特有或仅在贵州分布的种子植物共计 280 种(含变种)，占贵州省种子植物总数的 53%，它们分别隶属 66 科 144 属，其中连香树科、伯乐树科、马尾树科、杜仲科以及蓝果树科都是一些特有或原始类群。贵州的特有珍稀植物有贵州苏铁、梵净山冷杉、青岩油杉、荔波瘤果茶、小黄花茶、美丽红山茶、贵州石笔木、贵州槭、雷公山槭、红脉槭、道真润楠等树种。四川的特有植物包括攀枝花苏铁、四川红杉、康定云杉、峨眉含笑、峨眉拟单性木莲、四川牡丹等。重庆地区也保存了大量古老孑遗植物，如银杉、银杏、水杉等；单种科有银杏、伯乐树、连香树、杜仲等科；单种属更多，如银杉、金钱松、白豆杉、水杉、水青树、香果树、青檀等 22 个属种。

(3)珍稀及重点保护植物资源丰富　西南地区的野生植物资源中属于珍稀濒危植物及国家重点保护植物的种类异常丰富，以云南为例，其国家重点保护植物种质资源最为丰富，几乎占据全国的一半，其中国家Ⅰ级保护植物 22 种，国家Ⅱ级保护植物 51 种，其他保护植物 17 种，极危植物物种和濒危植物物种所占比例大。木本珍稀濒危植物及国家重点保护植物主要集中在木兰科(10 属 17 种)、松科(4 属 7 种)、杜鹃花科(1 属 7 种)、梧桐科(3 属 5 种)、龙脑香科(5 属 5 种)等。另云南特有竹种达 100 种以上，其中牡竹属、方竹属、箭竹属、香竹属和铁竹属等均属于珍稀濒危物种。

5.1.3　中国园林树木资源对世界园林的影响

中国的各种名贵园林植物对西方国家的园艺和园林事业起了重大的作用。中国绚丽多彩的观赏树木很早便开始逐渐引种至国外，目前世界的每个角落几乎都可以看到原产中国的树木。例如，桃花在中国有 3000 多年的栽培历史，早在公元 300 年就传入伊朗，后辗转传至德国、西班牙、葡萄牙等国家，15 世纪时传入英国，16 世纪才传入美国；被欧洲人誉为活化石的银杏，早在宋代就传入日本，18 世纪初传入欧洲，1730 年传至美洲，现已遍及全世界；中国特产植物金钱松，1853 年传入英国，次年引入美国，得到了极高的评价，被列为世界五大公园树种之一；20 世纪 40 年代在中国湖北发现的孑遗植物水杉于 1948 年美国引入种子繁殖成功后，现已遍及亚洲、非洲、欧洲、美洲等 100 多个国家和地区，均生长良好，在高纬度地区阿拉斯加、彼得格勒、哥本哈根等地均能露地越冬。据统计，现在美国加利福尼亚州的花卉总数中，来自中国的原产种占到 70%以上。可见，来自中国的植物构成了世界园林中绝对不可或缺的元素。“没有中国的植物便不能成为花园”是毫不夸张的。

欧洲人在中国的专业性植物采集活动集中在17世纪开始，到20世纪初已累计记录了超过15000种采自中国的植物，其中半数以上的模式标本都收藏于英国邱园，贡献最大的采集者有爱尔兰人亨瑞(Augustine Henry)、英国人威尔逊(Ernest Henry Wilson)、英国人福雷斯特(George Forrest)、法国人戴乐维(Pierre Jean Marie Delavay)以及法国人卡瓦勒瑞(Pierre Julien Cavalerie)。其中，仅威尔逊一个人就将近1600种中国特有植物引种至欧美，其著作*China, the Mother of Gardens*(《中国，园林之母》)，对欧洲植物学界产生深远影响。除邱园外，英国皇家爱丁堡植物园目前保存的活植物共1700多种，其中有10%来自中国，超过1/2为中国特有种；美国哈佛大学阿诺德树木园目前保存活植物4000余种，其中引自中国的有440多种，200多种为中国特有种；美国莫顿树木园目前保存活植物约3500种，其中引自中国的有近430种，35%为中国特有植物。

另外，中国许多植物还参与了世界性的观赏植物育种工作，为培育性状优良的园林植物新品种做出了卓越的贡献。例如，观赏植物育种最高成就之一的现代月季，现已是一个拥有超过3万个品种的杂交品种群，就是以中国月季为重要祖先培育得到的。中国月季在中国具有悠久的栽培历史，早在汉武帝时代的宫苑中即有栽培，在1800年前后开始传入英、法等国，很快为欧洲人所珍视并用作杂交育种的重要亲本，与欧洲原有的蔷薇属植物杂交并多次回交，终于创造出许多色、形、香、姿俱佳且四季开花不绝的现代月季新类型、新品种。近2个世纪以来，被用于创造现代月季新品种的蔷薇属原种主要有15个，其中10种左右均原产中国。又如，1937年后，中国一些重瓣的山茶园艺品种从中国沿海口岸传到西欧，截至目前已培育出新品种3000个以上。此类案例数不胜数，可见，中国的观赏植物资源为世界园林培育新的杂交种起到了举足轻重的作用。

5.2 园林树木种质资源的保护及利用

5.2.1 园林树木种质资源的重要性

人类文明不断进步的今天，全球生态环境正在不断恶化，野生植物资源遭到严重破坏，有些珍稀植物已日趋稀少或濒临灭绝。近50年来，中国约有200种植物灭绝，高等植物受威胁物种已达4000～5000种，占总种数的15%～20%。归其原因，包括人为因素及自然因素两方面的影响，其中人为因素包括人工采挖破坏、盲目引种、过度放牧以及采矿、修路、修水库等建设性破坏。如具有宝贵的观赏及药用价值的矮牡丹、紫斑牡丹，早在20世纪中叶就遭到人们大量采挖，使其自然分布范围日益缩小，植株数量越来越少。另外，频繁的地震、滑坡、泥石流及火灾等危险性强的自然灾害也是植物资源锐减的主要原因。如1988年发现的木兰科新种——落叶木莲，就在其生境地江西省宜春市洪江乡玉京山的一场森林大火中严重受损，种群数量急剧减少。

“谁掌握了种质资源，谁就掌握了未来！”植物种质资源是一个国家的战略资源，是生物多样性中与人类生存与发展密切相关的最重要的组成部分。园林树木是植物种质资源的重要组成部分，是大自然赐予我们的宝贵财富，也是育种、科研、创造有价值栽培植物新类型的物质基础与基因库。随着社会发展和文明进步，近年来建筑设计、城市规划和风景园林设计等环境科学发展迅速，人们对室内外观赏植物的应用更加重视。而传统观赏植物资源的不足使得人们逐渐大量引进外来树种，最终出现观赏植物千篇一律、生物多样性逐渐减少的现象，这与中国拥有“世界园林之母”和“花卉王国”的美誉极不相称。因此，应该充分认识园林树木种质资源的重要性，如何充分保护、合理开发和利用好中国本土的野生观赏植物是目前亟须解决的重要问题之一。

5.2.2 园林树木资源的保护途径

(1)建立自然保护区　建立自然保护区来保护

种质资源及它们赖以生存的自然生态系统是保护生物多样性和自然资源最重要、最经济、最有效的措施，是目前国内外采用的物种保护最佳方法。对于资源调查中发现的珍贵、稀有树种应采取就地保护，划定一定面积的保护区并实施严格的封禁措施。自然保护区的建立还可以为人类提供科研场所，还能涵养水源、净化空气，实现植物的生态、社会以及经济效益最大化。

(2)实施迁地保护　将因生存条件遭到严重破坏或物种数量极少等原因使得生存和繁衍受到严重威胁的树种，移入植物园、树木园以及种质资源引种驯化基地进行特殊的保护和管理，将原生地保护和迁地保护相结合，以便更好地保护种源，开展树种资源开发利用的研究。另外，可以通过对种质资源的种子库或基因库及组织离体培养的研究，对一些中国特有及珍稀濒危植物资源进行长期保存。

(3)完善法律体系　为保护珍贵的植物资源，我国已制定《中华人民共和国野生植物保护条例》等法规，有效地保护了一些珍稀野生植物资源。但是针对观赏植物资源的保护和管理，目前尚存空白，使得很多野生观赏植物资源保护不够，基本上处于自生自灭、无人管理的状态。应尽快制定一部操作性强的中国观赏植物种质资源保护和管理的法规及其实施意见，以期尽最大努力为我国珍贵的观赏植物资源提供更大的法律保护。同时，严格执法，坚决打击违法盗伐、销售等行为。

(4)加强宣传教育　野生植物保护是一项社会系统工程，需要全社会的广泛支持。要发挥社会组织、科研教育机构和新闻媒体等的作用，强化园林树木资源保护的宣传工作，提高各类管理人员的保护意识，特别是从事观赏植物培育、销售、新品种开发、森林执法人员以及自然保护区和珍稀濒危植物资源分布区广大群众的保护意识，做到人人皆知、人人必知，只有充分认识保护种质资源的重要性才是促使人们采取保护的先决条件。

5.2.3　中国园林树木资源开发利用现状

中国虽然具有丰富的树种资源，但目前园林中应用的树种还很少，每个城市应用的种类一般在200～400种，而且其中还包括部分外来树种，已用的乡土树种只占中国园林树木资源中的极小部分。作为资源丰富的西南地区，树种资源的利用率更低，整个地区已用的园林树种约500种，每个城市应用的不足400种，如昆明市应用的园林树种约为320种，重庆306种，成都253种。这与国外一般城市所用树种均在1000种以上相比，存在着很大差距。由此看来，中国尚有大量的野生观赏树种还没有被充分开发和利用，生产上只是一味追求培育和引进新的品种，造成了资源的严重浪费。所以，应加大引种驯化野生树种的力度，使众多优良的野生树种进入城市绿地，以满足城市绿化景观多样化的需要。

但是，目前在一些地区野生树种的开发利用过程中，缺少科学的指导，只注重追求经济效益，采用不合适的手段，如直接采挖野生树苗，尤其是野生大树；在原生地大量采集珍稀濒危树种种子等，这使得园林树种资源遭到很大的破坏和浪费，应加以制止。

5.2.4　园林树木资源的开发利用对策

植物保护的根本目的是实现植物种质资源的可持续利用。在对植物进行严格依法保护的同时，一定要加强对其开发利用的研究工作，以“加强保护、积极发展、合理利用”为方针，使更多的观赏价值高、抗性强的野生植物进入城市，进入园林为人类做出自己的贡献，这是野生种质资源得到保护的根本有效途径。

(1)科学合理引种驯化　目前，一些珍贵园林树种的采集和应用缺乏统一有序的规划，基层工作人员素质低、缺乏技术指导，使得盲目引种、乱采滥伐等行为给一些珍稀野生植物资源的开发利用带来了巨大的压力。如出现过部分地区没有对珙桐进行充分的调查研究，直接从野外挖出搬移至园林中进行应用，最终导致其死亡的现象。大树进城之风也一度风靡，如大樟树、大桂花、大罗汉松等，造成资源的极大浪费和破坏。因此，要科学合理地进行引种驯化工作，如果引种地区的自然条件和原分布区自然条件差异较大，需要通过多种途径对植物进行遗传性状的改良来适应新环境。

(2)加强科技力量的投入和研究　科学研究是指导园林树木有效保护和合理利用的前提条件。欧美等国大范围开展针对中国园林植物的科研工作已有 100～200 年历史，而我国起步较晚，发展较慢，成果较少，未能有效指导野生园林树木的保护和开发工作。因此，对植物资源中有开发利用价值的各物种的地理分布、生境、解剖生态、生殖生物学、遗传多样性、生理生态、传粉生物学、遗传育种等方面进行深入细致研究已迫在眉睫。要有目的、有步骤地开展园林树木的科学研究工作，如深入研究各物种种子休眠及萌发机理，应用现代生物技术提高繁殖系数，加大对濒危观赏植物遗传基因及遗传特性的研究等，给园林树木的保护利用提供有效的技术支持。

(3)针对有发展潜力的园林树木进行信息系统建设　目前我国各地已有不少针对城市中常见园林植物构建的园林植物数据库，对园林设计师进行植物配置具有很好的指导意义。今后可以扩大此系统的范畴，以对野生植物种质资源的调查和研究工作中获得的资料为基础，从这些植物的观赏价值、生态适应性、抗性等方面出发，建立未来有园林应用潜力的观赏植物数据库，重点对这些野生树种，尤其是濒危珍稀树种进行动态监测，加强引种驯化工作，为之后进一步进行园林应用奠定基础。

复习思考题

1. 试述中国园林树木资源的特点。

2. 试述中国西南地区树木资源的特点。

3. 试述中国园林树木对世界园林的影响和贡献。

4. 试述中国园林树木保护与利用的方法和策略。

第6章 城乡园林绿化树种的调查与规划

树种调查是对当地树木种类、生境、生长状况、历史文化、绿化效果等方面作综合的调查。树种调查与选择是城市绿化树种规划的基础。由于我国土地广阔，各个城市所处的气候带不同、对乡土树木与外来园林树木引种利用情况不同、各类园林树木生长的生态习性和观赏价值不同、各类园林绿地绿化功能不同等多种因素，各城市绿化树种选择和应用也有其地域特征。

树种规划是对城乡园林绿化树种做出的科学的统筹计划，提出适合当地自然条件、能发挥园林绿化多种功能并对树种在当地园林绿化中的使用地位和形式等做出全面布局的树种计划安排名单。树种规划也是城市园林绿地规划的重要组成部分，是科学选择、合理应用城乡园林树木的主要依据。

6.1 园林树种调查与规划的意义

树种调查能认知当地的树木种类，分析和总结出各种树木在当地的适生环境、生长状况和适应能力等，为树种规划提供最基本的科学依据。

构成园林绿地的基本材料是园林植物，树木又是园林植物的骨干，它需要经过数年、数十年甚至上百年的生长与培育，才能达到预期的效果。所以任何一个城乡都需要结合当地具体条件，筛选出一批从种类到应用形式都能较好地在当地发挥园林绿化功能的树木，供绿化建设时参考应用。如此方能减少绿化建设盲目性和不必要的损失，又能使一个城乡具有自己的绿化特色。因此，园林树种规划作为在树种调查的基础上根据适地适树原则对城乡园林绿化树种选择和使用做出的科学的统筹计划，对一个城市的园林绿化建设与发展具有方向性、战略性地位。科学合理的城乡园林树种规划对满足园林绿化多功能的要求，改善城市环境、丰富城市景观、反映当地历史文化风貌、指导当地园林苗圃生产等方面均具有重大指导意义和深远的影响。

园林树种调查、选择与规划是城市绿化建设最重要的基础工作之一。我国园林树木规划的步骤基本包括城市树种调查、现状评价、规划的制定三部分。树种调查和现状评价是规划编制的基础，其内容和方法直接影响了规划是否切合城市绿化现状；规划的制定是编制园林树木规划的基础，决定了实际规划的科学性。

6.2 园林树种调查

园林树种调查通常以当地城乡绿化中现状栽培树种为主要调查对象，但对当地的自然植被的木本植物群落也应调查。调查内容是对园林绿化树种现状，包括种类、分布、数量、生长状况、生境特征、文化历史、绿化应用等情况进行真实的了解分析，以便为园林树种选择与规划提供翔实而充分的依据。因此，调查一定要认真细致，以科学的实事求是的态度来对待。

6.2.1　组织与培训

在进行园林树木的调查前需要进行组织与培训，主要包括成立调查组、收集相关资料、制定调查计划、做好调查的物资准备等。

1)成立调查组

树种调查通常要求在当地园林主管部门、教学、科研单位或有技术实力的绿化公司主持下，挑选具有业务能力、工作认真的技术人员组成调查组。调查组成员要共同学习树种调查方法和具体要求。调查前可根据人员数量分成小组分片包干实行调查，一般 3～5 人为一组，每小组内可进行分工，例如记录、测量数据。

2)收集相关资料

调查前，应对当地的相关情况进行全面的了解并收集相应的资料。可以向有关部门，如气象局、园林局、林业局、规划局、国土资源局等了解城市的自然环境概况(包括地质地貌情况、土壤、水资源、自然灾害等)、气候条件和植被背景。也可通过地方志、植物志、树木志等资料的查阅与搜集，了解当地的基本概况。必要时，还可向相关行政部门收集地形图、城市绿地系统规划图等。

3)制定调查计划

收集相关资料后，调查组就要制定一个详细的调查计划。首先，各调查组要明确调查的目的与内容、方法和具体要求；其次，根据收集资料，分析调查地园林类型及生境条件，在每类中选出具有代表性的调查点；最后，根据确定的调查点和地图制定详细的调查路线和具体的调查步骤，合理地安排调查进度。在制订调研计划过程中，如遇到疑难问题，应进行全组讨论，统一认识。

4)做好调查的物资准备

调查计划制订后，要根据调查计划内容要求准备相关的物资。例如，进行植物标本采集、土壤样品采集等，需要准备好数码相机、笔、橡皮、标本夹(含吸水纸)、保鲜袋、标签贴纸、pH 试纸等；进行树木测量，需要准备好各类野外调查表、记录板、铅笔、橡皮、皮尺、卷尺、测高仪、枝剪等器具。

6.2.2　调查项目

调查项目主要包括调查范围、调查内容和调查方法。

1)园林树种调查范围

调查范围是进行园林树种调查的一个区间，可以有不同的确定方式。

(1)依据城市规划中城市结构布局确定　通常以城区为中心，根据城市的远近布局结构，辐射附近的县区、乡镇来确定调查范围。

(2)依据城市绿地系统中绿地的类型确定　城市园林绿地是城市绿地的一个有机组成部分，根据我国建设部 2018 年 6 月起实施的《城市绿地分类标准》(CJJ/T85－2017)，城市绿地可以划分为五大类型：①公园绿地(G1)，指向公众开放，以游憩为主要功能，兼具生态、景观、文教和应急避险等功能，有一定游憩和服务设施的绿地。②防护绿地(G2)，指用地独立，具有卫生、隔离、安全、生态防护功能，游人不宜进入的绿地，主要包括卫生隔离防护绿地、道路及铁路防护绿地、高压走廊防护绿地、公用设施防护绿地等。③广场绿地(G3)，指以游憩、纪念、集会和避险等功能为主的城市公共活动场地。④附属绿地(XG)，指附属于各类城市建设用地(除“绿地与广场用地”)的绿化用地，包括居住用地、公共管理与公共服务设施用地、商业服务业设施用地、工业用地、物流仓储用地、道路与交通设施用地、公用设施用地等用地中的绿地。⑤区域绿地(EG)，指位于城市建设用地之外，具有城乡生态环境及自然资源和文化资源保护、游憩健身、安全防护隔离和物种保护、园林苗木生产等功能的绿地。在这五大类绿地中，选择具有典型性、代表性的绿地进行调查。如在五大绿地类型中，根据绿地基础分为较好、一般、较差三个等级，分别选取一定数量的绿地进行调查。

(3)依据不同立地条件和气候条件确定　城市不同区域的环境污染物、建筑物、道路、地形地势、土壤等有差异，因此相同的植物在不同的立地条件下，生长可能有差异。在选择园林树种调查范围时，可以选择不同环境和立地条件下的绿地进行调查。

调查城市附近的自然植被和植物种类。一些城市是依山傍水而建,因城市附近有山脉、湖泊、河流等,因此存在大量的自然植被。在进行园林树木调查时,也应将这些地点选作调查点。如北京的香山、重庆的南山、昆明西山及滇池周围、贵阳黔灵山等,在进行城市园林树木调查时,也应考虑这些点。

以昆明为例,在选择园林树种调查范围时,应以昆明中心组团为主,根据城市绿地类型,选择几个重点地点。例如,城市的公园绿地可以选择翠湖公园、大观公园、圆通动物园、席子营小游园等;生产绿地可选择昆明泛亚花木城、东郊苗圃等;附属绿地中,道路绿地可选择北京路、人民路、滇池路等;学校绿地可选择云南大学、昆明理工大学、昆一中、昆八中、师大附小等;医院绿地可选择昆华医院、云大医院等;机关单位绿地可选择云南省政府、昆明市政府等;工厂企业绿地可选择醋酸纤维厂、云南白药厂、云天化等;居住区绿地可选择新迎小区、月牙塘小区、野鸭湖别墅区等;防护绿地可选择绕城高速、昆玉高速、昆石高速等道路防护绿地;其他绿地可选择西山、滇池周围以及昆明附近乡镇的自然植被具代表性的点进行调查。

2)园林树种调查内容

园林树种的调查内容都是围绕着园林树木展开的,可归纳为树木种类的调查、树种配置的调查以及典型地点的解剖调查。在外业调查中,通过园林树种调查记录卡记录相关信息(表6-1)。

(1)树木种类的调查　调查整个区域内的园林树木种类,进行标本的采集,并记载调查项目。现在的标本采集多辅以或采用照片拍摄的方式,对采集和拍摄的植物进行编号。记载的调查项目以露地越冬树种为例,有以下一些主要内容。

树种类别:乔木,包括常绿针叶、常绿阔叶、落叶针叶、落叶阔叶乔木;灌木,包括常绿针叶、常绿阔叶、落叶阔叶灌木;藤本,包括常绿和落叶藤本;竹类。

生长环境:观察和测量记录园林树木的生长环境概况,包括地形地势、土壤理化特性、水源情况、光照情况等。

整体性状:通过目测观察树木的冠形、冠幅和干形;通过测高仪测量树木的高度;用钢卷尺或皮尺测量树木的胸径或灌木球的冠径;观察记录树木的长势和抗病虫害程度;通过树木的生长状态、枝叶的繁茂程度和生长环境,综合评价树木的适应性(如耐寒性、耐旱性、耐阴性、耐水湿等)和抗性表现(如抗污染气体能力、抗粉尘能力、抗病虫害能力等)。根据园林树种的生长势和适应性,将生长状况分级,如分为优:完全能适应环境条件,生长旺盛,枝叶繁茂;良:能够适应所在的环境条件,生长较旺盛,枝干、树叶等生长良好;一般:基本能适应当地条件,枝叶稀疏,基本能保持冠形;较差:对立地和环境条件不太适应,枝叶稀疏,有病虫害,冠形不完整;差:不能适应生长地环境,枝干发育不良,冠形散乱,病虫害较严重。通过查阅绿化档案和访问知情群众,确定树木来源;通过查阅有关资料、访问群众或实测不同胸径树木的生长锥来推算树木的年龄。

园林用途:记录调查点园林树木的园林用途,如行道树、庭荫树、花木、果木、垂直绿化、地被等。

栽植方式:丛植、列植、孤植、片植等。

(2)树种配置的调查　乔木与灌木树种、落叶与常绿树种、速生与慢生树种,以及草本花卉和地被植物的应用比例不同可以反映出不同的园林外貌,因此在调查过程中,有必要对整个区域内的树种配置进行调查。

配置方法:园林树木配置方法可分为按种植点的平面配置(包括规则式配置、自然式配置及混合式配置)和按种植效果的景观配置(包括单株配置、散点配置、丛状配置、带状配置、篱垣式配置、群状配置及林分式配置)。

树种搭配:进行园林树木配置时,多会考虑园林树木的个体、个性与群体、共性的关系,考虑其总体效果带给人的美感。因此,在进行园林树木调查时,树种的搭配及其比例关系也必不可少。调查内容主要包括,常绿与落叶树种的搭配及数量,乔木与灌木的搭配及数量,针叶树种与阔叶树种的搭配及数量,色、香植物的搭配及数量,色叶植物的搭配及数量等。

典型地点的解剖调查:典型地点的解剖调查是

对选定的调查点进行详尽细致的调查。内容主要包括：逐棵清点该调查点出现的树木数量，观察该调查点的立地条件及树木的生长势、生长量、抗性等情况，统计出常绿乔木、落叶乔木、常绿灌木、落叶灌木的种类及数量，统计出这些树木的比例关系，并填写园林树种调查记录卡(表 6-1)。

3)园林树种调查方法

可分为踏查法和重点调查法。

(1)踏查法　在通过收集的材料掌握了调查区域园林树种基本情况的前提下，对整个调查区域进

表 6-1　园林树种调查记录卡

年　　月　　日

编号：		树种名称：		学名：		科名：	
类别：落叶树、常绿树、落叶针叶树、落叶灌木、丛木、藤木、常绿灌木							
栽植地点：		来源：乡土、引种			树龄或估计年龄：　　年		
冠形：椭圆、长椭圆、扁圆、球形、尖塔、开张、伞形、卵形、扇形							
干形：	通直、稍曲、弯曲	展叶期：			花期：		
果期：		落叶期：			生长势：强、中、弱、秃顶、干空		
其他重要性状：							
调查株数：		最大树高：　m			最大胸围：　cm		
最大冠幅：东西　m　南北　m		平均树高：　m			平均胸围：　m		
栽植方式：林植、丛植、列植、孤植、绿篱、绿墙、山石点景							
繁殖方式：实生、扦插、嫁接、萌蘖							
栽植要点：							
园林用途：行道树、庭荫树、防护树、观花树、观果树、观叶树、篱垣、垂直绿化、地被							
生态环境：	光照：强、中、弱　坡向或楼向：东、西、南、北　海拔：　m 地形：坡地、平地、山脚、山腰　坡度：　度 土壤类型：　土壤质地：沙土、壤土、黏土　土层厚度：　m 土壤水分：水湿、湿润、干旱、极干旱　土壤肥力：好、中、差　土壤 pH： 病虫种类：　空气主要污染物：　风：风口、有屏障 伴生树种：　其他：						
适应性：	耐寒力：强、中、弱　耐水力：强、中、弱　耐盐碱：强、中、弱 耐旱力：强、中、弱　耐高温力：强、中、弱　耐风沙：强、中、弱 耐瘠薄力：强、中、弱　耐阴性：喜光、半耐阴、耐阴 病虫害危害程度：严重、较重、较轻、无						
绿化功能：							
抗有毒气体能力：	抗 SO_2 强、中、弱；抗 Cl_2 强、中、弱；抗 HF 强、中、弱；抗粉尘：强、中、弱						
其他功能：							
评价：							
标本号：			照片号：			调查人：	

行实地查看，通过踏查确定重点调查的地段和重点调查的树种。

(2)重点调查法　对拟定的重点地段和重点树种进行详细调查，填写野外记录，并拍摄照片、采集标本。标本采集时应注意爱护树木，征求园林树木管理部门或管理者的意见，以不影响树形结构为原则，选择不显眼的枝条采集。对比较典型的绿化地段，最好设置样地，详细记录物种、株数、大小、配置方式、株行距、花果期、群落结构、土壤状况等。

6.2.3 园林树种调查的总结

外业调查结束后，应将资料汇总，进行总结分析，编写调查研究报告。

1)资料的汇总

将调查的资料按类型，如行道树、绿篱树种等，进行归类，并将调查时填写的所有表格进行汇总，便于各种树种调查总结表的填写，例如，园林树种调查簿(表 6-2)、园林绿地树木统计表(表 6-3)等。

表 6-2　园林树种调查簿

城区小区	斑块编号	栽培类型	数量			立地条件 地貌、地形、土壤、水文、地质或基质	种类 科属、树种(拉丁名)品种、类型	年龄(栽植年度)	平均高度/m	胸径/cm	生长情况	特殊意义	栽培措施意见
			面积/hm^2	长/宽/m	株数								

表 6-3　园林绿地树木统计表

绿地类型：　　　　位置：　　　　斑块编号：

树种	学名	株数	平均胸径/cm	平均树高/m	平均冠幅/m	树木生长状况(株数)						胸径等级(株数)				
						Ⅰ	Ⅱ	Ⅲ	Ⅳ	Ⅴ	Ⅵ	＜10	10～20	20～30	30～40	＞40

2)对调查结果进行总结、分析

在获得基础数据后，对调查的结果进行总结分析。

分析内容包括：树种鉴定和根据调查结果编制当地树种名录或树种分类检索表，树种比例关系。根据树种搭配调查结果，分析常绿与落叶树种、乔木与灌木、针叶与阔叶树种、速生与慢生树种的比例关系，并得出结论，给出建议或意见；树种生长表现的统计与评价，如抗污染树种有哪些、抗病虫害树种有哪些等；对各类绿地调查结果进行分析，例如对街道绿地、专用绿地、公共绿地进行分析；对树种进行专项分析，如乡土树种分析、引进树种分析、边缘树种分析；制作反映园林树木现状的园林树木分布图。

在统计分析的基础上，总结出生长最佳树种、最佳绿化效果树种、抗污染树种、特色树种、引种栽培树种、抗病虫害树种、古树名木等及其在应用上的优点、存在的问题与不足，以及今后树种规划的发展方向。

二维码 A-2
古树名木资料

3)编写调查研究报告

在汇编了资料并对调查结果进行分析总结后，应提交调查研究报告。报告内容包括：

(1)前言　说明目的、意义、组织情况及参加工作人员、调查的方法步骤等内容。

(2)本市的自然环境情况　包括城市的自然地理位置、地形地貌、海拔、气象、水文、土壤、污染情况及植被情况等。

(3)城市性质及社会经济简况　可简略介绍。

(4)本市园林绿化现状　可根据城乡建设环境保护部所规定的绿地类别进行叙述。根据我国建设部 2018 年 6 月起实施的《城市绿地分类标准》(CJJ/T 85—2017)，城市绿地可以划分为公园绿地(G1)、防护绿地(G2)、广场绿地(G3)、附属绿地(XG)和区域绿地(EG)五个类别，每个类别含大类、中类、小类三个层次，绿地类别应采用英文字母与阿拉伯数字混合型代码或 2 个英文字母代码表示。绿地具体分类见表 6-4。

表 6-4　城市建设用地内的绿地分类和代码

类别代码			类别名称	内容	备注
大类	中类	小类			
G1			公园绿地	向公众开放，以游憩为主要功能，兼具生态、景观、文教和应急避险等功能，有一定游憩和服务设施的绿地	
	G11		综合公园	内容丰富，适合开展各类户外活动，具有完善的游憩和配套管理服务设施的绿地	规模宜大于 10 hm^2
	G12		社区公园	用地独立，具有基本的游憩和服务设施，主要为一定社区范围内居民就近开展日常休闲活动服务的绿地	规模宜大于 1 hm^2
	G13		专类公园	具有特定内容或形式，有相应的游憩和服务设施的绿地	
	G13	G131	动物园	在人工饲养条件下，移地保护野生动物，进行动物饲养、繁殖等科学研究，并供科普、观赏、游憩等活动，具有良好设施和解说标识系统的绿地	
		G132	植物园	进行植物科学研究、引种驯化、植物保护，并供观赏、游憩及科普等活动，具有良好设施和解说标识系统的绿地	
		G133	历史名园	体现一定历史时期代表性的造园艺术，需要特别保护的园林	
		G134	遗址公园	以重要遗址及其背景环境为主形成的，在遗址保护和展示等方面具有示范意义，并具有文化、游憩等功能的绿地	
		G135	游乐公园	单独设置，具有大型游乐设施，生态环境较好的绿地	绿化占地比例应大于或等于 65%
		G139	其他专类公园	除以上各种专类公园外，具有特定主题内容的绿地。主要包括儿童公园、体育健身公园、滨水公园、纪念性公园、雕塑公园以及位于城市建设用地内的风景名胜公园、城市湿地公园和森林公园等	绿化占地比例宜大于或等于 65%
	G14		游园	除以上各种公园绿地外，用地独立，规模较小或形状多样，方便居民就近进入，具有一定游憩功能的绿地	带状游园的宽度宜大于 12 m；绿化占地比例应大于或等于 65%

续表 6-4

类别代码			类别名称	内容与范围	备注
大类	中类	小类			
	G2		防护绿地	用地独立，具有卫生、隔离、安全、生态防护功能，游人不宜进入的绿地。主要包括卫生隔离防护绿地、道路及铁路防护绿地、高压走廊防护绿地、公用设施防护绿地等	
	G3		广场用地	以游憩、纪念、集会和避险等功能为主的城市公共活动场地	绿化占地比例宜大于或等于35%；绿化占地比例大于或等于65%的广场用地计入公园绿地
XG			附属绿地	附属于各类城市建设用地(除“绿地与广场用地”)的绿化用地。包括居住用地、公共管理与公共服务设施用地、商业服务业设施用地、工业用地、物流仓储用地、道路与交通设施用地、公用设施用地等用地中的绿地	不再重复参与城市建设用地平衡
	RG		居住用地附属绿地	居住用地内的配建绿地	
	AG		公共管理与公共服务设施用地附属绿地	公共管理与公共服务设施用地内的绿地	
	BG		商业服务业设施用地附属绿地	商业服务业设施用地内的绿地	
	MG		工业用地附属绿地	工业用地内的绿地	
	WG		物流仓储用地附属绿地	物流仓储用地内的绿地	
	SG		道路与交通设施用地附属绿地	道路与交通设施用地内的绿地	
	UG		公用设施用地附属绿地	公用设施用地内的绿地	
EG			区域绿地	位于城市建设用地之外，具有城乡生态环境及自然资源和文化资源保护、游憩健身、安全防护隔离、物种保护、园林苗木生产等功能的绿地	不参与建设用地汇总，不包括耕地
	EG1		风景游憩绿地	自然环境良好，向公众开放，以休闲游憩、旅游观光、娱乐健身、科学考察等为主要功能，具备游憩和服务设施的绿地	
		EG11	风景名胜区	经相关主管部门批准设立，具有观赏、文化或者科学价值，自然景观、人文景观比较集中，环境优美，可供人们游览或者进行科学、文化活动的区域	
		EG12	森林公园	具有一定规模，且自然风景优美的森林地域，可供人们进行游憩或科学、文化、教育活动的绿地	

续表 6-4

<table>
<tr><th colspan="3">类别代码</th><th rowspan="2">类别名称</th><th rowspan="2">内容与范围</th><th rowspan="2">备注</th></tr>
<tr><th>大类</th><th>中类</th><th>小类</th></tr>
<tr><td rowspan="6">EG</td><td rowspan="3">EG1</td><td>EG13</td><td>湿地公园</td><td>以良好的湿地生态环境和多样化的湿地景观资源为基础,具有生态保护、科普教育、湿地研究、生态休闲等多种功能,具备游憩和服务设施的绿地</td><td></td></tr>
<tr><td>EG14</td><td>郊野公园</td><td>位于城区边缘,有一定规模、以郊野自然景观为主,具有亲近自然、游憩休闲、科普教育等功能,具备必要服务设施的绿地</td><td></td></tr>
<tr><td>EG19</td><td>其他风景游憩绿地</td><td>除上述外的风景游憩绿地,主要包括野生动植物园、遗址公园、地质公园等</td><td></td></tr>
<tr><td colspan="2">EG2</td><td>生态保育绿地</td><td>为保障城乡生态安全,改善景观质量而进行保护、恢复和资源培育的绿色空间.主要包括自然保护区、水源保护区、湿地保护区、公益林、水体防护林、生态修复地、生物物种栖息地等各类以生态保育功能为主的绿地</td><td></td></tr>
<tr><td colspan="2">EG3</td><td>区域设施防护绿地</td><td>区域交通设施、区域公用设施等周边具有安全、防护、卫生、隔离作用的绿地。主要包括各级公路、铁路、输变电设施、环卫设施等周边的防护隔离绿化用地</td><td>区域设施指城市建设用地外的设施</td></tr>
<tr><td colspan="2">EG4</td><td>生产绿地</td><td>为城乡绿化美化生产、培育、引种试验各类苗木、花草、种子的苗圃、花圃、草圃等圃地</td><td></td></tr>
</table>

(5)树种调查总结表。

①行道树表:包括树名(附拉丁名)、配置方式、高度(m)、胸径(cm)、冠幅(东西×南北,m)、株行距(m)、栽植年代、生长状况(强、中、弱)、主要养护措施及存在问题等栏目。

②公园中现有树种表:包括园林用途类别数名(附学名)、胸径或干基径(cm)、估计年龄、生长状况(强、中、弱)存在问题及评价等栏目。

③本地抗污染(烟、尘、有害气体)树种表:包括树名、高度、胸径、冠幅、估计年龄、生长状况、生境、备注(环保用途及存在问题)等栏目。

④城市及近郊的古树名木资源表:包括树名(学名)、高度、胸径、冠幅、估算年龄及根据、生境及地址和备注等栏目。

⑤边缘(在生长分布上的边缘地区)树种表:包括树名、高度、胸径、冠幅、估计年龄、生长状况、生境、地址和备注(记主要养护措施、存在问题及评价)等栏目。

⑥本地特色树种表:包括树名、高度、胸径、冠幅、年龄、生长状况、生境、备注(特点及存在问题)。

⑦树种调查统计表(表 6-5)。

⑧主要树种物候观测表(表 6-6)。

⑨树种调查统计表(藤灌丛木部分)(表 6-7)。

(6)经验教训　本市区在园林绿化实践中成功与失败的经验教训和存在问题以及解决办法(有风景区的城市应提出关于风景区树种的调查总结)。

(7)群众意见　当地人民群众及国内外专家的意见及要求。

(8)参考图书、资料文献。

(9)附件　有关的图片;蜡叶标本名单。

表 6-5 园林树种调查统计表

年　　月　　日　　　　　　　　类别:针叶、常绿、落叶

编号	树种名称	树龄	调查株数	树高/m（平均/最大）	胸径/cm（平均/最大）	来源	最大冠幅 EW×SN/(m×m)	生长势	类型																配置方式	园林用途	备注
									耐阴	耐寒	耐旱	耐高温	耐盐碱	耐水湿	耐瘠薄	耐风沙	抗风力	抗病虫害	抗污染								
																			SO_2	Cl_2	HF	O_3	NO_x	粉尘			

注:1. 藤本树填基围、灌丛填灌丛基围;
2. 生长势及其他各种生态习性均分强、中、弱三级,用 1、2、3 表示;
3. 病虫害分严重、较重、较轻、无四级,用 1、2、3、4 表示。

表 6-6　园林树木物候观测记录卡

观测单位　　　　　　　　　　　　　　　　　　　　　　　　观测者

编号	观测地点	省(自治区、直辖市)	县(区)	北纬/　°　′	东经/　°　′	海拔/　m
生境	地形	土壤	同生植物	小气候	养护情况	

树种	树液开始流动期	萌芽期				展叶期				开花期							果实发育期						新梢生长期								秋叶变色与脱落期							备注
		花芽膨大开始期	花芽开放期	叶芽膨大开始期	叶芽开放期	展叶开始期	展叶盛期	春色叶呈现期	春色叶变绿期	开花始期	开花盛期	开花末期	最佳观花起止日	再度开花期	2次梢开花期	3次梢开花期	幼果出现期	生理落果期	果实成熟期	果实开始脱落期	果实脱落末期	可供观果起止日	春梢始长期	春梢停长期	2次梢始长期	2次梢停长期	3次梢始长期	3次梢停长期	4次梢始长期	4次梢停长期	秋叶开始变色期	秋叶全部变色期	落叶开始期	落叶盛期	落叶末期	可供观秋色叶期	最佳观秋色叶期	

表 6-7　园林树种调查统计表(藤灌丛木部分)

年　　月　　日　　　　　　　　类别:针叶、常绿、落叶

编号	树种	来源	树龄	调查株树	平均株高/m	平均基径/cm	平均冠幅 WE/(m×m) NS/(m×m)	生长势			习性	备注
								强	中	弱		

注:1. 生长势为强、中、弱三级,即 1、2、3;
2. 习性栏可分填耐阴、喜光、耐寒、耐旱、耐淹、耐高温、耐酸碱盐、耐瘠薄、耐风、抗病虫、抗污染等;
3. 对藤木、灌木、丛木应分别填写,勿混合填入一表。

6.3 园林树种的规划

园林树种规划就是对园林绿化所有的树种进行全面、合理的安排。要求在对树种进行充分调查分析的基础上，充分考虑规划区自然地理环境、自然植被规律、社会经济文化、拟规划设计区域的主题思想、苗源等，科学、合理、有效地满足规划区园林绿化的树种需要，避免园林树种的盲目应用和浪费。

树种规划是城市园林绿地系统规划的一个重要组成部分。城市中影响绿化效果很重要的因素就是城市绿化树中的选择。树种选择恰当，树木生长健壮，绿地效益就发挥得好；选择失误，树木生长不良，就需要变更树种，城市绿化面貌得不到有效改善，而且苗圃中的育苗情况也受到影响，既浪费时间又遭受经济损失。因此，选择适合当地条件、有利于形成城市景观特色的树种，制定合理的树种规划对当地绿化管理及建设工作有着重要的指导意义。

树种规划工作一般由城市规划、园林、林业以及植物科学工作者协同配合制作。

6.3.1 规划的原则

优秀的树种规划仅仅依据现有树种的调查是不够的，还必须考虑下述几个方面的原则，才能制定出比较完善的规划。此外，还应认识到树种规划本身也不是一成不变的，随着社会的发展、科学技术的进步以及人们对园林建设要求的提高，树种规划在一定时期以后要做适当的修编，以符合新的要求。

(1)基本切合森林植被区域自然规律　任何地区的森林植物植被地理区中所展示的自然规律都各不相同，在进行树种规划时，要参考当地植被区域的特点，合理调整，不能违背自然规律。如云南昆明市，地处云贵高原区，区域特点是北亚热带常绿阔叶与针阔混交林为主的植被。在规划时，可通过参考郊区自然植被特点，考虑针叶树、常绿阔叶树种、落叶阔叶树种的种类和数量关系。

(2)以乡土树种为主　乡土树种是长期历史、地理选择的结果，最适合当地气候、土壤等生态环境，最能反映地方特色，最持久而不易绝灭，其在园林中的价值已日益受到重视。规划中也要选一些在当地经过长期考验、生长良好并具某些优点的外来树种。如悬铃木在许多城乡已作为骨干树种应用，华南的榕树在重庆也比较普遍；也可引种一些能适应当地环境条件、园林价值高的树种，但必须经过引种驯化试验才能推广应用。新建城市中原有树种少，可以通过调查研究引用附近地区及参考一些自然条件接近的城市中的引种目录。

(3)常绿与落叶树种配合　常绿与落叶树木的合理搭配，可产生四季不同的景观。四季常青是园林普遍追求的目标之一。在考虑骨干树种，尤其是基调树种时，要尽量选用常绿树种。

(4)速生与慢生树种结合　速生树种成形时间快，能迅速成荫，早期绿化效果较好，但寿命较短，持续绿化效果时间短，通常 20～30 年后就进入衰老期，须及时补充更新。慢生树种生长速度较慢，成荫较迟，但树木寿命长，绿化效果持久。所以，城市绿化应做到速生树种和慢生树种相结合，近期以速生树种为主，搭配一部分慢生树种尽快进行普遍绿化，分期分批逐步过渡。

(5)乔、灌、藤合理安排　乔木是城市园林绿化的骨架，在街道和广场绿化中，是不可缺少的主要植物材料。为使园林绿化的整体规划能收到较大效果，仅用乔木显然不够。这就需要在乔木骨架的基础上，再用灌木、藤本及草坪地被植物等配合构成复层混交、相对稳定的人工植物群落，充分体现城市园林绿化功能的合理性和景观多样性。

6.3.2 树种规划的内容

树种规划的具体内容包括：树种选择(即基调树种、骨干树种及一般树种的确定)、树种比例的确定、市花市树的选择。

1)树种选择

1979 年陈俊愉先生首次提出树种规划中应规划基调树种、骨干树种和一般树种，认为基调树种和骨干树种是城市绿化的重点树种，尤其强调基调树种和骨干树种对城市绿化的重要性，认为其应以乔木为主，抗逆性强，管理简单，选择时应根据规划原则、调查现状以及树种应用的历史确定。

(1)基调树种　基调树种是整个城市绿化的骨架，是能充分表现当地植被特色、反映城市风格、能作为城市景观重要标志的树种，用来形成城市绿化的基调。基调树种作为城市普遍绿化的主要树种，应是普遍种植且历史较长的乡土乔木树种。

基调树种应选择本地表现最优秀的树种；生长速度中等或速生；易于管养；种类不宜太多，1～4 种足够，但数量要多，分布要均匀。基调树种多采用群植、列植、丛植等方式构建整个种植的框架。例如，福州称榕城，基调树种为小叶榕；成都称蓉城，基调树种为木芙蓉；新会称葵城，基调树种为蒲葵。此外，重庆的黄葛树，郑州的悬铃木，天津的茸毛白蜡，昆明的银桦、复羽叶栾树，北京的国槐、侧柏、白皮松、油松等都是该地区的基调树种。

(2)骨干树种　骨干树种是某一地区中各类型绿地中的重点树种，其中有的和基调树种重复，合起来构成该地区绿化的骨干。区域绿化的骨干树种，在各类绿地中出现频率最高、使用数量大、具有发展潜力。

骨干树种应根据不同功能类型的绿地，在不排除基调树种的同时，选择具有不同实用和景观价值的树种，一般由 5～12 种树种组成，大城市骨干树种可增至 14 种。骨干树种也可称辅调树种，它作为基调树种的补充，在较小尺度内构筑场地空间，种类可以丰富，但数量不宜过多。骨干树种应与基调树种和自然景观相协调，并具有一定的园林绿化功能，例如，骨干树种可以做行道树、绿篱、花灌木、垂直绿化、木本地被、防护林带、有毒污染区绿化、排放粉尘区绿化，总之，根据不同绿地性质、立地条件、水源条件、局部小气候选用各自的骨干树种，增加景观效果。骨干树种还应该适应性强，栽植管养方便。

(3)一般树种　一般树种是适应性方面需要稍加考虑的树种，通常作为城市绿化树种的补充，以丰富城市植物景观和物种的多样性。在选择一般树种时，应按照生态学理论和多样性原则，在突出基调树种、骨干树种的同时，一般树种可较为广泛地选择，只要基本条件许可，种类上可因地制宜不限数量，也可引种一些外来适生树种。

通过基调树种、骨干树种及一般树种的选择，既有了重点突出，又有了丰富多彩；既不杂乱无章，又不单调贫乏，使园林绿化工作纳入了规划行列中。

2)树种比例的确定

园林树种比例关系通过对现状树种调查结果进行评价，在其基础上对现有比例进行调整，与自然环境和绿化现状两个因素有关。树种比例关系包括常绿与落叶树种比例、乔木与灌木比例、针叶树种与阔叶树种比例、速生与慢生树种比例、城市中各类型绿地比例等。

3)市花市树的选择

市花市树是城市形象的重要标志，反映了城市居民的文化传统、审美观和价值观。

目前我国城市市花市树的选择需要经历 6 个阶段(图 6-1)，而其中的第二步专家推荐应属树种规划中市花市树选择的内容。

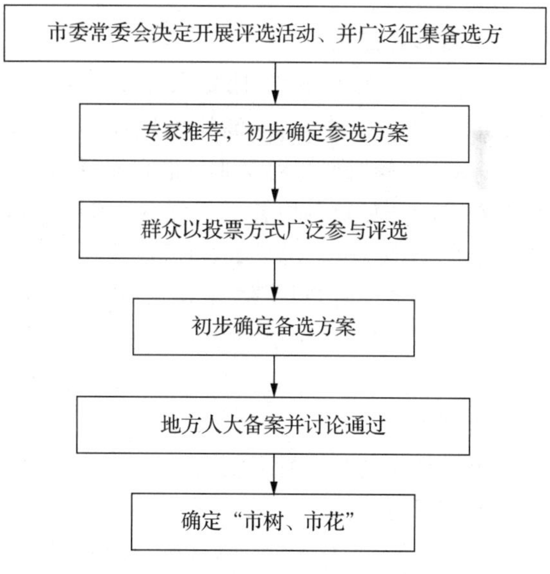

图 6-1　我国市花市树选择程序

(潘剑彬，2007)

在进行“市花、市树”的选择时，应注意以下原则。

(1)应反映出丰富的花卉资源与悠久的栽培

历史；

(2)要有较高的观赏价值或经济价值；

(3)充分地考虑到当地的地域特征和植物的适应性；

(4)具有一定的历史文化内涵，能够代表城市形象；

(5)本省、本市所特有或著名的珍贵花卉，但不排斥非乡土树种；

(6)尽可能做到一省一市一花。

6.4 云南大理市城市绿地树种规划实例

6.4.1 园林树种调查与分析

调查分析大理市自然地理条件，当地和外地引进的绿化树种以及气候相似相邻地区绿化树种的应用形式、景观效果、功能特征、生物学、生态学习性，对不良环境、病虫害的抗性情况，为大树种规划提供基础性资料。

1)自然地理概况

大理市位于滇西中部，地处东经 99°58′～100°27′，北纬 25°25′～25°58′，属高原盆地地形，最低海拔 1340 m。气候属低纬度北亚热带高原季风气候，年均温约 15 ℃，最热月均温 20 ℃左右，最冷月均温 8.7 ℃左右，冬暖夏凉，四季如春，日照充足；年均降水量约 1078 mm，雨热同季，干湿分明，以多风著称。土壤类型多样，主要有高山草甸土、黄棕壤土、石灰岩土、暗色冲积土等，适合不同的植物生长，自然植物资源丰富。

2)园林绿化树种应用现状

原有城区绿化树种主要以雪松、塔柏、龙柏、法国梧桐、女贞、广玉兰、垂柳、北京杨、香樟、银桦、小叶榕、冬樱花、红叶李为主，另有少量柳杉、藏柏、国槐、夹竹桃、榆树、滇朴、大青树、黄葛榕、杜英等见于街道两侧，次要街道以法国梧桐、女贞为主，街道灌木配置主要有叶子花、毛叶丁香、小叶女贞、红叶李、锦绣杜鹃、小叶黄杨、豆瓣黄杨、萼距花、连翘、火棘等。

经实地调查分析论证：城区林木偏少，树种较单一，造成城市绿化景观比较单调；乡土树种应用不多，未充分挖掘和利用当地丰富的植物资源；树种配置不够科学，没有充分体现大理的地方特色；绿化树种配置层次较简单，立体绿化较欠缺，绿化空间有待于进一步拓展。在对大理市城市建成区绿化树种应用现状调查分析基础上，确定树种规划的基本原则，并进行具体树种规划。

6.4.2 确定树种规划的基本原则

(1)因地制宜，适地适树　挖掘大理市现有地方树种资源，从数量和种类上加强乡土树种的选择和应用，体现地方特色，特别以当地有代表性的树种和古树名木为首选。

(2)适当选用外来树种　选用一些适应大理地域性气候、水土和立地条件，经过较长期考验、生长良好的外来树种以丰富景观，增加物种多样性。

(3)远近、快慢结合，落叶与常绿搭配　立足长远，照顾当前，考虑将二者有机结合，取长补短，速生和慢生树种、落叶与常绿树种以合适的比例进行搭配运用。

(4)用色叶树种、花果树种增添植被的季相变化　公共绿地、专用绿地及风景林的营造中，有意识多用色叶树种、花果树种，以丰富城市绿化景观的色彩和季相变化。

(5)树种配置结构、层次上进一步体现立体绿化格局　综合考虑乔、灌、藤、草、花的立体配置，以充分拓展绿化空间，增加绿量，提升绿化质量。

(6)城郊一体，营造多类型植物群落　结合考虑近郊风景区和城乡接合部地区以及外围农村的经果林、农田作物等人工植被以及河道绿化、“四旁”绿化的要求，营造多层次、多类型的植物景观，统筹兼顾、综合利用植物的多种价值。

6.4.3 基调树种、骨干树种和一般树种的确定

(1)基调树种　其能体现大理地方特色，又能展现城市绿化风貌的树种，还能够适应大理市的土壤、气候等立地条件，满足当地社会经济发展状况

和人文景观要求。经调查论证，确定大青榕、高山榕、黄葛树、云南樟、银杏、梅、冬青、青榨槭、黄连木、云南拟单性木兰、滇朴、球花石楠、枫香、滇润楠、云南山茶、腾冲红花油茶、慈竹、翠柏、藏柏、云南松、冲天柏、雪松为基调树种。

（2）骨干树种　城市绿地系统中适应性强、观赏价值高、功能优异的树种。主要骨干树种规划为 7 个类型。①常绿针叶树种：丽江云杉、苍山冷杉、华山松、黄杉、柏木、秃杉、杉木、柳杉、龙柏、塔柏、侧柏、日本花柏；②落叶针叶树种：金钱松、池杉、落羽杉、水杉；③常绿阔叶树种：红花木莲、深山含笑、毛果含笑、山玉兰、香樟、滇润楠、广玉兰、天竺桂、短萼海桐、滇青冈、八角、女贞、清香木、红果树、锥连栎、蒲葵、海枣、小叶榕、缅桂、厚皮香、头状四照花、毛杨梅、桂花、金江槭；④落叶阔叶树种：黄连木、枫香、领春木、水青树、云南梧桐、云南紫荆、滇合欢、云南紫荆、刺槐、滇大叶柳、旱冬瓜、玉兰、二乔玉兰、龙女花、栓皮栎、三角枫、八角枫、红枫、滇楸、君迁子、银杏；⑤灌木树种：苏铁、千头柏、铺地柏、映山红、大白花杜鹃、马缨花、大理杜鹃、炮仗花杜鹃、薄叶乌饭、米饭花、马醉木、萼距花、小果南烛、灯笼花、黄牡丹、云南黄素馨、云南含笑、紫叶小檗、南天竹、海桐、华东山茶、茶梅、木芙蓉、木槿、垂丝海棠、木瓜海棠、火棘、月季、香水月季、大花蔷薇、红叶石楠、西南栒子、黄槐、黄杨、鸡爪槭、小叶女贞、金竹、夹竹桃、连翘、四季桂、牛筋条、滇丁香、栀子花；⑥藤本树种：叶子花、木香、常春油麻藤、紫藤、爬山虎、凌霄、常春藤、五香血藤、小木通、素馨花、络石、铁线莲、昆明鹰爪枫、昆明山海棠、大芽南蛇藤；⑦经济林树种：梅、油茶、桃、李、石榴、苹果、杏、柿、山楂、花红、葡萄、板栗、核桃、棕榈、小金竹、茶、橘、佛手、香橼、无花果、木瓜、花椒。

（3）一般树种　推荐 696 种（含草本园林植物）。详见附录《大理市城区绿化植物种及品种推荐名录》（略）。

6.4.4　确定树种比例技术指标

依据国家园林城市建设标准，结合实际综合考虑大理自然、经济、社会、文化等各方面因素，大理城市绿地建设绿化树种比例技术指标制定为：常绿树种与落叶树种比例为 70∶30，裸子植物与被子植物比例为 15∶85，乔木与灌木比例为 60∶40，木本植物与草本植物比例为 70∶30，乡土树种与外来树种比例为 60∶40，速生与中生、慢生树种比例为 30∶40∶30。

6.4.5　市花、市树的选择与建议

根据大理的文化历史、树种分布、树种生长状况，建议选择大青榕（*Ficus hookeriana* ）为市树，云南山茶（*Camellia reticulata*）、杜鹃（*Rhododendron* spp.）为市花。建议从市树、市花这一特定角度加大三种植物在城市绿化中的应用研究与推广力度。

6.4.6　城市各类绿地树种的具体选择

（略）

G1 公园绿地树种；G2 生产绿地树种；G3 防护绿地树种；G4 附属绿地树种；G5 其他绿地。

复习思考题

1. 园林树木调查包括哪些内容？如何对调查资料进行分析总结？

2. 我国目前是如何对城市绿地类型进行分类划分的？

3. 园林树木的规划应该注意哪些基本原则？有哪些基本内容？

各论部分

第 7 章 裸子植物

种子植物可以根据胚珠有无子房包被分为裸子植物和被子植物两大类。从器官的角度看，被子植物有根、茎、叶、花、果实、种子，而裸子植物则没有花和果实。裸子植物是植物界介于蕨类和被子植物之间，保留颈卵器、具有维管束、能产生种子的一类高等植物。由于其叶多为针形、线形、鳞形或条形，稀为其他形(羽状全裂、扇形、阔叶形、带状或鞘状)，裸子植物又被称为针叶树种。裸子植物多为高大乔木，少为灌木，稀为藤本；单轴分枝，干直，多有分层排列的分枝；树冠塔形、圆柱形、圆锥形、卵形或圆头形；常绿，少数落叶；球花(大、小孢子叶球)单性，同株或异株，胚珠裸露，无子房包被，成熟后不形成果实，集生成球果或单生；种子具胚乳，均由雌配子体直接发育而成，胚直生，子叶 1 至多数，坚果状或核果状，有翅或无翅。

裸子植物在中生代至新生代曾遍布全球，繁盛一时，占植物界的绝对优势。但由于全球气候的变迁，裸子植物随之发生多次演化，历经兴衰，尤其在白垩纪，被子植物兴起和繁盛，裸子植物的种类和分布区面积逐渐减少。全世界现共 15 科 79 属约 850 种，我国产 10 科 35 属约 250 种，并引入栽培 2 科8 属约 50 种，广泛用于全国各地园林。裸子植物多生长缓慢，寿命长，园林中多见针叶类古树、大树，适应范围广，多数种类在各地林区组成针叶林或针阔叶混交林，为重要的药用木材和绿化树种。

裸子植物在世界的广阔地区组成了浩瀚的森林，是陆地生态系统不可或缺的森林生态系统之一，在自然界起着供应氧气、调节气候、保持水土、涵养水源及提供木材等林产品的重大作用。针叶树在园林绿化领域，尤其在北方，是主要的常绿观赏树，以悠长的树龄、苍劲的雄姿、翠绿的枝叶、常青的风格、抗逆的特性以及体态多样，大至参天古木，小至低矮匍匐而备受推崇。不少针叶树种是世界著名园景树，例如，南洋杉、雪松、金钱松、日本金松、巨杉等，我国从北到南，由海平面至高山的庭园中都有它的踪影。从古至今，针叶树在宫廷、寺庙、陵园、墓地中独占鳌头，是植物配置的主体，寄寓着“万古长青”“浩气永存”之情思。在公园、道路、庭园中也都能见到各种针叶树。

[1] 苏铁科 Cycadaceae

常绿乔木或灌木，树干多不分枝，棕榈状，髓部大。叶两型：鳞叶及营养叶，鳞叶小，着生于主干上，密被褐色茸毛，营养叶大型，着生于茎端，呈一回羽状分裂，两者在茎顶交互着生。雌雄异株，雄球花(小孢子叶球)着生于树干顶端，直立，小孢子叶扁平，鳞片状或盾状，螺旋状排列；雌球花(大孢子叶球)成丛着生于鳞片叶与营养叶之间，大孢子叶扁平，下部柄状，上部羽状分裂或几不分裂，胚珠 2～10 粒，生于大孢子叶柄的两侧。种子核果状，外种皮肉质，中种皮木质或骨质，内种皮膜质，子叶 2 枚，胚乳丰富，发芽时不出土。

该科只有一属，约 70 种，分布在热带和亚热带地区。我国有1属，约25种。广义的苏铁科有11属约250种。现存的苏铁类植物可分为苏铁科、蕨铁科（Stangeriaceae）和泽米科（Zamiaceae）3个科，目前已得到世界普遍承认。

二维码 B-1
苏铁科

苏铁属 *Cycas*

形态特征与地理分布同科的描述。属名*Cycas*是源于希腊语中一种生长于非洲埃塞俄比亚的棕榈树名kykas，指叶和习性与棕榈植物相似。现存约60种，分布于亚洲东部及东南部、大洋洲及非洲南部，是地球上现存最古老的种子植物，源于古生代，迄今为止已有2.8亿年的历史。侏罗纪时代，苏铁植物已遍及全球，为恐龙的主要食物。该属植物多数可作庭园树及盆栽观赏树；干髓有淀粉，可供食用；嫩叶及种子的外种皮可食；大孢子叶和种子供药用。该属是由瑞典博物学家、现代生物学分类的奠基人、动植物双名命名法的创立者卡尔·冯·林奈（Carl von Linne，1707—1778）于1753年设立。

（1）苏铁 *C. revoluta*

【别名】凤尾蕉、铁树。

【形态特征】常绿棕榈状小乔木，高3～8 m，树干黑褐色。茎基部小叶呈刺状；羽状叶从茎的顶部生出，整个羽状叶的轮廓呈倒卵状狭披针形，长75～200 cm；羽状裂片达100对以上，条形，厚革质，坚硬，边缘显著地向下反卷。雄球花圆柱形，长30～70 cm，径8～15 cm，有短梗，小孢子飞叶窄楔形，花药通常3枚聚生；大孢子叶球紧密型，胚珠发育后大孢子叶仍直立或斜升。大孢子叶长14～22 cm，密生淡黄色或淡灰黄色茸毛，上部的顶片卵形至长卵形，边缘羽状分裂，裂片12～18对，胚珠2～6粒，生于大孢子叶柄的两侧，有茸毛。种子红褐色或橘红色。花期6～8月，种子10月成熟。

【分布】我国产于福建、台湾、广东等地区，日本、印度、菲律宾也有。全国各地常见栽培。

【生态习性】苏铁喜暖热湿润的环境，不耐寒冷，生长甚慢，寿命约200年。在中国南方热带及亚热带南部，树龄10年以上的树木几乎每年开花结实，而长江流域及北方各地栽培的苏铁常终生不开花，或偶尔开花结实。喜光，喜铁元素，稍耐半阴。喜肥沃湿润和微酸性的土壤，但也能耐干旱。生长缓慢，10余年以上的植株每年能开花结实。

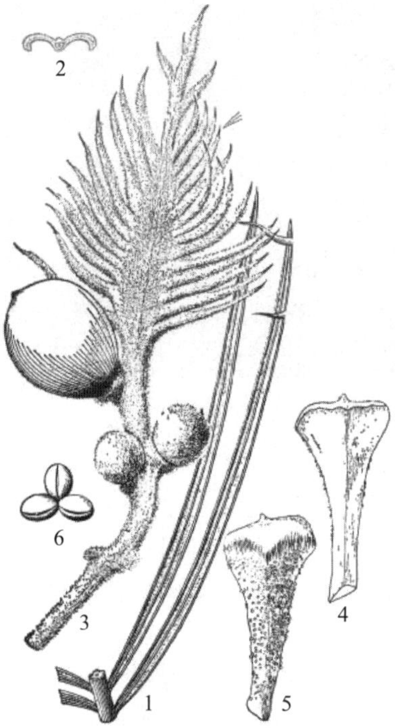

图7-1 苏铁

1.羽状叶的一段；2.羽状裂片的横切片；3.大孢子叶及种子；4～5.小孢子叶的背腹面；6.聚生的花药

【观赏特性及用途】苏铁树形古雅美丽，主干粗壮，坚硬如铁；羽叶洁滑光亮，四季常青，为珍贵观赏树种。南方多植于庭前阶旁及草坪内，适于对植、孤植或3～5丛植于大型建筑门旁、花坛中心或草地一隅；北方宜作大型盆栽，布置庭园屋廊及厅室，殊为美观。因其木材密度大，坚硬、沉重如铁，故称之为“铁树”。长江以北地区栽植因受年积温的影响，难以开花或终生不开花，故人们常以“千年铁树开花，万年枯藤发芽”形容事情极难发生或机会千载难逢。

（2）华南苏铁 *C. rumphii*

【形态特征】树干圆柱形，高4～8 m，稀达15 m，上部有残存的叶柄，分枝或不分枝。羽状叶长1～2 m，叶轴横切面近圆形或三角状圆形，叶柄长10～

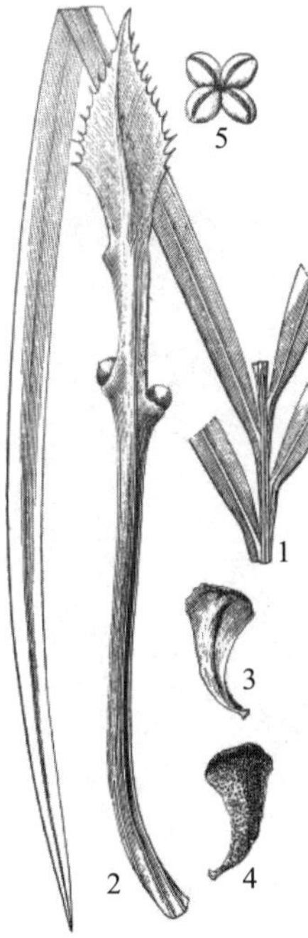

图 7-2 华南苏铁

1. 羽状叶的一段；2. 大孢子叶及胚珠；
3～4. 小孢子叶的背腹面；5. 聚生的花药

15 cm 或更长，常具三钝棱，两侧有短刺，刺间距离 1.5～2 cm，稀无刺；羽状裂片 50～80 对排成两列，长披针状条形或条形，稍弯曲或直，革质，绿色，有光泽，两面中脉微凹，先端渐长尖，边缘平或微反曲，稀微波状，基部不对称。雄球花有短梗，椭圆状矩圆形，小孢子叶楔形，长 2.5～5 cm，顶部截状，密被红色或褐红色茸毛；大孢子叶长 20～35 cm，初被茸毛，后渐脱落，下部柄长，常具四棱，在其上部两侧各有 1～3（多为 2～3）粒胚珠，稀 4～8 粒胚珠。种子扁圆形或卵圆形。花期 5～6 月，种子 10 月成熟。

【分布】我国华南各地均有栽培。产于印度尼西亚、澳大利亚北部、越南、缅甸、印度及非洲的马达加斯加等地。模式标本采自印度尼西亚。

【生态习性】同苏铁。

【观赏特性及用途】苏铁类植物四季常青，树形美观，叶酷似羽毛，常作切花用，种子大而艳丽。因其生命长久，即使数百年树龄，仍青春常驻，开花结实，被视为长寿、吉祥的象征。苏铁的树干苍劲，叶从终生浓郁翠绿坚挺，又象征着公正与铁面无私，因而具有很高的观赏价值。

(3)攀枝花苏铁 *C. panzhihuaensis*

【形态特征】棕榈状常绿植物，高 1～2.5 m，茎干通常单一，覆被着宿存的叶柄基部。叶螺旋状排列，簇生于茎干的顶部，羽状全裂，长 70～120 cm，叶柄上部两侧有平展的短刺；羽片 70～105 对，线形，直或微曲，厚革质，长 12～23 cm，宽 6～7 mm，边缘平或微反卷。雌雄异株；小孢子叶球单生茎顶，常偏斜，纺锤状圆柱形或椭圆状圆柱形，密被锈褐色茸毛；小孢子叶楔形，长 3～6 cm，黄色或淡黄褐色；大孢子叶多数，簇生茎顶，呈球形或半球形，长 14～18 cm，密被黄褐色至锈褐色茸毛，中上部两侧着生 1～5（通常 3～4）粒胚珠；胚珠近四方形，无毛，金黄色，顶部红褐色，中央有小凸尖。种子近球形或微扁，直径约 2.5 cm，假种皮橘红色，具薄纸质、分离而易碎的外层，种子倒圆锥状球形或倒卵状圆球形，种皮骨质，平滑。

【分布】云南南部红河、普洱、西双版纳和四川（渡口、宁南、德昌、盐源）均有分布，生长在海拔 1100～2000 m 处。

【生态习性】攀枝花苏铁分布区地处金沙江中段，地势陡峭，河谷深切，山体相对高度大，地形封

图 7-3 攀枝花苏铁

闭，受干热河谷气候效应的影响，其气候冬季温和，日照充足，热量丰富，属南亚热带半干旱河谷气候类型。年平均气温约 20 ℃，最低温－1～2 ℃，极端最高温达 40.7 ℃；年降水量约 760 mm，干湿季明显，6～10 月为湿润季，占全年降水量的 89％，11 月至翌年 5 月为旱季；年平均相对湿度 61％，2～5 月则低于 50％；无霜期 294 天。土壤为石灰岩、砂页岩母岩发育而成的山地碳酸岩红褐土和山地黄褐土，呈微酸性至中性（偶有碱性）反应。

【观赏特性及用途】同苏铁。

(4)篦齿苏铁 *C. pectinata*

【形态特征】树干呈圆柱形，表面光滑，高达 3 m。羽状叶长 1.2～1.5 m，羽状裂片 80～120 对，条形或披针状条形，厚革质，坚硬，直或微弯，边缘稍反曲，中部的羽状裂片长 15～20 cm，宽 6～8 mm。雄球花长圆锥状圆柱形，长约 40 cm，径 10～15 cm，有短梗，小孢子叶楔形，长 3.5～4.5 cm，顶部三角状或斜方形，密生褐黄色茸毛，花药 3～5（多为 4）枚聚生；大孢子叶密被褐黄色茸毛，上部的顶片斜方状宽圆形或宽圆形，边缘常疏生锯齿或再分裂，大孢子叶的下部急缩成粗短的柄状，长 3～7 cm，上部两侧生胚珠 2～4 粒，胚珠无毛，卵圆形或近圆球形，顶端有一乳头状突起点。种子卵圆形或椭圆状倒卵圆形，长 4.5～5 cm，径 4～4.7 cm，熟时暗红褐色，具光泽。

【分布】产于云南西南部，昆明有栽培，作庭园观赏树用。印度、尼泊尔、缅甸、泰国、柬埔寨、老挝、越南等也有分布。模式标本采自喜马拉雅山区南部。

【生态习性】篦齿苏铁分布区地处云南高原亚热带南部季风常绿阔叶林区域。年平均温度 16～20 ℃，年降水量 1000～1500 mm，集中于雨季降落，干季较长。土壤为砖红壤，pH 4.5～6。常生于以厚缘青冈、毛叶青冈、峨眉木荷为优势的常绿阔叶林中；或在余甘子、毛果算盘子为标志的次生灌丛中也可见到。

【观赏特性及用途】同苏铁。

【同属其他种】①海南苏铁 *C. hainanensis* 羽状叶长约 1 m，近对生，条形，革质，大孢子叶幼时被褐色茸毛，后渐脱落几无毛，种子幼时压干后呈红褐色，宽倒卵圆形，稍扁，表面有不规则的皱纹。花期 5～6 月，种子 9～10 月成熟。产于海南热带雨林中。②云南苏铁 *C. siamensis* 常绿小灌木，树干通常低于 1.5 m，树干褐色，树皮块裂，粗糙，大孢子叶侧裂片较短，长通常小于 1.5 cm。产于云南南部，缅甸、泰国、越南也有分布。③贵州苏铁 *C. guizhouensis* 常绿乔木，高达两米。具大型羽状叶，叶柄长 40～50 cm，两侧具短刺，刺长近 3 mm，种子黄褐色。在贵州仅局限分布于西南部的南盘江河谷地带，广西南盘江沿岸的部分地区也有分布。

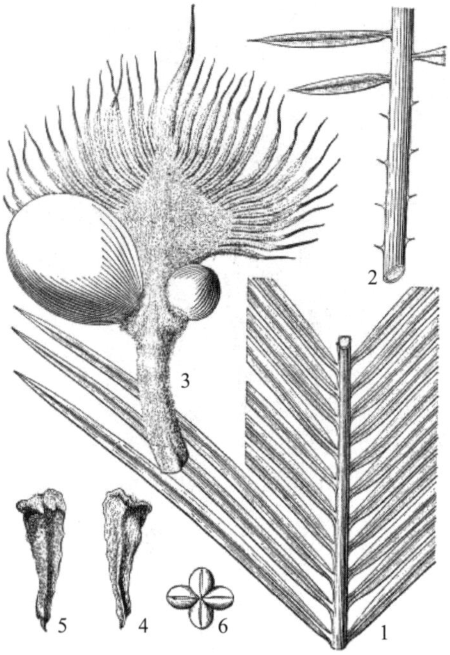

图 7-4　篦齿苏铁

1. 羽状叶的一段；2. 叶柄上部及羽状叶下部一段；3. 大孢子叶及种子；4～5. 小孢子叶的背腹面；6. 聚生的花药

[2] 泽米铁科 Zamiaceae

常绿乔木，主干不明显；具鳞叶和托叶或无托叶。叶 1 回羽状深裂，羽叶无明显中脉，小叶具多条平行的纵脉或 2 叉细脉，基部有关节。球花顶生或侧生；雄球花长筒形，小孢子叶盾状，具柄，具多数小孢子；雌球花球果状，具中轴，常聚生于枝顶，每个大孢子叶着生 1～2 胚珠；种子辐射对称，外种皮红色、橘黄色或黄色。

二维码 B-2
泽米铁科

泽米铁属 ***Zamia***

叶 1 回羽状深裂，羽片基部有关节，无中脉。大孢子叶外侧呈现六角形，具短柔毛。约 60 种，分布于北美洲南部、中美洲、南美洲及加勒比海岛。我国常见栽培 1 种。

鳞秕泽米 ***Z. furfuracea***

【别名】南美苏铁、阔叶苏铁。

图 7-5　鳞秕泽米

【形态特征】小灌木，高 30～60 cm，常多分枝，有时呈丛生状，主干表面密布暗褐色叶痕，多年生植株的总干基部茎盘处，常着生幼小的萌蘖；叶为大型偶数羽状复叶，丛生于茎顶，长 60～120 cm，叶基部膨大，被短柔毛，叶柄长 15～20 cm，密生粗壮短刺；羽片 10～20 对，硬革质，小叶矩圆形或倒卵状矩圆形，两侧不等，基部 2/3 处全缘，上部密生钝锯齿，顶端钝渐尖，边缘背卷，无中脉，叶背可见明显突起的平行脉 40 条；雌雄异株，雄球花圆柱形，长 9～12 cm，被短柔毛，小孢子叶楔形，外侧六棱形；大孢子叶球长 18～23 cm，桶状，外侧六棱形，具柔毛；种子卵形，粉红色至红色。

【分布】产于墨西哥东部韦拉克鲁斯州（Veracruz）东南部。现世界各地广泛栽培。我国云南、广西、广东、福建及海南等地均引种栽培。

【生态习性】喜强光，不耐阴（光照充足）。在湿润的土壤中生长良好。稍耐寒，能耐 −5～0 ℃的低温。喜相对湿度为 50%～60%的环境。

【观赏特性及用途】本种树形优雅，终年常绿，适应能力强，在适合的环境下可孤植、对植、丛植于草坪、花坛等地，北方多盆栽于室内场所。

［3］银杏科 Ginkgoaceae

落叶乔木，树干端直。有长枝和短枝。叶在长枝上螺旋状排列，在短枝上簇生状，扇形，叶脉叉状并列。雌雄异株，雌、雄球花生于短枝顶端的叶腋或苞腋；雄球花有梗，葇荑花序状，雄蕊多数，螺旋状着生，每雄蕊有 2 枚花药，雄精细胞有纤毛，花丝短；雌球花有长梗，顶端通常有 2 个珠座，每个珠座着生 1 粒直立胚珠。种子核果状，外种皮肉质，中种皮骨质，内种皮膜质；胚乳丰富，胚有 2 子叶，发芽时不出土。

本科仅 1 属 1 种，我国浙江天目山有野生状态的树木，其他各地栽培很广。本种又名白果，为著名的“活化石”。中生代侏罗纪银杏曾广泛分布于北半球，白垩纪晚期开始衰退。第四纪冰川降临，在欧洲、北美和亚洲绝大部分地区灭绝，野生状态的银杏残存于中国浙江西部山区。

二维码 B-3
银杏科

银杏属 ***Ginkgo***

形态特征与科同。属名来自日语 ginkyo（银杏的俗名），为我国广东方言“金果”的译音。德国学者 Engelbert Kaempfer 在其专著中，将字母“y”误作为“g”，于是属名变成了“Ginkgo”。我国特有单种属。

银杏 ***G. biloba***

【别名】白果树、公孙树。

【形态特征】形态特征与科同。巨乔木，高 40 m，树冠圆锥形；幼树树皮浅灰色，近平滑；大树树皮灰褐色，不规则纵裂；主枝斜出，近轮生。种加

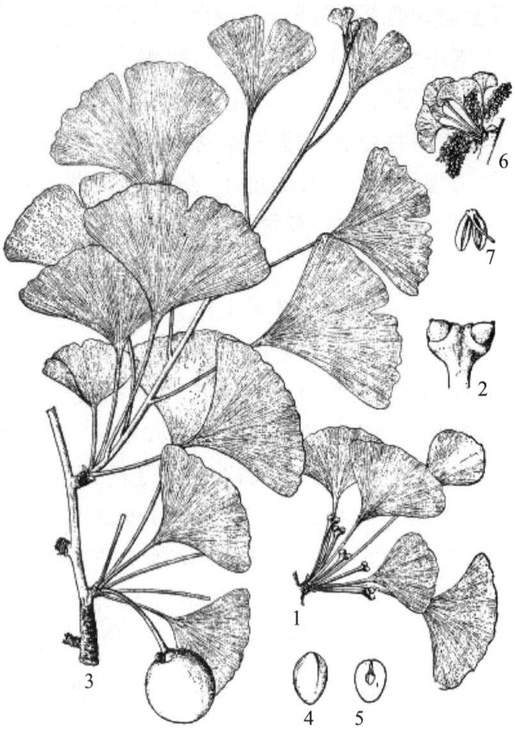

图 7-6 银杏

1. 雌球花枝；2. 雌球花上端；3. 长短枝及种子；4. 去外种皮的种子；5. 去外、中种皮的种子纵切面（示胚乳与子叶）；6. 雄球花枝；7. 雄蕊

词“*biloba*”意为两裂。花期 4～5 月，种子 9～10 月成熟。

【分布】银杏为中生代孑遗的稀有树种，系我国特产，仅浙江天目山有野生状态的树木，生于海拔 500～1000 m、酸性黄壤、排水良好地带的天然林中，常与柳杉、榧树、蓝果树等针阔叶树种混生，生长旺盛。银杏的栽培区甚广：北自东北沈阳，南达广州，东起华东海拔 40～1000 m 地带，西南至贵州、云南西部（腾冲）海拔 2000 m 以下地带均有栽培，以生产种子为目的，或作园林树种。栽培区常用实生苗、移干苗或根蘖苗进行嫁接，可提前在 8～10 年时开花结实（实生苗一般在 20 年后才开始结种子）。各地栽培的银杏有数百年或千年以上的老树。朝鲜、日本及欧洲各国庭园均有栽培。

【生态习性】银杏为喜光树种，深根性，对气候、土壤的适应性较宽，能在高温多雨及雨量稀少、冬季寒冷的地区生长，但生长缓慢或不良；能生于酸性土壤（pH 4.5）、石灰性土壤（pH 8）及中性土壤上。生于海拔 1000 m（云南 1500～2000 m）以下，气候温暖湿润，年降水量 700～1500 mm，土层深厚、肥沃湿润、排水良好的地区生长最好，在土壤瘠薄干燥、多石山坡、过度潮湿的地方均不易成活或生长不良。

【观赏特性及用途】银杏是著名的秋色叶树种。叶形奇特古雅，树干挺拔，枝叶扶疏，常用作行道树、风景树，也是古代寺庙、祠堂和陵墓常用树种，有中国“菩提树”之称。银杏为速生珍贵的用材树种，边材淡黄色，心材淡黄褐色，结构细，质轻软，富弹性，易加工，有光泽，密度 0.45～0.48，不易开裂，为优良木材，供建筑、家具、室内装饰、雕刻、绘图板等用。种子供食用（多食易中毒）及药用。叶可作药用和制杀虫剂，亦可作肥料。种子的肉质外种皮含白果酸、白果醇及白果酚，有毒。树皮含单宁。

【变种、变型及品种】品种很多，中国劳动人民在长期栽培银杏的过程中选育出许多种子大、种仁品质好的优良品种用于生产干果。主要的栽培品种有下列几个。

①洞庭皇‘Dongtinghuang’：种子倒卵圆形，丰满，为洞庭山银杏中种子最大的一种。产于江苏苏州洞庭西山。

②小佛手‘Xiaofoshou’：种子矩圆形，核平均重 2.6 g，大小为 1.62 cm×2.62 cm×1.32 cm。产于江苏苏州洞庭山。

③鸭尾银杏‘Yaweiyinxing’：核先端扁而尖，形同鸭尾，多为实生。产于江苏苏州洞庭东山。

④佛指‘Fozhi’：种子倒卵状矩圆形，壳薄，仁饱满，浆水足，产量高，产于江苏泰兴。

⑤卵果佛手‘Luanguofoshou’：种子形如鸡蛋，先端略小，核大而丰圆。产于浙江诸暨。

⑥圆底佛手‘Yuandifoshou’：种子矩圆形，两端均圆钝；核长椭圆形，先端微尖而基部圆钝，极丰满。产于浙江诸暨。

⑦橄榄佛手‘Ganlanfoshou’：种子长倒卵形，核狭长椭圆形。产于广西兴安。

⑧无心银杏‘Wuxinyinxing’：种子扁圆形，顶

端圆钝而饱满，核宽卵状扁圆形。产于江苏苏州洞庭山。

⑨大梅核‘Dameihe’：种子大，近圆形，先端圆钝，基部微宽；核圆略扁，先端圆钝或微尖，基部渐狭。产于浙江诸暨。

⑩桐子果‘Tongziguo’：种子大，扁圆形，核近圆形，先端宽。产于广西兴安。

⑪棉花果‘Mianhuaguo’：种子椭圆形，先端钝圆，种子基部较宽，常结双种子。产于广西兴安。

⑫大马铃‘Damaling’：种子矩圆形，核椭圆形，肥大。产于浙江诸暨。

[4] 南洋杉科 Araucariaceae

常绿乔木，髓大，皮部含树脂。叶螺旋状着生或交叉对生，基部下延生长，不同的种分别具有小型叶或大型叶，小型叶为钻形、鳞形或针状，具一显或不显的中脉；大型叶扁平，有多数平行细脉。雌雄异株或同株。雄球花圆柱形，单生或簇生枝顶或叶腋，雄蕊多数，螺旋状着生，具花丝，药隔伸出药室，具 4～20 枚个悬垂的丝状花药，排成内外两行，药室纵裂，花粉无气囊；雌球花单生枝顶，由多数螺旋状着生的苞鳞组成，珠鳞不发育，或在苞鳞腹(上)面有一相互合生、仅先端分离的舌状珠鳞，珠鳞或苞鳞的腹面基部具一倒生胚珠，胚珠与珠鳞合生，或珠鳞退化而与苞鳞离生。球果 2～3 年成熟；苞鳞木质或厚革质，扁平，先端有三角状或尾状尖头，或不具尖头，有时苞鳞腹面中部具一结合而生仅先端分离的舌状种鳞，熟时苞鳞脱落，发育的苞鳞具 1 粒种子；种子与苞鳞离生或合生，扁平，无翅或两侧具翅，或顶端具翅。

2 属约 40 种，主产南半球热带及亚热带地区。我国引种 2 属约 10 种，多见于华南。

二维码 B-4
南洋杉科

南洋杉属 *Araucaria*

叶互生，不同种分别具小型或大型叶，鳞形、钻形、针状镰形、披针形或卵状三角形。多雌雄异株。球果的苞鳞具三角状或尾状尖头；种子生于舌状种鳞下部，与苞鳞合生，无翅或两侧有与苞鳞合生的翅。

本属约 18 种，分布于南美洲、大洋洲及太平洋群岛。我国引入 6 种，栽植于广州、福州、厦门及台湾等地，作庭园树，生长良好；北方各大城市则栽于盆中，冬天须置于温室越冬。

南洋杉 *A. cunninghamii*

【别名】肯氏南洋杉、鳞叶南洋杉。

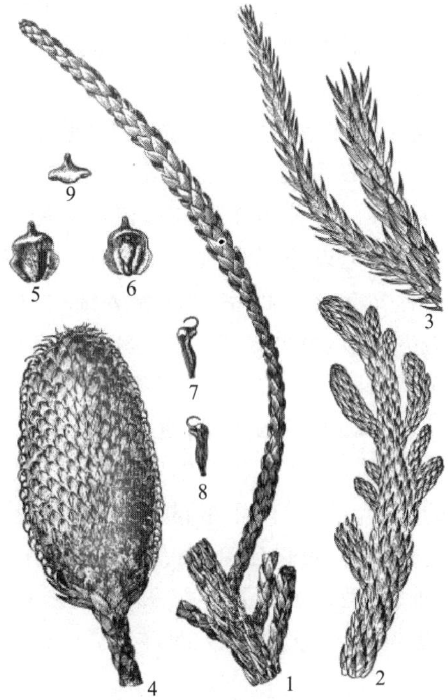

图 7-7　南洋杉

1～3. 枝叶；4. 球果；5～9. 苞鳞背腹面、侧面及俯视

【形态特征】乔木，在原产地高达 60～70 m，胸径达 1 m 以上，树皮灰褐色或暗灰色，粗糙，横裂；大枝平展或斜伸，幼树冠尖塔形，近羽状排列。叶小，幼树和侧枝的叶排列疏松，上面有多数气孔线，先端具渐尖或微急尖的尖头；大树及花果枝上之叶排列紧密而叠盖，斜上伸展，微向上弯，卵形，三角状卵形或三角状，中脉明显或不明显，上面灰绿色，有白粉，有多数气孔线，下面绿色。雄球花单生枝顶，圆柱形。球果卵形或椭圆形，长 6～10 cm，径 4.5～7.5 cm；苞鳞楔状倒卵形；舌状种鳞的先端

薄,不肥厚;种子卵形或椭圆形,两侧具结合而生的膜质翅。

【分布】产于大洋洲东南沿海地区。我国广州、海南、厦门等地有栽培,作庭园树,生长快,易开花结实;长江以北有盆栽。

【生态习性】喜光,幼苗喜阴。喜暖湿气候,不耐干旱与寒冷。喜土壤肥沃。生长较快,萌蘖力强,抗风力强。冬季需充足阳光,夏季避免强光暴晒,怕北方春季干燥的狂风和盛夏的烈日,在气温25～30 ℃、相对湿度70%以上的环境条件下生长最佳。盆栽要求疏松肥沃、腐殖质含量较高、排水透气性强的培养土。

【观赏特性及用途】南洋杉树形高大,姿态优美,它和雪松、日本金松、巨杉、金钱松被称为世界五大公园树种。宜独植作为园景树或作纪念树,亦可作行道树。但以选无强风地点为宜,以免树冠偏斜。南洋杉又是珍贵的室内盆栽装饰树种。南洋杉树形为尖塔形,枝叶茂盛,叶片呈三角形或卵形,为世界著名的庭园树之一;幼苗盆栽适用于一般家庭的客厅、走廊、书房的点缀;也可用于布置各种形式的会场、展览厅;还可作为馈赠亲朋好友开业、乔迁之喜的礼物。同时南洋杉材质优良,是澳洲及南非重要用材树种,可供建筑、器具、家具等用。

【变种、变型及品种】①'银灰色'南洋杉'Glauca':叶银灰色。②'垂枝'南洋杉'Pendula':枝下垂。

【同属其他种】①大叶南洋杉(阔叶南洋杉)*A. bidwillii*:具大型扁平叶,披针形或卵状披针形,长1～6 cm,具多数平行细脉。雄球花腋生。球果大,长达30 cm,径22 cm,苞鳞尖头三角状,向外反曲;种子长椭圆形,无翅。②异叶南洋杉(诺和克南洋杉)*A. heterophylla*:叶钻形,通常两侧扁,四棱状;球果较大,近球形;苞鳞的先端具急尖的三角状尖头,尖头向上弯。

[5] 松科 Pinaceae

常绿或落叶乔木,稀灌木。落叶属种均有明显短枝。叶条形、针状或3～4棱形,基部不下延,互生或基部扭转而排成假两列,在短枝上密集簇生。球花单性同株,球果状,雄蕊具2粒花粉囊;雌球花苞鳞与珠鳞分离。球果每片种鳞具2粒种子;种子顶端具一膜质大翅,稀无翅。

本科230余种,分属于3亚科10属,多产于北半球。我国有10属113种29个变种(其中引种栽培24种2个变种),分布遍于全国,几乎均系高大乔木,绝大多数都是森林树种及用材树种,在东北、华北、西北、西南及华南地区高山地带组成广大森林,也为森林更新、造林的重要树种。有些种类可供采脂、提炼松节油等多种化工原料,有些种类的种子可食或供药用,有些种类可作园林绿化树种。

二维码 B-5
松科

1. 冷杉属 *Abies*

乔木,干直。叶密生,落后在枝上留有排列整齐的圆形叶痕;叶辐射伸展至基部扭转而近两列,扁平条形,质厚硬,边缘不反卷至显著反卷,先端尖、钝、凹缺或2裂,有短柄,中脉在腹面微下凹,在背面隆起,每边有气孔带;一般树脂道2个,位于两侧,中生至边生。球果大,直立,圆柱形,种鳞多数;种子有长翅;球果成熟或干后,苞鳞、种鳞和种脐自中轴脱落,仅中轴残存枝上。

约50种,分布于欧、亚、中美、北美及非洲北部高山区。我国有21种及引入1种,分布于大部分省(自治区、直辖市)的高山地带,以四川种数最多,华南、华东最少。

冷杉属植物喜冷凉而不耐高温,耐阴力强。我国只适于北方或高海拔冷凉气候区栽培,庭园中多见于东北及华北,南方则只见于植物园中。它树形优美,叶苍劲不屈,球果挺立枝上,独具一格而引人注目。

冷杉 *A. fabri*

【形态特征】乔木,高达40 m,胸径达1 m;树皮灰色或深灰色;大枝斜上伸展,一年生枝淡褐黄色、淡灰黄色或淡褐色,二、三年生枝呈淡褐灰色或褐灰色;冬芽圆球形或卵圆形,有树脂。叶在枝条上

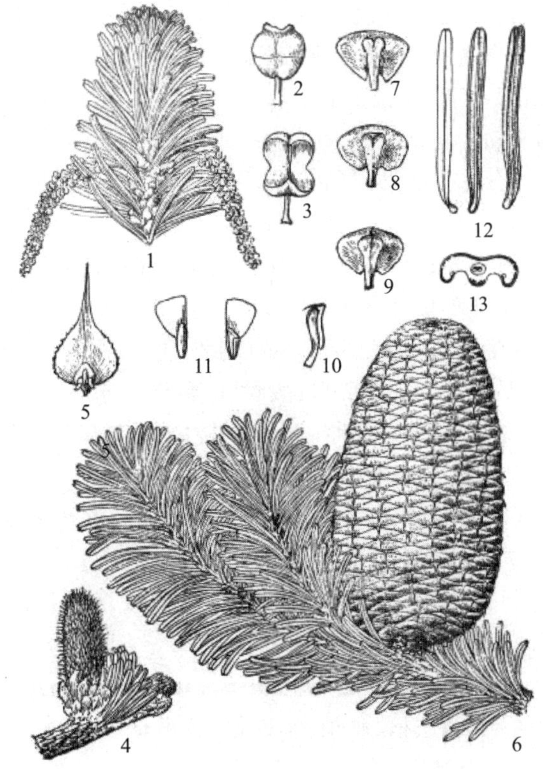

图 7-8 冷杉

1. 雄球花枝；2～3. 雄蕊；4. 雌球花枝；5. 苞鳞腹面及珠鳞、胚珠；6. 球果枝；7～9. 种鳞背面及苞鳞；10. 种鳞及苞鳞的侧面；11. 种子背腹面；12. 叶的上下面；13. 叶的横切面

面斜上伸展，枝条下面之叶列成两列，条形，直或微弯，边缘微反卷。球果卵状圆柱形或短圆柱形，熟时暗黑色或淡蓝黑色，微被白粉，长 6～11 cm，径 3～4.5 cm；中部种鳞扇状四边形，长 1.4～2 cm，宽 1.6～2.4 cm；苞鳞微露出，长 1.2～1.8 cm；种子长椭圆形，较种翅长或近等长，种翅黑褐色，楔形，连同种子长 1.3～1.9 cm。花期 5 月，球果 10 月成熟。

【分布】为我国特有树种，产于四川。在气候温凉、湿润，年降水量 1500～2000 mm，云雾多、空气湿度大、排水良好、腐殖质丰富的酸性棕色森林土，海拔 2000～4000 m 地带组成大面积纯林。江西庐山有栽培。

【生态习性】冷杉具有较强的耐阴性，适应温凉和寒冷的气候，土壤以山地棕壤、暗棕壤为主。常在高纬度地区至低纬度的亚高山至高山地带的阴坡、半阴坡及谷地形成纯林，或与性喜冷湿的云杉、落叶松、铁杉和某些松树及阔叶树组成针叶混交林或针阔混交林。

【观赏特性及用途】冷杉的树干端直，树冠圆锥形或尖塔形，枝叶茂密，四季常青，可作园林树种。也可培育作为圣诞树。

【同属其他种】①日本冷杉 *A. firma*：巨乔木，在原产地可达 50 m，叶尖钝而微凹，球果熟前绿色，熟时黄褐色或灰褐色，苞鳞通常长于种鳞，明显外露；种子翅长于种子。花期 4～5 月，球果当年 10 月成熟。原产于日本，我国旅顺、青岛、上海、南京、厦门、庐山、昆明、台湾等地均有栽培。②巴山冷杉 *A. fargesii*：乔木，高达 40 m；树皮粗糙，暗灰色或暗灰褐色，块状开裂；球果圆柱形，成熟时紫黑色，苞鳞外露，种子倒三角状卵圆形，种翅楔形。花期 4～5 月，球果当年 9～10 月成熟。③峨眉冷杉 *A. fabri*：乔木，高达 30～40 m，胸径多见达 1 m；树皮深灰色，薄片状纵裂固着在树干上，枝条斜上伸展，轮生，树冠圆锥形或尖塔形；球花单生于叶腋。中国四川省特有种。喜湿冷环境，多生于常年湿润而多云雾的山区。④黄果冷杉 *A. ernestii*：巨乔木，高达 60 m，胸径达 2 m，树干高大，较长，树皮暗灰色，纵裂成薄块状；大枝平展，上部的枝条斜上伸展，树冠尖塔形，花期 4～5 月，球果 10 月成熟，为我国特有树种，产于四川西部及北部、西藏东部。⑤苍山冷杉 *A. delavayi*：一年生枝，亮红褐色或灰褐色，光滑。叶线形，先端钝形并现凹缺，全缘且反卷。球果长圆柱或长卵圆形，基部粗大，木质，紫黑色；鳞片扇形；苞片淡紫色，长圆匙形，成熟时鳞片和苞片均脱落。花期春季，果期秋季。为我国特有树种，产于云南西北部及西藏东南部。

2. 铁杉属 *Tsuga*

乔木，以木材特硬而得名。小枝细，有隆起叶枕，基部具宿存芽鳞。叶条形，通常扁平，长 1～2.5 (3.5)cm，在小枝上排为不规则假两列或向四方辐射，中脉在腹面微凹、平或稍隆起，先端凹缺成圆，特点为仅有 1 个位于维管束下方的树脂道。通常球果较小，长 1.5～2.5 cm，下垂。

约14种，分布于亚洲东部及北美。我国产6种，分布于秦岭以南各省的山区。喜温凉湿润气候，极耐阴。播种繁殖。

铁杉属树木美观，但在我国城市园林中少见栽培，仅铁杉 *T. chinensis*、南方铁杉 *T. chinensis* var. *tchekiangenesis*、大果铁杉 *T. chinensis* var. *robusta*、云南铁杉 *T. dumosa* 等在一些植物园，如上海、庐山及昆明有栽培。

(1)铁杉 *T. chinensis*

【别名】假花板、仙柏、铁林刺、刺柏(四川)。

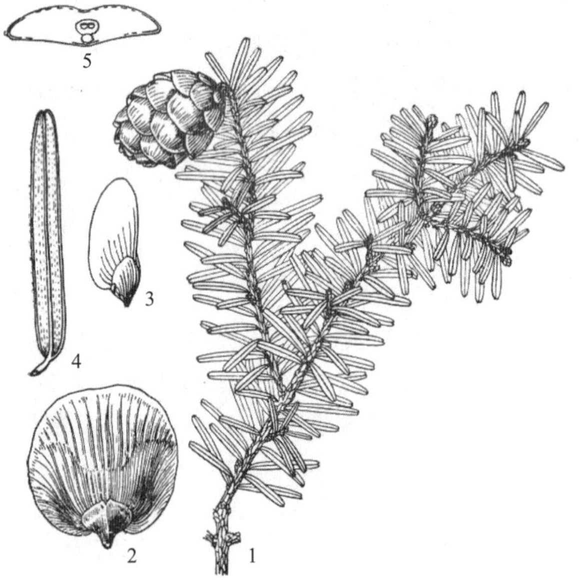

图7-9　铁杉

1.球果枝；2.种鳞背面及苞鳞；3.种子；4.叶的下面；5.叶的横切面

【形态特征】乔木，高达50 m，胸径达1.6 m；树皮暗深灰色，纵裂，呈块状脱落；大枝平展，枝稍下垂，树冠塔形；冬芽卵圆形或圆球形，一年生枝细，淡黄色、淡褐黄色或淡灰黄色，二、三年生枝灰黄色、淡褐灰色或灰色。叶条形，排列成两列，长1.2～2.7 cm，宽2～3 mm，先端钝圆有凹缺，上面光绿色，下面淡绿色，中脉隆起无凹槽，气孔带灰绿色，边缘全缘(幼树叶的中上部边缘常有细锯齿)。球果卵圆形或长卵圆形，长1.5～2.5 cm，径1.2～1.6 cm，具短梗；中部种鳞五边状卵形、近方形或近圆形；苞鳞倒三角状楔形或斜方形，上部边缘有细缺齿，先端2裂；种子下表面有油点，连同种翅长7～9 mm；子叶3～4枚，条形，长约1 cm，宽1～1.8 mm。花期4月，球果10月成熟。

【分布】为我国特有树种，产于甘肃、陕西、河南、湖北、四川和贵州海拔1200～3200 m地带。喜生于雨量高、云雾多、相对湿度大、气候凉润、土壤酸性及排水良好的山区。

【生态习性】温带及寒带树种，性喜多雨、多雾、相对湿度大、气候凉润、酸性土壤及排水良好的山区环境。强阴性树种，天然整枝能力强，寿命长达数百年以上。深根性，抗风能力强。

【观赏特性及用途】铁杉树姿古朴，枝叶扶疏，形若雪松，适于园林中孤植或丛植，亦宜用于营造山地风景林或水源涵养林。铁杉分枝多，耐修剪，还适于作绿篱。

(2)南方铁杉 *T. chinensis* var. *tchekiangensis*

【别名】铁杉、刺柏、华铁杉、黄瓜梅。

【形态特征】本变种与铁杉形态特征相似，主要区别在其叶的背面具有粉白色气孔带，球果中部的种鳞常呈圆楔形、方楔形或楔状短矩圆形，稀近圆形或近方形。

【分布】分布于安徽、浙江、福建、江西、广东、湖南、贵州及云南等地。生于海拔600～2100 m地带的局部地区。

【生态习性】喜温凉湿润的气候及深厚肥沃的酸性土壤，但在石灰土上也能正常生长。

【观赏特性及用途】观赏特性同铁杉。

【同属其他种】①大果铁杉 *T. chinensis* var. *robusta*：本变种与铁杉(原变种)的区别在于球果较粗大，矩圆状圆柱形，基部圆；种鳞质地较厚，中部的种鳞圆方形，鳞背露出部分及边缘有短粗毛；苞鳞宽倒卵形，上部宽圆，中央有突尖；叶下面的气孔带有白粉。为我国特有树种，产于湖北西部巴东(模式标本产地)海拔1800 m山地。②云南铁杉 *T. dumosa*：高达40 m，胸径达2.7 m。树皮厚而粗糙，叶片条形，球果为卵圆形或长卵圆形。花期4～5月，球果10～11月成熟。分布于中国云南西北部、四川西南部海拔2000～3000 m处。

3. 云杉属 *Picea*

乔木，叶落后枝上有显著突起的木钉状叶枕，叶枕下延，彼此间有沟槽，小枝基部有宿存芽鳞。叶条形，无柄，切面近方形或菱形时，4 面或仅腹面有白色气孔线，切面因腹面近平直而呈扁三角形时，则仅腹面有气孔线，通常有 2 边生树脂道，稀无或在维管束上下方各一个。球果生枝顶，下垂，圆柱形或狭卵状圆柱形，长(2.5)4～8 (18)cm，当年秋成熟，熟前绿色或紫色，熟时为不同深浅的褐色至紫褐色；种鳞较薄，苞鳞短，不露出；种子有长翅。

约 40 种，分布于北半球。我国产 18 种，另引入栽培 4 种。云杉属植物喜冷凉湿润气候，耐寒及耐阴，宜湿润及排水良好的土壤。

云杉属树冠塔形，小枝及叶均富观赏价值。孤植、丛植均宜，也可用于花坛或幼树盆栽。北方或西南高山可作行道树种。我国呼和浩特植物园栽培有国产种一半以上，南方一些植物园有少量种栽培。种子繁殖。

云杉 *P. asperata*

【别名】粗枝云杉、大果云杉、粗皮云杉、异鳞云杉、大云杉、白松。

【形态特征】乔木，高达 45 m，胸径达 1 m；树皮淡灰褐色或淡褐灰色，裂成不规则鳞片或稍厚的块片脱落；小枝有疏生或密生的短柔毛，或无毛；冬芽圆锥形，有树脂，基部膨大。主枝之叶辐射伸展。球果圆柱状矩圆形或圆柱形，成熟前绿色，熟时淡褐色或栗褐色，长 5～16 cm，径 2.5～3.5 cm；中部种鳞倒卵形，长约 2 cm，宽约 1.5 cm；苞鳞三角状匙形，长约 5 mm；种子倒卵圆形，长约 4 mm，连翅长约 1.5 cm，种翅淡褐色，倒卵状矩圆形；子叶 6～7 枚，条状锥形，长 1.4～2 cm。花期 4～5 月，球果 9～10 月成熟。

【分布】我国特有树种，产于陕西、甘肃、四川，分布于海拔 2400～3600 m 地区。

【生态习性】云杉耐阴、耐寒、喜欢凉爽湿润的气候和肥沃深厚、排水良好的微酸性沙质土壤，生长缓慢，属浅根性树种。

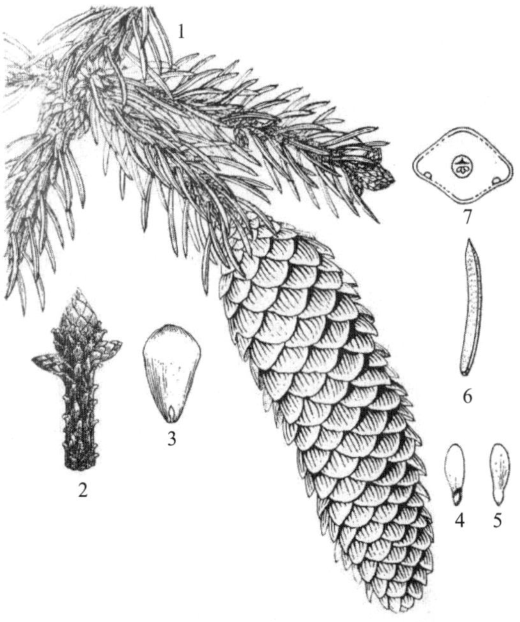

图 7-10　云杉

1. 球果枝；2. 芽及小枝；3. 种鳞背面及苞鳞；4～5. 种子背腹面；6. 叶；7. 叶的横切面

【观赏特性及用途】树姿端庄，四川西部一些庭园中有少量栽培，成都、都江堰市常栽大盆中供布置用。上海植物园、河南鸡公山树木园、厦门植物园等均有引种。

【同属其他种】①青杄 *P. wilsonii*：叶长 0.8～1.8 cm，宽约 1 mm，横切面四方形或扁菱形；球果长 5～8 cm，径 2.5～4 cm；种鳞倒卵形，长 1.4～1.7 cm，宽 1～1.4 cm，分布于四川东北部及岷江流域、湖北西部、甘肃中部及南部、青海东部、山西中部及北部、河北北部、内蒙古多伦及大青山。②丽江云杉 *P. likiangensis*：叶下面每边有 1～2 条气孔线，或个别之叶无气孔线或有 3～4 条不完整的气孔线；年生枝通常较细，毛较少；球果常较大，长 7～12 cm，产于中国四川西南部，云南西北部高山地带。③西藏云杉 *P. spinulosa*：叶长 1.5～3.5 cm 球果种鳞近圆形，中上部圆，下部渐窄小枝无毛，分布于西藏南部及东南部。④麦吊云杉 *P. brachytyla*：球果成熟前绿色；树皮淡灰褐色，深纵裂，裂成长方状厚片，分布于湖北西部、陕西南部、四川北部。

4. 油杉属 *Keteleeria*

乔木,叶痕圆形或近圆形。叶扁平条形,在侧枝上排为假两列,先端钝、圆、尖或微凹,中脉在腹面隆起,易与许多针叶树相区别,有1～2边生树脂道。球果大,圆柱形,直立,幼时褐色,熟前绿色,熟后淡褐色至褐色;种鳞上部边缘微内曲或反卷,苞鳞不露出或球果基部微外露;种子具大翅,与种鳞近等长,常稍露出。

共11种,除2种产于越南外,其余均为我国特有,分布于秦岭以南、澜沧江以东及华东南温暖湿润地区。

油杉属均有较高观赏价值,许多种又是国家重点保护植物,南方许多植物园中多有栽培,以桂林植物园种类较全。

油杉 *K. fortunei*

【形态特征】乔木,高达30 m,胸径达1 m;树皮粗糙,暗灰色,纵裂,较松软;枝条开展,树冠塔形;一年生枝有毛或无毛,干后橘红色或淡粉红色,二、三年生时淡黄灰色或淡黄褐色,常不开裂。叶条形,在侧枝上排成两列,长1.2～3 cm,宽2～4 mm。球果圆柱形,成熟前绿色或淡绿色,微有白粉,成熟时淡褐色或淡栗色,长6～18 cm,径5～6.5 cm;中部的种鳞宽圆形或上部宽圆下部宽楔形,长2.5～3.2 cm,宽2.7～3.3 cm;鳞苞中部窄,下部稍宽,上部卵圆形,先端3裂,中裂窄长,侧裂稍圆,有钝尖头。花期3～4月,种子10月成熟。

【分布】我国特有树种,产于浙江南部、福建、广东、广西南部沿海山地;生于海拔400～1200 m地段。

【生态习性】阳性树种,喜暖湿气候,对土壤适应性广,能在酸性山地土壤(pH 4.5～5)和钙质土上生长,耐干旱瘠薄。

【观赏特性及用途】树形优雅美观 ,可作庭园绿化树种。

【同属其他种】①蓑衣油杉 *K. aevelyniana* var. *pendula*:蓑衣油杉是云南油杉一个新的变种,在全国尚属首次发现,生长于云南省华宁县宁州镇平地村,其枝叶、球果、种子和树皮酷似云南油杉,区别

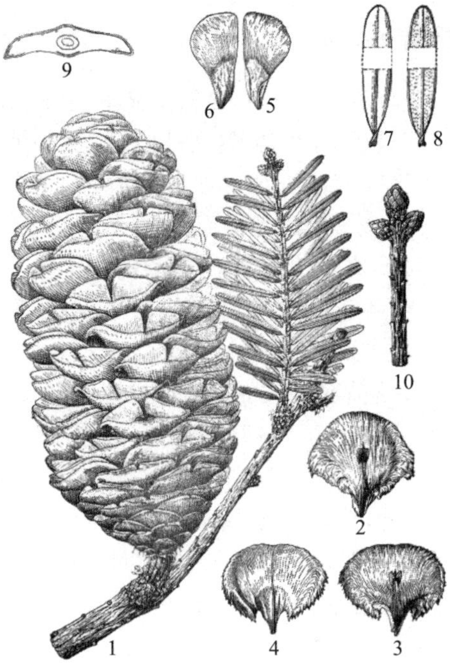

图7-11　油杉

1.球果枝;2～3.种鳞背面及苞鳞;4.种鳞腹面;5～6.种子背腹面;7～8.叶的上下面;9.叶的横切面;10.芽与枝

是树干弯曲,主侧枝像垂柳一样由顶端向下弯曲悬垂至地面,十分美观。②铁坚油杉 *K. davidiana*:冬芽卵圆形,一年生枝干后呈淡黄灰色、淡黄色或淡灰色;球果长8～21 cm,种鳞边缘反卷;种翅中下部最宽。分布于四川、陕西、湖北、湖南、贵州。

5. 黄杉属 *Pseudotsuga*

大乔木,小枝具微突起的叶枕,枝基部无宿存芽鳞或有少数反卷的残存芽鳞。叶条形,扁平,较薄软,长1～5.5 cm,在小枝上排为假两列,中脉在腹面下凹,在背面隆起,国产种先端凹缺,引入栽培种先端圆或尖,边生树脂道2。球果卵形,下垂,国产种长3.5～8 cm,引入种长8～15 cm;种鳞顶端弧形,苞鳞长,3裂,中裂片多窄长,露出部分向球果基部反卷;种子顶端有长翅。

约19种,分布于亚洲东部及北美。我国产6种,分布于长江流域以南,并引种栽培2种。

在国内分布较广的有澜沧黄杉 *P. forrestii*、华东黄杉 *P. gaussenii* 及黄杉 *P. sinensis*。引种栽培

的有大果黄杉 *P. macrocarpa* 及花旗松 *P. menziesii*。黄杉属喜温暖湿润气候,有一定的抗寒耐旱力,生长较快。播种繁殖。黄杉属树体高大,干直,树冠多塔形,观赏价值高,可孤植或与其他树种混植。目前野生大树已不多见,庭园中亦少栽培,应加强保护与栽培。现北京、上海、庐山、昆明有栽培。

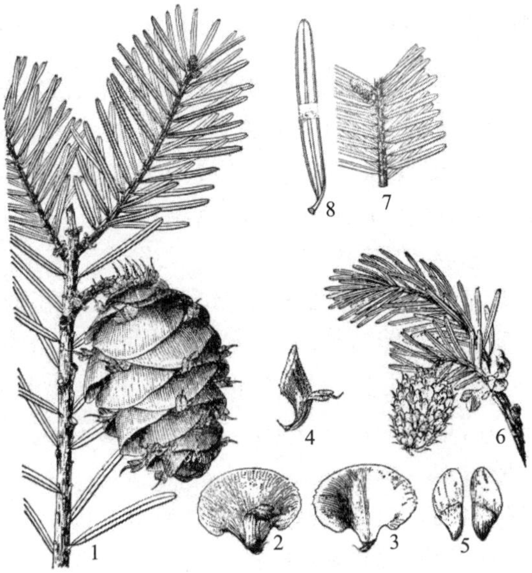

图 7-12 黄杉

1.球果枝;2.种鳞背面及苞鳞;3.种鳞腹面;4.种鳞及苞鳞的侧面;5.种子背腹面;6.雌球花枝;7.雄球花枝;8.叶

(1)大果黄杉 *P. macrocarpa*

【形态特征】叶先端凸尖,下面有2条白色气孔带,具明显的绿色边带。球果特大,长达12～15 cm,径4～6 cm,卵状圆柱形或椭圆状圆柱形,种鳞宽大,斜方状肾形或横椭圆状肾形,宽大于长,苞鳞与种鳞近等长或稍长于种鳞,中裂较短,种子、种翅均较宽大。

【分布】产于美国加利福尼亚南部山区。我国江西庐山引种栽培。

(2)黄杉 *P. sinensis*

【别名】黄帝杉、短片花旗松、罗汉松。

【形态特征】乔木,高达50 m,胸径达1 m;幼树树皮淡灰色,老则灰色或深灰色,裂成不规则厚块片;一年生枝淡黄色或淡黄灰色(干时褐色),二年生枝灰色。叶条形,排列成两列,长1.3～3(多为2～2.5)cm,宽约2 mm,先端钝圆有凹缺,基部宽楔形,上面绿色或淡绿色,下面有21条白色气孔带。球果卵圆形或椭圆状卵圆形,长4.5～8 cm,径3.5～4.5 cm,成熟前微被白粉;中部种鳞近扇形或扇状斜方形,上部宽圆,基部宽楔形,两侧有凹缺,长约2.5 cm,宽约3 cm;苞鳞露出部分向后反伸,中裂窄三角形,长约3 mm;种子三角状卵圆形,微扁,长约9 mm,上面密生褐色短毛,下面具不规则的褐色斑纹;子叶6(稀7)枚,条状披针形,长1.7～2.8 cm,宽约1 mm,先端尖,深绿色;初生叶条形,长1.5～2.3 cm,宽1～1.4 mm,先端渐尖或急尖。花期4月,球果10～11月成熟。

【分布】为我国特有树种,产于云南、四川、贵州、湖北、湖南。

【生态习性】黄杉具有喜光耐干旱、耐瘠薄、抗风力强、病虫害少等特点,对土壤、气候等因子的适应幅度较宽,具有较强的生态适应特性。浅根性,侧根特别发达。

【观赏特性及用途】黄杉的适应性强,生长较快,木材优良,在产区的高山中上部可选为造林树种。

【同属其他种】①华东黄杉 *P. gaussenii*:叶下面气孔带白色,具明显的绿色边带;种鳞基部两侧无凹缺。分布于浙江、安徽、福建。②花旗松 *P. menziesii*:叶下面气孔带灰绿色,无明显的绿色边带;球果长约8 cm;种鳞长大于宽,近斜方形;苞鳞长于种鳞,中裂长尖(栽培)。

6. 银杉属 *Cathaya*

银杉属,只有银杉 *C. argyrophylla* 1种。银杉又名杉公子,是20世纪50年代继水杉之后发现的又一活化石植物,被誉为植物界"熊猫""活化石"、林海"珍珠"。银杉是世界珍稀物种,是目前仅存于中国的孑遗树种。

银杉 *C. nanchuanensis*

【形态特征】乔木,高达20 m,有不明显短枝,一年生枝被灰黄色短柔毛,后脱落,有微隆起的叶枕,叶痕圆形或近四方形。叶条形,略弯,硬厚,一般长4～6 cm,宽2～3 mm,幼树叶长可达12 cm,短枝叶长不及 3 cm；叶在长枝上辐射排列；叶缘微反卷，先端钝圆，幼树叶先端尖，背面有 2 个银白色宽的气孔带，中脉在腹面下凹成沟，在叶背隆起，有 2 边生树脂道。雌雄同株，球果卵形，长 3～5 cm，种鳞 13～16 片，熟时褐色，密被亮灰色短柔毛，苞鳞短小，不露出；球果当年成熟，宿存枝上多年不落；种子具 2 枚长翅，翅易自种子上脱落。

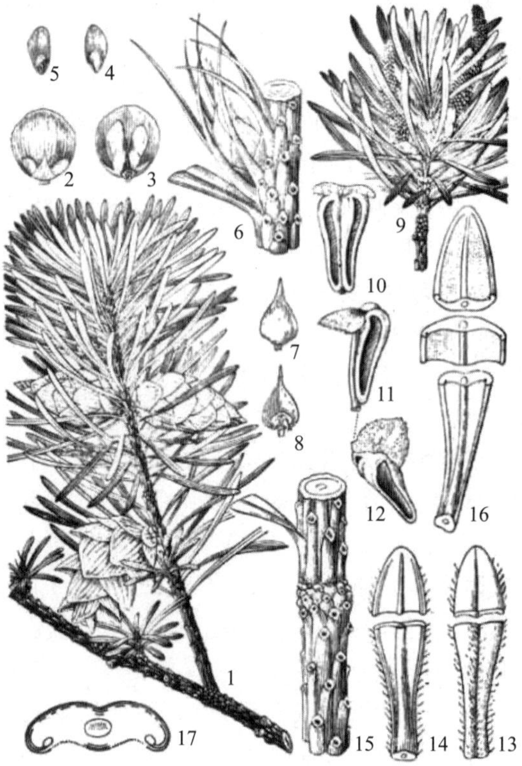

图 7-13　银杉

1. 球果枝；2. 种鳞背面及苞鳞；3. 种鳞腹面；4～5. 种子背腹面；6. 雌球花枝；7～8. 苞鳞背腹面、珠鳞及胚珠；9. 雄球花枝；10～12. 雄蕊；13～14. 幼叶的上下面；15. 枝；16. 叶的下面；17. 叶的横切面

【分布】银杉为我国继水杉之后发现的另一举世稀有的"活化石"植物。最早于 1945 年在重庆南川金佛山采得枝叶标本，未被鉴定，后于 1957 年在广西龙胜花坪村区再发现并经鉴定发表后，轰动了世界。1957 年又在金佛山采到有球果的标本及在四川武隆、贵州遵义及湖南新宁发现。

【生态习性】银杉生于温暖、湿润气候下，喜光恶湿，对环境要求严格。

【观赏特性及用途】适于作庭园景观树。国家一级保护植物，除对产地植株严加保护外，一些植物园、林场已进行引种、栽培、繁殖，如北京植物园、上海植物园、庐山植物园、昆明植物园及南川林场等处能见到幼树。

7. 雪松属 *Cedrus*

乔木，有显著短枝。叶在长枝上稀疏，在短枝上多数簇生；针形，较短而硬直，3～4 棱，无树脂道。雌雄同株；球果大，直立于长枝中下部，苞鳞短小，不露出；种子具大翅；球果成熟时，苞鳞、种鳞和种脐自中轴脱落。

共 4 种，产于非洲北部至亚洲喜马拉雅山西部。雪松属的 4 个种很难区别，而且能发生种间杂交，因此，一些专家认为 4 者均可能是黎巴嫩雪松（*C. libani*）的地理变种。我国产 1 种及引栽 1 种。

雪松 *C. deodara*

【别名】香柏、宝塔松、喜马拉雅山雪松。

【形态特征】乔木，高达 50 m，胸径达 3 m；树皮深灰色，裂成不规则的鳞状片；枝平展、微斜展或微下垂，小枝常下垂，一年生长枝淡灰黄色，密生短茸毛，微有白粉，二、三年生枝呈灰色、淡褐灰色或深灰色。叶在长枝上辐射伸展，短枝之叶呈簇生状，针形，坚硬，淡绿色或深绿色，长 2.5～5 cm，宽1～1.5 mm，幼时气孔线有白粉。雄球花长卵圆形或椭圆状卵圆形，长 2～3 cm，径约 1 cm；雌球花卵圆形，长约 8 mm，径约 5 mm。球果成熟前淡绿色，微有白粉，熟时红褐色，卵圆形或宽椭圆形，长 7～12 cm，径 5～9 cm；种子近三角状，种翅宽大，较种子为长，连同种子长 2.2～3.7 cm。

【分布】分布于阿富汗至印度，海拔 1300～3300 m 地带。北京、旅顺、大连、青岛、徐州、上海、南京、杭州、南平、庐山、武汉、长沙、昆明等地已广泛栽培作庭园树。

【生态习性】在气候温和凉润、土层深厚排水良好的酸性土壤上生长旺盛。喜阳光充足，也稍耐阴。

【观赏特性及用途】雪松树形优美、终年常绿，为世界五大园景树之一，宜孤植或稀疏列植，以体

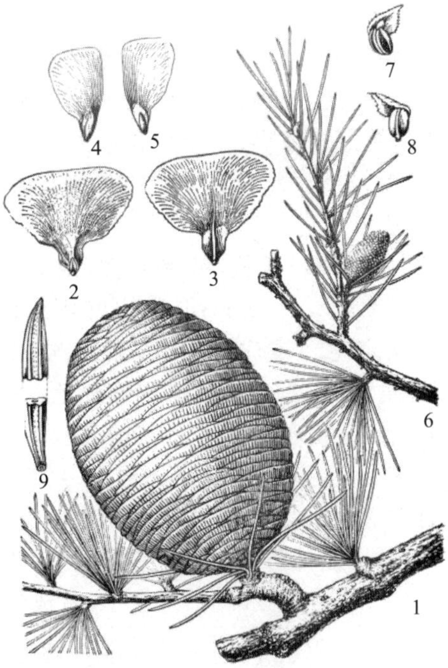

图 7-14　雪松

1. 球果枝；2. 种鳞背面及苞鳞；3. 种鳞腹面；4～5. 种子背腹面；6. 雄球花枝；7～8. 雄蕊背腹面；9. 叶

现其优美树姿。

【品种】园林中可见到以下栽培品种：①垂枝雪松'Pendula'：为雪松的一个变种，枝条柔软下垂，婀娜多姿。分布于中国、印度和尼泊尔等地区。②银叶雪松'Argentea'：叶较长，银灰蓝色。③金叶雪松'Aurea'：树冠塔形，针叶春季金黄色，入秋变黄绿色，至冬季转为粉绿黄色。

8. 落叶松属 *Larix*

乔木，叶条形，在短枝上簇生，宽 1～2 mm，常中部以上较宽，中脉在腹面不显或微隆起，树脂道2，常边生，位近叶缘的下表皮内，稀中生。球果直立，圆柱形至卵形，一般长 2～5 cm，稀达 7～11 cm，成熟前绿色或红褐色，苞鳞不露出至显著露出；种子有长翅。

约 18 种，分布于北半球。我国产 10 种及引入栽培 2 种，分布于东北、华北、西北及西南山区。落叶松属为阳性树种，喜光而不耐阴，耐寒力强而不抗热，只适于较高纬度及高海拔地区栽培。

日本落叶松 *L. kaempferi*

【别名】富士松、金钱松、金松、落叶松。

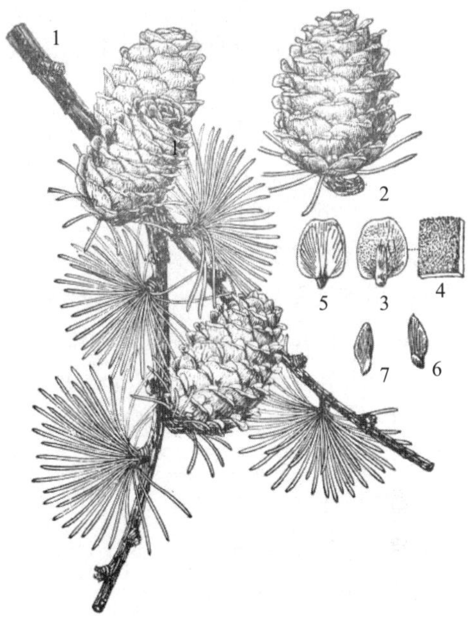

图 7-15　日本落叶松

1. 球果枝；2. 球果；3. 种鳞背面及苞鳞；4. 种鳞背面一部分；5. 种鳞腹面；6～7. 种子背腹面

【形态特征】乔木，高达 30 m，胸径 1 m；树皮暗褐色，纵裂粗糙，成鳞片状脱落；枝平展，树冠塔形；一年生长枝淡黄色或淡红褐色，有白粉，直径约1.5 mm，二、三年生枝灰褐色或黑褐色；短枝上历年叶枕形成的环痕特别明显，直径 2～5 mm；冬芽紫褐色，顶芽近球形。叶倒披针状条形，长 1.5～3.5 cm，宽 1～2 mm，先端微尖或钝，上面稍平，下面中脉隆起，两面均有气孔线，尤以下面多而明显，通常 5～8 条。雄球花淡褐黄色，卵圆形；雌球花紫红色，苞鳞反曲，有白粉，先端三裂，中裂急尖。球果卵圆形或圆柱状卵形，熟时黄褐色，长 2～3.5 cm，径 1.8～2.8 cm，种鳞 46～65 枚；苞鳞紫红色；种子倒卵圆形。花期 4～5 月，球果 10 月成熟。

【分布】产于日本。我国黑龙江、吉林、辽宁、河北、山东、河南、江西等地引种栽培。

【生态习性】喜光树种。浅根系，抗风力差。对气候的适应性强，在年平均气温 2.5～12 ℃、年降水量 500～1400 mm 的气候条件下都能生长。有一定的耐寒性，但在冬季低温条件下，有梢部冻枯现象。在气候凉爽、空气湿度大、降水量多的地方，生长速度变快。喜肥沃、湿润、排水良好的沙壤土或壤土，在风大、土层浅薄、排水不良的黏质土上生长不良，呈小老树状态。

【观赏特性及用途】日本落叶松树干端直，姿态优美，叶色翠绿，适应范围广，生长初期较快，抗病性较强，是优良的园林树种，应用十分广泛。

【同属其他种】①红杉 *L. potaninii*：球果较小，长 3～5 cm，径宽 1.5～2.5 cm，种鳞 35～65 枚，形较小、质较薄，长 0.8～1.3 cm；短枝较细，顶端叶枕之间有密生黄褐色柔毛；着生雌球花的短枝生有正常叶，分布于甘肃南部、四川北部及西部。②四川红杉 *L. mastersiana*：球果长 2.5～4 cm，种鳞倒三角状圆形或肾状圆形，背面近中部有密生较长的柔毛，苞鳞中部宽；叶较短，长 1.2～3.5 cm，上面中脉隆起；分布于四川盆地。

9. 金钱松属 *Pseudolarix*

落叶乔木，大枝不规则轮生；枝有长枝与短枝，长枝基部有宿存的芽鳞，短枝矩状；顶芽外部的芽鳞有短尖头，长枝上腋芽的芽鳞无尖头，间或最外层的芽鳞有短尖头。叶条形，柔软，在长枝上螺旋状散生，叶枕下延，微隆起，矩状短枝之叶呈簇生状，辐射平展呈圆盘形，叶脱落后有密集成环节状的叶枕。雌雄同株，球花生于短枝顶端；雄球花穗状，多数簇生，有细梗，雄蕊多数，螺旋状着生，花丝极短，花药 2 枚，药室横裂，药隔三角形，花粉有气囊；雌球花单生，具短梗，有多数螺旋状着生的珠鳞与苞鳞，苞鳞较珠鳞为大，珠鳞的腹面基部有 2 粒胚珠，受精后珠鳞迅速增大。球果当年成熟，直立，有短梗；种鳞木质，苞鳞小，基部与种鳞结合而生，熟时与种鳞一同脱落，发育的种鳞各有 2 粒种子；种子有宽大种翅，种子连同种翅几与种鳞等长；子叶 4～6 枚。

本属为我国特产，仅有金钱松 1 种。分布于长江中下游各省温暖地带。为优良的用材树种及庭园树种。

金钱松 *P. amabilis*

【形态特征】乔木，高达 40 m，胸径达 1.5 m；树干通直，树皮粗糙，灰褐色，裂成不规则的鳞片状块片；枝平展，树冠宽塔形；一年生长枝淡红褐色或淡红黄色，无毛，有光泽，二、三年生枝淡黄灰色或淡褐灰色，稀淡紫褐色，老枝及短枝呈灰色、暗灰色或淡褐灰色。叶条形，柔软，镰状或直，上部稍宽，长 2～5.5 cm，宽 1.5～4 mm；长枝之叶辐射伸展，短枝之叶簇状密生。雄球花黄色，圆柱状，下垂，长 5～8 mm，梗长 4～7 mm；雌球花紫红色，直立。球果卵圆形或倒卵圆形，长 6～7.5 cm，径 4～5 cm，成熟前绿色或淡黄绿色，熟时淡红褐色；中部的种鳞卵状披针形，长 2.8～3.5 cm；苞鳞长约种鳞的 1/4～1/3，卵状披针形，边缘有细齿；种子卵圆形，白色，长约 6 mm。花期 4 月，球果 10 月成熟。

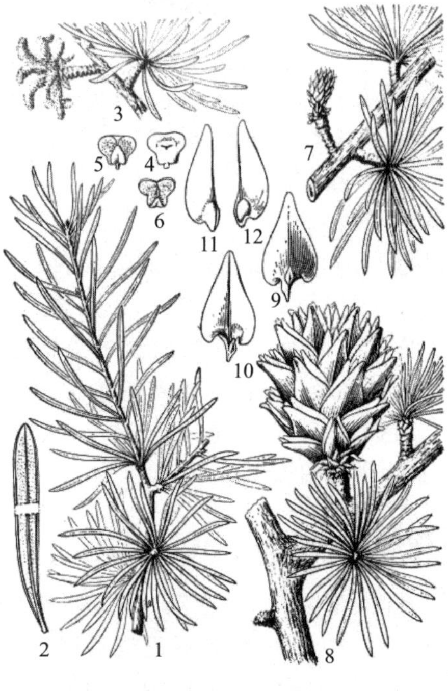

图 7-16　金钱松

1. 长、短枝及叶；2. 叶的下面；3. 雄球花枝；4～6. 雄蕊；7. 雌球花枝；8. 球果枝；9. 种鳞背面及苞鳞；10. 种鳞腹面；11～12. 种子

【分布】为我国特有树种，产于江苏、浙江、安徽、福建、江西、湖南、湖北至四川。庐山、南京等地有栽培。

【生态习性】喜生于温暖、多雨、土层深厚、肥沃、排水良好的酸性土山区。金钱松喜光、初期稍耐荫蔽，以后需光性增强。

【观赏特性及用途】树姿优美，叶在短枝上簇生，辐射平展呈圆盘状，似铜钱，深秋叶色金黄，极具观赏性。本树为珍贵的观赏树木之一，与南洋杉、雪松、金松和巨杉合称为世界五大公园树种。可孤植、丛植、列植或用作风景林。

【品种】①垂枝金钱松'Annesleyana'：高2～3 m，侧枝平展，小枝下垂。②矮生金钱松'Dawsonii'：灌木型，高0.5～0.7 m，树冠圆锥形。③丛生金钱松'Nana'：丛生灌木型，高0.3～1 m，多用作盆栽。

10. 松属 *Pinus*

乔木，稀灌木，枝轮生。叶两型，一为原生叶，在实生幼苗上为扁平条形，绿色，后逐渐过渡为膜质苞片状而不显；另一为次生叶，针形，2、3、5针，稀6～8针成束生长，基部包于8～12片叶鞘（芽鳞）中，横切面形状依每束叶数的不同而异，2叶者半圆形、3叶者扇形、5叶者近三角形，内有1个或2个靠近的维管束，树脂道2～10个，中生或边生，稀内生。球果种鳞厚，顶端露出部分为"鳞盾"，鳞盾的先端边缘或中央的瘤状突起为"鳞脐"，苞鳞小而不见；球果2～3年成熟；种子先端有长翅，或有短翅或无翅。共80余种，主产于北半球。我国产21种，分布几乎遍及全国，并引入36种以上。

松树在我国自古备受喜爱与赞扬，它与竹、梅合称"岁寒三友"。多以挺拔苍劲、翠绿长青、抗寒耐脊、不畏风霜，象征坚韧不屈、不惧强暴，兼具庄严肃静、宏伟雄壮的气派。在宫廷、寺庙、陵园、名胜中多能见到配植松树。

(1)华山松 *P. armandii*

【形态特征】乔木，高达35 m，胸径1 m；幼树树皮灰绿色或淡灰色，平滑，老则呈灰色，裂成方形或长方形厚片固着于树干上，或脱落；枝条平展，形成圆锥形或柱状塔形树冠；一年生枝绿色或灰绿色（干后褐色），无毛，微被白粉；冬芽近圆柱形，褐色。针叶5针一束，稀6～7针一束，边缘具细锯齿。雄球花黄色，卵状圆柱形，长约1.4 cm，基部围有近10片卵状匙形的鳞片，多数集生于新枝下部成穗状，排列较疏松。球果圆锥状长卵圆形，长10～20 cm，径5～8 cm，幼时绿色，成熟时黄色或褐黄色；种子黄褐色、暗褐色或黑色，倒卵圆形，无翅或两侧及顶端具棱脊，稀具极短的木质翅。花期4～5月，球果第二年9～10月成熟。

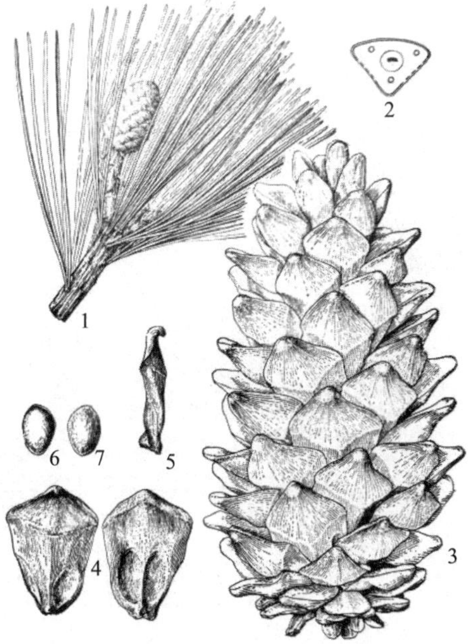

图7-17　华山松

1. 雌球花枝；2. 针叶的横切面；3. 球果；4. 苞鳞；5. 种鳞背腹面及侧面；6～7. 种子背腹面

【分布】产于山西、河南、陕西、四川、湖北、贵州、云南及西藏海拔1000～3300 m地带。

【生态习性】阳性树，但幼苗略喜荫蔽。喜温和凉爽、湿润气候，自然分布区年平均气温多在15 ℃以下，年降水量600～1500 mm，年平均相对湿度大于70%。耐寒力强，在其分布区北部，甚至可耐－31 ℃的绝对低温。不耐炎热，在高温季节长的地方生长不良。喜排水良好，能适应多种土壤，最宜深厚、湿润、疏松的中性或微酸性壤土。不耐盐碱土，耐瘠薄能力不如油松、白皮松。

【观赏特性及用途】华山松高大挺拔，适应性较强，在适宜地区可作园景树或风景林。华山松的美姿成为诗人、画家歌咏和描绘的对象。

(2)黑松 *P. thunbergii*

【别名】白芽松、日本黑松。

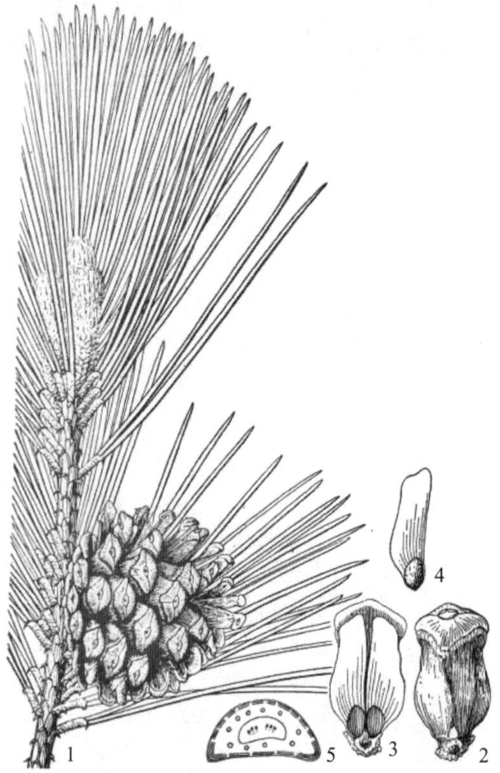

图 7-18 黑松

1. 球果枝;2～3. 种鳞背腹面;4. 种子;5. 针叶的横切面

【形态特征】乔木,高达 30 m,胸径可达 2 m;幼树树皮暗灰色,老则灰黑色,粗厚,裂成块片脱落;枝条开展,树冠宽圆锥状或伞形;一年生枝淡褐黄色,无毛;冬芽银白色,圆柱状椭圆形或圆柱形。针叶 2 针一束,深绿色,有光泽,粗硬,长 6～12 cm,径 1.5～2 mm。雄球花淡红褐色,圆柱形,长 1.5～2 cm,聚生于新枝下部;雌球花单生或 2～3 个聚生于新枝近顶端,直立,有梗,卵圆形,淡紫红色或淡褐红色。球果成熟前绿色,熟时褐色,圆锥状卵圆形或卵圆形,长 4～6 cm,径 3～4 cm,有短梗,向下弯垂;种子倒卵状椭圆形,种翅灰褐色,有深色条纹。花期 4～5 月,种子翌年 10 月成熟。

【分布】产于日本及朝鲜南部海岸地区。我国旅顺、大连、山东沿海地带和蒙山山区以及武汉、南京、上海、杭州等地引种栽培。

【生态习性】喜光,耐干旱瘠薄,不耐水涝,不耐寒。适生于温暖湿润的海洋性气候区域,最宜在土层深厚、土质疏松,且含有腐殖质的沙质土壤处生长。因其耐海雾、抗海风,也可在海滩盐土地方生长。抗病虫能力强。

【观赏特性及用途】其枝干横展,树冠如伞盖,针叶浓绿,四季常青,树姿古雅,可终年欣赏。可作园景树,也是荒山绿化、道路行道绿化首选树种。

(3)日本五针松 *P. parviflora*

【别名】五钗松、日本五须松、五针松。

【形态特征】乔木,在原产地高达 25 m,胸径 1 m;幼树树皮淡灰色,平滑,大树树皮暗灰色,裂成鳞状块脱落;枝平展,树冠圆锥形;一年生枝幼嫩时绿色,后呈黄褐色,密生淡黄色柔毛;冬芽卵圆形,无树脂。针叶 5 针一束,边缘具细锯齿,背面暗绿色,无气孔线;横切面三角形,单层皮下层细胞,背面有 2 个边生树脂道,腹面 1 个中生或无树脂道;叶鞘早落。球果卵圆形或卵状椭圆形,种子为不规则倒卵圆形,近褐色,具黑色斑纹,长 8～10 mm,径约 7 mm,种翅宽 6～8 mm,连种子长 1.8～2 cm。

【分布】产于日本,分布在本州中部、北海道、九州、四国海拔 1500 m 的山地。我国的长江流域各城市、青岛、北京等地引种栽培。

【生态习性】阳性树,但比赤松及黑松耐阴。喜生于土壤深厚、排水良好、适当湿润之处,在阴湿之处生长不良。虽对海风有较强的抗性,但不适于沙地生长,生长速度缓慢。不耐移植,移植时不论大小苗均需带土球。耐整形。

【观赏特性及用途】日本五针松姿态苍劲秀丽,松叶葱郁纤秀,富有诗情画意,集松类树种气、骨、色、神韵之大成,是名贵的观赏树种。孤植配奇峰怪石,整形后在公园、庭园、宾馆作点景树,适于与各种古典或现代的建筑配植。可列植园路两侧,也可在园路转角处 2 或 3 株丛植。最宜与假山石配置成景,或配以牡丹,或配以杜鹃,或以梅为侣,或以红枫为伴。

(4)白皮松 *P. bungeana*

【别名】虎皮松、白骨松、蛇皮松。

【形态特征】乔木，高达 30 m，胸径可达 3 m；有明显的主干，枝较细长，斜展，形成宽塔形至伞形树冠；幼树树皮光滑，灰绿色，老则树皮呈淡褐灰色或灰白色，裂成不规则的鳞状块片脱落，脱落后近光滑，露出粉白色的内皮；一年生枝灰绿色，无毛；冬芽红褐色，卵圆形，无树脂。针叶 3 针一束，粗硬，长 5～10 cm，径 1.5～2 mm，叶背及腹面两侧均有气孔线。雄球花卵圆形或椭圆形，长约 1 cm，多数聚生于新枝基部成穗状，长 5～10 cm。球果通常单生，初直立，后下垂，成熟前淡绿色，熟时淡黄褐色，卵圆形或圆锥状卵圆形，长 5～7 cm，径 4～6 cm；种鳞矩圆状宽楔形，先端厚；种子灰褐色，近倒卵圆形，赤褐色。花期 4～5 月，球果翌年 10～11 月成熟。

【分布】为我国特有树种，产于山西、河南、陕西、甘肃、四川及湖北等地，生于海拔 500～1800 m 地带。苏州、杭州、衡阳等地均有栽培。

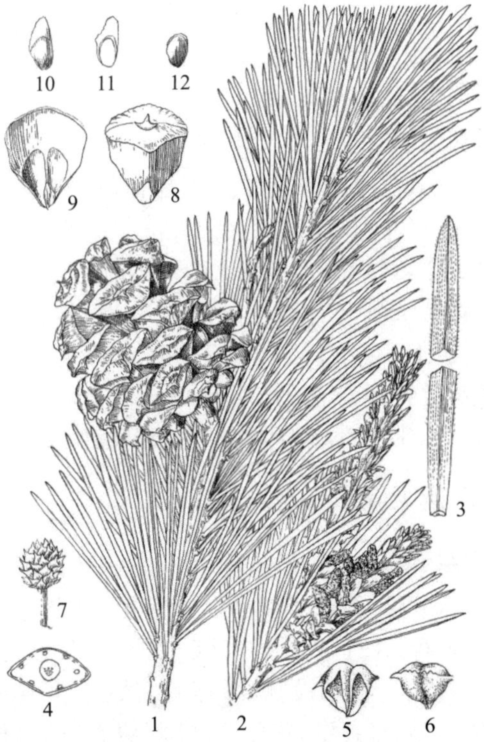

图 7-19　白皮松

1. 球果枝；2. 雄球花枝；3. 针叶；4. 叶横切面；5～6. 小孢子叶；7. 球果；8～9. 种鳞背腹面；10. 带翅种子；11. 种翅；12. 去翅的种子

【生态习性】为喜光树种，耐瘠薄土壤及较干冷的气候；在气候温凉、土层深厚、肥润的钙质土和黄土上生长良好。

【观赏特性及用途】其树姿优美，树皮奇特，可供观赏。在园林配置上用途广，它可以孤植、对植，也可丛植成林或作行道树，均能获得良好效果。它适于庭园中堂前、亭侧栽植，使苍松奇峰相映成趣，颇为壮观。干皮斑驳美观，针叶短粗亮丽，是一个不错的历史园林绿化传统树种，又是一个适应范围广泛、能在钙质土壤和轻度盐碱地生长良好的常绿针叶树种。

【同属其他种】①马尾松 *P. massoniana*：球果卵圆形；枝条斜展，小枝微下垂；下部树皮灰褐色，裂片较厚，分布于江苏、安徽、浙江、福建、台湾、广东、广西、江西、河南、陕西、湖北、湖南、四川、贵州、云南。②湿地松 *P. elliottii*：针叶 2 针或 3 针并存，长 18～30 cm，树脂道 2～10 个，内生，有时 1～2 个中生；球果卵状圆锥形或圆柱状圆锥形，长 7.5～15 cm，光褐色，种鳞的鳞盾肥厚，鳞脐瘤状，宽 5～6 mm，急尖头长不及 1 mm；种鳞黑色有灰色斑点，种翅易脱落；苗木的新叶深绿色。③油松 *P. tabuliformis*：树皮灰褐色或褐灰色，树干上部之皮红褐色，内皮淡褐色，分布于辽宁、河北、山东、山西、内蒙古、河南、陕西、宁夏、甘肃、青海、四川等地。④云南松 *P. yunnanensis*：针叶稍粗，径略大于 1 mm，不下垂或微下垂，分布于云南、四川、西藏、贵州、广西等地。⑤火炬松 *P. taeda*：针叶较粗硬，径 1.5 mm，树脂道通常 2 个(稀至 4 个)，中生，稀 1 个内生；球果卵状圆柱形或窄圆锥形，长 5～15 cm，无梗，鳞盾沿横脊强隆起，鳞脐宽 5～6 mm，具渐尖的锐尖之刺。

[6] 杉科 Taxodiaceae

常绿或落叶乔木。叶互生或对生，条形、条状披针形、钻形或鳞状，某些属种叶二型或三型，常绿叶多下延生长。球花单性同株，每雄蕊有 2～9 个花粉囊，花粉无气囊；雌球花的苞鳞与珠鳞合生，或仅顶端分离。球果多当年成熟。种鳞扁平而旋生，仅水杉属盾状而对生，种子2～9粒；种子扁平或三棱形，棱上有窄翅或下端有长翅。

共10属17种，原产于东亚的有6个属，产于北美的3个属，大洋洲的1个属。我国产5属8种，并引种4属7种，共有9属15种，尚缺原产大洋洲的密叶杉属*Athrotavis*。

二维码B-6
杉科

杉科成员均喜温暖湿润气候，我国除杉木属可北达秦岭外，其余均分布于长江流域以南地区。在南方庭园中较易见到。

1. 金松属 *Sciadopitys*

常绿乔木，枝短，水平伸展。叶二型；鳞状叶小，膜质苞片状，螺旋状着生，散生于枝上或在枝顶呈簇生状；合生叶（由二叶合生而成）条形，扁平，革质，两面中央有一条纵槽，生于鳞状叶的腋部，着生于不发育的短枝的顶端，辐射开展，在枝端呈伞形。雌雄同株，雄球花簇生枝顶，雄蕊多数，螺旋状着生，花药2室，纵裂；雌球花单生枝顶，珠鳞螺旋状着生，腹面基部有5～9粒胚珠排成一轮，苞鳞与珠鳞结合而生，仅先端分离。球果有短柄，翌年成熟；种鳞木质，发育的种鳞有5～9粒种子；种子扁，有窄翅；子叶2枚。

金松 *S. verticillata*

【别名】伞松、日本金松。

【形态特征】乔木，在原产地高达40 m，胸径3 m；枝近轮生，水平伸展，树冠尖塔形；树皮淡红褐色或灰褐色，裂成条片脱落。鳞状叶三角形，脱落性，长3～6 mm，基部绿色，上部膜质、红褐色，先端钝，第二年变成褐色；合生叶条形，长5～15 cm，宽2.5～3 mm，边缘较厚，先端钝有微凹缺，上面亮绿色，中央有一条较深的纵槽，下面淡绿色，中央有一条淡黄色的纵槽，两侧各有一条白色的气孔带。雄球花卵圆形，长约1.2 cm，有短梗，雄蕊宽矩圆形。球果卵状矩圆形，有短梗，长6～10 cm，径3.5～5 cm；种鳞宽楔形或扇形；苞鳞先端分离部分三角形而向后反曲；种子扁，矩圆形或椭圆形，连翅长8～12 mm，宽约8 mm。

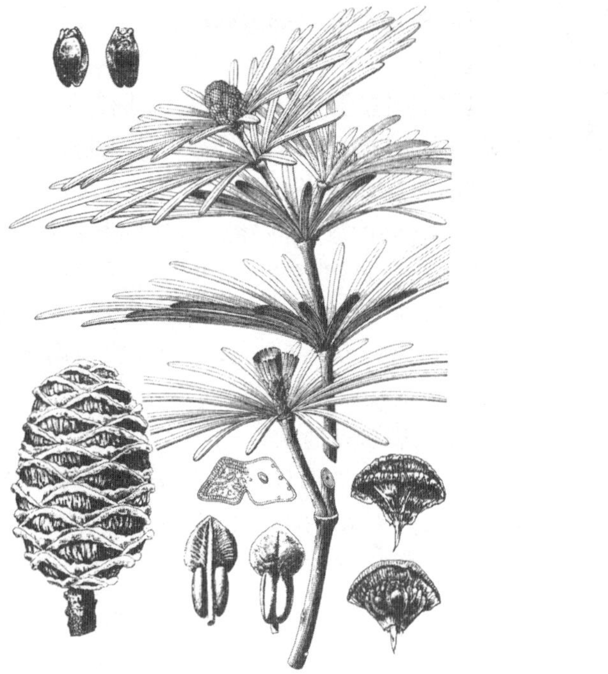

图7-20　金松

【分布】产于日本。中国青岛、庐山、南京、上海、杭州、武汉等地有栽培。它是一种孑遗植物，化石在2.3亿年前就已经存在。

【生态习性】喜光树种，有一定的耐寒能力，在庐山、青岛及华北等地均可露地过冬，喜生于肥沃深厚壤土上，不适于过湿及石灰质土壤。

【观赏特性及用途】观赏庭园树，也可作防火带，木材供建筑用，为世界五大公园树种之一。

2. 杉木属 *Cunninghamia*

常绿乔木，枝轮生或不规则轮生；冬芽圆卵形。叶螺旋状着生，披针形或条状披针形，基部下延，边缘有细锯齿，上下两面均有气孔线，上面的气孔线较下面为少。雌雄同株，雄球花多数簇生枝顶，雄蕊多数，螺旋状着生，花药3，下垂，纵裂，药隔伸展，鳞片状，边缘有细缺齿；雌球花单生或2～3个集生枝顶，球形或长圆球形，苞鳞与珠鳞的下部合生，螺旋状排列；苞鳞大，边缘有不规则细锯齿，先端长尖；珠鳞形小，先端3裂，腹面基部着生3粒胚珠。

球果近球形或卵圆形；苞鳞革质，扁平，宽卵形或三角状卵形，先端有硬尖头，边缘有不规则的细锯齿，基部心脏形，背面中肋两侧具明显稀疏的气孔线，熟后不脱落；种鳞很小，着生于苞鳞的腹面中下部与苞鳞合生，上部分离、3裂，裂片先端有不规则的细缺齿，发育种鳞的腹面着生3粒种子；种子扁平，两侧边缘有窄翅；子叶2枚，发芽时出土。

本属有2种及2个栽培变种，产于我国秦岭以南、长江以南温暖地区及台湾山区，系重要的用材树种。

杉木 *C. lanceolata*

【别名】沙木、沙树、刺杉、香杉。

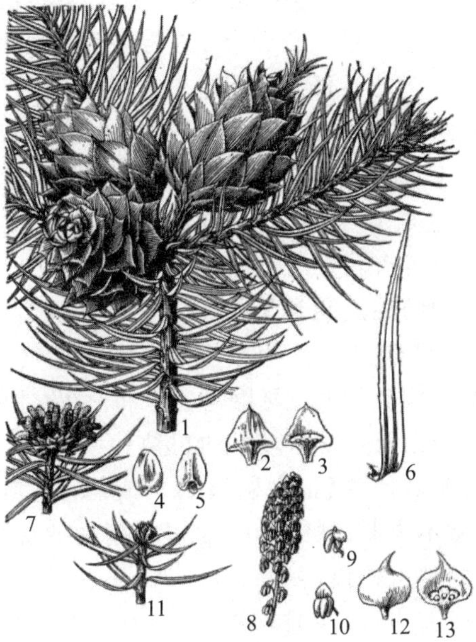

图7-21 杉木

1.球果枝；2.苞鳞背面；3.苞鳞腹面及种鳞；4～5.种子背腹面；6.叶；7.雄球花枝；8.雄球花的一段；9～10.雄蕊；11.雌球花枝；12.苞鳞背面；13.苞鳞腹面及珠鳞、胚珠

【形态特征】乔木，高达30 m，胸径可达2.5～3 m；幼树树冠尖塔形，大树树冠圆锥形，树皮灰褐色；大枝平展，小枝近对生或轮生，常呈二列状，幼枝绿色，光滑无毛；冬芽近圆形，有小型叶状的芽鳞，花芽圆球形、较大。叶在主枝上辐射伸展，侧枝之叶基部扭转成二列状，披针形或条状披针形，通常微弯、呈镰状，革质、坚硬，上面深绿色，有光泽，下面淡绿色。雄球花圆锥状，长0.5～1.5 cm，有短梗，通常40余个簇生枝顶；雌球花单生或2～3个集生，绿色，苞鳞横椭圆形，先端急尖，上部边缘膜质。球果卵圆形，种子扁平，遮盖着种鳞，长卵形或矩圆形，暗褐色，有光泽，两侧边缘有窄翅，长7～8 mm，宽5 mm；子叶2枚，发芽时出土。花期4月，球果10月下旬成熟。

【分布】为我国长江流域、秦岭以南地区栽培广、生长快、经济价值高的用材树种。栽培区北起秦岭南坡，河南桐柏山，安徽大别山，江苏句容、宜兴，南至广东信宜，广西玉林、龙津，云南广南、麻栗坡、屏边，东自江苏南部、浙江、福建西部山区，西至四川大渡河流域及西南部安宁河流域。越南也有分布。

【生态习性】杉木较喜光。喜温暖湿润、多雾静风的气候环境，不耐严寒及湿热，怕风，怕旱。适应年平均温度15～23 ℃，极端最低温度－17 ℃，年降水量800～2000 mm的气候条件。耐寒性大于它的耐旱能力，水湿条件的影响大于温度条件。怕盐碱，对土壤要求比一般树种要高，喜肥沃、深厚、湿润、排水良好的酸性土壤。浅根性，没有明显的主根，侧根、须根发达，再生力强，但穿透力弱。

【观赏特性及用途】多用作造林，庭园中偶见。

3. 柳杉属 *Cryptomeria*

常绿乔木，树皮红褐色，裂成长条片脱落；枝近轮生，平展或斜上伸展，树冠尖塔形或卵圆形；冬芽形小。叶螺旋状排列成五行列，腹背隆起呈钻形，两侧略扁，先端尖，直伸或向内弯曲，有气孔线，基部下延。雌雄同株；雄球花单生小枝上部叶腋，常密集成短穗状花序状，矩圆形，基部有一短小的苞叶，无梗，具多数螺旋状排列的雄蕊，花药3～6枚；雌球花近球形，无梗，单生枝顶，稀数个集生，珠鳞螺旋状排列，每一珠鳞有2～5粒胚珠，苞鳞与珠鳞合生，仅先端分离。球果近球形，种鳞不脱落，木质，盾形，上部肥大，上部边缘有3～7裂齿，背面中部或中下部有一个三角状分离的苞鳞尖头，球果顶端的种鳞形小，无种子；种子不规则扁椭圆形或扁三角状椭圆形，边缘有极窄的翅；子叶2～3枚，发芽时出土。

本属有2种，分布于我国及日本。

柳杉 *C. fortunei*

【别名】长叶柳杉、孔雀松、木沙椤树、长叶孔雀松。

图7-22 柳杉

1.球果枝；2.种鳞背面及苞鳞上部；3.种鳞腹面；4.种子；5.叶

【形态特征】乔木，高达40 m，胸径可达2 m多；树皮红棕色，纤维状，裂成长条片脱落；大枝近轮生，平展或斜展；小枝细长，常下垂，绿色，枝条中部的叶较长，常向两端逐渐变短。叶钻形略向内弯曲，先端内曲，四边有气孔线，长1～1.5 cm，果枝的叶通常较短，有时长不及1 cm，幼树及萌芽枝的叶长达2.4 cm。雄球花单生叶腋，长椭圆形，长约7 mm，集生于小枝上部，呈短穗状花序；雌球花顶生于短枝上。球果圆球形或扁球形，径1～2 cm，多为1.5～1.8 cm；种鳞20片左右，上部有4～5(很少6～7)短三角形裂齿，齿长2～4 mm，基部宽1～2 mm，鳞背中部或中下部有一个三角状分离的苞鳞尖头，尖头长3～5 mm，基部宽3～14 mm，能育的种鳞有2粒种子；种子褐色，近椭圆形，扁平，长4～6.5 mm，宽2～3.5 mm，边缘有窄翅。花期4月，球果10月成熟。

【分布】为我国特有树种，产于浙江天目山、福建南屏三千八百坎及江西庐山等地海拔1100 m以下地带，有数百年的老树。在江苏、浙江、安徽、河南、湖北、湖南、四川、贵州、云南、广西及广东等地均有栽培，生长良好。

【生态习性】中等喜光；喜欢温暖湿润、云雾弥漫、夏季较凉爽的山区气候；喜深厚肥沃的沙质壤土，忌积水。幼龄能稍耐阴，在温暖湿润的气候和土壤酸性、肥厚而排水良好的山地，生长较快；在寒凉较干、土层瘠薄的地方生长不良。根系较浅，侧根发达，主根不明显，抗风力差。对二氧化硫、氯气、氟化氢等有较好的抗性。

【观赏特性及用途】柳杉树冠整齐、枝叶茂密，片植时几乎能遮全部直射日光，是优良的庭荫树种，孤植、丛植、片植、列植均宜。抗污染且能净化空气，是城市及工矿区较好的树种。

【同属其他种】日本柳杉 *C. japonica*：叶直伸，先端通常不内曲；种鳞20～30片，苞鳞的尖头和种鳞先端的裂齿较长，裂齿长6～7 mm，每种鳞有2～5粒种子。花期4月，球果10月成熟。原产于日本。

4. 台湾杉属 *Taiwania*

常绿大乔木。叶螺旋状排列，基部下延，二型，成年树之叶鳞状钻形，较短，向上弯而贴近茎部，切面三角形或四棱形，幼树及萌枝叶条状钻形，较大，两侧扁。球果小，单生枝顶，苞鳞退化，种鳞扁平，先端钝圆，有1个微凸的圆尖头，尖头下方具圆形腺点，种鳞不落。种子扁平，两侧具窄翅，上下两端均明显凹缺。播种繁殖。

本属2种，均为我国特有。

秃杉 *T. flousiana*

【别名】土杉。

【形态特征】乔木，高达 75 m，胸径可达 2 m 以上；树皮淡褐灰色，裂成不规则的长条片，内皮红褐色；树冠圆锥形。大树的叶四棱状钻形，排列紧密，四面有气孔线；幼树及萌芽枝上的叶长 0.6～1.5 cm，钻形，两侧扁平。雄球花 2～7 个簇生于小枝顶端，雄蕊 19～36 枚，有 2～3 枚花药。球果圆柱形或长椭圆形，长 1.5～2.2 cm，径约 1 cm，熟时褐色；种鳞 21～39 片，中部种鳞最大，宽倒三角形，长约 7 mm，宽约 8 mm，边缘近膜质，先端中央有突起的尖头，鳞背露出部分有气孔线，背面尖头下方的腺点常明显或不明显；种子长椭圆形或倒卵形，两侧边缘具翅，种子连翅长 4～7 mm，宽 3～4 mm。球果 10～11 月成熟。

【分布】产于云南西部怒江流域、湖北西南部、贵州东南部。缅甸北部也有分布。

【生态习性】生于气候温暖或温凉、夏秋多雨潮湿、冬季较干、红壤或棕色森林土地带。

【观赏特性及用途】可作分布区内的造林树种。

【同属其他种】台湾杉 *T. cryptomerioides*：球果枝叶较宽，横切面近三角形，高小于宽，向上伸展，先端内曲；球果种鳞通常较少，15～21 片；种子连翅近圆形。我国特产，分布于台湾中央山脉，为台湾主要造林、用材树种。

图 7-23　秃杉

1. 球果枝；2～3. 种鳞背腹面；4～5. 种子背腹面；6. 枝叶一段；7. 雌球花枝；8. 雄球花枝；9～10. 雄蕊背腹面；11. 幼树的枝叶

5. 巨杉属 *Sequoiadendron*

常绿大乔木；冬芽裸露。叶鳞状钻形，螺旋状着生，贴生小枝或微伸展，两面有气孔线。雌雄同株，雄球花单生短枝枝顶，无梗；雌球花顶生，珠鳞 25～40 片，每片珠鳞有 3～12 粒直立胚珠，排列 2 行。球果椭圆状，下垂，第二年成熟，宿存树上多年；种鳞木质，盾形，顶部有凹槽，发育种鳞有 3～9 粒种子，排成 1 行或 2 行；种子两侧有宽翅；子叶 4(3～5)枚。

本属仅 1 种，产于美国。我国引入栽培。巨杉属近似北美红杉属(*Sequoia*)，但本属冬芽裸露，叶鳞状钻形，辐射伸展，不排成 2 列；球果 2 年成熟，种鳞数目较多(25～40 片)，胚有 4(3～5)枚子叶。

巨杉 *S. giganteum*

【别名】世界爷、北美巨杉。

【形态特征】大乔木，在原产地高达 100 m，胸径可达 10 m；树皮褐色，海绵状，深纵裂，厚达 20～25 cm；冬芽小，无芽鳞；小枝初为绿色，后呈淡褐色。叶鳞状钻形，螺旋状着生，下部贴生小枝，上部分离，分离部分长 3～6 mm，先端锐尖，两面有气孔线。球果椭圆状，长 5～8 cm，径 4～5.5 cm；种鳞盾形，高约 2.5 cm，上部宽 0.6～1 cm，顶部有凹槽，幼时中央有刺尖；种子长椭圆形，淡褐色，长 3～6 mm，两侧有翅。

【分布】产于美国加利福尼亚州。我国杭州引种栽培。

【生态习性】阳性树，耐−20 ℃低温，喜酸性、肥沃、疏松土壤，亦适应石灰土壤，在排水不良的低湿地生长不良。

【观赏特性及用途】巨杉为世界著名的树种之一，为世界五大公园树种之一，雄伟壮观，浓荫蔽日，可作园景树应用。

6. 北美红杉属 *Sequoia*

常绿大乔木；冬芽尖，鳞片多数，覆瓦状排列。叶二型，螺旋状着生，鳞状叶贴生或微开展，上面有气孔线；条形叶基部扭转排成二列，无柄，上面有少数断续的气孔线或无，下面有2条白色气孔带。雌雄同株，雄球花单生枝顶或叶腋，有短梗，雄蕊多数，螺旋状排列；雌球花生于短枝顶端，下有多数螺旋状着生的鳞状叶，珠鳞15～20片，每片珠鳞有3～7枚直立胚珠。球果下垂，当年成熟；卵状椭圆形或卵圆形；种鳞木质，盾形，发育种鳞有2～5粒种子；种子两侧有翅；子叶2枚。本属仅1种，产于美国。我国引入栽培。

北美红杉 *S. sempervirens*

【形态特征】大乔木，在原产地高达110 m，胸径可达8 m；树皮红褐色，纵裂，厚达15～25 cm；枝条水平开展，树冠圆锥形。主枝之叶卵状矩圆形，长约6 mm；侧枝之叶条形，长8～20 mm，先端急尖，基部扭转排成2列，无柄，上面深绿或亮绿色，下面有2条白粉气孔带，中脉明显。雄球花卵形，长1.5～2 mm。球果卵状椭圆形或卵圆形，长2～2.5 cm，径1.2～1.5 cm，淡红褐色；种鳞盾形，顶部有凹槽，中央有一小尖头；种子椭圆状矩圆形，长约1.5 mm，淡褐色，两侧有翅。

图7-24　北美红杉

【分布】产于美国加利福尼亚。我国一些大城市的植物园及公园有栽培，可见于南京、上海、杭州、福州、厦门、南宁、庐山、昆明、成都、峨眉山等城市和鸡公山。

【生态习性】喜温暖湿润和阳光充足的环境，不耐寒，耐半阴，不耐干旱，耐水湿，生长适温18～25 ℃，冬季能耐－5 ℃低温，短期可耐－10 ℃低温，土壤以土层深厚、肥沃、排水良好的壤土为宜。

【观赏特性及用途】北美红杉树姿雄伟，枝叶密生，生长迅速。适于湖畔、水边、草坪中孤植或群植，景观秀丽，也可沿园路两边列植，气势非凡。

7. 水松属 *Glyptostrobus*

半常绿性乔木；冬芽形小。叶螺旋状着生，基部下延，有3种类型：①鳞形叶较厚，在多年生或当年生主枝上辐射伸展，宿存2～3年；②条形叶扁平，薄，着生于幼树的一年生小枝或大树的萌生枝上，往往排成二列状；条状钻形叶辐射伸展排成三列状，生于大树的一年生短枝上；③鳞形叶宿存。雌雄同株，球花单生于有鳞形叶的小枝枝顶，直立或微向下弯；雄球花椭圆形，雄蕊15～20枚，螺旋状着生，有2～9(多为5～7)枚花药；雌球花近球形或卵状椭圆形，由20～22片螺旋状着生的珠鳞组成，珠鳞腹(上)面基部生有2粒胚珠(上下两端的珠鳞无胚珠)。球果直立，苞鳞与种鳞几全部合生，仅苞鳞的先端与种鳞分离，能育种鳞有2粒种子；种子椭圆形，微扁，具向下生长的长翅；子叶4～5枚。

本属仅有水松1种，分布于广东、广西、福建、江西、四川、云南等地。越南也有分布。

水松 *G. pensilis*

【形态特征】乔木，高8～10 m，稀高达25 m，生于湿生环境，树干基部膨大呈柱槽状，并且有伸出土面或水面的吸收根，树干有扭纹；树皮褐色或灰白色而带褐色，纵裂成不规则的长条片；枝条稀疏，大枝近平展，上部枝条斜伸。叶多型：鳞形叶较厚或背腹隆起，螺旋状着生于多年生或当年生的主枝

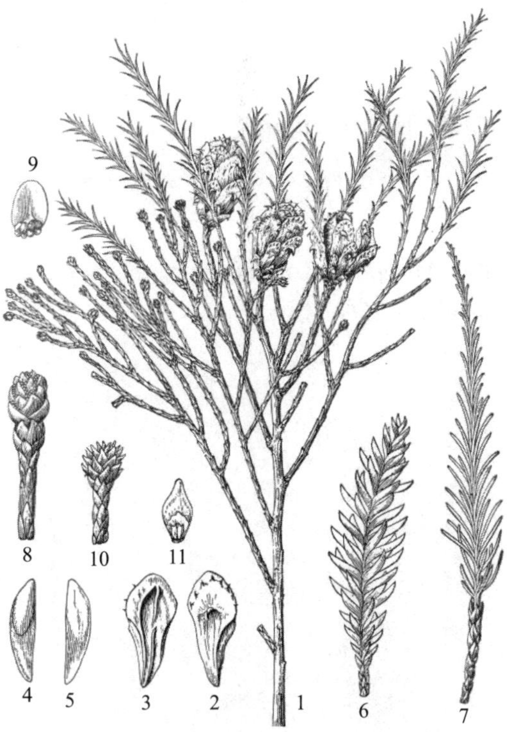

图 7-25　水松

1. 球果枝；2. 种鳞背面及苞鳞先端；3. 种鳞腹面；4～5. 种子背腹面；6. 着生条状钻形叶的小枝；7. 着生条状钻形叶（上部）及鳞形叶（下部）的小枝；8. 雄球整枝；9. 雄蕊；10. 雌球花枝；11. 珠鳞及胚珠

上，长约 2 mm，有白色气孔点，冬季不脱落；条形叶两侧扁平，薄，常排成 2 列；条状钻形叶两侧扁，背腹隆起。球果倒卵圆形，长 2～2.5 cm，径 1.3～1.5 cm；种鳞木质，扁平；苞鳞与种鳞几全部合生，仅先端分离，三角状，向外反曲，位于种鳞背面的中部或中上部；种子椭圆形，稍扁，褐色，长 5～7 mm，宽 3～4 mm，下端有长翅。花期 1～2 月，球果秋后成熟。

【分布】产于福建、江西、广东、广西及云南。长江流域以南许多大城市，如上海、南京、杭州、厦门、武汉、南宁、昆明、成都、重庆等均有栽培。越南也有分布。

【生态习性】水松喜光，喜温暖湿润气候，不耐寒冷与干燥，除盐碱土外均能生长，在水分充足时生长较好，且能在沼泽或浅水中生长。

【观赏特性及用途】树形优美。耐水湿，宜用于河边、湖畔或沼泽地带，也可作护堤树。播种及扦插繁殖。

8. 落羽杉属 *Taxodium*

落叶或半常绿乔木，基部常膨大；一年生侧枝及其上的叶入冬一同脱落。叶互生，扁平或钻形，旋生或排为假两列。雄球花集成圆锥状，下垂。球果单一或成对生于上年生枝顶，球形，苞鳞与种鳞几乎全合生，仅先端分离，盾状，顶端不规则四边形，能育种鳞有种子 2 枚；种子不规则三角形，无翅，有锐利脊棱。

共 3 种，产于北美及墨西哥。我国均有引种，常见于南方大城市，北至河南鸡公山及北京。

池杉 *T. ascendens*

【别名】池柏，沼落羽松。

【形态特征】乔木，在原产地高达 25 m；树干基部膨大，通常有屈膝状的呼吸根；树皮褐色，纵裂，成长条片脱落；枝条向上伸展，树冠较窄，呈尖塔

图 7-26　池杉

1. 小枝及叶；2. 小枝与叶的一段

形;当年生小枝绿色,细长,通常微向下弯垂,二年生小枝呈褐红色。叶钻形,微内曲,在枝上螺旋状伸展,上部微向外伸展或近直展,下部通常贴近小枝,基部下延,长 4～10 mm,基部宽约 1 mm,向上渐窄,先端有渐尖的锐尖头,下面有棱脊,上面中脉微隆起,每边有 2～4 条气孔线. 球果圆球形或矩圆状球形,有短梗,向下斜垂,熟时褐黄色,长 2～4 cm,径 1.8～3 cm;种鳞木质,盾形,中部种鳞高 1.5～2 cm;种子不规则三角形,微扁,红褐色,长 1.3～1.8 cm,宽 0.5～1.1 cm,边缘有锐脊。花期 3～4 月,球果 10 月成熟。

【分布】产于美国弗吉尼亚(南部至佛罗里达州)南部,再沿墨西哥湾至亚拉巴马州(Alabama)及路易斯安那州(Louisisiana)东南部,常于沿海平原地沼泽及低湿地海拔 30 m 以下之处见到,中国自 20 世纪初引种,现南方各地均常见。

【生态习性】强阳性树种,不耐阴。喜温暖、湿润环境,稍耐寒,能耐短暂 −17 ℃低温。适生于深厚疏松的酸性或微酸性土壤,苗期在碱性土种植时黄化严重,生长不良,长大后抗碱能力增加。耐涝,也能耐旱。生长迅速,抗风力强。

【观赏特性及用途】庭荫树、水边护岸树。树形整齐美观,叶丛秀丽,入秋是良好的秋色叶树种,最适水旁配植。

【同属其他种及品种】①落羽杉(落羽松)*T. distichum*:落叶性,叶长 1～1.5 cm,排列较疏,侧生小枝排列成二列,球果圆球形或卵球形,长 1.2～1.8 cm,微被白粉。原产于北美东南部。南方各省均有栽培。②池柏(沼杉、沼落羽松)*T. ascendens*:叶钻形,不呈二列;大枝向上伸展。③墨西哥落(羽)杉 *T. mucronatum*:半常绿性或常绿性;叶长约 1 cm,排列紧密,侧生小枝螺旋状散生,不呈二列;球果球形或卵球形,长约 1.5 cm,种子上端边缘有 6～10 钝圆裂齿。原产于墨西哥及美国。我国 50 年前已引入,上海、南京、杭州、厦门、武汉、南宁、成都、昆明等城市均有。④中山杉 *T.* 'Zhongshanshan Group':系多个品种构成的品种群。半常绿高大乔木,树干挺拔,树形优美,为我国自主培育,是落羽杉、池杉、墨西哥落羽杉 3 个种的优良种间杂交种国家级林木良种品系。在江苏、浙江、云南和重庆等地栽培。

9. 水杉属 *Metasequoia*

仅一种,我国特有,天然水杉为国家一级保护植物。

水杉 *M. glyptostroboides*

【别名】活化石,梳子杉。

图 7-27 水杉

1. 球果枝;2. 球果;3. 种子;4. 雄球花枝;5. 雄球花;6～7. 雄蕊背腹面

【形态特征】乔木,高达 35 m,胸径达 2.5 m;树干基部常膨大;树皮灰色、灰褐色或暗灰色,幼树裂成薄片脱落,大树裂成长条状脱落;枝斜展,小枝下垂,幼树树冠尖塔形,老树树冠广圆形;侧生小枝排成羽状,长 4～15 cm,冬季凋落;主枝上的冬芽卵圆形或椭圆形,顶端钝,长约 4 mm,径 3 mm,芽鳞宽卵形,2～2.5 mm。叶条形,上面淡绿色,下面色较淡。球果下垂,近四棱状球形或矩圆状球形,成熟前绿色,熟时深褐色;种鳞木质,盾形,通常 11～12 对,交叉对生,鳞顶扁菱形,中央有一条横槽,基部楔形,高 7～9 mm,能育种鳞有 5～9 粒种子;种子扁平，倒卵形，间或圆形或矩圆形；子叶 2 枚。花期 2 月下旬，球果 11 月成熟。

【分布】为我国特产，仅分布于重庆石柱县及湖北利川市磨刀溪、水杉坝一带及湖南西北部龙山及桑植等地海拔 750～1500 m 地区。

【生态习性】水杉喜光，既耐热又抗寒，在年均温 12～20 ℃、降水丰富地区生长最佳，对气候适应性广，能抗－35 ℃严寒及南方炎热气候。宜土层深厚、肥沃及排水良好的土壤，土壤干燥或排水不良均生长差。

【观赏特性及用途】水杉生长迅速，幼树及中年树树冠尖塔形，叶落前转砖红色，有很好的观赏价值，是河堤、广场、路旁、草地的优良绿化树种；也可与其他树种混植，其树冠常高出于群木之上，形成更有风采的树冠线。

［7］柏科 Cupressaceae

常绿乔木或灌木，常有树脂香气，枝细叶小。叶交互对生或三叶轮生，或二者兼有；叶常为鳞叶或刺叶，或一株上鳞叶、刺叶兼有。球花单性同株或异株，单生；雄球花具 3～8 对交叉对生的雄蕊，每雄蕊具 2～6 个花粉囊；雌球花的苞鳞与珠鳞合生，3～16 枚交叉对生或 3～4 枚轮生。球果一般较小，种鳞扁平或盾状，熟时木质干燥张开或肉质状合生不张开；种子无翅或周围有窄翅，稀上端具一长一短的翅。

共 20 属约 150 种，分布广，南、北半球各占一半的属。我国产 8 属 29 种，几乎遍及全国，另引种 3 属约 30 种，多为优良的用材树种及园林绿化树种。

二维码 B-7
柏科

1. 侧柏属 *Platycladus*

本属仅 1 种，产于我国及朝鲜。

侧柏 *P. orientalis*

【别名】扁松、扁柏、扁桧、黄柏、香柏。

【形态特征】乔木，高达 20 m，胸径 1 m；树皮薄，浅灰褐色，纵裂成条片；枝条向上伸展或斜展，幼树树冠卵状尖塔形，老树树冠则为广圆形；生鳞叶的小枝细，向上直展或斜展，扁平，排成一平面。叶鳞形，长 1～3 mm，先端微钝，小枝中央叶的露出部分呈倒卵状菱形或斜方形，背面中间有条状腺槽，两侧的叶船形，先端微内曲，背部有钝脊，尖头的下方有腺点。雄球花黄色，卵圆形，长约 2 mm；雌球花近球形，径约 2 mm，蓝绿色，被白粉。球果近卵圆形，长 1.5～2(～2.5)cm，成熟前近肉质，蓝绿色，被白粉；成熟后木质，开裂，红褐色；中间两对种鳞倒卵形或椭圆形，鳞背顶端的下方有一向外弯曲的尖头，上部 1 对种鳞窄长，近柱状，顶端有向上的尖头，下部 1 对种鳞极小，稀退化而不显著；种子卵圆形或近椭圆形，顶端微尖，灰褐色或紫褐色，长 6～8 mm，稍有棱脊，无翅或有极窄之翅。花期 3～4 月，球果 10 月成熟。

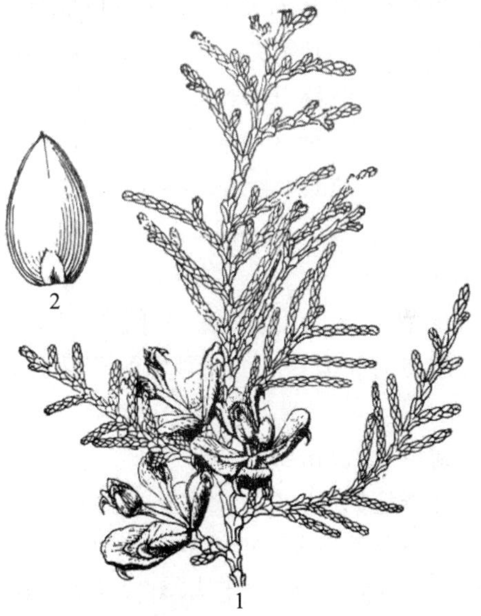

图 7-28　侧柏

1. 球果鳞叶枝；2. 种子

【分布】在我国分布广泛，除黑龙江、新疆、青海、宁夏及台湾外，其余各省(自治区、直辖市)均产。在沈阳以南生长良好，哈尔滨冬季需防寒。

【生态习性】侧柏适应力强，能耐－25 ℃低温，在年降水量 300 mm 的干旱气候及含盐 0.2%的土壤中亦能生存。

【观赏特性及用途】树龄长，我国寺庙、陵园、墓地及庭园中常有1000年以上古树，如北京的天坛、曲阜的孔庙中均有成片的侧柏与圆柏林；泰山岱庙的“汉柏”、陕西轩辕庙的“轩辕柏”均负盛名。侧柏耐修剪，稍耐阴，亦可作绿篱。

【品种】①千头柏‘Sieboldii’：丛生灌木，高可达5 m，树冠圆形而整齐，鲜绿色。常孤植于庭园或花坛中，亦用作绿篱；②洒金千头柏‘Auea Nana’：矮生密丛，圆形至卵圆。叶淡黄绿色，入冬略转褐绿；③金塔柏‘Beverleyensis’：树冠塔形，叶金黄色；④窄冠侧柏‘Zhaiguancebai’：树冠窄，枝向上伸展或微斜上伸展，叶光绿色。

2. 圆柏属 *Sabina*

常绿乔木或灌木，稀匍匐；小枝方形或近圆形，不排为一平面。幼树为刺叶，老树为刺叶或全为鳞叶，或二者兼有；刺叶无关节，通常3叶轮生，腹面具白色气孔带；鳞叶通常交叉对生，背部常有腺体或纵脊。雌雄同株或异株，球花单生短枝顶。球果具2～4对交叉对生，稀3枚轮生的种鳞，果熟时相互结合，不开裂，肉质，内含无翅种子1～6枚，球果呈核果状或浆果状。圆柏属已被归并于刺柏属*Juniperus*中。

约50种，广布于北半球。我国产15种，多分布于西北、西南的高海拔山区，耐旱耐寒性强；另引种2种。

(1)圆柏 *S. chinensis*

【形态特征】乔木，高达20 m，胸径达3.5 m；树皮深灰色，成条片开裂；幼树的枝条通常斜上伸展，形成尖塔形树冠，老树则下部大枝平展，形成广圆形的树冠；树皮灰褐色，纵裂，裂成不规则的薄片脱落。叶二型，即刺叶及鳞叶；刺叶生于幼树之上，老龄树则全为鳞叶，壮龄树兼有刺叶与鳞叶；生于一年生小枝的一回分枝的鳞叶三叶轮生，近披针形，先端微渐尖；刺叶三叶交互轮生，上面微凹，有两条白粉带。雌雄异株，稀同株，雄球花黄色。球果近圆球形，径6～8 mm，两年成熟，熟时暗褐色，被白粉或白粉脱落，有1～4粒种子；种子卵圆形，扁；子叶2枚。

【分布】产于东亚。我国分布极广，除东北北部及西北北部外，各省、自治区、直辖市均有分布或栽培。

图7-29 圆柏

【生态习性】适应力强，喜光又耐阴，耐寒又抗热，在酸性、中性、石灰性土壤中均能生长，但以微酸性或中性的深厚土壤中生长最好，对空气污染有一定抗性。生长速度中等，树龄长。

【观赏特性及用途】圆柏枝叶浓密、树形优美、四季苍绿、抗性强而寿长，我国庭园中应用广泛。在许多寺庙、陵园、墓地中常能见到一些古圆柏，如北京的天坛、中山公园，曲阜的孔庙，泰山炳灵殿，苏州冯异祠，重庆缙云寺等处均有几百年或上千年古圆柏。圆柏耐阴，又耐修剪，是作绿篱或造型的优良树种，其栽培品种现在欧美各国园林中也广泛应用。

【变种和品种】①偃柏 var. *sargentii*：匍匐灌木，小枝上伸成密丛状，刺叶多对生。性极耐寒，是良好的地被材料。②垂枝圆柏‘Pendula’：枝长，小枝下垂。产于陕西南部及甘肃东南部；北京颐和园等处有栽培。③龙柏‘Kaizuca’：高达5 m，树冠柱状塔形，枝向一方扭转斜上，形似“龙抱柱”，故名。在枝端小枝密集着生，方形，全为鳞叶，色黄绿色。④匍地龙柏‘Kaizuka Procumbens’：似龙柏，但匍匐生长，系庐山植物园从龙柏扦插繁殖选出。⑤球柏‘Globosa’：灌木，树冠近球形，枝叶茂密，几乎全为鳞叶，间有少数刺叶。⑥金叶桧‘Aurea’：灌木，刺叶中脉及边缘黄绿色，鳞叶金黄色。⑦金球桧‘Aureoglobosa’：灌木，树冠近球形，兼有鳞叶与刺叶，枝端的初生叶淡黄色。⑧塔柏（笔柏）‘Pyramidalis’：有明显主干，树冠窄柱状塔形，叶以刺叶为主，兼有一些鳞叶。为栽培最普遍的品种，华北，长江流域极常见。⑨鹿角桧‘Pfitzerlana’：丛生灌木，从基部生出数枝向四方斜向直立生长的枝干。⑩金龙柏‘Kaizuka Aurea’：形似龙柏，唯枝端的初生叶黄色。

(2)高山柏 *S. squamata*

【形态特征】灌木，高 1～3 m，呈匍匐状，或为乔木，高 5～10 m，稀高达 16 m 或更高，胸径可达1 m；树皮褐灰色；枝条斜伸或平展，枝皮暗褐色或微带紫色或黄色，裂成不规则薄片脱落；小枝直或弧状弯曲，下垂或伸展。叶全为刺形，三叶交叉轮生，披针形或窄披针形。雄球花卵圆形，长 3～4 mm，雄蕊 4～7 对。球果卵圆形或近球形，成熟前绿色或黄绿色，熟后黑色或蓝黑色，稍有光泽，无白粉，内有种子 1 粒；种子卵圆形或锥状球形，长 4～8 mm，径 3～7 mm，有树脂道，上部常有明显或微明显的 2～3 条钝纵脊。

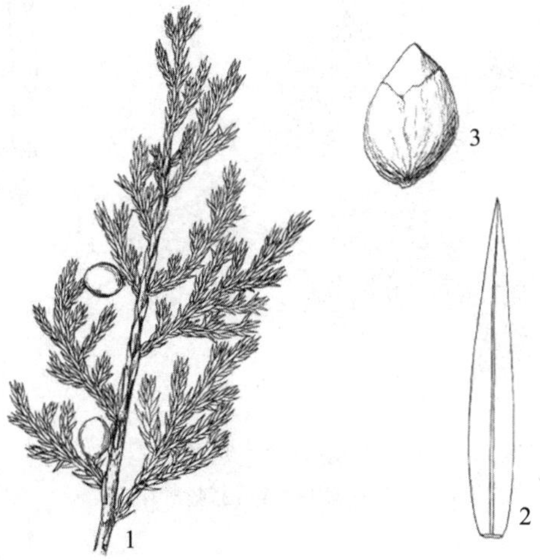

图 7-30　高山柏

1. 球果枝；2. 叶；3. 球果

【分布】产于西藏、云南、贵州、四川、甘肃南部、陕西南部、湖北西部、安徽黄山、福建及台湾等地。常生于海拔 1600～4000 m 高山地带。

【生态习性】喜光而抗旱耐寒。

【观赏特性及用途】为匍匐状灌木，枝条斜展，弯曲下垂，叶形小，四时青翠，树皮斑驳，自然形态美观，造型容易，是庭园绿化或制作盆景的好材料。

【品种】粉柏‘Meyeri’：直立灌木，叶背腹两面均被白粉。常栽作盆景或园景树。

(3) 昆明柏 *S. gaussenii*

【形态特征】小乔木，高约 8 m，或为灌木；枝直伸或斜展，圆柱形，枝皮暗褐色，裂成薄片脱落；小枝直或稍呈弧状弯曲。叶全为刺形，生于小枝下部的叶较短，交叉对生或 3 叶交叉轮生，近直立或上部斜展，鳞状刺形，长 2～4.5 mm，先端锐尖，下面常具棱脊，近基部有一斜方形或矩圆形的腺体；生于小枝上部的叶较长，3 叶交叉轮生，刺形，通常斜展，长 6～8 mm，下面常沿中脉凹下成细纵槽。球果生于直或弯曲小枝的顶端，卵圆形，长约 6 mm，常被白粉，熟时蓝黑色，有 1～2（～3）粒种子；种子卵圆形。

图 7-31　昆明柏

1. 叶；2. 球果枝

【分布】为中国特有树种，生长于云南昆明、玉溪、丽江、鹤庆、西畴等地。

【生态习性】生于海拔 1200～2000 m 地带。

【观赏特性及用途】常栽培作绿篱或作庭园树。木材可供农具、家具及文具等用。

(4)铺地柏 *S. procumbens*

【别名】爬地柏、矮桧、匍地柏、偃柏、铺地松、铺地龙、地柏

【形态特征】匍匐灌木，高达 75 cm；枝条沿地面扩展，褐色，密生小枝，枝梢及小枝向上斜展。刺形叶三叶交叉轮生，条状披针形，先端渐尖成角质锐尖头，长 6～8 mm，上面凹，有两条白粉气孔带，气孔带常在上部汇合，绿色中脉仅下部明显，不达叶之先端，下面凸起，蓝绿色，沿中脉有细纵槽。球果近球形，被白粉，成熟时黑色，径 8～9 mm，有 2～3 粒种子；种子长约 4 mm，有棱脊。

【分布】产于日本。在我国黄河流域至长江流域广泛栽培，中国大连、青岛、庐山、昆明及华东地区各大城市引种栽培作观赏树。现各地都有种植。

【生态习性】喜光，稍耐阴，适生于滨海湿润气候，对土质要求不严，耐寒力、萌生力均较强。在干燥的沙地上能生长良好，喜石灰质的肥沃土壤，忌低湿地点。

【观赏特性及用途】在园林中可配植于岩石园或草坪角隅，也是缓土坡的良好地被植物，亦经常盆栽观赏。日本庭园中在水面上的传统配植技法“流枝”，即用本种造成，有“银枝”“金枝”及“多枝”等栽培变种。地柏盆景可对称地陈放在厅室儿座上，也可放在庭园台坡上或门廊两侧，枝叶翠绿，蜿蜒匍匐，颇为美观。在春季抽生新嫩枝叶时，观赏效果最佳。生长季节不宜长时间放在室内，可移放在阳台或庭园中。

【同属其他种】①铅笔柏(北美圆柏)*S. virginiana*：乔木，原产地高达 30 m。叶二型，生鳞叶小枝甚细，四棱形。刺叶见于幼树或成年树上，幼树刺叶常交叉对生，不等长。产于北美。我国北京、山东、河南、广西、云南等地的一些城市有栽培。②垂枝香柏 *S. pingii*：乔木，高达 30 m，小枝直或弧曲，下垂，较细，呈 6 棱。叶全为刺叶，长 3～4 mm，背面有明显纵脊。球果具种子 1 粒。我国特产，分布于湖北、四川、云南，昆明常作为园景树。③垂枝柏 *S. recurva*：叶上(腹)面无绿色中脉，球果长 9～12 mm，径 8～10 mm；种子卵圆形，长 8～9 mm，径 5～6 mm，分布于西藏南部喜马拉雅山区北坡。

3. 刺柏属 *Juniperus*

常绿乔木或灌木；小枝近圆柱形或四棱形；冬芽显著。叶全为刺形，三叶轮生，基部有关节，不下延生长，披针形或近条形，上(腹)面平或凹下，有 1 或 2 条气孔带，下(背)面隆起具纵脊。雌雄同株或异株，球花单生叶腋；雄球花卵圆形或矩圆形，雄蕊约 5 对，交叉对生；雌球花近圆球形，有 3 片轮生的珠鳞，胚珠 3 粒，生于珠鳞之间。球果浆果状，近球形，2～3 年成熟；种鳞 3 片，合生，肉质，苞鳞与种鳞结合而生，仅顶端尖头分离，成熟时不张开或仅球果顶端微张开；种子通常 3 粒，卵圆形。

本属 10 余种，分布于亚洲、欧洲及北美洲。我国产 3 种，引入栽培 1 种。

刺柏 *J. formosana*

【别名】山刺柏、矮柏木、台湾桧。

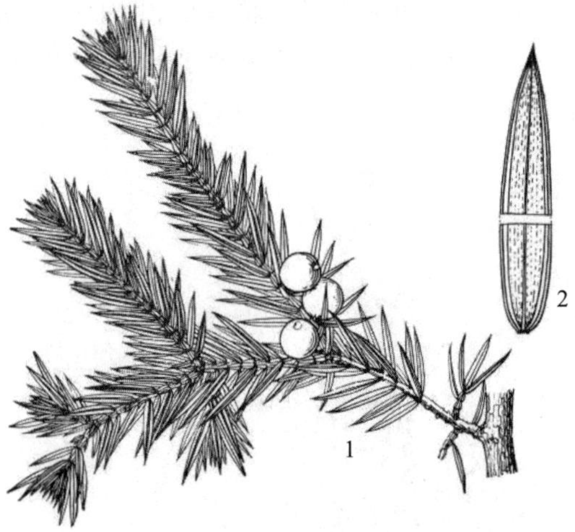

图 7-32　刺柏

1. 球果刺叶枝；2. 刺形叶

【形态特征】乔木，高达 12 m；树皮褐色，纵裂成长条薄片脱落；枝条斜展或直展，树冠塔形或圆柱形；小枝下垂，三棱形。叶三叶轮生，条状披针形或

条状刺形,长1.2～2 cm,很少长达3.2 cm,宽1.2～2 mm,先端渐尖具锐尖头,绿色,两侧各有1条白色、很少紫色或淡绿色的气孔带,气孔带较绿色边带稍宽,在叶的先端汇合为1条,下面绿色,有光泽,具纵钝脊,横切面新月形。雄球花圆球形或椭圆形,长4～6 mm。球果近球形或宽卵圆形,长6～10 mm,径6～9 mm,熟时淡红褐色,被白粉或白粉脱落,间或顶部微张开;种子半月圆形,具3～4棱脊。

【分布】为我国特有树种,分布很广,产于台湾中央山脉、江苏南部、安徽南部、浙江、福建西部、江西、湖北西部、湖南南部、陕西南部、甘肃东部、青海东北部、西藏南部、四川、贵州、云南中部和北部及西北部。

【生态习性】喜光,耐寒,耐旱,主侧根均甚发达,在干旱沙地、在肥沃通透性土壤生长最好。向阳山坡以及岩石缝隙处均可生长,作为石园点缀树种最佳。

【观赏特性及用途】刺柏是优良的园林绿化树种。树形美丽,可孤植、列植形成特殊景观。树姿优美,小枝细弱下垂;树干苍劲,针叶细密油绿;红棕色或橙褐色的球果经久不落。可孤植、列植、丛植成景。具有良好的净化空气、改善城市小气候和降低噪声等多种性能,是城乡绿化中首选的树种之一。

【同属其他种】杜松 *J. rigida*:叶质厚,坚硬,上面凹下成深槽,白粉带较绿色边带为窄,位于凹槽之中,横切面呈"V"状;球果圆球形,淡褐黑色,有白粉;乔木或灌木,分布于黑龙江、吉林、辽宁、内蒙古、河北、山西、陕西、甘肃、宁夏、青海。

4. 扁柏属 *Chamaecyparis*

常绿乔木;生鳞叶的小枝扁平,排成一平面(一些栽培变种例外)。叶鳞形,通常二型,稀同型(一些栽培变种),交叉对生,小枝上面中央的叶卵形或菱状卵形,先端微尖或钝,下面的叶有白粉或无,侧面的叶对折呈船形。雌雄同株,球花单生于短枝顶端;雄球花黄色、暗褐色或深红色,卵圆形或矩圆形,雄蕊3～4对,交叉对生,每雄蕊有3～5枚花药;雌球花圆球形,有3～6对交叉对生的珠鳞,胚珠1～5粒,直立,着生于珠鳞内侧。球果圆球形,很少矩圆形,当年成熟,种鳞3～6对,木质,盾形,顶部中央有小尖头,发育种鳞有种子1～5(通常3)粒。

本属约6种,分布于北美、日本及中国。我国有1种及1变种,均产于台湾,为主要森林树种。另引入栽培4种。

(1)日本扁柏 *C. obtusa*

【形态特征】乔木,在原产地高达40 m;树冠尖塔形;树皮红褐色,光滑,裂成薄片脱落;生鳞叶的小枝条扁平,排成一平面。鳞叶肥厚,先端钝,小枝上面中央之叶露出部分近方形,长1～1.5 mm,绿色,背部具纵脊,通常无腺点,侧面之叶对折呈倒卵状菱形,长约3 mm,小枝下面之叶微被白粉。雄球花椭圆形,长约3 mm,雄蕊6对,花药黄色。球果圆球形,径8～10 mm,熟时红褐色;种鳞4对,顶部五角形,平或中央稍凹,有小尖头;种子近圆形,长2.6～3 mm,两侧有窄翅。花期4月,球果10～11月成熟。

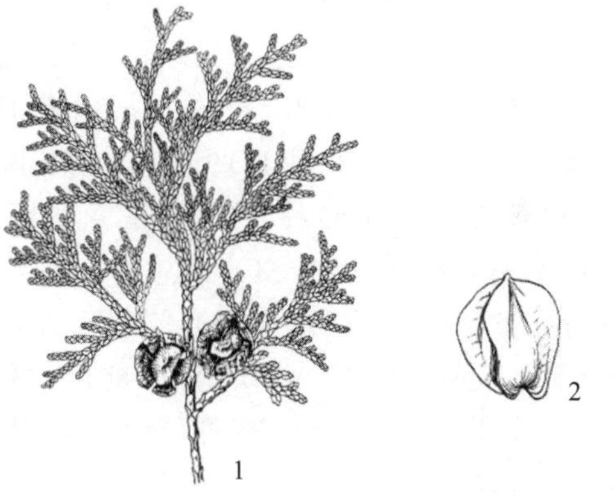

图7-33 日本扁柏

1.球果鳞叶枝及种子;2.种子

【分布】产于日本。我国青岛、南京、上海、庐山、河南鸡公山、杭州、广州及台湾等地引种栽培,作庭园观赏树。

【生态习性】较耐阴,喜温暖湿润的气候,能耐−20 ℃低温,喜肥沃、排水良好的土壤。

【观赏特性及用途】可作园景树、行道树、树丛、绿篱、基础种植材料及风景林用。

【变种与品种】①台湾扁柏(变种)var. *formosana*:乔木,高达 40 m,胸径达 3 m;树冠尖塔形;树皮淡红褐色,较平滑,枝条平展,红褐色,枝皮裂成鳞状薄片脱落。鳞形叶较薄,先端钝尖。为台湾最主要的森林树种。②云片柏'Breviramea':小乔木,树冠窄塔形;枝短,生鳞叶的小枝薄片状,有规则地排列,侧生片状小枝盖住顶生片状小枝,如层云状;球果较小。产于日本。我国庐山、南京、上海、杭州等地引种为观赏树。③孔雀柏'Tetragona':灌木或小乔木;枝近直展,生鳞叶的小枝辐射状排列或微排成平面,短,末端鳞叶枝四棱形;鳞叶背部有纵脊,光绿色。产于日本。我国庐山、南京、杭州等地栽培为观赏树。生长较慢。④凤尾柏'Filicoides':灌木,枝条短,末端鳞叶分枝短,扁平,在主枝上排列密集,外观如凤尾蕨状;鳞叶钝,常有腺点。我国庐山、南京、杭州等地栽培供观赏。生长较慢。

(2)日本花柏 *Ch. pisifera*

图 7-34　日本花柏

【形态特征】乔木,在原产地高达 50 m;树皮红褐色,裂成薄皮脱落;树冠尖塔形;生鳞叶小枝条扁平,排成一平面。鳞叶先端锐尖,侧面之叶较中间之叶稍长,小枝上面中央之叶深绿色,下面之叶有明显的白粉。球果圆球形,径约 6 mm,熟时暗褐色;种鳞 5～6 对,顶部中央稍凹,有凸起的小尖头,发育的种鳞各有 1～2 粒种子;种子三角状卵圆形,有棱脊,两侧有宽翅,径 2～3 mm。

【分布】产于日本。为我国庭园栽培较广泛的一种,沈阳、大连、青岛、上海、南京、杭州、福州、厦门、庐山、郑州、洛阳、南宁、成都、重庆、昆明、贵阳等城市均有栽培。

【生态习性】中性树种,喜阳光,略耐阴。喜温凉湿润气候,可耐－10 ℃ 低温,不耐干旱。

【观赏特性及用途】可作园景树、行道树、树丛、绿篱、基础种植材料及风景林用。

【品种】①线柏'Filifera':灌木或小乔木,树冠卵状球形或近球形,通常宽大于高;枝叶浓密,绿色或淡绿色;小枝细长下垂;鳞叶先端锐尖。原产于日本。我国庐山、南京、杭州等地引种栽培,为优美的风景树,生长良好。②绒柏'Squarrosa':灌木或小乔木,大枝斜展,枝叶浓密;叶条状刺形,柔软,长 6～8 mm,先端尖,小枝下面之叶的中脉两侧有白粉带。原产于日本。我国庐山、南京、杭州等地有栽培,供观赏。③羽叶花柏'Plumosa':灌木或小乔木,树冠圆锥形,枝叶浓密;鳞叶钻形,柔软,开展呈羽毛状,长 3～4 mm。整个形态特征介于原种和绒柏之间。长江流域以南城市庭园栽培作观赏树。

(3)美国扁柏 *Ch. lawsoniana*

【形态特征】乔木,在原产地高达 60 mm,胸径达 2 m;树皮红褐色,鳞状深裂;生鳞叶的小枝排成平面,扁平,下面鳞叶微有白粉,部分近无白粉。鳞叶形小,排列紧密,先端钝尖或微钝,背部有腺点。雄球花深红色。球果圆球形,径约 8 mm,红褐色,被白粉;种鳞 4 对,顶部凹槽内有一小尖头;发育种鳞具 2～4 粒种子。

【分布】产于美国。我国庐山、南京、杭州等地引种栽培,生长良好。

【生态习性】喜光,也稍耐阴,耐寒。喜排水良好的潮湿土壤。

【观赏特性及用途】可丛植或孤植,也可列植或应用于岩石园。

5. 柏木属 *Cupressus*

乔木，稀灌木状，幼苗及萌枝具轮生刺叶，成年树具鳞叶，生鳞叶小枝圆柱形或四棱形，不排成一平面而向上斜展或下垂，鳞叶同型而交叉对生；小枝脱落后其最基部一对鳞叶不残留枝上；鳞叶背部通常有腺点，边缘有极细的齿毛。球果次年夏初成熟，球形或略长，种鳞盾状，4～8 对，能育种鳞具种子 5 至多粒；种子微扁，有棱角，两侧具窄翅。

约 20 种，分布于地中海、北美及东亚。我国产 5 种，另引栽约 10 种。

(1)柏木 *C. funebris*

【别名】香扁柏、垂丝柏、黄柏、扫帚柏、柏木树、柏香树、柏树、密密柏。

图 7-35　柏木

【形态特征】乔木，高达 35 m，胸径 2 m；树皮淡褐灰色，裂成窄长条片；小枝细长下垂，生鳞叶的小枝扁，排成一平面，两面同形，绿色。鳞叶二型，长 1～1.5 mm，先端锐尖，中央之叶的背部有条状腺点，两侧的叶对折，背部有棱脊。雄球花椭圆形或卵圆形，长 2.5～3 mm，雄蕊通常 6 对；雌球花长 3～6 mm，近球形，径约 3.5 mm。球果圆球形，径 8～12 mm，熟时暗褐色；种鳞 4 对，顶端为不规则五角形或方形，宽 5～7 mm；种子宽倒卵状菱形或近圆形，扁，边缘具窄翅。花期 3～5 月，种子翌年 5～6 月成熟。

【分布】我国特产，分布于长江流域以及南方广大地区，河南、陕西、甘肃等省均有栽培。柏木以四川北部最普遍，在剑阁最集中，南至阆中，西至梓潼，沿途古柏绵延，挺拔苍翠，相传为蜀将张飞行军时作为路标所栽植，故当地称“张飞柏”。

【生态习性】柏木喜温暖湿润的气候条件，在年均气温 13～19 ℃，年降水量 1000 mm 以上，且分配比较均匀，无明显旱季的地方生长良好。耐寒性较强，少有冻害发生。对土壤适应性广，中性、微酸性及钙质土均能生长。耐干旱瘠薄，也稍耐水湿，特别是在上层浅薄的钙质紫色土和石灰土上也能正常生长。需有充分光照方能生长，但能耐侧方荫蔽。主根浅细，侧根发达。

【观赏特性及用途】四季常青、树冠浓密，适应性强，能在微碱性或石灰岩山地上生长，是荒山绿化、疏林改造的先锋树种，自古以来就是重要的风景绿化树种，苍劲而寿长，为寺庙、陵园常见的古树，如昆明黑龙潭的“宋柏”，传植于宋朝，成都武侯祠内尚存一些古柏树。

(2)西藏柏木 *C. torulosa*

【形态特征】乔木，高约 20 m；生鳞叶的枝不排成平面，圆柱形，末端的鳞叶枝细长，径约 1.2 mm，微下垂或下垂，排列较疏，二、三年生枝灰棕色，枝皮裂成块状薄片。鳞叶排列紧密，近斜方形，长 1.2～1.5 mm，先端通常微钝，背部平，中部有短腺槽。球果生于长约 4 mm 的短枝顶端，宽卵圆形或近球形，径 12～16 mm，熟后深灰褐色；种鳞 5～6 对，顶部五角形，有放射状的条纹，中央具短尖头或近平，能育种鳞有多数种子；种子两侧具窄翅。

【分布】产于我国西藏东部及南部，生于石灰岩山地。印度、尼泊尔、不丹有分布。

【观赏特性及用途】木材性质及用途与干香柏相似。

【同属其他种】①滇柏(冲天柏、干香柏、圆柏) *C. duclouxiana*：生鳞叶的小枝不下垂，鳞叶先端微钝或稍尖，球果大，径1.6～3 cm，种鳞4～5对。为我国特有，产于云南中部、西北部及四川西南部海拔1400～3800 m处。②墨西哥柏木*C. lusitanica*：生鳞叶的小枝下垂，鳞叶先端尖；球果较小，径1～1.5 cm，种鳞3～4对。

6. 翠柏属 *Calocedrus*

常绿乔木；生鳞叶的小枝直展、扁平，排成一平面，两面异形，下面的鳞叶微凹、有气孔点。鳞叶二型，交叉对生，明显成节，小枝上下两面中央的鳞叶扁平，两侧的鳞叶对折，瓦覆于中央之叶的侧边及下部，背部有脊。雌雄同株，球花单生枝顶，雄球花具6～8对交叉对生的雄蕊，每雄蕊具2～5枚下垂的花药，药隔近盾形，顶端尖；雌球花具3对交叉对生的珠鳞，珠鳞的腹面基部具2粒胚珠。球果矩圆形、椭圆柱形或长卵状圆柱形，种鳞3对，木质，扁平，熟时张开；种子上部具一长一短之翅。

本属2种，分布于北美及我国云南、贵州、广西、广东、海南及台湾。均为用材树种。

翠柏 *C. macrolepis*

【形态特征】乔木，高达30～35 m，胸径1～1.2 m；树皮红褐色、灰褐色或褐灰色，幼时平滑，老则纵裂；枝斜展，幼树树冠尖塔形，老树则呈广圆形；小枝互生，两列状，生鳞叶的小枝直展、扁平、排成平面，两面异形，下面微凹。鳞叶两对交叉对生，呈节状，小枝上下两面中央的鳞叶扁平，露出部分楔状，先端急尖，长3～4 mm，两侧之叶对折，瓦覆着中央之叶的侧边及下部，与中央之叶几相等长，较中央之叶的上部为窄，先端微急尖，直伸或微内曲，小枝下面之叶微被白粉或无白粉。雌雄球花分别生于不同短枝的顶端，雄球花矩圆形或卵圆形，长3～5 mm，黄色。着生雌球花及球果的小枝圆柱形或四棱形，或下部圆上部四棱形，长3～17 mm，其上着生6～24对交叉对生的鳞叶；球果矩圆形、椭圆柱形或长卵状圆柱形，熟时红褐色，长1～2 cm；种鳞3对，木质，扁平，外部顶端之下有短尖头，最上一对结合而生，仅中间一对各有2粒种子；种子近卵圆形或椭圆形，微扁，长约6 mm，上部有两个大小不等的膜质翅。

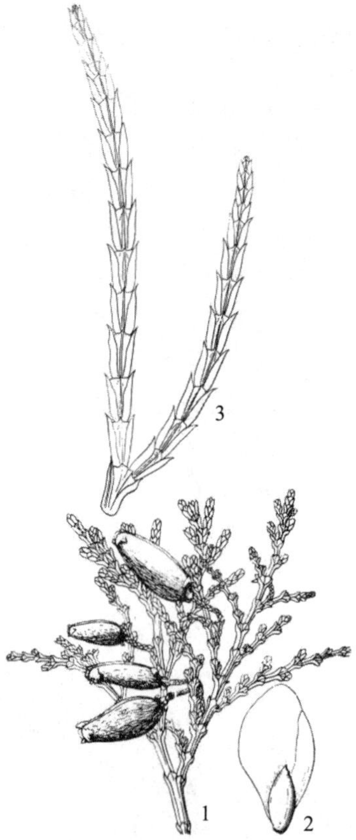

图7-36　翠柏

1.球果鳞叶枝；2.种子；3.幼树的鳞叶枝

【分布】产于我国云南、贵州、广西及海南等省（自治区）。越南、缅甸亦有分布。

【生态习性】喜光、喜温暖湿润，生长快，耐湿、耐寒性差。寿命可达200～300年。

【观赏特性及用途】树形美丽，可作城镇绿化与庭园观赏树种。福州、厦门、昆明等市有栽培。昆明附近的公路旁、村庄及墓地常见有散生树。

7. 福建柏属 *Fokienia*

仅1种，产于我国及越南。

福建柏 *F. hodginsii*

【形态特征】乔木，高达17 m；树皮紫褐色，平滑；生鳞叶的小枝扁平，排成一平面，二、三年生枝褐色，光滑，圆柱形。鳞叶2对交叉对生，成节状，生于幼树或萌芽枝上的中央之叶呈楔状倒披针形，通常长 4～7 mm，宽 1～1.2 mm，上面之叶蓝绿色，下面之叶中脉隆起，两侧具凹陷的白色气孔带，侧面之叶对折，近长椭圆形，多少斜展，较中央之叶长，通常长 5～10 mm，宽 2～3 mm，背有棱脊，先端渐尖或微急尖，通常直而斜展，稀微向内曲，背侧面具 1 凹陷的白色气孔带；生于成龄树上之叶较小，两侧之叶长 2～7 mm，先端稍内曲，急尖或微钝，常较中央的叶稍长或近于等长。雄球花近球形，长约 4 mm。球果近球形，熟时褐色，径 2～2.5 cm；种鳞顶部多角形，表面皱缩稍凹陷，中间有一小尖头突起；种子顶端尖，具 3～4 棱，长约 4 mm，上部有两个大小不等的翅。花期 3～4 月，种子翌年 10～11 月成熟。

【分布】产于浙江、福建、广东、广西、湖南、贵州、四川及云南。越南北部亦有分布。

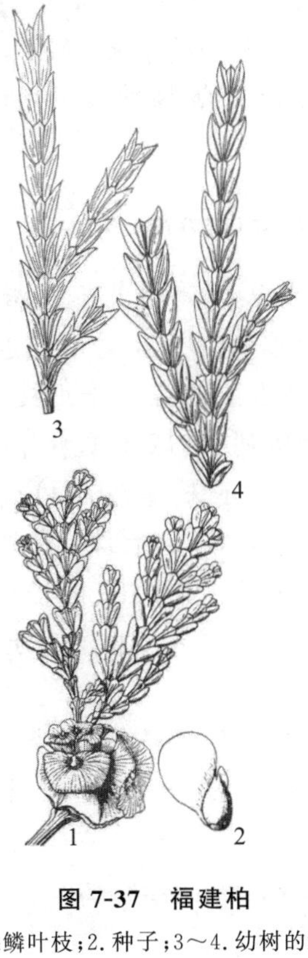

图 7-37　福建柏

1. 球果鳞叶枝；2. 种子；3～4. 幼树的鳞叶枝

【生态习性】喜温暖湿润，较耐阴，耐干旱与瘠薄，在石缝间亦能生长。生长缓慢。

【观赏特性及用途】树形及枝叶均优雅，为很有观赏价值的园景树。现许多城市，如上海、厦门、南宁、庐山、郑州、洛阳、武汉、成都、重庆等均有栽培。

8. 崖柏属 *Thuja*

常绿乔木或灌木，生鳞叶的小枝排成平面，扁平。鳞叶二型，交叉对生，排成四列，两侧的叶呈船形，中央之叶倒卵状斜方形，基部不下延生长。雌雄同株，球花生于小枝顶端；雄球花具多数雄蕊，每雄蕊具 4 枚花药；雌球花具 3～5 对交叉对生的珠鳞，仅下面的 2～3 对的腹面基部具 1～2 粒直生胚珠。球果矩圆形或长卵圆形，种鳞薄，革质，扁平，近顶端有突起的尖头，仅下面 2～3 对种鳞各具 1～2 粒种子；种子扁平，两侧有翅。

本属约 6 种，分布于美洲北部及亚洲东部。我国产 2 种，分布于吉林南部及四川东北部。另引种栽培 3 种，作观赏树。

北美香柏 *T. plicata*

【别名】美国香柏、香柏、美国侧柏、美国金钟柏、美洲金钟柏。

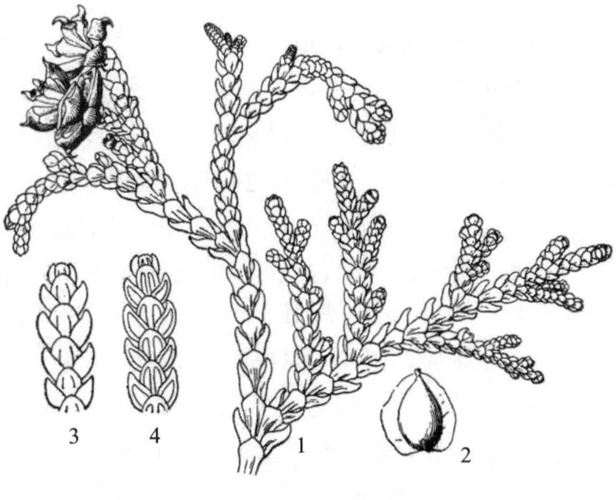

图 7-38　北美香柏

1. 球果鳞叶枝；2. 种子；3～4. 鳞叶枝的上下面

【形态特征】乔木，高 20 m，大树基部膨大成棱脊与沟槽，分枝短，树冠窄塔形；小枝扁，末端水平伸展。鳞叶先端急尖或钝，枝向上面的叶深绿色，背面叶淡黄绿色或灰绿色，中央叶背面近中部有一明显隆起腺点，侧生叶与中央叶等长或稍短，尖头内弯而紧贴小枝。球果长椭圆形，长 7～13 mm，种鳞 4～5 对，仅基部 2～3 对各具种子 1～2 粒；种子扁，窄而长，长约 7 mm，宽 2～3 mm，两侧具窄翅。

【分布】产于北美，欧洲、美洲的园林中广泛栽培，我国北京、青岛、上海、南京、杭州、庐山、武汉、郑州、洛阳、开封、昆明、成都等地有栽培。

【生态习性】性喜光，耐寒、耐水湿、耐阴，对土壤要求不严，能生长于温润的碱性土中。耐修剪，抗烟尘。生长较慢，寿命长。

【观赏特性及用途】北美香柏树冠优美整齐，可用于林丛、绿篱及绿雕，常作园景树点缀装饰树坛，丛植草坪一角，也可用作行道树。

【同属其他种】日本香柏 *T. standishii*：原产地高达 18 m，小枝扁。鳞叶先端钝尖或钝，无腺点。球果卵圆形，长 8～12 mm，种鳞 5～6 对；种子两侧有窄翅。产于日本。我国青岛、上海、南京、杭州、庐山、昆明等地有栽培。

9. 罗汉柏属 *Thujopsis*

仅 1 种，产于日本。

罗汉柏 *Th. dolabrata*

【形态特征】乔木，高达 15 m；树皮薄，灰色或红褐色，裂成长条片脱落；枝条斜伸，树冠尖塔形；生鳞叶的小枝平展，扁，鳞叶质地较厚，两侧之叶卵状披针形，长 4～7 mm，宽 1.5～2.2 mm，先端通常较钝，微内曲，上侧面深绿色，下侧面具一条较宽的粉白色气孔带；中央之叶稍短于两侧之叶，露出部分呈倒卵状椭圆形，先端钝圆或近三角状，下面中央之叶具两条明显的粉白色气孔带。球果近圆球形，长 1.2～1.5 cm；种鳞木质，顶端的下方具一短尖头，发育种鳞的腹面基部具 3～5 粒种子；种子近圆形，两侧有窄翅。

【分布】产于日本。我国南方一些大城市用作观赏树，青岛、南京、上海、杭州、福州、厦门、庐山、武汉、郑州、洛阳、昆明、贵阳等地均有栽培。

【生态习性】阳性树种，喜冷凉湿润，生长较慢。

【观赏特性及用途】园景树，地栽或盆栽观赏。

[8] 罗汉松科(竹柏科)
Podocarpaceae

常绿乔木或灌木。叶螺旋状排列、近对生或交互对生，线形、鳞形或披针形，全缘，两面或下面有气孔带或气孔线。球花单性，雌雄异株，稀同株；雄球花穗状，单生或簇生叶腋，或生枝顶；雄蕊多数，螺旋状排列。雌球花单生叶腋或苞腋，或生枝顶，稀穗状，具 1 枚至多枚螺旋状排列的苞片，苞腋内着生 1 粒直立、近直立或倒生的胚珠。种子核果状或坚果状，为肉质或较薄而干的假种皮所包，有肉质种托或无，有柄或无柄。

共 8 属 130 余种；分布于热带、亚热带及南温带地区，在南半球分布最多。我国产 2 属 14 种 3 个变种，分布于长江以南各省区；罗汉松、短叶罗汉松等为普遍栽培的庭园树种。

二维码 B-8
罗汉松科

罗汉松属 *Podocarpus*

常绿乔木或灌木；叶线形至长椭圆形，全缘，稀为鳞片状，螺旋排列或交互对生或近对生；球花雌雄异株，腋生，单生或成束生于小枝之顶；雄球花有多数雄蕊，螺旋排列；雌球花单生叶腋或枝顶，基部数枚苞片的腋内无胚珠，顶端 1 枚苞片发育成囊状的珠套，内有 1 枚胚球，花后珠套增厚成肉质的假种皮；苞片发育成肉质的种托；种子当年成熟；核果状，全为肉质假种皮所包，生于肉质或非肉质的种托上。

约 100 种，分布于亚热带、热带及南温带，多产于南半球。我国有 13 种 3 个变种，分布于长江以南地区。

(1) 罗汉松 *P. macrophyllus*

【别名】罗汉杉、土杉。

【形态特征】常绿乔木，高达 20 m。叶线状披针形，长 7～10 cm，宽 7～10 mm，全缘，有明显中肋，螺旋状互生。种子核果状，着生于肥大肉质的紫色种托上，全形如披着袈裟的罗汉。

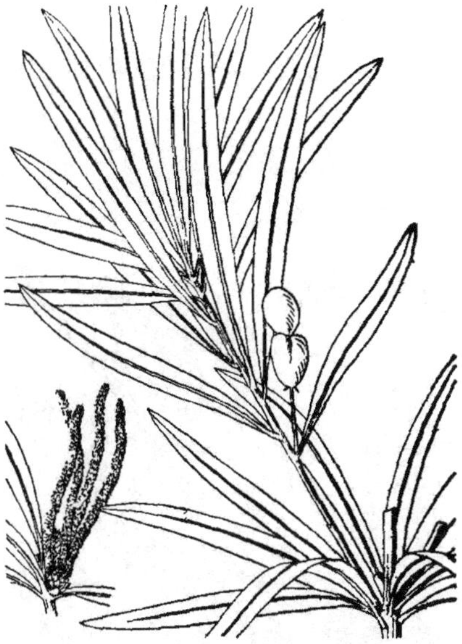

图 7-39　罗汉松

【分布】产于我国长江以南地区。

【生态习性】半阳性树种。在半阴环境下生长良好。喜温暖湿润和肥沃沙质壤土，在沿海平原也能生长。不耐严寒。寿命长。

【观赏特性及园林用途】树形古雅，种子与种柄组合奇特，惹人喜爱，南方寺庙、宅院多有种植。可于门前对植，中庭孤植，或于墙垣一隅与假山、湖石相配。也可布置花坛或制作成盆栽陈于室内欣赏。

【变种及品种】①小叶罗汉松 var. *maki*：叶较小，长 4～7 cm，宽 3～7 mm。原产于日本。我国长江以南各地庭园普遍栽培观赏；北方多温室盆栽，用于室内绿化、观赏。也是制作盆景的好材料。②短小叶罗汉松‘Condensatus’：叶特短小，长在 3.5 cm 以下，密生，多作为盆景材料。③狭叶罗汉松 var. *angustifolius*：叶较狭，长 5～10 cm，宽 3～6 mm。产于四川、贵州、江西等地。

[9] 三尖杉科(粗榧科)
Cephalotaxaceae

本科仅有 1 属。

三尖杉属(粗榧属)*Cephalotaxus*

常绿乔木或灌木，髓心中部具树脂道。叶条形或披针状条形，稀披针形，交叉对生或近对生，在侧枝上基部扭转排列成两列，上面中脉隆起，下面有两条宽气孔带，在横切面上维管束的下方有一树脂道。球花单性，雌雄异株，稀同株；雄球花单生叶腋；雌球花具长梗，生于小枝基部(稀近枝顶)苞片的腋部。种子第二年成熟，核果状，全部包于由珠托发育成的肉质假种皮中，常数个(稀 1 个)生于轴上。

二维码 B-9
三尖杉科

9 种，我国产 7 种 3 个变种，分布于秦岭至山东鲁山以南各省区及台湾。另有 1 个引种栽培变种。

三尖杉 *C. fortunei*

【别名】藏杉、桃松、狗尾松。

【形态特征】常绿乔木；小枝对生。叶螺旋状着生，排成两列，披针状条形，常微弯，长 4～13 cm，宽 3～4.5 mm，上部渐窄，基部楔形或宽楔形，上面中脉隆起，深绿色，下面中脉两侧有白色气孔带。雄球花 8～10 朵聚生呈头状，单生叶腋，直径约 1 cm；雌球花由数对交互对生的苞片所组成，生于小枝基部的苞片腋部，胚珠常 4～8 粒发育成种子。种子生于柄端，常椭圆状卵形，熟时外种皮紫

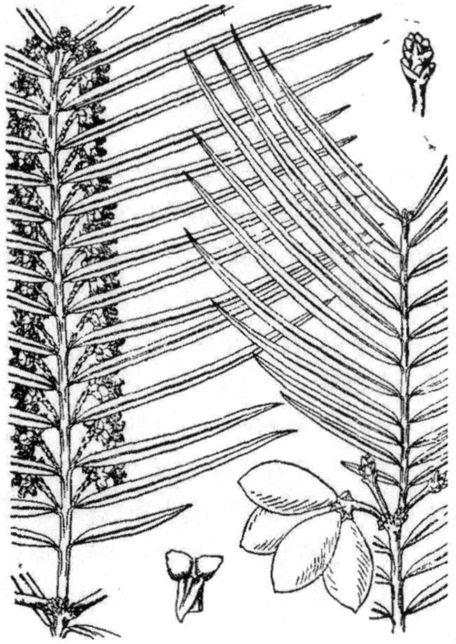

图 7-40　三尖杉

色或紫红色。

【分布】分布于安徽、浙江、福建、江西、湖南、湖北、陕西、甘肃、四川、云南、贵州、广西和广东。

【生态习性】分布范围较广，喜半湿润的高原气候。较耐贫瘠，耐半阴。

【观赏特性及园林用途】树形挺拔，四季常绿，用作孤植树和风景林。

[10] 红豆杉科(紫杉科) Taxaceae

常绿乔木或灌木。叶条形或披针形，螺旋状排列或交叉对生，叶内有树脂道或无。球花单性，雌雄异株，稀同株；雄球花单生叶腋或苞腋，或组成穗状花序集生于枝顶，雄蕊多数；雌球花单生或成对生于叶腋或苞片腋部，有梗或无梗，基部具多数覆瓦状排列或交叉对生的苞片，胚珠1枚。种子核果状，无梗则全部为肉质假种皮所包，如具长梗则种子包于囊状肉质假种皮中、其顶端尖头露出或种子坚果状，包于杯状肉质假种皮中，有短梗或近于无梗。

二维码 B-10
红豆杉科

我国有4属12种1个变种及1个栽培种。

红豆杉属(紫杉属) *Taxus*

乔木，小枝不规则互生。叶线形，螺旋状着生，基部多少扭转排成2列或成彼此重叠的不规则两列，直或镰状，上面中脉隆起，下面有两条灰绿色或淡黄色的气孔带，叶内无树脂道。雌雄异株，球花小，单生于叶腋内，早春开放；雄球花为具柄、基部有鳞片的头状花序，有雄蕊6～14枚，盾状，每一雄蕊有花药4～9枚；雌球花有1粒顶生的胚珠，基部托以盘状珠托，下部有苞片数枚；胚珠基部有圆盘状的珠托，受精后珠托发育成肉质、杯状的假种皮。种子坚果状，生于杯状肉质的假种皮中，卵圆形、半卵圆形或柱状矩圆形，顶端凸尖，成熟时肉质假种皮红色。

约11种，分布于北半球。我国有4种1个变种。

本属叶常绿，深绿色，假种皮肉质红色，颇为美观，可作庭园树。

红豆杉 *T. chinensis*

【别名】观音杉、红豆树、卷柏。

图7-41 红豆杉

【形态特征】常绿乔木；小枝互生。叶螺旋状着生，基部扭转排成2列，条形，通常微弯，长1～2.5 cm，宽2～2.5 mm，边缘微反曲，先端渐尖或微急尖，下面沿中脉两侧有两条宽灰绿色或黄绿色气孔带，绿色边带极窄，中脉带上密生有均匀的微小乳头状点。雌雄异株；球花单生叶腋；雌球花的胚珠单生于花轴上部侧生短轴的顶端，基部托以圆盘状假种皮。种子扁卵圆形，生于红色肉质的杯状假种皮中，长约5 mm，先端微有二脊，种脐卵圆形。

【分布】分布于甘肃、陕西、湖北和四川。常生于海拔1000～1200 m及以上的高山上部。

【生态习性】喜阴、耐旱、抗寒，要求土壤pH在5.5～7.0。

【观赏特性及园林用途】树形美丽，果实成熟期红绿相映的颜色搭配令人陶醉，可广泛应用于水土保护林及风景林。

【同属其他种】①云南红豆杉 *T. yunnanensis*：叶质地薄，狭披针形至扁线形，长 1.5～4.7 cm，先端渐尖，基部歪斜，呈镰状弯曲，边缘向后反卷。产于云南西部、四川西南部及西藏东部山地。是优良的园林观赏树种。②西藏红豆杉 *T. wallichiana*：叶条形，较密地排列成彼此重叠的不规则两列，质地较厚。产于西藏南部海拔 2500～3000 m 地带。

第 8 章

被子植物

被子植物也叫显花植物、有花植物，它们拥有真正的花，这些美丽的花是它们繁殖后代的重要器官，也是它们区别于裸子植物及其他植物的显著特征。它们形态各异，可为乔木、灌木、藤木或草本。具典型的花，胚珠包藏于由心皮封闭而成的子房中；胚珠发育成种子，子房发育成果实，种子有胚乳或无，子叶 2 或 1。被子植物是植物界最高级的一类，是地球上最完善、适应能力最强、出现得最晚的植物，自新生代以来，它们在地球上占着绝对优势。全球约 25 万种，占植物界的一半；中国有 2.5 万种，其中木本植物约 8000 种。

［11］木兰科 Magnoliaceae

乔木或灌木，常绿或落叶，具油细胞；叶互生、簇生或近轮生，单叶不分裂，罕分裂。花顶生、腋生，罕呈 2～3 朵的聚伞花序。花被片通常花瓣状；雄蕊多数，子房上位，心皮多数，离生，罕合生，虫媒传粉，胚珠着生于腹缝线，胚小，胚乳丰富。

共 18 属，约 335 种，主要分布于亚洲东南部、南部，北部较少；北美东南部、中美、南美北部及中部较少。中国有 14 属，约 165 种，主要分布于中国东南部至西南部，向东北及西北而渐少。

二维码 B-11
木兰科

1. 木兰属 *Magnolia*

常绿或落叶，乔木或大灌木。叶全缘，稀叶端 2 裂；托叶与叶柄相连并包裹嫩芽，脱落后在枝上留下环状托叶痕。花两性，顶生，萼 3 片，花瓣状；花瓣 6～12 片，雄蕊和雌蕊均多数，螺旋状着生于伸长的花托上，结果时多少合生成一球果状体。聚合蓇葖果，呈球果状，有种子 1～2 粒，具红色假种皮，成熟时种子悬挂于丝状的种柄上。

约有 90 种，中国有 31 种。花大而美丽，多具芳香，是良好的观赏树种。

(1)玉兰 *M. denudata*

【别名】应春花、白玉兰、望春花。

图 8-1　玉兰

【形态特征】落叶乔木，高达15～20 m；冬芽密生灰绿色或灰绿黄色长茸毛；幼枝及芽具柔毛。叶倒卵状椭圆形，长8～18 cm，先端突尖而短钝，基部圆形或广楔形，幼时背面有毛。花大，直径12～15 cm；花萼、花瓣相似，共9片，纯白色，厚而肉质，有香气；早春叶前开花。聚合果圆筒形，长8～12 cm，淡褐色；果梗有毛。

【分布】产于我国，各地均有栽培，在东部森林中有野生。

【生态习性】喜温暖湿润气候，有一定的耐寒性；喜光，喜肥沃、湿润而排水良好的酸性土壤，中性及微碱性土上也能生长，较耐干旱，不耐积水；生长慢。

【观赏特性及园林用途】玉兰花大而洁白、芳香，早春白花满树，十分美丽，是驰名中外的珍贵庭园观花树种，为我国传统名花；花朵开放时朵朵向上，象征着奋发向上的精神，古时多在堂、亭、台、楼、阁前栽植，与金桂对植，寓意"金玉满堂"；在宅院中栽植，与海棠、迎春、牡丹、桂花相配，形成"玉堂春富贵"的吉祥、富贵、如意的寓意。在现代园林中多用作孤赏树、行道树；常与茶花、茶梅、迎春、南天竹等配植，形成早春景观；大型园林中更可开辟玉兰专类园。

【品种】有'红运'玉兰、'黄'玉兰、'晚花'玉兰、'夏花'玉兰、'小白花'玉兰、'长叶'玉兰、'重瓣'玉兰等近40个品种。

(2)广玉兰 *M. grandiflora*

【别名】洋玉兰、大花玉兰、荷花玉兰。

【形态特征】高达30 m；树皮淡褐色或灰色，薄鳞片状开裂；小枝、芽、叶下面、叶柄均密被褐色或灰褐色短茸毛。叶厚革质，椭圆形、长圆状椭圆形或倒卵状椭圆形，先端钝或短钝尖，基部楔形，叶面深绿色，有光泽。花白色，芳香，直径15～20 cm；花被片9～12片，厚肉质，倒卵形；聚合果圆柱状长圆形或卵圆形，密被褐色或淡灰黄色茸毛；蓇葖背裂；种子外种皮红色。花期5～6月。

【分布】产于北美洲东南部，现世界各地广泛栽培，超过150个栽培品系。中国长江流域以南各城市有栽培，华北地区也有栽培。

图8-2　广玉兰

【生态习性】喜光，幼时稍耐阴。喜温暖湿润气候，有一定的抗寒能力。适生于干燥、肥沃、湿润与排水良好的微酸性或中性土壤，在碱性土壤种植时易发生黄化，忌积水和排水不良。对烟尘及二氧化硫气体有较强的抗性，病虫害少。根系深广，抗风力强。

【观赏特性及园林用途】树姿雄伟壮丽，四季常青，花大而洁白，状如荷花，芳香馥郁，为优良的城市绿化观赏树种。"翠条多力引风长，点破银花玉雪香。韵友自知人意好，隔帘轻解白霓裳"，这是明朝沈周的《咏玉兰》里描述广玉兰的诗句，现在广玉兰更是被世人冠以"芬芳的陆地莲花"的美誉，广泛用作行道树，也常用于庭园、公园、墓地等绿地中，适合孤植于草坪，列植于通道两旁、花台。该树种耐烟抗风，对二氧化硫等有毒气体有较强抗性，可用作工厂防护林。

(3)紫玉兰 *M. liliflora*

【别名】木笔、辛夷。

【形态特征】落叶大灌木，高达3～5 m，常丛生。叶椭圆形或倒卵状椭圆形，长8～18 cm，先端急渐尖或渐尖，基部楔形并稍下延，背面无毛或沿中脉有柔毛。花大，花被片9片，每3排成1轮，最外1轮披针形，黄绿色，长2.3～3.3 cm，其余的矩圆状

图 8-3　紫玉兰

倒卵形，长 8～10 cm，外面紫色，里面近白色；萼片小，3 枚，披针形，绿色。春天叶前开花。聚合果矩圆形，长 7～10 cm，淡褐色。

【分布】产于我国中部，现各地广为栽培，并已引种至欧美各国都市，享誉中外。

【生态习性】喜光，不耐阴；较耐寒，喜肥沃、湿润、排水良好的土壤，忌黏质土壤，不耐盐碱；肉质根，忌水湿；根系发达，萌蘖力强。

【观赏特性及园林用途】著名的早春观赏花木，树形婀娜，枝繁花茂；开花时，满树红花，艳丽怡人，芳香优雅，适于古典园林中厅前后院配植，也可孤植或散植于小庭园内。优良的庭园、街道绿化植物，为中国传统花卉和中药，有 2000 多年的栽培历史。

(4)二乔玉兰 *M.* ×*soulangeana*

【别名】苏郎木兰、朱砂玉兰、紫砂玉兰。

【形态特征】为玉兰和紫玉兰的杂交种，形态介于二者之间。落叶乔木，高 6～10 m。叶倒卵形、宽倒卵形，先端宽圆，1/3 以下渐窄成楔形。花大而芳香，钟状，花被片 6～9 片，外轮 3 片常较短，绿色；内两轮长倒卵形，外面淡紫红色，里面白色，有香气。花芽密被灰黄绿色长绢毛；托叶芽鳞 2 片。花期早春。

【分布】产于我国，我国华北、华中及江苏、陕西、四川、云南等均栽培。

【生态习性】与二亲本相近，但更耐旱，耐寒。移植难。

【观赏特性及园林用途】二乔玉兰花大色艳，观赏价值很高，是城市绿化的极好花木。广泛用于公园、绿地和庭园等孤植观赏。国内外庭园中普遍栽培。

【栽培品种】有‘大花’二乔玉兰、‘美丽’二乔玉兰、‘塔形’二乔玉兰等。

【同属其他种】①滇藏木兰 *M. campbellii*：落叶乔木，花大而美丽，粉红色，并出现大花、白花、白瓣基部发紫及紫红等品种。花期 3～5 月，果期 6～7 月。产于西藏东南部、云南西北部和西部及四川西南部。②西康玉兰 *M. wilsonii*：花白色，花期5～6 月。产于云南北部、四川西部和中部及贵州等地。③望春玉兰 *M. biondii*：花瓣外 3 片紫红色，中、内轮花瓣基部紫红色。产于陕西、甘肃、河南、湖南、湖北、四川等地。花期 3 月。④武当木兰 *M. sprengeri*：花瓣 12 片，玫瑰红色并具深紫色纵纹。产于陕西、甘肃、河南、湖南、湖北、四川、贵州等地。花期 3～4 月。

2. 木莲属 *Manglietia*

叶革质，全缘，幼叶在芽中对折；托叶包着幼芽，下部贴生于叶柄，在叶柄上留有或长或短的托叶痕。花单生枝顶，两性，花被片通常 9～13 片，3 片 1 轮，大小近相等，外轮 3 片常较薄而坚，近革质，常带绿色或红色。聚合果紧密，球形、卵状球形、圆柱形、卵圆形或长圆状卵形，成熟蓇葖近木质，或厚木质，宿存，具种子 1 至 10 数粒。

约 30 种，分布于亚洲热带和亚热带，以亚热带种类最多。中国有 22 种，产于长江流域以南，为著名的观赏和用材树种。

(1)木莲 *M. fordiana*

【别名】绿楠、乳源木莲。

【形态特征】常绿乔木，树高达 20～25 m；小枝具环状托叶痕，幼枝及芽有红褐色短毛。单叶互生，长椭圆形至倒披针形，长 8～16 cm，革质，全缘，边缘稍内卷，背面疏生红褐色短硬毛，侧脉 8～12 对。

图 8-4 木莲

花白色，形如莲，单生枝端；花梗粗短，长 1～2 cm；4～5 月开花。聚合蓇葖果卵球形。种子红色。花期 5 月，果期 10 月。

【分布】产于我国东南部至西南部山地。

【生态习性】喜光，幼时耐阴，成长后喜光。喜温暖湿润气候及肥沃的酸性土壤，在低海拔干热处生长不良。有一定的耐寒性。根系发达，但侧根少，初期生长较缓慢，3 年后生长较快。

【观赏特性及园林用途】树冠浑圆、枝叶并茂，绿荫如盖、典雅清秀，初夏盛开玉色花朵，秀丽动人，于草坪、庭园或名胜古迹处孤植、群植，能起到绿荫庇夏、寒冬如春的功效。为南方绿化及用材的优良树种。

(2)红色木莲 *M. insignis*

【别名】红花木莲。

【形态特征】常绿乔木，高达 30 m；小枝无毛或幼嫩时在节上被锈色或黄褐色柔毛。叶革质，倒披针形至长椭圆形，长 10～26 cm，侧脉 12～24 对。花被片 9～12 片，外轮 3 片褐色，腹面染红色或紫红色，倒卵状长圆形，长约 7 cm，向外反曲，中内轮 6～9 片，直立，乳白色染粉红色，倒卵状匙形，长 5～7 cm，1/4 以下渐狭成爪。聚合果鲜时紫红色，卵状长圆形，长 7～12 cm。花期 5～6 月，果期 8～9 月。

【分布】产于湖南、广西、四川、贵州、云南、西藏。

【生态习性】耐阴，喜湿润肥沃土壤。

【观赏特性及园林用途】树形优美，花色鲜艳，且有的一年能开 2 次花(5～6 月和 10 月下旬)，是优良的园林绿化树种，用作行道树、庭荫树和风景林。在南方地区已推广应用。

【同属其他种】①川滇木莲 *M. duclouxii*：花红色，产于四川东南部、云南东北部。越南北部也有分布。②中缅木莲 *M. hookeri*：花白色，产于云南、贵州。缅甸也有分布。③大果木莲 *M. grandis*：花红色，产于广西、云南。④桂南木莲 *M. chingii*：花梗细长，向下弯垂；花白色，产于广东北部和西南部、云南东南部、广西中部和东部、贵州东南部。⑤香木莲 *M. aromatica*：花梗粗壮，花白色，全株都有香味，产于云南东南部、广西西南部。

3. 含笑(白兰)属 *Michelia*

常绿乔木或灌木。叶革质，单叶互生，全缘；托叶膜质，两瓣裂，小枝具环状托叶痕。幼叶在芽中直立、对折。花蕾单生于叶腋，被苞片所包裹，花梗上有环状的苞片脱落痕。花两性，通常芳香，花被片 6～21 片，3 或 6 片一轮。常因部分蓇葖不发育形成疏松的穗状聚合果；成熟蓇葖全部宿存于果轴。种子 2 至数粒，红色或褐色。

约 50 种，分布于亚洲热带、亚热带及温带的中国、印度、斯里兰卡、中南半岛、马来群岛、日本南部。中国约有 41 种，主产于西南部至东部，以西南部较多；适于生长于温暖湿润气候、酸性土壤，为常绿阔叶林的重要组成树种，多数种可供观赏。

(1)白兰 *M.* ×*alba*

【别名】白缅桂。

【形态特征】常绿乔木，高达 17 m，枝广展，呈阔伞形树冠；枝叶有芳香；嫩枝及芽密被淡黄白色微柔毛，老时毛渐脱落。叶薄革质，长椭圆形或披针状椭圆形，先端长渐尖或尾状渐尖，基部楔形，上面无毛，下面疏生微柔毛，干时两面网脉均很明显；托叶痕几达叶柄中部。花白色，极香；花被片 10 片，披针形；蓇葖熟时鲜红色。花期 4～9 月，通常不结实。

【分布】产于印度尼西亚爪哇，现广植于东南亚。中国福建、广东、广西、云南等省区栽培极盛，

图 8-5　白兰

1. 花枝；2. 叶下面有柔毛；3. 雄蕊；4. 雌蕊群；5. 心皮及子房纵剖；6. 花瓣

长江流域各省区多盆栽，在温室越冬。

【生态习性】喜光照充足、暖热湿润和通风良好的环境，不耐寒，不耐阴，也怕高温和强光，喜排水良好、疏松、肥沃的微酸性土壤，最忌烟气、台风和积水。

【观赏特性及园林用途】花洁白清香、夏秋间开放，花期长，叶色浓绿，为著名的庭园观赏树种，多栽为行道树或庭荫树。

(2)黄兰 *M. champaca*

【别名】黄玉兰、黄缅桂。

【形态特征】常绿乔木，高达 17 余 m，树冠窄伞形。芽、幼枝、幼叶及叶柄均被淡黄色平伏柔毛。叶薄革质，披针状卵形或披针状长椭圆形，长 10～20(～25)cm，先端长渐尖或近尾状，基部宽楔形或楔形，全缘；托叶痕达叶柄中上部。花单生叶腋，橙黄色，极香，花被片 15～20 片，倒披针形，长 3～4 cm。聚合果长 7～15 cm，蓇葖倒卵状长圆形，长 1～1.5 cm，被疣状凸起。种子 2～4 粒，被皱纹。花期 6～7 月，果期 9～10 月。

【分布】产于云南南部及西部、西藏东南部。云南、福建、台湾、广东、海南、广西有露地栽培，长江流域各地盆栽，在温室越冬。

图 8-6　黄兰

【生态习性】喜温暖、湿润气候，不耐寒，冬季室内最低温度应保持在 5 ℃。不耐干旱，忌积水。要求阳光充足。

【观赏特性及园林用途】花芳香，树形优美，为著名观赏树种，用作孤赏树、庭荫树、行道树。

(3)乐昌含笑 *M. chapensis*

【别名】南方白兰花、广东含笑、景烈白兰。

图 8-7　乐昌含笑

【形态特征】常绿乔木，高 15～30 m；小枝无毛，幼时节上有毛。叶薄革质，倒卵形至长圆状倒卵形，长 5.6～16 cm，先端短尾尖，基部楔形。花被片 6 片，黄白色带绿色；花期 3～4 月。

【分布】产于江西、湖南、广东、广西、云南、贵州。越南有分布。

【生态习性】喜温暖湿润的气候，生长适宜温度为15～32 ℃，能抗41 ℃的高温，亦能耐寒。喜光，但苗期喜偏阴。喜土壤深厚、疏松、肥沃、排水良好的酸性至微碱性土壤。能耐地下水位较高的环境，在过于干燥的土壤中生长不良。

【观赏特性及园林用途】树形壮丽，枝叶稠密，花清丽而芳香，是优良的园林绿化和观赏树种。长江以南地区广泛用作行道树和庭荫树。

(4)深山含笑 *M. maudiae*

【别名】光叶白兰、莫氏含笑。

图8-8　深山含笑

【形态特征】常绿乔木，高20 m。树皮浅灰或灰褐色，平滑不裂。芽、幼枝、叶背均被白粉。叶互生，革质，全缘，深绿色，叶背淡绿色，长椭圆形，先端急尖。早春开花，单生于枝梢叶腋，花白色，有芳香，直径10～12 cm。聚合果7～15 cm。种子红色。花期2～3月，果期9～10月。

【分布】产于安徽、浙江南部、福建、江西、湖南、广东、广西及贵州。

【生态习性】喜温暖、湿润环境，有一定耐寒能力。喜光，幼时较耐阴。自然更新能力强，生长快，适应性强，4～5年生即可开花。抗干热，对二氧化硫的抗性较强。喜土层深厚、疏松、肥沃而湿润的酸性沙质土。根系发达，萌芽力强。

【观赏特性及园林用途】枝叶繁茂，花朵繁密而芳香，是早春优良观花树种。用作行道树和孤赏树。

(5)含笑 *M. figo*

【别名】香蕉花、含笑花、含笑梅。

图8-9　含笑

【形态特征】常绿灌木或小乔木。分枝多而紧密，组成圆形树冠，树皮和叶上均密被褐色茸毛。单叶互生，叶椭圆形，绿色，光亮，厚革质，全缘。花单生叶腋，花形小，呈圆形，花瓣6枚，肉质淡黄色，边缘常带紫晕，花香袭人，沁人心脾，有香蕉的气味，这种花不常开全，有如含笑之美人，花期3～4月。果卵圆形，9月果熟。

【分布】产于华南山坡杂木树林中。从华南至长江流域各地均有栽培。

【生态习性】喜暖热湿润、阳光充足的环境，不甚耐寒，长江以南背风向阳处能露地越冬。

【观赏特性及园林用途】为名贵的香花植物。可盆栽用于布置室内或阳台、庭园等较大空间。因其香味浓烈，不宜陈设于小空间内。亦可适于在小游园、花园、公园或街道上成丛种植，可配植于草坪边缘或稀疏林丛之下。使游人在休息之中常得芳香气味的享受。

【同属其他种】①峨眉含笑 *M. wilsonii*：常绿

乔木，花黄色，芳香。产于四川中部、西部。②金叶含笑 *M. foveolata*：常绿乔木，花淡黄绿色。产于贵州、湖北、湖南、江西、广东、广西南部、云南，越南北部也有。③多花含笑 *M. floribunda*：常绿乔木，花白色。产于云南、四川、湖北，缅甸也有分布。④云南含笑 *M. yunnanensis*：常绿灌木，花白色，极香。产于云南。

(6)观光木 *M. odora*

【形态特征】常绿乔木，高达 25 m。小枝、芽、叶柄、叶面中脉、叶背和花梗均被黄棕色糙伏毛。叶互生，全缘，厚膜质，倒卵状椭圆形，上面绿色，有光泽；托叶与叶柄贴生，具托叶痕。花两性，单生于叶腋，花被片 9 片，3 片 1 轮，同形，外轮的最大，向内渐小。聚合果大，成熟时木质；种子垂悬于丝状、延长、有弹性的假珠柄上，外种皮肉质，红色。花期 3 月，果期 10～12 月。

图 8-10　观光木

1. 花枝；2. 聚合果；3. 蓇葖果果瓣；4. 种子

【分布】产于江西、福建、广东、海南、广西、云南。

【生态习性】喜温暖湿润气候及深厚肥沃的土壤。幼龄树耐阴，长大后喜光，根系发达。

【观赏特性及园林用途】树干挺直，树冠宽广，枝叶稠密，花色美丽而芳香，宜供庭园观赏。

4. 拟单性木兰属 *Parakmeria*

常绿乔木，各部无毛。小枝节间密而呈竹节状。叶全缘，具骨质半透明边缘下延至叶柄；托叶离生；幼叶在芽中不对折而抱住幼芽。花杂性（雄花、两性花异株），花单生枝顶、花被片下具 1 佛焰苞状苞片。花被片 9～12 片，外轮 3 片，内 2 或 3 轮肉质；雄花着生于圆锥状花托上，两性花：雄蕊与雌花同形而较少。外种皮红色或黄色。

约 5 种。分布于中国西南部至东南部。

乐东拟单性木兰 *P. lotungensis*

【形态特征】常绿乔木，高达 30 m。树皮灰白色；当年生枝绿色。叶革质，狭倒卵状椭圆形、倒卵状椭圆形或狭椭圆形，先端尖而尖头钝；上面深绿色，有光泽；花杂性，雄花两性花异株；雄花：花被片 9～14 片，外轮 3～4 片，浅黄色，内 2～3 轮白色；两性花：花被片与雄花同形而较小，聚合果卵状长圆形体或椭圆状卵圆形，外种皮红色。花期 4～5 月，果期 8～9 月。

图 8-11　乐东拟单性木兰

【分布】产于中国海南、广东、广西、贵州、湖南、江西、福建、浙江等地。

【生态习性】生长迅速，适应性强。喜温暖湿润气候，能抗 41 ℃的高温和耐 −12 ℃的严寒。喜土层深厚、肥沃、排水良好的土壤，在酸性、中性和微碱性土壤中都能正常生长。喜光，但苗期应注意搭棚遮阴。

【观赏特性及园林用途】树干通直，叶厚革质，叶色亮绿，春天新叶深红色，初夏开白花清香远溢，秋季果实红艳夺目，且对有毒气体有较强的抗性。花形美丽，略有香味，是优良的绿化树种，适于公园、路旁种植，是布置庭园的优良树种，无论孤植、丛植或作行道树，均十分合适。

【同属其他种】云南拟单性木兰 *P. yunnanensis*：雄花花被片 12 片，4 轮，外轮红色，内 3 轮白色；两性花花被片与雄花同，雄蕊极少。产于云南、广西、贵州。为中国特有种。

5. 华盖木属 *Manglietiastrum*

仅 1 种，产于云南东南部，中国特有。

华盖木 *M. sinicum*

【别名】缎子绿豆树。

图 8-12　华盖木

【形态特征】常绿大乔木，高达 40 m，树干基部稍具板根；全株无毛。叶革质，窄倒卵形或窄倒卵状椭圆形，长 15～26(～30)cm，先端钝圆，基部窄楔形，两面中脉凸起，全缘，侧脉 13～16 对；幼叶不对折，托叶与叶柄离生，无托叶痕。花两性，单生枝顶。花被片 9 片，3 轮，外轮最大。聚合果倒卵圆形或椭圆形，蓇葖腹缝全裂及顶端 2 浅裂。每蓇葖有种子 1～3 粒，红色。花期 4 月，果熟 9～11 月。

【分布】仅产于云南（西畴法斗），为稀有珍贵树种。野外仅存 10 株大树，被列为国家一级保护植物，被称为“植物大熊猫”。云南、广东有引种栽培。

【生态习性】生长于山坡上部、向阳的沟谷、潮湿山地上的南亚热带季风常绿阔叶林中。产地夏季温暖，冬无寒，四季不明显，干湿季分明，年平均温 16～18 ℃，年降水量 1200～1800 mm，年平均相对湿度在 75%以上，最高达 90%左右；雾期长，年平均霜期只有 8.6 天。土壤为由砂岩和砂页岩发育而成的山地黄壤或黄棕壤，呈酸性反应，pH 4.8～5.7。

【观赏特性及园林用途】树干笔直光滑，树冠巨大，形如帝王华丽的车盖而得名。其枝繁叶茂，嫩叶黄红色，花芳香美丽，是观叶、观花、观果、观树形的优良景观树种，适用于庭园观赏或做行道树。

[12] 番荔枝科 Annonaceae

乔木、灌木或攀缘灌木。单叶，互生，全缘，羽状脉；具柄，无托叶。花两性，稀单性，辐射对称，单生或簇生，或组成团伞、圆锥花序或聚伞花序。萼片(2)3 片，离生或基部合生，裂片覆瓦状或镊合状排列；花瓣 6 片，2 轮，稀 3 或 4 片，1 轮；雄蕊多数，螺旋排列；心皮 1 枚至多个，离生，稀合生，侧膜胎座，花柱短，分离，稀连合；花托圆柱状或圆锥状，稀平或凹下。聚合浆果，果不裂，稀蓇葖状开裂。种子具假种皮。

129 属 2200 余种，广布于热带及亚热带，东半球为多。我国 22 属 114 种。

二维码 B-12
番荔枝科

1. 番荔枝属 *Annona*

灌木或乔木，被单毛或星状毛。叶互生，羽状脉；有叶柄。花顶生或与叶对生，单朵或数朵成束；萼片 3 片，镊合状排列；花瓣分离或基部连合，6 片，2 轮，每轮 3 片或内轮退化成鳞片状或完全消失，外轮长三角形或阔而扁平。成熟心皮愈合成一肉质而大的聚合浆果。

约 120 种，分布于美洲热带地区，少数产于热带非洲;亚洲热带地区引种栽培。中国栽培有 5 种。

番荔枝 *A. squamosa*

【别名】洋波罗、假波罗、释迦。

【形态特征】半常绿小乔木,高 3～5 m。叶薄纸质,排成两列,椭圆状披针形或长圆形,表面苍白绿色,平坦,背面突起。花单生或 2～3 朵与叶对生或生于枝顶,长约 2 cm,青黄色,略下垂;外轮花瓣狭而厚,长圆形,内轮花瓣极小,退化成鳞片状,被微毛。果实为聚合状浆果,球形或心状圆锥形。花期 5 月。

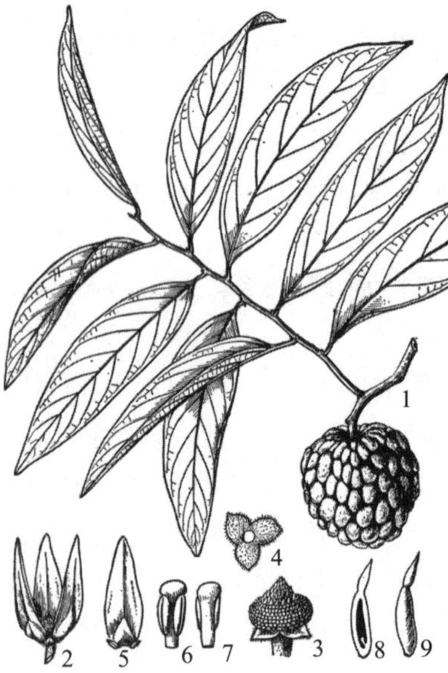

图 8-13 番荔枝

1. 果枝;2. 花;3. 除去花瓣的花;4. 花萼的外面观;5. 花瓣的内面观;6. 雄蕊的背面观;7. 雄蕊的腹面观;8. 心皮纵切面,示胚珠的着生;9. 心皮

【分布】产于热带美洲,现已栽培于全球热带地区。中国云南、广东、广西、福建、台湾和浙江等地区也产。

【生态习性】喜光,喜温暖湿润气候,要求年平均温度在 22 ℃以上,不耐寒;适生于深厚肥沃、排水良好的沙壤土。

【观赏特性及园林用途】观果植物,在园林绿地中适于孤植或成片栽植。

2. 依兰属 *Cananga*

乔木或灌木。叶互生,大型,羽状脉;有叶柄。花大,单生或几朵丛生于腋内或腋外的总花梗上;萼片 3 片,镊合状排列;花瓣薄,6 片,2 轮,每轮 3 片,镊合状排列,内外轮花瓣近相等或内轮较小,绿色或黄色;雄蕊多数,花药线形或线状披针形;心皮多数,离生,成熟时浆果状;种子多颗,灰黑色。

约 4 种,分布于亚洲热带地区至大洋洲。中国栽培 1 种和 1 个变种。

依兰 *C. odorata*

【别名】香水树、依兰香。

图 8-14 依兰

1. 果枝;2. 花;3. 除去花瓣、花萼的花;4. 雄蕊;5. 雌蕊;6. 子房纵切面,示胚珠的着生;7. 花萼

【形态特征】常绿乔木,高达 10～20 m。小枝无毛,有小皮孔。叶大,膜质至薄纸质,卵状长圆形或长椭圆形,叶面无毛。花序单生于叶腋内或叶腋外,有花 2～5 朵;花大,长约 8 cm,黄绿色,芳香,倒垂;萼片卵圆形,外反,绿色;花瓣内外轮近等大,线形或线状披针形,长 5～8 cm;成熟的果近圆球状或卵状。花期 4～8 月,果期 12 月到翌年 3 月。

【分布】产于缅甸、印度尼西亚、菲律宾和马来西亚,现世界各热带地区均有栽培。中国栽培于华南和西南地区。

【生态习性】热带海岛性阳性树种,喜高温潮湿环境,以年均温 22～25 ℃,年降水量 1800～2000 mm、微酸性沙壤土为宜。

【观赏特性及园林用途】树姿挺拔，枝叶浓密，花香宜人，是优良的庭园绿化树种。

【变种】小依兰（矮依兰）var. *fruticosa*：植株矮小，灌木，高 1～2 m。广东、云南南部有栽培。

［13］蜡梅科 Calycanthaceae

灌木，有油细胞；单叶，对生，无托叶；花两性，辐射对称，单生于叶腋或生于侧枝的顶端，先叶开放；花被片多数，最外轮的苞片状，内轮的花瓣状；雄蕊两轮，外轮发育，8～30 枚，内轮不发育，5～25 枚；心皮离生，生于中空的杯状花托内，每心皮有倒生胚珠 2 粒；聚合瘦果生于坛状的果托内，每一瘦果有种子 1 粒。

二维码 B-13
蜡梅科

2 属，约 7 种，分布于亚洲东部和美洲北部，我国有 2 属，4 种，分布于黄河以南各地。

1. 蜡梅属 *Chimonanthus*

落叶灌木；小枝四方柱形至近圆柱形；鳞芽裸露；叶纸质或近革质，叶面粗糙；花腋生，芳香；花被片 15～25 片，黄色、黄白色，有紫红色条纹；雄蕊 5～6枚，花丝基部宽而连生；心皮 5～15 枚，离生。

仅 3 种，为我国特产，日本、朝鲜、欧洲、北美等地均有引种栽培，其中蜡梅 *C. praecox* 各地多有栽培，供观赏和药用。

蜡梅 *Ch. praecox*

【别名】黄梅、狗矢蜡梅、狗蝇梅。

【形态特征】落叶灌木，高达 3 m；芽具多数覆瓦状的鳞片。叶对生，近革质，椭圆状卵形至卵状披针形，长 7～15 cm，先端渐尖，基部圆形或宽楔形。花芳香，直径约 2.5 cm；外部花被片卵状椭圆形，黄色，内部的较短，有紫色条纹；花托随果实的发育而增大，成熟时椭圆形，呈蒴果状。瘦果具 1 粒种子。

【分布】产于江苏、浙江、湖北、四川和陕西，各地都有栽培。

【生态习性】性喜阳光，能耐阴、耐寒、耐旱，忌渍水。

图 8-15　蜡梅

【观赏特性及园林用途】在霜雪寒天傲然开放，花黄似蜡，浓香扑鼻，是冬季观赏的主要花木。有着悠久的栽培历史和丰富的蜡梅文化，为我国特产的传统名贵观赏花木。一般以孤植、对植、丛植、群植配植于园林与建筑物的入口处两侧和厅前、亭周、窗前屋后、墙隅及草坪、水畔、路旁等处，作为盆花桩景和瓶花亦具特色。我国传统上喜欢与南天竹搭配，冬天时红果、黄花、绿叶交相辉映，可谓色、香、形三者相得益彰，极具中国园林特色。

【变种及品种】赵天榜《中国蜡梅》一书所载，蜡梅有 4 个品种群，12 个品种型 165 个品种。它们中间有纯黄色、金黄色、淡黄色、墨黄色、紫黄色，也有银白色、淡白色、雪白色、黄白色，花蕊有红色、紫色、白色等。常见变种有：①素心蜡梅 var. *conclor*：花被纯黄，有浓香，为蜡梅中最名贵的品种。②磬口蜡梅 var. *grandiflorus*：叶及花均较大，外轮花被黄色，内轮黄色上有紫色条纹，香味浓，为名贵品种。③小花蜡梅 var. *parviflorus*：花朵特小，外层花被黄白色，内层有红紫色条纹。香气浓郁。④狗爪蜡梅 var. *intermedius*：也叫狗牙蜡梅、红心蜡梅、狗蝇梅、狗英梅。叶狭花小，花被狭而尖，外轮黄色，内轮有紫斑，淡香。抗性强。产于中国中部秦岭、大巴山等地区，以陕西及湖北为分布中心。

2. 夏蜡梅属 *Calycanthus*

落叶灌木；枝条四方形至近圆形；芽不具鳞片，被叶柄基部所包围；叶膜质，两面常粗糙；花顶生，常有香气；花被片 15～30 片，肉质或近肉质，覆瓦状排列；雄蕊 10～19 枚，花丝短，被毛；不育雄蕊 11～25 枚，被毛；心皮 10～35 枚，每心皮有胚珠 2 粒；果托梨状、椭圆状或钟状。

约 4 种，分布于北美洲，世界各地均有引种栽培。我国有夏蜡梅 1 种，产于浙江昌化和天台等地，昆明有引种栽培。

夏蜡梅 *C. chinensis*

【别名】夏梅、蜡木、大叶柴。

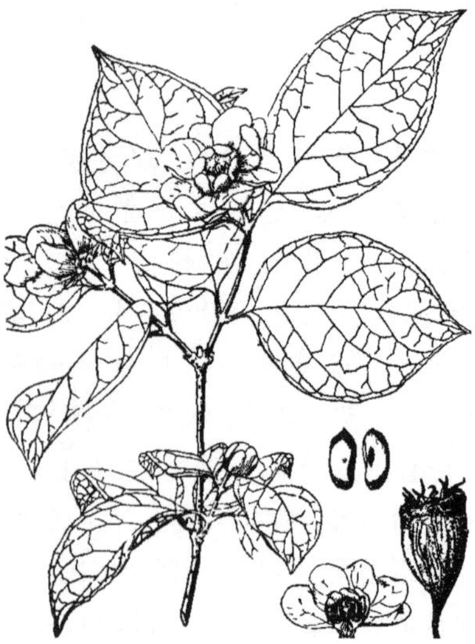

图 8-16　夏蜡梅

【形态特征】落叶灌木，高达 3 m；叶柄内芽。单叶对生，卵状椭圆形至倒卵圆形，长 13～27 cm，近全缘或具不显细齿。花单生枝顶，径 4.5～7 cm，花瓣白色，边带紫红色，无香气；5 月中旬开花。

【分布】本种于 20 世纪 50 年代在浙江昌化、天台海拔 600～800 m 处被发现。

【生态习性】喜阴，喜温暖湿润气候及排水良好的湿润沙壤土。

【观赏特性及园林用途】花大而美丽，可庭园栽培观赏。

［14］樟科 Lauraceae

常绿或落叶，乔木或灌木，稀为草本。树皮通常具芳香，小枝黄绿色。叶互生、对生、近对生或轮生，具柄，通常革质，有时为膜质或坚纸质，全缘，极少有分裂；无托叶。花两性，少单性，形小，黄绿色，雌雄同株或异株，形成各种花序；花被基部连合为筒（花被筒），裂片 6 片（稀 4 片），2 轮；雄蕊 3～12 枚，每轮 3 枚；子房上位，稀下位，1 室，1 粒胚珠。浆果或核果，常具宿存花被。

约 45 属，2000～2500 种，产于热带及亚热带地区，分布中心在东南亚及巴西。中国约有 20 属，423 种，43 个变种和 5 个变型，大多数种分布集中在长江以南各省区，只有少数落叶种类分布较北。

二维码 B-14
樟科

樟科植物为中国南方常见的重要经济林木和景观绿化树种。

1. 樟属 *Camphora*

常绿乔木或灌木；树皮、小枝和叶极芳香。叶互生、近对生或对生，离基三出脉或三出脉，亦有羽状脉，脉腋常有腺体。花两性，稀为杂性，圆锥花序，常生枝顶部叶腋；花被筒杯状，裂片 6 片；能育雄蕊 9 枚，第 3 轮花丝有 2 枚腺体；雌蕊瓶状。浆果，果托杯状。

约 250 种，产于亚洲东部、澳大利亚及太平洋岛屿。中国约有 46 种和 1 个变型，主产于南方各省份，北达陕西及甘肃南部。

樟 *C. officinarum*

【别名】木樟、乌樟。

【形态特征】高达 30 m，树冠广卵形。枝、叶及木材均有樟脑气味。叶互生，卵状椭圆形，全缘，上面绿色或黄绿色，有光泽，下面黄绿色或灰绿色，两面无毛或下面幼时略被微柔毛，离基三出脉，脉腋有腺体。花序长 3.5～7 cm，花黄绿色。果球形。花期 4～5 月，果期 8～11 月。

图 8-17　樟

1. 花枝；2. 果序；3. 花纵剖；4. 第一、第二轮雄蕊；5. 第三轮雄蕊

【分布】产于南方及西南各省区。越南、朝鲜、日本也有分布，其他各国常有引种栽培。

【生态习性】喜光，稍耐阴；喜温暖湿润气候，耐寒性不强，对土壤要求不严，较耐水湿，但不耐干旱、瘠薄和盐碱土。主根发达，能抗风。有很强的吸烟滞尘、涵养水源、固土防沙和美化环境的能力。此外，还具抗海潮风及耐烟尘和抗有毒气体能力，并能吸收多种有毒气体，较能适应城市环境。萌芽力强，耐修剪。

【观赏特性及园林用途】树形整齐，枝叶茂密，冠大荫浓，树姿雄伟，是城市绿化的优良树种，广泛作为庭荫树、行道树、防护林及风景林。配植于池畔、水边、山坡等。在草地中丛植、群植、孤植或作为背景树。

【同属其他种】① 大叶樟（银木）*C. septentrionale*：枝条稍粗壮，具棱，被白色绢毛。叶较大，长 10～15 cm，宽 5～7 cm，羽状脉。产于四川西部、陕西南部及甘肃南部。②云南樟 *C. glanduliferum*：小枝具棱角。叶上面深绿色，有光泽，下面通常粉绿色，羽状脉或偶有近离基三出脉。产于云南、四川、贵州、西藏。③天竺桂 *C. japonicum*：叶近对生或在枝条上部者互生，两面无毛，离基三出脉，中脉及侧脉两面隆起；叶柄粗壮，腹凹背凸，红褐色。圆锥花序腋生。产于江苏、浙江、安徽、江西、福建及台湾。朝鲜、日本也有。我国南方地区广为种植。④黄樟 *C. porrectum*：叶下面无明显的脉腋腺窝。圆锥花序于枝条上部腋生或近顶生。花小，绿带黄色。花期 3～5 月。产于广东、广西、福建、江西、湖南、贵州、四川、云南。⑤肉桂 *C. cassia*：叶下面疏被黄色短茸毛，离基三出脉，侧脉近对生；叶柄腹面平坦或下部略具槽，被黄色短茸毛。圆锥花序腋生或近顶生。产于中国，现广东、广西、福建、台湾、云南等地区广为栽培，其中尤以广西栽培为多。

2. 山胡椒属 *Lindera*

常绿或落叶乔、灌木，具香气。叶互生，全缘或三裂，羽状脉、三出脉或离基三出脉。花单性，雌雄异株，黄色或绿黄色；伞形花序在叶腋单生或在腋生缩短短枝上 2 枚至多数簇生。果圆形或椭圆形，浆果或核果，幼果绿色，熟时红色，后变紫黑色，内有种子 1 粒；花被管稍膨大成果托于果实基部，或膨大成杯状包被果实基部以上至中部。

约 100 种，分布于亚洲、北美温热带地区。中国有 40 种 9 个变种 2 个变型。

香叶树 *L. communis*

【别名】千金树、臭油果。

【形态特征】高（1～5）3～4 m。当年生枝条具纵条纹，绿色，基部有密集芽鳞痕。叶互生，通常披针形、卵形或椭圆形，薄革质至厚革质；上面绿色，无毛，下面灰绿或浅黄色，边缘内卷；羽状脉。伞形花序。果卵形，成熟时红色。花期 3～4 月，果期9～10 月。

【分布】产于我国西北、华中、华东及西南等地。

【生态习性】耐阴，喜温暖气候，耐干旱瘠薄，在湿润、肥沃的酸性土壤上生长较好。

【观赏特性及园林用途】树形整齐，枝叶茂密，四季常青，红果累累，颇为美观，是城市绿化的优良树种，可作为庭荫树、行道树、标本树及风景林。

3. 月桂属 *Laurus*

常绿小乔木。叶互生，革质，羽状脉。花为雌雄异株或两性，组成具梗的伞形花序，通常成对腋

图 8-18 香叶树

1.果枝;2.叶;3.花;4～6.雄蕊及退化雄蕊;7.雌蕊

图 8-19 月桂

生。花被筒短,花被裂片 4 片,近等大。雄花有雄蕊 8～14 枚,通常为 12 枚,排列成三轮,第二、三轮花丝中部有一对无柄的肾形腺体;子房不育。雌花有退化雄蕊 4 枚,花丝顶端有成对无柄的腺体;子房 1 室,胚珠 1 粒。果卵球形。

共 2 种,产于大西洋的加那利群岛、马德拉群岛及地中海沿岸地区。中国引种栽培 1 种。

月桂 *L. nobilis*

【别名】香叶子。

【形态特征】常绿小乔木,高达 12 m。叶互生,长圆形或长圆状披针形,边缘细波状,革质,两面无毛,羽状脉,侧脉末端近叶缘处弧形联结,细脉网结。伞形花序腋生。果卵珠形,熟时暗紫色。花期 3～5 月,果期 6～9 月。

【分布】产于地中海一带,中国浙江、江苏、福建、台湾、四川及云南等地有引种栽培。

【生态习性】喜光,稍耐阴;喜温暖湿润气候及疏松肥沃的土壤,对土壤酸碱度适应性强;耐干旱,并有一定耐旱能力,在短期 −8 ℃ 的低温下不受冻害。

【观赏特性及园林用途】树形紧凑整齐,枝叶茂密,四季常绿,春天又有黄花缀满枝间,颇为美丽,为良好的园林绿化树种。可用作庭荫树、行道树、标本树及风景林。

4. 润楠属 *Machilus*

常绿乔木或灌木。芽大或小,常具覆瓦状排列的鳞片。叶互生,全缘,具羽状脉。圆锥花序顶生或近顶生,密花而近无总梗或疏松而具长总梗;花两性,小或较大;花被裂片 6 片,排成 2 轮,花后不脱落;能育雄蕊 9 枚,排成 3 轮,第 3 轮雄蕊有腺体,第 4 轮为退化雄蕊,短小;子房无柄,柱头小或盘状或头状。果肉质,球形或少有椭圆形,果下有宿存反曲的花被裂片。

约有 100 种,分布于亚洲东南部和东部的热带、亚热带;中国约 68 种 3 个变种。

红楠 *M. thunbergii*

【别名】楠柴、白漆柴、乌樟。

【形态特征】常绿乔木,高 10～15(20)m。嫩枝紫红色。顶芽卵形或长圆状卵形,鳞片棕色革质。叶倒卵形至倒卵状披针形,革质,上面黑绿色,有光泽,下较淡,带粉白,中脉下面明显突起。花序顶生或在新枝上腋生。果扁球形;果梗鲜红色。花期 2 月,果期 7 月。

【分布】产于长江以南各省区,南至华南北部,北至山东青岛。

【生态习性】喜温暖湿润气候,能耐 −10 ℃ 的短期低温。幼株较耐阴,成年树喜光。喜肥沃、湿润、排水良好的中性或微酸性土壤,适应 pH 4～7,但也能在土隙和瘠薄地生长。

图 8-20 红楠

【观赏特性及园林用途】树形优美，树干高大通直，树冠自然分层明显，枝叶浓密，四季常青。春季顶芽相继开放，新叶随着生长期出现深红、粉红、金黄、嫩黄或嫩绿等不同颜色的变化，满树新叶似花非花，五彩缤纷，斑斓可爱，秋梢红艳，是城市景观的彩叶树种。夏季果熟，果皮紫黑色，长长的红色果柄，顶托着一粒粒黑珍珠般靓丽动人的果实，是理想的观果树种。冬季顶芽粗壮饱满、微红，犹如一朵朵含苞待放的花蕾，缀满碧绿的树冠，赏心悦目，是理想的道路、公园、庭园、住宅区等绿化树种。

【同属其他种】滇润楠 *M. yunnanensis*：枝条圆柱形，具纵向条纹，幼时绿色，老时褐色。花淡绿色、黄绿色或黄玉白色。花期 4～5 月。产于云南中部、西部至西北部和四川西部。

5. 楠属 *Phoebe*

常绿乔木或灌木。叶通常聚生于枝顶，互生，羽状脉。花两性；聚伞状圆锥花序或近总状花序，生于当年生枝中、下部叶腋，少为顶生；花被裂片 6 片；直立；能育雄蕊 9 枚，三轮，第三轮的基部或基部略上方有腺体 2 枚；子房多为卵珠形及球形。果卵珠形、椭圆形及球形，少为长圆形，基部为宿存花被片所包围。

约 94 种，分布于亚洲及热带美洲。中国有 34 种 3 个变种，产于长江流域及以南地区，以云南、四川、湖北、贵州、广西、广东为多。多为珍贵用材树种和观赏树种，中外有名的楠木即是本属植物。

闽楠 *Ph. bournei*

【别名】竹叶楠、兴安楠木。

图 8-21 闽楠

【形态特征】高达 15～20 m。小枝有毛或近无毛。叶革质或厚革质，披针形或倒披针形，上面发亮，下面有短柔毛，中脉上面下陷，侧脉上面平坦或下陷，下面突起。圆锥花序。果椭圆形或长圆形。花期 4 月，果期 10～11 月。

【分布】产于江西、福建、浙江、广东、广西、湖南、湖北、贵州。

【生态习性】喜温暖湿润气候，喜深厚肥沃、排水良好、中性或微酸性的沙壤、红壤或黄壤。耐阴。深根性，根部萌生力较强。

【观赏特性及园林用途】树干高大挺拔，树冠雄伟，木材芳香耐久，宜作为庭荫树及风景树，也是寺庙中常见栽培树种。

【同属其他种】①楠木（桢楠）*Ph. zhennan*：小枝通常较细，叶片中脉在上面下陷成沟，下面明显突起；聚伞状圆锥花序。花期 4～5 月。产于湖北、贵州及四川。② 细叶楠 *Ph. hui*：新、老枝均纤细，新枝有棱。叶中脉细，上面下陷，侧脉极纤细，每边 10～12 条，上面不明显，下面明显。圆锥花序生于新枝上部。花期 4～5 月。产于陕西、四川及云南。

6. 木姜子属 *Litsea*

乔木或灌木。叶互生，羽状脉。花单性，雌雄异株；伞形花序或为伞形花序式的聚伞花序或圆锥花序，单生或簇生于叶腋；苞片 4～6 枚，交互对生，开花时尚宿存；花被裂片通常 6 片，排成 2 轮；雄花：能育雄蕊 9 枚或 12 枚，第 3 轮和最内轮若存在时两侧有腺体 2 枚；雌花：退化雄蕊与雄花中的雄蕊数目同；子房上位，花柱显著。果着生于果托上。

约 200 种，产于亚洲热带和亚热带、北美地区、南美洲亚热带。中国约 70 种，主产于南方和西南温暖地区。

豹皮樟 *L. coreana* var. *sinensis*

【形态特征】常绿小乔木，高达 8～15 m。树皮灰色，呈小鳞片状剥落，脱落后呈鹿皮斑痕。幼枝红褐色，无毛。叶互生，长圆形或披针形，革质，上面较光亮，深绿色，下面粉绿色，中脉在两面突起，网脉不明显。伞形花序腋生，苞片 4 枚，每一花序有花 3～4 朵；花梗粗短，密被长柔毛；花被裂片 6 片，卵形或椭圆形。果近球形，宿存有 6 裂花被裂片。花期 8～9 月，果期为翌年夏季。

图 8-22 豹皮樟

1. 雌花枝；2、6. 花被片；3. 雌花；4. 雌蕊；5. 雄花枝；7. 雄花；8. 雄蕊；9. 果序及果

【分布】产于浙江、江苏、安徽、河南、湖北、江西、福建。生于山地杂木林中，海拔 900 m 以下。

【生态习性】喜湿润气候。喜光，在光照不足的条件下生长发育不良。适生于土层深厚、排水良好的酸性红壤、黄壤以及山地棕壤。

【观赏特性及园林用途】树形紧凑整齐，枝叶茂密，树皮呈鹿皮斑痕，颇为美丽，是良好园林绿化树种。可作为庭荫树、行道树、标本树及风景林。

【同属其他种】黄丹木姜子 *L. elongata*：叶下面被短柔毛，沿中脉及侧脉有长柔毛，羽状脉，侧脉每边 10～20 条，中脉及侧脉在叶上面平或稍下陷，在下面突起，横行小脉在下面明显突起，网脉稍突起。伞形花序单生。花期 5～11 月。产于长江以南地区。

7. 檫木属 *Sassafras*

落叶乔木。叶互生，集生枝顶，羽状脉或离基三出脉，不裂或 2～3 浅裂。花单性，雌雄异株；总状花序顶生，先叶开放，基部具迟落互生总苞片；苞片线形或丝状。花被筒短，裂片 6 片，2 轮；雄花具能育雄蕊 9 片，3 轮，第 3 轮花丝基部具 2 枚短柄腺体，退化雄蕊 3 枚；雌花退化雄蕊 6 枚，2 轮，或为 12 枚，4 轮。核果；果柄长，上端渐增粗。

3 种，间断分布于亚洲东部及北美。我国 2 种。

檫木 *S. tzumu*

【别名】檫树、鹅脚板、花楸树。

图 8-23 檫木

【形态特征】落叶乔木，高达 35 m；树皮幼时黄绿色，平滑，老时灰褐色，不规则纵裂。叶卵形或倒卵形，长 9～18 cm，先端渐尖，基部楔形，全缘或 2～

3 浅裂，两面无毛或下面沿脉疏被毛，羽状脉或离基三出脉。花序长 4～5 cm，花序梗与序轴密被褐色柔毛。雄花花被片披针形，长约 3.5 mm，疏被柔毛。果近球形，径达 8 mm，蓝黑色被白蜡粉；果托和果柄均红色。花期 3～4 月，果期 8～9 月。

【分布】产于华东、华中、华南、西南及陕西。

【生态习性】喜光，喜温暖湿润气候及深厚、肥沃、排水良好的酸性土壤，不耐旱，忌水湿，深根性，生长快。

【观赏特性及园林用途】叶形奇特，秋季变红；春开黄花，且先于叶开放，花、叶均具有较高的观赏价值，可用于庭园、公园栽植或用作行道树、山区造林绿化，也是行道绿化或城郊风景林的理想选材。

［15］八角茴香科 Illiciaceae

常绿乔木或灌木，全株无毛，具油细胞，有芳香气味。单叶，互生，常于枝顶或节间聚生，有叶柄，无托叶。花两性，花被片 7 片至多数，多轮，雄蕊 4～50 枚；心皮 5～21 枚，离生，子房 1 室，胚珠 1 粒。聚合蓇葖果，单轮排列；种子有光泽，仅 1 属。

二维码 B-15
八角科

八角属 *Illicium*

形态特征与科相同。34 种，分布于东亚，北美，中国约 24 种，分布于东南部至西部。

八角 *I. verum*

【别名】八角茴香、大茴香。

【形态特征】常绿乔木，高 10～15 m，树冠塔形。叶互生，革质，倒卵状椭圆形，倒披针形或椭圆形。花单生叶腋或近顶生；花被片 7～12 片，粉红色至深红色。聚合果，红褐色，呈八角形。花期果期 1 年两次，2～3 月开花，8～9 月成熟；8～9 月开花，翌年 2～3 月果熟。

【分布】产于安徽、浙江、福建、江西、湖南、广东、广西、海南、贵州及云南。

【生态习性】喜冬暖夏凉的山地气候，适于种植

图 8-24　八角

1. 花果枝；2. 雄蕊；3. 雌、雄蕊；4. 雌、雄蕊群；5. 蓇葖果；6. 种子

在土层深厚、排水良好、肥沃湿润、偏酸性的沙质壤土或壤土上，在干燥瘠薄或低洼积水地段生长不良。

【观赏特性及园林用途】树形整齐呈圆锥形，树丛紧密，亮绿革质，是美丽的观赏树种，可作庭荫树或高篱。

【同属其他种】① 莽草 *I. lanceolatum*：叶侧脉在两面不明显。花被片 10～15 片，肉质。花期 4～6 月。产于华中、华东。②红茴香 *I. henryi*：叶侧脉不明显；叶有狭翅。花期 4～6 月。产于秦岭、淮河以南及四川、湖南。

［16］五味子科 Schisandraceae

木质藤本，单叶互生，常有透明腺点；叶柄长，无托叶。花单性，雌雄异株。花被片 6～24 片，排成 2 至多轮。雄花：雄蕊 120 枚，少有 4 或 5 枚，分离或部分或全部合生成肉质的雄蕊群。雌花：雌蕊 12～300 枚，离生，多轮排成球形或椭圆球形的雌蕊群。聚合果聚生于不伸长的花托上成球形或生于伸长的花托上成穗状。种子 1～5 粒。

二维码 B-16
五味子科

2 属，约 60 种，分布于亚洲东南部和北美东南部。我国有 2 属，约 29 种，产于中南部和西南部，北部及东北部较少见。

1. 五味子属 *Schisandra*

叶纸质，边缘膜质下延至叶柄成狭翅，叶肉具透明点。花单性，雌雄异株，少有同株，单生于叶腋或苞片腋；花被片 5～12(20)片；雄花：雄蕊 5～60 枚。雌花：雌蕊 12～120 枚，离生，螺旋状紧密排列于花托上。长穗状聚合浆果。种子 2(3)粒或有时仅 1 粒发育，肾形，扁椭圆形或扁球形，种脐明显。

约 30 种，主产于亚洲东部和东南部，仅 1 种产于美国东南部。我国约有 19 种，南北各地均有。

大花五味子 *S. grandiflora*

【形态特征】小枝紫色或紫褐色。叶纸质，狭椭圆形、椭圆形、狭倒卵状椭圆形；叶柄长 10～35 mm。雄花花梗长，渐向顶端膨大增粗；花被片白色，宽椭圆形或倒卵形，具明显的腺点；雄蕊群卵圆形；雌蕊群卵圆形、长圆状椭圆体形。成熟聚合果小浆果倒卵状椭圆体形；种子宽肾形，种脐 V 形。花期 4～6 月，果期 8～9 月。

【分布】产于中国西藏南部、云南西南部。尼泊尔、不丹、印度北部、缅甸、泰国也有分布。

【生态习性】喜光，耐阴，对土壤要求不严。

【观赏特性及园林用途】枝条细蔓，叶片较好，

图 8-25 大花五味子

1. 花枝；2. 雌花；3. 雌蕊群；4～5. 雌蕊；6. 聚合果；7. 小浆果；8. 雄蕊群；9. 雄蕊

主要观果。棚架、花棚的良好绿化材料，也适于配植在枯树、石壁、墙垣等处。

【同属其他种】①滇藏五味子(小血藤)*S. neglecat*：落叶木质藤本。花黄色。小浆果红色。花期 5～6 月，果期 9～10 月。产于四川南部、云南西部和西北部、西藏南部。印度东北部、不丹、尼泊尔也有分布。②滇五味子 *S. henryi* var. *yunnanensis*：小枝具窄而厚的棱翅。花黄色。花期 5～7 月，果期 7～9 月。产于云南南部至东南部、西藏东南部。

2. 南五味子属 *Kadsura*

小枝圆柱形。叶纸质，全缘或具锯齿，具透明或不透明的腺体，叶缘膜质下延至叶柄。花单性，雌雄同株或异株，单生于叶腋；花被片雌花及雄花的形态、大小基本相同，7～24 片，覆瓦状排列。雄花：雄蕊 12～80 枚，花丝细长。雌花：雌蕊 20～300 枚，螺旋状排列于倒卵形或椭圆体形的花托上。小浆果肉质，聚合果；种子 2～5 粒，椭圆体形、肾形或卵圆形，种脐凹入。

南五味子 *K. longipedunculata*

【别名】红木香、紫金藤。

图 8-26 南五味子

1. 果枝；2. 果实；3. 种子

【形态特征】枝细长，红褐色，有皮孔。叶椭圆形、倒卵形或卵状披针形，边缘有疏锯齿。花冠白色或淡黄色，具芳香；花被片 5～9 片。聚合浆果近

球形，红色，肉质。花期 5～7 月，果期 8～10 月。

【分布】产于江苏、安徽、浙江、江西、福建、湖北、湖南、广东、广西、四川、云南。

【生态习性】喜阳光充足，排水良好的肥沃土壤，不耐寒。

【观赏特性及园林用途】花淡黄色，芳香，秋季红果满枝。供公园、庭园等各类绿地布置野生花境，可作垂直绿化或地被材料，也可盆栽观赏。

［17］毛茛科 Ranunculaceae

多年生或一年生草本，少有灌木或木质藤本。叶通常互生或基生，少数对生，单叶或复叶，通常掌状分裂，无托叶。花两性，少有单性，雌雄同株或雌雄异株，辐射对称，单生或组成各种聚伞花序或总状花序。花瓣存在或不存在，下位 4～5 片，或较多，常有蜜腺且常特化成分泌器官。果实为蓇葖或瘦果，少数为蒴果或浆果。花期 8～9 月，果熟期 10 月。

约 50 属，2000 余种，在世界各洲广布，主要分布在北半球温带和寒温带。我国有 42 属（包含引种的 1 个属，黑种草属），约 720 种，在全国广布，大多数属、种分布于西南部山地。

二维码 B-17
毛茛科

铁线莲属 *Clematis*

多年生木质或草质藤本，或为直立灌木或草本。叶对生，或与花簇生，偶尔茎下部叶互生，三出复叶至二回羽状复叶或二回三出复叶，少数为单叶。花两性，稀单性；聚伞花序或为总状、圆锥状聚伞花序，有时花单生或 1 至数朵与叶簇生；萼片 4 片，或 6～8 片，直立呈钟状、管状，或开展，花蕾时常镊合状排列，无花瓣。瘦果，宿存花柱伸长呈羽毛状，或不伸长而呈喙状。

约 300 种，各大洲都有分布，主要分布在热带及亚热带，寒带地区也有。我国约有 108 种，全国各地都有分布，尤以西南地区种类较多。欧美庭园栽培的铁线莲中的主要种类多来自中国。

铁线莲属的有些种类花大美丽，独具特色，可作观赏植物，是藤本花卉中的重要类群。国外已培育出许多杂交种及园艺品种群，其中有大花品种、小花品种、复瓣或重瓣品种以及晚花品种等。

(1)铁线莲 *C. florida*

【形态特征】草质藤本，长 1～2 m。茎棕色或紫红色，具六条纵纹，节部膨大。二回三出复叶，连叶柄长达 12 cm；小叶片狭卵形至披针形，长 2～6 cm，宽 1～2 cm，顶端钝尖，基部圆形或阔楔形，边缘全缘，叶柄长 4 cm。花单生于叶腋；花梗长 6～11 cm，在中下部生一对叶状苞片；花开展，直径约5 cm；萼片 6 片，白色，倒卵圆形或匙形，长达 3 cm，宽约 1.5 cm；雄蕊紫红色；柱头膨大成头状。瘦果倒卵形，扁平，宿存花柱伸长成喙状。花期 1～2 月，果期 3～4 月。

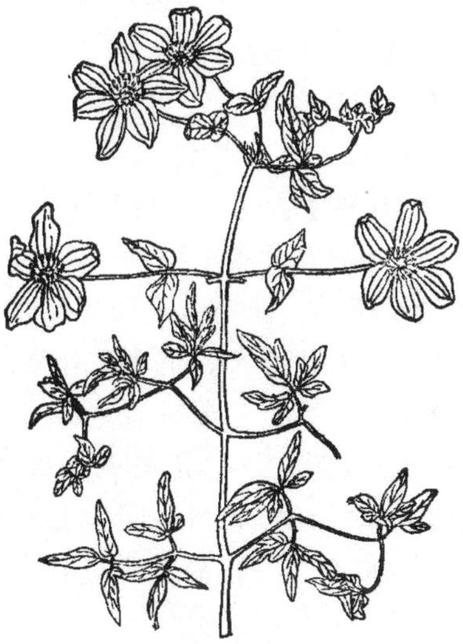

图 8-27　铁线莲

【分布】产于广西、广东、湖南、江西。生于低山区的丘陵灌丛中，山谷、路旁及小溪边。日本也有栽培。

【生态习性】喜光，但侧方荫蔽时生长更好。喜肥沃、排水良好的石灰质壤土，忌积水或不能保水的土壤。耐寒性较强。

【观赏特性及园林用途】花大而美丽，是优良庭园花卉，可用于篱栅、棚架、院墙、凉亭等处的垂直绿化，亦可盆栽观赏或点缀岩石、假山。

【变种】重瓣铁线莲 var. *plena*：雄蕊全部呈花

瓣状，白色或淡绿色，较外轮萼片为短。我国云南、浙江有野生，其余各地园艺上有栽培。野生于海拔高达 1700 m 的山坡、溪边及灌丛中，喜阴湿环境。

(2)杂种铁线莲 *C.*×*jackmanii*

【别名】杰克曼铁线莲。

【形态特征】落叶藤本，长达 3.5 m。羽状复叶或仅 3 小叶，在枝顶梢者常为单叶。花大，径 10～15 cm，花瓣状萼片通常 4(～8)片，堇紫色，常 3 朵顶生。花期 7～10 月。

【分布】19 世纪中叶在英国育成，在欧美庭园中普遍栽培。我国已有引种栽培。

【生态习性】喜光，稍耐阴；较耐寒，喜湿润肥沃土壤。

【观赏特性及园林用途】花色丰富且花期长，品种多，是现代铁线莲中最受欢迎的种类之一。用于庭园垂直绿化或盆栽观赏。

【品种】有白花'Alba'、红花'Rubra'、深紫'Purpurea Superba'等品种。

【同属其他种】①毛茛铁线莲 *C. ranunculoides*：直立草本或草质藤本植物；花单生或排成圆锥花序；瘦果纺锤形。花期 9～10 月，果期 10～11 月。产于中国云南西北部、四川西南部、广西西北部及贵州西南部。②小木通 *C. armandii*：常绿攀缘状木质藤本，茎圆柱形。花瓣无。果实为瘦果。分布于西藏东部、云南、贵州、四川、甘肃和陕西南部、湖北、湖南、广东、广西、福建西南部。

[18] 小檗科 Berberidaceae

灌木或多年生草本，常绿或落叶。叶互生；叶脉羽状或掌状。花序顶生或腋生，花单生，簇生或组成总状花序、穗状花序、伞形花序、聚伞花序或圆锥花序；花瓣 6 片。浆果，蒴果，蓇葖果或瘦果。种子 1 粒至多数。

二维码 B-18
小檗科

共 17 属，分布于北温带，中国 11 属，全国各地均有分布，但以四川、云南、西藏种类最多。

1. 十大功劳属 *Mahonia*

常绿灌木或小乔木。奇数羽状复叶，互生。花序顶生，由(1～)3～18 个簇生的总状花序或圆锥花序组成；花黄色。浆果，深蓝色至黑色。

约 60 种，分布于东亚、东南亚、北美、中美和南美西部，中国有 35 种，主要分布于四川、云南、贵州和西藏东南部，大部分供庭园观赏用。

十大功劳 *M. fortunei*

【别名】狭叶十大功劳

【形态特征】灌木。叶倒卵形至倒卵状披针形，长 10～28 cm。总状花序 4～10 个簇生；花黄色。浆果球形，紫黑色，被白粉。花期 7～9 月，果期 9～11 月。

【分布】产于中国西南部，在日本、印度尼西亚和美国等地也有栽培。

【生态习性】喜温暖气候，不耐严寒。对土壤要求不严，以沙质壤土生长较好，但不宜在碱土地栽培。

【观赏特性及园林用途】叶形奇特，典雅美观。十大功劳枝干酷似南天竹，栽在房屋后，白粉墙感觉调和，庭园、园林围墙作为基础种植，颇为美观。

图 8-28　十大功劳
1. 果序；2. 花序

【同属其他种】阔叶十大功劳 *M. bealei*：灌木

或小乔木。叶狭倒卵形至长圆形；花黄色。浆果卵形，深蓝色。花期 9 月至翌年 1 月，果期 3～5 月。主要分布于我国南岭、西藏东部至秦岭、淮河以南各省区。

2. 南天竹属 *Nandina*

常绿灌木。叶互生，2～3 回羽状复叶，叶轴具关节；小叶全缘，叶脉羽状；无托叶。大型圆锥花序顶生或腋生；花两性，3 数，具小苞片；萼片多数，螺旋状排列；花瓣 6 片，较萼片大；雄蕊 6 枚，1 轮。浆果球形，红色或橙红色，顶端具宿存花柱。种子 1～3 粒。

仅有 1 种，分布于中国和日本。北美东南部也常有栽培。

南天竹 *N. domestica*

【形态特征】常绿小灌木。茎常丛生而少分枝，高 1～3 m。叶互生，集生于茎的上部，三回羽状复叶；小叶薄革质，椭圆形或椭圆状披针形，冬季变红色。圆锥花序直立；花小，白色，具芳香；萼片多轮；花瓣长圆形。浆果球形，直径 5～8 mm，熟时鲜红色。种子扁圆形。花期 3～6 月，果期 5～11 月。

图 8-29　南天竹

1. 果枝；2. 示小叶叶形变化；3. 花蕾；4. 外萼片；5. 内萼片；6. 花瓣；7. 雄蕊；8. 雌蕊

【分布】分布于中国长江流域，日本、印度也有种植。

【生态习性】性喜温暖及湿润的环境，比较耐阴，也耐寒，容易养护。栽培土要求肥沃、排水良好的沙质壤土。

【观赏特性及园林用途】茎干丛生，枝叶扶疏，秋冬叶色变红，更有累累红果，经久不落，实为赏叶观果佳品。因其有节似竹而得名。为我国南方常见的木本花卉种类。因其形态优越清雅，也常被用以制作盆景或盆栽来装饰窗台、门厅、会场等。可为钙质土的指示植物。

3. 小檗属 *Berberis*

落叶或常绿灌木。枝具刺；老枝常呈暗灰色或紫黑色，幼枝有时为红色。单叶互生。花序为单生、簇生、总状、圆锥或伞形花序；花 3 数，小苞片通常 3 枚，早落；萼片通常 6 片，2 轮排列；花瓣 6 片，黄色。浆果球形、椭圆形、长圆形、卵形或倒卵形，红色或蓝黑色。种子 1～10 粒，黄褐色至红棕色或黑色。

约 500 种，分布于南北美洲、亚洲、欧洲和非洲，中国约 250 种，大部分产于西部和西南部。该属大多数植物的根皮和茎皮含有小檗碱，可代黄连药用。也常作观赏植物栽培。

小檗 *B. thunbergii*

【别名】贵州小檗、日本小檗。

【形态特征】落叶灌木，一般高约 1 m，多分枝。枝条开展，具细条棱；茎刺单一。叶薄纸质，倒卵形、匙形或菱状卵形。花 2～5 朵组成具总梗的伞形花序，或近簇生的伞形花序或无总梗而呈簇生状；花黄色；花瓣长圆状倒卵形。浆果椭圆形，亮鲜红色。种子 1～2 粒，棕褐色。花期 4～6 月，果期 7～10 月。

【分布】中国南北均有分布，在西南山区，特别在石灰岩上常自成群落。

【生态习性】对光照要求不严，喜光也耐阴，喜温凉湿润的气候环境，耐寒性强，也较耐干旱瘠薄。

【观赏特性及园林用途】分枝密，姿态圆整，春

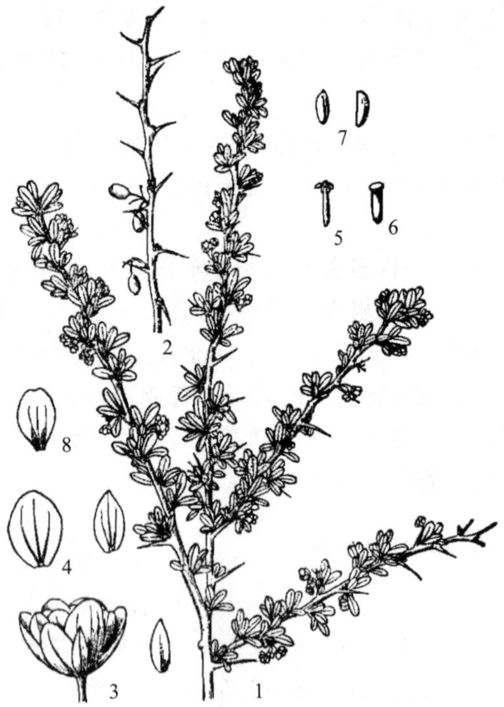

图 8-30　小檗

1. 花枝；2. 果枝；3. 花；4. 萼片；
5. 雄蕊；6. 果；7. 种子；8. 花瓣

开黄花，秋结红果，深秋叶色紫红，果实经冬不落，是花、果、叶俱佳的观赏花木。宜丛植于草坪、池畔、岩石旁、墙隔、树下，可观果、观花、观叶，亦可栽作刺篱。可盆栽观赏，是植花篱、点缀山石的好材料。适于园林中孤植、丛植或栽作绿篱。果枝可插瓶。

【品种】紫叶小檗‘Atropurpurea’：叶常年紫红。矮紫叶小檗‘Atropurpurea Nana’：植株低矮，不足 0.5 m，叶片常年紫红。金叶小檗‘Aurea’：叶片常年金黄色。

［19］大血藤科 Sargentodoxaceae

攀缘木质藤本，落叶。冬芽卵形，具多枚鳞片。叶互生，三出复叶或单叶，具长柄；无托叶。花单性，雌雄同株，排成下垂的总状花序。雄花：萼片 6 片，两轮，每轮 3 片，覆瓦状排列，绿色，花瓣状；花瓣 6 片，很小，鳞片状，绿色，蜜腺性。果实为多数小浆果合成的聚合果，每一小浆果具梗，含种子 1 粒；种子卵形，种皮光亮。

二维码 B-19
大血藤科

仅 1 属 1 种。

大血藤属 *Sargentodoxa*

大血藤 *S. cuneata*

【形态特征】落叶藤本。三出复叶互生，无托叶，小叶革质，顶生小叶近棱状倒卵圆形，侧生小叶半卵形（基部极不对称）。花单性异株，总状花序，黄绿色，萼瓣各 6 片；雄花有雄蕊 6 枚，与花瓣对生；雌花有退化雄蕊 6 枚。浆果有柄，黑蓝色。种子卵球形，种脐显著。花期 4～5 月，果期 6～9 月。

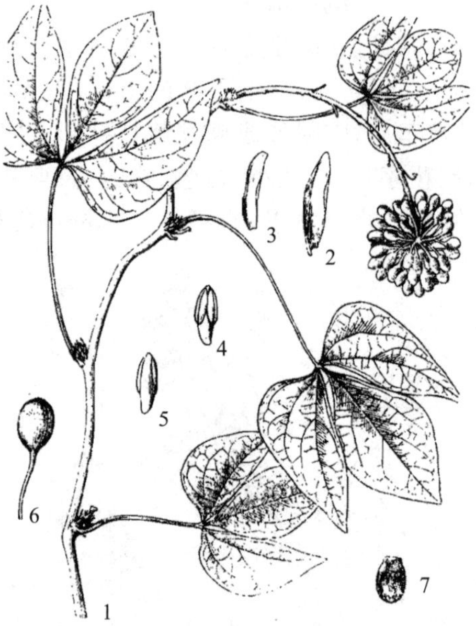

图 8-31　大血藤

1. 果枝；2～3. 花被；4～5. 雄蕊腹背面；
6. 果；7. 种子

【分布】产于西北、西南、华中、华南、华东等地。

【生态习性】喜土层深厚、利于排水保墒、背风潮湿的缓坡地。

【观赏特性及园林用途】作藤本攀缘观赏植物。植于庭园供花架、花格等垂直绿化用。

［20］木通科 Lardizabalaceae

木质藤本，很少为直立灌木（猫儿屎属 *Decaisnea*）。茎缠绕或攀缘，木质部有宽大的髓射线。叶互生，掌状或三出复叶；叶柄基部和小叶柄的两端常膨大为节状。花辐射对称，常排成总状花序；萼片 6 片；花瓣 6 片。果为肉质的骨葖果或浆果；种子多数，卵形或肾形。

共 50 余种，分布在喜马拉雅山区及日本和智利。中国有 7 属 35 种，主产于秦岭以南各省区。有些种类供观赏用。

二维码 B-20
木通科

1. 木通属 *Akebia*

落叶或半常绿。掌状复叶互生或在短枝上簇生，通常有小叶 3 或 5 枚；小叶全缘或边缘波状。花单性，雌雄同株同序，腋生总状花序；雄花较小而数多，生于花序上部；雌花远较雄花大，1 至数朵生于花序总轴基部；萼片 3 片（偶有 4～6 片），花瓣状，紫红色。雄花：雄蕊 6 枚。雌花：心皮 3～9（12）枚。肉质蓇葖果长圆状圆柱形；种子多数，卵形。

共 4 种，分布于亚洲东部，中国全产。

五叶木通 *A. leucantha*

【别名】钝药野木瓜、九月黄、八月瓜。

【形态特征】木质藤本。掌状复叶，有小叶 5～7 枚；小叶近革质，长圆状倒卵形、近椭圆形或长圆形。花雌雄同株，白色，数朵组成总状花序。雄花：萼片近肉质，外轮 3 片狭披针形或卵状披针形；雌花：萼与雄花的相似；心皮 3 枚。果长圆形，黄色。花期 4～5 月，果期 8～10 月。

【分布】产于华南、华东及西南地区。

【生态习性】喜温暖湿润的气候，耐阴。

【观赏特性及园林用途】夏季开紫色花，秋季可观红果，是棚架垂直绿化的优良树种。

【同属其他种】三叶木通 *A. trifoliata*：落叶木质藤本。雄花淡紫色，雌花紫褐色。果长圆形。花期 4～5 月，果期 7～8 月。产于中国华北至长江流域各省及华南、西南地区，秦岭也有。

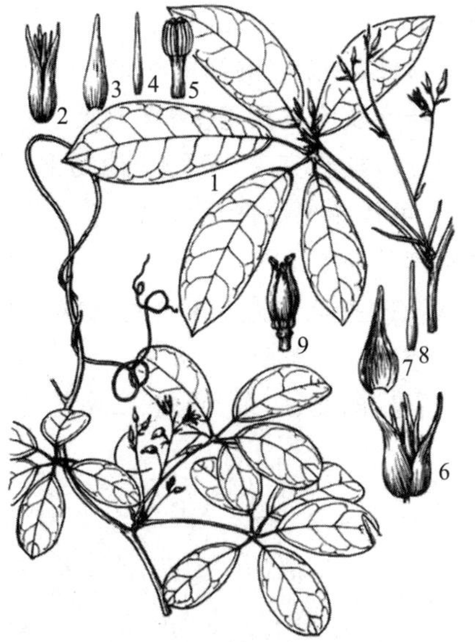

图 8-32　五叶木通

1. 花枝；2. 雄花；3. 雄花外轮萼片；4. 雄花内轮萼片；5. 雌蕊；6. 雌花；7. 雌花外轮萼片；8. 雌花内轮萼片；9. 心皮和退化雄蕊

2. 鹰爪枫属（八月瓜属）*Holboellia*

常绿。掌状复叶有小叶片 3～9 枚，或为具羽状 3 小叶的复叶，互生，通常具长柄；小叶全缘。花单性，为腋生伞房花序式的总状花序；萼瓣各 6 片。雄花：雄蕊 6 枚。雌花：退化雄蕊 6 枚；心皮 3 枚。肉质的蓇葖果；种子多数。

约 14 种，大部分产于我国。我国有 12 种 2 个变种，产于秦岭以南各省区。

鹰爪枫 *H. coriacea*

【别名】三月藤、牵藤、破骨风、八月栌。

【形态特征】常绿木质藤本。茎皮褐色。掌状复叶，有小叶 3 枚；叶柄长 3.5～10 cm；小叶厚革质，椭圆形或卵状椭圆形，顶小叶有时倒卵形。花雌雄同株，白绿色或紫色，组成短的伞房式总状花序；总花梗短或近于无梗，多个簇生于叶腋。雄花：萼片长圆形，退化心皮锥尖。雌花：萼片紫色，与雄花的近似但稍大。果长圆状柱形，熟时紫色；种子椭圆形，种皮黑色。花期 4～5 月，果期 6～8 月。

【分布】产于西南、西北、华中和华东等地。

【生态习性】喜温暖湿润的气候。

【观赏特性及园林用途】春冬观叶，夏秋观花观果。野芳怒放，幽香宜人，缭绕于他物上，为山间春色之珍品。可作花架等垂直绿化。

【同属其他种】五风藤 *H. fargesii*：花雌雄同株，红色、紫红色、暗紫色、绿白色或淡黄色。果紫色。花期 4～5 月，果期 7～8 月。分布于陕西、安徽、浙江、福建、湖北、广东、四川、云南等地。

图 8-33　鹰爪枫

1. 花枝和果枝；2. 雄花；3. 雄花（去花被）；4. 雌花（去花被）

［21］悬铃木科 Platanaceae

1 属 11 种，分布于北美，东南欧，西亚及越南北部。中国引种 3 种，各地广泛栽培。我国未发现野生种，南北各地有栽培，多作行道树。树形雄伟，枝叶茂密，是世界著名的优良庭荫树和行道树，有“行道树之王”之称。

二维码 B-21
悬铃木科

悬铃木属 *Platanus*

枝叶被树枝状及星状茸毛，树皮苍白色，薄片状剥落。叶互生，大型单叶，具掌状脉，掌状分裂。花单性，雌雄同株，排成紧密球形的头状花序，雌雄花序同形，生于不同的花枝上，雄花头状花序无苞片，雌花头状花序有苞片。果为聚合果，由多数狭长倒锥形的小坚果组成，基部围以长毛，每个坚果有种子 1 粒。

法桐 *P. orientalis*

【别名】三球悬铃木、法国梧桐、净土树。

图 8-34　法桐

【形态特征】落叶大乔木，高达 30 m，树皮薄片状脱落。叶大，轮廓阔卵形，基部浅三角状心形，上部掌状 5～7 裂，稀为 3 裂，中央裂片深裂过半。花 4 数；雄性球状花序无柄。果枝长 10～15 cm，有圆球形头状果序 3～5 个，稀为 2 个；头状果序直径 2～2.5 cm，小坚果之间有黄色茸毛，突出于头状果序外。

【分布】产于欧洲东南部及亚洲西部；我国长江流域等地有栽培。

【生态习性】喜光。喜湿润温暖气候，较耐寒。生长迅速，易成活，耐修剪，寿命长。

【观赏特性及园林用途】树干高大挺拔，枝叶茂盛。作行道树或庭荫树。

【同属其他种】①美桐(一球悬铃木)*P. occidentalis*:落叶大乔木。花通常 4～6 数,聚成圆球形头状花序。小坚果先端钝。产于北美,我国中部、北部城市有栽培。②英桐(二球悬铃木)*P.* × *acerifolia*:落叶大乔木。花通常 4 数。头状果序。本种是三球悬铃木 *P. orientalis* 与一球悬铃木的杂交种,久经栽培,我国东北、华中及华南均有引种。

[22] 金缕梅科 Hamamelidaceae

乔木或灌木,常绿或落叶;单叶互生,稀对生,有托叶;花小,整齐,两性或单性,4～5 数,有时无花瓣,呈穗状、头状或总状花序;心皮 2 枚合生,子房下位或半下位,花柱 2 枚,分离,常宿存;蒴果,木质,2(4)裂。

二维码 B-22
金缕梅科

共 28 属,约 140 种,主要产于东亚、北美、中美;非洲、大洋洲较少。中国有 17 属,约 80 种,主要产于长江流域以南地区。

1. 红花荷属(红苞木属)*Rhodoleia*

常绿乔木或灌木。叶互生,革质,卵形至披针形,全缘,具羽状脉,基部三出脉不显著,下面被粉白蜡质层,具叶柄,无托叶。头状花序,腋生,有花 5～8 朵,排在一个平面上,总苞片卵圆形且覆瓦状排列,具花序柄。花两性,花瓣 2～5 片,排列不整齐,常着生于头状花序的外侧。蒴果上半部常4 裂;种子扁平。花期 3～5 月。

共 9 种,分布于亚洲热带地区;中国有 6 种,产于西南部至南部。

红花荷 *Rh. championii*

【别名】红苞木。

【形态特征】常绿乔木,高达 30 m;单叶互生,全缘,革质,椭圆形至卵圆形,长 8～15 cm,表面亮绿色,背面粉白色,叶柄长;花小,两性,深红色,头状花序下垂,长 3～4 cm,总苞片花瓣状 15～20 枚,红色;蒴果卵球形,熟后上部 4 裂。花期 2～4 月,果期 10～11 月。

图 8-35　红花荷

【分布】产于中国广西、广东、香港等地。

【生态习性】中性偏阳树种,幼树耐阴,要求年均温度 19～22 ℃,耐绝对温度－4.5 ℃,适于酸性至微酸性土壤,耐干旱瘠薄。

【观赏特性及用途】枝条扩展,树姿优美,早春开花满树红艳,宜作行道树、庭园树和生态风景林,亦可作家庭盆栽养护。

2. 马蹄荷属 *Exbucklandia*

常绿乔木,具明显的环状托叶痕。叶互生,厚革质,阔卵圆形,全缘或掌状浅裂,具掌状脉;托叶 2 枚,大而对合,苞片状,革质,椭圆形,包藏幼芽;头状花序腋生,有花 7～16 朵,具花序柄。花两性或杂性同株;萼筒与子房合生;花瓣线形,白色,2～5 片,先端 2 裂,雌花无花瓣;雄蕊 10～14 枚;子房半下位,2 室,上半部分离,花柱 2 枚,稍伸长,头状果序有蒴果 7～16 枚,仅基部藏于花序轴内;蒴果木质,上半部 4 裂;种子具翅。

共 4 种,分布于印度、马来西亚和中国;中国产 3 种,分布于华南及西南部。

马蹄荷 *E. populnea*

【别名】合掌木。

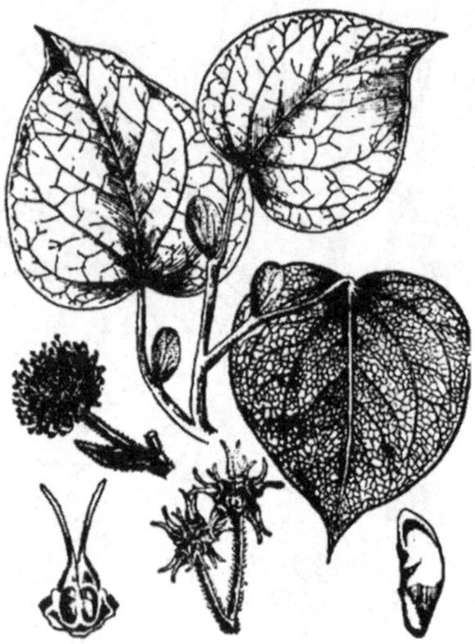

图 8-36　马蹄荷

【形态特征】常绿乔木，高达 20 m；小枝具环状托叶痕，被短柔毛；单叶互生，革质，全缘，偶有 3 浅裂，阔卵圆形，基部心形，长 10～17 cm，宽 9～13 cm，托叶椭圆形，合生，宿存；花小，两性或杂性，头状花序腋生；蒴果椭圆形，长 7～9 mm，熟时上部 2 裂，表面平滑，呈头状果序。花期 4～7 月，果期 8～10 月。

【分布】产于亚洲南部，中国西藏、云南、贵州等西南部有分布。

【生态习性】喜光，稍耐阴，喜温暖湿润气候，不耐寒。喜土壤深厚、排水良好的微酸性土壤。

【观赏特性及用途】树干通直，树形优美，宜作庭荫树和风景林。

【同属其他种】大果马蹄荷 *E. tonkinensis*：叶圆形，基部楔形，蒴果 1～1.5 cm，较大，表面有瘤状突起。产于中国广西、广东、福建、江西、湖南、贵州等地，越南也有分布。宜作造林树种，目前杭州植物园有引种。

3. 枫香属 *Liquidamba*

落叶乔木，树叶具香气。单叶互生，掌状 3～5 裂，叶缘具齿，托叶早落。花单性同株，无花瓣；雌花头状花序单生，具数枚刺状萼片；雄花无花被，数个头状花序排成总状；子房半下位。木质蒴果集成球形果序，具针刺状宿存花柱，熟时顶端开裂，每蒴果具 1～2 粒具翅发育种子，另有多枚无翅不发育种子。

共 5 种，产于北美及亚洲；中国产 2 种 1 个变种。

枫香 *L. formosana*

【别名】枫树。

图 8-37　枫香

【形态特征】落叶乔木，高达 30 m，树冠广卵形，树皮有裂；单叶互生，掌状 3 裂，长 6～12 cm，边缘具齿，基部心形；花单性同株，无花瓣；蒴果集成球状果序，大而下垂，直径 3～4 cm，宿存花柱及萼齿针刺状。花期 3～4 月，果实 10 月成熟。

【分布】产于中国秦岭及淮河以南，至华南、西南各地。越南、老挝、日本等亦有分布。

【生态习性】喜光，幼树稍耐阴，喜温暖湿润气候及肥沃土壤，亦耐干旱瘠薄，较不耐水湿。深根性，不耐移植，不耐修剪。对二氧化硫、氯气等抗性强，耐火性强，萌蘖性强，可天然更新，是亚热带、暖温带次生林的优势树种。

【观赏特性及用途】树干挺拔，气势雄伟，秋叶红艳，是南方著名的秋色叶树种。自古受到人们的喜爱，如南京栖霞寺就以“停车坐爱枫林晚，霜叶红于二月花”的枫香而闻名至今。陆游亦有“数树丹枫映苍桧”的描述。在园林中宜作庭荫树、工矿绿化树种，或与其他秋色叶树种搭配种植，于南方低山丘陵地区群植营造风景林最为适宜。

4. 金缕梅属 *Hamamelis*

落叶灌木或小乔木，有星状毛；单叶互生，阔卵形，全缘或有波状齿，羽状脉，基部不对称；托叶大而早落；花两性，数朵簇生叶腋，花瓣 4 片狭带状，黄色或淡红色，花萼 4 裂；雄蕊 4 枚，与 4 枚鳞片状退化雄蕊互生；花柱短，分离；子房近上位或半下位，2 室；蒴果木质，卵圆形，上半部 2 瓣裂，每瓣复 2 浅裂，花萼宿存。

共 6 种，分布于北美和东亚；中国产 2 种。本属树种多早春开花，秋色叶或红或黄，故常供庭园观赏用。

金缕梅 *H. mollis*

【形态特征】落叶灌木或小乔木，高达 10 m；幼枝密被星状茸毛，裸芽具柄；单叶互生，倒阔卵形，长 8～15 cm，基部歪心形，叶缘具波状齿，表面略粗糙，背面密被茸毛；头状或短穗状花序簇生叶腋；花瓣 4 片，长带状，长 1.5～2 cm，黄色，基部常带红色，花萼深红色，芳香；蒴果卵球形；早春 2～3 月先叶开花，果实 10 月成熟。

【分布】产于长江流域，多生于山地次生林及灌木丛中。

【生态习性】喜光，稍耐阴，喜温暖湿润气候，有一定耐寒力，畏炎热，喜排水良好的壤质土；生长慢。

【观赏特性及用途】本种黄色细长花瓣宛如金缕，芳香，花美丽而花期早，秋叶红色或黄色。在园林中路边、溪畔、山石间等地配植都很适宜。

【变种、变型及品种】橙花金缕梅‘Brevipetala’花橙色，叶较长。

【同属其他种】①北美金缕梅（美国金缕梅、弗吉尼亚金缕梅）*H. virginiana*：落叶大灌木，秋叶变黄色，叶面有红褐色斑点；花亮黄色，花期 9～10 月。产于北美洲东部；北京植物园有引种栽培，是北方难得的晚秋开花且美丽的观花树种。②日本金缕梅 *H. japonica*：叶菱状圆形、广卵形至倒卵形；花萼裂片内侧常紫色，花瓣条形，黄色，长约 2 cm，有褶皱；花期冬季至早春。产于日本；中国上海等地有引种栽培。栽培变种‘Flavo-purpurascens’：花瓣基部带红色。③杂种金缕梅 *H.* ×*intermedia*：日本金缕梅和金缕梅的杂交种。叶长达15 cm，秋叶变黄色或鲜红色，花瓣条形，黄色，基部橙色，有褶皱，花期冬季。国外广泛栽培，有花红色、杏黄色等品种。

图 8-38 金缕梅

5. 蚊母树属 *Distylium*

常绿灌木或小乔木；幼枝具星状茸毛或鳞毛，裸芽；单叶互生，革质，全缘，稀有齿，羽状脉；托叶披针形，早落；花单性或杂性，总状花序腋生，花小无瓣，萼片 1～5 片或无，雄蕊 4～8 枚，花丝线形，长短不一；子房上位，2 室，花柱 2 枚，自基部离生；蒴果木质，卵圆形，被星状茸毛，上半部 2 裂，先端尖锐，基部无宿存萼筒。

共 18 种，中国产 12 种 3 个变种。

(1)蚊母树 *D. racemosum*

【形态特征】常绿乔木,高达 25 m,栽培时常呈灌木状;幼枝及落叶被鳞垢;单叶互生,倒卵状长椭圆形,长 3～7 cm,全缘,厚革质,有光泽,无毛,侧面在叶表不显著,叶背略隆起;花小无瓣,呈总状花序腋生,红色花药十分醒目;蒴果卵形,密被星状毛,端有 2 枚宿存花柱;花期 4 月,果实 9 月成熟。

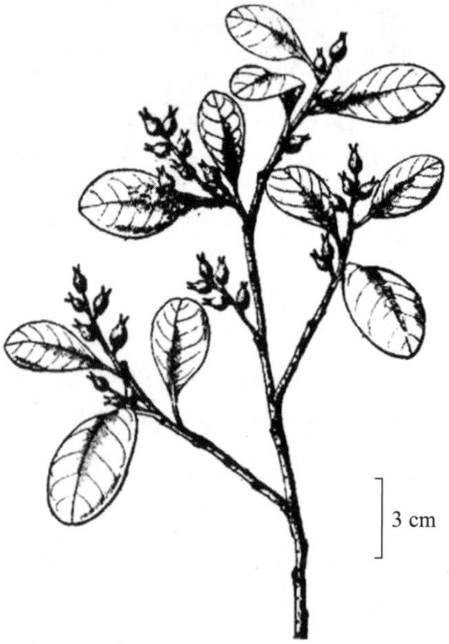

图 8-39　蚊母树

【分布】产于中国东南沿海各省;日本、朝鲜亦有分布。长江流域城市园林中常见栽培。

【生态习性】喜光,稍耐阴,喜温暖湿润气候,不耐寒,对土壤要求不严。萌芽力强,耐修剪,抗多种有毒气体,抗烟尘。

【观赏特性及用途】该种枝叶茂密,叶色浓绿,常修剪成球形栽植。春日细碎红花也具观赏价值,宜作绿篱、基础种植材料以及工矿绿化树种,十分适应城市环境。

【变种、变型及品种】栽培变种斑叶蚊母树'Variegatum'叶较宽,具黄白色斑。

(2)小叶蚊母树 *D. buxifolium*

【形态特征】常绿灌木,高 1～2 m;小枝纤细,节间伸长;叶薄革质,倒披针形,长 3～5 cm,宽 1～1.5 cm,先端尖,基部截形,全缘无锯齿或仅在先端两侧各有 1 个小齿突,叶脉不明显,叶柄极短,长不足 1 mm;雌花或两性花穗状花序腋生,长 1～3 cm;蒴果卵圆形,长 7～8 mm,被褐色星状茸毛,宿存花柱长 1～2 mm。

图 8-40　小叶蚊母树

【分布】产于福建、湖南、湖北、广西、四川等地;杭州植物园有栽培。

【生态习性】适应性强,耐阴,抗盐碱土,抗烟尘,耐瘠薄;生长迅速,根系发达,萌芽力强,耐修剪。

【观赏特性及用途】该种叶小质厚,花序密集,花药红艳,观赏效果佳,适于在水边栽植;耐修剪,嫩枝暗红色,可整形作色块植物,亦是制作盆景的好树种。

【同属其他种】中华蚊母树 *D. chinense*:常绿灌木,高约 1 m;叶革质,窄长椭圆形,长 2～4 cm,边缘近先端有 2～3 个锯齿。产于中国湖北、四川;东亚其他国家,印度及马来西亚亦有分布。该种蔸盘粗壮,树形独特,是制作盆景的理想材料。

6. 檵木属 *Loropetalum*

常绿灌木或小乔木,有锈色星状毛;叶小,互生,全缘,托叶早落;花两性,头状花序顶生,花瓣

4 片，带状线形，雄蕊 4 枚；子房半下位；蒴果木质，被星毛，2 瓣裂，每瓣又有 2 浅裂。种子长卵形，黑色有光泽。

共 4 种 1 个变种，分布于亚洲东部的亚热带地区。中国产 3 种 1 个变种。

檵木 *L. chinense*

【形态特征】常绿灌木或小乔木，高达 10 m；小枝、嫩叶及花萼均有锈色星状毛；单叶互生，椭圆形，长 2～5 cm，先端锐尖，基部不对称，全缘，叶背密被星状毛；花瓣 4 片，带状线形，浅黄白色，长 1～2 cm，苞片线形，花 3～8 朵簇生枝端；蒴果近卵形，褐色，被星状毛；花期 3～5 月，果 8 月成熟。

【分布】产于中国华东、华南及西南各省区；日本、印度亦有分布。

【生态习性】耐半阴，喜温暖气候及酸性土壤，适应性较强。

【观赏特性及用途】本种花量大而繁密，初夏开花如覆雪，十分美丽。宜丛植于草地、林缘，或与山石相配都很适合，也可作为风景林下木。

【变种、变型及品种】变种红花檵木（红檵木）var. *rubrum*：叶暗紫，花为紫红色，是优良的常年异色叶及观花树种，更亦植于庭园观赏，亦可作盆景栽培。

图 8-41　檵木

7. 蜡瓣花属 *Corylopsis*

落叶灌木或小乔木；单叶互生，有锯齿；具托叶。花两性，先叶开放，黄色，呈下垂总状花序，基部有数枚大型鞘状苞片；花瓣 5 片，宽而具爪；雄蕊 5 枚，子房半上位；蒴果木质，2 或 4 瓣裂，内有 2 粒黑色种子。

共 29 种，主产于东亚；中国有 20 种，6 个变种，产于西南部至东南部。

蜡瓣花 *C. sinensis*

【别名】中华蜡瓣。

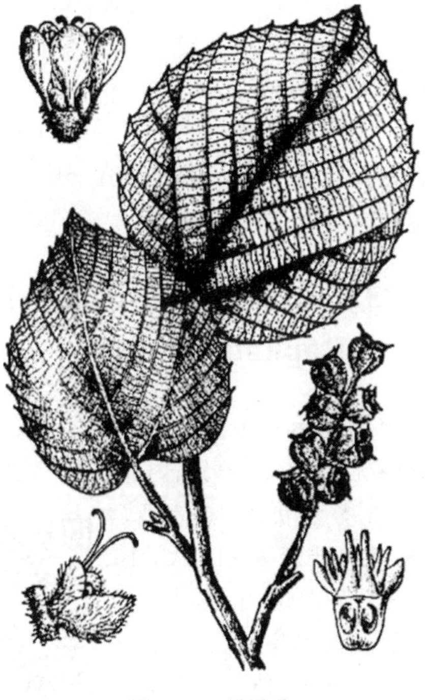

图 8-42　蜡瓣花

【形态特征】落叶灌木或小乔木，高 2～5 m；小枝及芽被短柔毛；单叶互生，倒卵状椭圆形，长 5～9 cm，先端短尖或稍钝，基部歪心形，缘具锐尖齿，背被星状毛；花瓣 5 片，黄色，先叶开放，芳香，蜡质，10～18 朵呈下垂总状花序，长 3～5 cm；蒴果卵球形，具褐色星状毛，熟时 2 或 4 裂，种子黑色；花期 3 月，果 9～10 月成熟。

【分布】产于中国长江流域及以南地区，海拔 1200～1800 m 山地、坡谷灌丛中。

【生态习性】喜光，耐半阴，喜温暖湿润气候，喜肥沃、湿润且排水良好的酸性土壤，性颇强健，有一定耐寒能力，但忌干燥土壤。引种平原栽培，能正常生长发育。

【观赏特性及用途】本种花美丽而芳香，早春枝上黄花成串下垂，滑泽如涂蜡，甚为秀丽。可植于草地、林缘、路边，或作基础栽植，或点缀于假山、岩石间，颇具雅趣。

【同属其他种】①阔蜡瓣花 *C. platypetala*：叶卵形或阔卵形，长 6～10 cm，先端短急尖。②大果蜡瓣花(瑞木)*C. multiflora*：嫩枝、叶及花芽有茸毛，蒴果硬木质，长达 2 cm，果皮厚，具短柄。③红药蜡瓣花 *C. veitchiana*：雄蕊比花瓣长，红褐色。④星毛蜡瓣花 *C. stelligera*：叶下有星毛，萼筒、子房有星毛。⑤四川蜡瓣花 *C. willmottiae*：叶倒卵形，先端尖，背脉有毛。以上种均有一定观赏价值，目前尚未在园林应用。

[23] 虎皮楠科(交让木科) Daphniphyllaceae

常绿灌木或小乔木；单叶互生，全缘，无托叶；花小，单性，无花瓣，雌雄异株，组成腋生或侧生之总状花序；花萼盘状或 3～6 裂，花瓣缺；雄花具雄蕊 6～12 枚，花丝短；雌花子房上位，心皮 2 枚，合生成不完全的 2 室，柱头 2 枚，卷曲，常分叉；核果，种子 1 粒。

二维码 B-23 虎皮楠科

仅 1 属，共 25 种，分布于亚洲热带和亚热带地区。中国约 12 种，产于西南至东南地区。

虎皮楠属(交让木属) *Daphniphyllum*

本属特征、分布同科。

(1)虎皮楠 *D. oldhamii*

【形态特征】常绿灌木或小乔木，高 5～10 m；小枝纤细，暗褐色；单叶互生，纸质，倒披针形至长圆状倒披针形，长 9～14 cm，宽 2.5～4 cm，先端急尖或短尾尖，基部楔形或钝，边缘反卷，具光泽，叶背常被白粉，叶柄纤细，长 2～3.5 cm，上面具槽；花小，单性，雄花序较短，2～4 cm，雌花序较长，4～6 cm；花萼 4～6 裂；核果椭圆形或倒卵圆形，暗褐色至黑色，具不明显的疣状突起，先端具宿存柱头；花期 3～5 月，果期 8～11 月。

图 8-43 虎皮楠

【分布】产于长江以南地区；日本、朝鲜亦有分布。

【生态习性】中性偏阴，喜温暖湿润气候。

【观赏特性及用途】树形美观，叶质厚而光绿，可作庭园绿化和观赏树种。

(2)交让木 *D. macropodum*

【形态特征】常绿小乔木，高 3～10 m；小枝粗壮，暗褐色，具圆形大叶痕；单叶互生，革质，长圆形至倒披针形，长 14～25 cm，宽 3～6.5 cm，先端渐尖，基部楔形，叶面具光泽，叶背淡绿色，有时略被白粉，侧面纤细而密，叶柄紫红色，粗壮，长 3～6 cm；花小，单性；核果椭圆形，先端具宿存柱头，暗褐色，有时被白粉，具疣状突起；花期 3～5 月，果期 8～10 月。

【分布】产于长江以南地区；日本、朝鲜亦产。

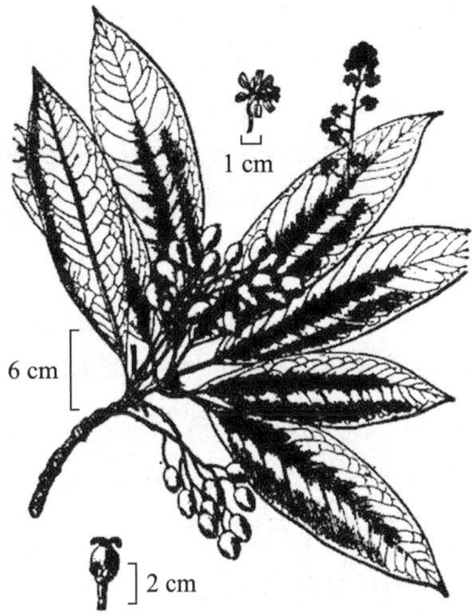

图 8-44　交让木

【生态习性】喜阴，喜温暖湿润气候。

【观赏特性及用途】树冠美丽，叶柄红艳，新叶集生枝顶，老叶在春天新叶长出后齐落，故名“交让木”。宜植于庭前、草坪间；性喜阴，应栽于大乔木荫蔽之下。树皮有毒，在远离儿童接触的地方栽植。

[24] 杜仲科 Eucommiaceae

落叶乔木；树体各部具胶质；单叶互生，羽状脉，有锯齿，无托叶；花单性异株，无花被，簇生或单生；雄蕊 4～10 枚，雌蕊由 2 枚心皮合成，子房上位，1 室；翅果，种子 1 粒。

仅 1 属 1 种，中国特有，分布于华中、华西、西南及西北各地，现广泛栽培。

二维码 B-24
杜仲科

杜仲属 *Eucommia*

本属仅杜仲 1 种，特征同科。

杜仲 *E. ulmoides*

【形态特征】落叶乔木，高达 20 m；树冠圆球形；小枝光滑，无顶芽，具片状髓；叶椭圆形，长 7～14 cm，先端渐尖，基部圆形或广楔形，缘有锯齿，老叶表面叶脉下陷，呈皱纹状；花单性异株，无花被；翅果狭椭圆形，扁而薄，长约 3.5 cm，顶端 2 裂；树皮、枝、叶、果断裂后均有白色弹性胶丝相连；花期4 月，先花后叶或花叶同放；果 9～11 月成熟。

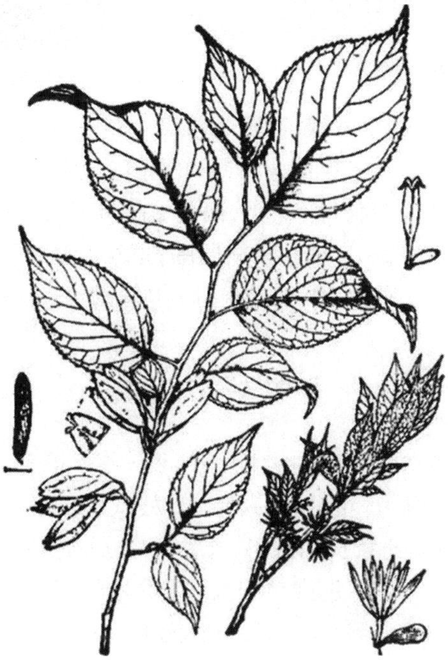

图 8-45　杜仲

【分布】产于中国中西部，四川、贵州、湖北为其集中产区；中国栽培历史悠久，公元 396 年传入欧洲。

【生态习性】喜光，不耐阴；喜温暖湿润气候，耐寒，适应性强，在酸性、中性、钙质或轻盐土上均能生长。

【观赏特性及用途】树形美观，枝叶繁茂，可作庭荫树和行道树。体内各部分含大量胶质，可提炼优质硬橡胶，是重要的特有经济树种。

[25] 榆科 Ulmaceae

落叶乔木或灌木；小枝纤细，无顶芽；单叶互生，羽状脉或三出脉，叶基常偏斜，叶缘具锯齿，稀全缘；托叶早落；花小，单被花，单性或两性，单生或簇生，或排成聚伞花序；花被裂片常 4～5 片，稀3～9 片，雄蕊与花被裂片同数对生；雌蕊由 2 枚心皮合成，子房上位，1～2 室，柱头 2 裂；翅果、坚果或核果，种子通常无胚乳。

约16属230种，分布于热带至温带地区；中国产8属约52种，广布于全国各地。

二维码 B-25
榆科

1. 榆属 *Ulmus*

落叶或半常绿乔木，稀灌木；芽鳞紫褐色，花芽近球形；单叶互生，常呈2列状，缘多重锯齿，羽状脉；花小，两性花，簇生或呈短总状花序；翅果扁平，翅在果核周围，顶端有缺口。

约45种，广布于北半球；中国约25种，6个变种，南北均产。

(1)榆树 *U. pumila*

【别名】白榆、家榆。

【形态特征】落叶乔木，高20～25 m，树冠圆球形；树皮纵裂，粗糙，暗灰色；小枝灰色细长，常排成2列状；叶卵状长椭圆形，长2～8 cm，先端尖，基部稍歪斜，缘有不规则单锯齿；春季先叶开花，簇生叶腋；翅果近圆形，长1～2 cm，无毛，种子位于翅果中部；花期3～4月，果4～6月成熟。

图 8-46　榆树

【分布】产于东北、华北、西北、华东及华中各地，南至长江流域，华北农村尤为常见；朝鲜、俄罗斯亦有分布。

【生态习性】喜光，耐寒，耐干旱瘠薄，抗有毒气体，不耐水湿；根系发达，抗风力强，耐修剪，寿命较长。

【观赏特性及用途】树干通直，树体高大，适应性强，在城市中宜作行道树、庭荫树、防护林及"四旁"绿化树种；在东北地区常作绿篱栽培；老树桩可作盆景；嫩果俗称榆钱，有招财进宝寓意，亦可食用。

【变种、变型及品种】常见栽培变种如下：①垂枝榆'Pendula'，树冠伞形，枝条下垂；中国西北、华北地区有栽培。②龙爪榆'Tortuosa'，树冠球形，小枝卷曲下垂。③钻天榆'Pyramidalis'，树干直，树冠窄；产于河南孟州市等地。④金叶榆'Jinye'，叶片金黄色，色泽艳丽；叶卵圆形，比原种稍短；枝条萌蘖性很强，树冠更丰满；在中国东北、西北地区长势良好。

(2)榔榆 *U. parvifolia*

【形态特征】落叶乔木，高达15 m；树皮薄鳞片状剥落露出红褐色内皮，呈斑驳状；叶较小而质厚，卵状椭圆形至倒卵形，长2～5 cm，先端尖，单锯齿，基歪斜；夏秋季开花，簇生叶腋；翅果长椭圆形，种子位于翅果中间；花期8～9月，果10～11月成熟。

图 8-47　榔榆

【分布】产于华北中南部至华东、中南及西南各地；日本、朝鲜亦有分布。

【生态习性】喜光，稍耐阴，喜温暖湿润气候，耐干旱瘠薄；深根性，萌芽力强，生长速度中等偏慢，寿命较长；对二氧化硫等有毒气体及烟尘的抗性较强。

【观赏特性及用途】树形优美，树皮斑驳，宜作行道树、庭荫树及观赏树；庭园中孤植、丛植或与山石、亭榭搭配均很适合；枝叶细密，是制作盆景的好材料；抗性较强，亦可作为工厂矿区绿化树种。

【同属其他种】黑榆 *U. davidiana*：落叶乔木或呈灌木状，小枝有时具不规则纵裂的木栓翅。叶面略粗糙，幼时有散生硬毛，叶背幼时有密毛，脉腋常有簇生毛，叶柄密生毛；翅果被毛。花果期 4～5 月。产于东北、华北地区。适于作防护林，以及盐碱地栽种。其变种春榆 var. *japonica* 高达 30 m，与黑榆的主要区别是：翅果无毛，树皮色较深。中国东北、华北及西北地区有分布。东北地区适于作行道树及庭荫树。

2. 榉属 *Zelkova*

落叶乔木，树皮较光滑；冬芽卵形，先端不贴近小枝；单叶互生，羽状脉，单锯齿整齐；花单性同株，雄花簇生于新枝下部，雌花单生或簇生于新枝上部，柱头偏生；坚果小，歪斜，无翅。

共约 10 种，产于亚洲各地；中国产 3 种。

榉树 *Z. serreta*

【别名】大叶榉。

【形态特征】落叶乔木，高达 35 m；树皮深灰色，不裂，老干薄鳞片状剥落后仍光滑；小枝细，密生柔毛；叶卵状椭圆形，长 2～8 cm，先端渐尖，锯齿整齐，桃圆形，表面粗糙，背面密生浅灰色柔毛；坚果小，歪斜，有皱纹，径 2.5～4 mm。花期 3～4 月，果 10～11 月成熟。

【分布】产于淮河及秦岭以南，长江中下游至华南、西南各地。

【生态习性】喜光，稍耐阴，喜温暖气候及肥沃湿润土壤；忌积水，不耐干旱；耐烟尘，抗有毒气体；抗病虫害能力较强；深根性，抗风力强。

【观赏特性及用途】树形优美，枝叶细密，宜作庭荫树、行道树，同时也是宅旁绿化、防风林、厂矿区绿化优良树种，也是制作盆景的好材料。

图 8-48　榉树

1. 果枝；2. 果实（放大）；3-5. 大叶榉；3. 果枝；4. 雄花；5. 果实；6-7. 大果榉；6. 果枝；7. 果实

【同属其他种】光叶榉 *Z. serrata*：小枝紫褐色，无毛；叶质地较薄，表面亮绿光滑，背面无毛或沿中脉有疏毛。产于东北南部、华中、华东至西南各地；日本、朝鲜亦有分布。该种树形端庄，秋色叶黄、红或古铜色，是优良的庭园绿化树种，亦可作盆景。

3. 朴属 *Celtis*

落叶乔木，稀灌木；干皮不裂；冬芽小，卵形，先端贴枝；单叶互生，基部全缘，上半部具锯齿，3 出脉，侧脉不伸入齿端；花杂性同株；核果近球形。

约 60 种，产于北温带至热带；中国产 11 种，2 个变种，南北各地均有分布。APG 系统中，朴属已并入大麻科(Cannabaceae)。

朴树 *C. sinensis*

【别名】沙朴。

【形态特征】落叶乔木，高达 20 m；小枝幼时有毛，后渐脱落；单叶互生，卵状椭圆形，长 2.5～10 cm，先端渐尖，基部不对称，中部以上具浅钝齿，3 出脉，表面有光泽，背脉隆起并疏生毛；核果熟时黄色或橙红色，径 4～7 mm，果柄与叶柄近等长。花期 4 月，果 9～10 月成熟。

图 8-49　朴树

【分布】产于淮河流域、秦岭经长江中下游至华南地区，常散生于平原及低山丘陵地，农村习见。

【生态习性】喜光，稍耐阴，喜湿润处，对土壤要求不严，适应性强；深根性，抗风力强，抗烟尘及有毒气体；生长较慢，寿命较长。

【观赏特性及用途】树形美观，冠大荫浓，宜作庭荫树，也可作为厂矿绿化及防风树种；又可作为盆景材料。

【同属其他种】①小叶朴（黑弹朴）*C. bungeana*：核果单生，近球形，熟时紫黑色，果柄长为叶柄长的 2 倍以上，果核表面光滑。产于东北南部、华北、长江流域及西南各地。树形美观，树皮光滑，宜作庭荫树及城乡绿化树种。②四蕊朴（昆明朴）*C. tetrandra*：叶菱状椭圆形，先端渐尖至短尾状渐尖，基部歪斜明显，核果较大，径约 8 mm。产于西藏、云南、四川、广西。可孤植或列植水边，宜作庭荫树及行道树，亦可用于工矿区绿化。

4. 糙叶树属 *Aphananthe*

乔木或灌木；冬芽卵形，先端尖且贴近小枝；叶基部以上有锯齿，3 出脉，侧脉直伸锯齿顶端；花单性同株，雄花为伞房花序，雌花单生；花萼 5(4) 裂，雄蕊 5 枚；核果近球形，花萼、花柱宿存。

约 8 种，产于东南亚及澳大利亚；中国有 2 种，产于长江流域及西南地区。APG 系统中，糙叶树属已并入大麻科(Cannabaceae)。

糙叶树 *A. aspera*

【形态特征】落叶乔木，高达 22 m，树皮灰棕色，老时浅纵裂（似构树皮而细），小枝被平伏硬毛；单叶互生，椭圆状卵形，长 5～12 cm，缘除基部外均有锯齿，基部 3 出脉，两侧主脉外侧又有平行支脉，侧脉直达齿端，叶面粗糙，被硬毛；核果近球形，径约 8 mm，黑色，被平伏毛。花期 4～5 月，果 9～10 月成熟。

图 8-50　糙叶树

1. 果枝；2. 小枝一段（放大）；3. 雌花；4. 雄花；5. 果实；6. 种子

【分布】产于亚洲东南部，中国东南部及南部地区有分布。

【生态习性】喜光，稍耐阴，喜温暖湿润气候及潮湿、肥沃深厚的酸性土壤；不耐严寒，寿命长。山东青岛崂山太清宫有株千年古树，名曰“龙头榆”，传为唐代栽植。

【观赏特性及用途】树干挺拔，枝繁叶茂，宜作庭荫树及溪边、谷地绿化树种。

5. 青檀属（翼朴属）*Pteroceltis*

仅 1 种，中国特产。

青檀 *P. tatarinowii*

【别名】翼朴。

【形态特征】落叶乔木，高达 20 m；树皮暗灰色，长片状剥落；单叶互生，卵形，长 3～10 cm，先端长尖或渐尖，基部全缘，3 出脉，侧面不直达齿端，背面脉腋处有簇毛；花杂性同株；小坚果周围有薄翅。花期 4 月，果 7～8 月成熟。

图 8-51　青檀

【分布】中国特产，主产于黄河及长江流域，南达两广及西南。

【生态习性】喜光，稍耐阴，耐干旱瘠薄，喜生于石灰岩山地；深根性，萌蘖性强，寿命长。

【观赏特性及用途】可作为石灰岩山地绿化造林树种，亦可作庭荫树栽植。

［26］桑科 Moraceae

木本，稀草本，常具乳汁。单叶互生，稀对生，全缘或具锯齿；托叶 2 枚，常早落。花小，单性，雌雄同株或异株，无花瓣。瘦果或核果，果实为聚花果或隐花果。

约 53 属，1400 种。多产于热带和亚热带地区，少数分布于温带地区。中国约 12 属 153 种。本科植物具有较高的经济价值，如波罗蜜、面包树和无花果的果实可供食用，印度榕可产橡胶，桑属及构属的树皮可造纸，其茎皮纤维为重要纺织原料等。

二维码 B-26
桑科

1. 波罗蜜属 *Artocarpus*

常绿乔木，具乳液。单叶互生，螺旋状排列或 2 列，革质，全缘或羽状分裂，叶脉羽状；具环状托叶痕。花雌雄同株。头状花序腋生或生于老茎发出的短枝上，通常具梗；雄花花被管状 2 浅裂或穿孔至 2～4 裂，覆瓦状或镊合状排列，雄蕊 1 枚；雌花花被管状。聚花果近球形。

约 50 种，分布于亚洲热带地区。中国约 15 种，2 个亚种，主要分布于华南地区。

波罗蜜 *A. heterophyllus*

【别名】菠萝蜜、树波罗、木波罗。

【形态特征】常绿乔木，高 10～20 m；老树常有板状根；树皮厚，黑褐色；小枝无毛；具环状托叶痕。叶革质，螺旋状排列，倒卵形，长 7～15 cm，宽 3～7 cm，全缘，无毛，有光泽，侧脉羽状，中脉在背面显著凸起；卵形托叶抱茎，长 1.5～8 cm，外面被柔毛或无毛，脱落。花雌雄同株，花序生老茎或短枝上，雄花序生于枝端叶腋或短枝叶腋；雄花花被管状，长 1～1.5 mm，上部 2 裂，被微柔毛，雄蕊 1 枚；雌花花被管状，顶部齿裂。聚花果球形，成熟时黄褐色。花期 2～3 月；果期 7～8 月。

【分布】产于印度，中国广东、海南、广西、云南常有栽培。

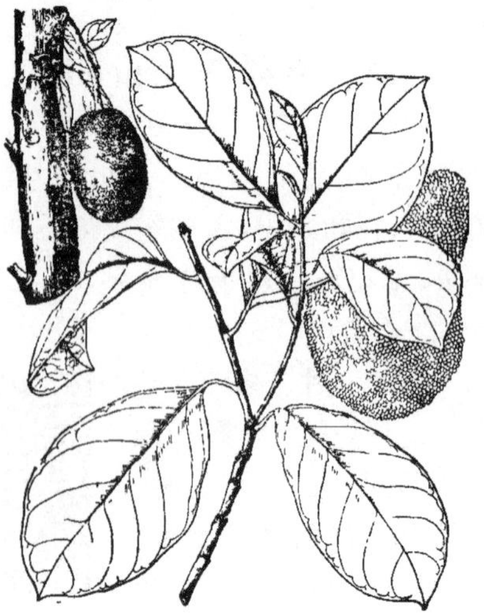

图 8-52　波罗蜜

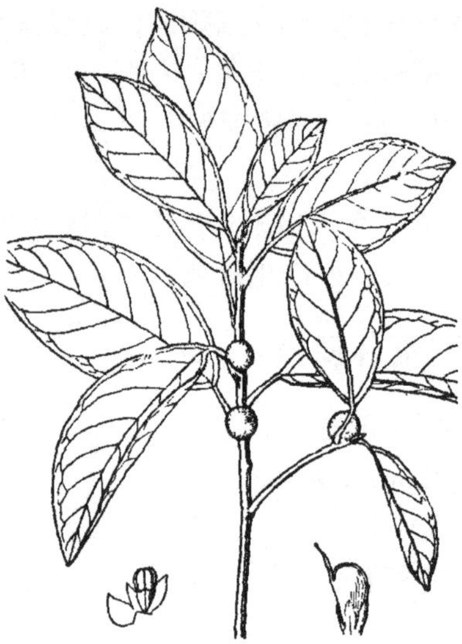

图 8-53　榕树

【生态习性】喜温暖、潮湿的热带和亚热带气候，在光照充足、通风良好的环境生长迅速。对土壤要求不严，以肥沃疏松、排水良好的微酸性土壤为宜。

【观赏特性及用途】波罗蜜树干通直，树性强健，枝叶茂密，花朵芳香，其主干、主枝甚至露地根均可结实，具有较强的观赏特性。波罗蜜抗污染力强，可用于景观树、行道树和防护林带。

【同属其他种】①白桂木 *A. hypargyreus*：乔木；树皮深紫色，片状剥落。叶互生。花序单生叶腋。聚花果球形。花期春夏。产于广东、海南、福建、江西、湖南、云南。②面包树 *A. incisa*：常绿乔木；树皮灰褐色。叶互生；托叶大。花序单生叶腋。聚花果倒卵圆形；核果椭圆形。产于太平洋群岛及印度。中国有栽培。

2. 榕属 *Ficus*

木本，可为攀缘状，具乳液。叶多互生，稀对生；托叶早落，留环状托叶痕。花雌雄同株或异株，生于囊状肉质花托内壁，形成隐头花序。榕果腋生。

约 1000 种，主要分布于热带、亚热带地区。中国约 98 种，产于长江以南各地。

(1)榕树 *F. microcarpa*

【别名】细叶榕、小叶榕

【形态特征】大乔木，高达 15～25 m；老树常有锈褐色气根。树皮深灰色。叶薄革质，狭椭圆形，有光泽，全缘，无毛；托叶小，披针形。榕果成对腋生或生于已落叶枝叶腋，成熟时黄或微红色，扁球形，直径 6～8 mm，无总梗，基生苞片 3 枚，宿存；雄花、雌花、瘿花同生于榕果内，花间有少许短刚毛；雄花无柄或具柄，散生于内壁；雌花与瘿花相似，花被片 3 片，广卵形，花柱近侧生，柱头短，棒形。瘦果卵圆形。花期 5～6 月。

【分布】产于华南、西南地区。东南亚、日本、巴布亚新几内亚和澳大利亚也有分布。

【生态习性】喜温暖湿润气候，适应性强，于肥沃、排水良好的酸性土壤中生长迅速。

【观赏特性及用途】树冠覆盖度大，气生根多且下垂，可形成“独木成林”的景观，是华南和西南地区常见的行道树及庭荫树。

【变种、变型及品种】应用较多的品种有：①黄斑榕‘Yellow Stripe’：叶缘黄色且具有绿色条带。②黄金榕‘Golden Leaves’：新叶金黄色，后变成绿色。

(2)印度榕 *F. elastica*

【别名】橡皮树、印度胶树。

【形态特征】乔木，高达 30 m；树冠开展；树皮平滑；具乳汁。叶厚革质，有光泽，长 5～30 cm，宽 7～9 cm，先端短渐尖，基部钝圆形，全缘；侧脉多而细，并行；托叶单生，披针形，长约15 cm，深红色。花序成对着生于叶腋，成熟时黄色；雄花、瘿花和雌花生于同一花序托中。

【分布】产于不丹、尼泊尔、印度东北部、缅甸、马来西亚、印度尼西亚。中国云南有野生。

【生态习性】喜光，稍耐阴；喜温暖湿润气候，不耐寒。以肥沃且排水良好的酸性土中生长为佳。

【观赏特性及用途】叶大质厚，且托叶为红色，观赏性状较好，华南地区常作为行道树，也可以作室内盆栽观叶树种。

【变种、变型及品种】品种很多，有近40个，较多应用的有：①金边橡皮树'Aureo-marginata'：叶缘金黄色，入秋更为明显。②金星橡皮树'Goldstar'：叶片幼时带红褐色，后稍淡，边缘散生细小斑点。③花叶橡皮树'Variegata'：叶片具黄白色斑纹。④白斑橡皮树'Doescheri'：叶狭窄，具白色斑块。

(3)黄葛树 *F. virens* var. *sdublanceolata*

【别名】黄桷树。

图8-54 黄葛树

【形态特征】落叶或半落叶乔木。叶薄革质，近披针形，长达20 cm，先端渐尖，侧脉7～10对，背面突起；托叶披针状卵形，早落。榕果单生或成对腋生或簇生于已落叶枝叶腋，球形。花果期4～7月。

【分布】产于陕西南部、湖北、贵州、广西、四川、云南等地，为中国西南地区常见树种。

【生态习性】喜温暖湿润气候，不耐寒冷；耐干旱瘠薄；抗风，抗大气污染。

【观赏特性及用途】树大荫浓，常用作行道树。为重庆市市树。

(4)薜荔 *F. pumila*

【别名】凉粉子、木莲。

【形态特征】常绿攀缘或匍匐灌木，叶互生，2型；托叶2枚，披针形，被黄褐色丝状毛。榕果单生叶腋，幼时被黄色短柔毛，成熟黄绿色或微红。花果期5～8月。

【分布】产于长江流域至华南、西南。日本、越南北部也有。

【生态习性】薜荔抗逆性很强，生态幅很广，对水分、光照、温度、土壤pH、土质等条件要求不高。

【观赏特性及用途】薜荔常绿，其果实大而数量多且果期较长，可避免景观出现冬季萧瑟的现象，因此观赏价值较高。薜荔也是优良的空气净化植物，叶片可阻滞尘埃，并能有效吸收大气中SO_2，同时由于其适应能力强，极少产生病虫害，且攀缘能力强，可广泛用于垂直绿化。

(5)高山榕 *F. altissima*

【别名】大青树、大叶榕。

【形态特征】常绿大乔木，高25～30 m；树皮灰色，平滑；幼枝绿色，被微柔毛。叶厚革质，广卵形，长10～19 cm，宽8～11 cm，全缘，光滑，无毛；托叶厚革质，有毛。榕果成对腋生，椭圆形，成熟时红色或橘黄色。花期3～4月，果期5～7月。

【分布】产于海南、广西、云南、四川等海拔100～1600(～2000) m的山地或平原。尼泊尔、印度、缅甸、越南、泰国等地亦有分布。

【生态习性】喜温暖湿润气候，喜光，耐瘠薄，耐干旱，对土壤要求不严。

【观赏特性及用途】高山榕树姿优美，树形高大，可用作行道树、庭荫树等，也可植于岸边、路缘作景观树。

(6)地果 *F. tikoua*

【别名】地石榴、地瓜藤。

【形态特征】匍匐状木质藤本，具不定根；幼枝偶有直立，叶倒卵圆形，长2～8 cm，宽1.5～4 cm，先端急尖，边缘具波状疏浅圆锯齿，基生侧脉较短，侧脉3～4对，表面被短刺毛，背面沿脉有细毛；托叶披针形，被柔毛。榕果成对或簇生于匍匐茎上，常埋于土中，球形至卵球形，成熟时深红色，表面多圆形瘤点，基生苞片3枚，细小。花期5～6月，果期7月。

【分布】产于湖南、湖北、广西、贵州、云南、西藏、四川、甘肃、陕西南部。常生于荒地、草坡或岩石缝中。印度东北部、越南北部、老挝也有分布。

【生态习性】阳性树种，喜温暖湿润气候，不耐寒，耐修剪，耐践踏。

【观赏特性及用途】耐践踏能力较强，因其茎蔓纵横交错，因此具有较强的保持水土能力。果实成熟可食，可作为果树栽培，亦可作为观果、观叶盆栽。

【同属其他种】①垂叶榕(细叶榕)*F. benjamina*：大乔木，小枝下垂，叶薄革质。榕果成熟时红色至黄色，基生苞片不明显；雄花、瘿花、雌花同生于一榕果内，花期8～11月。产于广东、广西、海南、云南、贵州等地。②异叶榕(异叶天仙果)*F. heteromorpha*：榕果成对生于短枝叶腋，成熟时紫黑色，雄花和瘿花同生于同一榕果中，瘦果光滑。花期4～5月，果期5～7月。产于长江流域中下游及华南地区。③竹叶榕(柳叶榕)*F. stenophylla*：花瓣12片，玫瑰红色并具深紫色纵纹。产于陕西、甘肃、河南、湖南、湖北、四川、贵州等地。花期3～4月，先花后叶。应用较少。④无花果 *F. carica*：落叶灌木，雌雄异株，雄花和瘿花同生于同一榕果内壁，榕果单生叶腋，大而梨形，成熟时紫红色或黄色，瘦果透镜状。花果期5～7月。原产于地中海沿岸。⑤菩提树 *F. religiosa*：叶革质，三角状卵形。榕果球形至扁球形，成熟时红色。雄花、瘿花和雌花生于同一榕果内壁。花期3～4月，果期5～6月。产于广东、广西、云南。

3. 桑属 *Morus*

落叶乔木或灌木，无刺。单叶互生，边缘有锯齿；托叶早落。花雌雄异株或同株，或同株异序，雌雄花序均为穗状；雄花，花被片4片，覆瓦状排列，雄蕊4枚，与花被片对生，退化雌蕊陀螺形；雌花，花被片4片，覆瓦状排列；聚花果为多数包藏于肉质花被片内的核果组成。种子近球形。

约16种，主要分布于北温带。中国产11种，各地均有分布。

桑 *M. alba*

【别名】桑树。

【形态特征】乔木或为灌木，高3～10 m或更高，树皮厚，具不规则浅纵裂；小枝有毛。叶卵形，长5～15 cm，宽5～12 cm，边缘锯齿粗钝，叶表面鲜绿色，无毛，背面沿脉有疏毛；叶柄长1.5～5.5 cm，具柔毛；托叶披针形，早落。花单性，腋生或生于芽鳞腋内；雄花序下垂，长2～3.5 cm，密被白色柔毛。雌花序长1～2 cm，被毛。聚花果卵圆形，成熟时红色或暗紫色。花期4～5月，果期5～8月。

【分布】广泛分布于中国东北至西南各地。朝鲜、日本、蒙古国、中亚各国、欧洲等也有栽培。

【生态习性】该种适应性强，耐旱、耐寒、耐瘠薄，不耐积水。适生于土层深厚、排水良好的土壤。

【观赏特性及用途】桑树树冠宽阔，枝叶茂密，因其适应性极强，易管理，可作为城市绿化的先锋树种。

【同属其他种】①鸡桑(小叶桑)*M. australis*：木本。叶卵形，边缘具粗锯齿，有毛。雄花序被柔毛；雌花序球形，密被柔毛。聚花果椭圆形，成熟时红色或暗紫色。花期3～4月，果期4～5月。我国各省均有栽培。②华桑 *M. cathayana*：树皮灰白色。叶广卵形，基部略偏斜，边缘具浅锯齿。雌雄同株异序，雄花序长3～5 cm，雌花序长1～3 cm。聚花果圆筒形，熟时白色、红色或紫黑色。花期4～5月，果期5～6月。

4. 构属 *Broussonetia*

乔木或灌木，有乳汁。叶互生，边缘具锯齿，基生叶脉三出；托叶早落。花雌雄异株或同株；雄花为下垂葇荑花序或球形头状花序；雌花密集成球形头状花序。聚花果球形。

本属约4种，分布于亚洲东部和太平洋岛屿。我国均产，主要分布于西南部至东南部各地。

构树 ***B. papyrifera***

【别名】楮。

【形态特征】落叶乔木，高 10～20 m；树皮暗灰色；小枝密生柔毛。叶广卵形至长椭圆状卵形，长 6～18 cm，宽 5～9 cm，先端渐尖，基部心形，多偏斜，边缘具粗锯齿，小树之叶常有明显分裂，表面粗糙，疏生糙毛，背面密被茸毛，基生叶脉三出；叶柄长 2.5～8 cm，具毛。花雌雄异株；雄花序为葇荑花序，花被 4 裂，雄蕊 4 枚；雌花序球形头状。聚花果直径 1.5～3 cm，成熟时橙红色，肉质。花期 4～5 月，果期 6～7 月。

【分布】产于我国南北各地。缅甸、泰国、越南、马来西亚、日本、朝鲜也有分布。

【生态习性】喜光，为强阳性树种。速生、适应性强，耐干旱、耐瘠薄，对烟尘及有毒气体抗性很强。

【观赏特性及用途】树形粗野，枝叶茂密有抗性，生长快，繁殖容易，是城乡绿化的重要树种，尤其适合用作矿区及荒山坡地绿化，亦可选做庭荫树及防护林用。果实酸甜，可食用。

【同属其他种】楮（小构树）*B. kazinoki*：灌木。叶卵形至斜卵形，边缘具三角形锯齿，不裂或 3 裂。花雌雄同株；雄花序球形头状，雌花序球形。聚花果球形，直径 8～10 mm；瘦果扁球形。花期 4～5 月。

5. 柘属 *Cudrania*

乔木或攀缘状灌木，有乳液。常具枝刺。单叶互生，全缘。花雌雄异株，均为具苞片的球形头状花序。聚花果肉质；小核果卵圆形，果皮壳质。

约 6 种，分布于大洋洲至亚洲。我国产 5 种，主产于西南至东南地区，1 种分布于华北。

柘树 ***C. tricuspidata***

【别名】救荒本草。

【形态特征】落叶灌木或小乔木，高 1～7 m；树皮灰褐色，不规则片状剥落。小枝略具棱，有棘刺，刺长 5～20 mm。叶卵形或菱状卵形，偶为三裂，先端渐尖，基部楔形至圆形，表面深绿色，背面绿白色，无毛或被柔毛，侧脉 4～6 对。雌雄异株，雌雄花序均为球形头状花序，单生或成对腋生。聚花果近球形，直径约 2.5 cm，肉质，成熟时橘红色。花期 5～6 月，果期 6～7 月。

图 8-55　柘树

【分布】产于华北、华东、中南、西南各地区。生于海拔 500～1500（～2200）m、阳光充足的山地或林缘。朝鲜、日本有栽培。

【生态习性】喜光，稍耐阴，耐寒，耐干旱，耐瘠薄，适应性很强。

【观赏特性及用途】可于公园边角或街头绿地作庭荫树或刺篱。因其适应性强，可用于绿化荒滩和保持水土等。该种是我国名贵树种，心材为珍稀木材，根皮可入药，果可食用。

［27］荨麻科 Urticaceae

草本，少为灌木，稀乔木。有刺毛或无。单叶，互生或对生；托叶存在，稀缺。花极小，单性，稀两性；雌雄同株或异株。雄花花被片 4～5 片；雄蕊与花被片同数。雌花花被片常 5～9 片，花后增大，宿存。果实为瘦果或肉质核果。

有 47 属，约 1300 种，主要分布于两半球热带与温带地区。中

二维码 B-27
荨麻科

国有 25 属，352 种，广泛分布于全国，以长江流域以南最多。

水麻属 *Debregeasia*

灌木或小乔木，无刺毛。叶互生，基出 3 脉，叶下被白毛；托叶膜质，2 裂。花单性，雌雄同株或异株，雄花为团伞花序，雄花花被片 4 裂，雄蕊 4 枚。雌花花被合生成管状。瘦果浆果状，梨形或壶形；种子倒卵形。

本属约 6 种，多分布于东南亚，1 种分布至非洲北部。我国 6 种均产，分布于长江流域以南各省。

水麻 *D. orientalis*

【别名】柳莓。

【形态特征】灌木或小乔木，高 1～4 m，小枝密生白色短毛。叶互生，纸质，狭披针形，先端渐尖，基部圆形或宽楔形，边缘有细锯齿，叶表具泡状隆起，疏生短糙毛，叶背被白色或灰绿色绵毛，基出脉 3 条；托叶披针形，顶端浅 2 裂。雌雄异株，稀同株，球状团伞花簇顶生，雄花簇直径 4～6 mm，雌花簇直径 3～5 mm。雄花花被片 4 片；雄蕊 4 枚。雌花花被膜质，顶端有 4 齿。瘦果小浆果状，倒卵形，橙黄色，宿存花被肉质紧贴生于果实。花期 3～4 月，果期 5～7 月。

【分布】产于我国西南地区、陕甘南部、湖北、湖南、台湾。日本也有分布。

【生态习性】喜温暖湿润气候，较耐阴，适生于溪涧边或林缘，可于石灰岩荒坡正常生长。该种为浅根性树种，树势强健，适应性强。

【观赏特性及用途】水麻叶浓绿，果橙红，观赏性强，可用于道路绿化。枝、叶、根可入药。

[28] 胡桃科 Juglandaceae

落叶或半常绿乔木，具树脂，有芳香。裸芽或鳞芽，常叠生。羽状复叶互生，稀对生，无托叶。风媒花，单性，雌雄同株。雄花序为葇荑花序，常生于叶腋；雌花序穗状。种子 1 粒，具膜质种皮。

二维码 B-28
胡桃科

共 8 属约 60 种，产于北温带和热带地区。中国产 7 属 27 种，主要分布在长江流域以南。

1. 黄杞属 *Engelhardtia*

落叶或半常绿乔木，枝条髓部实心。雌雄同株，稀异株。偶数羽状复叶。雌花序和雄花序葇荑状，雌花序顶生，雌花序位于雄花序下方，或雌花序单生。雌花及雄花苞片 3 裂，雄花花被片 4 片或减退；雄蕊 3～15 枚，花丝极短。雌花基部贴生于子房下端；花被片 4 片。果实坚果状。

约 15 种，产于亚洲东部热带及亚热带地区以及中美洲。中国 6 种。

黄杞 *E. roxburghiana*

【别名】黑油换、黄泡木、假玉桂。

图 8-56 黄杞

【形态特征】半常绿乔木，被橙黄色盾状着生的圆形腺体，枝暗褐色。叶革质，偶数羽状复叶，小叶 3～5 对，近对生，叶片长椭圆形，全缘，基部歪斜。雌雄同株，稀异株；1 条雌花序和数条雄花序形成顶生的圆锥状花序束。雄花花被片 4 片，兜状，雄蕊 10～12 枚。雌花花被片 4 片，贴生于子房。果实坚果状，球形。花期 5～6 月，果期 8～9 月。

【分布】产于中国长江以南地区。东南亚也有分布。

【生态习性】喜光不耐阴，喜生于温暖湿润的气候，耐干旱，耐瘠薄。树皮和叶可入药。

【观赏特性及用途】树体高大，枝叶浓密，适于用作山地绿化的先锋树种。

【同属其他种】①毛叶黄杞 *E. colebrookiana*：小乔木。小枝多皮孔。偶数羽状复叶，叶背密被柔毛。果实具毛，球状。花期 2～3 月。②云南黄杞（烟包树）*E. spicata*：高 15～20 m。羽状复叶，小叶具柄，叶轴和小叶背面近中脉有毛，后无。雌雄同株。果实球状。花期 11 月。产于中国云南和广西。

2. 胡桃属 *Juglans*

落叶乔木；鳞芽；具片状髓。叶互生，奇数羽状复叶；小叶具锯齿，稀全缘。雄花花被片 3 片；雄蕊多数；雌花花被片 4 片；柱头 2 枚。果序直立或俯垂。假核果，成熟时开裂。

约 20 种。分布于温带和热带区域。中国产 5 种。

胡桃 *J. regia*

【别名】核桃。

【形态特征】乔木，高达 25 m；树冠广卵形；老树树皮浅纵裂。奇数羽状复叶，互生；小叶 5～9 枚，椭圆形至长椭圆形，基部偏斜。雄花为葇荑花序，下垂；雌花为穗状花序。果序短；果实球形，具纵棱 2 条。花期 4～5 月，果期 9～10 月。

【分布】产于中国华北、西北、西南、华中、华南和华东。中亚、西亚、南亚和欧洲也有分布。

【生态习性】阳性树种，耐寒性强，不耐热，喜肥沃湿润的沙质壤土，怕积水，不耐移栽。

【观赏特性及用途】树体高大，枝叶浓密，干性较强，可孤植、丛植于园中作庭荫树，也可用作行道树。

【同属其他种】野核桃 *J. cathayensis*：木本。奇数羽状复叶，叶柄及叶轴被毛，叶基部偏斜，边缘有细锯齿。果实卵圆状，具纵棱 6～8 条。花期 4～5 月，果期 8～10 月。

3. 枫杨属 *Pterocarya*

落叶乔木。奇数羽状复叶互生，常集生于小枝顶端，小叶边缘有锯齿。葇荑花序单性；雄花序长而下垂。雌花序单生于小枝顶端。果实为坚果，基部具 1 枚宿存的鳞状苞片及具 2 枚革质翅。

约 8 种，其中 5 种为中国特有。

枫杨 *P. stenoptera*

【别名】麻柳。

【形态特征】大乔木，高达 30 m；老树树皮深纵裂。多为偶数羽状复叶，具叶轴翅；小叶 10～16 枚，尖端钝圆，基部歪斜。葇荑花序单性，雄花序长 6～10 cm，单生于去年生枝条叶腋。雌花序顶生，长 10～15 cm。果实长椭圆形，具 2 枚翅。花期 4～5 月，果期 8～9 月。

【分布】产于我国华北、华中、华南和西南地区海拔 1500 m 以下的河滩、阴湿山坡地的林中。

【生态习性】喜光，不耐阴，耐水湿。对土壤要求不严，以土层深厚、肥沃的土壤为宜。

【观赏特性及用途】树冠宽广，果序随风飘舞，常植于河岸边。对有毒气体有一定抗性，可用于工厂矿区绿化。

4. 山核桃属 *Carya*

落叶乔木。奇数羽状复叶，互生；小叶具锯齿。雌雄同株。葇荑花序单性，雄花序具雄花多数，下垂，常 3 条成 1 束。雌花序顶生，直立。核果状坚果，外果皮革质或木质，4 瓣裂。

约 15 种，主要分布在亚洲东部和北美洲，中国产 4 种。

美国山核桃 *C. illinoensis*

【别名】薄壳山核桃、碧根果。

【形态特征】乔木，高达 50 m，树皮深纵裂。奇数羽状复叶，小叶 9～17 枚，基部偏斜。雄花序 3 条 1 束，下垂。雌花序直立。果实长椭圆形，具 4 条纵棱，外果皮革质。花期 5 月，9～11 月果熟。

【分布】产于北美洲。我国各地常见栽培。

【生态习性】喜光，喜温暖湿润气候。适生于肥沃、深厚的沙壤土，不耐旱，耐水湿。

【观赏特性及用途】树体高大，树姿雄伟壮丽，是优良的行道树和庭荫树，可用于河岸、湖泊周边绿化。

5. 化香树属 *Platycarya*

落叶小乔木；具鳞芽；枝条髓心充实。奇数羽状复叶，互生，小叶有锯齿。雄花序及两性花序组成直立的伞房状花序束，生于小枝顶端。果序球果状，直立，苞片密集呈覆瓦状排列。果扁，两侧具狭翅。种子具膜质种皮。

共 2 种，1 种分布于中国黄河以南各省区，朝鲜和日本也有分布；另 1 种为中国特有。

化香树 *P. strobilacea*

【形态特征】落叶乔木；老树皮具不规则纵裂。小叶 7～23 枚，纸质，侧生小叶无叶柄，基部偏斜，顶生小叶叶柄长 2～3 cm，基部对称。雄花序和两性花序排列成伞房状花序束生于小枝顶端，直立。果序球状；苞片宿存，木质；坚果两侧具狭翅。种子卵形，种皮黄褐色，膜质。花期 5～6 月，果期 7～8 月。

图 8-57　化香树

【分布】产于中国华中、华南、华东及西南各地。朝鲜、日本也有分布。

【生态习性】阳性树种，喜温暖湿润气候，对土壤要求不严，酸性土至钙质土均可生长。

【观赏特性及用途】树姿优美，枝繁叶茂，枝端直立的果序经久不落，具有较高的观赏价值，可用作庭荫树或营造风景林。

6. 青钱柳属 *Cyclocarya*

落叶乔木。裸芽，具柄。片状髓心。奇数羽状复叶，互生；小叶有锯齿。雌雄同株；葇荑花序；雄花序 3 条成束生于叶腋；雌花序单生枝顶。坚果扁球形，具短柄。花期 5～6 月，果期 9 月。

现存 1 种，为中国特有，分布于长江以南各省。

青钱柳 *C. paliurus*

【别名】山麻柳、摇钱树。

【形态特征】乔木，高达 10～30 m。奇数羽状复叶，小叶 7～9 枚，纸质。葇荑花序，雄花序长 7～18 cm，3 条成 1 束腋生。雌花序单生。果序轴 25～30 cm。果实扁球形，具革质圆盘状翅。花期 4～5 月，果期 7～9 月。

图 8-58　青钱柳

【分布】产于安徽、江苏、浙江、江西、福建、台湾、湖北、湖南、四川、贵州、广西、广东和云南东南部。生于海拔 500～2500 m 的山地。

【生态习性】喜光，喜温暖湿润气候，适生于肥沃深厚的土壤。稍耐旱。

【观赏特性及用途】树姿优美，枝叶伸展，果实具有较高的观赏性，可用作庭荫树。

［29］杨梅科 Myricaceae

乔木或灌木，具芳香；鳞芽。单叶互生，叶脉羽状。花单性；雌雄同株或异株；穗状花序。核果，外表具乳头状凸起，外果皮肉质，内果皮坚硬。种子直立，具膜质种皮。

2 属约 50 种，分布于温带、亚热带和热带地区，中国产杨梅属。

杨梅属 *Myrica*

叶密生于小枝上端,无托叶。雄花具雄蕊2～8枚。雌花具小苞片2～4枚。小坚果状核果。

约50种,中国仅产4种,分布于长江以南地区。

二维码 B-29
杨梅科

杨梅 *M. rubra*

【形态特征】常绿乔木,高15 m;老树树皮浅纵裂;树冠近球形。叶革质,多集生于枝顶;生于萌发条和孕性枝上叶片形状不同。雌雄异株。雄花序圆柱状,长1～3 cm。雌花序长0.5～1.5 cm。核果球状,外果皮肉质多汁,成熟时深红色。花期4月,果期6～7月。

【分布】产于长江流域及以南海拔125～1500 m林缘、山坡至山脊。朝鲜、日本和菲律宾也有分布。

【生态习性】喜温暖湿润气候,不耐寒。耐阴而不耐阳光直射。适生于肥沃疏松的酸性土中,忌积水和土质黏重。

【观赏特性及用途】树冠圆整,枝叶繁茂,果实密集而红紫,可谓“红实缀青枝,烂漫照前坞”。

【同属其他种】①毛杨梅 *M. esculenta*:常绿乔木,高4～10 m。小枝密被毛。叶革质。雌雄异株,花序显著分枝。核果椭圆状,成熟时红色。花期9～10月,果期翌年3～4月。②云南杨梅(矮杨梅)*M. nana*:常绿灌木。叶革质。雌雄异株。雄花序穗状。雌花序基部具极短分枝。核果红色,球状,直径约1～1.5 cm。花期2～3月,果期6～7月。产于云南、贵州。

[30] 壳斗科 Fagaceae

乔木,稀灌木。单叶互生;托叶早落。花单性,雌雄同株;单被花;雄花序多为葇荑花序,稀头状;雌花序直立,雌花1～5朵聚生于总苞内。总苞在果实成熟时木质化,形成盘状、杯状或球状的壳斗,每壳斗有坚果1～5粒。

二维码 B-30
壳斗科

8属,900多种,除非洲中南部外皆产。中国7属,约320种。

1. 锥属 *Castanopsis*

常绿乔木,枝具顶芽,新生枝常具纵棱。叶2列,叶背被毛或鳞腺。穗状或圆锥花序;雄花1～3(～7)朵簇生;雌花单朵或1～3(～7)朵生总苞内。壳斗具坚果1～3粒。

约120种,产于亚洲热带及亚热带地区。中国约63种,产于长江以南各地。

苦槠 *C. sclerophylla*

【别名】血槠、槠栗、苦槠锥。

【形态特征】乔木,高5～10 m,树皮浅纵裂,当年生枝红褐色,常具棱,枝叶无毛。叶革质,长椭圆形,长7～15 cm,宽3～6 cm,叶中部以上有锯齿。雄花序穗状,常腋生。壳斗具坚果1粒。花期4～5月,果期10～11月。

图8-59 苦槠

【分布】产于长江以南各地,多生长于海拔200～1000 m丘陵中。

【生态习性】喜温暖湿润气候,喜光亦耐旱。适生于肥沃深厚的中性至酸性土。对二氧化硫等有毒气体抗性强。

【观赏特性及用途】枝叶繁茂。树冠浑圆，宜于公园绿地群植。因具有抗污染、防尘、防火等特性，其可用于工厂绿化。

【同属其他种】①甜槠 *C. eyrei*：树皮纵深裂，小枝皮孔多，枝、叶均无毛。叶革质，长 5～13 cm，基部偏斜。花序轴无毛，花被片内面被疏柔毛。壳斗有 1 粒坚果；坚果圆锥形。花期 4～6 月，果期翌年 9～11 月。②锥 *C. chinensis*：树皮纵裂。叶披针形。雄花序穗状花序或圆锥状，花被片内被柔毛；雌花序生于当年生枝顶。壳斗圆球形；坚果圆锥形。花期 5～7 月。③高山锥 *C. delavayi*：老树树皮深裂，块状剥落。叶倒卵形。雄花序穗状。成熟壳斗阔卵形，基部具狭长的柄；坚果阔卵形。花期 4～5 月，果期翌年 9～11 月。

2. 栗属 *Castanea*

落叶乔木，稀灌木，树皮纵裂，无顶芽；叶互生，叶缘具锐齿，齿尖芒状。花单性同株或为混合花序，雄花位于花序轴上部，雌花位于下部。壳斗 4 瓣裂，坚果褐色，种皮红棕色，被伏贴的丝光质毛。

约 12 种，中国有 4 种。

栗 *C. mollissima*

【别名】板栗。

图 8-60　栗

【形态特征】高达 20 m。叶椭圆至长圆形，长 9～17 cm，顶部渐尖，基部常偏斜。雄花序长 10～20 cm，花序轴被毛；雌花 3～5 朵聚生，花柱下部被毛。成熟壳斗具锐刺；坚果扁圆形，顶端被茸毛。花期 5～6 月，果期 8～10 月。

【分布】中国特产。除青海、新疆外广为栽培。

【生态习性】温带阳性树种，喜光，不耐涝。对土壤要求不严，忌碱性土。

【观赏特性及用途】树冠宽广，枝茂叶大，可用于孤植或群植，亦可作山区绿化和水土保持树种。目前主要作为干果生产栽培。

【同属其他种】①茅栗（毛板栗）*C. seguinii*：小乔木或灌木状。叶倒卵状椭圆形，顶部渐尖，基部对称或偏斜，叶背有鳞腺。雄花序长 5～12 cm；雌花花柱无毛；坚果无毛或顶部有疏毛。花期 5～7 月，果期 9～11 月。②锥栗 *C. henryi*：高达 30 m，小枝暗紫褐色。雄花序 5～16 cm；每壳斗有雌花 1 朵，花柱无毛。壳斗近圆球形；坚果顶部有毛。花期 5～7 月，果期 9～10 月。

3. 栎属 *Quercus*

乔木，稀灌木。芽鳞覆瓦状排列。叶螺旋状互生；托叶早落。雌雄同株；雄花序为葇荑花序，下垂；花被杯形；雌花单生于总苞，花被 5～6 深裂。每壳斗有 1 粒坚果。坚果顶端有突起柱座。

约 300 种。中国有 51 种，分布于全国各地区。

(1)麻栎 *Q. acutissima*

【形态特征】落叶乔木，高达 30 m，树皮深纵裂，木栓皮不发达。枝条幼时被黄色柔毛。叶片常为长椭圆状披针形，叶缘具芒状锯齿，幼叶被柔毛。雄花序常集生于当年生枝下部叶腋。坚果椭圆形或卵形，直径 1.5～2 cm，顶端圆形，果脐凸起。花期 3～4 月，果期 9～10 月。

【分布】产于辽宁、华北、华中、华南、华东及西南地区海拔 60～2200 m 山地的阳坡。朝鲜、日本、越南、印度也有分布。

【生态习性】温带阳性树种，喜光，不耐阴，较耐寒。对土壤要求不严，不耐盐碱。

【观赏特性及用途】树冠宽广，枝茂浓密，叶色

图 8-61　麻栎

随季节变化明显，观赏性较强。抗逆性强，可作为行道树或植于工厂矿区用于防风、防火、防尘等。

(2)栓皮栎 *Q. variabilis*

【形态特征】落叶乔木，高达 30 m，树皮黑褐色，深纵裂，木栓层发达。小枝无毛；芽鳞具缘毛。叶缘具芒状锯齿，叶背密被灰白色星状茸毛。雄花序长 14 cm，花序轴密被黄褐色茸毛；雌花序生于新枝叶腋。坚果近球形，直径 1.5～2 cm，顶端圆。花期 3～4 月，果期 9～10 月。

图 8-62　栓皮栎

【分布】产于华北、西北、华东、华中、华南及西南等地区阳坡。

【生态习性】阳性树种。对土壤要求不严。耐干旱、耐瘠薄。

【观赏特性及用途】树形挺拔，枝茂浓密，为丘陵山区较好的造林树种。同时为重要的用材树种，以栓皮为工业原料。

(3)青冈 *Q. glauca*

【别名】青冈栎。

【形态特征】常绿乔木，高 20 m。小枝无毛。叶倒卵圆形或长椭圆形，长 6～13 cm，中部以上有疏锯齿，叶背有白毛，老时脱落，常有白色鳞秕。雄花序长 5～6 cm，花序轴被毛。壳斗碗形，被薄毛；小苞片合生成 5～6 条同心环带。坚果卵形或椭圆形，果脐平或微凸。花期 4～5 月，果期 10 月。

【分布】产于陕西、甘肃和长江流域以南海拔 2600 m 以下的山坡或沟谷。本种为青冈属在中国分布最广的一种。朝鲜、日本、印度也有分布。

【生态习性】中性偏喜光树种，幼树稍耐阴。对土壤要求不严，在酸性土至石灰岩钙质土均生长良好。深根性树种，萌芽力强。

【观赏特性及用途】树形优美，生性强健，为优良的园林绿化树种，可用于工厂、矿区和石灰岩地区绿化。

【同属其他种】①槲栎 *Q. aliena*：落叶乔木。小枝无毛，具淡褐色皮孔。叶缘具波状钝齿，叶背被灰棕色茸毛。雄花序长 4～8 cm。壳斗杯形，包裹 1/2 坚果。坚果椭圆形，果脐微凸。花期 4～5 月，果期9～10 月。②槲树 *Q. dentata*：落叶乔木。小枝具沟槽，有灰黄色星状柔毛。叶倒卵形，具波状裂片。壳斗杯形，包坚果 1/2。坚果卵形，直径 1.2～1.5 cm，高 1.5～2.3 cm，无毛。花期 4～5 月。产于黑龙江至华中和西南。③高山栎 *Q. semicarpifolia*：常绿大乔木。嫩枝被星状毛。叶片椭圆形，叶背被棕色星状毛及糠秕状粉末。雄花序轴被灰褐色长毛。壳斗碟形，包裹坚果基部。坚果近球形。产于西藏。

4. 柯属 *Lithocarpus*

常绿乔木，稀灌木。枝有顶芽，嫩枝具槽棱。叶全缘或有裂齿，背面常具鳞秕或鳞腺。穗状花序腋生，直立，常雌雄同序。每壳斗有坚果 1 粒，壳斗外壁有各式变态小苞片；坚果被毛有或无，果脐凸起或凹陷。

300 余种，多分布于亚洲。中国有 122 种，分布在长江以南，以华南和西南最多。

柯 *L. glaber*

【别名】石栎。

图 8-63　柯

【形态特征】乔木，高 15 m，一年生枝、嫩叶叶柄、叶背及花序轴均密被灰黄色短茸毛。叶革质或厚纸质，长椭圆形或倒卵形，全缘或近顶端叶缘有 2～4 个浅锯齿，叶背具蜡质鳞秕。雄花序穗状，排成圆锥花序或单穗腋生；雌花每 3 朵一簇。壳斗碟状或浅碗状，小苞片覆瓦状排列或连成圆环，密被灰色柔毛；坚果椭圆形，被白粉，果脐下凹 2 mm。花期 9～10 月，果期翌年 9～10 月。

【分布】产于秦岭南坡以南各地海拔 1500 m 以下坡地杂木林中，阳坡较常见，海南和云南南部不产。日本南部也有分布。

【生态习性】喜光树种，萌蘖力强。因常被砍伐，多成灌木状。

【观赏特性及用途】树形优美，结实量大，为优良的园林绿化树种。

[31] 桦木科 Betulaceae

落叶乔木或灌木。单叶互生，叶缘多为重锯齿，稀浅裂或全缘，羽状脉；托叶早落。花单性，雌雄同株，葇荑花序；雄花具苞鳞，花丝短，花药 2 室；雌花序每个苞鳞内有雌花 2～3 朵。坚果，有翅。

二维码 B-31
桦木科

6 属约 100 种。中国 6 属，约 70 种。

1. 桦木属 *Betula*

落叶乔木或灌木。树皮光滑，薄层状剥落或块状剥落。芽无柄，芽鳞覆瓦状排列。单叶互生，叶下面通常具腺点，边缘具重锯齿，稀为单锯齿，羽状脉；托叶早落。花单性，雌雄同株；2～4 个雄花序簇生；覆瓦状排列的苞鳞内具 3 朵雄花及 2 枚小苞片；花被膜质，基部连合；雌花序顶生；覆瓦状排列的苞鳞内有 3 朵雌花；雌花无花被。果苞革质，鳞片状，脱落，内有 3 粒坚果。坚果小，扁平，具膜质翅。

约 100 种，多分布于北温带。中国产 29 种 6 个变种，全国均有分布。

西桦 *B. alnoides*

【别名】西南桦木。

【形态特征】乔木，高达 16 m；树皮红褐色；枝条暗紫褐色，具棱，无毛；幼枝密被白色长柔毛。叶厚纸质，披针形，长 6～12 cm，宽 2.5～5.5 cm，边缘重锯齿刺毛状，上面无毛，下面沿叶脉疏被长柔毛，密生腺点。果序圆柱形，长 5～10 cm，直径 4～6 mm；总梗密被黄色柔毛；果苞具 3 片裂片。坚果倒卵形，膜质翅宽为果的 2 倍。

【分布】产于云南南部和广东海拔 700～2100 m 的山坡中。越南、尼泊尔也有分布。

【生态习性】阳性树种，不耐阴。喜湿润，稍耐旱，可耐一定程度低温和霜冻。生长土壤以红壤和黄壤为主。

图 8-64　西桦

【观赏特性及用途】生长迅速，防护功能强，生态效应良好，可用于丘陵地区造林。木材经济价值较高。

【同属其他种】①红桦 *B. albosinensis*：树皮红褐色，薄片状剥落。叶卵形，具不规则重锯齿，齿尖角质化，下面密生腺点，沿脉疏被白色长柔毛。雄花序圆柱形，苞鳞紫红色。果翅宽为果的 1/2。②白桦 *B. platyphylla*：树皮灰白色，薄片状剥裂。叶三角状卵形，下面无毛，密生腺点。果序单生，常下垂。坚果卵形，果翅与果等宽或较果稍宽。

2. 桤木属 *Alnus*

芽有柄或无柄。单叶互生，边缘具锯齿或浅裂，稀全缘，第三级脉常与侧脉呈直角相交；托叶早落。花单性，雌雄同株；雄花序顶生，圆柱形。果序球果状；果苞鳞片状，宿存，每个果苞内具坚果 2 粒。坚果小，扁平，具翅；种子单生，具膜质种皮。

共 40 余种，中国产 7 种，分布于东北、华北、华东、华南、华中及西南。

桤木 *A. cremastogyne*

【形态特征】乔木；芽具短柄。叶倒卵形、倒披针形或矩圆形，疏生钝齿，下面密生腺点，侧脉 8～10 对。雄花序单生，长 3～4 cm。果序单生叶腋，下垂；果苞木质，顶端具 5 片浅裂片。小坚果卵形，膜质翅宽为果的 1/2。

图 8-65　桤木

【分布】我国特有种，产于四川、贵州北部、陕西南部、甘肃东南部等地。生于海拔 500～3000 m 的山坡或岸边的林中。

【生态习性】阳性树种，喜温暖湿润气候，稍耐寒。对土壤适应性强，酸性至微碱性土壤均可，亦耐水湿。

【观赏特性及用途】树体高大，树枝开展，可用于公园绿地及河岸绿化。

【同属其他种】①尼泊尔桤木（旱冬瓜）*A. nepalensis*：枝条有棱；芽具柄，具 2 片芽鳞。叶近革质，全缘或具疏齿，下面密生腺点。雄花序排成圆锥状，下垂。果苞木质，先端 5 浅裂；翅果长 2 mm，膜质果翅宽为果的 1/2。②川滇桤木 *A. ferdinandicoburgii*：高 20 m。叶边缘具疏齿，下面密生腺点。雄花序单生。果序直立；序梗粗壮，密被黄色柔毛；果苞顶端具 5 片半圆形的裂片。果翅宽为果的 1/4～1/3。

3. 鹅耳枥属 *Carpinus*

乔木，稀灌木；芽鳞多数，覆瓦状排列。单叶互生，重锯齿，稀单齿。雌雄同株；雄花序苞鳞覆瓦状，雄花单生苞腋，无花被；雌花序单生，每个苞鳞具2朵雌花；果苞叶状。坚果着生于果苞基部。

约40种，产于北温带及亚热带地区。中国有25种，分布于东北、华北、西北、西南、华东、华中及华南。喜生于较湿润的低海拔及中海拔的山坡及河谷地，贫瘠的石质山坡亦能生长。

鹅耳枥 *C. turczaninovii*

【形态特征】乔木，高5～10 m。叶卵形、宽卵形、卵状椭圆形或卵菱形，边缘具重锯齿，下面沿脉通常被柔毛，脉腋间具须状毛，侧脉8～12对；叶柄长4～10 mm，疏被短柔毛。果序长3～5 cm；果苞变异较大，半宽卵形至卵形，长6～20 mm，宽4～10 mm，外缘具不规则缺刻状粗锯齿或2～3个深裂片。小坚果卵形，或疏生树脂腺体。

图8-66 鹅耳枥

【分布】产于辽宁南部和黄河流域各省。生于海拔500～2000 m的山坡或山谷林中。朝鲜、日本也有。

【生态习性】稍耐阴，喜肥沃湿润的中性至酸性土，耐干旱瘠薄。

【观赏特性及用途】树体不甚高大，宜于公园草坪、水边丛植，亦可于石间、亭旁造景，还是常见的树桩盆景材料。

【同属其他种】①千金榆 *C. cordata*：幼枝疏被长柔毛，具沟槽。叶厚纸质，卵形或矩圆状卵形，基部偏斜，边缘具刺毛状重锯齿。果序长5～12 cm；果苞宽卵状矩圆形，无毛。坚果矩圆形，具不明显细肋。②雷公鹅耳枥 *C. viminea*：小枝密生白色皮孔。叶厚纸质，具重锯齿，背面沿中脉疏生长柔毛，脉腋具稀疏须状毛，侧脉12～15对。果序下垂；果苞内外基部均具裂片。坚果具少数细肋。

4. 榛属 *Corylus*

落叶灌木或乔木。单叶互生，具不规则重锯齿或浅裂。雄花无花被，雄蕊4～8枚；花药顶端被毛；雌花序为头状；每个苞鳞内具2枚对生的雌花，雌花具花被；花被顶端有4～8枚不规则的小齿；子房下位，2室，每室具1粒倒生胚珠；花柱2枚，柱头钻状。坚果球形，部分或全部为果苞所包。

约20种，分布于亚洲、欧洲及北美洲；中国产7种，分布于东北、华北、西北及西南。

华榛 *C. chinensis*

【形态特征】乔木，高20 m；幼枝密被柔毛和刺状腺体。叶卵形至宽卵形，先端渐尖，基部心形，略偏斜，边缘具不规则钝锯齿，下面沿脉生淡黄色柔毛，侧脉7～11对；叶柄密被淡黄色柔毛和腺体。雄花序总状。果2～6枚簇生，长2～6 cm；果苞外具纵肋，疏生长柔毛和刺状腺体，上部深裂，裂片3～5。坚果球形。花期4～5月，果期9～10月。

【分布】产于云南、四川西南部。生于海拔2000～3500 m的湿润山坡林中。

【生态习性】阳性树种，幼树稍耐阴，喜湿润的气候和肥沃、深厚、排水良好的中性至酸性土。根系发达，生长较快。

【观赏特性及用途】生长迅速、抗污染能力强，可用于污染严重的工厂、矿区绿化。其木材坚硬，纹理、色泽美观，可用作建筑木材和制作器具。

【同属其他种】①川榛 *C. heterophylla* var. *sutchuenensis*：灌木或小乔木；小枝黄褐色，密生短柔毛。叶矩圆形或宽倒卵形，顶端尾形。雄花序单生。果苞钟状，边缘有锯齿，外具细条棱。坚果近球形。②滇榛 *C. yunnanensis*：灌木或小乔木；小枝褐色，密生黄色茸毛，具刺状腺体。叶厚纸质，顶

图 8-67　华榛

端骤尖或尾状。雄花序总状。果苞外密被黄色茸毛，与果等长稍短。坚果球形。

［32］木麻黄科 Casuarinaceae

常绿乔木或灌木；小枝轮生或近轮生，具节和沟槽。叶退化，鳞状，基部连合成鞘。花单性，雌雄同株或异株；雄花序圆柱形，穗状花序；雌花序为头状花序；雄花花被片 1 片或 2 片，早落；雄蕊 1 枚；雌花无花被，子房上位。果序球状。小坚果扁平，顶端具膜质薄翅。

二维码 B-32
木麻黄科

1 属，65 种，主产于大洋洲，东南亚、太平洋岛屿及非洲东部有分布。

木麻黄属 *Casuarina*

形态特征同科。中国引入栽培约 9 种。

木麻黄 *C. equisetifolia*

【形态特征】乔木，高达 40 m，树干通直；树冠狭长圆锥形；幼树树皮赭红色，老树树皮深褐色，纵裂，内皮深红色；新枝灰绿色，纤细，下垂，具 7～8 条沟槽及棱，节间短，节易折断。鳞叶通常每轮 7 枚。花雌雄同株或异株；雄花序棒状圆柱形，苞片覆瓦状排列，被白色柔毛；花被片 2 片；雌花序常顶生于侧生短枝。果序椭圆形，幼时被毛；小坚果具翅。花期 4～5 月，果期 7～10 月。

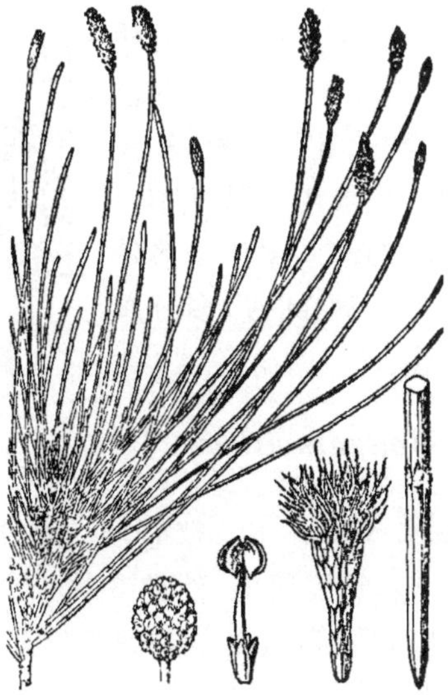

图 8-68　木麻黄

【分布】产于澳大利亚及太平洋岛屿，现美洲热带地区及东南亚沿海地区广泛栽植。中国广西、广东、福建、台湾沿海地区广泛栽植。

【生态习性】喜温暖湿润气候，在肥沃的中性至微碱性土壤中生长最佳。大树耐干旱、耐盐碱、抗风沙，为热带亚热带地区海岸优良的防风固沙树种。

【观赏特性及用途】是华南地区沿海地区优良的防风固沙和农田防护林先锋树种，也可用作行道树。

【同属其他种】①细枝木麻黄 *C. cunninghamiana*：树皮稍平滑，内皮淡红色；鳞叶每轮 8～10 枚。雄花花被片 1 片，长 1 mm；雌花序密生于侧生的短枝顶。果序球果状。花期 4 月，果期 6～9 月。②粗枝木麻黄 *C. glauca*：树皮粗糙，内皮浅黄色；小枝圆柱形，具浅沟槽。鳞叶每轮 12～16 枚。雌雄同株，雄花序顶生，雌花序侧生。果序近球形；坚果淡灰褐色。花期 3～4 月。

[33] 紫茉莉科 Nyctaginaceae

草本或木本。单叶全缘，对生，稀少生或假轮生，无托叶。花两性，稀单性或杂性，辐射对称；单生、簇生或成聚伞花序或伞形花序；常具色彩鲜艳的苞片；花被单层，圆筒形、漏斗状或钟形；雄蕊 1 枚至多数，花丝离生或基部合生；花柱 1 枚，柱头球形。瘦果有棱或槽，常具腺体。

约 30 属 300 种，主产于热带美洲。中国有 7 属 11 种，多分布于华南和西南。

二维码 B-33
紫茉莉科

叶子花属 *Bougainvillea*

藤状灌木或小乔木。枝有刺。叶互生，具柄。花两性，常 3 朵成簇顶生，外被 3 枚大而鲜艳的苞片；花被合生成管状，顶端 5～6 裂；雄蕊 5～10 枚，内藏，花丝基部合生，花柱侧生。瘦果圆柱形，具 5 条棱。

约 18 种，产于南美洲。中国有 2 种。

光叶子花 *B. glabra*

【别名】宝巾、簕杜鹃、三角梅。

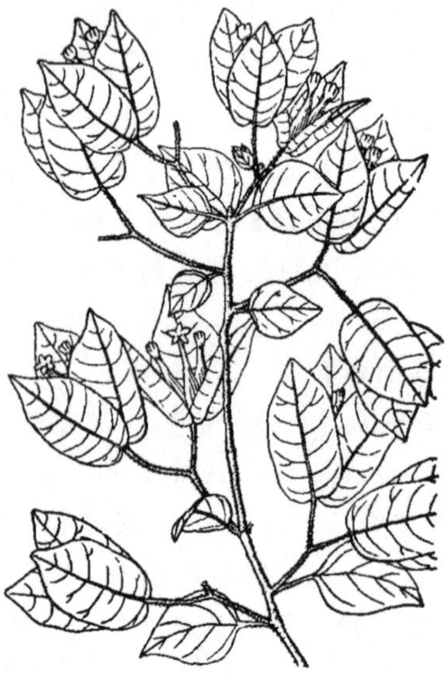

图 8-69　光叶子花

【形态特征】藤状灌木。枝下垂，近无毛；刺腋生，粗壮稍弯曲。叶纸质，卵形或卵状披针形，先端急尖或渐尖，上面无毛，下面被微柔毛。花顶生，苞片 3 枚，叶状，色艳，花梗与苞片中脉贴生；花被管浅黄色，疏生柔毛，有棱，顶端 5 浅裂。花期冬春季或更长。

【分布】产于巴西。中国南方栽植于庭园、公园，北方于温室栽培。

【生态习性】喜温暖湿润且阳光充足的环境，不耐阴。耐热不耐寒，生长迅速，耐修剪。

【观赏特性及用途】常绿且枝蔓婀娜，苞片大而颜色鲜艳，花期长，是长江流域以南优良的观花和垂直绿化树种。亦可造型作盆景栽培。

【变种、变型及品种】较多应用的有：'斑叶'叶子花'Variegata'，叶片有白色斑纹。

【同属其他种】叶子花（九重葛）*B. spectabilis*：藤状灌木。枝、叶密生柔毛。花被管密被柔毛；雄蕊通常 8 枚；子房具柄。果实密生毛。花期冬春间。产于热带美洲。

[34] 五桠果科 Dilleniaceae

木本，稀草本。单叶互生，稀对生；托叶无或呈翼状与叶柄合生。花两性或单性；萼片 5 片，覆瓦状排列，宿存；雄蕊多数，螺旋排列，离心方向发育，常具退化雄蕊；心皮 1 枚至多个，花柱分离，常叉开。果实为浆果或蓇葖果；种子具假种皮。

共 11 属，约 400 种，分布于热带及亚热带地区。中国 2 属 5 种，产于云南、广东、广西和海南等地。

二维码 B-34
五桠果科

五桠果属 *Dillenia*

木本，常绿或落叶。单叶互生，长达 50 cm，有隆起的羽状脉，常有锯齿；叶柄基部略膨大，有翅。花单生、簇生或呈总状花序，白色或黄色，花梗粗；萼片 5 片，覆瓦状排列，宿存，厚革质；花瓣 5 片，早落；雄蕊多数，离生，排成 2 轮；心皮 5～20 枚，花柱线形。聚合果圆球形，萼片肥厚，宿存。

约 60 种，分布于亚洲热带、大洋洲等地。中国有 3 种，产于广东、广西及云南。

五桠果 *D. indica*

【形态特征】常绿乔木，树皮薄片状脱落。叶薄革质，矩圆形或倒卵状矩圆形，先端具短尖头，侧脉 25～56 对，边缘有明显锯齿，齿尖锐利；叶柄具狭窄的翅。花单生叶腋，花梗被毛；萼片 5 片，肥厚肉质，外侧被毛，花白色；内轮雄蕊长于外轮。果实球形，宿存萼片肥厚；种子压扁，边缘有毛。

【分布】产于云南南部。印度、斯里兰卡、中南半岛、马来西亚及印度尼西亚等地也有分布。

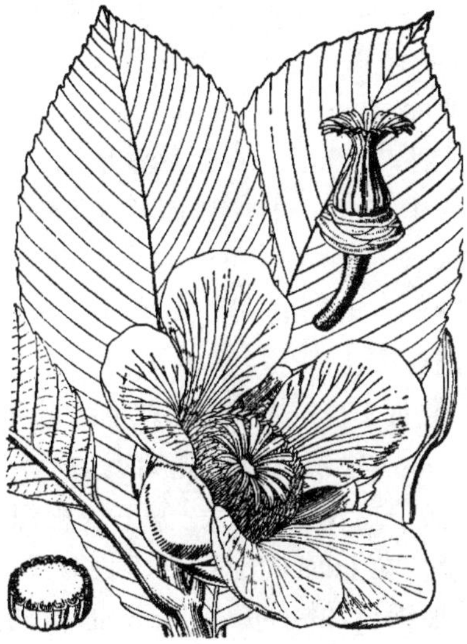

图 8-70　五桠果

【生态习性】喜温暖湿润气候，多见于山谷溪旁水湿地带。

【观赏特性及用途】树冠浓密，叶片大型，分枝点低，下垂至近地面，花果美丽，观赏价值极高，可作为热带、亚热带地区的行道树。果实可食。

【同属其他种】①小花五桠果 *D. pentagyna*：落叶乔木。叶缘有波状齿，侧脉 32～60 对。小花簇生。果实近球形，成熟时黄红色；种子黑色，无假种皮。花期 4～5 月。产于云南、广东。②大花五桠果 *D. turbinata*：常绿。嫩枝被褐色茸毛。叶革质，侧脉 16～27 对，叶柄具窄翅，被褐色柔毛。总状花序顶生。花大，具香气；花瓣黄色或浅红色。果实近球形，暗红色。花期 4～5 月。

［35］芍药科 Paeoniaceae

多年生草本或灌木。叶互生，常为二回三出复叶，小叶全缘或分裂。花单朵或数朵顶生、或腋生，大型；苞片 2～6 枚，叶状，宿存；花瓣 5～13 片（栽培者多为重瓣）；雄蕊多数；花盘杯状或盘状，完全或部分包裹心皮；心皮离生。蓇葖果，成熟时沿腹缝线开裂；种子黑色或深褐色。

1 属约 30 种，分布于北温带，中国约 15 种。

二维码 B-35
芍药科

芍药属 *Paeonia*

形态特征和地理分布同科。

牡丹 *P.* × *suffruticosa*

【形态特征】落叶灌木。叶通常为二回三出复叶；顶生小叶宽卵形，3 裂至中部，裂片不裂或 2～3 浅裂，表面绿色，无毛，背面淡绿色，有时具白粉，沿叶脉疏生短柔毛或近无毛；侧生小叶近无柄。花单生枝顶，直径 10～17 cm；苞片 5 枚，长椭圆形；萼片 5 片，绿色；花瓣 5 片，或为重瓣，顶端具不规则的波状；心皮 5 枚，密生柔毛。蓇葖果。花期 4～5 月，果期 6～9 月。

【分布】产于中国中部，全国广泛栽培。

【生态习性】喜阳光，耐半阴，耐寒，耐干旱。适于在疏松、深厚、肥沃、排水良好的中性沙壤土中生长，酸性或黏重土壤中生长不良。

【观赏特性及用途】中国十大名花之一，品种繁多，花大而色彩丰富，群体观赏效果好，适于成片栽植或建立牡丹专类园。

【同属其他种】①矮牡丹 var. *spontanea*：与牡丹的区别：叶背面和叶轴均生短柔毛，顶生小叶宽卵圆形或近圆形，长 4～6 cm，宽3.5～4.5 cm，3 裂至中部，裂片再浅裂。产于陕西延安。生于山坡疏林中。②紫斑牡丹 var. *papaveracea*：二至三回羽状复叶，小叶不分裂，稀不等 2～4 浅裂。花大，花瓣白色，花瓣内面基部具深紫色斑块。③四川牡丹 *P.*

图 8-71 牡丹

szechuanica：树皮片状脱落。三至四回三出复叶，无毛。苞片 3～5 枚；萼片 3～5 片，绿色，顶端骤尖；花瓣 9～12 片，玫瑰色、红色；花盘包住心皮 1/2～2/3。花期 4 月下旬至 6 月上旬。④滇牡丹（野牡丹）*P. delavayi*：当年生枝暗紫红色，嫩枝基部具数枚鳞片。花白色至暗红色。蓇葖果常具大型宿存总苞。为珍贵的牡丹育种亲本，是西南地区特有种。⑤大花黄牡丹 *P. ludlowii*：茎皮灰色，片状剥落。羽状裂片 9 片，小叶 3 深裂再 2 次齿裂。花瓣倒卵形。有时基部或边缘具紫红色晕。花期 5 月，果期 8～9 月。⑥黄牡丹 *P. delavayi* var. *lutea*：花瓣黄色，有时边缘红色或基部有紫色斑块。产于云南、四川西南部及西藏东南部。

[36]山茶科 Theaceae

木本，大多常绿。叶革质，单叶互生，羽状脉，具柄，无托叶。花整齐，通常两性。苞片 2 枚至多数，萼片 5 片至多数，脱落或宿存，有时向花瓣过渡；花瓣 5 片至多数，基部常合生。雄蕊多数，稀 4～5 枚，花丝分离或基部联合，子房上位，心皮 3～5 枚或 2 枚至多数，合生，中轴胎座；每心皮有胚珠多数至 1 粒。木质蒴果、核果或浆果状。胚乳有或无。

二维码 B-36
山茶科

共 36 属 700 种。广布于热带及亚热带，亚洲亚热带地区最集中。中国 15 属 500 种。山茶科树种因其花色艳丽宜人，树叶常绿，是一类具有很高观赏价值的园林绿化树种。

1. 山茶属 *Camellia*

灌木或乔木。叶革质，羽状脉，具锯齿；具柄；花两性，单生或数花簇生叶腋。花梗短；苞片 2～6 枚，或更多，萼片 5～6 片，分离或基部连合，有时更多，或苞片与萼片逐渐过渡，组成苞被，6～16 片，脱落或宿存；花瓣 5～14 片，白、红或黄色，基部稍连合；雄蕊多数，2～6 轮，外轮花丝下部常连成短筒，花药纵裂，背着或基着；子房发育无中轴，种子大，球形或半球形，种皮角质，胚乳丰富。

约 280 种，主产于东亚亚热带地区，少数产亚洲热带山区。中国 240 种。在园林上较重要的几种如下。

(1)茶梅 *C. sasanqua*

【别名】茶梅花。

【形态特征】小乔木，嫩枝有毛。叶革质，椭圆形，长 3～5 cm，宽 2～3 cm，先端短尖，基部楔形，有时略圆，上面干后深绿色，发亮，下面褐绿色，无毛，侧脉 5～6 对，在上面不明显，在下面可见，网脉不显著；边缘有细锯齿，叶柄长 4～6 mm，稍被残毛。花大小不一，直径 4～7 cm；苞及萼片 6～7 片，被柔毛；花瓣 6～7 片，阔倒卵形，近离生，大小不一，最大的长 5 cm，宽 6 cm，红色；雄蕊离生，长 1.5～2 cm，子房被茸毛，花柱长 1～1.3 cm，3 深裂几及基部。蒴果球形，宽 1.5～2 cm，1～3 室，果爿 3 裂，种子褐色，无毛。

【分布】产于日本，多栽培。中国普遍栽培。

【生态习性】喜半阴，稍耐寒。喜温暖湿润、排水良好的微酸性土壤，不耐碱性土。

【观赏特性及用途】观花植物，多用作花灌木片植。

(2)油茶 *C. oleifera*

【形态特征】小乔木或灌木状。幼枝被粗毛。叶革质，椭圆形或倒卵形，长 5～7 cm，先端钝尖，基部楔形，下面中脉被长毛，侧脉 5～6 对，具细齿；叶柄长 4～8 mm，被粗毛。花顶生，近无梗。苞片及萼片约 10 片，革质，宽卵形，长 0.3～1.2 cm，被绢毛，花后脱落；花瓣白色，5～7 片，倒卵形，长 2.5～4 cm，先端凹缺或 2 裂，下面被丝毛；雄蕊长 1～1.5 cm，花丝近离生，或具短花丝筒，花药背着；子房被毛，3～5 室，花柱长 1 cm，顶端 3 裂。蒴果球形，径 2～5 cm，3 室，每室 1～2 粒种子。花期 10 月至翌年 2 月，果期翌年 9～10 月。

【分布】产于陕西、河南、江苏、浙江、福建、广东、广西、湖南、河北、江西、安徽、云南、贵州及四川。

图 8-72　油茶

【生态习性】喜温暖湿润气候，年平均气温 14～21 ℃，年降水量 1000 mm 以上，性喜光，幼树较耐阴。喜酸性土，较耐瘠薄土壤。但以土层深厚、排水良好的沙质土壤最适宜。自然生长在海拔 500～800 m山区及丘陵地带，在安徽黄山可生于 900 m 处，贵州多生于 2000 m 以下，在云南中部则多生于 1700～2000 m。

【观赏特性及用途】叶常绿，花白色，可作群落造景的林下种植。种子含油率 25%～34%，种仁含油率 38%～53%，可榨油，供食用。

(3)尖连蕊茶 *C. cuspidata*

【别名】尖叶山茶。

【形态特征】灌木，高达 3 m。幼枝无毛。叶革质，卵状披针形或椭圆形，长 5～8 cm，先端渐尖或尾尖，基部楔形稍圆，两面无毛，侧脉 6～7 对，具细密齿；叶柄长 3～5 mm。花白色，单生枝顶，花梗长 3 mm；苞片 3～4 枚，卵形，长 1.5～2.5 mm，无毛，宿存；萼片 5 片，宽卵形，长 4～5 mm，基部连合，花瓣长 2～2.4 cm，无毛，花瓣 6～7 片，基部连合 2～3 mm，外层 2～3 片，革质，长 1.2～1.5 cm，内层 4～5 片，长 2～4 cm；雄蕊较花瓣短，无毛，离生，子房无毛，花柱长 1.5～2 cm，顶端 3 裂，裂片长 2 mm。蒴果球形，径 1.5 cm，苞片及萼片宿存，果皮薄，1 室，种子 1 粒，球形。花期 4～7 月。

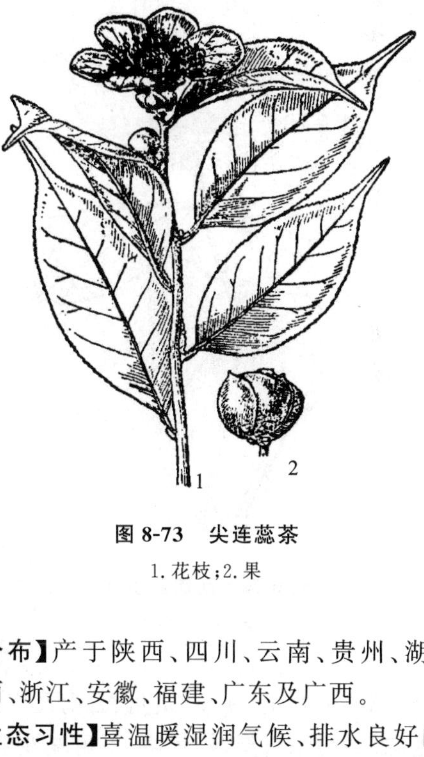

图 8-73　尖连蕊茶

1. 花枝；2. 果

【分布】产于陕西、四川、云南、贵州、湖北、湖南、江西、浙江、安徽、福建、广东及广西。

【生态习性】喜温暖湿润气候、排水良好的酸性土，稍耐阴。自然环境中生于海拔 500～1700 m 山沟、林下。

【观赏特性及用途】叶小型翠绿，花白色，花朵较多，明显。可作庭园观赏、基础栽植和林下种植。

【变种】主要变种有：① 大花尖连蕊茶 var. *grandiflora*：区别在于花柄长 7 mm，萼片长6 mm，花长 3.5～4 cm。②浙江尖连蕊茶 var. *chekiangensis*：变种具有被毛的花梗、苞片及萼片，花柄长 4～5 mm。

(4)西南红山茶 *C. pitardii*

【别名】西南山茶。

【形态特征】乔木，高达 7 m，或灌木状，幼枝无毛。叶革质，披针形或长圆形，长 8～10 cm，宽 2.5～4 cm，先端渐尖或尾尖，基部楔形，侧脉 6～7 对，具尖锐锯齿；叶柄长 1～1.5 cm。花顶生，红色，径 5～8 cm。花无梗；苞片及萼片 10 片，组成长 2.5～3 cm 苞被，内层近圆形，长约 2 cm，被毛；花瓣 5～6 片，基部与雄蕊连合约 1.3 cm；雄蕊长 2～3 cm，无毛，外轮花丝连合，花丝筒长 1～1.5 cm；子房 3 室，被长毛，花柱长 2.5 cm，基部被毛，顶端 3 裂。蒴果扁球形，径 3.5～5.0 cm，3 片裂。花期 2～5 月。

图 8-74 西南红山茶

1.花枝；2.子房

【分布】产于四川、湖南、贵州、云南及广西。

【生态习性】稍喜湿，较耐阴，不耐碱性土。

【观赏特性及用途】花红色，在群落造景中用作亚乔木层，也可用作观花植物用。

(5)山茶 *C. japonica*

【别名】茶花。

【形态特征】乔木，高达 13 m，或灌木状。幼枝无毛。叶革质，椭圆形，长 5～10 cm，先端钝尖或骤短尖，基部宽楔形，两面无毛，侧脉 7～8 对，具钝齿；叶柄长 0.8～1.5 cm。单花顶生或腋生，红色。花无梗；苞片及萼片 10 片，半圆形或圆形，长 0.4～2 cm，被绢毛，脱落；花瓣 6～7 片，外层 2 片近圆形，离生，长 2 cm，被毛，余 5 片倒卵形，长 3～4.5 cm，基部连合 8 mm，无毛；雄蕊 3 轮，长 2.5～3 cm，外轮花丝筒 1.5 cm；子房无毛，花柱长 2.5 cm，顶端 3 裂。蒴果球形，径 3～5 cm，3 片裂，果爿木质，每室 1～2 粒种子。种子无毛。花期 12 月至翌年 3 月。

图 8-75 山茶

1.花枝；2.果

【分布】产于江苏、浙江、湖北、台湾、广东及云南。日本有分布。

【生态习性】喜半阴、喜温暖湿润气候及排水良好的微酸性土壤，不耐碱性土。稍耐寒，空气湿度 70%以上，大部分品种可耐－8 ℃低温。

【观赏特性及用途】栽培历史悠久，是中国传统的名花。叶常绿，苍翠而有光泽，花朵大，花色美。品种多，花期从 11 月即可开始观赏早花品种，而晚花品种至翌年 3 月盛开，观赏期长 5 月之久。常用于庭园点缀、室内装饰以及专类园。

【变种、变型及品种】品种已达 3000 个以上，花冠有单瓣、半重瓣、重瓣、曲瓣、五星瓣、六角形、松壳型等。花色有红、黄、白、粉，甚至白瓣红点等。

应用较多的有：①白山茶 var. *alba*：花白色。②红山茶 var. *anemoniflora*：花红色，花形似秋牡丹，有5枚大花瓣，雄蕊有变成狭小花瓣者。③朱顶红 var. *chutinghung*：花色深红，花形整齐，花瓣覆瓦状排列。④紫山茶 var. *lilifolia*：花紫色，叶狭披针形，有似百合的叶形。⑤玫瑰山茶 var. *magnoliaeflora*：花玫瑰色，近重瓣。⑥重瓣山茶 var. *polypetala*：花白色而有红纹，重瓣，枝密生，叶圆形。

(6)金花茶 *C. petelotii*

【形态特征】灌木，高达3 m。幼枝无毛。叶革质，长圆形、披针形或倒披针形，长11～16 cm，宽2.5～4.5 cm，先端尾尖，基部楔形，下面无毛，被黑腺点，侧脉7～9对，在上面凹下，具细齿；叶柄长0.7～1.1 cm。花黄色，腋生。花梗长0.7～1 cm；苞片5枚，宽卵形，长2～3 mm，宿存；萼片5片，卵圆或圆形，长4～8 mm，先端圆，被微毛；花瓣8～12片，近圆形，长1.5～3 cm，基部稍连合，具睫毛；雄蕊4轮，花丝近离生或稍连合；子房无毛，花柱3～4枚，离生，长1.8 cm。蒴果扁三角状球形，长3.5 cm，径4.5 cm，3片裂，果爿厚4～7 mm；果柄长1 cm，具宿存萼，种子6～8粒。花期11～12月。

【分布】产于广西南部和贵州南部，生于低山常绿阔叶林中，越南北部有分布。

【生态习性】喜温暖湿润气候，喜排水良好的酸性土，稍耐阴。

【观赏特性及用途】花黄色艳丽，可作庭园观赏。该种也是培育很多花色品种的重要种质资源。

【变种】变种主要有：①大叶金花茶 var. *macrophylla*：高2～4 m，叶椭圆形，长16～25 cm，急尖，叶基圆形，叶缘微向背部反卷，具硬质小齿。花纯黄色，径达7 cm，单生叶腋。花期3月至翌年1月，产于广西。②小果金花茶 var. *microcarpa*：高2～3 m，叶椭圆形至倒卵状椭圆形，长10～15 cm，宽4～6 cm，急尖或尾尖，叶基楔形。花淡黄，径2.5～3 cm。花期10～11月。产于广西。

2. 大头茶属 *Polyspora*

常绿乔木。叶柄革质，羽状脉，全缘或疏生粗齿；具柄。花大，白色，腋生。花梗短；苞片2～7枚，早落；萼片5片，宿存或半宿存；花瓣5～6片，基部连合；雄蕊多数，着生花瓣基部，多轮，花丝离生，花药2室，背部着生；子房3～5室，柱头3～5浅裂或深裂，每室4～8粒胚珠。蒴果长筒形，室背开裂，果爿木质，中轴宿存。种子扁平，顶端具长翅，无胚乳。

约40种，主产于亚洲热带及亚热带，北美产1种。中国6种。现介绍2种作园林观赏用。

(1)大头茶 *P. axillaris*

【形态特征】乔木，高达9 m。幼枝无毛或被微毛。叶厚革质，倒披针形，长6～14 cm，宽2.5～4 cm，先端圆或钝，基部楔形，侧脉不明显，无毛，全缘或近先端具缺齿；叶柄长1～1.5 cm，无毛。花白色，单生枝顶叶腋，径7～10 cm。花梗极短；苞片4～5枚，早落；萼片卵圆形，长1～1.5 cm，被毛，宿存；花瓣5片，被毛，倒卵形或心形，先端凹缺，长3.5～5 cm；雄蕊长1.5～2 cm，基部连合；子房5室，被毛，花柱长2 cm，被绢毛。蒴果长2.5～3.5 cm，5片裂。种子长1.5～2 cm，顶部具翅。花期10月至翌年1月。

【分布】产于四川、贵州、云南、香港、广东、广西、海南及台湾。

【生态习性】喜温暖湿润气候，耐旱。生于海拔

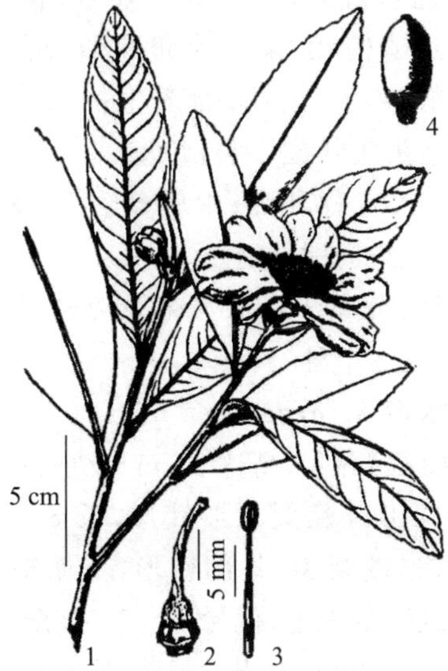

图8-76 大头茶

1. 花枝；2. 子房；3. 雄蕊；4. 果实

300～2800 m 山谷、溪边、林中、荒地。

【观赏特性及用途】叶常绿，树姿优美。可丛植、片植。

（2）四川大头茶 *P. speciosa*

【形态特征】乔木，高达 15 m。幼枝无毛。叶厚革质，椭圆形，长 12～22 cm，宽 4～7 cm，先端渐尖，基部楔形，下延，两面无毛，侧脉 10～13 对，上部具粗齿，齿距 0.5～1 cm；叶柄长 1.5～2 cm，花白色，单生枝顶叶腋，径 7～9 cm。花梗长 4～5 mm；苞片 4 枚，早落；萼片 5 片，卵圆形，干膜质，长 1～1.5 cm，被柔毛；花瓣长 4～5 cm，被柔毛；雄蕊长 1.5～2 cm，被绢毛。蒴果长 3～3.5 cm，5 室。种子长 2 cm。花期 10～12 月。

【分布】产于四川、云南、贵州北部及广西东北部。

【生态习性】与大头茶相似。

【观赏特性及用途】叶常绿，树姿优美。可丛植、片植。

3. 木荷属 *Schima*

常绿大乔木，树皮具不规则块状裂纹。叶全缘或具锯齿；具柄。白色或红色，单生枝顶叶腋，或多朵组成总状花序。花具长梗；苞片 2～7 枚，早落；萼片 5 片，覆瓦状排列，离生或稍连合，宿存；花瓣 5 片，外侧 1 片风帽状，余 4 片卵圆形，离生；雄蕊多数，花丝扁平，离生，花药基部着生；子房 5 室，被毛，花柱连合，柱头头状或 5 裂；每室 2～6 粒胚珠。蒴果球形，木质，室背开裂；中轴宿存，顶端五角形。种子扁平，肾形，周围具翅。

约 30 种，分布于亚洲热带及亚热带。中国 21 种。较为常见 3 个种。

（1）银木荷 *S. argentea*

【形态特征】乔木，高达 30 m。幼枝被柔毛。叶厚革质，长圆形或长圆状披针形，长 8～12 cm，宽 2～3.5 cm，先端渐尖，基部楔形，下面被银白色蜡层及柔毛，或脱落无毛，侧脉 7～9 对，全缘；叶柄长 1.5～2 cm。花白色，数朵生于枝顶及叶腋，径 3～4 cm。花梗长 1.5～2.5 cm，被毛；苞片 2 枚，卵形，长 5～7 mm，被毛；萼片圆形，长 2～3 mm，被绢毛；花瓣长 1.5～2 cm，被绢毛；雄蕊长 1 cm；子房 5 室，被毛，花柱长 7 mm。蒴果径 1.2～1.5 cm。花期 7～9 月，果期翌年 2～3 月。

图 8-77　银木荷

【分布】产于四川、云南、贵州、湖南、江西、广东及广西。

【生态习性】喜温暖湿润气候，稍耐旱，在肥沃且排水良好的土地上生长良好。自然生于海拔 1000～1800 m 山地常绿阔叶林或针阔混交林中。

【观赏特性及用途】树大荫浓，树干挺拔，可孤植，也可用于行道树。树枝髓心可使人皮肤过敏，故不能用于儿童活动场所。

（2）西南木荷 *S. wallichii*

【别名】峨眉木荷。

【形态特征】乔木，高达 30 m。幼枝被柔毛。叶薄革质，椭圆形，长 10～17 cm，先端尖，基部楔形，下面灰白色，被柔毛，侧脉 9～12 对，全缘；叶柄长 1～2 cm。花淡红色，数朵生枝顶及叶腋，径 3～4 cm。花梗长 1～2.5 cm，被柔毛；苞片 2 枚，早落；萼片半圆形，长 2～3 mm，宽 5 mm，被柔毛，内被绢毛；花瓣卵圆形，长 2 cm，基部被毛；子房被毛，花柱长 8 mm，顶端 5 裂。蒴果扁球形，径 1.5～2 cm，果柄长 2.5 cm，具皮孔。花期 7～8 月，果期翌年 2～3 月。

【分布】产于云南、贵州西南部、广西西部。印度、尼泊尔、中南半岛及印度尼西亚等地有分布。

【生态习性】喜温暖湿润气候，稍耐旱，在肥沃而排水良好的土地上生长良好。

【观赏特性及用途】树大荫浓，树干挺拔，可孤植，也可用于行道树。树枝髓心可使人皮肤过敏，故不能用于儿童活动场所。

(3)木荷 *S. superba*

【形态特征】乔木，高达 30 m，胸径 1.2 m。幼枝无毛。叶革质，椭圆形，长 7～12 cm，先端尖，或稍钝，基部楔形，两面无毛，侧脉 7～9 对，具钝齿；叶柄长 1～2 cm。花白色，径 3 cm，生枝顶叶腋，常多花呈总状花序。花梗长 1～2.5 cm，无毛；苞片2 枚，贴近萼片，长 4～6 mm，早落；萼片半圆形，长 2～3 mm，无毛，内面被绢毛；花瓣长 1～1.5 cm，最外 1 片风帽状，边缘稍被毛；子房 5 室，被毛。蒴果扁球形，径 1.5～2 cm，花期 6～8 月。

【分布】产于江苏南部、安徽南部、台湾、浙江、福建、江西、湖北、湖南、广东、海南、广西及贵州。

【生态习性】喜温暖湿润气候，稍耐阴。在肥沃而排水良好的土地上生长良好。自然生于海拔 1600 m 以下常绿阔叶林中。

【观赏特性及用途】树大荫浓，树干挺拔，可孤植，也可用于行道树。树枝髓心可使人皮肤过敏，故不能用于儿童活动场所。

图 8-78 木荷

1. 花枝；2. 果

4. 厚皮香属 *Ternstroemia*

常绿乔木或灌木；全株无毛。单叶，互生，常簇生枝顶，全缘或具不明显腺齿；具柄。花两性、杂性或单性雌雄异株；常单生叶腋或侧生于无叶小枝上。花具梗；苞片 2 枚，近对生，生于花萼之下，宿存；萼片 5 片，基部稍合生，边缘常有腺齿，覆瓦状排列，宿存；花瓣 5 片，基部合生；雄蕊 30～50 枚，花丝短，基部合生，花药无毛，2 室，纵裂；子房上位，2～4 室，每室 2 粒胚珠，悬垂于子房上角，珠柄较长；花柱 1 枚，柱头全缘或 2～5 裂。浆果，稀不规则开裂；每室 2 粒种子。种子肾形或马蹄形，稍扁，假种皮常鲜红色，有胚乳。

约 90 种，主要分布于中美、南美、西南太平洋岛屿、非洲及亚洲泛热带及亚热带地区。中国 14 种。

(1)尖萼厚皮香 *T. luteoflora*

【形态特征】小乔木或灌木状，高达 14 m，叶革质，椭圆形或椭圆状倒披针形，长 7～10 cm，先端短渐尖，基部楔形或窄楔形，全缘，下面干后绿白色或灰绿色，两面无毛，上面中脉凹下，侧脉 6～8 对，两面均不明显；叶柄长 1～1.5 cm。花单性或杂性，单生叶腋。花梗长 2～3 cm，稍弯曲；小苞片 2 枚，卵状披针形，宿存；萼片 5 片，长卵形或卵状披针形，无毛，先端尖；花瓣 5 片，白或淡黄白色，宽倒卵形或卵圆形，先端微凹；雄花具 35～45 枚雄蕊。子房 2 室，每室胚珠 2 粒。果球形，紫红色，径 1.5～2 cm，宿存花柱长 2～2.5 mm，2 深裂达基部，小苞片和基部均宿存；果柄长 2～3 cm，下弯，每室 1～2 粒种子。种子红色。花期 5～6 月，果期 8～10 月。

【分布】产于江西、福建、湖北、湖南、广东、广西、贵州及云南。

【生态习性】喜温暖湿润气候，不耐寒，稍耐阴。自然生于海拔 400～1500 m 沟谷疏林、林缘及灌丛中。

【观赏特性及用途】叶常绿，枝叶茂密，果紫红色，可孤植、片植，作庭园观赏。

(2)厚皮香 *T. gymnanthera*

【形态特征】小乔木或灌木状，高达 10 m，全株无毛。叶革质或薄革质，常簇生枝顶，椭圆形、椭圆

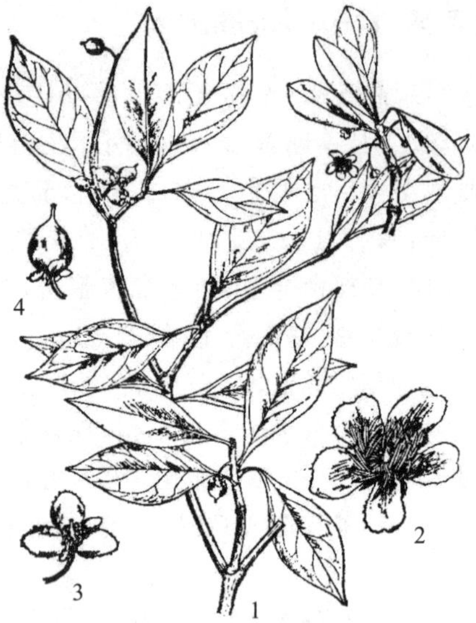

图 8-79　厚皮香

1. 花枝；2. 花；3. 小苞片；4. 幼果

状倒卵形或长圆状倒卵形，长 5.5～9 cm，先端短渐尖或骤短尖，基部楔形、全缘，稀上部疏生浅齿，下面干后淡红褐色，上面中脉稍凹下，侧脉 5～6 对，两面均不明显；叶柄长 0.7～1.3 cm。两性花，常单生于无叶小枝上或叶腋。花梗长约 1 cm；小苞片 2 枚，三角形或三角状卵形；萼片 5 片，卵圆形或长圆卵形，先端圆；花瓣 5 片，淡黄白色，倒卵形，先端圆，常微凹；雄蕊约 50 枚，长短不一；子房 2 室，每室胚珠 2 粒，果球形，径 0.7～1 cm，小苞片和萼片均宿存；果柄长 1～1.2 cm，宿存花柱顶端 2 浅裂。种子肾形，每室 1 粒，肉质假种皮红色。花期 5～7 月，果期 8～10 月。

【分布】产于安徽南部、浙江、福建、江西、湖北西南部、湖南南部及西北部、广东、广西北部及东部、云南、贵州东北部及西北部、四川南部。越南、老挝、泰国、柬埔寨、尼泊尔、不丹及印度有分布。

【生态习性】喜温暖湿润气候，稍耐寒，有一定耐旱性。自然生于海拔 200～1400 m 山地林中、林缘或近山顶疏林中。

【观赏特性及用途】叶常绿，枝叶茂密，果紫红色，可孤植、片植，作庭园观赏。

［37］猕猴桃科 Actinidiaceae

落叶乔木、灌木或藤本，稀常绿；常被毛。单叶互生，无托叶。聚伞花序或总状花序腋生或花单生。花两性或雌雄异株；萼片 5 片；花瓣 5 片或更多，覆瓦状排列，分离或基部合生；雄蕊 2 轮；心皮 3 枚至多数。浆果或蒴果；种子具肉质假种皮。

4 属 370 余种，主产于亚洲热带和美洲热带。中国 4 属，96 种，主产于长江流域、珠江流域。

二维码 B-37
猕猴桃科

猕猴桃属 *Actinidia*

落叶、半落叶至常绿木质藤本；髓心多片层状，稀实心。枝条通常有皮孔。叶多具长柄，有锯齿，稀全缘；托叶缺或废退。雌雄异株，花单生或排成聚伞花序，雄蕊多数。浆果；种子多数。

54 种以上，产于亚洲，中国 52 种。

中华猕猴桃 *A. chinensis*

【形态特征】落叶藤本；幼枝被毛；髓白色至淡褐色，片层状。叶纸质，倒阔卵形至近圆形，先端平截突尖、微凹或平截，边缘睫状小齿。聚伞花序 1～3 花；苞片被毛；花白色，后变淡黄色，有香气；萼片两面密被黄褐色茸毛；花瓣 5 片，有短距；雄蕊极多。果黄褐色。

【分布】产于长江流域及以南。生于海拔 200～600 m 低山区的山林中。

【生态习性】喜温暖湿润气候，较耐寒，喜光，稍耐阴，不耐涝，喜腐殖质丰富、排水良好的土壤。

【观赏特性及用途】花具芳香，果实大且多，是优良的庭园观赏植物，可作棚架、篱垣的绿化材料。

【同属其他种】①大籽猕猴桃 *A. macrosperma*：落叶藤本；实心髓白色。叶卵形或椭圆形；叶柄水红色。花常单生，白色，芳香；萼片 2～3 片；花瓣5～12 片。果熟时橘黄色，种子粒大，长 4～5 mm。②葛枣猕猴桃（木天蓼）*A. polygama*：叶上部或全部变成淡黄色或银白色。花白色；萼片常 5 片；花瓣 5～

图 8-80　猕猴桃

6 片;雄蕊多数;花柱多数。浆果黄色,有尖嘴,直径约 1 cm。

[38] 藤黄科 Clusiaceae

常绿木本,稀草本,常含树脂或油。单叶,全缘,对生或轮生。花序聚伞状或伞状,或为单花。花单性或两性;雄蕊多数;子房上位,通常 3 枚或 5 枚心皮合生。蒴果、浆果或核果;种子 1 至多粒。

二维码 B-38
藤黄科

约 40 属 1000 种。中国 8 属 87 种,分布于西南至华南地区。

1. 藤黄属 *Garcinia*

乔木或灌木,具黄色树脂。叶革质,对生,全缘,常无毛。花杂性,稀单性或两性;萼片和花瓣常 4 片或 5 片,覆瓦状排列。浆果,外果皮革质,光滑或有棱。种子具瓢状多汁的假种皮。

约 450 种,多分布于热带。中国 21 种,产于西南至华南各地。

云南藤黄 *G. yunnanensis*

【形态特征】乔木。髓中空。叶片纸质,先端钝渐尖、突尖或浑圆,有时微凹或 2 裂状,基部楔形,边缘微反卷。雄花为圆锥花序,总梗具明显的关节;花瓣黄色,与萼片等长或稍长;雄蕊合生成 4 束。雌花成圆锥花序,腋生;子房陀螺形,4 室。浆果,椭圆形,光滑,成熟时紫红色。花期 4～5 月,果期 7～8 月。

【分布】产于云南西南部,生于海拔 1300～1600 m 的丘陵和坡地的杂木林中。

【生态习性】喜温暖湿润环境。

【观赏特性及用途】枝繁叶茂、株型紧凑,果实量大,观赏性较强。

【同属其他种】①木竹子(多花山竹子)*G. multiflora*:小枝具纵槽。叶边缘微反卷。花杂性,同株。雄花序呈聚伞状圆锥花序;萼片 2 大 2 小,花瓣橙黄色。果熟时黄色。花期 6～8 月,果期 11～12 月。②菲岛福木(福木)*G. subelliptica*:小枝具 4～6 棱。花杂性,单生或簇生叶腋,有时雌花簇生,雄花假穗状;雄花萼片边缘密生短睫毛;花瓣黄色。浆果顶端圆,熟时黄色。

2. 金丝桃属 *Hypericum*

灌木或草本,具透明、黑色或红色的腺体。叶对生,全缘。聚伞花序;花两性;萼片 5 片;花瓣 5 片,黄色。雄蕊基部合生。蒴果,室间开裂。种子小,常有龙骨状突起或翅,表面有各种雕纹,无假种皮。

400 余种,世界广布。中国约 55 种,主产于西南。

(1)金丝桃 *H. monogynum*

【形态特征】丛状灌木。茎红色,幼时有棱且两侧压扁,后为圆柱形。叶厚纸质,对生,先端常具细小尖突,基部楔形至圆形。花序具花 1～30 朵;苞片线状披针形,早落。花直径 3～6.5 cm,花瓣黄色,开张。雄蕊 5 束,花柱合生。蒴果宽卵形。种子深红褐色,圆柱形,有龙骨状凸起。花期 5～8 月,果期 8～9 月。

【分布】产于黄河流域及以南,适生于山坡、路旁或灌丛中。

【生态习性】喜光，稍耐阴，喜生于湿润的河谷或半阴坡。耐寒性不强，忌积水。萌芽力强，耐修剪。

【观赏特性及用途】呈球形，花色金黄，观赏性强，是优美的园景树。可群植、丛植、列植于庭园、公园、高速公路两旁，亦可作花篱。果实及根供药用。

(2)金丝梅 *H. patulum*

【形态特征】丛状灌木。茎淡红至橙色，幼时4棱。叶片先端钝形至圆形，常具小尖。花序有花1～15朵，单生或伞房状。花直径2.5～4 cm。花瓣金黄色，无红晕，略内弯。雄蕊5束，花药亮黄色，花柱离生。蒴果宽卵形。种子深褐色，有不明显的蜂窝纹。花期6～7月，果期8～10月。

图 8-81　金丝梅

【分布】产于黄河流域及以南，生于山坡、山谷的林下或灌丛中。

【生态习性】喜光，耐热，喜潮湿，忌积水。萌芽力强。

【观赏特性及用途】叶色美丽，花形如梅，宜丛植或群植于庭园、公园，亦可盆栽观赏。根可入药。

【同属其他种】尖萼金丝桃（黄花香）*H. acmosepalum*：灌木。茎橙色。叶有宽柄；叶片长圆形至狭椭圆形。萼片离生，先端锐尖。蒴果熟时鲜红色。种子有龙骨状凸起和附属物，有浅蜂窝纹。花期5～7月，果期8～9月。

[39] 杜英科 Elaeocarpaceae

常绿或半落叶木本。单叶，互生或对生。花单生或排成总状或圆锥花序，两性或杂性；苞片有或无；萼片4～5片，常镊合状排列；花瓣4～5片，镊合状或覆瓦状排列，有时无花瓣；雄蕊多数，分离；子房上位，花柱连合或分离。核果或蒴果，有时果皮外有刺；种子椭圆形。

12属，约400种，分布于热带和亚热带地区。中国2属，51种，分布于云南、广西、广东、四川、贵州、湖南、湖北、台湾、浙江、福建、江西和西藏。

二维码 B-39
杜英科

1. 杜英属 *Elaeocarpus*

乔木。叶常互生，落叶前常变成红色；有托叶。总状花序腋生或生于无叶的去年生枝条上；花两性；萼片4～6片，分离，镊合状排列；花瓣4～6片，白色，顶端常撕裂状；雄蕊多数。核果，内果皮硬，表面常有沟纹；种子每室1粒。

约200种，分布于东亚、东南亚及西南太平洋和大洋洲。中国产38种，多分布于华南及西南地区。

(1)山杜英 *E. sylvestris*

【形态特征】常绿乔木。叶纸质，倒卵形或倒披针形。总状花序生于枝顶叶腋内，长4～6 cm；萼片5片，披针形；花瓣倒卵形，上半部撕裂，外侧基部有毛；雄蕊13～15枚，花药有微毛；子房被毛，2～3室，花柱长2 mm。核果椭圆形，内果皮薄骨质，有3条腹缝沟。花期4～5月。

【分布】产于华东、华中、华南及西南地区海拔350～2000 m山地的常绿林中。越南、老挝、泰国亦有分布。

【生态习性】较喜光，稍耐阴，喜温暖湿润环境，抗寒力较差。对土壤要求不严，在微酸性至微碱性土壤均可生长。萌芽力强，生长快，抗风力强。

图 8-82　山杜英

【观赏特性及用途】树形优美，枝叶繁茂，叶片红绿相间，观赏性较强。宜植于草坪、坡地，也可用于工厂、矿区隔离噪声或作为防火林带。

(2)水石榕 *E. hainanensis*

【形态特征】小乔木。叶革质，狭倒披针形，边缘密生小钝齿。总状花序有花 2～6 朵，生当年枝叶腋；花直径 3～4 cm；具叶状苞片；花柄有毛；萼片 5 片，披针形；花瓣白色，与萼片等长，倒卵形，外侧有柔毛，先端撕裂；雄蕊多数。核果纺锤形，长 4 cm；内果皮骨质，表面有浅沟，腹缝线 2 条。花期 6～7 月。

图 8-83　水石榕

【分布】产于广西南部、云南东南部和海南，喜生于低湿处及山谷水边。越南、泰国亦有分布。

【生态习性】深根性树种，喜光，幼树稍耐阴，喜温暖湿润气候，不耐积水，适生于肥沃疏松、排水良好的酸性沙壤土。

【观赏特性及用途】树姿优美，花期长，花果悬垂，与枝叶相映成趣。宜孤植或丛植于草坪、庭园等，亦可作行道树。

2. 猴欢喜属 *Sloanea*

乔木。叶互生，具长柄，全缘或有锯齿，无托叶。花两性，单生或呈总状花序生于枝顶叶腋，花柄长；萼片 4～5 片，基部略连生；花瓣 4～5 片，倒卵形，覆瓦状排列，顶端全缘或齿状裂；雄蕊多数；子房表面有沟，被毛，花柱分离或连合。蒴果圆球形或卵形，表面多刺；外果皮木质，内果皮革质；种子 1 至数粒，有假种皮包着种子下半部。

约 120 种，分布于热带和亚热带地区。中国 13 种。

猴欢喜 *S. sinensis*

【形态特征】乔木。叶薄革质，常为长圆形或狭窄倒卵形，先端短急尖，基部楔形或略圆。花簇生

图 8-84　猴欢喜

(图片引自：中国科学院植物研究所，1994)

于枝顶叶腋；花梗被灰色毛；萼片4片，阔卵形，两侧被柔毛；花瓣4片，白色，外侧有微毛，先端撕裂；雄蕊与花瓣等长；子房被毛，花柱合生。蒴果内果皮紫红色；种子黑色，被黄色假种皮。花期9～11月，果期翌年6～7月成熟。

【分布】产于浙江、湖南、江西、广东、广西、贵州、福建、台湾和海南海拔700～1000 m的常绿林中。越南亦有分布。

【生态习性】喜温暖湿润气候，在肥沃深厚、排水良好的酸性或偏酸性土壤生长良好。

【观赏特性及用途】冠大荫浓，花繁茂，宜作庭园观赏树、行道树等。

[40] 椴树科 Tiliaceae

木本，稀草本，茎皮富含纤维。单叶互生，稀对生。花两性或雌雄异株，呈聚伞花序或圆锥花序；苞片早落或宿存；萼片5片，离生或合生，镊合状排列；花瓣与萼片同数或缺；雄蕊多数，稀5枚，离生或基部合生；子房上位，花柱单生。果为核果、蒴果；种子无假种皮。

二维码 B-40 椴树科

约52属500种，主产于热带及亚热带地区。中国13属85种。

1. 椴树属 *Tilia*

落叶乔木。单叶互生，有长柄，基部偏斜，全缘或有锯齿；托叶早落。花两性，白色或黄色，聚伞花序，花序柄下半部常与舌状苞片合生；萼片5片；花瓣5片，覆瓦状排列，基部有小鳞片；雄蕊多数，离生或合生成5束；退化雄蕊呈花瓣状，与花瓣对生；子房5室，每室有胚珠2粒。果实圆球形或椭圆形，核果，稀为浆果，有种子1～2粒。

约80种，多分布于亚热带和北温带。中国有32种，主产于黄河流域以南、华北及东北。

辽椴 *T. mandshurica*

【别名】糠椴、大叶椴。

【形态特征】落叶乔木。叶卵圆形，先端短尖，基部斜心形，上面无毛，下面密被灰色星状茸毛，边缘锯齿三角形。聚伞花序长6～9 cm，花序轴有毛；苞片狭长圆形或狭倒披针形，长5～9 cm，宽1～2.5 cm，上面无毛，下面有星状柔毛；萼片外被星状柔毛，内具长丝毛；花瓣长7～8 mm；退化雄蕊花瓣状。坚果球形，基部具5条不明显的棱。花期7月，果熟9月。

图 8-85　辽椴

【分布】产于东北各省及内蒙古、河北、山东和江苏北部。朝鲜、俄罗斯亦有分布。

【生态习性】深根性树种，喜光，稍耐阴，喜凉爽湿润气候，耐寒性强。喜生于肥沃深厚的土壤，不耐干旱瘠薄，不耐盐碱。

【观赏特性及用途】枝叶茂密，叶形美丽，是著名的庭荫树和行道树。

【同属其他种】①蒙椴（小叶椴）*T. mongolica*：乔木，树皮薄片状脱落。叶阔卵形，先端常3裂，边缘锯齿疏而粗，齿尖突出。聚伞花序长5～8 cm，花序轴无毛；苞片两面无毛；退化雄蕊呈花瓣状。果实倒卵形，被毛。花期7月。②紫椴（籽椴）*T. amurensis*：落叶乔木，树皮片状脱落。叶阔卵形，边缘锯齿齿尖突出。聚伞花序长3～5 cm，无毛；无退化雄蕊；雄蕊约20枚。果实卵圆形。花期7月。③南京椴 *T. miqueliana*：嫩枝被黄褐色茸毛。叶卵圆形，下被灰色或灰黄色星状茸毛。聚伞花序，花序轴、苞片、萼片、果实均被毛；退化雄蕊花瓣状。果实球形，无棱。花期 7 月。

2. 蚬木属 *Excentrodendron*

常绿乔木。叶革质，互生，全缘，基出脉 3 条，脉腋有囊状腺体。花两性，稀单性，圆锥花序或总状花序；花梗常有节；苞片早落。雄花或两性花 5 朵，稀 4 朵或更多；萼片基部分离或略合生，外侧被柔毛，内侧有 2 个球形腺体或无；花瓣 4～5 片，有短爪；雄蕊 20～40 枚，花丝线形，基部略合生，分成 5 组；子房 5 室，每室有胚珠 2 粒，花柱 5 枚，极短。蒴果长圆形，具 5 条薄翅，室间开裂，每室有种子 1 粒。

4 种，产于中国广西及云南，其中 1 种越南北部有分布。APG 系统中，蚬木属已并入锦葵科（Malvaceae）。

蚬木 *E. hsienmu*

【形态特征】常绿乔木。叶革质，卵圆形或椭圆状卵形，长 8～14 cm，宽 5～8 cm，先端渐尖，基部圆，下面脉腋有毛，除基出脉 3 条外，具明显的边脉，全缘。圆锥花序长 5～9 cm；花柄无节；两性花：萼片外被褐色星状柔毛，花瓣阔倒卵形，基部具柄；雄蕊 26～35 枚，花丝线形，基部略合生；子房 5 室，每室有胚珠 2 粒，花柱 5 枚，极短。雌花未见。翅果长 2～3 cm，有 5 条薄翅。

【分布】产于广西南部，生于海拔 900 m 以下山区。

图 8-86 蚬木

【生态习性】幼树耐阴，大树喜光。喜温暖，抗寒性差，生于石灰岩山地常绿林中，不耐水湿，排水不良和雨季的短期积水可导致死亡。

【观赏特性及用途】热带石灰岩特有植物，经济价值和科研价值较高，是国家二级保护植物。广西常用。

3. 扁担杆属 *Grewia*

落叶乔木或灌木；幼枝常被星状毛。叶互生，具基出脉，有锯齿或有浅裂；托叶早落。花两性或单性雌雄异株，通常 3 朵组成腋生的聚伞花序，花序轴常被毛；苞片早落；萼片 5 片，分离，外面被毛；花瓣 5 片；鳞片状腺体着生于花瓣基部；雄蕊多数，离生；子房 2～4 室，花柱单生，柱头盾形，全缘或分裂。核果常具纵沟。

90 余种，分布于东半球热带地区。中国有 26 种，主产于长江流域以南各地。

扁担杆 *G. biloba*

【形态特征】灌木或小乔木；嫩枝被星状毛。叶薄革质，椭圆形，长 4～9 cm，宽 2.5～4 cm，先端锐尖，基部楔形或钝，两面有稀疏星状粗毛，基出脉 3，边缘具细锯齿；叶柄被粗毛；托叶钻形。聚伞花序腋生；苞片钻形；萼片狭披针形，外面被毛；花瓣长

图 8-87 扁担杆

（图片引自：中国科学院植物研究所．1994）

1～1.5 mm；雄蕊长2 mm；子房有毛，花柱与萼片平齐。核果红色，有2～4粒分核。花期5～7月，果期8～9月。

【分布】产于江西、湖南、浙江、广东、台湾、安徽、四川等地。

【生态习性】喜光，稍耐阴，喜温暖湿润气候，较耐寒。对土壤适应性强，耐干旱。

【观赏特性及用途】果实红色，可宿存于枝头数月之久，经冬不凋，观赏性很强。适于丛植、列植于公园。果实可食。

［41］梧桐科 Sterculiaceae

乔木或灌木，稀草本，幼枝常被星状毛，树皮富含纤维，常有黏液。单叶互生，稀掌状复叶，通常有托叶。花序腋生，稀顶生，呈圆锥花序、聚伞花序、总状花序或伞房花序，稀单生；花单性、两性或杂性；萼片5片，稀3～4片，常合生，镊合状排列；花瓣5片或无，覆瓦状排列；花丝常合生成管状；子房上位。蒴果或蓇葖果，稀浆果或核果。

68属约1100种，多分布在热带和亚热带地区，中国有19属82种，主要分布在华南和西南各省，以云南为最盛，广东次之。

二维码 B-41
梧桐科

1. 梭罗树属 *Reevesia*

乔木或灌木。单叶，通常全缘。花两性，呈聚伞花序或圆锥花序；萼钟状或漏斗状，3～5裂；花瓣5片，具爪；花丝合生成管状，并与雌蕊柄贴生而形成雌雄蕊柄，雄蕊管顶端扩大并包围雌蕊，5裂；子房5室，有纵沟5条，每室有倒生胚珠2粒，柱头5裂。蒴果，室背开裂，种子1～2粒；具膜质翅。

约18种，中国14种，产于西南和南部地区。

梭罗树 *R. pubescens*

【形态特征】乔木；树皮纵裂；幼枝被星状柔毛。叶薄革质，卵形或椭圆形，长7～12 cm，宽4～6 cm，顶端渐尖，基部钝形或浅心形，下面密被星状短柔毛。聚伞状伞房花序顶生，被毛；萼片5裂；花瓣5片，白色或淡红色，外被短柔毛。蒴果梨形，有5棱，被淡褐色短柔毛；种子有翅。花期5～6月。

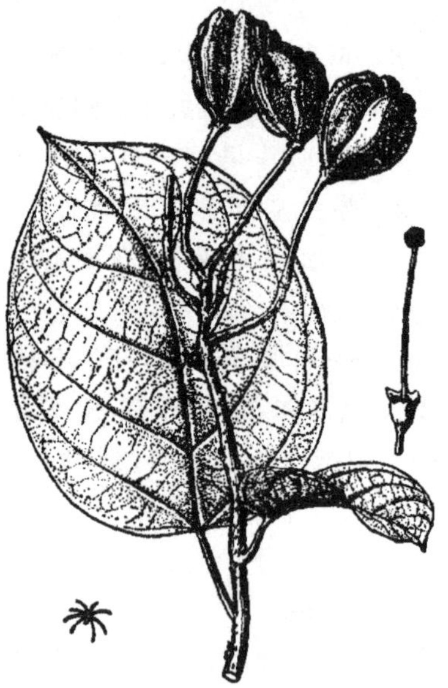

图 8-88　梭罗树

【分布】产于海南、广东、广西、云南、贵州和四川，生于海拔550～2500 m的山坡上或山谷疏林中，南京和上海有栽培。泰国、印度、缅甸、老挝、越南等地亦有分布。

【生态习性】喜光，稍耐阴，较耐寒，成年树在江苏南部和上海能安全越冬。

【观赏特性及用途】花白色至粉红色，盛夏时节颇为美丽，适于庭园栽培。目前园林应用较少。枝条上的纤维可用于造纸和编绳。

【同属其他种】两广梭罗 *R. thyrsoidea*：常绿乔木。叶革质，矩圆形或椭圆形，两面均无毛；叶柄两端膨大。聚伞状伞房花序顶生；萼钟状；花瓣5片，白色；子房圆球形。蒴果梨形，有5棱，被短柔毛。花期3～4月。

2. 苹婆属 *Sterculia*

常绿乔木或灌木。单叶，稀掌状复叶，全缘，具齿或掌状深裂。圆锥花序腋生，稀总状花序；花单性或杂性，萼5裂；无花瓣；雄花花药聚生于雄蕊柄顶端，包围着退化雌蕊；雌花的雌雄蕊柄很短，顶端有轮生的不育的花药和发育的雌蕊，心皮 5 枚，花柱基部合生，柱头与心皮同数而分离。蓇葖果革质，稀木质，成熟时开裂。

约有 300 种，产于热带和亚热带地区，亚洲热带最多。中国有 23 种，产于云南、贵州、四川、广西、广东、福建和台湾，云南南部种类最多。

苹婆 *S. nobilis*

【形态特征】乔木，树皮黑褐色，幼枝被星状毛。叶薄革质，矩圆形或椭圆形，长 8～25 cm，宽 5～15 cm，两面均无毛；托叶早落。圆锥花序长达 20 cm，被短柔毛；萼钟状，初时乳白色，后转为淡红色，外被短柔毛，长约 10 mm，5 裂，裂片条状披针形，与萼筒等长；雄花较多，雌雄蕊柄弯曲，无毛，花药黄色；雌花较少，略大，子房圆球形，有 5 条沟纹，密被毛，花柱弯曲，柱头 5 浅裂。蓇葖果红色，厚革质，顶端有喙；种子黑褐色。花期 4～5 月，10～11 月可见少数植株二次开花。

图 8-89　苹婆

【分布】产于广东、广西的南部、福建东南部、云南南部和台湾。

【生态习性】喜光，耐荫蔽，喜生于排水良好的肥沃土壤，在酸性土和钙质土上均可生长。

【观赏特性及用途】树冠球形，枝叶浓密，是优良的庭园树种和行道树树种。

【同属其他种】假苹婆 *S. lanceolata*：乔木，幼枝被毛。叶顶端急尖，基部钝形或近圆形。圆锥花序腋生，密集且多分枝；花淡红色，萼片 5 片，矩圆状披针形或矩圆状。蓇葖果红色，顶端有喙，被毛；种子黑褐色。

3. 翅子树属 *Pterospermum*

乔木或灌木，被星状茸毛或鳞秕。单叶，革质，裂或不裂，全缘或有锯齿，常偏斜；托叶早落。花单生或成聚伞花序，两性；小苞片 3 枚，稀无；萼 5 裂；花瓣 5 片；雌雄蕊柄无毛；雄蕊 15 枚，每 3 枚一组；退化雄蕊 5 枚，线状，比花丝较长且较粗，与雄蕊群互生；子房 5 室，中轴胎座。蒴果木质，稀革质，室背开裂；种子具膜质翅。

约 40 种，分布于亚洲热带和亚热带。中国 9 种，主要产于云南、广西、广东和台湾。

翻白叶树 *P. heterophyllum*

【形态特征】常绿乔木；幼枝被黄褐色短柔毛。叶二型，幼树或萌蘖枝上的叶盾形，掌状 3～5 裂，下面密被黄褐色星状短柔毛；叶柄长 10～14 cm，盾状着生；成年树上的叶矩圆形至卵状矩圆形，长 7～15 cm，宽 3～10 cm，顶端钝、急尖或渐尖，基部钝、截形或斜心形，下面密被黄褐色短柔毛；叶柄长 1～2 cm，被毛。花单生或呈聚伞花序；花梗无关节；小

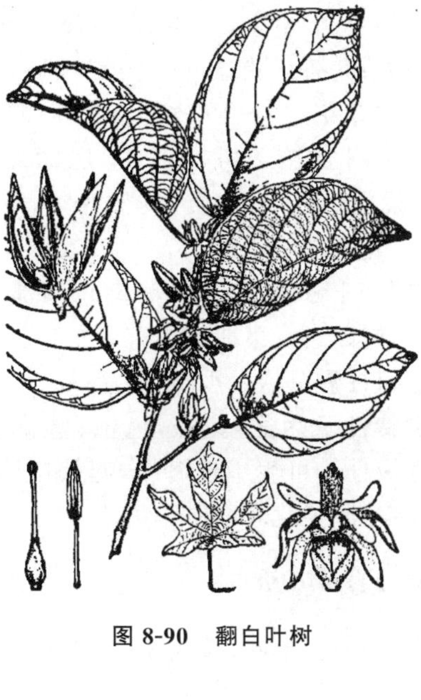

图 8-90　翻白叶树

苞片鳞片状；花青白色；萼片 5 片，两面均被柔毛；花瓣 5 片，与萼片等长；雌雄蕊柄长 2.5 mm；雄蕊 15 枚，退化雄蕊 5 枚；子房卵圆形。蒴果木质，被黄褐色茸毛，果柄粗壮；种子具膜质翅。花期 6～7 月，果期 8～11 月。

【分布】产于云南、广西、广东、福建、海南等地。

【生态习性】喜光，喜温暖湿润气候。适生于肥沃、深厚、疏松的酸性土壤，在石灰岩山地也可生长。抗大气污染能力较强。

【观赏特性及用途】树体高大，萌芽力强，抗风能力强，是优良的行道树和庭荫树，可群植做景观的基调树种。

4. 银叶树属 *Heritiera*

常绿乔木，有板根。单叶或掌状复叶，互生，下面常被鳞秕。聚伞花序腋生，呈圆锥花序状；花小，单性；萼钟状或坛状，4～6 浅裂；无花瓣；雄花雌雄蕊柄短，具不育的雌蕊；雌花心皮 3～5 枚，每枚心皮有胚珠 1 粒，花柱短。果木质或革质，具翅或有龙骨状凸起，不裂。

约 35 种，分布于非洲、亚洲和大洋洲的热带地区。中国 3 种，产于广西、广东、台湾和云南。

长柄银叶树 *H. angustata*

【形态特征】常绿乔木，幼枝被柔毛。叶革质，互生，长圆状披针形，全缘，背面被银白色或略带金黄色的鳞秕；托叶早落。圆锥花序顶生或腋生，花单性，无花瓣；花萼坛状，红色，4～6 浅裂，两面均被星状柔毛；雄花花药 8～10 枚排成 2 环；雌花不育花药 4～10 枚围绕在子房基部；子房圆球形，略有 5 棱，被短柔毛。核果，木质，具长约 1 cm 的翅；种子卵圆形。花期 6～11 月。

【分布】产于云南、广东和海南东南部。适生于山地或近海岸附近。柬埔寨亦有分布。

【生态习性】抗风，耐水湿，耐盐碱。

【观赏特性及用途】花密，色艳，盛花期满树粉红，观赏性极佳。可生于近海岸，起护岸防风、净化水体、减少赤潮、美化环境的作用。

5. 梧桐属 *Firmiana*

乔木或灌木。单叶，掌状 3～5 裂或全缘。圆锥花序，稀总状花序，腋生或顶生，花单性或杂性；萼橙红色，5 深裂至近基部，萼片向外卷曲；无花瓣；雄花花药 10～15 枚，于雌雄蕊柄的顶端聚集呈头状，有退化雌蕊；雌花的子房 5 室，基部有不育花药，每室有胚珠 2 粒或更多，花柱基部连合。蓇葖果，具柄，果皮膜质，成熟开裂；种子圆球形，着生于叶状果皮的内缘。

约 15 种，分布在亚洲和非洲东部。中国 3 种，主要分布在广东、广西和云南。

梧桐 *F. platanifolia*

【别名】青桐。

【形态特征】落叶乔木；树皮青绿色，平滑。叶直径 15～30 cm，掌状 3～5 裂，裂片三角形，顶端渐尖，基部心形，两面均无毛或略被短柔毛，基生脉 7 条。圆锥花序顶生，长 20～50 cm，花淡黄绿色；萼 5 深裂几至基部，向外卷曲，外被淡黄色柔毛；雄花的雌雄蕊柄下半部较粗，无毛，15 枚花药聚集在雌雄蕊柄顶端，退化子房梨形；雌花的子房圆球形，被毛。蓇葖果膜质，成熟前开裂呈叶状，每蓇葖果有种子 2～4 粒；种子圆球形，表面有褶皱，直径约 7 mm。花期 6 月。

【分布】中国从华北到海南均产。日本亦有分布。

【生态习性】浅根性树种，喜光，喜温暖湿润气候，耐寒性较强。适生于肥沃深厚、排水良好的钙质土中，在中性至酸性土上亦能生长。萌芽力弱，不宜修剪。

【观赏特性及用途】树形挺拔，干绿如翠玉，为优良的观赏树木。梧桐自古深受人们喜爱，因此在皇家园林和百姓庭园广泛种植，也流传下“栽下梧桐树，引来金凤凰”的名句。茎、叶、花、果和种子均可药用，有清热解毒的功效。树皮可用于造纸和编绳等。

【变种、变型及品种】应用较多的品种有：‘斑叶’梧桐‘Variegata’：叶片具白斑。

【同属其他种】云南梧桐 *F. major*：树皮青带灰黑色。叶掌状 3 裂，下面密被黄褐色短

二维码 A-3
“凤栖梧桐”的故事

茸毛。圆锥花序顶生或腋生，花紫红色；萼片长约 12 mm，被毛。蓇葖果膜质；种子圆球形，表面有皱纹。

［42］木棉科 Bombacaceae

乔木。叶互生，掌状复叶或单叶；托叶早落。花两性，辐射对称；花萼杯状；花瓣 5 片，覆瓦状排列；雄蕊 5 枚至多数，退化雄蕊常存在，花丝分离或合生成雄蕊管。蒴果，室背开裂或不裂；种子常被丝状绵毛包围。

二维码 B-42
木棉科

约有 20 属，180 种，广布于热带地区。

1. 瓜栗属 *Pachira*

乔木。掌状复叶，互生，小叶 3～9 枚，全缘。花单生叶腋；苞片 2～3 枚；花萼杯状，宿存；花瓣长圆形或线形，白色或淡红色，外面被茸毛；雄蕊多数，基部合生成管；柱头 5 裂。果近长圆形，室背开裂，内具长毛。种子无毛，种皮光滑。

2 种，分布于美洲热带。APG 系统中，瓜栗属已并入锦葵科(Malvaceae)。

瓜栗 *P. macrocarpa*

【别名】马拉巴栗、发财树。

【形态特征】小乔木，高 4～5 m，幼枝褐色，无毛。小叶 5～11 枚，长圆形，全缘，上面无毛，背面及叶柄被锈色星状茸毛；中央小叶长 13～24 cm，宽 4.5～8 cm，外侧小叶渐小；背面叶脉隆起；叶柄长 11～15 cm。花单生叶腋；花梗粗壮，被黄色星状茸毛，脱落；萼杯状，疏被星状柔毛，内面无毛，基部有 2～3 枚圆形腺体；花瓣淡黄绿色，狭披针形，长 15 cm，上部反卷；雄蕊管较短；花柱长于雄蕊，深红色，柱头 5 裂。蒴果近梨形，长 9～10 cm，直径 4～6 cm，开裂，每室种子多数。种子大，不规则的梯状楔形，表皮暗褐色，有白色螺纹。花期 5～11 月。

【分布】产于中美洲。云南西双版纳有栽培。

【生态习性】性喜温暖、湿润，不耐寒，为强阳性植物，可稍耐阴。瓜栗耐旱性较强，宜选择土层深厚且排水良好的壤土栽培。

【观赏特性及用途】枝叶平展，叶色亮绿，病虫害较少，且适应力强，在园林绿化中可作为庭荫树。因其管护相对容易，也可用作行道树。瓜栗萌芽力较强，经修剪造型后可作为桩景树用于盆栽。

2. 木棉属 *Bombax*

落叶乔木。掌状复叶。花大，单生或簇生于叶腋；无苞片；萼革质，杯状；花瓣 5 片，倒卵形；雄蕊多数，合生成管；柱头星状 5 裂。蒴果室背开裂，内有丝状绵毛；种子小，黑色，藏于绵毛内。

约 50 种，主要分布于美洲热带，少数产于亚洲热带、非洲和大洋洲。中国产 2 种。APG 系统中，木棉属已并入锦葵科(Malvaceae)。

木棉 *B. malabaricum*

【别名】红棉、英雄树。

【形态特征】落叶大乔木，高 25 m，树皮灰白色，幼树的树干常具圆锥状皮刺。掌状复叶，小叶 5～7 枚，长圆形，长 10～16 cm，宽 3.5～5.5 cm，顶端渐尖，基部阔或渐狭，全缘。花红色，直径约 10 cm；花萼杯状，内面密被淡黄色短毛，花瓣肉质，两面被星状柔毛；雄蕊合生。蒴果长圆形，密被柔毛；种子倒卵形，光滑。花期 3～4 月，果期 6～7 月。

【分布】产于云南、四川、贵州、广西、江西、广东、福建、台湾等地。生于干热河谷及稀树草原。

【生态习性】性喜温暖，不耐寒，较耐旱，不耐水湿，在土层深厚的微酸性至中性肥沃土壤上生长良好。

【观赏特性及用途】木棉花大且多，颜色鲜艳，耀眼醒目，清人屈大均在木棉诗中写道："十丈珊瑚是木棉，花开红比朝霞鲜。天南树树皆烽火，不及攀枝花可怜。"木棉可作为景观树孤植，也可作为行道树列植。

3. 吉贝属 *Ceiba*

落叶乔木。掌状复叶。花单生或簇生，辐射对称；萼钟状或坛状，宿存；花瓣基部合生；雄蕊管短；

图 8-91　木棉

花丝 3～15 枚，分离或分成 5 束，每束花丝顶端有 1～3 枚扭曲的花药；花柱线形。蒴果木质或革质，下垂，长圆形或近倒卵形，室背开裂；内面密被绵毛；种子多数，藏于绵毛内，具假种皮。

10 种，大都分布于美洲热带。中国栽培 1 种。

美丽异木棉 *C. speciosa*

【别名】美人树、美丽木棉、丝木棉。

【形态特征】落叶大乔木，株高 10～15 m。树干下部膨大。掌状复叶有小叶 5～9 枚，小叶椭圆形。花单生，花冠淡紫红色，中心白色。蒴果椭圆形。花期冬季，种子翌年春季成熟。

【分布】产于南美洲，现在广植于广东、云南、海南、广西、福建等地。

【生态习性】喜光而稍耐阴，喜高温多湿气候，略耐旱瘠，忌积水，喜生于土层疏松且排水良好的沙壤土。

【观赏特性及用途】美丽异木棉是优良的观花乔木，是庭园绿化和美化的高级树种，可用作高级行道树和园林造景。

[43] 锦葵科 Malvaceae

草本、灌木至乔木。叶互生，单叶或分裂，叶脉通常掌状，具托叶。花腋生或顶生，单生、簇生、聚伞花序至圆锥花序；花两性，辐射对称；花瓣 5 片，彼此分离。蒴果，种子肾形或倒卵形。

约有 50 属，约 1000 种，分布于热带至温带。我国有 16 属，计 81 种和 36 个变种或变型。产于全国各地，以热带和亚热带地区种类较多。

本科的朱槿、木芙蓉、木槿、悬铃花、蜀葵等是著名的园林观赏植物。

二维码 B-43
锦葵科

1. 木槿属 *Hibiscus*

草本、灌木或乔木。叶互生，掌状分裂或不分裂，具掌状叶脉，具托叶。花两性，5 数，花常单生于叶腋间；小苞片 5 枚或多数，分离或于基部合生；花萼钟状，很少为浅杯状或管状，5 齿裂，宿存；花瓣 5，各色，基部与雄蕊柱合生。蒴果胞背开裂成 5 果爿；种子肾形。

200 余种，分布于热带和亚热带地。我国有 24 种和 16 个变种或变型(包括引入栽培种)。产于全国各地。

(1)朱槿 *H. rosa-sinensis*

【别名】大红花。

【形态特征】常绿灌木，高 1～3 m；小枝圆柱形，疏被星状柔毛。叶阔卵形或狭卵形，先端渐尖，基部圆形或楔形，边缘具粗齿或缺刻。花单生于上部叶腋间，常下垂；小苞片 6～7 枚，线形，疏被星状柔毛，基部合生；花冠漏斗形，直径 6～10 cm，玫瑰红色或淡红、淡黄等色，花瓣倒卵形，先端圆，外面疏被柔毛。蒴果卵形，有喙。花期全年。

【分布】广东、云南、台湾、福建、广西、四川等地区有栽培。

【生态习性】为喜阳花卉，喜温暖气候及湿润土壤，不耐寒霜。强阳性植物，性喜温暖、湿润，要求日光充足，不耐阴、不耐寒、不耐旱。

【观赏特性及园林用途】花大色艳，四季常开。供园林观赏。

【品种】①红龙‘Red Dragon’：重瓣，花小，深红

图 8-92　朱槿

图 8-93　木槿

色。②玫瑰'Rosea'：重瓣，花玫瑰红色。③波希米亚之冠'Crown of Bohemia'：重瓣，花黄色可变为橙色。④锦叶'Cooperi'：叶狭长，披针形，绿色，具白、粉、红色斑纹。花小，鲜红色。

(2)木槿 *H. syriacus*

【别名】木棉、荆条。

【形态特征】落叶灌木，小枝密被黄色星状茸毛。叶菱形至三角状卵形，具深浅不同的 3 裂或不裂，先端钝，基部楔形，边缘具不整齐齿缺；托叶线形，疏被柔毛。花单生于枝端叶腋间；花萼钟形，密被星状短茸毛，裂片 5 片，三角形；花钟形，淡紫色，花瓣倒卵形。蒴果卵圆形，密被黄色星状茸毛；种子肾形，背部被黄白色长柔毛。花期 7～10 月。

【分布】产于东亚。我国主要分布于华东、中南、西南及河北、台湾等地。

【生态习性】喜光、喜温暖、湿润的气候，但也很耐半阴、耐干旱、耐寒，但是不耐水湿。喜温凉、湿润、阳光充足的气候条件。

【观赏特性及园林用途】盛夏季节开花，开花时满树花朵。可用于公共场所的花篱、绿篱及庭园布置。墙边、水滨种植也很适宜。

【品种】紫花、白花、重瓣、斑叶等品种。①白花重瓣木槿：白色花瓣上有紫红色的细线条和小斑点，重瓣。②玻璃重瓣木槿：枝直条，花重瓣，天青色。③紫红重瓣木槿：花瓣紫红色或带白色，重瓣。④斑叶木槿：叶片生有白斑，花紫色，重瓣。

【同属其他种】①黄槿 *H. tiliaceus*：常绿灌木或乔木。花瓣黄色，内面基部暗紫色。蒴果卵圆形。花期 6～8 月。分布于东南亚越南和中国的台湾、广东、福建。②木芙蓉 *H. mutabilis*：落叶灌木或小乔木。花初开时白色或淡红色，后变深红色。蒴果扁球形。花期 8～10 月。分布于中亚热带常绿、落叶阔叶林区，中国长江流域及其以南地区。

2. 悬铃花属 *Malvaviseus*

灌木或粗壮草本。叶心形，浅裂或不分裂。花腋生，红色；小苞片 7～12 枚，狭窄；萼裂片 5 片；花瓣直立而不张开。果为肉质浆果状体。

约 6 种，产于美洲热带。我国引入栽培的有 2 个变种。

垂花悬铃花 *M. arboreus* var. *penduliflocus*

【别名】南美朱槿、灯笼扶桑、大红袍。

【形态特征】灌木，高达 2 m，小枝被长柔毛。叶卵状披针形，先端长尖，基部广楔形至近圆形，边缘具钝齿，两面近于无毛或仅脉上被星状疏柔毛，主脉 3 条。花单生于叶腋，花梗被长柔毛；小苞片匙形，边缘具长硬毛，基部合生；花红色，下垂，筒状，仅于上部略开展。果未见。

图 8-94　悬铃花

【分布】产于墨西哥和哥伦比亚。广东广州和云南西双版纳及陇川等地有引种栽培。

【生态习性】喜高温多湿和阳光充足环境，稍耐阴，耐热，耐旱，耐瘠，不耐寒，忌涝，生长快速。

【观赏特性及园林用途】鲜红色花朵，较为奇特，在热带地区全年开花不断，花姿奇特，鲜红的花瓣呈螺旋卷，雌雄蕊细长突出花瓣外，看似含苞，形似风铃，花朵向下悬垂是最大特色。适合于庭园、绿地、行道树的配植，也可以列植为花境、花篱或自然式种植，还可剪扎造型和盆栽观赏。

【同属其他种】小悬铃花 var. *drumnondii*：小灌木。花冠红色。产于古巴至墨西哥。栽培于广东广州和福建厦门等地。

3. 苘麻属 *Abutilon*

草本、亚灌木状或灌木。叶互生，基部心形，掌状叶脉。花顶生或腋生，单生或排列成圆锥花序状；小苞片缺如；花萼钟状，裂片 5 片；花冠钟形、轮形，很少管形，花瓣 5 片，基部联合。蒴果近球形，陀螺状、磨盘状或灯笼状，分果爿 8～20 枚；种子肾形。

约 150 种，分布于热带和亚热带地区。我国产 9 种(包括栽培种)，分布于南北各地。

金铃花 *A. pictum*

【别名】灯笼花。

【形态特征】常绿灌木。叶掌状 3～5 深裂，裂片卵状渐尖形，先端长渐尖，边缘具锯齿或粗齿，两面均无毛或仅下面疏被星状柔毛；叶柄无毛；托叶钻形，常早落。花单生于叶腋，花梗下垂无毛；花萼钟形，长约 2 cm，裂片 5 片，卵状披针形，深裂达萼长的 3/4，密被褐色星状短柔毛；花钟形，橘黄色，具紫色条纹，花瓣 5 片，倒卵形，外面疏被柔毛。花期5～10 月。

【分布】产于南美洲的巴西、乌拉圭等地。我国福建、浙江、江苏、湖北、北京、辽宁等地各大城市栽培。

【生态习性】稍耐阴。喜温暖湿润气候，不耐寒，北方地区盆栽。

【观赏特性及园林用途】花期长，花形、花色均有较高的观赏价值。在园林绿地中可丛植或植为绿篱，亦可盆栽观赏。

[44] 大风子科 Flacourtiaceae

乔木或灌木，常绿或落叶；单叶互生，很少对生或轮生；花序腋生、顶生或茎生，总状、穗状、聚伞状、伞房状或圆锥状，有时花束状，或者单生；花瓣 3～8 片，通常与萼片同质并且互生。果实蒴果或浆果状。种子 1 粒到多数。

93 属，1300 余种，分布于热带和亚热带一些地区，如非洲、美洲、大洋洲。我国现有 13 属和 2 栽培属，约 54 种。主产于华南、西南，少数种类分布在秦岭和长江以南。

二维码 B-44
大风子科

1. 栀子皮属(伊桐属) *Itoa*

乔木。单叶互生，薄革质，大型叶，长椭圆形，边缘有锯齿；托叶缺。花单性，雌雄异株；雄花为直立的顶生圆锥花序，花梗短；雌花单一，顶生或腋生萼片 3～4 片，三角状卵形；花瓣缺。蒴果大，卵形或长圆形；种子多数，扁平，有膜质翅包围。

约有 2 种及 1 个变种。间断分布于中国亚热带的西南及越南北方和马来西亚东部。

栀子皮 *I. orientalis*

【别名】伊桐、盐巴菜、木桃果。

图 8-95　栀子皮

1. 果枝；2. 雌花；3. 雄花；4. 果实

【形态特征】落叶乔木，高 8～20 m；树皮灰色或浅灰色，光滑。叶大型，薄革质，椭圆形或卵状长圆形或长圆状倒卵形，先端锐尖或渐尖，基部钝或近圆形，边缘有钝齿。花单性，雌雄异株，稀杂性；花瓣缺；萼片 4 片，三角状卵形；雄花比雌花小，圆锥花序，顶生，长 4～8 cm，有柔毛；雌花比雄花大，单生枝顶或叶腋。蒴果大，椭圆形；种子多数周围有膜质翅。花期 5～6 月，果期 9～10 月。

【分布】产于四川、云南、贵州和广西等地。越南也有分布。

【生态习性】喜温暖、较阴湿的环境，不耐寒。

【观赏特性及园林用途】树姿优美，叶大荫浓，果实纺锤状。在园林中可混植于树丛内，或作庭荫树。

2. 山桐子属 *Idesia*

落叶乔木。单叶，互生，大型，边缘有锯齿；叶柄细长，有腺体；托叶小，早落。花雌雄异株或杂株；多数，呈顶生圆锥花序；苞片小，早落；花瓣通常无；雄花：花萼 3～6 片，绿色，有柔毛；雄蕊多数；雌花淡紫色。浆果；种子多数，红棕色。

仅 1 种。分布于中国、日本、朝鲜。

山桐子 *I. polycarpa*

【别名】水冬瓜、水冬桐、椅树。

【形态特征】落叶乔木；树皮淡灰色；树冠长圆形。叶薄革质或厚纸质，卵形或心状卵形，边缘有粗的齿，齿尖有腺体。花单性，雌雄异株或杂性，黄绿色，有芳香，花瓣缺，排列成顶生下垂的圆锥花序；雄花比雌花稍大，直径约 1.2 cm；覆瓦状排列；雌花直径约 9 mm；萼片3～6 片。浆果紫红色，扁圆形；种子红棕色，圆形。花期 4～5 月，果熟期 10～11 月。

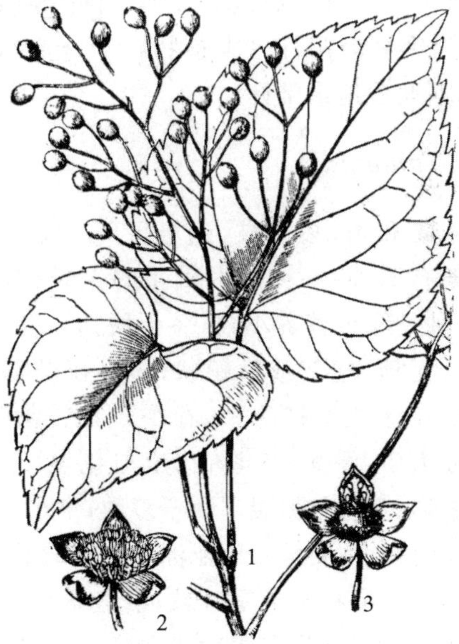

图 8-96　山桐子

1. 果枝；2. 雄花；3. 雌花

【分布】产于甘肃、陕西、山西、河南、台湾和西南、中南、华东、华南等地。朝鲜、日本也有分布。

【生态习性】喜阳光充足、温暖湿润的气候，及疏松、肥沃土壤，耐寒、抗旱，在轻盐碱地上可生长良好。

【观赏特性及园林用途】树形优美，果实长序，结果累累，果色朱红，形似珍珠，风吹袅袅，为山地、园林的观赏树种。应用于庭荫树、行道树。

【变种】毛叶山桐子 var. *vestita*：叶下面有密的柔毛，无白粉而为棕灰色，脉腋无丛毛；叶柄有短毛。花序梗及花梗有密毛。成熟果实长圆球形至圆球状，血红色，高过于宽。花期 4～5 月。

［45］柽柳科 Tamaricaceae

灌木、半灌木或乔木。叶小，多呈鳞片状，互生，多具泌盐腺体。花通常集成总状花序或圆锥花序，通常两性；花萼 4～5 深裂；花瓣 4～5 片，分离。蒴果，圆锥形，室背开裂。种子多数，全面被毛或在顶端具芒柱。

共 3 属 110 种。我国有 3 属 32 种。几乎全为阳性木本植物，耐干旱，西北沙地最常见。

二维码 B-45
柽柳科

柽柳属 *Tamarix*

灌木或乔木，多分枝，幼枝无毛（仅个别种被毛）；枝条有两种；一种是木质化的生长枝，经冬不落，另一种是绿色营养小枝，冬天脱落。叶小，鳞片状，互生，无柄，抱茎或呈鞘状，多具泌盐腺体。花集成总状花序或圆锥花序，春季开花。花两性，花萼草质或肉质，深 4～5 裂；花瓣与花萼裂片同数。蒴果圆锥形，室背三瓣裂。种子多数，细小。

约 90 种。主要分布于亚洲大陆和北非，部分分布于欧洲的干旱和半干旱区域，沿盐碱化河岸滩地到森林地带，间断分布于南非西海岸。我国约产 18 种1 个变种，主要分布于西北、华北。

柽柳 *T. chinensis*

【别名】三春柳、西湖柳、观音柳。

【形态特征】乔木或灌木，高 3～8 m；老枝直立，暗褐红色，幼枝稠密细弱，常开展而下垂，红紫色或暗紫红色；嫩枝繁密纤细，悬垂。叶鲜绿色，每年开花两三次。春季开花：总状花序侧生在去年生木质化的小枝上，花大而少，较稀疏而纤弱点垂；花5 出，萼片 5 片，狭长卵形；花瓣 5 片，粉红色，通常卵状椭圆形或椭圆状倒卵形。蒴果圆锥形。

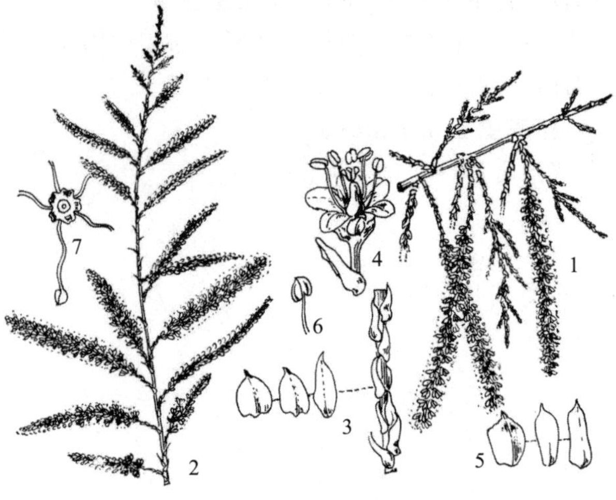

图 8-97　柽柳

1. 春花枝一部分；2. 夏花枝一部分；3. 嫩枝上的叶；4. 花；5. 苞片；6. 花药；7. 花盘

【分布】野生于辽宁、河北、河南、山东、江苏北部、安徽北部等地；栽培于我国东部至西南部各地区。

【生态习性】喜光、耐旱、耐寒，亦较耐水湿。极耐盐碱、沙漠地。

【观赏特性及园林用途】枝叶纤细悬垂，婀娜可爱，一年开花三次，鲜绿的叶片与粉红花相映成趣。在庭园可作绿篱用，适于水滨、池畔、桥头、河岸、堤防种植，也是防风固沙的优良树种之一。

［46］西番莲科 Passifloraceae

草质或木质藤本。腋生卷须卷曲。单叶、稀为复叶，常有腺体，通常具托叶。聚伞花序腋生，有时退化仅存 1～2 朵花；通常有苞片 1～3 枚。花辐射对称，两性或单性，罕有杂性；萼片 5 枚；花瓣 5 片；雄蕊 4～5 片，子房上位，通常着生于雌雄蕊柄上，侧膜胎座，花柱与心皮同数。果为浆果或蒴果，不开裂或室背开裂；种子数颗，种皮具网状小窝点。

16 属，500 余种，分布于热带至温带地区。我国 2 属 20 余种，主产于华南至西南地区。

二维码 B-46
西番莲科

西番莲属 *Passiflora*

攀缘植物，有腋生卷须；叶全缘、指状分裂或深裂，叶柄常有腺体；花两性，大而美丽，单生或排成总状花序，常腋生；小苞片 3 枚，常与花序柄合生；萼片 5 片；花瓣 5 片或有时缺；副花冠由 1 至数列、丝状裂片组成；子房柄基部亦围以膜质、浅杯状副花冠；雄蕊 5(～8)枚，花柱 3 枚；果肉质，浆果状；种子有假种皮。

400 余种，主要分布于热带至亚热带美洲。我国野生及栽培近 20 种，主产于东南部至西南部。

西番莲 *P. caerulea*

【别名】转心莲、西洋鞠，转枝莲。

图 8-98　西番莲

1. 花枝；2. 苞片

【形态特征】草质藤本。叶纸质，长 5～7 cm，宽 6～8 cm，基部近心形，掌状 3～7 深裂，裂片先端尖或钝，全缘，两面无毛；叶柄中部散生 2～6 枚腺体；托叶肾形，抱茎。聚伞花序具 1 朵花。花淡绿色，径 6～10 cm；副花冠裂片丝状，3 轮排列；内花冠裂片流苏状，紫红色。果橙色或黄色，卵球形或近球形，长 5～7 cm，径 4～5 cm。花期 5～7 月，果期 7～9 月。

【分布】产于美洲。热带、亚热带地区常见栽培。我国栽培于广西、江西、四川、云南等地，有时逸生。

【生态习性】喜光，喜温暖至高温湿润的气候，不耐寒，适于北纬 24°以南的地区种植。对土壤的要求不很严格。

【观赏特性及园林用途】花大而奇特，开花期长，开花量大，可作庭园棚架观赏植物。

【同属其他种】鸡蛋果 *P. edulia*：产于大小安的列斯群岛，现广植于热带和亚热带地区。我国栽培于广东、海南、福建、云南、台湾，有时逸生于山谷丛林中。

［47］番木瓜科 Caricaceae

小乔木或灌木，具乳状汁液，通常不分枝；叶有长柄，聚生于茎顶；叶片常掌状分裂，少有全缘；无托叶；花单性或两性，同株或异株；雄花通常组成下垂的总状花序或圆锥花序；雌花单生于叶腋或数朵组成伞房花序；雄花：花冠管细长，雄蕊 10 枚；雌花：花瓣 5 片，有极短的管；子房上位；花柱 5 枚；两性花：雄蕊 5～10 枚；果为肉质浆果。

4 属，55 种，产于热带美洲及非洲，我国引入栽培的只有番木瓜属 *Carica* 一属。

二维码 B-47
番木瓜科

番木瓜属 *Carica*

常绿小乔木或灌木，材质软木质；干直立；叶大，掌状深裂；花两性或单性异株；花萼小，下部联合，上部 5 裂；雄花冠长管状；雌花花瓣 5 片；雄蕊 10 枚或 5 枚(两性花)，近基部合生；子房上位；果为浆果。

约 45 种，分布于热带和亚热带美洲，我国引入栽培的有番木瓜 *C. papaya* 一种。

番木瓜 *C. papaya*

【别名】木瓜、万寿果、树冬瓜。

【形态特征】软木质小乔木，高达 8 m，有乳汁，

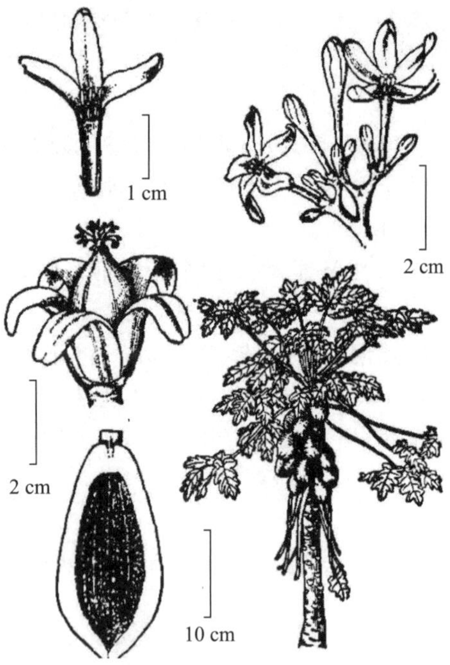

图 8-99　番木瓜

茎不分枝或可在损伤处发生新枝；有螺旋状排列的粗大叶痕。叶大，生茎顶，近圆形，常 7～9 深裂，直径可达 60 cm，裂片羽状分裂；叶柄中空，长常超过 60 cm。花单性，雌雄异株；雄花排成长达 1 m 的下垂圆锥花序；花冠乳黄色，下半部合生成筒状；雌花单生或数朵排成伞房花序，花瓣 5 片，分离，乳黄色或黄白色，柱头流苏状。浆果大，矩圆形，长可达 30 cm，熟时橘黄色。

【分布】产于美洲热带地区，广植于世界热带地区。我国福建、台湾、广东、广西、云南南部都有广泛栽培。

【生态习性】喜炎热及光照，不耐寒，遇霜即凋。根系浅，怕大风，忌积水。对土壤的适应性较强，以肥沃、疏松的沙质壤土生长最好。

【观赏特性及园林用途】树姿挺拔秀美，叶、果均具有较高观赏性，充满热带风情，可于庭前、窗际或住宅周围栽植。

[48] 杨柳科 Salicaceae

乔木或直立、垫状和匍匐灌木。树皮光滑或开裂粗糙，通常味苦，有顶芽或无顶芽；芽由 1 片至多数鳞片所包被。单叶互生，稀对生，不分裂或浅裂，全缘，锯齿缘或齿牙缘；托叶鳞片状或叶状，早落或宿存。花单性，雌雄异株；葇荑花序，直立或下垂，先叶开放，或与叶同时开放，稀叶后开放，花着生于苞片与花序轴间；基部有杯状花盘或腺体；雌花子房无柄或有柄。蒴果 2～4(5)瓣裂。种子微小，基部围有白色丝状长毛。

3 属，约 620 多种，分布于寒温带、温带和亚热带。我国 3 属均有，320 余种，各地均有分布，尤以山地和北方较为普遍。

二维码 B-48
杨柳科

1. 杨属 *Populus*

乔木，树干通常端直；树皮光滑或纵裂，常为灰白色。有顶芽，芽鳞多数，常有黏脂。枝有长短枝之分，圆柱状或具棱线。叶互生，多为卵圆形、卵圆状披针形或三角状卵形，在不同的枝上常为不同的形状，齿状缘；叶柄长，侧扁或圆柱形，先端有或无腺点。葇荑花序下垂，常先叶开放；雄花序较雌花序稍早开放。蒴果 2～4(5)裂。种子小。约 100 种，广泛分布于欧洲、亚洲、北美洲。生长于海拔 3000 m 以下。我国约 62 种(包括 6 杂交种)，其中分布我国的有 57 种，引入栽培的约 4 种，此外还有很多变种、变型和引种的品系。

(1)滇杨 *P. yunnanensis*

【别名】云南白杨。

【形态特征】乔木，高达 20 m。树皮灰色，纵裂。小枝幼时有棱，黄褐色，无毛，老枝无棱，紫褐色。叶纸质，卵形、椭圆状卵形、广卵形或三角状卵形；短枝叶卵形，较大。雄花序长 12～20 cm；雌花序长 10～15 cm。蒴果 3～4 瓣裂。花期 4 月上旬，果期 4 月中下旬。

【分布】产于云南、贵州和四川。

【生态习性】喜光，喜温凉气候。较喜水湿，在土层较厚、湿润、肥沃的土壤生长良好。

【观赏特性及园林用途】树干挺直，雄伟壮观。在园林中植于草坪、水边、山坡等地，亦可多行种植作

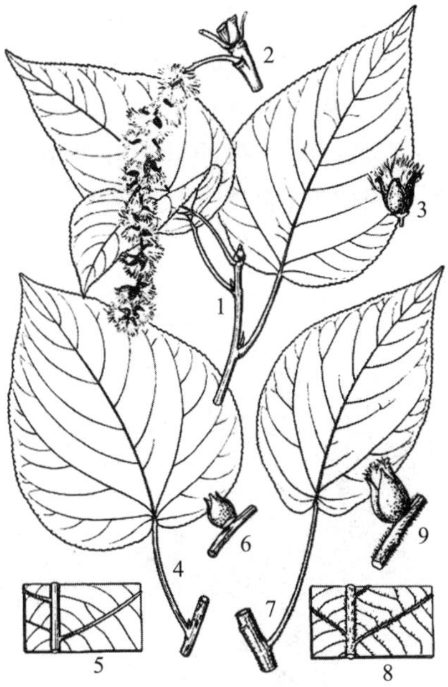

图 8-100　滇杨和川杨

1. 叶枝；2. 果序；3. 蒴果；4～6. 川杨；7～9. 藏川杨

图 8-101　加拿大杨

1. 果枝；2. 蒴果

防护林。适生于土层深厚的宅旁、路旁、河池旁以及沟谷地，冲积土、沙壤土栽植。常栽培为行道树。

(2)加拿大杨 *P.* ×*canadensis*

【别名】欧美杨、加拿大白杨、美国大叶白杨。

【形态特征】大乔木，高 30 m 以上。干直，树皮粗厚，深沟裂，树冠卵形。芽大，先端反曲，富黏质。叶三角形或三角状卵形，长枝和萌枝叶较大，边缘半透明，有圆锯齿。雄花序长 7～15 cm；雌花序有花 45～50 朵。果序长达 27 cm；蒴果卵圆形。雄株多，雌株少。花期 4 月，果期 5～6 月。

【分布】是美洲黑杨 *P. deltoides* 与欧洲黑杨 *P. nigra* 之杂交种，现广植于欧洲、亚洲及美洲各地。我国华北至长江流域普遍栽培，东北南部也有引种。

【生态习性】喜光，喜温凉气候及湿润土壤，也能适应暖热气候，耐水湿和轻盐碱土；生长迅速。多系雄株，不飞絮；扦插极易成活。

【观赏特性及园林用途】树体高大，树冠宽阔，叶片大而具有光泽，夏季绿荫浓密。适合作行道树、庭荫树及防护林。同时，也是工矿区绿化及“四旁”绿化的好树种。

【同属其他种】‘中华’红叶杨 *P.* ×*euramericana* ‘Zhonghuahongye’：高大乔木，叶片大而厚，叶面颜色三季四变，色泽亮丽诱人，为世界所罕见，观赏价值颇高，是彩叶树种红叶类中的珍品。

2. 柳属 *Salix*

乔木或匍匐状、垫状、直立灌木。叶互生，稀对生，通常狭而长，多为披针形，羽状脉，有锯齿或全缘。葇荑花序直立或斜展，先叶开放，或与叶同时开放；苞片全缘。蒴果 2 瓣裂；种子小。暗褐色。

约 520 种，主产于北半球温带地区，寒带次之，亚热带和南半球极少，大洋洲无野生种。我国 257 种，122 个变种，33 个变型。各地均产。

本属植物多喜湿润。生于水边者常有水生根；一般扦插极易成活。为保持水土、固堤、防沙和“四旁”绿化及美化环境的优良树种；有的是早春蜜源植物。

(1)垂柳 *S. babylonica*

【别名】水柳、垂丝柳。

【形态特征】乔木，高达 12～18 m，树冠开展而疏散。枝细，下垂，淡褐黄色、淡褐色或带紫色。叶狭披针形或线状披针形，锯齿缘。花序先叶开放，或与叶同时开放；雌花序苞片披针形，外面有毛；腺体 1 枚。蒴果长 3～4 mm，带绿黄褐色。花期 3～4 月，果期 4～5 月。

图 8-102　垂柳

1. 枝叶；2. 雌花枝；3. 雄花枝；4. 雄花序；5. 雌花序；6. 雄花；7. 雌花；8. 种子；9. 果

【分布】产于长江流域及其以南各地平原地区，华北、东北有栽培。亚洲、欧洲及美洲的许多国家都有悠久的栽培历史。

【生态习性】喜光，喜温暖湿润气候及潮湿深厚的酸性及中性土壤。较耐寒，特耐水湿，但亦能生于土层深厚的高燥地区。

【观赏特性及园林用途】垂柳枝条细长，柔软下垂，随风飘舞，姿态优美潇洒；对有毒气体抗性较强，并能吸收二氧化硫。可用作道树、庭荫树、固岸护堤树及平原造林树种，植于河岸及湖池边最为理想，自古即为重要的庭园观赏树；也适用于工厂区绿化。

【品种】金丝柳（金丝垂柳）'Tristis'（S. ×*hrysocoma*）：是金枝白柳（*S. alba* 'Vitellina'）与垂柳的杂交种，小枝亮黄色，细长下垂；叶狭长披针形。近年在我国北方城市有引种栽培。金丝垂柳生长速度快，枝条自然下垂，树形优美，冬季满树金黄色的枝条如同一条条黄色丝绦，明媚耀眼。

（2）旱柳 *S. matsudana*

【别名】立柳、直柳。

【形态特征】乔木。大枝斜上，树冠广圆形；树皮暗灰黑色，有裂沟；枝细长。叶披针形，有细腺锯齿缘，幼叶有丝状柔毛。雄花序圆柱形；苞片卵形，黄绿色，先端钝，基部多少有短柔毛；腺体 2 枚；雌花序较雄花序短，有 3～5 枚小叶生于短花序梗上，轴有长毛；苞片同雄花；腺体 2 枚，背生和腹生。果序长达 2 cm。花期 4 月，果期 4～5 月。

图 8-103　旱柳

1. 果序枝；2. 雄花序；3. 雄花；4. 开裂的果实

【分布】产于东北、华北平原及西北黄土高原，西至甘肃、青海，南至淮河流域以及浙江、江苏。为平原地区常见树种。朝鲜、日本、俄罗斯远东地区也有分布。

【生态习性】喜光阳性树种，较耐寒，耐干旱。喜排水、通气良好的沙壤土。稍耐盐碱。

【观赏特性及园林用途】旱柳枝条柔软，树冠丰满，是中国北方常用的庭荫树、行道树。常栽培在河湖岸边或孤植于草坪，对植于建筑两旁。亦用作公路树、防护林及沙荒造林、农村"四旁"绿化等。

【变型】①龙爪柳（变型）f. *tortusoa*：枝卷曲。我国各地多栽于庭园做绿化树种。②馒头柳（变型）f. *umbraculifera*：与原变型的主要区别，为树冠半圆形，如同馒头状。我国各地多栽培于庭园做绿化树种。③绦柳（变型）f. *pendula*：枝长而下垂，小枝黄色，叶下面苍白色或带白色；雌花有 2 枚腺体。产于东北、华北、西北、上海等地，多栽培为绿化树种。

（3）银芽柳 *S. leucopithecia*

【别名】棉花柳。

【形态特征】落叶灌木，高 2～3 m。分枝芽红紫色，有光泽。叶长椭圆形，有细浅齿，表面微皱，背面密被白毛。雄花序盛开前密被银白色绢毛。

图 8-104　银芽柳

【分布】产于日本，我国上海、宁波、杭州一带有栽培。

【生态习性】喜光，也耐阴、耐湿、耐寒，适应性强，在土层深厚、湿润、肥沃的环境中生长良好。

【观赏特性及园林用途】观花，银芽柳银色花序十分美观，系观芽植物，水养时间耐久，适于瓶插观赏，是春节主要的切花品种。在园林中常配植于池畔、河岸、湖滨、堤防绿化，春节前后可插瓶供观赏。

［49］白花菜科（山柑科）Capparidaceae

草本，灌木或乔木，常为木质藤本，毛被存在时分枝或不分枝，如为草本常具腺毛和有特殊气味。叶互生，单叶或掌状复叶。花序为总状、伞房状、亚伞形或圆锥花序，或（1～）2～10 朵花排成一短纵列；花两性，有时杂性或单性，辐射对称或两侧对称；花瓣 4～8 片，常为 4 片，有时无花瓣。果为有坚韧外果皮的浆果或瓣裂蒴果；种子 1 粒至多数，肾形至多角形。

42～45 属，700～900 种，主产于热带与亚热带，少数至温带。我国有 5 属，约 44 种及 1 个变种，主产于西南部至台湾。

二维码 B-49
山柑科

鱼木属 *Crateva*

乔木或有时灌木，常绿或落叶。小枝有髓或中空，圆形，有皮孔。叶为互生掌状复叶，有小叶 3 枚。总状或伞房状花序着生在新枝顶部；花大，白色，萼片与花瓣着生在花托边缘上；萼片 4 片；花瓣 4 片，有爪。果为浆果，球形或椭圆形，果皮革质。种子多数，埋于果肉中。

约 20 种，产于全球热带与亚热带，但澳大利亚除外；北半球延伸至日本南部，南半球到达阿根廷南部。我国产 4 种，多见于西南、华南至台湾。

据典籍所载，我国台湾沿海渔民以其木雕作小鱼形（也有用其果一说）为饵以钓鱼，故有“鱼木”之称。

单色鱼木 *C. unilocularis*

【别名】树头菜。

【形态特征】乔木，花期时树上有叶。枝灰褐色，常中空。小叶薄革质。总状或伞房状花序着生在下部有数叶的小枝顶部；萼片卵披针形；花瓣白色或黄色，爪长（4）7～10 mm，瓣片长 10～30 mm，宽 5～25 mm，有 4～6 对脉。果球形，表面粗糙，有近圆形灰黄色小斑点。种子多数，暗褐色。花期 3～7 月，果期 7～8 月。

【分布】产于广东、广西及云南等地。

【生态习性】喜温暖湿润气候。

【观赏特性及园林用途】嫩叶、嫩芽在枝头树梢吐露芬芳，绽放开花，飘逸在空中，洁净清鲜。可作庭园观赏树种。

图 8-105　单色鱼木

1. 花枝；2. 正开放的花；3. 花萼；4. 花瓣；5. 雄蕊；6. 雌蕊；7. 花托；8. 果

[50] 杜鹃花科 Ericaceae

木本植物，灌木或乔木，体型小至大；常绿或落叶。叶革质，少有纸质，互生。花单生或组成总状、圆锥状或伞形总状花序，顶生或腋生，两性，辐射对称或略两侧对称；花瓣合生成钟状、坛状、漏斗状或高脚碟状，花冠常 5 裂；雄蕊为花冠裂片的 2 倍。蒴果或浆果；种子小，粒状或锯屑状，无翅或有狭翅，或两端具伸长的尾状附属物。

约 103 属 3350 种，全世界分布，除沙漠地区外，广布于南、北半球的温带及北半球亚寒带，少数属和种环北极分布。中国有 15 属，约 757 种，分布于全国各地，主产地在西南部山区，尤以四川、云南、西藏三地相邻地区为盛。

二维码 B-50
杜鹃花科

杜鹃花科的许多属、种是著名的园林观赏植物，已为世界各地广泛利用。

1. 杜鹃花属 *Rhododendron*

灌木或乔木，有时矮小呈垫状；叶常绿或落叶，互生，全缘，稀有不明显的小齿。花显著，常排列成伞形总状或短总状花序，稀单花，顶生，少有腋生；花冠漏斗状、钟状、管状或高脚碟状，5 裂。蒴果自顶部向下室间开裂，果瓣木质；种子多数，细小，具膜质薄翅，或两端具狭长或尾状附属物。

约 960 种。中国约 542 种，集中产于西南、华南。花显著而美丽，是南方庭园优良观花植物。

(1) 锦绣杜鹃 *R.* × *pulchrum*

【别名】鲜艳杜鹃。

图 8-106　锦绣杜鹃

1. 花枝；2. 雄蕊；3. 雌蕊；4. 蒴果

【形态特征】半常绿灌木；枝开展，淡灰褐色，被淡棕色糙伏毛。叶薄革质，椭圆状长圆形至长圆状倒披针形，先端钝尖，基部楔形全缘，上面深绿色，下面淡绿色，被微柔毛和糙伏毛。伞形花序顶生，有花 1～5 朵；花冠玫瑰紫色，阔漏斗形，裂片 5 片，具深红色斑点。蒴果长圆状卵球形，被刚毛状糙伏毛，花萼宿存。花期 4～5 月，果期 9～10 月。

【分布】产于江苏、浙江、江西、福建、湖北、湖南、广东和广西。著名栽培种，传说产于我国，但至今未见野生,栽培变种和品种繁多。

【生态习性】喜半阴、温暖湿润气候和酸性土壤,不耐寒,华北盆栽需在温室越冬。

【观赏特性及园林用途】花大、色艳,仲春时节花团锦簇,犹如朵朵绣球,是重要的园林花卉。锦绣杜鹃可作建筑周围、道路、公园风景区之花篱,亦可群植于风景区林下、边坡。或两三棵灌木球点缀、对植于小型入口,烘托出春季繁花似锦、热烈奔放的气氛。

(2)马缨杜鹃 *R. delavayi*

【别名】马缨花。

【形态特征】常绿灌木或小乔木。树皮淡灰褐色,薄片状剥落,幼枝粗壮。叶革质簇生枝端,长圆状披针形,长 8~15 cm,背面有海绵状薄毡毛。顶生伞形花序,有花 10~20 朵;花冠钟形,肉质,深红色,直径 3~5 cm,裂片 5 片。蒴果长圆柱形,黑褐色。花期 5 月,果期 12 月。

【分布】产于广西西北部、四川西南部及贵州西部、云南全省和西藏南部。越南北部、泰国、缅甸和印度东北部也有分布。

图 8-107 马缨杜鹃

1. 果枝;2. 花;3. 雄蕊;4. 雌蕊和花萼;5. 花冠展开示蜜腺囊;6. 叶下面的一部分放大示毛被

【生态习性】喜凉爽、湿润气候,忌酷热干燥,不耐寒。适合富含腐殖质、排水良好的酸性土壤。

【观赏特性及园林用途】马缨杜鹃花序紧凑,犹如古时红缨枪上的红缨挂于枝头,花色红艳夺目。是西南地区极具特色的杜鹃种类,具有较高的园林观赏价值。宜配植于花坛、假山中,形成视觉中心或陪衬视觉中心,种植于花境后部成为背景。在革命纪念园中点缀,与松柏科、玉兰植物相互配置取"杜鹃啼血"的含义,从而讴歌生命与和平。

(3)杜鹃 *R. simsii*

【别名】杜鹃花、山踯躅、山石榴、映山红、照山红、唐杜鹃。

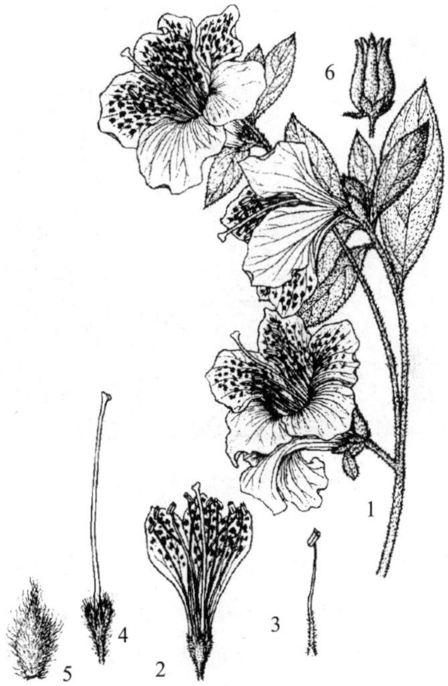

图 8-108 映山红

1. 花枝;2. 花剖面;3. 雄蕊;4. 雌蕊;5. 萼片;6. 果实

【形态特征】落叶或半常绿灌木,分枝多而纤细,枝叶及花梗密被亮棕褐色扁平糙伏毛。叶革质长椭圆形,常集生枝端。花冠阔漏斗形,玫瑰色、鲜红色或暗红色,裂片 5 片,具深红色斑点,花期 4~5 月,果期 6~8 月。

【分布】产于江苏、安徽、浙江、江西、福建、台湾、湖北、湖南、广东、广西、四川、贵州和云南。

【生态习性】喜半阴、温暖湿润气候和酸性土壤，不耐寒。

【观赏特性及园林用途】先花后叶或花叶同放，远远望去如一片红霞，观赏特性类似锦绣杜鹃。可种植于水际、登山道、各种假山小品旁边，较大植株还能在小空间内形成主景。也可与其他种类杜鹃较大面积混交形成“花海”景观。

(4)比利时杜鹃 ***R. hybrid***

【别名】西洋杜鹃。

【形态特征】常绿灌木，矮小，枝、叶均细小且表面疏生柔毛。叶互生，革质，叶片卵圆形，全缘。花顶生，花冠阔漏斗状，半重瓣，花玫红色、水红色、粉红色或间色等。品种很多。花期主要在冬、春季，气候适宜可全年开花。

图 8-109　比利时杜鹃

【分布】最早由比利时园艺学家用皋月杜鹃(*R. indicum*)、杜鹃(*R. simsii*)及毛白杜鹃(*R. mucronatum*)等反复杂交选育而成，尤以比利时栽培和输出最多，因此得名。1930 年我国无锡的园艺爱好者首次从日本引进，很受欢迎。

【生态习性】喜温润凉爽、通风和半阴的环境，不耐暑亦不耐寒。

【观赏特性及园林用途】该种花色丰富，植株矮小可爱。非常适合与二年生草花搭配充当花境前景材料，在昆明、贵州等地也用于花坛用花、草坪边缘镶边、庭园盆栽观赏。

【品种】常见有：‘美洲’(花红色)，‘宁安白’(花白色)，‘海尔马特 · 沃格尔’(花深红色)，‘英加’(花深粉白边)，‘科斯莫斯’(早花种)等众多品种。

(5) 羊踯躅 ***R. molle***

【别名】闹羊花、黄杜鹃。

【形态特征】落叶灌木；分枝稀疏，枝条直立。叶纸质，长圆形至长圆状披针形，边缘具睫毛；总状伞形花序顶生，花多达 13 朵，先花后叶或与叶同时开放；花萼裂片小；花冠阔漏斗形，黄色或金黄色，内有深黄色斑点，裂片 5 片。蒴果圆锥状长圆形，被微柔毛和疏刚毛。花期 3～5 月，果期 7～8 月。

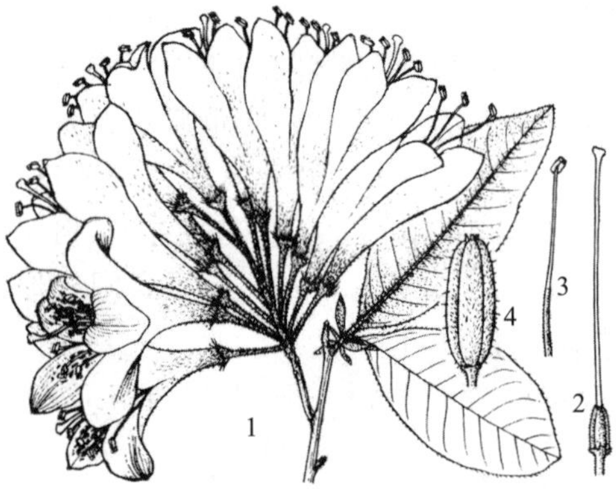

图 8-110　羊踯躅

1. 花枝；2. 雌蕊；3. 雄蕊；4. 果实

【分布】产于江苏、安徽、浙江、江西、福建、河南、湖北、湖南、广东、广西、四川、贵州和云南。

【生态习性】性喜强光和干燥、通风良好的环境，能耐－20 ℃的低温；喜排水良好的土壤，耐贫瘠和干旱，忌雨涝积水。

【观赏特性及园林用途】花色明艳特别，为杜鹃种类中少有的黄色，对于丰富园林色彩有重要作用。该种有毒，切勿植于儿童易接触之处，并应标注告知游人。

【品种】‘金踯躅’花外面金黄色，内面纯黄色，洁净无斑点，柱头紫红色。

2. 马醉木属 *Pieris*

常绿灌木或小乔木。单叶，互生或假轮生，革质，无毛或近于无毛，边缘有细锯齿、圆锯齿或钝齿，稀为全缘。圆锥花序或总状花序，顶生或腋生；

花冠坛状或筒状坛形，顶端 5 浅裂；雄蕊 10 枚，不伸出花冠外。蒴果近于球形，室背开裂，缝线不加厚；种子多数，细小，纺锤形。

约 7 种，产于亚洲东部、北美东部、西印度群岛。我国现有 3 种，产于东部及西南部。

马醉木 *P. japonica*

【形态特征】常绿灌木或小乔木；树皮棕褐色，小枝开展多沟棱，单叶互生集生枝端，倒披针形，基部全缘，中上部有细齿，硬革质，有光泽。花下垂，花冠卵状坛形，细小繁多，白色；总状花序直立，多条簇生枝顶；花期 4～5 月，果期 7～9 月，蒴果近球形，室背 5 瓣裂。

图 8-111　马醉木

1. 花枝；2～4. 叶片；5. 花；6～7. 雄蕊；8. 蒴果

【分布】产于安徽、浙江、福建、台湾等地。

【生态习性】喜温暖湿润、半阴环境。耐寒，秦岭淮河以南均可露地越冬。

【观赏特性及园林用途】花美丽，原种花白色，似流云飞瀑，清新幽雅，幼叶红褐色，远处观赏犹如簇簇鲜花开于枝顶。可布置于登山小道两侧，也可种植于建筑中庭、天井与假山置石组合等。该种有剧毒，枝叶煎汁可用做农药。

【品种】'Variegata'（叶片银边）、'Aureovariegata'（叶片金边）、'Rosea'（粉花）。

【同属其他种】①杂交马醉木 *P. hybird*：常绿灌木，国外杂交种，大体上可分为观叶和观花两大系列，观叶系按叶色可分为红叶、花叶及绿叶三大系列，观花系可分为红花、白花两大系列。②美丽马醉木 *P. formosa*：常绿灌木至小乔木。花冠坛状，总状花序簇生于枝顶的叶腋，或有时为顶生圆锥花序。花期 5～6 月，果期 7～9 月。产于华中、华南至西南山区。

3. 越橘属 *Vacinium*

灌木或小乔，叶常绿，少数落叶，互生，稀假轮生，全缘或有锯齿。总状花序，顶生、腋生或假顶生，稀腋外生，花小型，花萼（4～）5 裂，稀檐状不裂；花冠坛状、钟状或筒状，5 裂，裂片短小。浆果球形，顶部冠以宿存萼片；种子多数细小。

约 450 种。我国已知 91 种，24 个变种，2 个亚种，南、北各地均产，主产于西南、华南。一些种的浆果大，味佳，且富含维生素 C，有较高的食用价值。

南烛 *V. bracteatum*

【别名】染菽、乌饭树、乌饭叶。

【形态特征】常绿灌木或小乔木。叶片薄革质，椭圆形至披针形。总状花序顶生和腋生；萼筒密被短柔毛或茸毛，花冠白色，筒状，有时略呈坛状。浆果，熟时紫黑色，外面通常被短柔毛。花期 6～7 月，果期 8～10 月。

【分布】产于华东、华中、华南至西南。

【生态习性】喜温暖气候及酸性土地，耐旱、耐寒、耐瘠薄，要求光照充足。

【观赏特性及园林用途】春季小白花如朵朵灯笼悬挂枝头，十分秀美可爱。果实成熟后酸甜可食，干后入药，名为“南烛子”。因其具耐瘠薄、耐旱等特点，可作为瘠薄地、荒山造园的先锋树种，大片群植于缓坡，远远望去犹如层层白雪积于枝头。同时可作为果园、庭园、游步道两侧景观树。

【同属其他种】乌鸦果 *V. fragile*：常绿矮小灌木。总状花序，花冠白色至淡红色，浆果绿色变红

图 8-112　南烛
1. 植株；2. 雄蕊；3. 花萼；4. 蒴果

色，熟时紫黑色。花期春夏以至秋季，果期 7～10 月。产于西南大部分地区。

［51］柿科 Ebenaceae

乔木或灌木，无乳汁，少数种类有刺。叶为单叶，通常互生，排成 2 列，全缘，无托叶，叶脉羽状，花通常雌雄异株，雌花常单生，花萼在雌花或两性花中宿存，结果期间常增大；花冠合瓣。果常为肉质的浆果。

3 属，500 余种，主要分布于两半球热带地区，在亚洲温带和美洲北部种类少。我国 1 属，约 57 种，6 个变种，1 个变型，1 个栽培种，分布于黄河南北，北至辽宁，南至广东、广西和云南，主要是西南部至东南部。

二维码 B-51
柿科

柿属 *Diospyros*

乔木或灌木。无顶芽。叶互生。花单性，雌雄异株或杂性；雄花组成聚伞花序，生在当年生枝上，或很少在较老的枝上侧生，雌花常单生叶腋；萼通常深裂；花冠壶形、钟形或管状，浅裂或深裂，裂片向右旋转排列；雄蕊 4 枚至多数；花柱 2～5 枚，分离或在基部合生。浆果肉质，基部通常有增大的宿存萼；种子较大，通常两侧压扁。

柿 *D. kaki*

【别名】柿子、柿子树。

【形态特征】落叶乔木，高达 15 m；树皮鳞片状开裂。叶椭圆状卵形、矩圆状卵形或倒卵形，长 6～18 cm，宽 3～9 cm，基部宽楔形或近圆形。花雌雄异株或同株，雄花呈短聚伞花序，雌花单生叶腋；花萼 4 深裂，果熟时增大；花冠白色，4 裂，有毛；雌花中有 8 枚退化雄蕊，子房上位。浆果卵圆形或扁球形，直径 3.5～8 cm，橙黄色或鲜黄色，花萼宿存。

【分布】产于长江流域，现辽宁西部、长城一线经甘肃南部至四川、云南，在此线以南，东至台湾各地多有栽培。

图 8-113　柿

【生态习性】对气候适应性强，耐寒。强阳性树种，不耐阴。喜湿润，也耐干旱，忌积水。深根性，耐瘠薄。抗污染性强。

【观赏特性及园林用途】树形优美，叶大呈浓绿色且有光泽，秋季叶红，果实累累且不容易脱落，是观叶观果俱佳的景观树，适于庭园、公园中孤植或成片种植。也是村庄绿化的优良树种。

【同属其他种】①君迁子（黑枣、软枣）*D. lotus*：落叶乔木，果球形，较小，熟时为蓝黑色。分布于辽宁、河北、山东、山西、中南、西南各地。②乌柿（金弹子)*D. cathayensis*:半常绿灌木或小乔木,花、果均美丽,常栽作盆景,也可植于庭园观赏。产于湖北、湖南、四川及广东等地。

[52] 安息香科 Styracaceae

乔木或灌木,常被星状毛或鳞片。单叶互生;无托叶。总状、聚伞或圆锥花序。花两性,稀杂性,辐射对称;花萼部分至全部与子房贴生或离生;花冠合瓣,稀离瓣;雄蕊 8～10(16～20)枚或与花冠裂片同数与其互生;子房上位、半下位或下位,胚珠倒生,中轴胎座,柱头头状或不明显 3～5 裂。核果或蒴果,稀浆果,花萼宿存。种子无翅或具翅。

约 11 属,180 种,主要分布于亚洲东南部至马来西亚和美洲东南部,少数分布至地中海沿岸。我国 11 属,50 余种。

二维码 B-52
安息香科

1. 安息香属 *Styrax*

乔木或灌木。单叶互生,被星状毛或鳞片。花序总状、圆锥状或聚伞状,稀单花或数花聚生,小苞片小。花萼杯状、钟状或倒圆锥状,与子房基部分离或稍合生;花冠(4)5(6～7)深裂;雄蕊(8～9)10(11～13)枚,花丝基部连合成筒;子房上位,柱头 3 浅裂或头状。核果肉质,干燥,不裂或不规则 3 瓣裂。种子 1～2 粒。

约 100 种,分布于东亚至马来西亚、北美洲东南部经墨西哥至安第斯山,及地中海沿岸。我国 30 余种。

野茉莉 *S. japonicus*

【别名】齐墩果、野花培、茉莉苞。

【形态特征】落叶灌木或小乔木,高达 8(～10)m。单叶互生,椭圆形至长圆状椭圆形,长 4～10 cm,宽 1.5～5 cm,边缘有浅疏齿。花白色,长 14～17 cm,单生叶腋或 2～4 朵成总状花序,花序梗无毛,长2～3 cm,花期 6～7 月,核果卵圆形,长 1.5 cm。种子卵圆形,表面有皱纹和纵棱,紫褐色。花期 4～7 月,果期 9～11 月。

图 8-114 野茉莉

【分布】产于中国秦岭和黄河以南地区,朝鲜、日本也有。

【生态习性】喜光,稍耐阴;喜湿润、肥沃、深厚、疏松且富腐殖质土壤,耐旱、忌涝。

【观赏特性及园林用途】树形优美,开花期间朵朵白花悬垂于枝条,繁花似雪。适合配植于水滨湖畔或阴坡谷地、溪流两旁,或在常绿树丛边缘群植,白花映于绿叶中,饶有风趣。

【同属其他种】大花野茉莉 *S. grandiflorus*:花萼和花梗密被星状茸毛。产于西南地区、湖南、广西、广东、海南。

2. 白辛树属 *Pterostyrax*

小乔木或灌木。具裸芽。叶互生,具锯齿。伞房状圆锥花序,顶生或腋生。花具短梗,花梗与花萼间具关节;花萼钟状,具 5 齿,萼筒全部贴生于子房;花冠 5 裂;雄蕊 10 枚,花丝上部分离,下部连合成筒;柱头 3 微裂,子房下位。果顶端具长喙,几全部为宿萼所包,不裂,具翅或棱,种子 1～2 粒。

约 4 种,产于我国、日本和缅甸。我国 2 种。

白辛树 *P. psilophyllus*

【别名】鄂西野茉莉,裂叶白辛树,刚毛白辛树。

【形态特征】落叶乔木,高达 15(25)m。叶倒卵形,先端有时具粗齿或 3 深裂,下表面灰绿色并疏被星状柔毛。圆锥花序顶生或腋生，下垂，花小，白色。核果干燥，具5～10棱，密被黄色长硬毛。花期4～5月，果期8～10月。

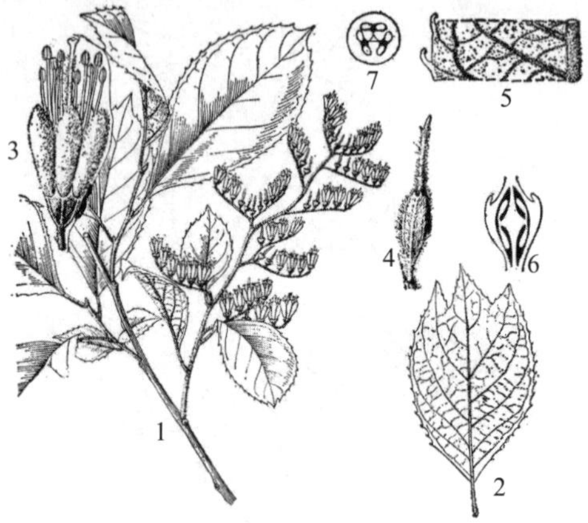

图 8-115 白辛树

1. 花枝；2. 叶；3. 花；4. 果实；5. 叶背；6. 子房纵切；7. 子房横切

【分布】产于安徽、湖南、湖北、四川、贵州、云南、广西。中国特有种。

【生态习性】喜光，喜湿润气候，适生于酸性土壤。

【观赏特性及园林用途】树形雄伟挺拔，叶形奇特，花香，可用于庭园绿化。

[53] 山矾科 Symplocaceae

灌木或乔木。单叶，互生，通常具锯齿、腺质锯齿或全缘。花辐射对称，两性，稀杂性，排成穗状花序、总状花序、圆锥花序或团伞花序，很少单生；花通常为苞片所承托；萼3～5深裂或浅裂，通常宿存；花冠裂片分裂至近基部或中部，裂片3～11片；雄蕊通常多数，着生于花冠筒上；子房下位或半下位。果为核果，顶端冠以宿存的萼裂片，通常具薄的中果皮和坚硬木质的核(内果皮)；核光滑或具棱，1～5室，每室有种子1粒。

二维码 B-53 山矾科

仅1属，约300种，广布于亚洲、大洋洲和美洲的热带和亚热带，非洲不产。我国有77种，主要分布于西南部至东南部，以西南部的种类较多。

山矾属 *Symplocos*

形态特征与科相同。

白檀 ***S. paniculata***

【别名】碎米子树、乌子树。

【形态特征】落叶灌木或小乔木；嫩枝、叶两面、叶柄和花序均被柔毛。叶椭圆形或倒卵形，长3～11 cm，宽2～4 cm，顶端急尖或渐尖，基部楔形，边缘有细尖锯齿，中脉在上面凹下。圆锥花序生于新枝顶端，长4～8 cm；花冠有芳香，5深裂；雄蕊约30枚，花丝基部合生成五体雄蕊；子房顶端圆锥状，无毛。核果蓝色，卵形，宿存萼裂片直立。

图 8-116 白檀

【分布】分布于我国东北、华北、长江以南及台湾；朝鲜，日本也有。

【生态习性】喜温暖湿润的气候和深厚肥沃的沙质壤土，喜光也稍耐阴。深根性树种，适应性强，耐寒，抗干旱耐瘠薄，以河溪两岸、村边地头生长最为良好。

【观赏特性及园林用途】树形优美，枝叶秀丽，春日白花，秋结蓝果，是良好的园林绿化点缀树种。

[54] 紫金牛科 Myrsinaceae

灌木或乔木,有时藤本;叶互生,稀对生,单叶,无托叶,常有油腺斑点,花两性或单性,4～5 数,排成各式的花序;萼片连合或分离;花瓣合生,稀离生,常有腺点;雄蕊着生于花瓣上;子房上位,稀半下位,1 室,有基生或特立中央胎座;胚珠数至多粒;果为一核果或浆果,稀为蒴果。

二维码 B-54
紫金牛科

32～35 属,1000 余种,主要分布于热带和亚热带地区,南非及新西兰亦有。我国 6 属,129 种,18 个变种。主要产于长江流域以南地区。

紫金牛属 *Ardisia*

常绿灌木、亚灌木或小乔木。叶互生,常具不透明腺点。聚伞、伞形或伞房花序或成圆锥花序。两性花,常 5 数;花萼基部连合,萼片常具腺点;花瓣基部微连合,右旋螺旋状排列,花时外反或开展,常具腺点;雄蕊生于花瓣基部,子房上位。核果球形,常红色,具腺点。种子 1 粒,球形或扁球形。

约 300 种,分布于热带美洲、太平洋诸岛,印度半岛东部、亚洲东部及南部,少数产于大洋洲,非洲不产。我国 68 种,12 个变种。多为美丽的观果植物。

朱砂根 *A. crenata*

【别名】红铜盘、大罗伞、富贵籽。

【形态特征】常绿灌木。茎无毛,无分枝。叶革质或坚纸质,椭圆形、椭圆状披针形或倒披针形,长 7～15 cm,宽 2～4 cm,具边缘腺点;叶柄长约 1 cm。伞形或聚伞花序,花白色或淡红色。萼片绿色,具腺点。果穗下垂,果径 6～8 mm,鲜红色,具腺点。花期 5～6 月,果期 10～12 月。

【分布】产于江苏、安徽、浙江、台湾、福建、江西、河南、湖北、湖南、广东、香港、海南、广西、贵州、云南、西藏、四川及陕西。

【生态习性】喜温暖湿润、散射光充足、排水良好的酸性土壤环境,夏季不耐高温强光,冬季畏寒怕冷,忌燥热干旱。

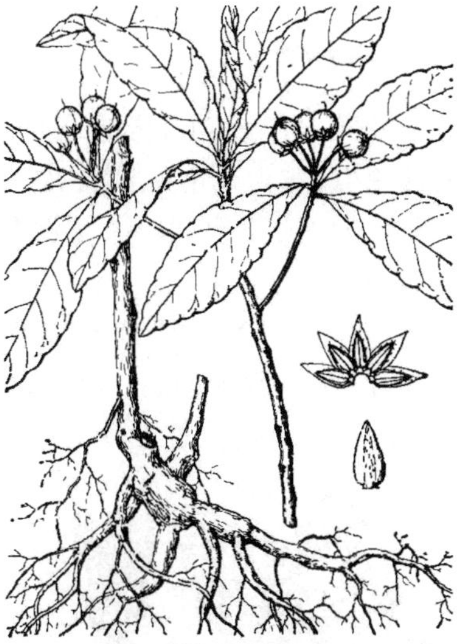

图 8-117 朱砂根

【观赏特性及园林用途】植株亭亭玉立,串串红果经久不落,十分高雅,给人以温馨、喜庆、富贵、吉祥的感觉,观赏性极强,是一种不可多得的耐阴观果花卉。适合盆栽摆设于室内,也可成片栽植于城市立交桥下、公园、庭园或景观林下,绿叶红果交相辉映,十分迷人。

【同属其他种】紫金牛 *A. japonica*:小灌木,果鲜红至黑色。分布于陕西及长江流域以南各地区。

[55] 海桐科 Pittosporaceae

乔木、灌木或木质藤本;单叶;花两性,罕单性或杂性,辐射对称,单生或组成伞房花序或聚伞花序,排成圆锥花序,罕簇生;萼片、花瓣和雄蕊5 枚,花瓣常有爪;子房上位,1 室,有时 2～5 室,胚珠多数,倒生;果为浆果或蒴果;种子通常多数,藏于有黏质的果肉内,罕具翅。

9 属,约 200 种,广布于东半球的热带和亚热带地区,主产于大洋洲,我国有 1 属,约 34 种。

二维码 B-55
海桐科

海桐属 *Pittosporum*

常绿灌木或乔木；叶互生，全缘或有波状齿缺，在小枝上的常轮生；花为顶生的圆锥花序或伞房花序，或单生于叶腋内或顶生；萼片、花瓣和雄蕊均 5 枚；花瓣基部黏合或达中部；子房上位，不完全的 2 室，稀 3～5 室，有胚珠数粒；果为球形或倒卵形的蒴果，果瓣2～5 片；种子数粒，藏于胶质或油质的果肉内。

图 8-118　海桐

约 160 种，分布于东半球的热带和亚热带地区，我国有约 34 种，产于西南部至台湾。

海桐 *P. tobira*

【别名】海桐花、山矾、山瑞香。

【形态特征】常绿小乔木或灌木，高 2～6 m；枝条近轮生。叶聚生枝端，革质，狭倒卵形，长 5～12 cm，宽 1～4 cm，顶端圆形或微凹，全缘，无毛或近叶柄处疏生短柔毛。花序近伞形；花有香气，白色或带淡黄绿色；萼片 5 片；花瓣 5 片；雄蕊 5 枚；子房密生短柔毛。蒴果近球形，裂为 3 片，果皮木质；种子暗红色。花期 5 月。

【分布】产于浙江、福建、台湾、江西及湖北，现长江以南各地多有栽培。

【生态习性】对气候的适应性较强，能耐寒冷，亦颇耐暑热。黄河流域以南，可在露地安全越冬。对光的适应能力亦较强，较耐荫蔽，亦颇耐烈日，但以半阴地生长最佳。喜肥沃湿润土壤，干旱贫瘠地生长不良，稍耐干旱，颇耐水湿。

【观赏特性及园林用途】枝叶繁茂，树冠球形；叶色浓绿而又有光泽，经冬不凋；初夏花朵清丽芳香，入秋果实开裂露出红色种子，也颇为美观。通常可作绿篱栽植和基础种植，也可孤植，丛植于草丛边缘、林缘或门旁，或列植在路边。因为有抗海潮及有毒气体能力，故又为海岸防潮林、防风林及矿区绿化的重要树种。

【同属其他种】①短萼海桐 *P. brevicalyx*：高 4～10 m。叶矩圆状倒披针形。花淡黄色，极芳香。花期 4～5 月。产于云南东、东南、中、西、西北部。②昆明海桐 *P. kunmingense*：高 4 m，叶矩圆状倒披针形或倒披针形。分布于云南及贵州。

[56] 绣球花科(八仙花科)
Hydrangeaceae

灌木或草本，稀小乔木或藤本。单叶，常有锯齿，羽状脉或基脉 3～5 出。花两性或杂性异株，有时具不育放射花；总状花序、伞房状或圆锥状复聚伞花序，顶生。萼筒常与子房合生，萼裂片 4～5(8～10)片，绿色；花瓣 4～5(8～10)片，白色，分离；雄蕊 4 枚至多数，花丝分离或基部连合；子房下位、半下位或上位，花柱 1～7 枚。蒴果，室背或顶部开裂。种子多数，细小。

二维码 B-56
绣球花科

约 16 属，200 多种，分布于北温带和亚热带地区。我国有 11 属，145 种。云南有 6 属 59 种。本科植物大部分供观赏。

1. 绣球属 *Hydrangea*

亚灌木、灌木或小乔木。叶常 2 片对生。聚伞花序顶生，花 2 型，稀 1 型，具不育花或缺，具长梗。萼片花瓣状，2～5 片，分离或基部稍连合；孕性花小且具短梗，花萼筒状，与子房贴生，4～5 裂；花瓣 4～5 片，分离；雄蕊(8)10(～25)枚；子房 1/3～2/3 上位或下位，花柱 2～4(5)枚，分离或基部连合。蒴果，于顶端花柱基部间孔裂。种子多数，细小。

60 余种，分布于亚洲东部至东南部、北美洲东南部至中美洲和南美洲西部。我国约 37 种，7 个变种。

绣球 *H. macrophylla*

【别名】八仙花、紫绣球、八仙绣球。

【形态特征】落叶灌木，高达 4 m，树冠球形。叶倒卵形或宽椭圆形，长 6～15 cm，先端骤尖，具短尖头，基部钝圆或宽楔形，具粗齿，两面无毛或下面中脉两侧疏被卷曲柔毛，侧脉 6～8 对。伞房状聚伞花序近球形或头状，径 8～20 cm，花密集。不育花多数，萼片 4 片，粉红、淡蓝或白色；孕性花极少，萼筒倒圆锥状，萼齿卵状三角形；花瓣长圆形；雄蕊 10 枚；子房大半下位，花柱 3 枚。花期6～8 月。幼果陀螺状。

【分布】产于福建、江西、湖北、湖南、广东、香港、贵州、云南及四川。

图 8-119 绣球

【生态习性】性喜温暖、湿润和半阴环境。怕旱又怕涝，不耐寒。喜肥沃、湿润、排水良好的轻壤土，但适应性较强。

【观赏特性及园林用途】伞形花序如雪球累累，簇拥在绿叶中，非常美丽。园林中常植于疏林树下、游路边缘、建筑物入口处，或几株丛植于草坪一角，或散植于常绿树之前，都很美观。在小型庭园中，可对植，也可孤植；墙垣、窗前栽培也富有情趣。

【品种】有红、蓝、紫等多种颜色。

2. 山梅花属 *Philadelphus*

直立灌木；少具刺。小枝对生。叶对生，全缘或具齿，离基 3 或 5 出脉；无托叶。总状花序，下部分枝成聚伞状或圆锥状。花白色，芳香；萼筒贴生子房，裂片 4(5)片；花瓣 4(5)片，旋转覆瓦状排列；雄蕊 20～90 枚，花丝分离；子房下位或半下位，花柱(3)4(5)枚，合生。蒴果 4(5)枚，瓣裂。种子多数。种皮前端冠以白色流苏。

约 70 种，产于北温带地区，东亚较多，欧洲 1 种，北美洲至墨西哥亦产。我国 22 种，17 个变种。全国均产，但主产于西南地区。

山梅花 *Ph. incanus*

【别名】白毛山梅花。

【形态特征】灌木，高达 3.5 m。叶卵形或宽卵形，长 6～12.5 cm，先端尾尖，基部圆，先端渐尖，基部宽楔形，疏生锯齿，上面被刚毛，下面密被白色长粗毛。总状花序有 5～7(～11)朵花。花梗密被长柔毛；花萼外面密被紧贴糙伏毛，萼筒钟形；花冠盘状，径 2.5～3 cm；花瓣白色；雄蕊 30～35 枚。蒴果倒卵形，长 7～9 mm，径 4～7 mm。花期 5～6 月，果期 7～8 月。

【分布】产于山西、陕西、甘肃、河南、湖北、安徽和四川。

【生态习性】适应性强，喜光，喜温暖也耐寒耐热。怕水涝。对土壤要求不严，生长速度较快。

【观赏特性及园林用途】花朵繁茂，芳香美丽，花期较久，为优良的观赏花木。宜栽植于庭园、风景区，亦可作切花材料。宜丛植或片植于草坪、山坡、林缘地带，若与建筑、山石等配植，效果也好。

【同属其他种】①云南山梅花 *Ph. delavayi*：花白色，花期 6～8 月。产于四川、云南和西藏。②昆明山梅花 *Ph. kunmingensis*：花白色，花期 6 月。产于云南。

3. 溲疏属 *Deutzia*

落叶灌木，通常被星状毛。小枝中空或具疏松

图 8-120　山梅花

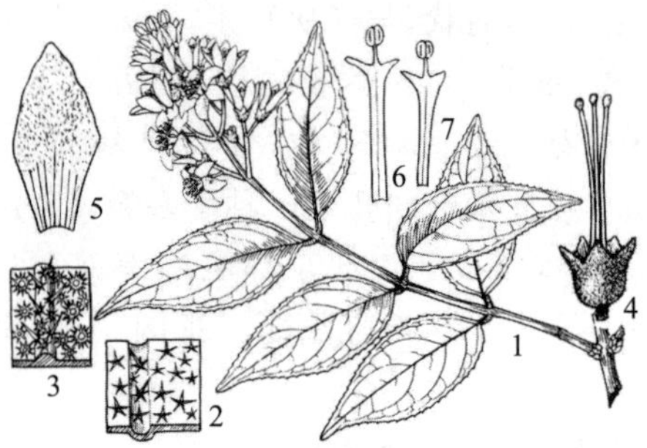

图 8-121　齿叶溲疏

1. 花枝；2. 叶上面示被毛；3. 叶下面示被毛；
4. 花去花瓣示花萼和雌蕊；5. 花瓣；
6. 外轮雄蕊；7. 内轮雄蕊

髓心；芽具鳞片。叶对生，具叶柄，边缘具锯齿。花两性，组成圆锥花序、伞房花序、聚伞花序或总状花序；萼筒钟状，与子房壁合生，裂片 5 片，果时宿存；花瓣 5 片，白色，粉红色或紫色；雄蕊 10 枚，常呈两轮；花盘环状，扁平；子房下位；花柱 3～5 枚，离生。蒴果 3～5 室，室背开裂；种子多粒，具短喙和网纹。

约 60 种，分布于温带东亚及中美洲。我国有 53 种（其中 2 种为引种或已归化种），1 个亚种，19 个变种，各地都有分布，但以西南地区最多。

齿叶溲疏 *D. crenata*

【别名】齿叶溲疏、哨棍、溲疏。

【形态特征】灌木，高 1～3 m。花枝长 8～12 cm。叶纸质，卵形或卵状披针形，长 5～8 cm，宽 1～3 cm，先端渐尖，基部宽楔形，边缘具细圆齿，两面均被星状毛；羽状脉，侧脉每边 3～5 条。圆锥花序，长 5～8 cm，多花；萼筒杯状；花冠白色，直径 1.5～2.5 cm；雄蕊 10 枚，外轮长，内轮较短；花柱 3～4 枚，较雄蕊长。蒴果球形，直径约 4 mm。花期 4～5 月，果期 6～9 月。

【分布】产于日本，现我国大多地区有栽培。已野化。

【生态习性】喜光、稍耐阴。喜温暖湿润气候，但也耐寒、耐旱，对土壤的要求不严。

【观赏特性及园林用途】初夏白花繁密素雅，宜丛植于草坪、路边、山坡及林缘，也可作花篱及岩石园种植材料。花枝可供瓶插观赏。

【栽培品种】'白花重瓣' 溲疏 'Candidissima'：花重瓣，白色；'紫花重瓣' 溲疏 'Flore Plene'：花瓣外面带玫瑰紫色；'粉花重瓣' 溲疏 'Godsall Pink'：花粉红色。

［57］蔷薇科 Rosaceae

草本、灌木或乔木，有刺或无刺。单叶或复叶，常互生，有明显托叶，花两性，整齐，单生或排成伞房、圆锥花序；花萼基部多少与花托愈合成碟状或坛状管；萼片和花瓣同数，常 5 片，覆瓦状排列；雄蕊 5 枚至多数，稀 1 或 2 枚，花丝离生，稀合生；心皮 1 枚至多数，离生或合生，有时与花托连合，每枚心皮有 1 至数粒直立的或悬垂的倒生胚珠；花柱与心皮同数，有时连合，顶生、侧生或基生。果实为蓇葖果、瘦果、梨果或核果，稀蒴果；种子通常不含胚乳，极稀具少量胚乳；子叶为肉质，背部隆起，稀对褶或呈席卷状。

约有 124 属 3300 余种，分布于全世界，北温带较多。中国约有 51 属 1000 余种，产于全国各地。

蔷薇科中的很多种是著名的水果，如苹果、梨、桃、李、杏、梅、樱桃、枇杷、山楂、草莓和树莓等；扁桃仁和杏仁是著名的干果。许多种类的果实含维生素、糖和有机酸，可作果干、果脯、果酱、果汁、果酒等的原料。本科许多植物可作观赏。

Ⅰ.绣线菊亚科

蔷薇科最原始的亚科,包括常绿和落叶两大类,心皮5枚,离生,蓇葖果。灌木,奇数羽状复叶或单叶,圆锥花序、伞房或复伞房花序,花白色或粉红色。很多种可栽培观赏。

Ⅱ.苹果亚科

苹果亚科多为灌木或小乔木。有托叶。心皮2~5枚,多数与杯状花托内壁连合;果实为著名的水果。也是很好的观花、观果树种,在农业生产及园林绿化上被广泛运用。

Ⅲ.李亚科

乔木或灌木,单叶,有托叶;心皮1枚,稀2~5枚;子房上位,1室,内含2粒悬垂的胚珠;果实为核果,成熟时肉质,多不裂开或极稀裂开。细胞染色体基数8。有很多种类是著名水果,有的种类极具观赏价值,在庭园中广泛运用。

Ⅳ.蔷薇亚科

灌木或草本,复叶,稀单叶,有托叶;心皮常多数,离生,各有1~2粒悬垂或直立的胚珠;子房上位,稀下位;果实成熟时为瘦果,稀小核果,着生在花托上或在膨大肉质的花托内。染色体基数 $x=7$,8或9。

本亚科共有35属,我国产21属。

本亚科植物许多具有经济价值,有些种类是重要药材,如龙芽草属、委陵菜属和地榆属;有些种类是重要水果,如草莓属、悬钩子属和蔷薇属;蔷薇属、棣棠花属为常见园林观赏植物。

二维码 B-57
蔷薇科

1.绣线菊属 *Spiraea*

落叶灌木。单叶互生,边缘有锯齿或缺刻,无托叶。花小,呈伞形、伞形总状、伞房或圆锥花序;萼片5片,花瓣5片,心皮5枚,蓇葖果,种子细小,无翅。

本属约有100种,分布在北半球温带至亚热带山区,我国有50余种。多数种类耐寒,具美丽的花朵和细致的叶片,可栽于庭园观赏。下面介绍5种常见绣线菊。

(1)李叶绣线菊 *S. prunifolia*

【形态特征】落叶灌木,高达3 m;枝细长而有角棱,微生短柔毛或近于光滑。叶小,椭圆至椭圆状长圆形,长2.5~5.0 cm,先端尖,缘有小齿,基部楔形,叶下面光滑或有细短柔毛;伞形花序,无总梗,具3~6朵花,基部具少数叶状苞;花白色,重瓣,径约1 cm;花梗细长。花期3~5月。

图8-122 李叶绣线菊

1.花枝;2.花

【分布】产于台湾、山东、安徽、陕西、江苏、浙江、江西、湖北、湖南、四川、贵州、福建、广东等地;朝鲜及日本亦有分布。

【生态习性】喜阳光和温暖湿润气候,及湿润而良好排水土壤,耐寒。

【观赏特性及用途】晚春翠叶、白花,花繁似雪;橙黄秋叶,色泽亮丽,可丛植于池畔、山坡、路旁、崖边。多作基础种植,或用于草坪角隅。

(2)珍珠绣线菊 *S. thunbergii*

【别名】雪柳、喷雪花、珍珠绣线菊。

【形态特征】高达1.5 m。小枝幼时有柔毛。叶线状披针形,长2~4 cm。两面光滑无毛,先端长渐尖,基部狭楔形,伞形花序,无总梗,具3~5朵花,白色，径约 8 mm，花梗细长。花期 4～5 月，果期 7 月。

【分布】产于中国及日本。主要分布于浙江、江西、云南等地。

【生态习性】喜光，喜温暖湿润气候，宜湿润排水良好土壤。

【观赏特性及用途】叶形似柳，花白色。多丛植于草坪角隅或作基础种植。

(3)粉花绣线菊 *S. japonica*

【别名】日本绣线菊。

【形态特征】高达 1.5 m，枝光滑，或幼时具细毛，叶卵形至卵状长椭圆形，长 2～8 cm，先端尖，叶缘有缺刻状重锯齿，叶下面灰蓝色，脉上常有短柔毛；花淡粉红至深粉红色，偶白色，簇聚于有短柔毛的复伞房花序上；雄蕊较花瓣长。花期 6～7 月，果期 8～9 月。

图 8-123　粉花绣线菊

1. 花枝；2. 花纵剖；3. 花

【分布】产于日本，中国华东地区有栽培。

【生态习性】喜光，稍耐阴，抗寒、耐旱。

【观赏特性及用途】可栽在岩石园、山坡、小路旁、水畔，或作基础栽植、花径等。

【变种、变型及品种】品种及杂种甚多，主要有'光叶'粉花绣线菊'Fortunei'，较原种高，叶长椭圆状披针形，长 5～10 cm，先端渐尖，边缘重锯齿，尖锐而齿尖硬化并内曲，表面有皱纹，背面有白霜，无毛。花粉红色。产于江西、湖北、贵州等地。

(4)绣线菊 *S. salicifolia*

【别名】柳叶绣线菊。

【形态特征】丛生灌木，高 1～2 m。叶长椭圆形至披针形，长 4～8 cm，两面无毛。花粉红色，顶生长圆状或金字塔形圆锥花序。花期 6～8 月，果期 8～9 月。

图 8-124　绣线菊

1. 花枝；2. 雄蕊；3. 果

【分布】产于东北、内蒙古、河北；朝鲜、日本、俄罗斯也有分布。

【生态习性】喜排水良好的土壤，较耐寒，抗逆性较强。自然生长在 200～900 m 河流沿岸、山谷等地。

【观赏特性及用途】与粉花绣线菊相似。

2. 风箱果属 *Physocarpus*

落叶灌木，树皮呈纵向剥裂，单叶互生，缘有锯齿，三出脉。花序顶生，伞形总状。萼筒杯状，萼片 5 片，镊合状；花瓣 5 片，白色，稀粉色；雄蕊 20～40 枚，雌蕊 1～5 枚，基部合生，子房 1 室。蓇葖果常膨大，沿背腹两缝开裂，内有种子 2～5 粒，带黄色。

本属约有 20 种，主要分布于北美。中国产 1 种。

风箱果 ***Ph. amurensis***

【形态特征】丛生灌木，高 3 m。叶互生，三角卵形至宽卵形，长 3.5～5.5 cm，宽 3～5 cm，先端急尖或渐尖，叶基心形或近心形，稀截形，3 裂，稀 5 裂，边缘有重锯齿，叶下面脉有毛。花序伞形总状，径 3～4 cm，花梗长 1～1.8 cm，密被星状柔毛；花白色，径约 1 cm，萼筒杯状，蓇葖果膨大，卵形，熟时沿背腹两缝开裂。花期 6 月，果期 7～8 月。

图 8-125 风箱果

1. 果；2. 花纵剖；3. 种子

【分布】产于黑龙江、北京、河北。朝鲜北部及俄罗斯远东地区有分布。

【生态习性】喜光，喜湿润排水良好土壤，耐寒，性健壮，抗逆性较强。

【观赏特性及用途】白色花序醒目，在绿叶丛中显得十分朴素淡雅，而夏末时果实膨大红色，可供观赏。

3. 白鹃梅属 *Exochorda*

落叶灌木。单叶互生，有叶柄，托叶无或早落。花白色，多大型，顶生总状花序；萼片 5 片，花瓣 5 片，有爪，覆瓦状排列；雄蕊 15～30 枚，心皮 5 枚，合生。蒴果具 5 脊，5 室，熟时 5 瓣裂，每室具1～2 粒有翅种子。

产于亚洲中部到东部，4 种。我国有 3 种。

白鹃梅 ***E. racemosa***

【别名】茧子花、金瓜果。

【形态特征】灌木，高达 3～5 m，全株无毛。叶椭圆形至长圆倒卵形，长 3.5～6.5 cm，宽 1.5～3.5 cm，先端圆钝或急尖，稀有突尖，叶基楔形或宽楔形，全缘，稀中部以上有钝锯齿，上下两面均无毛；叶柄长 5～15 mm，不具托叶。总状花序，有花 6～10 朵；花梗长 3～8 mm，径 2.5～3.5 cm；花瓣倒卵形，长约 1.5 cm，宽约 1 cm，先端钝，基部有短爪，白色；雄蕊 15～20 枚，3～4 枚一束着生在花盘边缘，与花瓣对生；心皮 5 枚，花柱分离。蒴果，有 5 脊，果梗长 3～8 mm。花期 5 月，果期 6～8 月。

图 8-126 白鹃梅

1. 果序；2. 花纵剖

【分布】产于河南、江西、江苏、浙江。

【生态习性】喜半阴，喜肥沃、深厚土壤。耐寒性较强。

【观赏特性及用途】很好的春花树种，可用于基础栽植或草地边缘、林缘路旁丛植。

4. 栒子属 *Cotoneaster*

灌木，无刺。单叶互生，柄短，全缘；托叶细小，脱落很早。花单生，两性，2～3 朵或多朵呈聚伞花序，腋生或着生在短枝顶端；萼片 5 片，较短；花瓣 5 片，雄蕊常 20 枚，稀 5～25 枚；花柱 2～5 枚，离生，子房下位或半下位。果实小型梨果状，红色、褐红色至紫黑色，先端有宿存萼片。

本属约有 90 种，分布在亚洲（日本除外）、欧洲和北非的温带地区。主产于中国西部和西南部，共50余种。

(1)匍匐栒子 *C. adpressus*

【形态特征】落叶匍匐灌木，茎不规则分枝，平铺地面。小枝红褐色至暗褐色，幼时有粗毛，后脱落，叶广卵形至倒卵形，长5～15 mm，先端常圆钝，基部广楔形，全缘而常波状，上面暗绿色，下面幼时疏生短柔毛。花1～2朵，粉红色，径7～8 mm，近无梗，花瓣倒卵形，直立。果近球形，鲜红色，径6～7 mm，常有2小核。花期5～6月，果期8～10月。

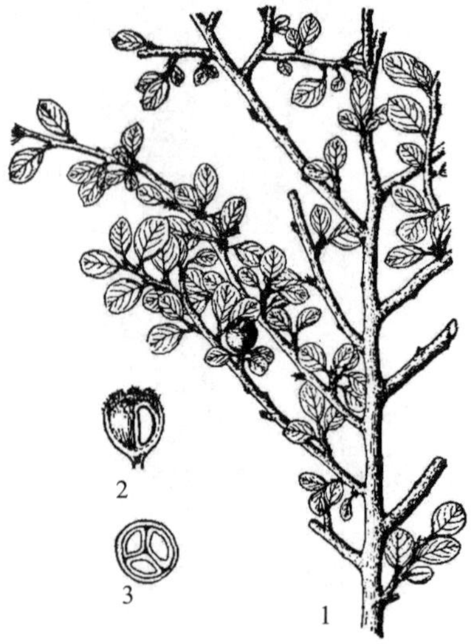

图8-127　匍匐栒子

1.枝；2.果纵剖；3.果横剖

【分布】产于陕西、甘肃、青海、湖北、四川、贵州、云南等地。印度、缅甸、尼泊尔有分布。多生于海拔1900～4000 m山坡杂木林中。

【生态习性】性强健，较耐寒，喜排水良好土壤，可在石灰质土壤上生长。

【观赏特性及用途】良好的岩石园种植材料，入秋红果累累，平卧岩壁，极为美观。亦可制作盆景。

(2)平枝栒子 *C. horizontalis*

【别名】铺地蜈蚣。

【形态特征】落叶或半常绿匍匐灌木，枝水平开张成整齐2列，宛如蜈蚣。叶近圆形至倒卵形，长5～14 mm，先端急尖，基部广楔形，表面暗绿色，无毛，背面疏生平贴细毛。花1～2朵，粉红色，径5～7 mm，近无柄，花瓣直立，倒卵形。果近球形，径4～6 mm，鲜红色，常有3小核，花期5～6月，果期9～10月。

图8-128　平枝栒子

1～2.枝；3.花；4.花纵剖；5.果横剖；6.果纵剖

【分布】产于陕西、甘肃、湖北、湖南、四川、贵州、云南等地。多生于海拔2000～3500 m的灌木丛中。

【观赏特性及用途】本种较匍匐栒子略小而结实较多，最宜作基础栽植材料；红果平铺墙壁，经冬至春不落叶，甚为夺目；也可植于斜坡及岩石园中。此外，全株可药用。

【变种、变型及品种】有1个变种，即小叶平枝栒子 var. *perpusillus*，植株、叶片较原种小。

(3)小叶栒子 *C. microphyllus*

【形态特征】常绿矮灌木，高达1 m，枝开展。叶倒卵形至倒卵状椭圆形，长4～10 mm，先端常圆钝，基部广楔形，表面有光泽，背面有灰白色短柔毛。花白色，径约1 cm，花瓣开展，近圆形，萼外有毛，通常单生，偶有2～3朵聚生。果球形，红色，径5～6 mm，常有2小核，花期5～6月，果期9～10月。

【分布】产于四川、云南、西藏等地。

【生态习性】性强健，耐阴，耐寒，耐旱，可在岩石中生长，也可在海滨生长。

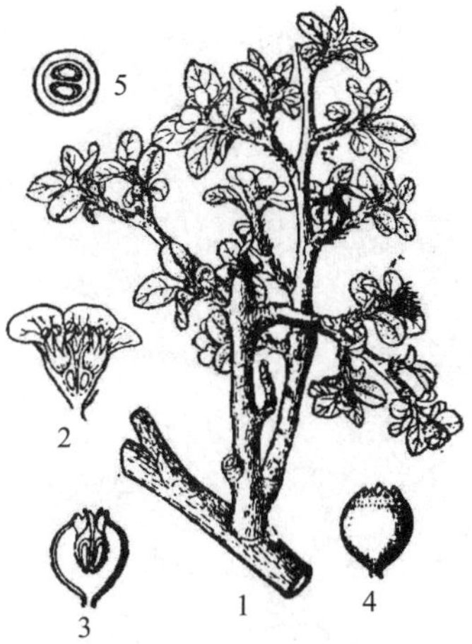

图 8-129　小叶栒子

1. 枝；2. 花纵剖；3. 果纵剖；4. 果

【观赏特性及用途】本种姿态美观，果红艳，有较高的观赏价值，是岩石园的优良种植材料。

5. 火棘属 *Pyracantha*

常绿灌木，枝常有棘刺。单叶互生，托叶小，早落。花白色，小而多，呈复伞房花序，雄蕊 20 枚，心皮 5 枚，腹面离生，背面有 1/2 连于萼筒。梨果小，红色或橘红色，内含 5 小硬核。

本属共 10 种，分布于亚洲东部至欧洲南部。中国 7 种，主要分布于西南地区。常见有如下 3 种。

(1)火棘 *P. fortuneana*

【别名】火把果，救军粮。

【形态特征】常绿灌木，高约 3 m。枝拱形下垂，幼时有锈色短柔毛，短侧枝常成刺状。叶倒卵形至倒卵状长椭圆形，长 1.5～6 cm，先端圆钝微凹，有时有短尖头，基部楔形，缘有圆钝锯齿，齿尖内弯，近基部全缘，两面无毛。花白色。径约 1 cm，呈复伞房花序。果近球形，红色，径约 5 mm。花期 5 月，果熟期 9～10 月。

【分布】产于陕西、江苏、浙江、福建、湖北、湖南、广西、四川、云南、贵州等地。

【生态习性】喜光，有一定耐寒能力，不抗尘。要求土壤排水良好。

【观赏特性及用途】枝叶茂盛，初夏白花繁密，入秋果红如火，果期长达 1～3 个月，美观艳丽，在庭

图 8-130　火棘

园中常作绿篱及基础种植材料，也可丛植于草地边缘或园路转角处。果枝还是瓶插的好材料，亦可制作盆景。

(2)细圆齿火棘 *P. crenulata*

【形态特征】常绿灌木，高可达 5 m，幼枝叶柄有锈色毛。叶长椭圆形至倒披针形，长 2～7 cm，先端尖而有尖刺头，基部楔形，两面无毛，叶面光亮，花白色，径 6～9 mm，复伞房花序。果橘红色，径 6～

图 8-131　细圆齿火棘

1. 花枝；2. 果

8 mm，花期 5～6 月，果熟期 9～10 月。

【分布】产于陕西、江苏、湖北、湖南、广东、广西、贵州、四川、云南等地。印度、不丹、尼泊尔有分布。

生态习性、观赏特性及用途与火棘大致相同。

(3)窄叶火棘 *P. angustifolia*

【形态特征】常绿灌木，高达 4 m，叶狭长椭圆形至狭倒披针形，长 1.5～5 cm，全缘或端部具不明显小齿，背面有灰白色茸毛，花白色，径约 8 mm，伞房花序，密生褐茸毛。果橘红色或砖红色。花期 5～6 月，果熟期 9～10 月。

【分布】产于中国西南部及中部地区。

生态习性、观赏特性及用途与火棘大致相同。

6. 山楂属 *Crataegus*

落叶小乔木或灌木，通常有枝刺。叶互生，有齿或裂，托叶较大。花白色，少有红色，顶生伞房花序。萼片、花瓣各 5 片，雄蕊 5～25 枚，心皮 1～5 枚。果实梨果状，内含 1～5 骨质小核。

本属约 1000 种，广泛分布于北半球温带，尤以北美东部为多，中国约 18 种。南方常见有 3 种。

(1)山楂 *C. pinnatifida*

【形态特征】落叶小乔木，高达 6 m，叶三角状卵形至菱状卵形，长 5～12 mm，羽状 5～9 裂，裂缘有不规则尖锐锯齿，两面沿脉疏生柔毛，叶柄细，长 2～6 cm，托叶大而有齿，花白色，径约 1.8 cm，雄蕊 20 枚；伞房花序有长柔毛。果近球形或梨形，径约 1.5 cm，红色，有白色皮孔。花期 5～6 月，果熟期 10 月。

【分布】产于东北、华北等地，朝鲜及俄罗斯西伯利亚有分布。生于海拔 100～1500 m 的山坡林边或灌丛中。

【生态习性】喜光，稍耐阴，耐寒，耐干旱、贫瘠土壤，但在湿润而排水良好的沙质壤土生长最好，根系发达，萌蘖性强。

【观赏特性及用途】树冠整齐，花繁叶茂，果鲜红，秋色叶艳丽，是观花、观果及秋色叶的良好树种，可作庭围观赏、绿篱。

图 8-132　山楂

1. 花枝；2. 花纵剖，示雄蕊、柱头；3、5、7. 柱头顶端；4. 花瓣；6. 花示雄蕊、花萼；8. 花药

(2)云南山楂 *C. scabrifolia*

【形态特征】落叶乔木，高达 10 m。通常无刺；叶片卵状披针形至卵状椭圆形，稀菱状卵形，长 4～8 cm，宽 2.5～4.5 cm，先端急尖，基部楔形，边缘有稀疏不整齐圆钝重锯齿，通常不分裂，或在不孕枝上少数叶片顶端有不规则的 3～5 浅裂；叶柄长 1.5～4 cm，无毛；托叶膜质，线状披针形，长约 8 mm，边缘有腺齿，早落。伞房花序或复伞房花序，直径约 4～5 cm；总花梗和花梗均无毛，花梗长 5～10 mm，花直径约 1.5 cm；萼筒钟状，萼片三角卵形或三角披针形，约与萼筒等长；花瓣近圆形或倒卵形，长约 8 mm，宽约6 mm，白色；雄蕊 20 枚，比花瓣短；花柱 3～5 枚，子房顶端被灰白色茸毛，柱头头状，约与雄蕊等长。果实扁球形，直径 1.5～2 cm，黄色或带红晕，有稀疏褐色斑点；萼片宿存；小核 5，内面两侧平滑，无凹痕。花期 4～6 月，果期 8～10 月。

【分布】产于云南、贵州、四川、广西。生于海拔 1500～3000 m 松林边灌木丛中或溪岸杂木林中。

【生态习性】喜光，稍耐阴，较耐寒，耐干旱、贫瘠土壤，根系发达。

【观赏特性及用途】云南中部村边习见栽培作果树，味酸甜，可鲜吃及加工，并可入药；亦可作园林观赏。

本种的特点为枝上常无刺，叶片多卵状披针形，有圆钝锯齿，不分裂；果实扁球形，熟时黄色带红晕。

(3)野山楂 *C. cuneata*

【形态特征】落叶灌木，高达 5 m，分枝密，通常具细刺。叶片宽倒卵形至倒卵状长圆形，长 2～6 cm，宽 1～4.5 cm，先端急尖，基部楔形，下延连于叶柄，边缘有不规则重锯齿，顶端常有 3 或稀 5～7 浅裂片，叶脉显著；叶柄两侧有叶翼，长 4～15 mm；托叶大型，草质，镰刀状，边缘有齿。伞房花序，直径2～2.5 cm，具花 5～7 朵，总花梗和花梗均被柔毛。花梗长约 1 cm；苞片草质，披针形，条裂或有锯齿，长 8～12 mm，脱落很迟；花直径约 1.5 cm；萼筒钟状，外被长柔毛，萼片三角卵形，长约 4 mm，约与萼筒等长，全缘或有齿，内外两面均具柔毛；花瓣近圆形或倒卵形，长 6～7 mm，白色，基部有短爪；雄蕊 20 枚，花柱 4～5 枚，基部被茸毛。果实近球形或扁球形，直径 1～1.2 cm，红色或黄色，常具有宿存反折萼片或 1 枚苞片；小核 4～5。花期 5～6 月，果期 9～11 月。

【分布】产于河南、湖北、湖南、江西、安徽、江苏、浙江、云南、贵州、广东、广西、福建。生于海拔 250～2000 m 山谷、多石湿地或山地灌木丛中；也分布于日本。

【生态习性】喜光，稍耐阴，耐寒，耐干旱、贫瘠土壤，根系发达，萌蘖性强。

【观赏特性及用途】树冠整齐，花繁叶茂，果鲜红，秋色叶艳丽，是观花、观果及观秋色叶的良好树种，可作庭围观赏、绿篱。

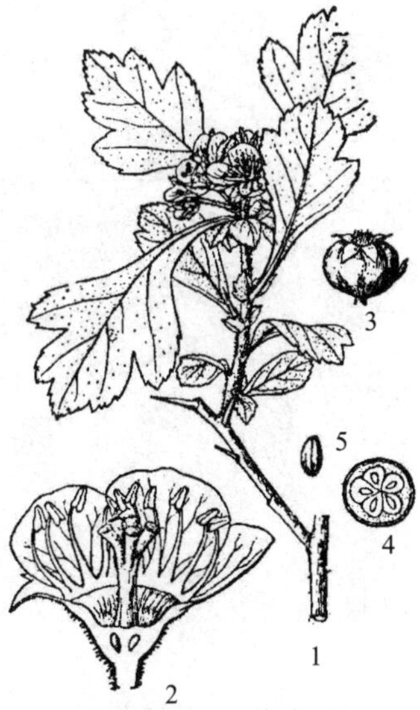

图 8-133 野山楂

1. 花枝；2. 花纵剖；3. 果；4. 果横剖；5. 种子

7. 枇杷属 *Eriobotrya*

常绿小乔木或灌木，单叶互生，具短柄或近无柄，缘有齿，羽状侧脉直达齿尖。花白色，呈顶生圆锥花序。花萼 5 裂，宿存。花瓣 5 片，具爪。雄蕊 20 枚，心皮合生，子房下位，2～5 室，每室具 2 粒胚珠。梨果含一至数粒种子。

共 30 余种，主要产于亚洲温带及亚热带。中国产 13 种，华中、华南、华西均有分布。较适合作园林绿化的主要是以下 2 种。

(1)枇杷 *E. japonica*

【形态特征】常绿小乔木，高可达 10 m。小枝、叶下面及花序均密被锈色茸毛。叶粗大革质，常为倒披针状椭圆形，长 12～30 cm，先端尖，基部楔形，锯齿粗钝，侧脉 11～21 对，表面多皱而有光泽。花白色，芳香，花期 10～12 月，翌年初夏果实成熟。果近球形或梨形，黄色或橙黄色，径 2～5 cm。

图 8-134 枇杷

1. 花枝；2. 叶下面局部；3. 叶端；4. 果梗局部；5. 花纵剖；6. 花纵剖示雄蕊；7. 果；8. 种子

【分布】产于中国四川、湖北。南方各地多作果树栽培。浙江塘栖、湖南洞庭及福建莆田都是枇杷著名产地。越南、缅甸、印度、印度尼西亚、日本有栽培。

【生态习性】喜光，稍耐阴，喜温暖湿润气候及湿润而排水良好的土壤，不耐寒。生长缓慢，寿命较长。一年能发 3 次新梢。

【观赏特性及用途】枇杷树形整齐美观，叶大荫浓，常绿而有光泽，冬日白花盛开，初夏黄果累累，可于庭园栽植观赏。

(2)大花枇杷 *E. cavaleriei*

【形态特征】常绿乔木，高达 13 m，胸径 22 cm。叶革质，常簇生枝顶，长圆状倒披针形或长圆形，长 6～9 cm，宽 2.5～7 cm。先端渐尖或急尖，基部渐狭，无毛，上面具光泽，边缘具疏离内弯浅齿，叶基全缘。圆锥花序顶生，总花梗、花梗及花萼外面均疏生棕色短柔毛，果期无毛。花梗粗壮。花白色，径 1.5～2.7 cm。花瓣倒卵形，长近 1 cm，先端微凹。果椭圆形或近球形，橘红色，肉质，径 1～1.5 cm，具颗粒状凸起，顶端反折宿存萼片。花期 4～6 月，果期 7～8 月。

【分布】产于四川、贵州、湖北、湖南、江西、福建、广西、广东。生于海拔 500～2000 m 山坡、河边的杂木林中。越南北部有分布。

图 8-135　大花枇杷

1. 花枝；2. 花纵剖

【生态习性】喜光，稍耐阴，喜温暖湿润气候及肥沃排水良好的土壤。

【观赏特性及用途】大花枇杷枝叶浓密，4～6 月观白花，7～8 月观红果，可用作行道树，丛植。

8. 花楸属 *Sorbus*

落叶乔木或灌木。叶互生，有托叶，单叶或奇数羽状复叶，有锯齿。花白色，罕为粉红色，复伞房花序顶生。心皮 2～5 枚，各含 2 粒胚珠，花柱离生或基部连合。果实为 2～5 室的梨果，形小，子房壁成软骨质，每室有 1～2 粒种子。

本属有 100 余种，广布于北半球温带。中国约 66 种。较适于庭园观赏，主要有以下几种。

(1)美脉花楸 *S. caloneura*

【形态特征】落叶乔木或灌木，高达 10 m，小枝具有少数不明显的皮孔，叶长椭圆形、长椭圆状卵形至长椭圆状倒卵形，长 7～12 cm，宽 3～5.5 cm，先端渐尖，基部宽楔形至圆形，边缘有圆钝锯齿，上面无毛，下面叶脉上有稀疏柔毛，侧脉 10～18 对，直达叶边齿尖。复伞房花序，有多花，花梗长 5～8 mm。径 6～10 mm。花瓣宽卵形，白色。果实球形，稀倒卵形，径约 1 cm，褐色，外被显著斑点。花期 4 月，果期 8～10 月。

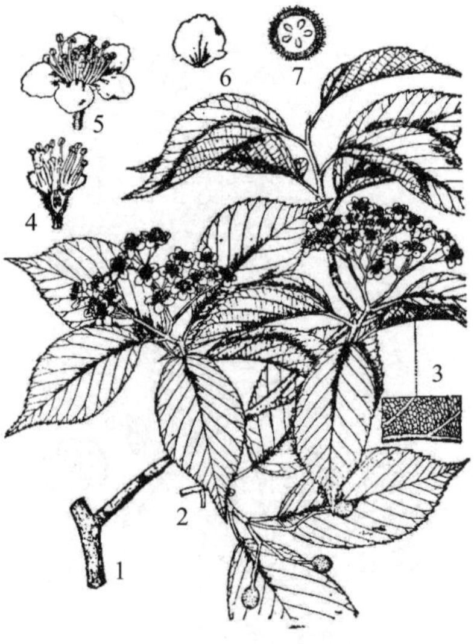

图 8-136　美脉花楸

1. 花枝；2. 果枝；3. 叶背放大；4. 花纵剖；5. 花；6. 花瓣；7. 果横剖

【分布】产于湖北、湖南、四川、贵州、云南、广东、广西。自然生于海拔 600～2100 m 杂木林内、河谷地或山地。越南北部也有分布。

【生态习性】喜光，稍耐阴，喜温暖湿润气候及肥沃、排水良好的土壤。

【观赏特性及用途】观叶植物，11 月至翌年 4 月观红叶，4 月观白花，是冬春观叶稀有种。可丛植。

(2)湖北花楸 *S. hupehensis*

【形态特征】落叶灌木至小乔木，高 5～10 m。奇数羽状复叶，连叶柄长 10～15 cm，叶柄长 1.5～3.5 cm。小叶 4～8 对，基部和顶端的小叶较中部的稍长，边缘有尖锐锯齿，近基部 1/3 或 1/2 几为全缘。复伞房花序具多数花朵，总花梗无毛或被稀疏白色柔毛。花梗长 3～5 mm。花瓣卵形，长 3～4 mm，宽约 3 mm，先端圆钝，白色。雄蕊 20 枚，果实球形，径 5～8 mm，白色，有时带粉红晕。花期 5～7 月，果期 8～11 月。

【分布】产于湖北、江西、安徽、山东、四川、贵州、陕西、甘肃、青海。普遍生于海拔 1500～3500 m 高山阴坡或山沟密林内。

【生态习性】较耐阴，耐寒。喜温暖湿润气候及肥沃、排水良好的土壤。

【观赏特性及用途】10～11 月观白色果实、红色秋叶，可片植和林植。

图 8-137　湖北花楸

1. 果枝；2. 果

(3)华西花楸 *S. wilsoniana*

【形态特征】落叶灌木或小乔木，高达 10 m，大型奇数羽状复叶，小叶 6～7 对，中部小叶最大，长椭圆形、矩圆状披针形或椭圆状倒披针形，长 5～8 cm，宽 1.5～2.5 cm，先端急尖或渐尖，基部圆形，侧生小叶基部常偏斜，两面无毛，边缘具细锯齿，近基部全缘。复伞房花序顶生，多花而密集，花白色，径 7 mm，花瓣卵形。雄蕊 20 枚，果卵形或近球形，径约 7 mm，熟时红色，顶端有宿存萼。花期 5 月，果期 9 月。

图 8-138　华西花楸

1. 果枝；2. 果；3. 花

【分布】产于湖北、湖南、四川、贵州、云南、广西。普遍生于海拔 1300～2500 m 山地杂木林中。

【生态习性】喜光，较耐寒，要求土壤排水良好。

【观赏特性及用途】可作观叶与观果植物，有很好的招鸟作用。可作庭园观赏。9 月观橘红色果实，10～11 月秋叶逐渐变红，可作观秋色叶植物材料。

9. 石楠属 *Photinia*

常绿或落叶，乔木或灌木。单叶互生，有锯齿，有托叶。花小而白色，伞房花序或圆锥花序，萼片 5 片，宿存，花瓣 5 片，圆形。雄蕊约为 20 枚，花柱 2 枚，罕 3～5 枚，少基部合生。子房 2～4 室，近半上位。梨果，含 1～4 粒种子，顶端圆且凹。

本属60余种，主产于亚洲东部及南部，中国产40余种，多分布在温暖的南方。较适于庭园观赏的主要有以下2种。

(1)椤木石楠 ***P. davidsoniae***

【形态特征】常绿乔木，高达6～15 m，树干及枝上有棘刺。叶革质，长圆形至倒卵状披针形，长5～15 cm，宽2～5 cm，先端渐尖而有尖头，基部楔形，叶缘有带腺的细锯齿。叶柄长0.8～1.5 cm。幼叶红色。花多而密，复伞房花序顶生。花序梗、花柄均贴生短柔毛。花白色，径1～1.2 cm。梨果，黄红色，径7～10 mm。花期5月，果期9～10月。

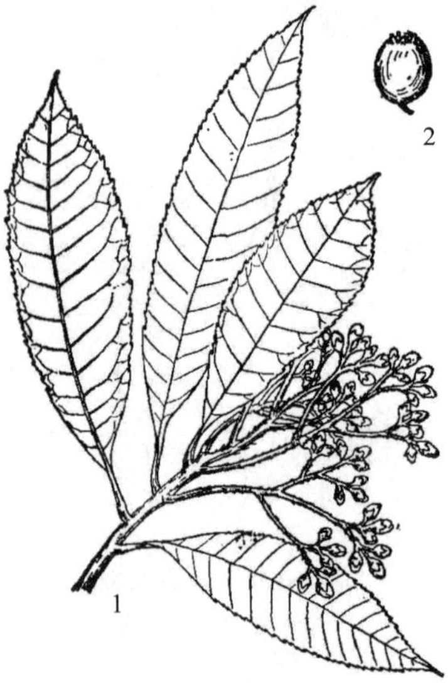

图8-139 椤木石楠

1.花枝；2.果

【分布】产于华中、华南、西南各地。

【生态习性】喜光，稍耐阴，喜温暖，尚耐寒，喜排水良好、肥沃土壤。较耐干燥瘠薄，不耐水湿。

【观赏特性及用途】花、叶均有较高观赏价值，可作刺篱。

(2)石楠 ***P. serrulata***

【形态特征】常绿小乔木，高达12 m。全株几无毛，叶长椭圆形至倒卵状长椭圆形，长8～20 cm，先端尖，基部圆形或广楔形，缘有细尖锯齿，革质有光泽，幼叶带红色。花白色，径6～8 mm，复伞房花序顶生。果球形，径5～6 mm，红色。花期5～7月，果熟期10月。

图8-140 石楠

【分布】产于中国中部、南部、西南部。印度尼西亚有分布。自然生于海拔1000～2500 m的杂木林中。

【生态习性】喜光，稍耐阴。喜温暖，也耐寒，能耐短期低温－15 ℃。喜排水良好的肥沃土壤，能耐干旱瘠薄，能生长在石缝中，但不耐水湿。

【观赏特性及用途】枝叶浓密，春色叶鲜红，秋冬果实红艳，是美丽的观赏树种。可孤植、丛植及基础栽植，也宜作整形园林中。

10. 木瓜属 *Chaenomelas*

落叶或半常绿灌木或小乔木，有的具枝刺。单叶互生，缘有锯齿。托叶大。花单生或簇生。萼片5片，花瓣5片，雄蕊20枚或更多。花柱5枚，基部合生。子房下位，5室，各含多粒胚珠。大型梨果。

本属共5种，中国5种。较适合作庭园观赏的有以下几种。

(1)贴梗海棠 ***C. speciosa***

【别名】铁角海棠、皱皮木瓜。

【形态特征】落叶灌木，高达2 m，枝有刺。叶卵形至椭圆形，长3～8 cm，先端尖，基部楔形，缘有尖锐锯齿，齿尖开展，表面无毛，有光泽，背面无毛或脉上稍有毛；托叶大，肾形或半圆形，缘有尖锐重锯齿。花 3～5 朵簇生于二年生老枝上，朱红、粉红或白色，径 3～5 cm，萼片直立，花柱基部无毛或稍有毛。花梗粗短或近无梗。果卵形至球形，径 4～6 cm。花期 3～4 月，先叶开放，果熟期 9～10 月。

【分布】产于中国陕西、甘肃、四川、贵州、云南、广东等地，缅甸有分布。

【生态习性】喜光，有一定耐寒能力，对土壤要求不严，但喜排水良好的肥厚土壤，不耐积水。

【观赏特性及用途】花早春叶前开放，簇生枝间，鲜艳美丽，且有重瓣及半重瓣品种，秋季黄果较大，观赏极佳。宜于草坪、庭园或花坛内丛植，也可作绿篱及基础栽植材料，还可作盆栽。

(2)木瓜海棠 *C. cathayensis*

【别名】木桃、毛叶木瓜。

【形态特征】落叶灌木至小乔木，高 2～6 m。枝具短枝刺。叶长椭圆形至披针形，长 5～11 cm，缘具芒状细齿，表面常绿且有光泽，背面幼时密被褐色茸毛，后渐脱落，叶质较厚。花淡红色或近白色，花柱基部有毛。2～3 朵簇生于二年生老枝上，花梗粗短或近无梗。果卵形至长卵形，长 8～12 cm，黄色有红晕，芳香。花期 3～4 月，先叶开放。果熟期 9～10 月。

【分布】产于陕西、甘肃、江西、湖北、湖南、四川、云南、贵州、广西等地。

【生态习性】耐寒性较木瓜、贴梗海棠弱。

【观赏特性及用途】观花观果。用途与贴梗海棠相似。

(3)日本贴梗海棠 *C. japonica*

【形态特征】落叶灌木，通常高不及 1 m，枝有刺。小枝粗短，幼时具茸毛，紫红色，二年生枝有疣状突起，黑褐色。叶广卵形至倒卵形或匙形，长 3～5 cm，先端钝或短急尖，缘有圆钝锯齿，两面无毛。花 3～5 朵簇生，砖红色。果近球形，径 3～4 cm，黄色。

【分布】产于日本。中国各地庭园习见栽培。

【生态习性】喜光，耐寒，不耐积水。

【观赏特性及用途】观花。可作花坛丛植材料。

(4)木瓜 *C. sinensis*

【形态特征】落叶小乔木，高达 5～10 m。枝无刺，但短小枝常呈棘状。小枝幼时有毛。叶卵状椭圆形，长 5～8 cm，先端急尖，基部楔形，缘具芒状锐齿，幼时叶下面有毛，后脱落，革质，叶柄有腺齿。花单生叶腋，粉红色，径 2.5～3 cm。果椭圆形，长 10～15 cm。花期 4～5 月，叶后开放，果熟期 8～10 月。

图 8-141　木瓜

1. 花枝；2. 花萼和雄蕊；3. 果；4. 叶柄

【分布】产于山东、陕西、安徽、江苏、浙江、江西、湖北、广东、广西等地。

【生态习性】喜光，喜温暖，但有一定耐寒性，要求土壤排水良好，不耐盐碱地和低湿地。

【观赏特性及用途】本种花美果香，宜作庭园观赏；亦可室内盆栽。

11. 苹果属 *Malus*

落叶乔木或灌木。叶有锯齿或缺裂，有托叶。花白色、粉红色至紫红色，呈伞形总状花序。雄蕊 15～50 枚，子房下位，3～5 室，花柱 2～5 枚，基部合生。梨果。

本属约 40 种，广泛分布于北半球温带。中国 25 种，多数为重要的果树及砧木或观赏树种。

主要栽培及用于庭园观赏种有以下几种。

(1)海棠花 *M. spectabilis*

【别名】海棠。

【形态特征】小乔木，树形峭立，高达 8 m。小枝红褐色，幼时疏生柔毛，叶椭圆形至长椭圆形，长5～8 cm，先端短锐尖，基部广楔形至圆形，缘具紧贴细锯齿，背面幼时有柔毛。花在蕾时甚红艳，开放后呈淡粉红色，径4～5 cm，单瓣或重瓣。萼片较萼筒短或等长，三角状卵形，宿存。花梗长2～3 cm。果近球形，黄色，径约2 cm，基部不凹陷。花期4～5月，果熟期9月。

图 8-142 海棠花

1. 花枝；2. 果枝

【分布】产于中国，是久经栽培的著名观赏树种，华北、华东尤为常见。

【生态习性】喜光，耐寒，耐旱，忌水湿。

【观赏特性及用途】观花树种。植于门前、庭园、亭廊周围、草地、林缘等；也可盆栽观赏。

【变种、变型及品种】①‘重瓣粉’海棠：叶较宽而大。花重瓣，较大，粉红色。②‘重瓣白’海棠：花白色，重瓣。

二维码 A-4
海棠花故事

(2)西府海棠 *M. micromalus*

【别名】小果海棠。

【形态特征】小乔木，树态峭立，是山荆子与海棠的杂交种。小枝紫褐色或暗褐色，幼时有短柔毛。叶长椭圆形，长5～10 cm，先端渐尖，基部广楔形，锯齿尖细，背面幼时有毛，叶质硬实，表面有光泽。叶柄细长，2～3 cm。花淡红色，径约4 cm，花柱5枚，花梗及花萼均具柔毛，萼片短，有时脱落。果红色，径1～1.5 cm，萼洼梗洼均下陷。花期4月，果熟期8～9月。

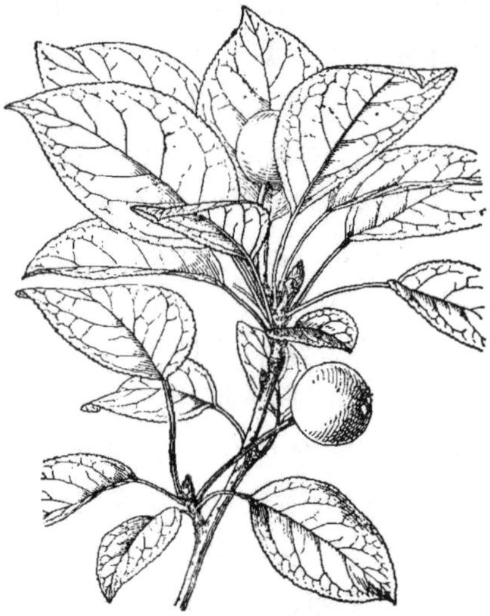

图 8-143 西府海棠

【分布】产于中国北部，各地有栽培。

【生态习性】喜光，耐寒，耐旱，忌水湿。

【观赏特性及用途】花粉红而密集，果实红艳，布满枝头，是庭园观花、观果的优良树种。果还可加工成蜜饯。

(3)垂丝海棠 *M. halliana*

【形态特征】小乔木，高5 m，树冠疏散。枝开展，幼时紫色。叶卵形至长卵形，长3.5～8 cm，基部楔形，锯齿细钝或近全缘，质较厚实，表面有光泽。叶柄及中肋常带紫红色。花4～7朵簇生于小枝端，鲜玫瑰红色，径3～3.5 cm，花柱4～5枚，花萼紫色，萼片比萼筒短而端钝。花梗细长下垂，紫色。花序中常有1～2朵花无雌蕊。果倒卵形，径6～8 mm，紫色。花期4月，果熟期9～10月。

【分布】产于江苏、浙江、安徽、陕西、四川、云南等地。各地广泛栽培。

【生态习性】喜温暖湿润气候，耐寒性不强。

【观赏特性及用途】花多色艳，是著名的庭园观赏花木，在江南庭园中尤常见。可孤植、群植、丛植等。

图 8-144　垂丝海棠

1. 花枝；2. 果枝

12. 梨属 *Pyrus*

落叶或半常绿乔木，罕为灌木。有时具枝刺。单叶互生，常有锯齿，罕具裂，在芽内呈席卷状，具叶柄及托叶。花先叶开放或与叶同放，伞形总状花序。花白色，罕粉红色。花瓣具爪，近圆形，雄蕊 20～30 枚，花药常红色。花柱 2～5 枚，离生。子房下位，2～5 室，每室具 2 粒胚珠。梨果具明显皮孔。

本属约 25 种，产于欧亚及北非温带。中国产 14 种。主要常见种如下。

(1)白梨 *P. bretschneideri*

【形态特征】落叶乔木，高达 5～8 m。小枝粗壮，幼时有柔毛。叶卵形或卵状椭圆形，长 5～11 cm，基部广楔形或近圆形，有刺芒状锯齿，齿端微向内曲，幼时两面有茸毛，后变光滑；叶柄长 2.5～7 cm。花白色，径 2～3.5 cm。花柱 5 枚，罕为 4 枚，无毛。花梗长 1.5～7 cm。果卵形或近球形，黄色或黄白色，有细密斑点，果肉软，花萼脱落。花期 4 月，果熟期 8～9 月。

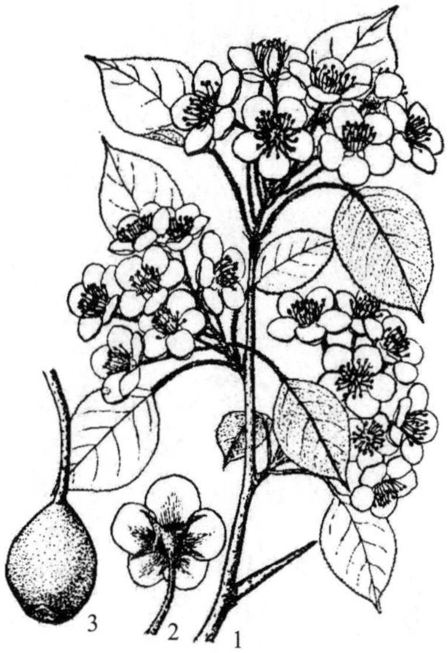

图 8-145　白梨

1. 花枝；2. 花；3. 果

【分布】产于中国北部，河北、河南、山东、山西、陕西、甘肃、青海等地皆有分布。栽培遍及华北、东北南部、西北及江苏北部、四川等地。

【生态习性】喜干燥冷凉，抗寒力较强，但次于秋子梨。喜光，对土壤要求不严，以浑厚、疏松、地下水位较低的肥沃沙质壤土为最好，开花期忌寒冷和阴雨。

【观赏特性及用途】树姿优美，春天开花，满树雪白，观赏价值极高。可孤植、丛植。果除鲜食外，还可制梨酒、梨干、梨膏、罐头等。

(2)沙梨 *P. pyrifolia*

【形态特征】落叶乔木，高达 7～15 m。小枝光滑，或幼时有茸毛，1～2 年生枝紫褐色或暗褐色。叶卵状椭圆形，长 7～12 cm，先端长尖，基部圆形或近心形，缘具刺毛状锐齿，有时齿端微向内曲，光滑或幼时有毛。叶柄长 3～4 cm。花白色，径 2.5～3.5 cm，花柱无毛。花梗长 3.5～5 cm。果近球形，浅褐色。花萼脱落。花期 4 月，果熟期 8 月。

【分布】主产于长江流域，华南、西南有分布。

【生态习性】喜温暖多雨气候，耐寒力较差。

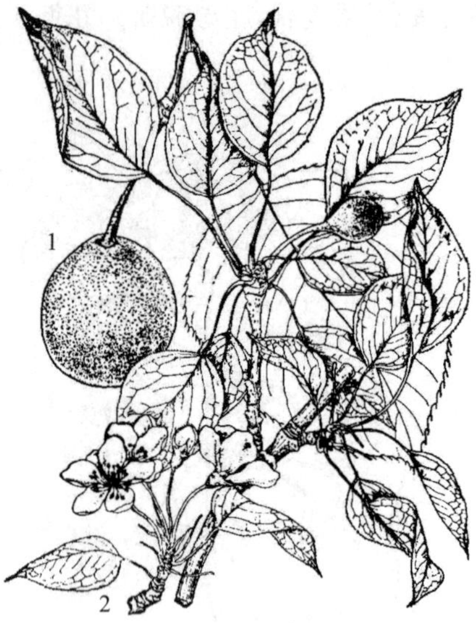

图 8-146 沙梨

1. 果枝；2. 花枝

【观赏特性及用途】与白梨相似。

(3)秋子梨 *P. ussuriensis*

【形态特征】落叶乔木，高达 15 m，树冠宽广。小枝粗壮，老时灰褐色，光滑无毛。叶卵形至广卵形，长 5～10 cm，先端锐尖，基部圆形或近心形，缘具长刺芒状尖锯齿。叶柄长 2～5 cm。花白色，径 3～3.5 cm，花柱基部有毛。花梗长 1～2 cm。果近球形，黄色或黄绿色，萼宿存，果柄短(1～2 cm)。花期 4～5 月，果熟期 8～10 月。

【分布】产于东北、华北、西北各地。朝鲜有分布。多生于山麓、河谷或林缘。

【生态习性】喜光，稍耐阴。抗寒力很强，能耐 −37 ℃低温。耐旱、耐瘠、耐碱。深根性，生长较慢，抗病力较强。

【观赏特性及用途】与白梨相似。

【变种、变型及品种】品种很多，常见的有‘京白’梨、‘鸭广’梨、‘子母’梨、‘香水’梨、‘沙果’梨。

(4)杜梨 *P. betulaefolia*

【形态特征】落叶乔木，高达 10 m。小枝常棘刺状，幼时密生灰白色茸毛。叶菱状卵形或长卵形，长 4～8 cm，缘有粗尖齿，幼叶两面具灰白茸毛，老则仅背面有毛。花白色，径 1.5～2 cm，花柱 2～3 枚，花梗长 2～2.5 cm。果实小，近球形，径约 1 cm，褐色；萼片脱落。花期 4 月下旬至 5 月上旬；果熟期 8～9 月。

图 8-147 杜梨

【分布】主产于中国北部，长江流域也有；辽宁南部、河北、山西、河南、陕西、甘肃、安徽、江西、湖北均有分布。生于海拔 50～1800 m 的平原或山坡。

【生态习性】喜光，稍耐阴，耐寒，极耐干旱、瘠薄及碱土、深根性，抗病虫害力强，生长较慢。

【观赏特性及用途】春季白花美丽，也常植于庭园观赏。

13. 蔷薇属 *Rosa*

落叶或常绿灌木，茎直立或攀缘，通常有皮刺。叶互生，奇数羽状复叶，具托叶，罕为单叶而无托叶。花单生呈伞房花序，生于新梢顶端；萼片及花瓣各 5 片，罕为 4 片；雄蕊多数，生于蕊筒的口部；雌蕊通常多数，包藏于壶状花托内。花托老熟即变为肉质之浆果状假果，特称蔷薇果，内含少数或多数骨质瘦果。

本属 200 余种，主产于北半球温带及亚热带；中国 90 余种，加引进种达 115 种。主要栽培及常见种如下。

(1)缫丝花 *R. roxburghii*

【别名】刺梨。

【形态特征】落叶或半常绿灌木，高达 2.5 m。

小叶 9～15 枚,小叶椭圆或长圆形,长 1～2 cm。缘具细尖齿,叶下面中脉常具小刺;叶柄及叶轴疏生皮刺,无毛;托叶边缘有腺毛,大部与叶柄连合。花 1～2 朵生于短枝,重瓣至半重瓣浅粉色,微香,径 4～6 cm;花梗短,具刺毛;花托杯状,密生刺毛;萼片密被刺毛,内面密被茸毛;花柱离生,柱头微突出。果扁球形,黄色,径 3～4 cm,密生刺毛;宿萼直立。花期 5～7 月,果期 9～10 月。

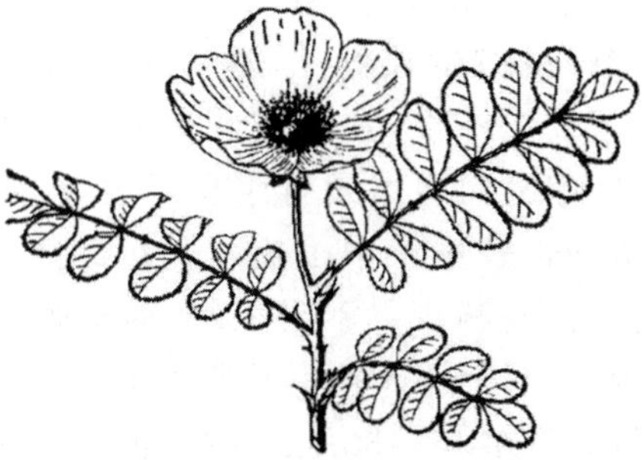

图 8-148 缫丝花

【分布】分布很广,产于安徽、浙江、江西、湖北、湖南、广西、贵州、云南、四川、陕南、甘肃南部、西藏东部。

【生态习性】生长强健,较耐寒,对土壤要求不严,易栽培。

【观赏特性及用途】可作花刺篱;果酸甜可食,现已有开发产品;又可入药;种子可榨油。

【变种、变型及品种】有一变种,单瓣缫丝花 *f. normalis* Rehd ex Wils:花单瓣,实为本种的原始类型。

(2)黄刺玫 *R. xanthina*

【形态特征】落叶丛生灌木,高 1～3 m;小枝褐色,有硬直皮刺,无刺毛。小叶 7～13 枚,广卵形至近圆形,长 0.8～1.5 cm,先端钝或微凹,缘有钝锯齿,背面幼时微有柔毛,但无腺。花单生,黄色,重瓣或单瓣,径 4.5～5 cm。果近球形,红褐色,径 1 cm。花期 4 月下旬至 5 月中旬。

【分布】产于东北、华北至西北;朝鲜有分布。

【生态习性】性强健,喜光,耐寒、耐旱,耐瘠薄;病虫害少。

【观赏特性及用途】春天开金黄色花朵,而且花

图 8-149 黄刺玫

1. 花枝;2. 果

期较长,为园林春景添色不少。宜于草坪、林缘、路边丛植,也可作绿篱及基础种植。

(3)黄蔷薇 *R. hugonis*

【形态特征】落叶灌木,高达 2.5 m;枝拱形,有直而扁平之刺,并常有刺毛混生。小叶 5～13 枚,卵状椭圆形至倒卵形,长 0.8～2 cm,先端微尖或圆钝,基部圆形,缘具锐齿,两面无毛,花单生,黄色,微香,径约 5 cm,单瓣。果扁球形,径 1～1.5 cm,红褐色,具宿存萼片。花期 4～5 月,果熟期 7 月。

图 8-150 黄蔷薇

1. 花枝;2 果

【分布】产于陕西、甘肃、四川等地。

【生态习性】喜光，较耐寒。

【观赏特性及用途】传至国外后广泛应用于园林，多靠着篱栅或墙垣种植，春季开花繁密，为单瓣黄色蔷薇中最受欢迎的种类之一。

(4)峨眉蔷薇 ***R. omeiensis***

【别名】山石榴。

【形态特征】直立灌木，高 3～4 m。小枝无刺或有基部膨大而扁的皮刺。小叶 9～17(21)枚，长圆形或圆状长圆形，长 0.8～2.5 cm，叶轴和叶柄散生小皮刺；托叶大部分贴生于叶柄。花白色生叶腋，径 2.5～3.5 cm，无苞片；萼片 4 片，花瓣 4 片，花柱离生，比雄蕊短。蔷薇果梨形或倒卵形，径 1～1.5 cm，熟时红色，果柄肥大，萼宿存直立。花期 5～6 月；果期 7～9 月。

【分布】产于鄂西、陕南、宁南、甘肃、青海、云南、西藏、四川，自然生于海拔 4000 m 以下山坡灌丛中。

【生态习性】耐寒，喜光，较耐旱，对土壤要求不严。

【观赏特性及用途】可用于庭园观赏。

(5)玫瑰 ***R. rugosa***

【形态特征】落叶直立丛生灌木，高达 2 m；茎枝灰褐色，密生刚毛与倒刺。小叶 5～9 枚，椭圆形至椭圆状倒卵形，长 2～5 cm，缘有钝齿，质厚；表面亮绿色，多皱，无毛，背面有柔毛及刺毛；托叶大部附着于叶柄上。花单生或数朵聚生，常为紫色，芳香，径 6～8 cm。果扁球形，径 2～5 cm，砖红色，具宿存萼片。花期 5～6 月，7～8 月零星开放；果 9～10 月成熟。

图 8-151　峨眉蔷薇

1～2. 花果枝；3. 子房；4～5. 花药

【分布】产于中国北部，现各地有栽培，以山东、江苏、浙江、广东为多。

【生态习性】生长健壮，适应性很强，耐寒、耐旱，对土壤要求不严，在微碱性土上也能生长。喜阳光充足、凉爽而通风及排水良好之处，在肥沃的中性或微酸性轻壤土中生长和开花最好。在阴处生长不良，开花稀少。不耐积水，遇涝则下部叶片变黄脱落，甚至全株死亡。萌蘖力很强，生长迅速；根系一般分布在 15～50 cm 深处，但垂直根可深达 400 cm。

【观赏特性及用途】色艳花香，适应性强，最宜作花篱、花境、花坛及坡地栽植。玫瑰花可作香料和提取芳香油，用于食品工业；花蕾及根入药，有理气、活血、收敛等效，是园林结合生产的好材料，特别适合在山地风景区结合水土保持大量栽种。

【变种、变型及品种】主要变种有：①紫玫瑰 var. *typica*：花玫瑰紫色。②红玫瑰 var. *rosea*：

图 8-152　玫瑰

1. 花枝；2. 果

花玫瑰红色。③白玫瑰 var. *alba*：花白色。④重瓣紫玫瑰 var. *plena*：花玫瑰紫色，重瓣，香气馥郁，品质优良，多不结实或种子瘦小。各地栽培最广。⑤重瓣白玫瑰 var. *albo-plena*：花白色，重瓣。

(6)月季花 *R. chinensis*

【形态特征】常绿或半常绿直立灌木，通常具钩状皮刺。小叶 3～5 枚，广卵至卵状椭圆形，长2.5～6 cm，先端尖，缘有锐锯齿，两面无毛，表面有光泽；叶柄和叶轴散生皮刺和短腺毛，托叶大部附生在叶柄上，边缘有具腺纤毛，花常数朵簇生，罕单生，径约 5 cm，深红、粉红至近白色，微香；萼片常羽裂，缘有腺毛；花梗多细长，有腺毛。果卵形至球形，长1.5～2 cm，红色。花期 4 月下旬至 10 月；果熟期 9～11 月。

【分布】产于湖北、四川、云南、湖南、江苏、广东等地，现各地普遍栽培。

【生态习性】月季对环境适应性颇强，中国南北各地均有栽培。对土壤要求不严，但以富含有机质、排水良好而微酸性(pH 6～6.5)土壤最好。喜光，但过于强烈的阳光照射又对花蕾发育不利，花瓣易焦枯。喜温暖，一般气温在 22～25 ℃最为适宜，夏季的高温对开花不利。因此，月季虽能在生长季开花不绝，但春、秋两季开花最多、最好。

【观赏特性及用途】月季花色艳丽，花期长，是园林布置的好材料。宜作花坛、花境及基础栽植用，在草坪、园路角隅、庭园、假山等处配植也很合适，又可作盆栽及切花用。

【变种、变型及品种】主要变种、变型有：①月月红 var. *semperflorens*：茎较纤细，常带紫红晕，有刺或近无刺。小叶较薄，常带紫晕。花多单生，紫色至深粉红色，花梗细长而常下垂。品种有大红月季、铁把红等。②小月季 var. *minima*：植株矮小，多分枝，高一般不过 25 cm；叶小而狭；花也较小，径约 3 cm，玫瑰红色，单瓣或重瓣。宜作盆景材料。栽培品种不多，但在小花月季矮化育种中起着重要作用。③绿月季 var. *viridiflora*：花淡绿色，花瓣呈带锯齿之狭绿叶状。④变色月季 f. *mutabilis*：花单瓣，初开时硫黄色，继而变橙色、红色，最后呈暗红色，径 4.5～6 cm。

(7)香水月季 *R. odorata*

【形态特征】常绿或半常绿灌木；枝条长，多少具攀缘性，有散生钩状皮刺。小叶 5～7 枚，常为卵状椭圆形，长 3～7 cm，先端尖，基部近圆形，缘有锐锯齿，两面无毛，表面有光泽；叶柄和叶轴均疏生钩刺和短腺毛；新叶及嫩梢常带古铜色晕。花蕾秀美，花梗细长，单生或 2～3 朵聚生，有粉红、浅黄、橙黄、白等色，径 5～8 cm 或更大，芳香浓烈。果近球形，红色。

图 8-153　香水月季

【分布】产于中国西南部，久经栽培。1810 年传入欧洲，在欧洲及北美温暖地区栽培普遍。

【生态习性】习性似月季花但较娇弱，喜水、肥，怕热、畏寒。新梢自春至秋不断生长，温度在 20 ℃以上即可着蕾开花。

【观赏特性及用途】与月季相似。

(8)野蔷薇 *R. multiflora*

【形态特征】落叶灌木；茎长，偃伏或攀缘，托叶下有刺。小叶 5～9，倒卵形至椭圆形，长 1.5～3 cm，缘有齿，两面有毛；托叶明显，边缘篦齿状。花多朵呈密集圆锥状伞房花序，白色或略带粉晕，芳香，径约 2 cm，萼片有毛，花后反折。果近球形，径约 6 mm，褐红色。花期 5～6 月，果熟期 10～11 月。

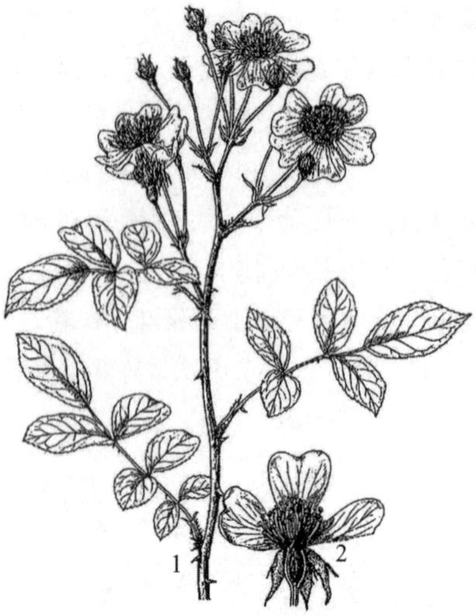

图 8-154 野蔷薇

1. 花枝;2. 花纵剖

【分布】产于华北、华东、华中、华南及西南;朝鲜、日本有分布。

【生态习性】生长健壮,喜光,耐寒,对土壤要求不严,在黏重土中也可正常生长。

【观赏特性及用途】在园林中最宜植为花篱,坡地丛栽也颇有野趣,且有助于水土保持。原种作各类月季、蔷薇的砧木时亲和力很强,故国内外普遍应用。

【变种、变型及品种】常见栽培变种、变型有:①粉团蔷薇 var. *cathayensis*:小叶较大,通常 5～7 枚;花较大,径 3～4 cm,单瓣,粉红至玫瑰红色,数朵或多朵呈平顶之伞房花序。②荷花蔷薇 f. *carnea*:花重瓣,粉红色,多朵成簇,甚美丽。③七姊妹 f. *platyphylla*:叶较大;花重瓣,深红色,常 6～7 朵呈扁伞房花序。④'白玉棠':枝上刺较少;小叶倒广卵形;花白色,重瓣,多朵簇生,有淡香。北京常见。

(9)木香 *R. banksiae*

【形态特征】常绿攀缘灌木,高达 6 m,枝细长绿色,光滑而少刺。小叶 3～5 枚,罕 7 枚,卵状长椭圆形至披针形,长 2.5～5 cm,先端尖或钝,缘有细锐齿,表面暗绿而有光泽,背面中肋常微有柔毛;托叶线形,与叶柄离生,早落。花常为白色,径约 2.5 cm,芳香;萼片全缘,花梗细长,光滑;3～15 朵排成伞形花序。果近球形,红色,径 3～4 mm,萼片脱落。花期 4～5 月。

【分布】产于中国西南部,现各地园林中多有栽培。

【生态习性】喜光,稍耐旱阴,适应性较强,对土壤要求不严。

【观赏特性及用途】观花、香味植物,宜植棚架或附于墙面上观赏。

【变种、变型及品种】主要变种、变型有:①重瓣白木香 var. *albo-plena*:花白色,重瓣,香味浓烈;常为 3 小叶,久经栽培,应用最广。②重瓣黄木香 var. *lutea*:花淡黄色,重瓣,香味甚淡;常为 5 小叶;较少栽培。③单瓣黄木香 f. *lutescen*:花黄色,单瓣,罕见。④金樱木香 *R. fortuneana*:可能是木香与金樱子(*R. laevigata*)的杂交种,藤本,小叶 3～5 枚,有光泽;花单生,大型,重瓣,白色,香味极淡,花梗有刚毛。

14. 棣棠花属 *Kerria*

灌木;单叶互生,重锯齿,有托叶;花单生,黄色,两性;萼片 5 片,短小而全缘;花瓣 5 片,雄蕊多数;心皮 5～8 枚。瘦果干而小。

本属仅 1 种,产于中国及日本。

棣棠 *K. japonica*

【形态特征】落叶丛生无刺灌木,高 1.5～2 m;小枝绿色,光滑,有棱。叶卵形至卵状椭圆形,长 4～8 cm,先端长尖,基部楔形或近圆形,缘有尖锐重锯齿,背面略有短柔毛。花金黄色,径 3～4.5 cm,单生于侧枝顶端;瘦果黑褐色,生于盘状花托上,萼片宿存。花期 4 月下旬至 5 月底。

【分布】产于河南、湖北、湖南、江西、浙江、江苏、四川、云南、贵州、广东等地。日本有分布。

【生态习性】性喜温暖、半阴或略湿之地。野生状态多在山涧、岩石旁、灌丛中或乔木林下生长。

【观赏特性及用途】花、叶、枝俱美,丛植于篱边、墙际、水畔、坡地、林缘及草坪边缘,或栽作花径、花篱或与假山配植,都很合适。

【变种、变型及品种】主要变型有:①重瓣棣棠 f. *pleniflora*:花重瓣。②金边棣棠 f. *aureo-var-*

图 8-155 棣棠

1. 花枝；2. 幼果

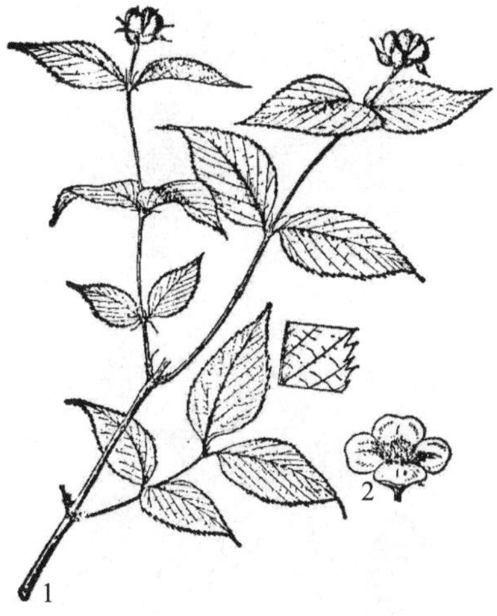

图 8-156 鸡麻

1. 果枝；2. 花

iegata：叶缘黄色。③银边棣棠 f. *picta*：叶缘白色。观赏价值更高，庭园中栽培更普遍。此外，尚有若干斑叶、彩枝等变种，但较为罕见。

15. 鸡麻属 *Rhodotypos*

灌木；单叶对生，缘具重锯齿，有托叶；花单生，白色。萼片 4 片，卵形，有锯齿，基具 4 互生副萼。花瓣 4 片，近圆形，雄蕊多数，心皮通常 4 枚；核果熟时干燥，黑色。

本属仅 1 种，产于中国及日本。

鸡麻 *R. scandens*

【形态特征】落叶灌木，高 2～3 m。枝开展，紫褐色，无毛。叶卵形至卵状椭圆形，长 4～8 cm，端锐尖，基圆形，缘具尖锐重锯齿，表面皱，背面幼时有柔毛；叶柄长 3～5 mm。花纯白色，径 3～5 cm，单生新枝顶端。核果 4 粒，倒卵形，长约 8 mm，亮黑色。花期 4～5 月。

【分布】产于辽宁、山东、河南、陕西、甘肃、安徽、江苏、浙江、湖北等地；日本也有。生于海拔 800 m 以上山坡疏林下。

【生态习性】喜光，对土壤要求不严。

【观赏特性及用途】观花植物。

16. 桃属 *Amygdalus*

落叶乔木或灌木。枝无刺或有刺。侧芽常 3 芽并生，中间为叶芽，两旁为花芽，稀 2 芽并生。单叶互生，有托叶，幼叶在芽中对折；叶缘具锯齿，叶基有时具腺体；叶柄常具 2 枚腺体。花单生，稀 2 朵并生，花两性，整齐；花梗短或近无梗，稀较长；花萼 5 裂，后脱落；花瓣 5 片，粉色或白色，生于萼筒口，覆瓦状排列；雄蕊多数，同位，花丝分离；雌蕊 1 枚，子房上位，1 室。核果，被毛，稀无毛，熟时果肉多汁，不裂或干燥开裂，腹沟明显，果洼较大；核坚硬、近扁圆，具深浅不同的纵横沟纹，极罕平滑，2 瓣裂，内具 1 粒下垂种子。

本属约 40 种，中国产 11 种。常见有以下几种。

(1)桃 *A. persica*

【形态特征】落叶小乔木，高达 8 m，小枝红褐色或褐绿色，无毛；芽密被灰色茸毛。叶椭圆状披针形，长 7～15 cm，先端渐尖，基部阔楔形，缘有细锯齿，两面无毛或背面脉腋有毛；叶柄长 1～1.5 cm，有腺体。花单生，径约 3 cm，粉红色，近无柄，萼外被毛。果近球形，径 5～7 cm，表面密被茸毛。花期 3～4 月，先叶开放；果 6～9 月成熟。

【分布】产于中国，在华北、华中、西南等地山区仍有野生桃树。

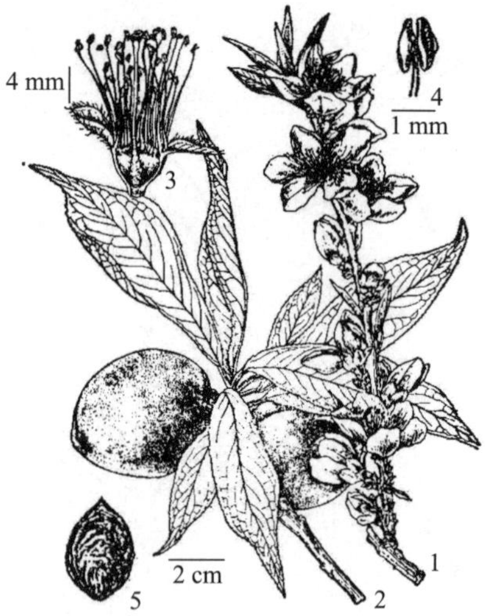

图 8-157　桃

1. 花枝；2. 果枝；3. 花纵剖；4. 花药；5. 种子

【生态习性】喜光，耐旱，喜肥沃而排水良好的土壤，不耐水湿。碱性及黏重土均不适宜。喜夏季高温，有一定的耐寒能力。开花时节怕晚霜，忌大风。根系较浅。

【观赏特性及用途】园林中食用桃可在风景区大片栽种或在园林中游人少到处辟专园种植。观赏种则山坡、水畔、石旁、墙际、庭园、草坪边均宜，唯须注意选阳光充足处，且注意与背景之间的色彩衬托关系。此外，碧桃尚宜盆栽、切花或作桩景等用。中国园林中习惯以桃、柳间植水滨，以形成"桃红柳绿"之景色。

【变种、变型及品种】中国主要栽培变种、变型与代表性品种有以下几种。

Ⅰ. 食用桃

①油桃 var. *nectarina*：果实成熟时光滑无毛，形较小，叶片锯齿较尖锐。如新疆的'黄李光'桃、甘肃的'紫胭'桃等。②蟠桃 var. *compressa*：果实扁平，两端均凹入，核小而不规则。品种以江、浙一带为多，华北略有栽培。③黏核桃 f. *scleropersica*：果肉与核分离。如北方的'青州蜜'桃等。

Ⅱ. 观赏桃

①白桃 f. *alba*：花白色，单瓣。②白碧桃 f. *alboplena*：花白色，复瓣或重瓣。③碧桃 f. *duplex*：花淡红，重瓣。④绛桃 f. *camelliaeflora*：花深红色，复瓣。⑤红碧桃 f. *rubroplena*：花红色，复瓣，萼片常为 10 片。⑥复瓣碧桃 f. *dianthiflora*：花淡红色，复瓣。⑦绯桃 f. *magnifica*：花鲜红色，重瓣。⑧洒金碧桃 f. *versi*：花复瓣或近重瓣，白色或粉红色，同一株上花有二色，或同朵花上有二色，乃至同一花瓣上有粉、白二色。⑨紫叶桃 f. *atropurpurea*：叶为紫红色；花为单瓣或重瓣，淡红色。⑩垂枝桃 f. *pendula*：枝下垂。⑪寿星桃 f. *densa*：树形矮小、紧密，节间短；花多重瓣。有'红花寿星'桃、'白花寿星'桃等品种。⑫塔形桃 f. *pyramidalis*：树形呈窄塔状；较为罕见。

(2)山桃 *A. davidiana*

【形态特征】落叶小乔木，高达 10 m；树皮紫褐色而有光泽。小枝细而无毛，多直立或斜伸。叶狭卵状披针形，长 6～10 cm，先端长渐尖，基部广楔形，锯齿细尖，两面无毛；叶柄长 1～2 cm，罕具腺体。花单生，淡粉红色，花萼无毛。果球形，径约 3 cm，果肉薄而干燥，离核，不堪食。花期 3～4 月，先叶开放；果 7 月成熟。

【分布】主要分布于黄河流域各地，西南也有。多生于向阳的石灰岩山地。

【生态习性】耐寒、耐旱。

图 8-158　山桃

1. 花枝；2. 短枝；3. 花纵剖；4. 果；5. 种子

【观赏特性及用途】本种花期早，花时美丽可观，并有曲枝、白花、柱形等变异类型。园林中宜成片植于山坡并以苍松翠柏为背景，可显娇艳之美。在庭园、草坪、水际、林缘、建筑物前零星栽植也很合适。

【变种、变型及品种】主要变种有：①白花山桃 var. *alba*：花白色，单瓣。②红花山桃 var. *rubra*：花玫瑰红色；③龙爪山桃 var. *tortuosa*：枝扭曲。

17. 杏属 *Armeniaca*

落叶乔木，罕灌木。枝无刺、罕有刺。侧芽单生或叶芽及花芽并生或2～3个簇生叶腋，无顶芽；每花芽具1朵花，罕2～3朵。单叶，互生，幼叶在芽中席卷；叶缘单锯齿或重锯齿；叶柄常具2枚腺体；有托叶，花两性，整齐；花梗短，罕较长；花萼5裂，果期脱落；花瓣5片，覆瓦状排列；雄蕊15～45枚，花丝分离；子房上位，被毛，1室。核果有纵沟，具毛，稀无毛；果肉肉质多汁，熟时不开裂，稀干燥开裂，离核或黏核；核两侧扁平，光滑或粗糙呈网状，罕具蜂窝状穴凹，具瓣裂；种仁味苦或甜。

(1)杏 *A. vulgaris*

【形态特征】落叶乔木，高达10 m，叶广卵形或圆卵形，长5～10 cm，先端短、锐尖，基部圆形或近心形，锯齿细钝，两面无毛或背面脉腋有簇毛；叶柄多带红色，长2～3 cm。花单生，先叶开放，白色至淡粉红色，径约2.5 cm；萼鲜绛红色。果球形，径2.5～3 cm，黄色而常一边带红晕，表面有细柔毛；核略扁而平滑。花期3～4月；果熟期6月。

【分布】产于东北、华北、西北、西南及长江中下游各地。

【生态习性】喜光，耐寒，能耐－40 ℃的低温，也能耐高温，耐旱，对土壤要求不严，可在轻盐碱地上栽种。极不耐涝，也不喜空气湿度过高。春季寒潮侵袭也会对开花结实产生不利的影响。最宜在土层深厚、排水良好的壤土或砾沙壤土中生长。

【观赏特性及用途】早春开花，繁茂美观，北方栽植尤多，故有“南梅、北杏”之称。除在庭园少量种植外，宜群植、林植于山坡、水畔。

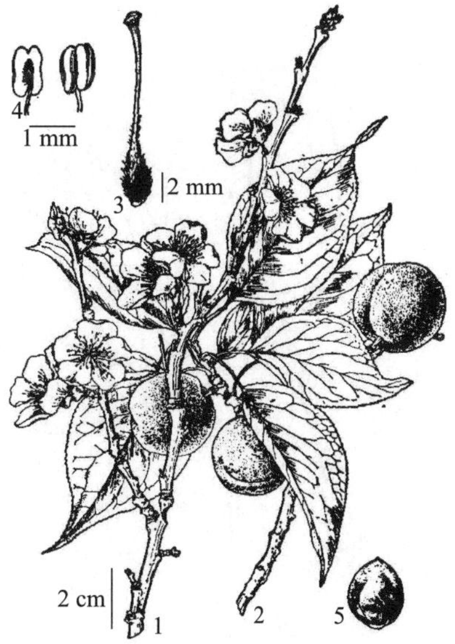

图8-159 杏

1. 花枝；2. 果枝；3. 子房；4. 花药；5. 种子

【变种、变型及品种】主要有：①山杏 var. *ansu*：叶较小，长4～5 cm；花2朵并生，或3朵簇生。果密被毛，橙红色，径约2 cm；核网纹明显，性更耐寒、旱和瘠薄土地。②垂枝杏 f. *pendula*：枝条下垂，供观赏用。③斑叶杏 f. *variegata*：叶有斑纹，观叶及观花用。

(2)梅 *A. mume*

【形态特征】落叶乔木，高达10 m。小枝细而无毛，多为绿色。叶广卵形至卵形，长4～10 cm，先端渐长尖或尾尖，基部广楔形或近圆形，锯齿细尖，常仅叶下面脉上有毛。花1～2朵，具短梗，有芳香，在冬季或早春叶前开放。果球形，绿黄色，密被细毛，径2～3 cm，核面有凹点甚多，果肉黏核，味酸。果熟期5～6月。

【分布】野生于西南山区，曾在四川省汶川海拔1300～2500 m、丹巴海拔1900～2000 m、会理1900 m，湖北省宜昌海拔300～1000 m，广西兴安县以及西藏波密海拔2100 m等地山区沟谷中发现野生梅。日本、朝鲜亦有栽培。

【生态习性】喜阳光，性喜温暖而略潮湿的气候，有一定耐寒力，对土壤要求不严格，较耐瘠薄土壤，亦能在轻碱性土中正常生长。积水易烂根致

图 8-160　梅

1. 枝；2. 花枝

死，要求排水良好，也忌在风口处栽植。

【观赏特性及用途】梅为中国传统的果树和名花，栽培历史长达 2500 年以上。由于它具有古朴的树姿、素雅的花色、秀丽的花态、恬淡的清香和丰硕的果实，最宜植于庭园、草坪、低山丘陵，可孤植、丛植及群植。传统的用法常是以松、竹、梅为“岁寒三友”而配植。梅树又可盆栽观赏或加以整剪做成各式桩景或作切花瓶插供室内装饰用。

二维码 A-5
“南梅北移”的故事

【变种、变型及品种】根据陈俊愉教授对梅的分类，梅花品种主要有以下几种

A. 真梅系

Ⅰ. 直枝梅类　枝条直上斜伸。

①品字梅型：每花结 3 果或更多，如‘品字’品种。

②小细梅型：花、叶、果均很小，如‘黄金’品种。

③江梅型：花呈碟形，单瓣，纯白、水红、桃红等色，萼多为绛紫色或在绿底上洒绛紫晕。如‘单粉’‘江梅’等品种。

④宫粉型：花呈碟形或碗形，复瓣或重瓣，粉红至大红色，萼绛紫色。如‘小宫粉’品种。

⑤玉碟形：花碟形，复瓣或重瓣；花白色，萼绛紫色或在绛紫中略现绿底。如‘紫蒂白’‘素白台阁’等品种。

⑥黄香型：花较小而繁密，复瓣至重瓣，花色微黄，萼绛紫色，如‘黄香梅’品种。

⑦绿萼型：花碟形，单瓣或复瓣，罕重瓣，花白色，萼绿色，如‘小绿萼’品种。

⑧洒金型：花碟形，单瓣或复瓣，在同一株上能开出粉红及白色两种花朵及若干具斑点、条纹的二色花，萼绛紫色，绿枝上或具金黄色条纹斑。如‘单瓣跳枝’等品种。

⑨朱砂型：花碟形，单瓣，复瓣或重瓣；花呈紫红色，萼绛紫色。如‘粉红朱砂’品种。

Ⅱ. 垂枝梅类　枝条下垂，开花时花朵向下。

⑩粉花垂枝型：花碟形，单瓣至重瓣，白或粉红色。如‘单粉照水’品种。

⑪五宝垂枝型：花单瓣至重瓣，复色，如‘跳血垂枝’品种。

⑫残雪垂枝型：花碟形，复瓣，白色；萼多为绛紫色。如‘残雪’品种。

⑬白碧垂枝型：花碟形，单瓣或复瓣，白色，萼绿色。如‘双碧垂枝’品种。

⑭骨红垂枝型：花碟形，单瓣至重瓣；深紫红色，萼绛紫色。如‘锦江垂枝’品种。

Ⅲ. 龙游梅类　枝条自然扭曲，花碟形，复瓣，白色。

⑮玉碟龙游：如‘龙游’品种

B. 杏梅系

Ⅳ. 杏梅类　枝、叶均似山杏或杏。花呈杏花形。多为复瓣，水红色，瓣爪细长；花托肿大；几乎无香味。

⑯单瓣杏梅型：枝、叶似杏，花单瓣，如‘中山杏’品种。

⑰春后型：树势旺，叶花均较大，有红、粉、白等色，复瓣或重瓣，如‘送春’品种。

C. 樱李梅系

Ⅴ. 樱李梅类

⑱美人梅型：如‘美人’品种。

18. 李属 *Prunus*

落叶小乔木或灌木。分枝较多，枝无顶芽，腋芽单生。单叶互生，幼叶在芽中席卷或对折；叶基边缘或叶柄顶端常有 2 枚腺体；托叶早落。花单生或 2～3 朵簇生，具短梗；小苞片早落。萼片 5 片，花瓣 5 片，覆瓦状排列；雄蕊 20～30 枚，雌蕊 1 枚，子房上位，无毛。核果有沟，无毛，常被蜡粉；核两侧扁平，光滑，稀有皱纹或沟。

约 30 种，中国原产及常见栽培种约 7 种。庭园应用主要为以下 2 种。

(1)李 *P. salicina*

【形态特征】乔木高达 12 m。叶多呈倒卵状椭圆形，长 6～10 cm，叶端渐尖，叶基楔形，叶缘有细钝重锯齿，叶下面脉腋有簇毛；叶柄长 1～1.5 cm，近端处有 2～3 枚腺体。花白色，径 1.5～2 cm，常 3 朵簇生；花梗长 1～1.5 cm，无毛；萼筒钟状，无毛，裂片有细齿。果卵球形，径 4～7 cm，黄绿色至紫色，无毛，外被蜡粉。花期 3～4 月；果熟期 7 月。

图 8-161　李

1. 花枝；2. 果枝；3. 种子；4. 雄蕊；5. 花瓣；6. 花纵剖；7. 去瓣花示子房雄蕊

【分布】东北、华北、华东、华中均有分布。

【生态习性】喜光，也能耐半阴。耐寒，能耐 −35 ℃的低温，喜肥沃湿润之黏质壤土，在酸性土、钙质土中均能生长，不耐干旱和瘠薄，也不宜在长期积水处栽种。浅根性吸收根主要分布在 20～40 cm 深处，但根系水平发展较广。幼龄期生长迅速，一般 3～4 年可进入结果期。

【观赏特性及用途】中国栽培李树已达 3000 多年。李树花色白而丰盛繁茂，观赏效果极佳。在庭园、宅旁、村旁或风景区栽植都很合适。

(2)樱桃李 *P. cerasifera*

【形态特征】小乔木，高达 4 m，小枝带紫绿色，无毛。叶倒卵状椭圆形或卵状椭圆形，长 3～4.5 cm，叶端急尖，叶基楔形，锯齿钝，叶下面脉腋具簇生毛；叶柄长 0.4～1.3 cm，无毛；托叶早落。花单生，罕 2 朵并生，先花后叶或花叶同放，花梗长 5～8 mm；萼片无毛；花白色，雄蕊 25 枚，子房及花柱无毛。果球形，熟时黄色、紫色或红色，径 2.5～3 cm，微被白霜，果肉厚；核两侧扁，椭圆形，棱脊钝，中间有深纵沟。花期 5 月；果期 8 月。

【分布】产于新疆，生于海拔 1100～1400 m 山林中。

【生态习性】与李相似。

【观赏特性及用途】与李相似。

【变种、变型及品种】主要有：①紫叶李 var. *atropurpurea*：叶重锯齿，生长季紫红色。花淡粉红色，单生，径约 2.5 cm。果球形，暗红色；花期 4～5 月。②黑紫李 'Nigra'：叶深紫色。③红叶李 'Newportill'：叶红色。

19. 樱属 *Cerasus*

落叶乔木或灌木。腋芽单生或 3 个并生，中间为叶芽，两侧为花芽，幼叶在芽中对折。单叶互生，叶缘有锯齿，叶柄、托叶和锯齿常具腺体。花常数朵，组成伞形、伞房状或短总状花序，或 1～2 朵花生于叶腋；花有梗，花序基部有宿存芽鳞或苞片。苞片大，绿色，宿存，或小而褐色、脱落。萼筒钟状、管状或管形钟状，萼片 5 片，反折、直立或开张；花瓣 5 片，粉红或白色，瓣端钝圆、微凹或深裂；雄蕊 15～50 枚，离生。雌蕊 1 枚，花柱或子房有毛或无。核果肉质多汁，不裂；核球形或卵圆形，表面平滑或稍有皱纹。

本属约 100 种，中国 40 余种。

(1)毛樱桃 *C. tomentosa*

【形态特征】落叶灌木，高 2～3 m；幼枝密生茸毛。叶倒卵形至椭圆状卵形，长 5～7 cm，先端尖，齿常不整齐，表面皱，有柔毛，背面密生茸毛。花白色或略带粉色，径 1.5～2 cm，无梗或近无梗；萼红色，有毛。核果近球形，径约 1 cm，红色，稍有毛。花期 4 月，果 6 月成熟。

图 8-162　毛樱桃

1. 花枝；2. 果枝；3. 花；4. 花瓣；5. 果

【分布】主产于华北，东北、西北、西南也有。日本有分布。

【生态习性】性喜光，耐寒，耐干旱、瘠薄及轻碱土。

【观赏特性及用途】观花、观果。

(2)樱桃 *C. pseudocerasus*

【形态特征】落叶小乔木，高可达 8 m。叶卵形至卵状椭圆形，长 7～12 cm，先端锐尖，基部圆形，缘有大小不等重锯齿，齿尖有腺，上面无毛或微有毛，背面疏生柔毛。花白色，径 1.5～2.5 cm，萼筒有毛；3～6 朵簇生成总状花序。果近球形，径 1～1.5 cm，红色。花期 4 月，先叶开放；果 5～6 月成熟。

图 8-163　樱桃

1. 花枝；2. 果枝

【分布】河北、陕西、甘肃、山东、山西、江苏、江西、贵州、广西等地均有分布。

【生态习性】喜日照充足，温暖而略湿润之气候及肥沃而排水良好之沙壤土，有一定的耐寒与耐旱力，萌蘖力强，生长迅速。

【观赏特性及用途】观赏及果实兼用树种。

(3)樱花 *C. serrulata*

【形态特征】乔木，高 15～25 m，叶卵形至卵状椭圆形，长 6～12 cm，叶端尾状，叶缘具尖锐重或单锯齿，齿端短刺芒状，叶柄长 1.5～3 cm，无毛或有软毛，常有 2～4 枚腺体，罕 1 枚。花白色或淡红色，很少为黄绿色，径 2.5～4 cm，无香味；苞片呈篦形至圆形，大小不等，边缘有带腺的软毛；萼筒钟状，无毛，萼裂片有细锯齿，花瓣倒卵状圆形或倒卵状椭圆形，先端有缺凹；雄蕊多数；花柱平滑；常 3～5 朵排成短伞房总状花序。核果球形，径 6～8 mm。花期 4 月，与叶同时开放；果 7 月成熟。

【分布】产于长江流域，东北南部也有。朝鲜、日本均有分布。

图 8-164　樱花

1. 果枝；2. 花纵剖；3. 花

【生态习性】喜阳光，喜深厚肥沃且排水良好的土壤；对烟尘、有害气体及海潮风的抵抗力均较弱。有一定耐寒能力。根系较浅，栽培简易。

【观赏特性及用途】与东京樱花相似。

【变种、变型及品种】主要有：①重瓣白樱花 f. *albo-plena*：花白色、重瓣。在华南有悠久的栽培历史。100 多年前即被引种于欧、美。②红白樱花 f. *albo-rosea*：花重瓣，花蕾淡红色，开后变白色，有 2 叶状心皮。③垂枝樱花 f. *pendula*：枝开展而下垂；花粉红色，瓣数多达 50 片以上，花萼有时 10 片。④重瓣红樱花 f. *rosea*：花粉红色，极重瓣。⑤瑰丽樱花 f. *superba*：花甚大，淡红色，重瓣，有长梗。⑥毛樱花 var. *pubescens*：与山樱花相似，但叶两面、叶柄、花梗及萼均多少有毛；花瓣长 1.2～1.6 cm。产于长江流域、黄河下游；朝鲜、日本有分布。⑦山樱花 var. *spontanea*：花单瓣，形较小，径约 2 cm，白色或粉红色，花梗及萼均无毛，2～3 朵排成总状花序。产于长江流域。朝鲜、日本有分布。

(4) 日本晚樱 *C. lannesiana*

【形态特征】乔木，高达 10 m。叶常为倒卵形，长 5～15 cm，宽 3～8 cm，叶端渐尖，呈长尾状，叶缘锯齿单一或重锯齿，齿端有长芒，叶下面淡绿色，无毛；叶柄上部有 1 对腺体，叶柄长 1～2.5 cm，新叶无毛，略带红褐色。花形大而芳香，单瓣或重瓣，常下垂，粉红或近白色；1～5 朵排成伞房花序，小苞片叶状，无毛；花之总梗短，长 2～4 cm，有时无总梗，花梗长 1.5～2 cm，均无毛；萼筒短，无毛；花瓣端凹形；花期长，4 月中下旬开放，果卵形，熟时黑色，有光泽。

【分布】产于日本，日本庭园中常见栽培；中国引入栽培。

【生态习性】喜光、不耐旱阴，稍耐寒，不耐积水，喜排水良好且深厚的酸性至中性土壤。

【观赏特性及用途】春天观花，秋天叶色彩斑斓，如花似锦。可孤植、群植及片植。

【变种、变型及品种】主要变种有：①白花晚樱 var. *albida*：花单瓣、白色。②绯红晚樱 var. *hatazakura*：花半重瓣，白色而染有绯红色，很美丽。③大岛晚樱（拟）var. *speciosa*：叶缘为重锯齿；新叶绿色；花梗淡绿色，花形大，径 3～4 cm，白色或偶带微红色，通常有芳香。果实形大，广椭圆形，无苦味，可食。

园艺品种繁多。

(5) 高盆樱桃 *C. cerasoides*

【别名】冬樱花、云南欧李、冬海棠。

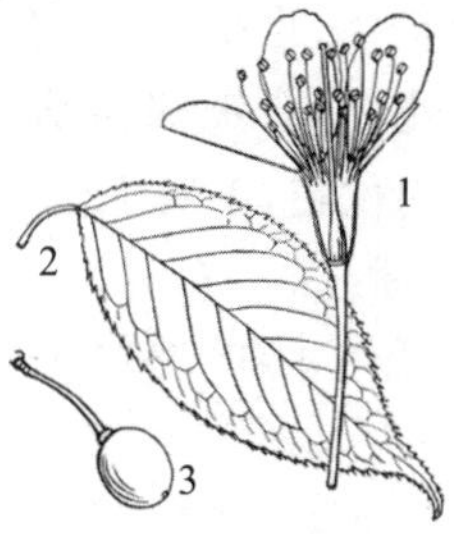

图 8-165　高盆樱桃

1. 花剖面；2. 叶；3. 果实

【形态特征】乔木；枝幼时绿色，被短柔毛后脱落；老枝灰黑色，叶片卵状披针形或长圆披针形，先端长渐尖，基部圆钝，缘有细锐重锯齿或单锯齿，上面深绿色，下面淡绿、无毛，网脉细密，近革质。花瓣卵圆形，先端圆钝或微凹，淡粉色至深红色。花期 10～12 月。

【分布】产于西藏东南及云南西北部。

【生态习性】喜光，喜温暖湿润气候及肥沃土壤，忌积水，畏严寒。

【观赏特性及用途】冬季开花，花后萌发暗红色嫩叶，均十分美观。类似于山樱花，可作为景区行道树、庭荫树。

【变种】红花高盆樱桃（云南樱花、西府海棠）var. *rubea*：高大乔木，可达 30 m，叶片长圆卵形至长圆倒卵形，长约 10 cm，宽 5 cm，先端渐尖，叶边有单锯齿或重锯齿，下面中肋和细脉有长柔毛，花先叶开，伞形总状花序，有短总花梗，花 2～4 朵，直径约 2.9 cm，花梗长 1～2.3 cm，萼筒宽钟状，深红色，萼片三角形，先端圆钝，直立，深红色；花瓣倒卵形，先端全缘或微凹，深粉红色。花期 2～3 月。产于云南。分布区海拔 1500～2000 m。在昆明常见栽培，花粉红色，近半重瓣，垂枝累累，颇似北方的红色海棠花，因有西府海棠之称，可视为园艺品种。

20. 稠李属 *Padus*

落叶小乔木或灌木。冬芽卵圆形，芽鳞覆瓦状排列。单叶互生，幼叶在芽内对折。叶片具锯齿，罕全缘；叶柄顶端或叶基部常有 2 枚腺体；托叶早落。花多朵成总状序，顶生，序基有叶或无叶；苞片早落；萼筒钟状；花白色，瓣端齿啮状；雄蕊 10 枚至多数；雌蕊 1 枚，周位花，子房上位，心皮 1 枚。核果无纵沟，中果皮骨质。

约 20 种，中国产 4 种。较适于庭园观赏，主要有以下 2 种。

(1)稠李 *P. avium*

【形态特征】落叶乔木，高达 15 m。叶卵状长椭圆形至倒卵形，长 6～14 cm，叶端突渐尖，叶基圆形或近心形，叶缘有细锐锯齿，无毛或仅背面脉腋有丛毛；叶柄长 1～1.5 cm，无毛，近端部常有 2 枚腺体。花小，白色，径 1～1.5 cm，芳香，花瓣长为雄蕊 2 倍以上；数朵排成下垂之总状花序，基部有叶。果近球形，径 6～8 mm，黑色，有光泽；核有明显皱纹。花期 4 月，与叶同时开放；果 9 月成熟。

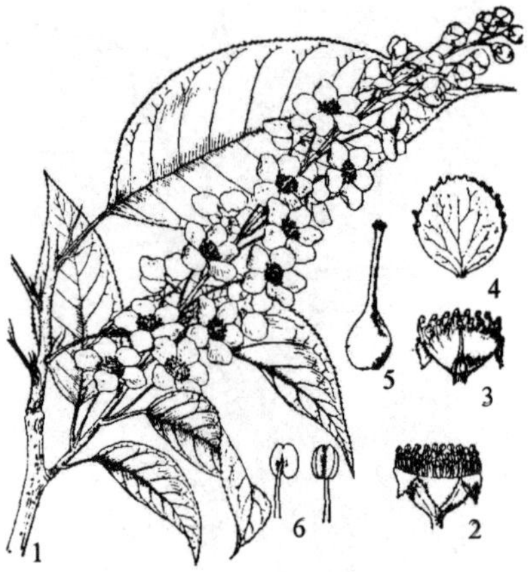

图 8-166　稠李

1. 花枝；2. 花托；3. 花纵剖；4. 花瓣；5. 子房；6. 花药

【分布】产于辽宁、吉林、黑龙江、内蒙古、河北、河南、山西、陕西、甘肃等地。欧洲、亚洲西北部、朝鲜、日本有分布。

【生态习性】性喜光、尚耐阴，耐寒性较强，喜湿润土壤，在河岸沙壤土上生长良好。

【观赏特性及用途】耐寒性较强的观花树。

(2)细齿稠李 *P. obtusata*

【形态特征】落叶乔木，高达 10 m，叶片狭长圆形、椭圆形或倒卵形，长 4.5～11 cm，宽 2～4.5 cm，先端急尖或渐尖，稀钝圆，基部近圆形或宽楔形，边缘有细密锯齿，上面暗绿色，无毛，背面淡绿色，无毛：总状花序具多花，长 10～15 cm，基部有 2～4 叶片，比枝生叶小；花梗长 3～7 mm，总花梗和花梗被短柔毛；花瓣白色，开展，近圆形或长圆形，顶端 2/3 部分啮蚀状或波状；雄蕊多数，花丝长短不等。核果卵球形，直径 6～8 mm，黑色，无毛。花期 4～5 月，果期 6～10 月。

【分布】产于甘肃、陕西、河南、安徽、浙江、台湾、江西、湖北、湖南、贵州、云南、四川等地。生于海拔 840～3600 m 的山坡杂木林中、密林中或疏林下以及山谷、沟底和溪边等处。

【生态习性】与稠李相近。

【观赏特性及用途】观叶类。3 月观红幼叶，4～5 月观白花，作为花木使用。

[58] 含羞草科 Mimosaceae

常绿或落叶，乔木、灌木、藤本，罕草本；常二回羽状复叶，稀一回羽状复叶，互生，羽片常对生，小叶全缘，叶轴或叶柄上常有腺体；托叶有或无。穗状、总状或头状花序，花小，两性或杂性，罕单性，辐射对称；萼管状，5(3～6)齿裂，裂片镊合状排列，稀覆瓦状；花瓣与萼齿同数，镊合状排列，分离或合生成短管；雄蕊 5～10 枚或多数，常与花冠裂片同数或为其倍数，分离或合生成单体雄蕊，花丝细长，子房上位，花柱丝状，柱头小，顶生；荚果开裂或不裂，直或旋转；种子扁平，坚硬。

约 64 属，2950 种，产于全世界热带、亚热带及温带地区；中国原产并引入栽培共 15 属，约 66 种，主产于南部和西南部。

二维码 B-58
含羞草科

1. 合欢属 *Albizia*

落叶乔木或灌木，稀藤本，通常无刺，少数托叶变为刺状；二回羽状复叶，互生，羽片 1 至多对，总叶柄及叶轴上有腺体；小叶对生，全缘，近无柄，中脉常偏于一侧；花两性，5 基数，组成头状或穗状花序，花序柄细长；萼筒状，端 5 裂，花冠小，常在中部以下合生成漏斗状，5 裂，雄蕊多数，花丝细长突出于花冠之外，基部合生成管；荚果带状，扁平，宿存，不开裂或迟裂，种子间无间隔。

约 150 种，产于亚洲、非洲、大洋洲及美洲热带、亚热带地区。中国有 17 种，主产于西南部、南部及东南部各省区。

(1) 合欢 *A. julibrissin*

【别名】夜合花、绒花树。

【形态特征】落叶乔木，高达 10～16 m，树冠开展呈伞形，主枝较低；二回偶数羽状复叶，羽片 4～12 对，各有小叶 10～30 对，小叶镰刀形，长 6～12 mm，宽 1～4 mm，中脉明显偏生一侧，叶缘及背面中脉有柔毛；头状花序多数，排成伞房状，雄蕊细长如绒缨，粉红色；荚果扁条形。花期 6～7 月，果 9～10 月成熟。

图 8-167　合欢

【分布】产于亚洲中部、东部及非洲。中国黄河流域及其以南地区均有分布。

【生态习性】喜光，忌暴晒，树皮薄，易开裂。较耐寒，耐干旱瘠薄和沙质土壤，不耐水湿。

【观赏特性及用途】树姿优美，叶夜合昼展，羽叶雅致，盛夏粉红色绒花满树，能营造轻柔舒畅的气氛，尤宜作庭荫树和行道树，是优良的庭园观赏树种。

(2) 山合欢 *A. kalkora*

【别名】白合欢、山合欢。

【形态特征】落叶乔木，高达 15 m；二回偶数羽状复叶，羽片 2～3 对，各羽片具小叶 5～14 对，小叶矩圆形，长 1.5～4.5 cm，宽 1～1.8 cm，先端钝圆，基部截形，两面密生灰白色短柔毛；头状花序多数，排成伞房状，花丝白色；荚果深棕色，疏生短毛。花期 5～7 月。

【分布】产于华北、华东、华南、西南等地。东南亚也有分布。

【生态习性】喜光，喜温暖气候及肥沃湿润土壤，耐干旱瘠薄。

【观赏特性及用途】可作为行道树、庭荫树及山林风景区树种栽植。

(3) 楹树 *A. chinensis*

【形态特征】落叶大乔木，高达 20 m，小枝有灰

图 8-168　山合欢

1. 花枝；2. 花；3. 果

黄色柔毛，皮孔大而明显；叶柄基部及总叶轴上有腺体，复叶具羽片 6～18 对，各羽片具小叶 20～40 对，小叶小，长 6～8 mm，宽约 2 mm，叶背粉绿色；托叶大，心形，早落；头状花序排成圆锥状，花丝粉红或绿白色；荚果长 10～15 cm，宽约 2 cm。花期 3～5 月，果期 6～8 月。

【分布】产于亚洲南部，华南有分布。

【生态习性】喜光，耐半阴，不耐寒，不抗风，耐干旱瘠薄，耐水淹，生长迅速。

【观赏特性及用途】为华南地区优良的庭荫树及行道树。

【同属其他种】①阔荚合欢（大叶合欢）*A. lebbeck*：落叶大乔木，复叶具羽片 2～4 对，羽片具小叶 4～8 对，小叶及荚果干时黄色；花期 5～7 月。产于亚洲热带地区及非洲；中国华南、台湾地区有分布。该种树形优美，白花芳香，宜作庭荫树和行道树，是广州公园的主要树种之一。②南洋楹 *A. falcataria*：常绿大乔木，羽片 11～20 对，各羽片具小叶 10～20 对，小叶菱状长圆形；花期 4～6 月。产于南洋群岛，现广植于各国热带、亚热带地区。中国引种达半个世纪，现福建、两广等地均有栽培。该种树体雄伟，

图 8-169　楹树

枝叶繁茂，是华南优良的庭荫树和行道树，宜孤植于草坪，或对植于入口两侧，或列植于道路旁。

2. 金合欢属 *Acacia*

小乔木、灌木或藤本，有刺或无刺，托叶刺状或不明显，罕为膜质；二回偶数羽状复叶，小叶常小而多对，或叶片退化，叶柄变为叶片状（叶状柄），总叶柄及叶轴上常有腺体；花小，两性或杂性，3～5 基数，大多黄色，少数白色，通常约 50 朵，最多可达 400 朵，组成圆柱形穗状花序或圆球形头状花序，1 至数个花序簇生叶腋或在枝顶再组成圆锥花序；总花梗上有苞片；花萼钟状，缘齿裂；花瓣分离或基部合生；雄蕊多数，常 50 枚以上，花丝分离或仅基部稍连合；子房有或无柄，胚珠多数，花柱丝状；荚果长圆形或线形，直或弯，多扁平少膨胀，开裂或不开裂；种子扁平，种皮硬而光滑。

约 900 种，分布于全球热带及亚热带地区，尤以大洋洲及非洲种类最多；中国产 10 种，引入栽培约 8 种。

(1) 台湾相思 *A. confusa*

【别名】相思树。

【形态特征】落叶乔木，高达 16 m；小枝无刺，幼苗具羽状复叶，后小叶退化，叶柄变为叶状，狭披针形，长 6～10 cm，有数条平行脉，革质，全缘；头状花

序 1～3 腋生，绒球形，黄色，微香；荚果扁平，带状。花期 4～6 月，果 7～8 月成熟。

图 8-170　台湾相思

【分布】产于中国台湾南部；华南各地均有栽培。菲律宾、印度尼西亚也有分布。

【生态习性】强喜光植物，不耐阴，喜暖热气候，不耐寒，喜酸性土，耐干旱瘠薄土壤；深根性，根系发达具根瘤，萌芽力强，抗风力强，生长迅速。

【观赏特性及用途】华南地区宜作行道树及庭园观赏树；性强健，生长快，也可作荒山造林、防风林带及水土保持树种。

(2)银荆 *A. dealbata*

【别名】鱼骨松。

【形态特征】常绿乔木，高达 15 m；树皮灰色，小枝常有棱，被茸毛；二回偶数羽状复叶互生，羽片 8～20 对，小叶极小，30～40 对，银灰色或浅灰蓝色，线形，长 2～4 mm，两面被毛；总叶轴上每对羽片间有 1 枚腺体；头状花序具小花 30～40 朵，排成总状或圆锥状，花黄色，芳香；荚果长带形，无毛。花期 1～4 月。

【分布】产于澳大利亚；中国云南、贵州、四川、广西、浙江、台湾、福建等地有栽培。

【生态习性】喜光，不耐寒，萌芽力强，生长迅速。

【观赏特性及用途】羽叶优美，春天金黄色的绒球开满树，十分美丽，适于草坪上孤植，建筑入口处对植或群植；也是荒山造林、水土保持的优良树种。

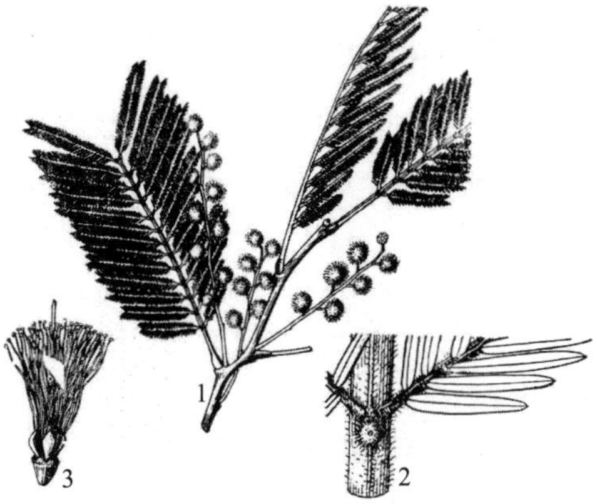

图 8-171　银荆

1. 花枝；2. 叶轴一段，示腺体；3. 花

【同属其他种】①大叶相思(耳荚相思)*A. auriculiformis*：常绿乔木，叶状柄较宽大，长 10～20 cm，宽 1.5～5 cm；穗状花序，花橙黄色。产于澳大利亚北部及新西兰；华南有栽培。可作行道树、防护林和水土保持树种。②马占相思(马尖相思)*A. mangium*：常绿乔木，叶状柄很大，长 20～24 cm，宽 7～12 cm；穗状花序下垂，花淡黄白色。花期 9～10 月。产于澳大利亚、巴布亚新几内亚及印度尼西亚；华南有引种。该种树形美观，叶大荫浓，华南宜作庭荫树、行道树和护堤树种。③黑荆树(澳洲金合欢)*A. mearnsii*：常绿乔木，外形极似银荆树，主要区别在于：小叶暗绿色，总叶轴上每对羽片间有 1～2 枚腺体；荚果密被茸毛。产于澳大利亚；中国南部地区均有引种栽培。本种树干高大，枝叶繁茂，花期长(12 月至翌年 5 月)，是土壤改良、水土保持和庭园绿化的优良树种。④金合欢 *A. farnesiana*：落叶小乔木或灌木，小枝常呈"之"字曲折，花金黄色，荚果近圆柱形，膨胀。花期 10 月。产于澳大利亚，现广布于世界热带地区；中国华南有栽培。⑤珍珠相思(银叶金合欢、珍珠金合欢)*A. podalyriifolia*：常绿灌木或小乔木，树干分枝低，叶状柄宽卵形或椭圆形，被白粉，呈灰绿至银白色，总状花序，花金黄色，荚果扁平。该种树形优美，叶银绿色，冬季和早春满树盛开金黄毛球状花，十分亮丽。产于澳大利亚，中国西南、华南广泛栽培。

3. 银合欢属 *Leucaena*

常绿灌木或小乔木，无刺；二回偶数羽状复叶，叶柄长，具腺体；小叶小，多对；花小，5 数，排成密集、球形、腋生的头状花序，单生或簇生叶腋，花瓣分离，白色；苞片常 2 枚；萼管钟状，具短齿裂；雄蕊 10 枚，突出花冠外，分离；荚果扁平，薄带状，2 裂，有褐色种子多数。

约 40 种，主产于美洲；中国引入 1 种。

银合欢 *L. leucocephala*

【形态特征】常绿灌木或小乔木，高 2～6 m，树冠平顶状；二回偶数羽状复叶互生，羽片 4～10 对，小叶 10～15 对，狭椭圆形，长 6～13 mm，两侧不等宽，中脉偏于上缘；头状花序 1～3 枚腋生，白色，花瓣分离，雄蕊 10 枚，离生；荚果薄带状，径 10～18 cm，成熟纵裂。花期 4～7 月，果期 8～10 月。

【分布】产于热带美洲，现广植于热带地区。我国华南各地有栽培。

【生态习性】喜光，不耐阴，喜暖热气候，耐干旱瘠薄，深根性，抗风力极强，萌芽力极强，生长迅速。

【观赏特性及用途】为华南地区优良的荒山造林树种；亦可作庭园观赏植物。

图 8-172 银合欢

1. 花枝；2. 果；3. 花瓣；4. 花；5. 雄蕊；6. 雌蕊

4. 海红豆属 *Adenanthera*

乔木，无刺，二回羽状复叶互生，小叶多对；花小，两性或杂性，总状花序腋生或圆锥花序顶生；萼钟状，具 5 短齿；花瓣 5 片，披针形，基部连合；雄蕊 10 枚，分离，与花冠等长或略过之；子房无柄，胚珠多数；荚果带状，弯曲或劲直，革质，成熟后 2 裂，果瓣旋卷；种子小，种皮鲜红色或 2 色。

约 10 种，分布于亚洲和大洋洲，中国产1 个变种海红豆。

海红豆 *A. pavonina* var. *microsperma*

【别名】孔雀豆。

【形态特征】落叶乔木，高达 20 m；二回羽状复叶互生，叶柄和叶轴微被柔毛，无腺体，羽片 3～5 对，小叶 4～7 对，长圆形或卵形，长 2.5～3.5 cm，两端圆，两面微被柔毛；总状花序单生叶腋或在枝顶排成圆锥花序，被短柔毛；花小，黄白色，有香味，具短梗；花萼长不足 1 mm，与花梗同被褐黄色柔毛；花瓣 5 片，披针形，基部稍合生；雄蕊 10 枚，离生，与花冠等长或稍长；荚果带状，开裂后果瓣扭曲，种子近圆形，长 5～8 mm，鲜红色，有光泽。花期 4～7 月，果期 7～10 月。

【分布】产于华南及西南地区；缅甸、柬埔寨、老挝、越南、马来西亚等也有分布。

【生态习性】喜半阴，喜暖热湿润气候，喜富含

图 8-173 海红豆

1. 花枝；2. 果枝；3. 花；4. 种子

有机质的肥沃土壤，生长迅速。

【观赏特性及用途】树姿优美，可作观赏树；种子鲜红光亮，可作装饰品。

5. 朱缨花属（红绒球属）*Calliandra*

小乔木或灌木，落叶或半常绿，无刺，托叶常宿存，有时变刺状；二回羽状复叶互生，羽片 1 至数对，无腺体，小叶小而多对或大而少至 1 对；球形头状花序腋生或总状花序顶生，花杂性，5～6 数，花萼钟状，浅裂；花瓣连合至中部，中央的花常具长管状花冠；雄蕊多数，可达 100 枚，红色或白色，长而显著，下部连合成管；心皮 1 枚，无柄，胚珠多数，花柱线形；荚果线形，扁平，通直或略弯，成熟时 2 裂；种子扁平，倒卵形或长圆形，种皮硬，无假种皮。

约 200 种，产于热带；中国引入 2～3 种。

朱缨花 *C. haematocephala*

【别名】红绒球。

【形态特征】落叶小乔木或灌木，高达 5 m；二回羽状复叶，羽片 1～2 对，小叶 5～8 对，卵状披针形，长 2～4 cm，顶生小叶最大，下部小叶较小，叶基偏斜，中脉略偏上部，叶端具小尖头；头状花序腋生，径 3～5 cm，含 25～40 朵花；花萼绿色，钟状；花冠发红，雄蕊约 25 枚，花丝下部呈管状，白色，花丝上部离生，深红色；荚果线状倒披针形，长 6～11 cm，成熟时 2 裂，果瓣外翻；种子长圆形，棕色。花期8～9 月，果期 10～11 月。

图 8-174　朱缨花

1. 花枝；2. 小叶；3. 花；4. 果

【分布】产于南美洲；中国广东、海南、台湾等地引种栽培。

【生态习性】喜光，稍耐阴，喜暖热湿润气候，喜排水良好土壤，不耐积水和淹涝，对有毒气体抗性较强。

【观赏特性及用途】花序美丽，形似合欢，花丝红艳如绒球，叶形秀美，春季嫩叶红色，是良好的庭园绿化树种，宜丛植作花篱或于林缘栽种。

【同属其他种】苏里南朱缨花（粉扑花、美蕊花、小朱缨花）*C. surinamensis*：枝条分枝多而披散；羽片仅 1 对，小叶 7～12 对，头状花序含花多数，花丝上部粉红色伸出，下部白色。产于南美巴西、苏里南；1950 年引入中国，华南、云南有栽培。该种树冠伞形，羽叶轻盈，花序可爱似粉扑，花期特长，是美丽的热带观花灌木。

[59] 云实科（苏木科）Caesalpiniaceae

乔木，灌木或藤本，稀草本；一至二回羽状复叶，稀单叶，互生，托叶早落或无；花两性，稀单性或杂性异株，稍左右对称，稀辐射对称，常排成总状花序或圆锥花序，稀穗状花序或聚伞花序；小苞片小或大而呈花萼状；花托极短；萼片 5 片或上面 2 片合生，常覆瓦状排列；花瓣 5 片，稀 1 片或无，上面 1 枚芽时位于最内侧，被侧生 2 枚所覆叠，其余为覆瓦状排列；雄蕊 10 枚或较少，稀多数，花丝离生或合生；子房上位，1 室，有柄或无；荚果各式，通常 2 瓣开裂；种子偶具假种皮。

约 180 属，3000 种；中国原产及引入约 21 属，130 种及变种，南北均有分布。

二维码 B-59
云实科

1. 肥皂荚属 *Gymnocladus*

落叶乔木，无刺；顶芽无，腋芽叠生；枝粗壮；二回偶数羽状复叶，互生，羽片对生，小叶互生；托叶小，早落；总状花序或聚伞圆锥花序顶生；花淡白色，杂性同株或单性异株，辐射对称；花托盘状；萼片管状，5 裂；花瓣 4 或 5 片，稍长于萼片，长圆形，覆瓦状排列，最里面的 1 片有时消失，雄蕊 10 枚，离生，5 长 5 短，直立，较花冠短，花丝粗，被长柔毛；子房在雄花中退化或不存在，在雌花或两性花中无柄，胚珠 4～8 枚，花柱直，稍粗而扁，柱头偏斜；荚果无柄，肥厚，近圆柱形，2 瓣裂；种子大。

肥皂荚 *G. chinensis*

【别名】肉皂荚、肥皂树。

【形态特征】落叶乔木，无刺，高 5～12 m；树皮灰褐色，具明显白色皮孔；当年生小枝被锈色或白色短柔毛，后变无毛；二回羽状复叶，长 20～25 cm，叶轴具槽，羽片 5～10 对，对生、近对生或互生，小叶 8～12 对，互生，长圆形，长 2.5～5 cm，两端钝圆，先端有时微凹，叶基稍斜，全缘，幼叶两面被银白色毛，老叶被平伏毛；总状花序顶生，花杂性，白色或带紫色，有长梗，下垂，与叶同放；花萼管长 6 mm，被短毛；花瓣长圆形；荚果长圆形，长 7～10 cm，扁平或膨胀，无毛，顶端有短喙；种子近球形，稍扁，黑色。花期 4～5 月，果期 9～10 月。

图 8-175　肥皂荚

1. 花枝；2. 果枝；3. 花；4. 展开的花
5. 雌蕊；6. 展开的果实(示种子)

【分布】产于长江以南地区。生于海拔 150～1500 m山林中。

【生态习性】喜光，不耐阴，喜温暖湿润气候，深根性，对土壤要求不严，生长较快。

【观赏特性及用途】适于作城乡绿化树种。

2. 皂荚属 *Gleditsia*

落叶乔木，稀灌木；树皮粗糙不开裂，枝干上常具分枝刺；枝无顶芽，侧芽叠生；一回或兼二回偶数羽状复叶，互生；花杂性，或单性异株，近整齐，萼、瓣各为 3～5 片；雄蕊 6～10 枚；荚果长带状或较小；种子具角质胚乳。

约 13 种，产于亚洲、美洲及非洲热带；中国产 10 种，分布广泛。

皂荚 *G. sinensis*

【别名】皂角。

【形态特征】落叶乔木，高达 30 m，树冠扁球形；树干或大枝上有分枝圆刺；一回羽状复叶，小叶 3～7 对，卵形至卵状长椭圆形，长 3～8 cm，先端钝，具小尖头，缘有细钝齿；总状花序腋生，萼、瓣各 4 片；荚果大而肥厚，长 12～30 cm，直而不扭转。花期 5～6 月，果 10 月成熟。

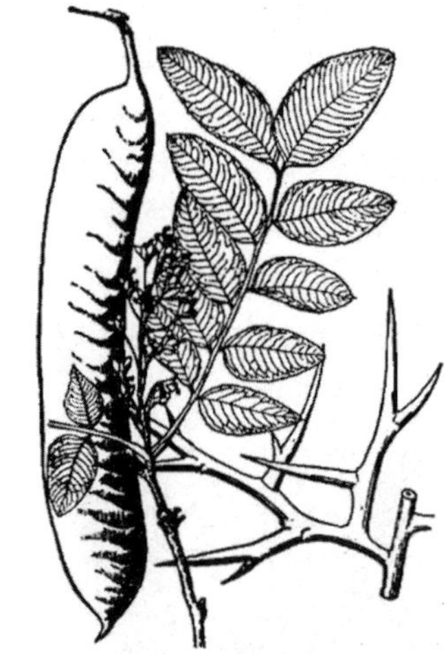

图 8-176　皂荚

【分布】分布广，产于黄河流域及其以南地区，多生于低山丘陵、平原及山谷地带。

【生态习性】喜光，稍耐阴，喜温暖湿润气候，较耐寒，喜深厚、湿润及肥沃的土壤，对土壤要求不严，在石灰岩质土、盐碱土、黏土或沙土上均能正常生长；抗污染，其深根性，寿命长。

【观赏特性及用途】树形优美，叶密荫浓，是良好的庭荫树及“四旁”绿化树种。

【同属其他种】山皂荚(日本皂荚)*G. japonica*：分枝刺扁，一回兼有二回羽状复叶，小叶 6～10 对，荚果质薄而扭曲，或呈镰刀状。产于东北南部、华北至华东；苏北沿海的轻盐碱土上可用作海防林，亦可截干栽培成灌木作刺篱用。朝鲜、日本亦有分布。

3. 凤凰木属 *Delonix*

大乔木；二回偶数羽状复叶，小叶对生，形小而多数；花两性，大而显著，呈伞房总状花序，顶生或腋生；花萼 5 深裂，镊合状排列；花瓣 5 片，圆形，具长爪；雄蕊 10 枚，花丝分离；子房无柄，胚珠多数；荚果大，扁带形，木质。

全世界 2～3 种。分布于非洲东部、马达加斯加至亚洲。我国引种栽培 1 种，见于广东、广西、云南、福建和台湾等地。

凤凰木 *D. regia*

【形态特征】落叶乔木，高达 20 m；树冠开展呈伞状，二回偶数羽状复叶互生，羽片 10～20 对，对生，小叶 20～40 对，对生，长椭圆形，长 5～8 mm，宽 2～3 mm，先端钝圆，基部歪斜，两面有毛，表面中脉下陷，侧脉不显；花萼绿色；总状花序伞房状，花瓣 5 片，大而鲜红色，有长爪，上部的花瓣有黄色条纹；荚果木质，带状，长达 50 cm。花期 5～8 月。

【分布】产于马达加斯加，世界热带地区常栽种。我国云南、广西、广东、福建、台湾等地有栽培。

【生态习性】喜光，为热带树种，极不耐寒；生长迅速，根系发达，抗风力强，抗空气污染。

【观赏特性及用途】树冠伞形开展，花大色艳，初夏开放，满树如火如荼，非常美丽，是华南地区优良的庭荫树及行道树。

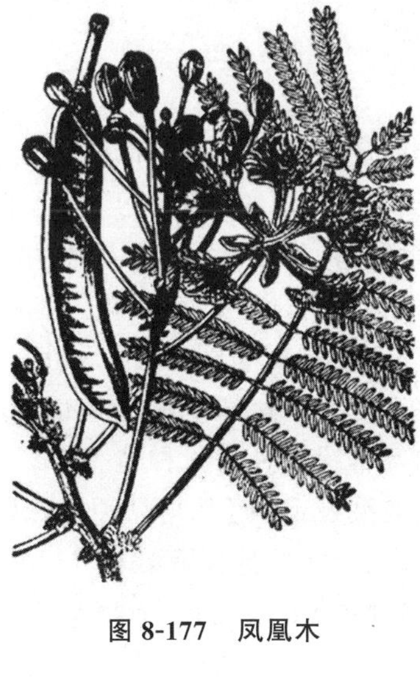

图 8-177　凤凰木

4. 云实属 *Biancaea*

落叶乔木，灌木或藤木，常有刺或无刺；二回偶数羽状复叶互生；总状或圆锥花序，顶生或腋生；花两性，不整齐，花萼 5 齿，覆瓦状排列，基部合生，最下方 1 齿突出，最外方 1 齿最大；花瓣 5 片，最上 1 片最小，有爪，黄色或橙黄色，稍不相等；雄蕊 10 枚，分离，花丝基部有腺体或毛；子房 1 室，近于无柄或无柄，有胚珠 1～7 粒；荚果长圆形，扁平或膨胀，平滑或有刺，开裂或不裂；种子卵圆形。

约 100 种，分布于热带、亚热带地区；中国有 17 种。

(1) 云实 *B. decapetala*

【形态特征】落叶攀缘灌木，茎枝密生钩刺；二回偶数羽状复叶互生，羽片 3～8 对，小叶 6～12 对，长椭圆形，长 1～2.5 cm，两端圆，叶表绿色，叶背被白粉；顶生总状花序，黄色；雄蕊略长于花冠；荚果长圆形，木质，扁平，长 6～12 cm，宽 2.3～3 cm，顶端具短尖头，沿腹缝线有宽 3～4 mm 的窄翅。花期 5 月，果 8～10 月成熟。

图 8-178　云实

【分布】产于长江以南地区，常见于平原、河畔及丘陵。

【生态习性】喜光，性强健，萌芽力强。

【观赏特性及用途】茎枝多刺，花美丽，是优良的刺篱树种。

(2)金凤花 *B. pulcherrima*

【别名】洋金凤。

【形态特征】落叶灌木或小乔木，高达 5 m，无毛，枝有疏刺；二回偶数羽状复叶互生，羽片 4～10 对，对生；小叶 5～12 对，倒披针状椭圆形，近无柄，长 1～2 cm，宽 0.5～1 cm；伞房状总状花序顶生或腋生，花大，橙色或黄色，具爪，花丝长，红色，高出花冠 2～3 倍；荚果扁平，长 5～9 cm，宽 1.5 cm，无毛。花期 8 月。

图 8-179 金凤花

【分布】产于热带美洲，世界热带地区广为栽培；华南庭园中可见。

【生态习性】喜光，不耐寒，喜排水良好、湿润而肥沃的沙质土壤，抗风力差，抗有毒气体能力差。

【观赏特性及用途】花大而美丽，是华南地区优良的观花树种。

【同属其他种】苏木 *C. sappan*：常绿小乔木，荚果近长圆形，先端截形，含种子 3～4 粒。花期5～10 月。产于中国云南，华南、西南和台湾有栽培。印度、缅甸等地有分布。花黄色美丽，可栽于庭园观赏；也可作为南方干旱地区造林树种。

5. 紫荆属 *Cercis*

落叶乔木或灌木，芽叠生；单叶互生，全缘，掌状脉；花萼 5 齿裂，紫红色；花冠假蝶形，上部 1 瓣较小，下部 2 瓣较大；雄蕊 10 枚，花丝分离；荚果扁带形；种子扁形。

约 11 种，产于北美、东亚及南欧；中国产 7 种，皆为美丽的观赏植物。

紫荆 *C. chinensis*

【别名】满条红。

【形态特征】落叶乔木，高达 15 m，栽培情况下多呈灌木状；单叶互生，圆心形，长 5～13 cm，先端急尖，叶基心形，全缘，光滑无毛；叶柄顶端膨大；花紫红色，假蝶形，先叶开放，5～8 朵簇生于老枝上；荚果腹缝具窄翅。花期 4 月，果 10 月成熟。

图 8-180 紫荆

【分布】产于黄河流域及其以南地区。

【生态习性】喜光，有一定耐寒性，喜湿润肥沃土壤，耐干旱瘠薄，忌水湿，萌芽力强，耐修剪。

【观赏特性及用途】先叶开花，紫花满树，艳丽夺目，为优良的早春观花树种；花后叶片心形，枝叶繁茂，可爱俏丽。宜栽植于建筑物前或草坪边缘，也宜与松柏等常绿树种搭配种植。

【变种、变型及品种】栽培品种白花紫荆'Alba'：花白色。北京、上海等地偶有栽植。

【同属其他种】①湖北紫荆(巨紫荆、云南紫荆)

C. glabra：落叶乔木，叶阔卵圆形或近圆形；总状花序较短，花期3～4月，先叶开放或与叶同放；荚果紫红色。产于中国东部、中部至西南部。杭州、南京、成都等地有栽培。树大叶大，观赏期长，嫩叶、花、果均为紫红色，可供园林观赏。②加拿大紫荆（红叶紫荆）*C. canadensis*：落叶乔木，幼叶紫色，3～5月先叶开花。栽培品种有白花'Alba'、紫叶'Forest Pansy'('Purpurea')等品种。产于加拿大南部及美国东部；上海、杭州、武汉等地有栽培。

6. 羊蹄甲属 *Bauhinia*

乔木、灌木或藤木；单叶互生，顶端常2深裂或裂为2小叶；花两性，稀单性，单生或排成伞房、总状、圆锥花序；萼全缘，呈佛焰苞状或2～5齿裂；花瓣5，稍不相等；雄蕊10枚或退化为5或3枚，罕为1枚，花丝分离；荚果长圆形或带状线形，熟时开裂；种子卵圆形，扁平。

约600种，产于热带；中国约40种。

（1）羊蹄甲 *B. purpurea*

【别名】紫羊蹄甲。

【形态特征】常绿乔木，高10～12 m；叶近圆形，长略大于宽，长5～12 cm，先端2裂，裂片为全长的1/3～1/2，裂片端钝或略尖，两面无毛；伞房花序顶生，花大，玫瑰红色，有时白色，花瓣倒披针形，长4～5 cm，宽不足1 cm；花萼裂为几乎相等的2裂片；发育雄蕊3～4枚；荚果扁条形，长13～24 cm，略弯曲。花期9～11月，果期2～3月。

图8-181 羊蹄甲

【分布】产于亚洲南部，华南有分布。

【生态习性】喜光，喜暖热气候，耐干旱；生长迅速。

【观赏特性及用途】树冠开展，枝条低垂，花大而美丽，叶形如牛羊的蹄甲，很有特色。华南地区宜作庭荫树、行道树及庭园观赏树。

（2）洋紫荆 *B. variegata*

【别名】羊蹄甲、宫粉羊蹄甲。

【形态特征】半常绿乔木，高6～8 m；叶圆形至广卵形，宽大于长，革质，长7～10 cm，基部心形，先端2裂，裂片为全长的1/3～1/4，裂片端钝圆，掌状脉；花大，径10～12 cm，数朵排成伞房状总状花序，粉红或暗紫色，芳香，花瓣倒卵形，长4～5 cm，宽2 cm以上；花萼裂成佛焰苞状，先端具5小齿；发育雄蕊5枚；荚果扁条形，长15～30 cm。花期几乎全年，3～4月最盛，果期6月。

【分布】产于华南。印度也有分布。

【生态习性】喜光，喜排水良好的沃土，病虫害少；生长较慢，萌芽力强，耐修剪。

【观赏特性及用途】树姿开阔，花美丽而芬芳，广州等华南城市常作为行道树及庭园观赏树。

（3）红花羊蹄甲 *B. ×blakeana*

【别名】洋紫荆。

【形态特征】半常绿乔木，高达10～12 m；树冠开展呈伞形，树干常弯曲；单叶互生，叶近圆形或宽心形，先端2裂，深达1/4～1/3，叶基心形，长8.5～13 cm，叶背疏被柔毛；总状花序具多花，顶生或腋生，有时复合成圆锥花序；花大，紫红色，径达15 cm，花瓣5片，倒卵形至椭圆形，有香气；可育雄蕊5枚，3长2短；花期11月至翌年3月；通常不结实。有学者认为其是洋紫荆 *B. variegata* 和羊蹄甲 *B. purpurea* 的杂交种。

【分布】最早在广州发现，后在香港普遍栽培，称为紫荆花，1965年被定为香港市花，1997年香港特区成立时以该花的图案定为区徽图案。

【生态习性】喜光，喜温暖湿润气候，性强健，耐干旱瘠薄，抗大气污染，抗风力弱。

【观赏特性及用途】树冠伞形，叶茂花繁，冬季满树红花，十分夺目，宜作庭荫树及观赏树。

7. 决明属(铁刀木属、山扁豆属)*Cassia*

乔木、灌木或草本;偶数羽状复叶互生,叶柄和叶轴上常有腺体;小叶全缘,对生,无柄或具短柄,托叶多样,无小托叶;萼筒短,裂片5片,覆瓦状排列;花瓣5片,近辐射对称,常为黄色,组成腋生总状花序或顶生圆锥花序,或有时1至数朵簇生于叶腋;雄蕊(4~)10枚,常不等长;子房纤细,胚珠多数;荚果扁平或膨胀,形状多样,2瓣裂或不开裂。

约600种,分布于全世界热带、亚热带和温带地区;中国原产10余种,引入栽培20余种,广布于南北各地。

黄槐 *C. surattensis*

【别名】粉叶决明、黄槐决明。

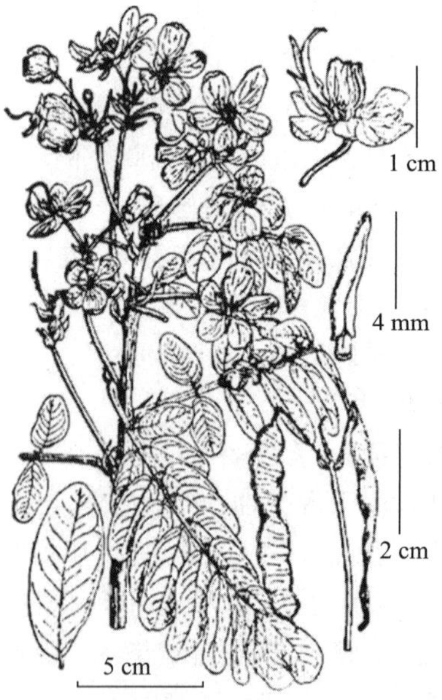

图 8-182　黄槐

【形态特征】落叶灌木或小乔木,高5~7 m;偶数羽状复叶,叶轴下部2~3对小叶的叶轴上各有一棒状腺体,小叶6~10对,长椭圆形至倒卵状椭圆形,长2~5 cm,宽1~1.5 cm,先端圆而微凹,叶基圆而偏斜,叶背粉绿色;花鲜黄色,伞房状总状花序腋生,长5~8 cm,雄蕊10枚,全发育;荚果条形,扁平,长7~12 cm,种子间有时缢缩。花期全年不断,主要集中在3~12月。

【分布】产于亚洲热带至大洋洲;中国南方有栽培。

【生态习性】喜光,耐半阴,耐干旱,不抗风,喜肥沃且排水良好的土壤,生长快。

【观赏特性及用途】花大色艳,是华南地区美丽的行道树、观赏树,可作绿篱。

【同属其他种】①铁刀木(黑心树)*C. siamea*:常绿乔木,叶柄与叶轴上无腺体;小叶先端常微凹,花黄色,荚果扁条形,长15~30 cm,边缘加厚。花期7~12月,果实1~4月成熟。产于印度、马来西亚、缅甸、泰国等亚洲热带,中国华南、西南有栽培。宜作行道树、庭荫树和防护林。②双荚决明(金边黄槐)*C. bicapsularis*:落叶灌木,多分枝,无毛,小叶3~5对,侧脉纤细,在近边缘处呈网结;荚果圆柱状,长13~17 cm。花期9月至翌年1月。产于美洲热带地区,中国台湾及华南地区有栽培。该种树姿优美,花色艳丽,花期长,同时抗性很强,可供庭园、街道或盆栽观赏。③腊肠树(阿勃勒)*C. fistula*:落叶乔木,叶柄及总叶轴上无腺体,小叶4~8对,卵状椭圆形;荚果圆柱形,长40~70 cm。产于印度、缅甸等地。中国台湾、华南及西南地区有栽培。该种初夏开花,满树金黄,秋日长垂如腊肠,为珍奇观赏树。热带地区可作行道树,亦可在庭园中与红色花木相配植,或几株丛植自成一景。

8. 无忧花属 *Saraca*

乔木,偶数羽状复叶,小叶数对,革质,叶柄粗壮,常具线状结节;托叶2枚,常连合成圆锥形鞘状,早落;伞房状圆锥花序腋生或顶生;苞片1枚,被毛或无毛,早落或宿存;小苞片2枚,红色,花瓣状,近对生;花萼管状,裂片4(5或6)片,花瓣状,卵形或长圆形,稍不等大,覆瓦状排列;花黄色至深红色,两性或单性,无花瓣;雄蕊4~10枚,完全发育或其中1~2枚退化,花丝分离,伸长而突出;子房具柄,胚珠多数,花柱长;荚果扁长圆形,微弯,革质至木质,2瓣裂。

约25种,分布于亚洲热带;中国有缅甸无忧花和中国无忧花2种。

无忧花 *S. dives*

【别名】中国无忧花、火焰花。

【形态特征】常绿乔木，高 5～20 m；偶数羽状复叶互生，小叶 5～6 对，长椭圆形，全缘，硬革质，长 15～35 cm，宽 5～12 cm，基部 1 对叶常较小，先端渐尖、急尖或钝，基部楔形；嫩叶柔软下垂，略带紫红色后变绿色；小苞片花瓣状，红色；花序大，由伞房花序组成顶生圆锥花序，无花瓣，花萼管状，端 4 裂，花瓣状，黄色至橘红色，两性或单性；雄蕊 8～10 枚，其中 1～2 枚常退化呈钻形，花丝突出；荚果扁平，棕褐色。花期 4～5 月，果期 7～10 月。

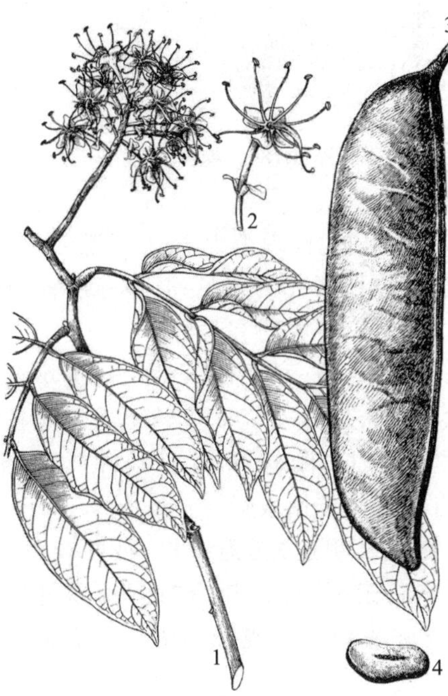

图 8-183 无忧花

1. 花枝；2. 花；3. 果；4. 种子

【分布】产于亚洲热带地区，中国云南、广西南部有分布。

【生态习性】喜光，喜温暖湿润气候，不耐寒，要求排水良好、湿润肥沃的土壤，病虫害少。

【观赏特性及用途】枝叶茂密，花大色红，盛开时如团团火焰，是优良的观花树种，华南宜作庭荫树和行道树。

9. 任豆属（翅荚木属）*Zenia*

本属仅任豆 1 种，特征同种。

任豆 *Z. insignis*

【别名】翅荚木。

【形态特征】落叶高大乔木，高可达 40 m；奇数羽状复叶互生，托叶早落，小叶 9～13 对，互生，全缘，先端急尖或渐尖，基部圆形，下面密被白色短柔毛；花两性，近辐射对称，组成顶生聚伞状圆锥花序，花梗有黄棕色柔毛；花萼 5 片，覆瓦状排列；花瓣 5 片，红色，覆瓦状排列；发育雄蕊 4 枚，稀 5 枚；花盘小，深波状分裂；子房具短柄，边缘疏生柔毛，胚珠多数；荚果扁平，褐色，膜质，不开裂，椭圆状长圆形，有网状脉纹，腹缝有阔翅。

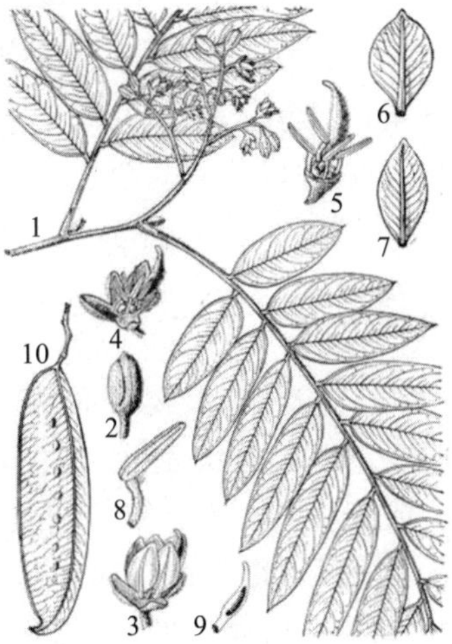

图 8-184 任豆

1. 花枝；2. 花蕾；3. 花；4. 除去花瓣的花；5. 除去花瓣和花萼的花；6. 最上面的花瓣；7. 其余四片花瓣之一；8. 雄蕊；9. 雄蕊剖面；10. 果

【分布】产于中国云南、贵州、广西、广东、湖南等地，是中国特有珍稀树种。

【生态习性】喜光，不耐阴，适应性强，耐干旱瘠薄，喜钙质土，生长迅速，萌芽力极强。

【观赏特性及用途】树形高大，枝叶茂密，适于庭园观赏。

[60] 蝶形花科 Fabaceae (Papilionaceae)

乔木、灌木或草本，直立或攀缘状；叶常互生，稀对生或轮生，多复叶，稀单叶或退化为鳞片状；常有托叶，呈刺状或无。花两性，蝶形花冠，两侧对称；萼管筒状或钟状，常5(4)裂，上部2裂齿常多少合生；花瓣5片，覆瓦状排列，位于近轴最上、最外侧1瓣为旗瓣，两侧各1瓣为翼瓣，最下、最内侧2瓣下侧边缘合生成龙骨瓣；雄蕊10(9)枚，花丝合生为单体或二体，稀全部分离；雌蕊1枚，子房上位，1室，边缘胎座。荚果开裂或不开裂。种子常无胚乳，或有很薄的内胚乳，种脐较显著，种阜或假种皮有时很发达；子叶2枚。

约440属，12000种，广布于全世界；中国原产及引入栽培共约131属，约1380种以及190个变种、变型。

二维码 B-60
蝶形花科

1. 槐属 *Sophora*

落叶或常绿，乔木、灌木或草本，稀攀缘状。冬芽小，芽鳞不显。奇数羽状复叶，互生，小叶多数，全缘；托叶小或无；总状或圆锥状花序，顶生或腋生；苞片无或小，线形；花萼钟状或杯状，萼齿5裂；花蝶形，旗瓣、翼瓣形状大小多变，龙骨瓣与翼瓣相似，雄蕊10枚，分离或仅基部合生。荚果圆柱形，种子之间缢缩成串珠状，肉质至木质，不开裂；种子1至多数。

约80种，广布于亚洲及北美的热带至温带地区；中国产21种14个变种2个变型，主要分布于西南、华南和华东地区，少数分布于华北、西北和东北。

槐树 *S. japonicum*

【别名】国槐。

【形态特征】落叶乔木，高达25 m；树皮灰褐色，浅纵裂，当年生小枝绿色；奇数羽状复叶互生，小叶7～17对，对生或近对生，纸质，卵状椭圆形，全缘，长2.5～6 cm，宽1.5～3 cm，先端渐尖，基部宽楔形或近圆形，下面灰白色；圆锥花序顶生，直立，花黄白色，雄蕊10枚，离生；荚果在种子间缢缩成念珠状，不开裂。花期6～7月，果期8～10月。

图 8-185　槐树

【分布】产自中国，现南北各地广泛栽培，华北平原及黄土高原地区尤为多见；日本、朝鲜、越南也有分布，欧洲、美洲各国均有引种。

【生态习性】喜光，稍耐阴，耐寒，对土壤要求不严，在酸性至石灰性以及轻度盐碱土上均能正常生长；深根性，寿命长，耐修剪，耐移栽；耐干旱瘠薄，对烟尘及有害气体抗性较强。

【观赏特性及用途】树冠宽广，枝叶茂密，绿荫如盖，适于作行道树、庭荫树，抗性强，亦可作工矿区绿化及经济林树种。夏秋观花，是优良的蜜源植物。

【变种、变型及品种】常见变种、变型及栽培变种如下。

①金枝槐‘Golden stem’：树皮光滑，茎干、枝条金黄色，尤其在冬季更为醒目，是园林中优良的彩叶树种。

②金叶槐‘Golden leaf’：叶片金黄色，枝条绿色，具有很高的观赏价值，在国槐可以生长的地方均可栽培。

二维码 A-6
山西洪洞大槐树的故事

③龙爪槐‘Pendula’：伞形树冠，枝条扭曲下垂，形似龙爪，观赏价值高。常于庭园门前对植或

路边列植。

④五叶槐(畸叶槐,蝴蝶槐)f. *oligophylla*:小叶簇生于叶轴先端,大小、形状均不整齐,有时成掌状分裂。华北、西南等地区有栽培供观赏。

⑤紫花槐(堇花槐)'Violacea':小叶上面多少被毛,翼瓣和龙骨瓣玫瑰紫色,旗瓣白色或先端带有紫红色条纹。

【同属其他种】白刺花(马蹄针)*S. davidii* 落叶灌木或小乔木,枝条开展,具长针刺,托叶部分变为刺;花小,白色或淡黄色;荚果非典型串珠状,顶端长喙状。产于华北、西北、华中至西南各地。可作刺篱,亦是良好的水土保持树种。

2. 红豆属 *Ormosia*

乔木,裸芽,或被大托叶包被;奇数羽状复叶,稀单叶或 3 小叶,互生,稀对生;小叶对生,常革质或厚纸质;总状或圆锥状花序,顶生或腋生;花萼钟状,常 5 裂,或上方 2 齿多连合;花冠略高于花萼;花蝶形,花瓣 5 枚,有爪;雄蕊 10 枚,全分离或基部稍连合,长短不一,有时仅 5 枚发育,略突出于花冠;荚果革质或木质,2 瓣裂,稀不裂,中有或无间隔,缝线上无狭翅;种子 1 至多数,种皮多呈鲜红色、暗红色或黑褐色。

约 120 种,分布于全世界的热带、亚热带;中国产 35 种,主产于两广、云南地区。APG 系统中,红豆属已并入豆科 Fabaceae。

红豆 *O. hosiei*

【别名】鄂西红豆。

【形态特征】常绿乔木,高达 20 m;树皮光滑,灰色;小枝绿色,幼时有黄褐色毛,后脱落;裸芽;奇数羽状复叶互生,小叶 5~7(9)枚,薄革质,卵形至倒卵状椭圆形,长 5~14 cm,宽 1.5~5 cm,先端尖,叶表无毛;圆锥花序顶生或腋生,长 15~20 cm,下垂,花疏,有香气;花萼钟状,密被褐色短柔毛;花冠白色或淡紫红色;荚果近圆形,扁平,木质,长 4~6.5 cm,宽 2.5~4 cm,先端有短喙;含种子 1~2 粒,种子近圆形,种皮鲜红色、有光泽。花期 4~5 月,果期 10~11 月。

【分布】主产于长江流域,濒危种,国家二级重点保护植物。

图 8-186 红豆

【生态习性】幼树喜湿耐阴,成年后喜光,喜肥沃湿润土壤,对土壤水分要求较高;较耐寒,是本属中分布纬度最北的树种;根系发达,寿命较长,萌芽力较强。

【观赏特性及用途】树冠呈伞状开展,园林中可作行道树,或群植观赏;种子红色美丽,可作装饰品用;本种亦是珍贵用材树种。

【同属其他种】①花榈木(毛叶红豆树)*O. henryi*:常绿乔木,小枝、芽、叶轴及花序密被茸毛;小叶表面光滑无毛,下面及叶柄密被黄褐色茸毛。产于长江以南地区,东南亚、南美及非洲亦有分布。木材花纹美丽,称为“花梨木”,是上等家具用材。可在园林中栽植观赏,种子红色可作装饰品。②海南红豆 *O. pinnata*:常绿乔木或灌木,小叶两面均无毛;荚果圆柱形或略扁,成熟时橙红色。产于中国海南、广东及广西;越南、泰国亦有分布。该种树冠圆球形,枝叶繁茂,适于作行道树、庭荫树及园景树;种子粒圆质硬,色泽鲜红,上面还有一黑点,形似相思泪,常用作首饰及装饰品。

3. 香槐属 *Cladrastis*

落叶乔木,稀藤本。树皮灰色;芽叠生,无芽鳞,被膨大的叶柄基部包裹;奇数羽状复叶,互生,小叶互生或近对生,小托叶有或无;圆锥花序或近总状花序,顶生,常下垂;花白色,瓣片近等长,旗瓣圆形，翼瓣斜长椭圆形有 2 耳，龙骨瓣长椭圆形，稍内弯；雄蕊 10 枚，花丝分离或近基部稍连合；荚果扁平，两侧具翅或无，边缘明显增厚，迟裂，种子 1 至多数。

约 7 种，分布于亚洲和北美洲温带及亚热带地区；中国 5 种，分布于华东、华南及西南等地。

香槐 *C. wilsonii*

【形态特征】落叶乔木，高达 16 m；树皮平滑，灰褐色，具皮孔；奇数羽状复叶互生，小叶 9～11 枚，纸质，卵形或长圆状卵形，顶生小叶较大，长 6～10 cm，宽 2～4 cm，先端尖，基部稍歪斜，上面深绿色，无毛，下面苍白色，沿中脉被金黄色疏柔毛；叶脉两面隆起，中脉偏向一侧；圆锥花序顶生或腋生，长 10～20 cm，花冠白色，芳香；荚果长圆形，扁平，长 5～8 cm，密被黄色短柔毛，含种子 2～4 粒。花期 5～7 月，果期 8～9 月。

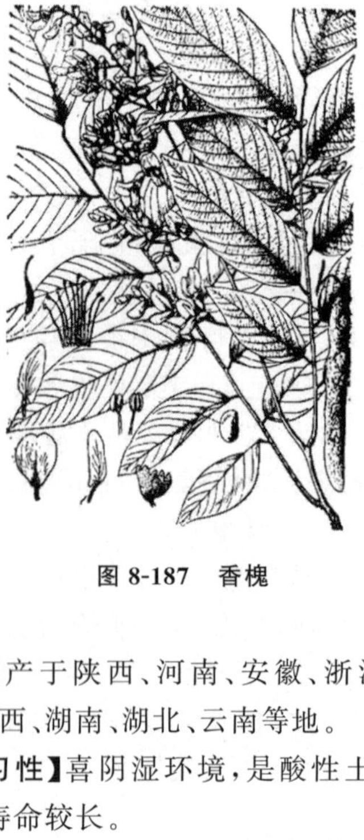

图 8-187　香槐

【分布】产于陕西、河南、安徽、浙江、福建、山西、四川、广西、湖南、湖北、云南等地。

【生态习性】喜阴湿环境，是酸性土植物；生长速度中等，寿命较长。

【观赏特性及用途】树冠规整，树荫浓密，花香怡人，秋叶金黄色，亦可观赏，作庭荫树及行道树。

4. 木蓝属（马棘属）*Indigofera*

落叶灌木或草本，稀乔木，全体被白色或褐色平贴单毛或“丁”字毛，有时被腺毛或腺体；奇数羽状复叶，稀单叶、掌状复叶或 3 枚小叶；托叶小，针状；小叶常对生，稀互生，全缘；总状花序腋生，少数呈头状、穗状或圆锥状；苞片常早落；花萼钟状或斜杯状，萼齿 5 片；花淡红色至紫红色，稀白色、黄色，早落或旗瓣留存稍久，旗瓣卵形或长圆形，翼瓣较狭长，具耳，龙骨瓣常呈匙形，略与翼瓣相连，具爪，爪上有距；雄蕊二体（9＋1），药隔顶端具腺体或髯毛；荚果线形或圆柱形，被毛或无毛，稀有刺，内果皮常具红色斑点；种子数粒，稀 1 或 2 粒。

约 700 种，广布于热带、亚热带和温带；中国产 120 种。

花木蓝 *I. kirilowii*

【别名】吉氏木蓝、山绿豆、山扫帚。

【形态特征】落叶灌木，高约 1 m；茎圆柱形，疏生白色“丁”字毛；羽状复叶互生，小叶 7～11 枚，阔卵形或椭圆形，长 1.5～3 cm，宽 1～2 cm，先端具长小尖头，两面散生白色“丁”字毛；总状花序腋生，与复叶近等长（约 12 cm），花冠淡红色，稀白色；荚果圆柱形，长 3.5～7 cm，棕褐色，无毛。花期 5～7 月，果期 8～9 月。

【分布】产于东北、华北、华东；朝鲜、日本亦有分布。

【生态习性】适应性强，耐贫瘠，对土壤要求不严；耐干旱，较耐水湿，抗病性较强。

【观赏特性及用途】北方稀有夏花植物，花序

图 8-188　花木蓝

长，花量大，花色艳丽，有芳香，花期长达 50～60 d，可作花篱或地被观赏，也是优良的花坛、花镜材料。

5. 紫藤属 *Wisteria*

落叶藤本；冬芽球形至卵形，芽鳞 3～5 片；奇数羽状复叶，互生，小叶全缘，具小托叶；总状花序顶生，下垂；花萼杯状，萼齿 5，略呈二唇形；花冠蝶形，花多数，蓝紫色或白色，通常大，旗瓣圆形，开花后反折，翼瓣长圆状镰形，具耳，龙骨瓣端钝，内弯；雄蕊二体(9+1)；荚果扁平，线形，种子间缢缩，齿裂，种子数粒。

约 10 种，分布于东亚、北美和大洋洲；中国 5 种 1 个变型。APG 系统中，紫藤属已并入豆科 Fabaceae。

紫藤 *W. sinensis*

【形态特征】落叶攀缘缠绕性大藤本，茎左旋性，长可达 18～30 m；干皮深灰色，不裂；枝条粗壮，幼时被毛，后秃净；奇数羽状复叶互生，小叶 7～13 枚，纸质，卵状椭圆形至卵状披针形，长 5～8 cm，宽 2～4 cm，边缘波状，嫩叶两面被伏毛，成熟后无毛；总状花序下垂，长 15～25 cm，花冠堇紫色，芳香；荚果长条形，长 10～15 cm，密生黄色茸毛。花期 4～5 月，多叶前或与叶同放。果期 5～8 月。

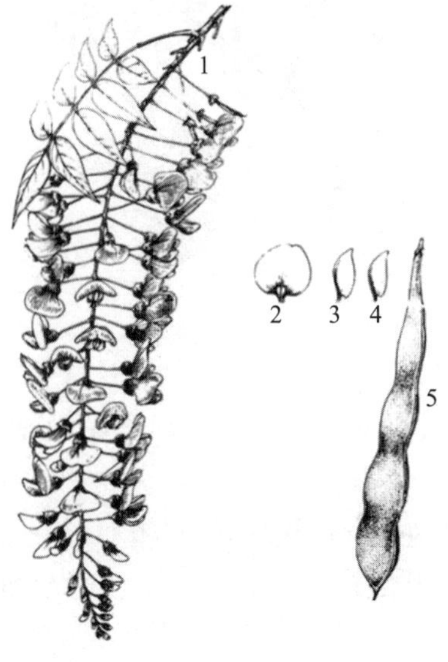

图 8-189 紫藤

1. 花枝；2. 旗瓣；3. 翼瓣；4. 龙骨瓣；5. 荚果

【分布】中国南北各地均有分布，广为栽培。

【生态习性】喜光，略耐阴；对气候和土壤适应性强，较耐寒，喜深厚肥沃且排水良好的土壤，亦耐干旱，耐瘠薄，耐水湿；主根深，侧根少，不耐移植；生长较快，寿命较长，缠绕能力强。

【观赏特性及用途】枝叶繁茂，蔽荫效果好，紫穗大而美丽，有芳香，是优良的棚架、门廊材料，适栽于湖畔、池边、假山等处，具有独特的古典韵味；亦可制作盆景或盆栽观赏。

【同属其他种】①多花紫藤(日本紫藤)*W. floribunda*：茎右旋性，小叶 11～19 枚，总状花序长 30～90 cm，花冠紫色至蓝紫色。产于日本，中国华北、华中有栽培。花期 4 月下旬至 5 月中旬，花叶同放，观花效果不如先花后叶的紫藤，但荫蔽效果更好。②白花藤萝 *W. venusta*：茎左旋性，小叶 9～13 枚，两面有绢毛，下面尤密；花序轴密被黄色茸毛，花冠白色，花序短，长 10～20 cm；荚果密被黄色茸毛。花期 4 月下旬。产于日本，中国华北地区有栽培。

6. 锦鸡儿属 *Caragana*

落叶灌木，稀小乔木；偶数羽状复叶，在长枝上互生，短枝上簇生，叶轴端常硬化呈刺状，常具托叶刺；小叶全缘，先端常具针尖状小尖头；花单生，稀 2～3 朵簇生；花萼筒状或钟状，基部偏斜，萼齿 5 片，常不等长；花黄色，稀白带红色，花冠蝶形，旗瓣卵形或近圆形，直展，翼瓣斜长圆形，龙骨瓣直，端钝，各瓣均具瓣柄；雄蕊二体(9+1)；荚果细长，2 瓣裂，种子数粒。

约 100 种，主产于亚洲和欧洲的干旱和半干旱地区；中国产约 62 种 9 个变种 12 个变型，主产于东北、华北、西北、西南各地。APG 系统中，锦鸡儿属已并入豆科 Fabaceae。

锦鸡儿 *C. sinica*

【形态特征】落叶丛生灌木，高 1～2 m；小枝具棱，托叶及叶轴硬化成针刺，无毛；偶数羽状复叶互生，小叶 4 枚，有时假掌状，长倒卵形，厚革质，长1～3.5 cm，宽 5～15 mm，先端圆形或微凹，基部楔形；花单生，黄色，常带红色，旗瓣狭倒卵形，翼瓣稍长于旗瓣，龙骨瓣宽钝；荚果圆筒状。花期 4～5 月，果期 7 月。

图 8-190　锦鸡儿

【分布】产于中国华北、华东、华中及西南地区。

【生态习性】喜光，稍耐阴，耐寒性强；根系发达，具根瘤，耐干旱瘠薄，对土壤要求不严，忌湿涝；萌芽力强，能自播繁衍，喜肥沃、深厚、湿润的沙质壤土。

【观赏特性及用途】枝叶秀丽，花色鲜艳，可作观花刺篱和岩石园材料；也可用来制作盆景。

【同属其他种】① 金雀儿（红花锦鸡儿）*C. rosea*：小叶 4 枚，假掌状；花单生，橙黄带红色，谢时变紫红色，旗瓣较窄，长圆状倒卵形，萼筒常带紫色；小叶、荚果均无毛。产于中国东北、华北、华东等地区。花密集而色艳，花期长，可用于庭园观赏；特别适合在高速公路两旁的绿化带栽植。② 小叶锦鸡儿 *C. microphylla*：落叶丛生灌木，多分枝；小叶 10～20 枚，长 3～10 mm；花冠黄色，长约 2.5 cm，旗瓣宽倒卵形；荚果圆筒形。产于东北、华北及西北等地区。俄罗斯、日本等亦有分布。该种是良好的防风固沙植物，是北方荒漠绿化的先锋树种。③金雀锦鸡儿（黄刺条）*C. frutex*：分枝密，小叶4 枚，花单生，鲜黄色，旗瓣圆形至宽倒卵形，荚果圆筒形，花期 5～6 月，果期 7～8 月。产于东北、华北至江浙地区；俄罗斯、蒙古国亦有分布。

7. 胡枝子属 *Lespedeza*

落叶灌木、半灌木或多年生草本；羽状复叶具 3 小叶，小叶全缘，先端有小刺尖；托叶小，钻形或线形，宿存或早落，无小托叶；总状或头状花序，腋生，花蝶形而形小，常 2 朵并生于一宿存苞片内；花常 2 型，一种有花冠，结实或不结实，另一种无花冠，结实；花萼钟状，5 裂，裂片近相等；雄蕊 10 枚，二体（9＋1）；荚果扁平，短小，不开裂，含种子 1 粒。

约 60 种，分布于东亚、北美及澳大利亚东北部；中国产 26 种，分布极广。

胡枝子 *L. bicolor*

【形态特征】落叶丛生灌木，高 1～3 m，多分枝，常拱垂，小枝黄色或暗褐色，有条棱，微被毛；羽状复叶具 3 小叶，互生，有长柄，小叶卵形或倒卵形，长 3～6 cm，宽 1～3.5 cm，先端钝圆或微凹，有小尖头，基部近圆形，全缘，叶表疏生平伏毛，叶背灰绿色，毛略密；总状花序腋生，花紫红色，花萼密被灰白色平伏毛，萼齿略短于萼筒；花梗在花萼下无关节，每 2 朵生于苞腋；荚果斜卵形，长约 1 cm，具网纹，密被短柔毛；花期 8 月，果期 9～10 月。

图 8-191　胡枝子

【分布】产于黑龙江、辽宁、吉林、内蒙古、河北、山西、陕西、河南、广西、广东、四川、贵州、安徽、浙江、福建等地；朝鲜、俄罗斯、日本亦有分布。

【生态习性】喜光，稍耐阴；性强健，耐寒，耐干旱瘠薄，喜肥沃湿润土壤；生长迅速，耐刈割，根系发达，萌芽力强。

【观赏特性及用途】枝繁叶茂，花繁多而色艳，可用于基础栽植供庭园观赏；亦是良好的水土保持树种。

【同属其他种】①绿叶胡枝子 *L. buergeri*：叶面鲜绿色，花淡黄绿色，花期6～8月。产于中国华北、华中、西南、华东等地。可用于庭园观赏以及荒坡荒山绿化。②美丽胡枝子 *L. formosa*：花紫红色，花萼深裂，裂片为萼筒长的2～4倍。花期7～9月。产于中国中部至东南部地区；朝鲜、日本及印度也有分布。花美丽，适于作观花灌木或护坡地被植物，亦是荒山绿化、水土保持和改良土壤的先锋树种。③多花胡枝子 *L. floribunda*：总状花序具花多数，花紫红色或蓝紫色，总花梗较粗。花期6～9月。产于辽宁、华北、西北及长江流域等地。紫花小而繁多，庭园观赏颇具野趣；亦是良好的水土保持及改良土壤的树种。

8. 刺桐属 *Erythrina*

乔木或灌木，小枝、叶柄常有刺；羽状复叶具3小叶，互生；小托叶呈腺体状；总状花序顶生或腋生；花萼偏斜或二唇形；花大，花瓣鲜红色，极不相等，旗瓣阔或狭，翼瓣短，小或缺，龙骨瓣较旗瓣更为短小；雄蕊10枚，单体或二体(9+1)；子房具柄，胚珠多数，花柱内弯，无毛；荚果线形至镰刀形，种子间缢缩为念珠状，2瓣裂，稀不开裂。

约200种，分布于全世界热带和亚热带地区；中国5种，产于西南部至南部，引入栽培5种。

(1)刺桐 *E. variegata*

【形态特征】落叶大乔木，高达10～20 m；树皮灰褐色，具圆锥形皮刺，小枝粗壮；羽状复叶具3小叶，小叶大，宽卵形或菱状卵形，长宽15～30 cm，无毛，顶端1枚宽大于长，小托叶变为宿存腺体；叶柄长10～15 cm，通常无刺；总状花序顶生，长10～16 cm；花萼佛焰苞状，长2～3 cm，口部偏斜，上部深裂达基部；花冠鲜红色，旗瓣椭圆形，长5～6 cm，翼瓣和龙骨瓣近等长，短于萼；荚果肿胀肥厚，种子间略缢缩，呈念珠状，长15～30 cm；种子肾形，暗红色。花期3月，果期8月。

【分布】产于亚洲热带；中国西南、华南地区有栽培。

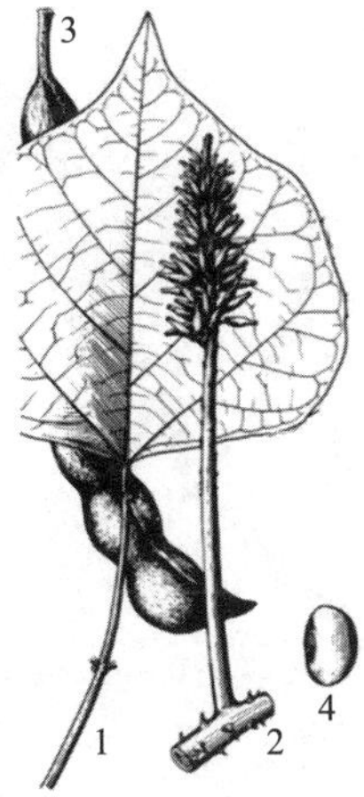

图8-192 刺桐

1.顶生小叶；2.幼花序；3.荚果；4.种子

【生态习性】喜温暖湿润气候，喜光，性强健，耐干旱，耐水湿，不耐寒；喜肥沃、排水良好的沙质壤土，对土壤要求不严；生长迅速，萌芽力强。

【观赏特性及用途】树体高大，花序大而艳丽，可作行道树及“四旁”绿化用；北方常于温室盆栽观赏。

(2)龙牙花 *E. corallodendron*

【别名】象牙红、珊瑚树。

【形态特征】落叶小乔木，高3～5 m，树冠开展，阔度可达3.5 m；树干及枝条疏生粗壮皮刺；羽状复叶具3小叶，互生，小叶菱状卵形或菱形，全缘，长5～10 cm，宽2.5～7 cm，先端尾状，基部阔楔形或近截形，两面无毛，顶生小叶较大，侧生小叶基部略偏斜，叶柄及中脉上有皮刺；总状花序腋生，长可达30 cm以上；花深红色，盛开时为直筒形，各花瓣近平行；旗瓣长椭圆形，常将龙骨瓣包围，翼瓣短，略长于萼，龙骨瓣比翼瓣略长；花萼钟形，先端斜截形，下部有一尖齿；雄蕊二体，不整齐，略短于旗瓣；荚果圆柱形，长约10 cm，在种子间缢缩；种子深红色，有黑斑。花期6～11月。

【分布】产于热带美洲；中国西南、华南等地有栽培。

【生态习性】喜温暖湿润气候，能耐高温高湿，具一定的耐寒能力，不耐干旱；喜阳光充足，能耐半阴；喜湿润、排水良好的土壤，对肥力要求不严，但

图 8-193　龙牙花

在干燥土和黏重土中生长不良。

【观赏特性及用途】树冠开展，叶色鲜绿，初夏满树总状花序好似一串串红色月牙，艳丽夺目，适宜作行道树和庭园观花树种。

【同属其他种】①鸡冠刺桐(巴西刺桐)*E. crista-galli*：落叶灌木或小乔木，花深红色，旗瓣宽大，倒卵形，盛开时似鸡冠。产于巴西等南美洲热带地区；中国西南、华南、台湾等地有栽培。该种树态优美，花繁而艳丽，花形独特，花期长(4～7 月)，适于在草坪上或庭园中列植或群植。②鹦哥花(乔木刺桐、刺木通、红嘴绿鹦哥)*E. arborescens*：落叶乔木，枝具皮刺；顶生小叶近肾形，侧生小叶斜宽心形，花鲜红色，旗瓣舟状，翼瓣比龙骨瓣短，花期 8～9 月。产于中国云南、西藏、四川、贵州及海南；印度、尼泊尔、缅甸亦有分布。可作行道树或庭园观花树种。

9. 葛属 *Pueraria*

藤本；3 出复叶，小叶大，卵形或菱形，全裂或具波状 3 裂片；托叶基部着生或盾状着生，有小托叶；总状或圆锥花序腋生，有延长具节的总花梗，多花簇生于节上；花萼钟状，上部 2 裂齿连合；花冠蓝色或紫色，旗瓣基部有附属物及内向的耳，翼瓣狭长圆形，常与龙骨瓣中部贴生；雄蕊单体或二体；荚果线形，稍扁或圆柱形，2 瓣裂，种子间有或无隔膜；种子扁，多数。

约 35 种，分布于印度、日本、马来西亚；中国产 8 种 2 个变种，主产于长江以南地区。

葛藤 *P. lobata*

【形态特征】落叶缠绕藤本，长达 8 m，块根肥厚；全株有黄色长硬毛；三出复叶互生，顶生小叶菱状卵形，长 7～15 cm，宽 5～12 cm，全缘或波状 3 浅裂；侧生小叶较小，偏斜，2～3 裂；托叶盾状；总状花序腋生，长 15～30 cm，花冠紫红色；荚果长椭圆形，扁平，被褐色长硬毛。花期 8～9 月。

图 8-194　葛藤

【分布】除新疆和西藏外，全国均有分布。

【生态习性】喜光，耐干旱瘠薄，适应性强。

【观赏特性及用途】良好的水土保持和地面覆盖材料。因侵占性强，园林绿地中不宜应用。

10. 紫穗槐属 *Amorpha*

落叶灌木或亚灌木；奇数羽状复叶，互生，小叶多数，全缘，对生或近对生；托叶针形，早落，小托叶线形至刚毛状，脱落或宿存；密集的穗状花序顶生，直立；花萼钟状，5 齿裂，近等长，具油腺点；蝶形花冠退化，仅存旗瓣 1 枚，蓝紫色，内弯并包裹雌雄蕊，翼瓣和龙骨瓣不存在；雄蕊 10 枚，花丝下部合生；荚果短小，镰状或新月形，表面密布腺点，不开裂，含种子 1 粒。

约 35 种，产于北美；中国引入栽培 1 种。APG

系统中，紫穗槐属已并入豆科 Fabaceae。

紫穗槐 *A. fruticosa*

【别名】棉槐。

【形态特征】落叶灌木，丛生，高 1～4 m；枝条褐色，被柔毛，后脱落；芽常 2 个叠生；奇数羽状复叶互生，小叶 11～25 枚，披针状椭圆形，长 1～4 cm，宽 0.6～2 cm，具透明油腺点，幼叶密被毛，老叶毛稀疏；穗状花序常 1 至数个顶生，长 7～15 cm，密被短柔毛；花小，旗瓣心形，蓝紫色，无翼瓣和龙骨瓣；荚果短镰形，下垂，长 6～10 mm，密被凸起疣状腺点。花期 5～6 月，果期 9～10 月。

图 8-195 紫穗槐

【分布】产于北美；中国东北、华北、西北以及长江流域均有栽培。

【生态习性】喜干冷气候；抗逆性极强，耐寒，耐旱，耐水湿，抗风沙，耐盐碱，对土壤要求不严，能固氮；生长迅速，萌芽力强。

【观赏特性及用途】枝叶繁茂，为蜜源植物，常做绿篱用；性强健，可改良土壤，可作水土保持和工矿绿化树种；又常用于荒山荒坡、盐碱地、低湿地、沙地等地带的绿化。

11. 刺槐属 *Robinia*

落叶乔木或灌木；无顶芽，叶柄下芽，无芽鳞；奇数羽状复叶，互生，托叶变成刺；小叶全缘，对生或近对生；总状花序腋生，下垂；花萼钟状，5 齿裂，稍二唇形；花冠白色、粉红色或玫瑰红色，各瓣具柄，旗瓣圆形，大而反折，翼瓣镰状长圆形，龙骨瓣端钝，内弯；雄蕊二体(9+1)；子房具柄，胚珠多数；荚果线形，扁平，2 瓣裂，含种子数粒。

约 20 种，产于北美洲至中美洲；中国引入栽培 2 种。

刺槐 *R. pseudoacacia*

【别名】洋槐。

【形态特征】落叶乔木，高 10～25 m；树冠椭圆状倒卵形；树皮灰褐色，深纵裂；枝条具托叶刺；冬芽小，被毛；奇数羽状复叶互生，小叶 7～19 枚，椭圆形至卵状长圆形，长 2～5 cm，宽 1.5～2.2 cm，先端圆或微凹，具小尖头，基部圆至楔形，全缘，上面绿色，叶背灰绿色；总状花序腋生，下垂，花多数，芳香，花冠白色，蝶形；荚果褐色，扁平，线状长圆形，长 5～12 cm；种子黑色，肾形，有光泽。花期 4～6 月，果期 8～9 月。

图 8-196 刺槐

【分布】产于北美洲，被广泛引种到欧洲、亚洲；19 世纪末我国青岛引种成功，后渐扩大栽培，现已遍及全国，尤以黄淮流域最常见。

【生态习性】强喜光植物，不耐阴；根系浅，易风倒；适应性强，较耐干旱瘠薄，有一定耐旱能力，对二氧化硫、氯气、光化学烟雾等有毒气体抗性较强；喜肥沃深厚、湿润的沙质壤土，在石灰性土、酸性土、中性土以及轻度盐碱土上都可生长，有根瘤，能固氮；生长迅速，寿命较短，萌芽力及根蘖性强。

【观赏特性及用途】树冠高大，叶色鲜绿，开花季节串串白花下垂，素雅而芳香，是良好的蜜源植物，可作行道树、庭荫树。性强健，生长快，根瘤有改良土壤的作用，也成为工矿区以及荒山荒地绿化的先锋树种。

【变种、变型及品种】常见变型、栽培品种有：

①无刺槐 f. *inermis*：树冠开张，树形扫帚状，高 3～10 m，枝条硬挺而无托叶刺。青岛、北京、大连有栽培，多用于庭荫树和行道树。

②球槐(球冠无刺槐)f. *umbraculifera*：小乔木；树冠呈球状至卵圆形，分枝细密，近于无刺或刺极小而软；不开花或开花极少，基本不结实。青岛、武汉多作行道树。

③香花槐'Idaho'：叶繁枝茂，树冠开阔，树干挺直，树皮褐色，光滑；小叶较大，光滑，鲜绿色；总状花序密集下垂，花红色，有浓郁芳香，花朵大，花量多，花期长(一年 2 至多次开花)，极美丽；花不育，无荚果，不结种子。产于西班牙，中国引进，现华北、西北、华南等地生长良好。

12. 紫檀属 *Pterocarpus*

乔木；奇数羽状复叶；小叶互生；托叶小，脱落，无小托叶；圆锥花序顶生或腋生；花萼倒圆锥状，稍弯，萼齿短；花冠黄色，花梗有明显关节，花瓣有长柄，边缘皱波状；雄蕊 10 枚，单体或二体；子房有柄或无柄，花柱内弯；荚果圆形，扁平，边缘有阔而硬的翅，花柱宿存向果颈下弯，含种子 1 粒。

约 30 种，分布于全球热带地区；中国有 1 种。

紫檀 *P. indicus*

【形态特征】常绿乔木，高 15～25 m；树皮灰色；羽状复叶互生，小叶 7～11 枚，卵形，长 6～11 cm，宽 4～5 cm，先端渐尖，基部圆形，两面无毛，叶脉纤细；圆锥花序顶生或腋生，多花，被褐色短柔毛；花冠黄色，花瓣有柄，边缘波状；荚果圆形，扁平，偏斜，周围具宽翅，含种子 1～2 粒。花期 4～5 月。

【分布】产于中国台湾、广东和云南；印度、菲律宾、印度尼西亚和缅甸也有分布。

【生态习性】喜强光，对环境适应性强，耐盐碱，

图 8-197 紫檀

对土壤要求不严；根系发达，具根瘤，能固氮；生长迅速，再生力强。

【观赏特性及用途】树冠开展，叶色浓绿，是优良的庭园绿化树种。木材坚硬，心材红色，是世界顶级建筑、家具及乐器材料。

13. 杭子梢属 *Campylotropis*

落叶灌木或半灌木；小枝具棱，多有毛，老枝毛少或无毛；羽状复叶具 3 小叶，顶生小叶通常比侧生小叶略大；托叶 2 枚，钻形，宿存或早落；总状花序腋生或排成圆锥花序顶生；苞片宿存或早落，每枚苞片内生 1 朵花，花易从花梗顶部的关节处脱落；花萼钟状，5 齿裂，上方 2 裂齿常大部分合生；旗瓣椭圆形，顶端常锐减，翼瓣近长圆形，基部有耳，龙骨瓣上部向内弯成直角，各瓣均具瓣柄；雄蕊二体(9＋1)，子房具柄，1 室，1 粒胚珠；荚果扁平，不开裂，含种子 1 粒。

约 45 种，分布于亚洲热带及温带地区；中国约 29 种，多集中于西南部。

杭子梢 *C. macrocarpa*

【形态特征】落叶灌木，高达 2 m；嫩枝毛密，老枝常无毛；羽状复叶具 3 小叶，小叶椭圆形至长圆形，长 3～7 cm，宽 1.5～3.5 cm，先端钝或微凹，具小凸尖，基部圆形，叶表无毛，叶背有淡黄色柔毛；托叶线形；总状花序腋生或顶生，花序轴密生短柔毛，花冠紫红色；苞片脱落性，花梗在萼下有关节；

荚果长圆形或椭圆形，长 10～14 mm，具网脉，边缘生纤毛。花果期 5～10 月。

图 8-198　杭子梢

【分布】产于中国北部、中部及西南部地区。

【生态习性】性强健，喜光，略耐阴。

【观赏特性及用途】花序美丽，可供园林观赏以及作水土保持植物。

【同属其他种】多花杭子梢（小雀花）*C. polyantha*：花密集，荚果斜椭圆形，被柔毛。花果期 3～12 月。产于甘肃南部、四川、贵州、云南、西藏东部。枝条密集，花美丽，是重要的蜜源植物，开花时常无叶或具少数叶，是良好的庭园观赏植物及水土保持树种。

14. 黄檀属 *Dalbergia*

乔木、灌木或藤本；奇数羽状复叶或仅 1 小叶，小叶互生，全缘，无小托叶；圆锥花序顶生或腋生；花萼钟状，5 齿裂；花小，多数，白色或黄白色；蝶形花冠，花瓣具柄，旗瓣卵形或圆形，先端常凹缺，翼瓣长圆形，龙骨瓣端钝；雄蕊 10 或 9 枚，单体或二体，罕多体；荚果短带状，不开裂，含种子 1 至数粒。

约 100 种，分布于亚洲、非洲和美洲的热带和亚热带地区；中国约 28 种 1 个变种，产于西南部、南部至中部。

黄檀 *D. hupeana*

【别名】不知春。

【形态特征】落叶乔木，高 10～20 m；树皮暗灰色，呈窄条状剥落；奇数羽状复叶互生，小叶 7～11 枚，卵状长椭圆形至长圆形，长 3～6 cm，宽 2～4 cm，先端钝或微凹入，基部圆形，两面无毛，叶有光泽；圆锥花序顶生或生于最上部叶腋，花密集，花冠淡紫色或白色，二体雄蕊（5+5）；荚果长圆形或阔舌状，长 4～7 cm，含种子 1～3 粒。花果期 5～10 月。

图 8-199　黄檀

【分布】分布广，从秦岭、淮河以南至华南、西南等地区均有野生。

【生态习性】喜光，耐干旱瘠薄，喜深厚湿润、排水良好的土壤，在酸性、中性及石灰质土上均能生长，忌盐碱地；深根性，生长较慢，萌芽力强。

【观赏特性及用途】荒山荒地绿化的先锋树种；可作庭荫树、行道树及风景树，也可作为石灰质土壤绿化树种。

15. 崖豆藤属（鸡血藤属）*Millettia*

藤本、直立或攀缘状灌木或乔木；奇数羽状复叶互生，小叶对生，2 至多数，全缘；小托叶有或无；圆锥花序大，顶生或腋生；花萼阔钟状，4～5 齿裂；花冠紫色、粉红色或白色，旗瓣阔而反折，内面常具色纹，翼瓣略小，镰状长圆形，龙骨瓣内弯，端钝；雄蕊 10 枚，单体或二体；子房无柄或少具柄，有毛或无毛，胚珠多数；荚果扁平或肿胀，线形或圆柱形，开裂、迟裂或不裂，种子 1 至数粒。

约 200 种，分布于非洲、亚洲和大洋洲热带及亚热带地区；中国产 40 种，主产于西南部。

网络夏藤 *M. reticulata*

【别名】鸡血藤。

【形态特征】常绿攀缘灌木；枝叶无毛；羽状复叶互生，小叶 7～9 枚，卵状椭圆形或长椭圆形，长 3～10 cm，宽 1～6 cm，先端钝尖，微凹，基部近圆形，无毛；小托叶锥状，与小叶柄近等长；圆锥花序顶生，下垂，花多而密集，花冠紫色或玫瑰红色，无毛；荚果扁平，条形，长达 15 cm，无毛，种子间缢缩；种子扁圆形。花期 5～8 月，果期 10～11 月。

图 8-200　网络夏藤

【分布】产于华东、中南及西南地区；越南北部亦有分布。

【生态习性】喜光，喜温暖湿润气候，不耐寒，耐干旱瘠薄，适应性强。

【观赏特性及用途】枝叶繁茂，四季常青，夏日紫花串串，适于攀缘棚架或于斜坡、岸边种植，颇具自然野趣。

【同属其他种】①香花崖豆藤（香花鸡血藤）*M. dielsiana* Harms：常绿攀缘灌木，小叶 2 对，先端锐尖。花期 5～9 月。产于中国长江流域以南及西南地区；越南、老挝也有分布。可作藤架及垂直绿化材料。②厚果鸡血藤 *M. pachycarpa*：常绿攀缘灌木，小叶 6～8 对，叶背被锈黄色柔毛；荚果厚，肿胀，密布疣状凸起。花期 3～4 月。产于四川、云南、福建、广东、广西、贵州等地。枝叶粗壮，遮阴效果好，是棚架以及垂直绿化的优良树种。

16. 黧豆属（油麻藤属）*Mucuna*

木质或草质藤本；羽状复叶具 3 小叶，小叶大，侧生小叶多不对称，小托叶常早落；聚伞状圆锥花序腋生于老茎上；花萼钟状，4～5 裂，二唇形，上面2 齿合生；花冠深紫色、红色、浅绿色或近白色，干后常黑色；旗瓣常比翼瓣、龙骨瓣为短，基部具耳，翼瓣长圆形或卵形，内弯，龙骨瓣比翼瓣稍长或等长，先端内弯，有喙；雄蕊二体，常具髯毛；荚果膨胀或扁平，边缘常具翅，常被褐黄色螫毛，多 2 瓣裂。

约 160 种，多产于热带及亚热带；中国约 20 种，广布于中南部、西南部至东南部。

常春油麻藤 *M. sempervirens*

【别名】常绿油麻藤。

【形态特征】常绿大型藤木，茎左旋，粗壮，长可达 20 m 以上；三出复叶互生，革质，有光泽，顶生小叶卵状椭圆形，长 7～12 cm，宽 5～7 cm，侧生小叶斜卵形，全缘，无毛；总状花序生于老茎上，花大下

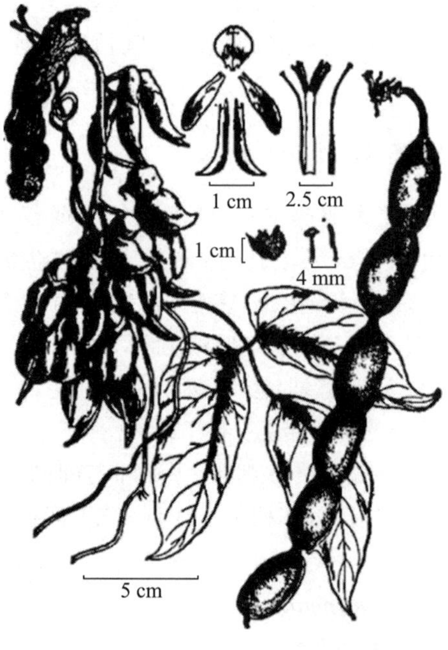

图 8-201　常春油麻藤

垂，蝶形，深紫色，蜡质；花萼外被浓密茸毛，钟裂；荚果长条形，扁平，木质，密被金黄色粗毛，长约 40 cm，种子间缢缩；种子扁，近圆形，棕色。花期 4～5 月，果实 10 月成熟。

【分布】产于中国西南至华南、华东地区。

【生态习性】喜温暖湿润气候，耐阴，耐旱，不耐寒，对土壤要求不严，适应性强，但以排水良好的石灰岩质土壤为好。

【观赏特性及用途】生长迅速，四季常青，蔓茎粗壮，叶繁荫浓，花序悬垂，适于攀附建筑物、围墙、陡坡、岩壁等处生长，是棚架和垂直绿化的优良材料。

【同属其他种】白花油麻藤（禾雀花）*M. birdwoodiana*：常绿大型藤木；花白色或绿白色；荚果具木栓质翅，种子间明显缢缩。花期 4～6 月。产于中国西南、华南等地。花大而繁密，成串下垂，形如众多小雀栖息枝头，适于庭园的大型棚架、绿廊等处的顶面绿化，以及假山、墙垣等处的垂直绿化。

[61]胡颓子科 Elaeagnaceae

灌木，稀乔木。树体被盾状鳞片或星状毛。单叶互生，稀对生或轮生，全缘，羽状叶脉，具柄，无托叶。花两性或单性，稀杂性。单生或 2～8 朵簇生，或组成总状花序；萼筒状，顶端 4 裂，稀 2 裂，无花瓣，雄蕊与裂片同数或为其倍数；子房上位，1 室 1 胚珠，基底胎座。果实为瘦果或坚果，为肉质萼筒状所包，呈核果状。

共 3 属 80 余种，主要分布于亚洲东南地区，亚洲其他地区、欧洲及北美洲也有。我国有 2 属约 60 种，遍布全国各地。

二维码 B-61
胡颓子科

胡颓子属 *Elaeagnus*

常绿或落叶灌木或小乔木。常具枝刺，稀无刺，被银白色或黄褐色鳞片或星状茸毛。单叶互生，具短柄。花两性，稀杂性，单生或簇生叶腋，成伞形总状花序；花萼筒状，4 裂；雄蕊 4 枚，与裂片互生。果实为坚果，为膨大肉质化的萼管所包围，呈核果状，常为长椭圆形；果核具条纹。

约有 80 种，产于亚洲、欧洲南部及北美。我国有约 50 种，全国各地均有分布。本属许多种为丛生灌木，冬季或春夏季开淡白色或金黄色的小型花，常密集下垂，秋季或春夏季结成粉红色下垂的果实，在庭园中常有栽培，作为观赏灌木或绿篱。

胡颓子 ***E. pungens***

【别名】蒲颓子、半含春、羊奶果。

图 8-202　胡颓子

【形态特征】常绿直立灌木，高 3～4 m，具刺，刺顶生或腋生，长 20～40 mm；幼枝微扁棱形，密被锈色鳞片。叶革质，椭圆形或阔椭圆形，稀矩圆形，长 5～10 cm，上面幼时具银白色和少数褐色鳞片，成熟后脱落，具光泽，下面密被银白色和少数褐色鳞片。花白色或淡白色，下垂，密被鳞片，1～3 朵花生于叶腋锈色短小枝上。果实椭圆形，长 12～14 mm，成熟时红色。花期 9～12 月，果期次年 4～6 月。

【分布】产于江苏、浙江、福建、安徽、江西、湖北、湖南、贵州、广东、广西。

【生态习性】耐阴一般，喜高温、湿润气候，其耐盐性、耐旱性和耐寒性佳，抗风力强。

【观赏特性及园林用途】胡颓子枝条交错，叶背银色，花芳香，红果下垂，甚是可爱。宜配花丛或林缘，还可作为绿篱种植。

【品种】花叶胡颓子'Maculata'：叶片中脉部分呈黄色至黄白色。

【同属其他种】密花胡颓子 *E. conferta*：常绿攀缘灌木，无刺；幼枝略扁。果实大，长椭圆形或矩圆形，长达 20～40 mm，成熟时红色。产于云南、广西。

[62]山龙眼科 Proteaceae

乔木或灌木。叶互生，全缘或各式分裂。花两性，排成总状、穗状或头状花序，有时生于茎上；苞片小，通常早落，有时大，或花后增大呈木质，组成球果状。花被片 4，开花时分离或花被筒一侧开裂或下半部不裂；雄蕊 4 枚，生于花被片上；子房上位，花柱细长，不裂，顶部增粗。蓇葖果、坚果、核果或蒴果。种子 1～2 或多粒，有的具翅。

约 60 属，1300 种，主产于大洋洲及非洲南部，亚洲及南美洲有分布。我国 4 属，24 种、2 个变种(含引种 2 属 3 种)。

二维码 B-62
山龙眼科

银桦属 *Grevillea*

乔木或灌木。叶互生，全缘，有齿或各式分裂。花两性，成对在每一苞腋内，为顶生或腋生总状花序或丛生花序；花被管常弯曲，4 裂，开裂时反卷；花药无柄，藏于花被裂片的凹陷处；子房具柄，胚珠 2 粒；花柱长，近侧生，柱头头状。果为一硬木质的蓇葖果；种子具翅或无翅。

约 200 种，大部分产于大洋洲(至新喀里多尼亚、新赫布里底群岛)，有 1 种在苏拉威西。我国(云南、广州)栽培 1 种，为良好的城市绿化及行道树种之一。

银桦 *G. robusta*

【别名】绢柏、丝树、银橡树。

【形态特征】常绿大乔木，高可达 20 m；幼枝被锈色茸毛。叶为二回羽状深裂，裂片 5～13 对，披针形，两端均渐狭，长 5～10 cm，裂片边缘加厚，表面无毛而亮，背面密被浅褐色的丝毛。总状花序单生或数个聚生于无叶的短枝上，长 7～15 cm，多花，花橙黄色；子房长圆形，外面光滑，橙色。蓇葖果卵状长圆形，先端常具宿存花柱，内具 2 粒种子；种子卵形，压扁，周边具膜质翅。花期：在云南南部为 3 月，云南中部为 5 月。

图 8-203 银桦

【分布】产于大洋洲。云南中部(昆明市)及南部和西南部各城镇引种栽培，生长情况良好。广东、广西等地也有引种。

【生态习性】喜光，喜温暖、湿润气候，根系发达，较耐旱。不耐寒，遇重霜和 −4 ℃以下低温，枝条易受冻。在肥沃、疏松、排水良好的微酸性沙壤土上生长良好，在质地黏重、排水不良、偏碱性土中生长不良。耐一定的干旱和水湿。对烟尘及有毒气体抗性较强。

【观赏特性及园林用途】常绿，树干笔直，树形美观，尤其在开花季节，万绿丛中衬以橙黄色的花朵，显得十分美丽，为优良的风景树和城市行道树，是云南省主要城市绿化树种之一。

[63]千屈菜科 Lythraceae

草本、灌木或乔木;枝通常四棱形。单叶对生,稀轮生或互生,全缘,叶柄极短,托叶小或无。花两性,辐射对称,稀左右对称,单生、簇生或组成顶生或腋生的聚伞、总状或圆锥花序;花萼筒状或钟状,顶端4～8(16)裂,裂片间常有附属体;花瓣与萼裂片同数或无,雄蕊通常为花瓣的倍数,着生于萼筒上;子房上位,通常无柄,2～16室,中轴胎座。蒴果革质或膜质,常开裂;种子多数。

二维码 B-63
千屈菜科

约有25属,550种,广布于全世界,但主要分布于热带和亚热带地区。我国有11属,约48种,全国各地多有分布。

1. 紫薇属 *Lagerstroemia*

灌木或乔木。叶对生或在小枝的上部互生,全缘,叶柄短。花两性,辐射对称,顶生或腋生的圆锥花序;花梗具脱落性苞片;花萼半球形或陀螺形,革质,具5～9裂片;花瓣5～8片,通常6片,每瓣具细长爪,瓣边皱波状;雄蕊6枚至多数,花丝细长;子房无柄,3～6室,花柱长,柱头头状。蒴果木质,成熟时室背开裂为3～6果瓣;种子多数,顶端有翅。

约55种,分布于亚洲东部、东南部、南部的热带、亚热带地区,大洋洲也产。我国有16种,引入栽培的有2种,共18种,分布于华中、华南及西南至台湾。

紫薇 *L. indica*

【别名】百日红、痒痒树、满堂红。

【形态特征】落叶灌木或小乔木,高可达7 m;树皮平滑,灰色或灰褐色;枝干多扭曲,小枝纤细,具4棱。叶互生或有时对生,纸质,椭圆形、阔矩圆形或倒卵形,长2.5～7 cm。花淡红色或紫色、白色,直径3～4 cm,常组成7～20 cm的顶生圆锥花序。蒴果椭圆状球形或阔椭圆形,成熟时室背开裂;种子有翅。花期6～9月,果期9～12月。

图 8-204 紫薇

【分布】产于亚洲,我国广东、广西、湖南、福建、江西、浙江、江苏、湖北、河南、河北、山东、安徽、陕西、四川、云南、贵州及吉林均有生长或栽培。

【生态习性】耐旱、怕涝,喜温暖潮润,喜光,喜肥,对二氧化硫、氟化氢及氮气的抗性强,能吸入有害气体,中性土或偏酸性土较好。

【观赏特性及园林用途】枝繁叶茂,花色鲜艳美丽,可令人精神振奋。为优秀的观花乔木,在园林绿化中,被广泛用于公园绿化、庭园绿化、道路绿化、街区城市等,在实际应用中可栽植于建筑物前、院落内、池畔、河边、草坪旁及公园中小径两旁,均很相宜。也是做盆景的好材料。

【品种】①'翠'紫薇:花蓝紫色,叶色暗绿。②'赤'紫薇:花火红色。③'银'紫薇:花白色或微带淡茧色,叶色淡绿。

【同属其他种】大花紫薇 *L. speciosa*:大乔木,高可达25 m;小枝圆柱形。花淡红色或紫色,直径5 cm。广东、广西、云南及福建有栽培。分布于斯里兰卡、印度、马来西亚、越南及菲律宾。

2. 虾子花属 *Woodfordia*

灌木。叶对生,近无柄,全缘。花组成短聚伞状圆锥花序,腋生;有总花梗,稀单生,紫红色;花6基数,极少为5基数;萼长圆筒状;雄蕊12枚,着生于萼筒中部以下；子房生于萼筒基部，无柄，长椭圆形，2室，花柱线形，柱头小；胚珠多数。蒴果椭圆形，室背开裂；种子多数，狭楔状倒卵形，平滑。

仅两种，我国产1种。

虾子花 *W. fruticosa*

【别名】虾子木、虾米草、吴福花。

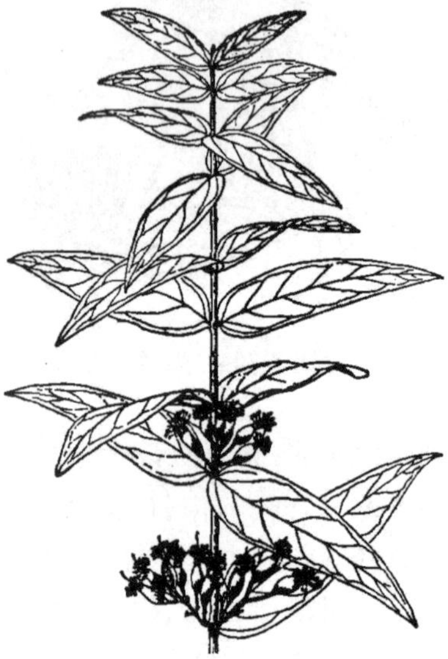

图 8-205　虾子花

【形态特征】灌木，高3～5 m，有长而披散的分枝；幼枝有短柔毛，后脱落。叶对生，近革质，披针形或卵状披针形，长3～14 cm。1～15朵花组成短聚伞状圆锥花序，长约3 cm；萼筒花瓶状，鲜红色；花瓣小而薄，淡黄色，线状披针形。蒴果膜质，线状长椭圆形，开裂。种子甚小，卵状或圆锥形，红棕色。花期春季。

【分布】产于广东、广西及云南。越南、缅甸、印度、斯里兰卡、印度尼西亚及马达加斯加也有分布。

【生态习性】喜温暖，湿润和通气的环境，不耐寒，华北各地均作温室栽培，喜阳光，也较耐阴，对土壤适应性广，以富含腐殖质的沙质壤土为佳。

【观赏特性及园林用途】花繁叶茂，花色鲜艳、花期长、花形奇特有趣、树形美观，可为公园、庭园增添情趣。

3. 萼距花属 *Cuphea*

草本或灌木。叶对生或轮生，稀互生。花左右对称，单生或组成总状花序，生于叶柄之间，稀腋生或腋外生；萼筒延长而呈花冠状，有颜色，有棱12条，有6齿或6裂片，具同数的附属体；花瓣6片，不相等，稀只有2片或缺；雄蕊11枚，稀9、6或4枚；子房通常上位，花柱细长，柱头头状，2浅裂。蒴果长椭圆形，包藏于萼管内，侧裂。

约300种，产于美洲和夏威夷群岛。现我国引种栽培的有7种。

萼距花 *C. hookeriana*

【别名】紫花满天星、雪茄花。

【形态特征】灌木或亚灌木状，高30～70 cm，直立，粗糙，被粗毛及短小硬毛，分枝细，密被短柔毛。叶薄革质，披针形或卵状披针形，长2～4 cm。花单生于叶柄之间或近腋生，组成少花的总状花序；花萼基部上方具短距，带红色；花瓣6片，其中上方2片特大而显著，矩圆形，深紫色，波状，具爪，其余4片极小，锥形，有时消失。

图 8-206　萼距花

【分布】产于墨西哥。我国南方有引种。

【生态习性】喜高温。稍耐阴。不耐寒，在5 ℃以下常受冻害。耐贫瘠土壤。

【观赏特性及园林用途】枝繁叶茂，叶色浓绿，四季常青，且具有光泽，花美丽而周年开花不断，易成形，耐修剪，有较强的绿化功能和观赏价值。适于庭园石块旁作矮绿篱；花丛、花坛边缘种植；空间开阔的地方宜群植、丛植或列植，绿色丛中，繁星点缀，十分怡人。栽培于乔木下，或与常绿灌木或其他花卉配置均能形成优美景观；亦可作地被栽植或作盆栽观赏。

[64]瑞香科 Thymelaeaceae

灌木或小乔木，稀草本；茎通常具发达的韧皮纤维。单叶，互生或对生，全缘。花辐射对称，两性或单性，头状、穗状或总状花序；萼筒花冠状，白色、黄色或淡绿色，稀红色或紫色，裂片 4～5 片，似花瓣，覆瓦状排列；花瓣缺；雄蕊通常为萼裂片的 2 倍或同数；子房 1 室，稀 2 室，胚珠 1 粒，稀 2～3 粒。浆果、核果或坚果。

二维码 B-64
瑞香科

约 48 属 650 种以上，广布于热带和温带地区。我国有 10 属 100 种左右，各地均有分布，但主产于长江流域及以南地区。

1. 瑞香属 *Daphne*

灌木或亚灌木，稀草本；单叶互生，有时近对生或簇生于分枝的上部，具短柄。花通常两性，稀单性，组成顶生头状花序，稀为圆锥、总状或穗状花序，有时花序腋生；花萼筒钟形、筒状或漏斗状管形，顶端 4 裂，稀 5 裂；无花瓣；雄蕊 8 或 10 枚，子房 1 室，有 1 粒下垂胚珠，花柱短，柱头头状。浆果肉质或革质，种子 1 粒。

约有 95 种，主要分布于欧洲、非洲、大洋洲、亚洲温带、亚热带及热带。我国有 44 种，主产于西南和西北部。

瑞香 *D. odora*

【别名】睡香、蓬莱紫、千里香。

【形态特征】常绿直立灌木；枝粗壮，通常二歧分枝，小枝近圆柱形，紫红色或紫褐色，无毛。叶互生，纸质，长圆形或倒卵状椭圆形，长 7～13 cm。花外面淡紫红色，内面肉红色，无毛，数朵至 12 朵组成顶生头状花序；花萼筒管状，长 6～10 mm，裂片 4 片，心状卵形或卵状披针形。果实红色。花期 3～5 月，果期 7～8 月。

【分布】产于中国和中南半岛，日本仅有栽培。

【生态习性】喜阴，喜排水良好的酸性土壤，不耐寒。

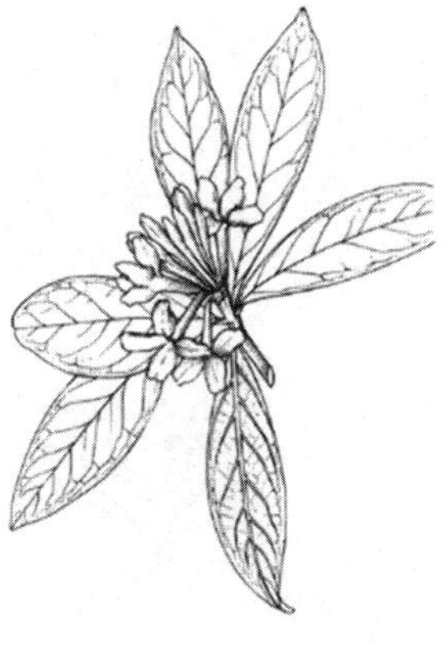

图 8-207 瑞香

【观赏特性及园林用途】树姿优美，树冠圆形，条柔叶厚，枝干婆娑，花繁馨香，寓意祥瑞，为中国传统名花。适合种植于林间空地、林缘道旁、山坡台地及假山阴面。

【品种】'金边'瑞香'Aureomarginata'：叶缘金黄色，花蕾红色，开后白色，花被外侧密被灰黄色绢状柔毛。金边瑞香为瑞香中之佳品，素有"牡丹花国色天香，瑞香花金边最良"之说。

2. 结香属 *Edgeworthia*

落叶或灌木，多分枝；树皮强韧。叶互生，厚膜质，窄椭圆形至倒披针形，常簇生于枝顶，具短柄。花两性，组成紧密的头状花序，顶生或生于侧枝的顶端或腋生；花萼圆柱形，常内弯；裂片 4 片，开展；雄蕊 8 枚，2 列，着生于花萼筒喉部，花药长圆形，花丝极短；子房 1 室，无柄，被长柔毛，花柱长。核果卵形，包于花被基部，果实皮质。

共 5 种，主产于亚洲，我国有 4 种，自印度、尼泊尔、不丹、缅甸、中国、日本至美洲东南部有栽培。

结香 *E. chrysantha*

【别名】黄瑞香、打结花、雪里开。

【形态特征】灌木，高 0.7～1.5 m，小枝粗壮，褐色，常作三叉分枝，幼枝常被短柔毛，韧皮极坚韧，叶痕大。叶在花前凋落，长圆形，披针形至倒披针形，长 8～20 cm。头状花序顶生或侧生，具花30～50 朵呈绒球状，外围以 10 枚左右被长毛而早落的总苞；花芳香，无梗，花萼长 1.3～2 cm，外面密被白

图 8-208　结香

色丝状毛，内面无毛，黄色，顶端 4 裂，裂片卵形。果椭圆形，绿色。花期冬末春初，果期春夏间。

【分布】产于河南、陕西及长江流域以南诸地。野生或栽培。

【生态习性】喜半阴及湿润环境，较耐水湿，不耐寒。

【观赏特性及园林用途】早春开花，美丽芳香，多栽于庭园、水边、石涧，北方常盆栽观赏。枝条柔软，弯之可打结而不断，可做各种造型。结香象征喜结连枝，被称为中国的爱情树。

[65]桃金娘科 Myrtaceae

乔木或灌木。单叶，具羽状脉或基出脉，全缘，有油腺点。花两性或杂性；单生或排成花序。萼筒与子房合生，萼片 4～5 裂或更多，有时黏合；花瓣4～5 片，或缺；雄蕊多数，生于花盘边缘，花丝分离或连成短筒或成束与花瓣对生；子房下位或半下位，花柱及柱头单一，稀 2 裂。蒴果、浆果、核果或坚果，顶端或具萼檐。种子 1 粒至多个，种皮坚硬或薄膜质。

二维码 B-65 桃金娘科

约 100 属，3000 种，主产于美洲、亚洲、非洲及大洋洲。我国原产及引入栽培 9 属 126 种。

1. 桉属 *Eucalyptus*

乔木或灌木，含有鞣质树脂。叶多型性，幼态叶与成熟叶异型，幼态叶多为对生，3 至多对；成熟叶革质，互生，全缘，有透明腺点。花两性，多花排成伞形花序或圆锥花序，单花或 2～3 朵花簇生叶腋。萼筒钟形或倒锥形；花瓣与萼片合生成帽状体，或二者不结合而有两层帽状体，花开放时帽状体脱落；雄蕊多数，离生，多列；子房与萼筒合生，顶端隆起。蒴果全部或下部藏于萼筒内，上半部突出时常形成 3～6 枚果瓣。种子多数，大多数不育。

约 600 种，主产于澳大利亚及其附近岛屿，现全球热带亚热带地区广泛引种栽培。我国百年来先后引入近 100 种。

蓝桉 *E. globulus*

【别名】洋草果、灰杨柳、玉树油树。

【形态特征】常绿乔木；树皮灰蓝色，片状剥落。幼枝微具棱。幼态叶卵形，基部心形，蓝绿色，被白粉；成熟叶镰状披针形，长 15～30 cm，宽 1～2 cm，两面有腺点。花 4 mm，单生或 2～3 簇生叶腋；萼筒倒圆锥形，被白粉；帽状体稍扁平，中部呈圆锥状突起。蒴果半球形，有 4 棱，果瓣 4 枚，不突出萼筒。

图 8-209　蓝桉

【分布】产于澳大利亚塔斯马尼亚岛。广西、云南及四川有栽培。

【生态习性】阳性，耐旱，有一定耐寒力。抗污染。耐湿热性较差。

【观赏特性及园林用途】用作公路行道树和造林树种。

【同属其他种】①赤桉 *E. camaldulensis*：树皮暗灰色，成熟叶片狭披针形至披针形。华南到西南均有栽培。②柠檬桉 *E. citriodora* ：树皮灰白色，成熟叶片狭披针形，两面有黑腺点，揉之有浓厚的柠檬气味。广东、广西及福建南部有栽种。

2. 红千层属 *Callistemon*

乔木或灌木。叶互生，有油腺点，全缘。花单生苞腋，再排成顶生的总状或头状花序，花开后花序轴能继续生长。花无梗；萼齿 5 片；花瓣 5 片，圆形；雄蕊多数，红或黄色，分离或基部稍连生，多列，长于花瓣数倍；子房下位，与萼筒合生，花柱线形，柱头不扩大。蒴果藏于宿萼筒内，球形或半球形，顶端平截，顶部开裂。种子线状。

约 20 种，产于澳大利亚。我国引入栽培 10 余种。

红千层 *C. rigidus*

【别名】瓶刷木、金宝树、红瓶刷。

【形态特征】常绿小乔木；嫩枝有棱。叶片坚革质，线形，长 5～9 cm，宽 3～6 mm，先端尖锐，油腺点明显，中脉在两面均突起，侧脉明显，边脉突起。穗状花序生于枝顶；花瓣绿色，卵形，有油腺点；雄蕊长 2.5 cm，鲜红色；花柱比雄蕊稍长，先端绿色，其余红色。蒴果半球形，长 5 mm，宽 7 mm，先端平截，果瓣 3 裂，脱落。花期 6～8 月。

【分布】产于澳大利亚。广东、广西和云南等地有栽培。

【生态习性】喜暖热气候，能耐烈日酷暑，不很耐寒、不耐阴，喜肥沃潮湿的酸性土壤，也能耐瘠薄干旱的土壤。生长缓慢，萌芽力强，耐修剪，抗风。

【观赏特性及园林用途】株型飒爽美观，花朵盛开时丝丝雄蕊组成一支支艳红的“瓶刷子”，甚为奇特美艳，且花期甚长（春至秋季），花数多，每年春末夏初，火树红花，满枝吐焰，为优良观花树，可作为行道树、园景树，还可用于大型盆栽，并可修剪整形成为盆景。

图 8-210　红千层

【同属其他种】柳叶红千层 *C. salignus*：嫩枝圆柱形，雄蕊苍黄色。我国云南、广东有栽培。树形美观，为美丽的观赏植物。

3. 白千层属 *Melaleuca*

乔木或灌木。叶互生，少数对生，叶片革质，披针形或线形，具油腺点，有基出脉数条。花排成穗状或头状花序，有时单生于叶腋内，花序轴无限生长，花开后继续生长；萼片 5 片；花瓣 5 片；雄蕊多数，绿白色，花丝基部稍连合成 5 束，并与花瓣对生；子房下位或半下位，与萼管合生，先端突出，花柱线形。蒴果半球形或球形，顶端开裂；种子近三角形。

约 100 种，分布于大洋洲各地。我国引入栽培 2 种。

白千层 *M. leucadendron*

【别名】脱皮树、千层皮、玉树。

【形态特征】乔木，高达 20 m；树皮灰白色，厚而松软，呈薄层状剥落。幼枝灰白色。叶互生，革质，

图 8-211 白千层

披针形或窄长圆形，长 4～10 cm，两端尖，有基出脉 3～7 条及多数侧脉，有腺点。花白色，密集于枝顶再排成长达 15 cm 的穗状花序，花序轴在花后继续生长成一有叶的新枝。花柱长于雄蕊。蒴果顶部 3 裂。花期每年 3～4 次。

【分布】产于澳大利亚。广东、台湾、福建、广西、云南均有栽培。

【生态习性】阴性树种，喜温暖潮湿环境，要求阳光充足，适应性强，能耐干旱高温及贫瘠土壤，亦可耐轻霜及短期 0 ℃左右低温。对土壤要求不严。

【观赏特性及园林用途】树冠椭圆状圆锥形，树姿优美整齐，叶浓密，花奇特美丽，多作行道树以及防护林树种。

【同属其他种】千层金 *M. bracteata*：树高 6～8 m，枝条细长柔软，叶片全年金黄色或鹅黄色。产于新西兰、荷兰等，我国长江以南地区广泛种植。

4. 蒲桃属 *Syzygium*

常绿乔木或灌木。幼枝常 2～4 棱。叶对生，稀轮生，革质，羽状脉常较密，有透明腺点，有边脉。花排成聚伞花序再组成圆锥花序。萼筒倒圆锥形，有时棒状，萼片常 4～5 片，分离；花瓣常 4～5 片，分离或连合成帽状；雄蕊多数，离生；子房下位，花柱线形。浆果或核果状，顶部有宿存环状萼檐。种子 1～2 粒，种皮多少与果皮黏合。

约 500 种，分布于亚洲热带及非洲。我国原产和引入栽培约 72 种。多见于广东、广西和云南。

蒲桃 *S. jambos*

【别名】广东葡桃。

【形态特征】常绿乔木，高 10 m，主干极短，广分枝。叶片革质，披针形或长圆形，长 12～25 cm，宽 3～4.5 cm，先端长渐尖，基部阔楔形，叶面多透明细小腺点，侧脉 12～16 对，在下面明显突起，网脉明显。聚伞花序顶生，有花数朵，花白色，直径 3～4 cm；花瓣分离。果实球形，直径 3～5 cm，成熟时黄色，有油腺点；种子 1～2 粒。花期 3～4 月，果 5～6 月成熟。

图 8-212 蒲桃

【分布】产于台湾、福建、广东、广西、贵州、云南等地。喜生于河边及河谷湿地。华南常见野生。

【生态习性】性喜暖热气候，属于热带树种。喜温暖湿润、阳光充足的环境和肥沃疏松的沙质土壤，喜生于水边，耐水湿植物。

【观赏特性及园林用途】分枝多而低，叶密集而浓绿，冠幅大如广伞形，花叶果均可观赏，可作湖旁、溪边和草坪旷地的风景绿化树，亦是南方水乡理想的固堤树种。

【同属其他种】①洋蒲桃（莲雾）*S. samaran-*

gense：浆果钟形或洋梨形，顶端压扁状，淡粉红色，热带果树之一，又可栽作园林风景树、行道树和观果树种。我国广州、西双版纳等地有栽培。②赤楠 *S. buxifolium*：常绿灌木，高达 5 m，叶形颇似黄杨，可植于庭园观赏。产于长江以南各地山地。

5. 番石榴属 *Psidium*

乔木。叶对生，羽状脉，全缘。花较大，单生或 2～3 朵排成聚伞花序。萼筒钟形或壶形，开花时萼片不规则裂为 4～5 片；花瓣 4～5 片，白色；雄蕊多数，离生，排成多列，着生于花盘上；子房下位，与萼筒合生，花柱线形，柱头扩大。浆果多肉，球形或梨形，顶端有宿存萼裂片，胎座发达，肉质。种子多数。

约 150 种，产于热带美洲，我国引入栽培 2 种。

番石榴 *P. guajava*

【别名】拔子、那拔。

【形态特征】常绿小乔木或灌木，高 10 m；幼枝四棱形。叶长圆形或椭圆形，长 6～12 cm，先端急尖，基部近圆，下面疏被毛，侧脉 12～15 对，在上面下陷，在下面凸起，全缘。花单生或 2～3 朵排成聚伞花序。花瓣白色；子房与萼筒合生，花柱与雄蕊近等长。浆果球形、卵圆形或梨形，长 3～8 cm，顶端有宿存萼片。种子多数。

图 8-213　番石榴

【分布】产于南美洲。台湾、福建、广东、海南、香港、广西、云南南部及四川南部有栽培或已野化。为常见的热带水果之一。

【生态习性】喜温暖湿润气候，生长最适温度 23～28 ℃，最低月平均温度 15.5 ℃以上才有利于生长。年降水量以 1000～2000 mm 为宜；喜光；耐旱亦耐湿；对土壤水分要求不严，土壤 pH 4.5～8.0 均能种植。

【观赏特性及园林用途】热带观果植物，用于庭园绿化。

[66] 石榴科 Punicaceae

落叶乔木或灌木。单叶，通常对生或簇生，全缘，无托叶。花顶生或近顶生，单生或几朵簇生或组成聚伞花序，两性，辐射对称；萼革质，萼管与子房贴生，且高于子房，近钟形，裂片 5～9 片；花瓣 5～9 片，覆瓦状排列；雄蕊生萼筒内壁上部，多数，花丝分离；子房下位或半下位，心皮多数，1 轮或 2～3 轮，胚珠多数。浆果球形，顶端有宿存花萼裂片，果皮厚；种子多数，有角，种皮外层肉质。

二维码 B-66
石榴科

1 属 2 种，产于地中海至亚洲西部地区。我国引入栽培的有 1 种。

石榴属 *Punica*

形态特征和地理分布与科相同。

石榴 *P. granatum*

【别名】安石榴、海榴。

【形态特征】落叶灌木或乔木，高通常 3～5 m，枝顶常成尖锐长刺，幼枝具棱角。叶通常对生，纸质，矩圆状披针形，长 2～9 cm。花大，1～5 朵生枝顶；萼筒长 2～3 cm，通常红色或淡黄色，裂片略外展，卵状三角形；花瓣通常大，红色、黄色或白色，长 1.5～3 cm。浆果近球形，直径 5～12 cm，通常为淡黄褐色或淡黄绿色，有时白色，稀暗紫色。种子多数，肉质的外种皮可供食用。

图 8-214　石榴

【分布】产于巴尔干半岛至伊朗及其邻近地区，全世界的温带和热带都有种植。我国栽培石榴的历史，可上溯至西汉。据记载是由张骞引入的。

【生态习性】性喜光、有一定的耐寒能力，喜湿润肥沃的石灰质土壤。

【观赏特性及园林用途】树姿优美，枝叶秀丽，盛夏繁花似锦，色彩鲜艳，秋季累果悬挂，或孤植或丛植于庭园，游园之角，对植于门庭之出处，或列植于小道、溪旁、坡地、建筑物之旁，也宜做成各种桩景和插花观赏。

【变种及品种】根据花的颜色以及重瓣或单瓣等特征又可分为若干个栽培品种：①月季石榴'Nana'：矮小灌木，叶线形，花果均较小，高只有 50～70 cm，花大果多。成树全年开花，树上常年挂有鲜果，为盆景植物佳品。②'白'石榴'Albescens'：花白色、单瓣。③'重瓣白花'石榴'Multiplex'：高 3～5 m，花白色、重瓣。④'黄'石榴'Flavescens'：花黄色。⑤'玛瑙'石榴'Legrellei'：花重瓣，有红色或黄白色条纹。

[67] 野牡丹科 Melastomataceae

枝条对生。单叶，对生或轮生；无托叶。花两性，辐射对称，通常为 4～5 数，稀 3 或 6 数；呈聚伞花序、伞形花序、伞房花序，或由上述花序组成的圆锥花序，或蝎尾状聚伞花序，稀单生、簇生或穗状花序；花萼漏斗形、钟形或杯形；花瓣通常具鲜艳的颜色，着生于萼管喉部，与萼片互生，通常呈螺旋状排列或覆瓦状排列；雄蕊为花被片的 1 倍或同数，与萼片及花瓣两两对生，或与萼片对生；花丝丝状；子房下位或半下位，稀上位，花柱单 1 枚，柱头点尖。蒴果或浆果，通常顶孔开裂；种子极小。

二维码 B-67
野牡丹科

约 240 属，3000 余种，分布于各大洲热带及亚热带地区，以美洲最多。我国有 25 属，160 种，25 个变种，产于长江流域以南各地。

1. 野牡丹属 *Melastoma*

灌木，茎四棱形或近圆形，通常被毛。叶对生，被毛，全缘；具叶柄。花单生或组成圆锥花序顶生或生于分枝顶端，5 数；花萼坛状球形，裂片披针形至卵形，裂片间有或无小裂片；花瓣淡红色至红色，或紫红色，通常为倒卵形，常偏斜；雄蕊 10 枚，5 长 5 短；花柱与花冠等长，柱头点尖。蒴果卵形，顶孔最先开裂，或宿存萼中部横裂；种子小，近马蹄形。

约 100 种，分布于亚洲南部至大洋洲北部以及太平洋诸岛。我国有 9 种，1 个变种，分布于长江流域以南各地。

野牡丹 *M. candidum*

【别名】山石榴、大金香炉、猪古稔。

【形态特征】灌木，高 0.5～1.5 m，分枝多；茎钝四棱形或近圆柱形，密被紧贴的鳞片状糙伏毛。叶片坚纸质，卵形或广卵形，顶端急尖，基部浅心形或近圆形，长 4～10 cm。伞房花序生于分枝顶端，近头状，有花 3～5 朵，稀单生，基部具叶状总苞 2；花萼长约 2.2 cm，密被鳞片状糙伏毛及长柔毛；花瓣玫瑰红色或粉红色，倒卵形，长 3～4 cm。蒴果坛状球形，密被鳞片状糙伏毛；种子镶于肉质胎座内。花期 5～7 月，果期 10～12 月。

【分布】产于云南、广西、广东、福建、台湾。印

图 8-215　野牡丹

度也有。

【生态习性】喜温暖湿润的气候，稍耐旱和耐瘠。排水良好的沙质土壤或腐叶土生长最佳，全日照或半日照均可。性虽耐旱，但若土壤能经常保持湿润，则生长较旺。

【观赏特性及园林用途】花大，玫瑰红色，美丽，可孤植或丛植于园林，也适合庭园点缀或者盆栽，可充分体现乡土气息与自然韵味。

【同属其他种】展毛野牡丹 *M. normale*：茎钝四棱形或近圆柱形，密被平展的长粗毛及短柔毛。伞房花序有花 3～5 朵，稀单生；花瓣玫瑰红色或粉红色。花期春夏季。分布于西藏、四川、福建至台湾以南。

2. 金锦香属 *Osbeckia*

草本、亚灌木或灌木。叶对生或 3 枚轮生，全缘。头状花序或总状花序，或组成圆锥花序，顶生；花 4～5 数，萼管坛状或长坛状；花瓣倒卵形至广卵形；雄蕊为花被片的 1 倍，同型，等长或近等长，花丝较花药短或近相等，花药长圆状卵形；子房半下位，4～5 室。蒴果卵形或长卵形，4～5 纵裂，顶孔最先开裂；种子小，马蹄状弯曲。

约 100 种，分布于东半球热带及亚热带至非洲热带。我国 12 种，2 个变种，分布于长江流域以南。

朝天罐 *O. opipara*

【别名】高脚红缸、罐子草、线鸡腿。

【形态特征】灌木，高 0.3～1(～1.2)m；茎四棱形或稀六棱形，被平贴的糙伏毛或上升的糙伏毛。叶对生或有时 3 枚轮生，叶片坚纸质，卵形至卵状披针形。稀疏的聚伞花序组成圆锥花序，顶生，长 7～22 cm 或更长；花深红色至紫色。蒴果长卵形，为宿存萼所包，宿存萼长坛状。花果期 7～9 月。

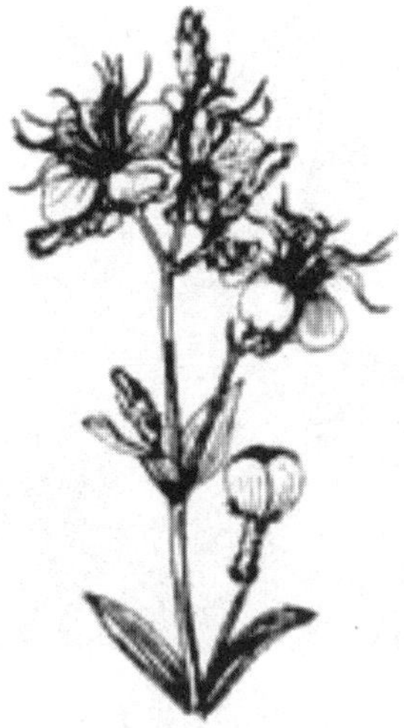

图 8-216　朝天罐

【分布】分布于贵州、广西至台湾、长江流域以南。生于海拔 250～800 m 的山坡、山谷、水边、路旁、疏林中或灌木丛中。

【观赏特性及园林用途】花色艳丽，花期长，适宜湖旁、涧边成片栽植。

【同属其他种】假朝天罐 *O. crinita*：灌木，高 0.2～1.5 m，稀达 2.5 m；茎四棱形，被疏或密平展的刺毛。总状花序，顶生，或每节有花两朵，常仅 1 朵发育，或由聚伞花序组成圆锥花序；花瓣 4 片，紫红色。蒴果 4 纵裂，宿存萼坛形。花期 8～11 月，果期 10～12 月。

3. 尖子木属 *Oxyspora*

灌木，茎钝四棱形，具槽。单叶对生，具叶柄。聚伞花序组成的圆锥花序，顶生；苞片极小，常早落；花 4 数，花萼狭漏斗形，具 8 脉，萼片短；花瓣粉红色至红色，或深玫瑰色，卵形；雄蕊 8 枚，4 长4 短；子房通常为椭圆形，4 室，顶端无冠。蒴果倒卵形或卵形；种子多数，近三角状披针形，有棱。

约 20 种，产于我国西南部以及尼泊尔、缅甸、印度、越南、老挝、泰国等。我国有 3 种，分布于西藏、四川至广西。

尖子木 *O. paniculata*

【别名】酒瓶果、砚山红。

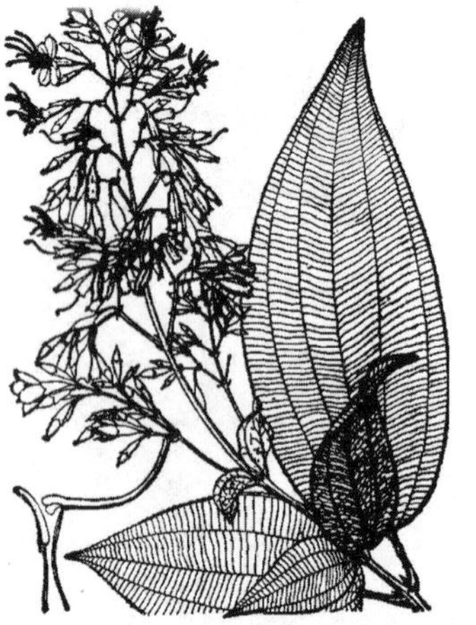

图 8-217　尖子木

【形态特征】灌木，高 1～2 m，稀达 6 m；茎四棱形或钝四棱形，通常具槽，幼时被糠秕状星状毛及具微柔毛的疏刚毛。叶片坚纸质，卵形或狭椭圆状卵形或近椭圆形，长 12～24 cm。由聚伞花序组成的圆锥花序，顶生，被糠秕状星状毛，长 20～30 cm；花萼狭漏斗形，具钝四棱；花瓣红色至粉红色，或深玫瑰红色，卵形。蒴果倒卵形，宿存萼较果长，漏斗形。花期 7～9 月，稀 10 月，果期 1～3 月，稀达 5 月。

【分布】产于西藏、贵州、云南、广西。尼泊尔、缅甸至越南也有分布。

【生态习性】性喜阴，喜潮湿环境，不耐旱。

【观赏特性及园林用途】花色艳丽，花期长，适合庭园或坡地种植。

4. 光荣树属 *Tibouchina*

巴西野牡丹 *T. seecandra*

【别名】紫花野牡丹、艳紫野牡丹。

【形态特征】常绿小灌木，高约 60 cm。叶椭圆形，两面具细茸毛，全缘，3～5 出分脉。花顶生，花大型，5 瓣，浓紫蓝色，中心的雄蕊白色且向上弯曲。刚开的花呈现深紫色，开一段时间后则呈现紫红色。花期长，主要集中于夏季。

【分布】产于巴西。我国广东、云南等地有引种栽培。

【生态习性】性喜高温，也有一定耐寒力。冬季气温 3 ℃以上的地方可安全越冬。极耐旱。

【观赏特性及园林用途】花色十分艳丽，花期极长，在暖热地区，花期近乎全年。适合用于盆栽阳台观赏或庭园花坛种植。

[68] 使君子科 Combretaceae

木质藤本至乔木；叶互生或对生；花两性，稀单性。排成穗状花序、总状花序或头状花序；萼管与子房合生，且延伸其外成一管，4～5 裂；花瓣 4～5 片或缺；雄蕊与萼片同数或 2 倍之；子房下位；果革质或核果状，有翅或有纵棱。

18～19 属，450 余种，主产于热带，亚热带地区有分布，我国 6 属，25 种 7 个变种。

二维码 B-68
使君子科

榄仁属 *Terminalia*

榄仁 *T. catappa*

【别名】山枇杷树。

【形态特征】落叶或半常绿乔木，高达 20 m。单叶互生，常密集枝顶，倒卵形，先端钝圆或短尖，中下部渐窄，基部平截或窄心形，全缘，稀微波状，中脉粗，侧脉 10～12 对。穗状花序腋生，长 15～20 cm，雄花生于上部，两性花生于下部。花多数；无花瓣；雄蕊 10 枚；花盘具 5 枚腺体。果椭圆形，具 2 纵棱，棱上具翅状窄边。种子 1 粒。花期 3～6 月，果期 7～9 月。

【分布】产于广东、海南、香港、台湾、云南。常生于气候湿热的海边沙滩上，多栽培作行道树。马来西亚、越南以及印度、大洋洲均有分布。南美热

图 8-218 榄仁树

带海岸也很常见。

【生态习性】热带海滩树种，深根性，抗风力强。

【观赏特性及园林用途】旱季落叶前红叶非常美丽。可作庭荫树、行道树和防风林树种。

【同属其他种】①小叶榄仁 *T. mantaly*：侧枝自然分层轮生于主干四周，水平向四周开展，春季萌发青翠的新叶，随风飘逸，姿态甚为优雅。产于非洲。中国分布在广东、香港、台湾、广西和云南，是优美的行道树。②千果榄仁 *T. myriocarpa*：常绿大乔木，大型圆锥花序，瘦果极多数，有 3 翅，是美丽的观果植物。产于广西、云南和西藏。

［69］蓝果树科 Nyssaceae

落叶乔木，稀灌木。单叶互生，羽状脉，有叶柄，无托叶。花序头状、总状或伞形；花单性或杂性，异株或同株。雄花：花瓣 5 片，稀更多；雄蕊常为花瓣的 2 倍或较少，常排列成 2 轮。雌花：花萼的管状部分常与子房合生，上部裂成齿状的裂片 5 片；花瓣小，5 或 10 片，排列呈覆瓦状；子房下位。果实为核果或翅果。

二维码 B-69 蓝果树科

共 3 属，约 12 种，分布于北美和亚洲，我国有 3 属，8 种。

1. 珙桐属 *Davidia*

有 1 种 1 个变种，我国西南部特产。

珙桐 *D. involucrata*

【别名】鸽子树。

【形态特征】落叶乔木，高 15～20 m。叶纸质，互生，常密集于幼枝顶端，阔卵形或近圆形，长 9～15 cm。两性花与雄花同株，两性花位于花序的顶端，雄花环绕于其周围，基部具纸质、矩圆状卵形或矩圆状倒卵形花瓣状的苞片 2～3 枚，长 7～15 cm，初淡绿色，继变为乳白色，后变为棕黄色而脱落。雄花无花萼及花瓣。果实为长卵圆形核果，外果皮很薄，中果皮肉质，内果皮骨质具沟纹。花期 4 月，果期 10 月。

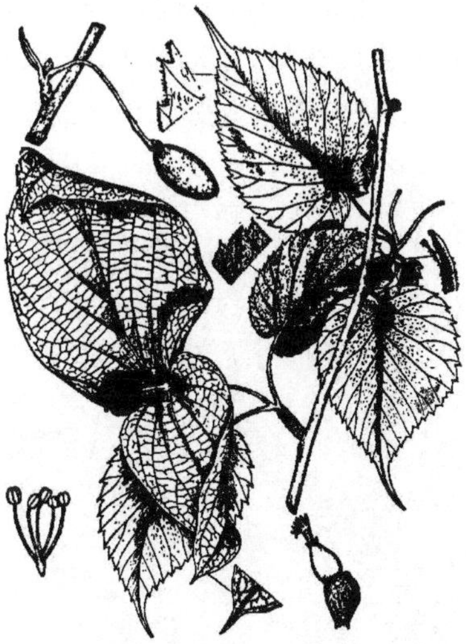

图 8-219 珙桐

【分布】产于湖北西部、湖南西部、四川以及贵州和云南两省的北部。

【生态习性】多生于空气阴湿处，喜中性或微酸性腐殖质深厚的土壤，在干燥多风、日光直射之处生长不良，不耐瘠薄，不耐干旱。幼苗生长缓慢，喜阴湿，成年树趋于喜光。

【观赏特性及园林用途】枝叶繁茂，叶大如桑，花形似鸽子展翅。珙桐有“植物活化石”之称，为中国特有的珍稀名贵观赏植物、国家一级重点保护植物。

【变种】光叶珙桐 var. *vilmoriniana*：叶下面常无毛或幼时叶脉上被很稀疏的短柔毛及粗毛，有时下面被白霜。产于湖北西部、四川、贵州等地。

二维码 A-7
珙桐宣传片

2. 喜树属 *Camptotheca*

仅有喜树 1 种，我国特产。

喜树 *C. acuminata*

【别名】旱莲、千丈树。

【形态特征】落叶乔木。单叶互生，卵形，顶端锐尖，基部近圆形，叶脉羽状。头状花序近球形，苞片肉质；花杂性；花萼杯状，上部裂成 5 齿状的裂片；花瓣 5 片，卵形，覆瓦状排列；雄蕊 10 枚，不等长，排列成 2 轮，花药 4 室；子房下位，1 室，胚珠 1 粒，下垂。果实为矩圆形翅果，顶端截形，有宿存的花盘，1 室 1 种子，无果梗，着生成头状果序。

图 8-220　喜树

1. 花枝；2. 翅果；3. 翅果的内面和外面

【分布】产于四川、安徽、江苏、河南、江西、福建、湖北、湖南、云南、贵州、广东、广西等长江以南地区。

【生态习性】喜阳光充足、温暖、湿润环境，不耐寒；宜生于深厚、肥沃、湿润土壤上，较耐水湿，不耐干旱瘠薄，在酸性、中性和弱碱性土上均能生长。抗病虫能力强，耐烟性弱。

【观赏特性及园林用途】主干通直，树冠开展，生长迅速，为优良的庭园树和行道树。

3. 蓝果树属 *Nyssa*

乔木或灌木。单叶互生，羽状脉。花杂性，异株，成头状花序、伞形花序或总状花序；雄花的花托盘状、杯状或扁平，雌花或两性花的花托较长，常呈管状、壶状或钟状；花萼细小，裂片 5～10 片；花瓣通常 5～8 片；雄蕊在雄花中与花瓣同数或为其 2 倍；在两性花和雌花中子房下位和花托合生，1 室，稀 2 室，每室有胚珠 1 粒。核果矩圆形、长椭圆形或卵圆形，顶端有宿存的花萼和花盘。

10 余种，产于东亚和北美地区。我国有 7 种。

蓝果树 *N. sinensis*

【别名】紫树、柅萨木。

图 8-221　蓝果树

1～2. 果枝；3. 雌花；4. 雄蕊

【形态特征】落叶乔木，高达 20 m。叶纸质或薄革质，互生，椭圆形或长椭圆形，长 12～15 cm。花序伞形或短总状，花单性。雄花着生于老枝上；花瓣早落。雌花生于具叶的幼枝上，基部有小苞片；花萼的裂片近全缘；花瓣鳞片状。核果矩圆状椭圆形或长倒卵圆形，幼时紫绿色，成熟时深蓝色，后变深褐色。种子外壳坚硬，骨质，稍扁。花期 4 月下旬，果期 9 月。

【分布】产于江苏南部、浙江、安徽南部、江西、湖北、四川东南部、湖南、贵州、福建、广东、广西、云南等地。

【生态习性】阳性，喜温暖湿润气候，耐干旱瘠薄，生长快，宜生长于酸性土壤中。

【观赏特性及园林用途】干形挺直，叶茂荫浓，春季有紫红色嫩叶，秋日叶转绯红，分外艳丽，适于作行道树和秋景树配植于庭园中。

[70] 山茱萸(四照花)科 Cornaceae

乔木、灌木或多年生草本，叶对生，稀互生或轮生，单叶；花两性或单性，为顶生的花束或生于叶的表面；萼 4～5 齿裂或缺；花瓣 4～5 片或缺；雄蕊4～5 枚，与花瓣同着生于花盘的基部；子房下位，1～4 室；胚珠每室 1 粒，下垂；花柱单一；果为一核果或浆果，有种子 1～2 粒。

约 14 属 130 种，主要分布于热带至温带，稀至寒带。我国 8 属，60 余种。

二维码 B-70
山茱萸科

1. 四照花属 *Dendrobenthamia*

常绿或落叶小乔木或灌木。冬芽顶生或腋生。叶对生，亚革质或革质，稀纸质，卵形，椭圆形或长圆披针形，侧脉 3～6(～7)对；具叶柄。头状花序顶生，有白色花瓣状的总苞片 4 枚，卵形或椭圆形；花小，两性；花萼管状，先端有齿状裂片 4 片，钝圆形、三角形或截形；花瓣 4 片，分离，稀基部近于合生；雄蕊 4 枚，花丝纤细，花药椭圆形，2 室；花盘环状或垫状；子房下位，2 室，每室 1 粒胚珠，花柱粗壮，柱头截形或头形。果为聚合状核果，球形或扁球形。

为东亚特有属，约 11 种，我国产 10 种，引入栽培 1 种。本属植物具顶生头状花序及大型白色总苞片，成熟头状果序为红或黄色，鲜艳美观，可为庭园观赏植物。

头状四照花 *D. capitata*

【别名】鸡嗉子。

【形态特征】常绿乔木，高达 15(～20)m。叶革质或薄革质，长圆形或长圆状倒卵形，稀披针形，长 6～9(～12)cm，先端锐尖，基部楔形或宽楔形，下面脉腋具凹孔。侧脉 4(5)对，弧状上升。顶生球形头状花序，常由近 100 朵花组成，径达 1.2 cm；总苞片倒卵形或宽椭圆形，长 3～5 cm。花瓣倒卵状长圆形，长 2～3.5 mm；雄蕊短于花瓣；花柱具 4 纵棱。果序扁球形，径 2.5～3.5 cm，成熟时紫红色。花期 5～7 月；果期 8～10 月。

图 8-222 头状四照花

【分布】产于浙江南部、湖北、湖南、广西、贵州、云南、四川及西藏，生于海拔 1000～3200 m 林中及阴湿溪边。

【生态习性】性喜光，亦耐半阴，喜温暖气候和阴湿环境，适生于肥沃而排水良好的沙质土壤。适应性强，能耐－15 ℃低温。较耐旱、耐瘠薄。

【观赏特性及园林用途】因花序外有 2 对黄白色花瓣状大型苞片而得名。其树形圆整美观，叶片光亮，秋季红果满树。春赏绿叶，夏观白花，秋看红果，是一种极其美丽的庭园观花观叶观果绿化树种，可孤植或列植，也可丛植于草坪、路边、林缘、池畔，果可食。

2. 山茱萸属 *Cornus*

落叶乔木或灌木。叶互生，纸质或厚纸质，阔卵形至椭圆状卵形，全缘。伞房状聚伞花序，顶生；花小，两性；花萼管状，顶端有齿状裂片 4 片；花瓣 4 片，白色；雄蕊 4 枚，着生于花盘外侧；花柱圆柱形，子房下位。核果球形，有种子 2 粒；核顶端有一个方形孔穴。

有 2 种，分布于东亚及北美亚热带及北温带地区。我国有 1 种。

灯台树 *C. controversa*

【别名】六角树、瑞木。

【形态特征】落叶乔木，高 6～15 m；当年生枝紫红绿色，二年生枝淡绿色，有半月形的叶痕和圆形皮孔。叶互生，纸质，阔卵形、阔椭圆状卵形或披针状椭圆形，长 6～13 cm，宽 3.5～9 cm，先端突尖，基部圆形或急尖，全缘，上面黄绿色，下面灰绿色，密被淡白色平贴短柔毛，中脉在下面凸出，微带紫红色，侧脉 6～7 对，弓形内弯；叶柄紫红色。花白色，直径 8 mm。核果直径 6～7 mm，成熟时紫红色至蓝黑色。花期 5～6 月；果期 7～8 月。

图 8-223　灯台树

【分布】产于辽宁、河北、陕西、甘肃、山东、安徽、台湾、河南、广东、广西以及长江以南。

【生态习性】喜半阴环境，对气候适应性强，耐寒、耐热、生长快。宜在肥沃、湿润及疏松、排水良好的土壤上生长。

【观赏特性及园林用途】树冠形状美观，叶形秀丽，花序明显，花色素雅，果实初为紫红色，成熟后变为蓝黑色，枝条紫红色，具有很高的观赏价值，是我国珍贵的乡土绿化树种，可用于公园、庭园、街道、风景区等各种园林绿地。

3. 桃叶珊瑚属 *Aucuba*

常绿小乔木或灌木。小枝对生。叶对生，边缘具锯齿或腺状齿。花单性，雌雄异株，雌花序常圆锥状，雄花排成总状圆锥花序。花 4 基数；雌花萼管常与子房合生，子房下位，1 室，具倒生悬垂胚珠。核果肉质，成熟时为红色或深红色，顶端宿存萼齿、花柱及柱头。种子 1 粒，种皮白色。

约 13 种，分布于中国、不丹、印度、缅甸、越南、日本及韩国。我国全产。本属植物严冬具鲜红色圆锥果序，极为美观，为绿化庭园的优良树种。

桃叶珊瑚 *A. chinensis*

【别名】东瀛珊瑚、青木。

【形态特征】高达 6(～12)m。小枝 2 歧分枝，皮孔白色；叶痕大而显著。叶革质，椭圆形或椭圆形，长 10～20 cm，先端钝尖，基部楔形或宽楔形，边缘微反卷，1/3 以上具 5～8 对锯齿或腺状齿，稀粗锯齿。圆锥花序顶生。雄花序长于雌花序，雄花 4 数，绿或紫红色。核果浆果状，熟时深红色，萼片、花柱及柱头均宿存顶端。花期 1～2 月。

【分布】产于福建、台湾、江西、湖南、广东、海南、广西、贵州及云南。

【生态习性】喜温暖湿润和半阴环境，土壤以肥沃、疏松、排水良好的壤土为好，属耐阴灌木，夏季怕强光暴晒，较耐寒。

【观赏特性及园林用途】叶色青翠光亮，果实鲜艳夺目，为良好的耐阴观叶、观果树种，宜配植在林下。也可盆栽供室内观赏。

【变种】花叶青木(洒金珊瑚)var. *variegata*：叶

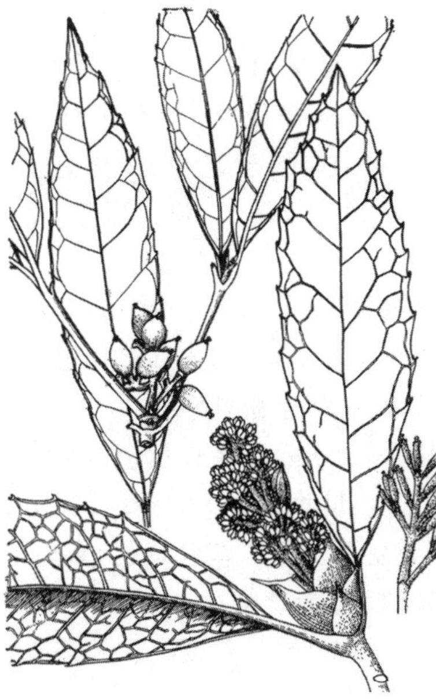

图 8-224　桃叶珊瑚

片有大小不等的黄色或淡黄色斑点。我国各大、中城市公园及庭园中广泛栽培。

［71］卫矛科 Celastraceae

乔木、灌木或藤本。单叶，羽状脉。花两性或单性，排成腋生或顶生聚伞花序或总状花序，或单生；花瓣 4～5 片，萼 4～5 裂，宿存；雄蕊 4～5 枚，与花瓣同数，互生，着生花盘之上或花盘之下；子房上位，2～5 室，每室 1～2 粒胚珠；中轴胎座。多为蒴果，亦有核果、翅果或浆果；种子外被肉质假种皮。

约有 60 属，850 种。主要分布于热带、亚热带及温暖地区，少数进入寒温带。我国有 12 属 201 种，全国均产，其中引进栽培有 1 属 1 种。

二维码 B-71
卫矛科

1. 卫矛属 *Euonymus*

灌木或小乔木，稀为藤本。叶对生，极少为互生或 3 叶轮生。花为 3 出至多次分枝的聚伞圆锥花序；花两性，较小；花部 4～5 数，花萼绿色；花瓣较花萼长，多为白绿色或黄绿色，偶为紫红色；雄蕊着生于花盘上面，多在靠近边缘处，少在靠近子房处；子房半沉于花盘内，轴生或室顶角垂生。蒴果近球状、倒锥状；种子外被红色或黄色肉质假种皮。

约有 220 种，分布于东西两半球的亚热带和温暖地区，仅少数种类北伸至寒温带。我国有 111 种，10 个变种，4 个变型。

(1)冬青卫矛 *E. japonicus*

【别名】正木、大叶黄杨、冬青。

【形态特征】灌木或小乔木，高 0.6～2 m，胸径 5 cm；小枝四棱形，光滑、无毛。叶革质或薄革质，上面光亮。卵形、椭圆状或长圆状披针形以至披针形，长 4～8 cm，缘有钝齿。花序腋生，花小，具花盘。蒴果近球形，假种皮鲜红色，全包种子。花期 3～4 月，果期 6～7 月。

图 8-225　冬青卫矛

1. 花枝；2. 果枝；3. 花放大

【分布】产于贵州西南部、广西东北部、广东西北部、湖南南部、江西南部。

【生态习性】喜光，也较耐阴。喜温暖、湿润的海洋性气候及肥沃湿润土壤，耐干旱瘠薄，耐寒性不强，温度低达－17 ℃左右即受冻害，黄河以南地区可露地种植。极耐整形修剪，生长较慢，寿命长。对各种有毒气体及烟尘有很强的抗性。

【观赏特性及园林用途】枝叶茂密，四季常青，极耐修剪，为庭园中常见绿篱树种。可经整形环植于门旁道边，或作花坛中心栽植，亦可盆植观赏。

【品种】①'银边'冬青卫矛'Albo-marginatus'：叶柄和小枝呈白绿或灰色，叶边缘有狭长的银白色条带。②'金边'冬青卫矛'Ovatus Aureus'：叶边缘黄色。③'金心'冬青卫矛'Avrens'：小枝和叶柄均为淡黄色，叶片主脉部分呈黄色，部分枝端叶片全为黄色。

(2)扶芳藤 *E. fortunei*

【别名】爬行卫矛。

【形态特征】常绿攀缘灌木，高 1 m 至数米；小枝方棱不明显。叶薄革质，椭圆形、长方椭圆形或长倒卵形，宽窄变异较大，可窄至近披针形，长 3.5～8 cm。聚伞花序 3～4 次分枝；花白绿色，4 数，直径约 6 mm；花盘方形。蒴果粉红色，果皮光滑，近球状；种子长方椭圆状，棕褐色，假种皮鲜红色，全包种子。花期 6 月，果期 10 月。

图 8-226　扶芳藤

【分布】产于江苏、浙江、安徽、江西、湖北、湖南、四川、陕西等地。

【生态习性】耐阴，喜温暖，耐寒性不强，对土壤要求不严，能耐干旱、瘠薄。多生于林缘和村庄附近，攀树、爬墙或匍匐石上。

【观赏特性及园林用途】叶色油绿光亮，入秋红艳可爱，又有较强的攀缘能力，在园林中用以掩覆墙面、坛缘、山石或攀缘于老树、花格之上。也可盆栽观赏，将其修剪成悬崖式、圆头形等，用作室内绿化，颇为雅致。

【变种及品种】①小叶扶芳藤 var. *radicans*：叶较小而厚，叶色浓绿，秋叶变红。②'银边'扶芳藤：叶缘乳白色，冬季变为粉红色。③'金边'扶芳藤：叶片较小，长 1～2 cm，叶缘金黄色，冬季变为红色。④'金心'扶芳藤：叶卵圆形，长 2～2.5 cm，浓绿色，叶片主脉部分呈金黄色。茎蔓黄色，多向上生长。

【同属其他种】①丝棉木 *E. bungeanus*：落叶小乔木，高 6～8 m。秋季叶色变红。蒴果粉红色。产于我国北部、中部和东部，辽宁、河北、河南、山东、山西、甘肃、安徽、江苏、浙江、福建、江西、湖北、四川均有分布。②脉瓣卫矛 *E. tingens*：常绿小乔木，高 5～8 m。花瓣白绿色带紫色脉纹。蒴果倒锥状或近球状，成熟时粉红色。产于四川、云南、广西及西藏。具有很高的观赏价值，是西南亚高山地区优良的园林观赏植物和绿化造林树种。

2. 南蛇藤属 *Celastrus*

藤状灌木。单叶互生，边缘具各种锯齿，羽状网脉；托叶小，线形，常早落。花小，通常功能性单性，异株或杂性，稀两性，聚伞花序呈圆锥状或总状；花黄绿色或黄白色，花 5 数；花萼钟状；雄蕊着生花盘边缘，稀出自扁平花盘下面；子房上位。蒴果类球状，通常黄色；种子 1～6 粒，椭圆状或新月形到半圆形，假种皮肉质红色。

30 余种，分布于亚洲、大洋洲、南北美洲及马达加斯加的热带及亚热带地区。我国有 24 种和 2 个变种，除青海、新疆尚未见记载外，各地区均有分布，而长江以南为最多。

南蛇藤 *C. orbiculatus*

【别名】蔓性落霜红、南蛇风、大南蛇。

【形态特征】小枝光滑无毛，灰棕色或棕褐色，具稀而不明显的皮孔；腋芽小，卵状到卵圆状，长 1～3 mm。叶通常阔倒卵形，近圆形或长方椭圆形，

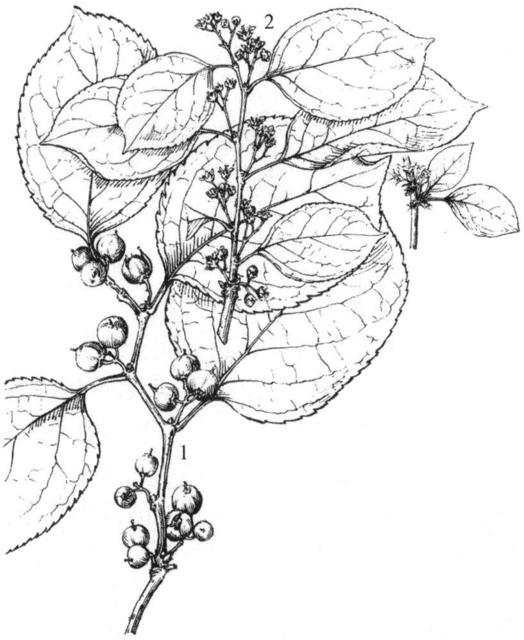

图 8-227 南蛇藤

1. 果枝；2. 花枝

长 5～13 cm，边缘具锯齿。聚伞花序腋生，小花 1～3 朵；花盘浅杯状，裂片浅，顶端圆钝。蒴果近球状；种子椭圆状稍扁，赤褐色。花期 5～6 月，果期 7～10 月。

【分布】产于黑龙江、吉林、辽宁、内蒙古、河北、山东、山西、河南、陕西、甘肃、江苏、安徽、浙江、江西、湖北、四川。

【生态习性】适应性强，喜光，也耐半阴，耐寒，在土壤肥沃、排水良好及气候湿润处生长良好。

【观赏特性及园林用途】入秋后叶色变红，鲜黄色的果实开裂后露出鲜红色的假树皮，颇为美观。宜植于湖畔、溪边、坡地、林缘及假山、石隙等处，也可作为棚架绿化及地被植物材料，颇具野趣。果枝可作瓶插材料。

［72］冬青科 Aquifoliaceae

乔木或灌木；单叶互生，稀对生或假轮生。花小，辐射对称，单性，稀两性或杂性，腋外生或近顶生的聚伞花序、假伞形花序、总状花序、圆锥花序或簇生，稀单生；花萼 4～6 裂，常宿存；花瓣 4～6 片，分离或基部合生；雄蕊与花瓣同数；子房上位，2 至多室。果通常为浆果状核果，具 2 至多数分核。

约 4 属，400～500 种，分布中心为热带美洲和热带至暖带亚洲，仅有 3 种到达欧洲。我国产 1 属，约 204 种，分布于秦岭南坡、长江流域及其以南地区，以西南地区最盛。

二维码 B-72

冬青科

冬青属 *Ilex*

乔木或灌木；叶互生，少数对生，有齿缺或有刺状锯齿；花单性异株，有时杂性，为腋生的聚伞花序或伞形花序；花萼裂片、花瓣和雄蕊通常 4 片；子房上位，3 至多室，每室有下垂的胚珠 1～2 粒，生于中轴胎座上；核果为球形，红色或黑色，果核通常 4 枚，萼宿存。

400 种以上，分布于两半球的热带、亚热带至温带地区，主产于中南美洲和亚洲热带。我国约 200 种，分布于秦岭南坡、长江流域及其以南广大地区，而以西南和华南最多。

(1)冬青 *I. chinensis*

【别名】北寄生、槲寄生、桑寄生。

图 8-228 冬青

【形态特征】常绿乔木，高达 13 m；当年生小枝具细棱。叶片薄革质至革质，椭圆形或披针形，长5～11 cm，边缘具圆齿。雄花：花序具3～4回分枝；花淡紫色或紫红色，4～5基数；花萼浅杯状，具缘毛；花冠辐状，花瓣卵形；雌花：花序具1～2回分枝，具花3～7朵；花萼和花瓣同雄花。果长球形，成熟时红色，长10～12 mm。花期4～6月，果期7～12月。

【分布】产于我国长江流域及其以南。

【生态习性】喜光，稍耐阴，喜温暖湿润气候及肥沃的酸性土壤，较耐潮湿，不耐寒。常生于山坡杂木林中。萌芽力强，耐修剪，生长较慢。深根性，抗风力强，对二氧化硫及烟尘有一定抗性。

【观赏特性及园林用途】枝繁叶茂，四季常青，入秋红果累累，经久不落，十分美观。宜作园景树及绿篱植物栽培，也可盆栽或制作盆景观赏。

(2)枸骨 *I. cornuta*

【别名】鸟不宿、猫儿刺、枸骨冬青。

图 8-229　枸骨

【形态特征】常绿灌木或小乔木，高3～4 m。树皮灰白色，平滑。叶硬革质，长圆状方形，长4～8 cm，宽2～4 cm，顶端扩大并有3枚大而尖的刺齿，基部平截，两侧各有坚硬刺齿1～2个。花单性异株，黄绿色，簇生于2年生枝上。核果球形，鲜红色，径8～10 mm，具4核。花期4～5月，果期9～10(11)月。

【分布】产于我国长江中下游各地。朝鲜亦有分布。

【生态习性】喜光，稍耐阴，喜温暖气候及肥沃、湿润、排水良好的微酸性土壤，耐寒性不强。多生于山坡谷地灌木丛中，现各地庭园常有栽培。颇能适应城市环境，对有害气体有较强抗性。生长缓慢，萌蘖力强，耐修剪。

【观赏特性及园林用途】枝繁叶茂，四季常青，叶形奇特、光亮，入秋红果累累，经冬不凋，鲜艳美丽，是良好的观叶、观果树种。宜作基础种植及岩石园材料，也可孤植于花坛中心、对植于前庭或路口，或丛植于草坪边缘，又是很好的绿篱（兼有果篱、刺篱的效果）及盆栽材料，选其老桩制作盆景亦有风趣。果枝瓶插，可经久不凋。

【变种】无刺枸骨 var. *fortunei*：叶缘两侧无刺齿，园林应用较原种多。

(3)齿叶冬青 *I. crenata*

【别名】波缘冬青、钝齿冬青、假黄杨。

【形态特征】常绿灌木，高5～10 m；多分枝。叶小而密生，椭圆形至倒长卵形，长1.5～3 cm，缘有浅钝齿，厚革质，表面深绿有光泽，背面浅绿有腺点。花小，白色；雌花单生。果球形，熟时黑色。

图 8-230　齿叶冬青

【分布】山东以南各省区，常栽培作庭园观赏树种。

【生态习性】喜光，稍耐阴，喜温湿气候。较耐寒。

【观赏特性及园林用途】江南庭园中时见栽培观赏，或作盆景材料。

【品种】‘龟甲’齿叶冬青‘Convexa’：矮灌木，小叶密生，叶形小巧，叶色亮绿，叶面凸起。可成片栽植作为地被树，也常用于彩块及彩条作为基础种植。也可植于花坛、树坛及园路交叉口，观赏效果均佳。

［73］黄杨科 Buxaceae

常绿灌木或小乔木，稀为草本。单叶互生或对生，全缘或有齿牙，羽状脉或离基三出脉，无托叶。花小，无花瓣；单性，雌雄同株或异株；花序总状或密集的穗状，有苞片；雄花萼片 4 片，雌花萼片 6 片；雄蕊 4 枚，稀 6 枚；子房上位，3 室，每室 1～2 粒胚珠，脊向背缝线。蒴果或核果。种子黑色、光亮。

共 9 属，约 100 种，生于热带和温带。在我国有 3 属 27 种左右，分布于西南部、西北部、中部、东南部，直至台湾。

二维码 B-73
黄杨科

黄杨属 *Buxus*

(1) 黄杨 *B. sinica*

【别名】山黄杨、千年矮、万年青。

【形态特征】灌木或小乔木，高 1～6 m；枝圆柱形，有纵棱，灰白色；小枝四棱形，全面被短柔毛或外方相对两侧面无毛，节间长 0.5～2 cm。叶长 1.5～3.5 cm，宽 0.8～2 cm，先端圆或钝，常有小凹口，叶面中脉凸出，叶背中脉上常密被白色短线状钟乳体。花序腋生，头状，花密集。蒴果近球形。花期 3 月，果期 5～6 月。

【分布】产于陕西、甘肃、湖北、四川、贵州、广西、广东、江西、浙江、安徽、江苏、山东各地。

【生态习性】喜光，喜潮湿环境，耐寒性弱，在

图 8-231　黄杨

−10 ℃易冻伤，怕水淹，耐旱，浅根性，根系密集发达。养护管理简单方便，寿命长。

【观赏特性及园林用途】四季常绿，树干灰白光洁，枝条密生，四棱形。适于在公园绿地，庭前入口两侧群植、列植，或作为花境之背景，或与山石搭配，适合修剪造型，也是厂矿绿化的重要树种。

【变种】小叶黄杨 var. *parvifolia*：树干灰白光洁，枝条密生。叶长 7～10 mm。花簇生叶腋或枝端，黄绿色，无花瓣。

(2) 雀舌黄杨 *B. bodinieri*

【别名】匙叶黄杨。

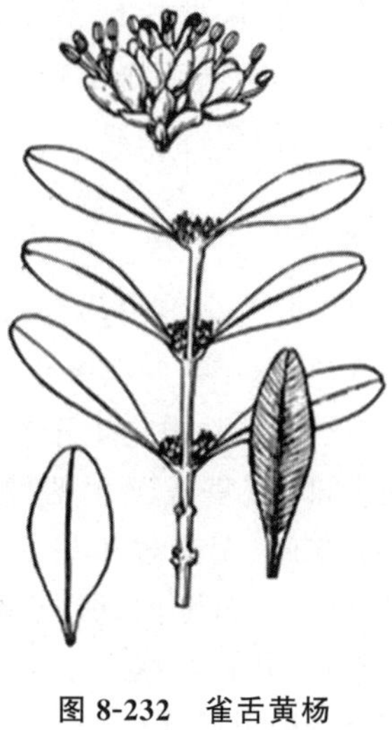

图 8-232　雀舌黄杨

【形态特征】灌木，高 3～4 m；枝圆柱形；小枝四棱形，被短柔毛，后变无毛。叶薄革质，通常匙形，亦有狭卵形或倒卵形，大多数中部以上最宽，长 2～4 cm，宽 8～18 mm。花序腋生，头状，密集。蒴果卵形，宿存花柱直立。花期 2 月，果期 5～8 月。

【分布】产于云南、四川、贵州、广西、广东、江西、浙江、湖北、河南、甘肃、陕西。

【生态习性】喜温暖湿润和阳光充足环境，耐干旱和半阴，要求疏松、肥沃和排水良好的沙壤土。弱阳性，耐修剪，较耐寒，抗污染。

【观赏特性及园林用途】植株低矮，枝叶繁茂，叶形别致，四季常青，耐修剪，是优良的矮篱材料，常用来作模纹图案或布置花坛边缘，也可用来点缀草地、山石，或盆栽、制成盆景观赏。

［74］大戟科 Euphorbiaceae

乔木、灌木或草本，稀为藤本，常有乳状汁液。叶互生，少有对生或轮生，单叶，稀为复叶；具羽状脉或掌状脉，托叶 2 枚。花单性，雌雄同株或异株，通常为聚伞状或总状花序，顶生或腋生，花瓣有或无；雄蕊 1 枚至多数，雄花常有退化雌蕊；子房上位，3 室，每室有 1～2 粒胚珠，花丝分离或合生。蒴果，少数为浆果状或核果状；种子常为卵圆状。

约 300 属，5000 种，广布于全球，主产于热带和亚热带地区。我国 70 多属 460 种，分布于全国各地，但主产地为西南至台湾。

二维码 B-74
大戟科

1. 乌桕属 *Triadica*

乔木或灌木。叶互生，稀近对生，具羽状脉；叶柄顶端有 2 腺体，罕不存在。花单性，雌雄同株或有时异株，若为雌雄同序则雌花生于花序轴下部，雄花生于花序轴上部，密集成顶生的穗状花序、穗状圆锥花序或总状花序，无花瓣和花盘；雄花小，黄色或淡黄色，数朵聚生于苞腋内；雌花比雄花大，每一苞腋内仅 1 朵雌花；花萼杯状。蒴果球形、梨形，稀浆果状，通常 3 室；种子近球形。

约 120 种，广布于全球，主产于热带地区，尤以南美洲为最多。我国 9 种，多分布于东南至西南部丘陵地区。

乌桕 *T. sebifera*

【别名】腊子树、桕子树、木子树。

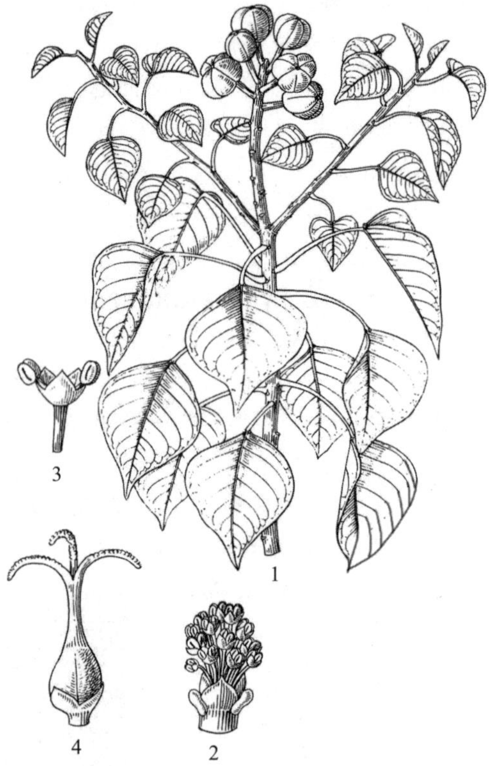

图 8-233　乌桕

1. 果枝；2. 雄花序一段；3. 雄花；4. 雌花

【形态特征】乔木，高可达 15 m，各部均无毛而具乳状汁液。叶互生，纸质，叶片菱形、菱状卵形或稀有菱状倒卵形，长 3～8 cm，全缘。花单性，雌雄同株，聚集成顶生、长 6～12 cm 的总状花序，雌花通常生于花序轴最下部，雄花生于花序轴上部或有时整个花序全为雄花。蒴果梨状球形，成熟时黑色，直径 1～1.5 cm。具 3 粒种子，种子扁球形，黑色，外被白色、蜡质的假种皮。花期 4～8 月。

【分布】产于黄河以南各地，北达陕西、甘肃。日本、越南、印度也有。此外，欧洲、美洲和非洲亦有栽培。

【生态习性】喜光，喜温暖气候及深厚肥沃而水分丰富的土壤，耐寒性不强。土壤水分条件好生长旺盛。能耐短期积水，亦耐旱。寿命较长。抗火烧，并对二氧化硫及氯化氢抗性强。

【观赏特性及园林用途】树冠整齐，秋叶经霜时如火如荼，十分美观，有"乌桕赤于枫，园林二月中"之赞名。若与亭廊、花墙、山石等相配，也甚协调。冬日白色的乌桕种子挂满枝头，经久不凋，颇为美观，古人就有"偶看桕树梢头白，疑是江梅小着花"的诗句。可孤植、丛植于草坪和湖畔、池边，在园林绿化中可栽作护堤树、庭荫树及行道树。也可成片栽植于景区、森林公园中，能产生良好的造景效果。

2. 秋枫属 *Bischofia*

大乔木，有乳管组织，汁液呈红色或淡红色。叶互生，三出复叶，稀 5 小叶，具长柄，小叶片边缘具有细锯齿。花单性，雌雄异株，稀同株，组成腋生圆锥花序或总状花序；花序通常下垂；无花瓣及花盘；萼片 5 片，离生。果实小，浆果状，圆球形，不分裂，外果皮肉质，内果皮坚纸质；种子 3～6 粒，长圆形，外种皮脆壳质。

有 2 种，分布于亚洲南部及东南部至澳大利亚和波利尼西亚。我国全产，分布于西南、华中、华东和华南等地。APG 系统中，秋枫属已并入叶下珠科 Phyllanthaceae。

(1)秋枫 *B. javanica*

【别名】万年青树、赤木、茄冬。

【形态特征】常绿或半常绿大乔木，高达 40 m。三出复叶，稀 5 小叶；叶片纸质，卵形、椭圆形、倒卵形或椭圆状卵形，长 7～15 cm，边缘有浅锯齿。花小，雌雄异株，多朵组成腋生圆锥花序；雄花序长 8～13 cm，被微柔毛至无毛；雌花序长 15～27 cm，下垂。果实浆果状，圆球形或近圆球形；种子长圆形。花期 4～5 月，果期 8～10 月。

【分布】产于陕西、江苏、安徽、浙江、江西、福建、台湾、河南、湖北、湖南、广东、海南、广西、四川、贵州、云南等地。

【生态习性】喜阳，稍耐阴，喜温暖而耐寒力较差，对土壤要求不严，能耐水湿，根系发达，抗风力强，在湿润肥沃壤土生长快速。

【观赏特性及园林用途】树叶繁茂，树冠圆盖形，树姿壮观。宜作庭园树和行道树，也可在草坪、湖畔、溪边、堤岸栽植。

(2)重阳木 *B. polycarpa*

【别名】乌杨、茄冬树、红桐。

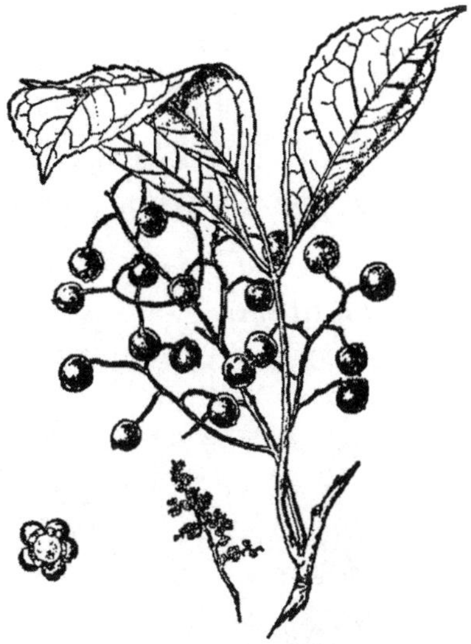

图 8-234　重阳木

【形态特征】落叶乔木，高达 15 m；树冠伞形状，全株均无毛。三出复叶，小叶片纸质，卵形或椭圆状卵形，有时长圆状卵形，长 5～9(～14)cm。花雌雄异株，春季与叶同时开放，组成总状花序；雄花序长 8～13 cm，雌花序 3～12 cm。果实浆果状，圆球形，成熟时褐红色。花期 4～5 月，果期 10～11 月。

【分布】产于秦岭、淮河流域以南至福建和广东的北部，在长江中下游平原或农村四旁习见。

【生态习性】喜光，稍耐阴；喜温暖湿润的气候，耐寒能力弱；对土壤要求不严，在湿润、肥沃土壤中生长最好，较耐水湿。根系发达，抗风力强，生长较快。对二氧化硫有一定的抗性。

【观赏特性及园林用途】树姿优美，冠如伞盖，花叶同放，秋叶转红，艳丽夺目，抗风耐湿，生长快速，是良好的庭荫和行道树种，也适合用于堤岸、溪边、湖畔和草坪周围作为点缀树种。

3. 橡胶树属 *Hevea*

乔木;有丰富乳汁。叶互生或生于枝条顶部的近对生,具长叶柄,叶柄顶端有腺体,全缘,有小叶柄。花雌雄同株,同序,无花瓣,由多个聚伞花序组成圆锥花序,花萼5齿裂或5深裂;雄蕊5~10枚;雌花的花萼与雄花同;子房3室,稀较少或较多,每室有1粒胚珠。蒴果大,外果皮近肉质,内果皮木质;种子长圆状椭圆形,具斑纹,子叶宽扁。

约12种;分布于美洲热带地区,其中橡胶树,现我国南部栽培。

橡胶树 *H. brasiliensis*

【别名】巴西橡胶、橡皮树、三叶橡胶。

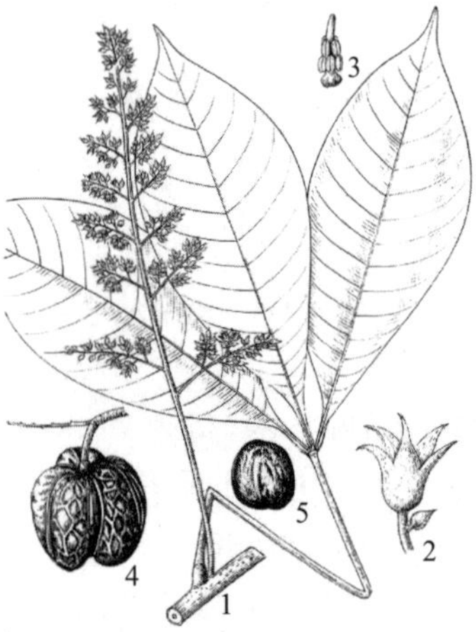

图 8-235 橡胶树

1.花枝;2.花;3.雄蕊群;4.果;5.种子

【形态特征】大乔木,高可达30 m,有丰富乳汁。指状复叶具小叶3片;叶柄长达15 cm,顶端有2(3~4)枚腺体;小叶椭圆形,长10~25 cm,全缘。花序腋生,圆锥状,长达16 cm,被灰白色短柔毛。蒴果椭圆状,外果皮薄,干后有网状脉纹,内果皮厚、木质;种子椭圆状。花期5~6月。

【分布】产于巴西;现广泛栽培于亚洲热带地区;我国台湾、福建南部、广东、广西、海南和云南均有栽培。

【生态习性】喜高温、高湿、静风和肥沃土壤,不耐寒,5 ℃以下即受冻害。适于土层深厚、肥沃而湿润、排水良好的酸性沙壤土生长。

【观赏特性及园林用途】树体高大挺拔,四季常绿。可作为行道树和庭荫树。

4. 油桐属 *Vernicia*

落叶乔木,植物体具乳液。叶互生,全缘或1~4裂;叶柄顶端有2枚腺体。花雌雄同株或异株,由聚伞花序再组成伞房状圆锥花序;雄花花萼花蕾时卵状或近圆球状;花瓣5片,基部爪状;腺体5枚;雄蕊8~12枚,2轮,外轮花丝离生,内轮花丝较长且基部合生;雌花:萼片、花瓣与雄花同;子房密被柔毛,3室,每室有1粒胚珠。果大,核果状,近球形,有种子3粒,种皮木质。

共有3种,分布于亚洲东部地区。我国有2种,分布于秦岭以南各地。

油桐 *V. fordii*

【别名】三年桐、桐油树、桐子树。

【形态特征】落叶乔木,高达10 m;枝条具明显皮孔。叶卵圆形,长8~18 cm,全缘。花雌雄同株,先叶或与叶同时开放;花瓣白色,有淡红色脉纹。核果近球状,果皮光滑;种子3~4粒,种皮木质。花期3~4月,果期8~9月。

【分布】产于陕西、河南、江苏、安徽、浙江、江西、福建、湖南、湖北、广东、海南、广西、四川、贵州、

图 8-236 油桐

云南等地。越南也有分布。

【生态习性】喜光；喜温暖、湿润气候，不耐寒；喜深厚、肥沃而排水良好土壤，不耐水湿和干旱，微酸性、中性及微碱性土均能生长。生长较快，寿命较短。

【观赏特性及园林用途】树冠圆整，叶大荫浓，花大而美丽，可植为庭荫树及行道树。对二氧化硫极为敏感，可作大气中二氧化硫污染的指示植物。也是我国重要的特产经济树种。

5. 铁苋菜属 *Acalypha*

草本，灌木或小乔木。叶互生，羽状脉。雌雄同株，稀异株，花序腋生或顶生，雌雄花同序或异序；雄花序穗状，雌花序总状或穗状花序；雌花和雄花同序(两性)；花无花瓣，无花盘；雄蕊通常 8 枚，花丝离生，花药 2 室；雌花：萼片 3～5 片，覆瓦状排列，近基部合生；子房 3 或 2 室，每室具胚珠 1 粒。蒴果小；种子近球形或卵圆形，种皮壳质。

约 450 种，广布于世界热带、亚热带地区。我国约 17 种，其中栽培 2 种，除西北部外，各地均有分布。

红桑 *A. wilkesiana*

【别名】血见愁。

【形态特征】灌木，高 1～4 m；嫩枝被短毛。叶纸质，阔卵形，古铜绿色或浅红色，常有不规则的红色或紫色斑块，长 10～18 cm，边缘具粗圆锯齿。雌雄同株，通常雌雄花异序，雄花序长 10～20 cm，雌花序长 5～10 cm。蒴果直径约 4 mm，具 3 个分果；种子球形。花期几全年。

【分布】产于太平洋岛屿；现广泛栽培于热带、亚热带地区，为庭园赏叶植物；我国台湾、福建、广东、海南、广西和云南的公园和庭园有栽培。

【生态习性】喜高温多湿，抗寒力低，当气温 10 ℃以下时，叶片即有轻度寒害，遇长期 6～8 ℃低温，植株严重受害。对土壤水肥条件要求较高，干旱、贫瘠土壤上生长不良。

【观赏特性及园林用途】枝条丛密，冠形饱满，可修整为圆球形、长椭圆形或矮化铺地为半圆形，古朴凝重，端庄典雅。红桑为著名的观叶植物，以常年红叶展景，红绿相间，为园林添色彩，很适于作花坛中的镶边、图案布景及路旁彩篱、建筑物基础种植。

【品种】栽培较多的品种有金边红桑‘Marginata’：叶缘金黄色。

【同属其他种】狗尾红 *A. hispida*：灌木，高 0.5～3 m；雌雄异株，雌花序长且下垂。花期 2～11 月。

6. 变叶木属 *Codiaeum*

灌木或小乔木。叶互生，全缘，稀分裂；托叶小或缺，花雌雄同株，稀异株，花序总状；雄花数朵簇生于苞腋，花萼(3～)5(～6)裂，裂片覆瓦状排列；花瓣细小，5～6 片，稀缺；花盘分裂为 5～15 个离生腺体；雄蕊 15～100 枚；雌花：单生于苞腋，花萼 5 裂；无花瓣；花盘近全缘或分裂；子房 3 室，每室有 1 粒胚珠，花柱 3 枚，不分裂，稀 2 裂。蒴果。

约 15 种，分布于亚洲东南部至大洋洲北部。我国栽培 1 种。

变叶木 *C. variegatum*

【别名】洒金榕。

【形态特征】灌木或小乔木，高可达 2 m。枝条有明显叶痕。叶薄革质，形状大小变异很大，线形、线状披针形、长圆形、椭圆形、披针形、卵形、匙形、提琴形至倒卵形，有时由长的中脉把叶片间断成上下两片。长 5～30 cm，边全缘、浅裂至深裂，绿色、淡绿色、紫红色、紫红与黄色相间、黄色与绿色相间或有时在绿色叶片上散生黄色或金黄色斑点或斑纹。总状花序腋生，雌雄同株异序，长 8～30 cm，雄花白色，雌花淡黄色。蒴果近球形，稍扁。花期 9～10 月。

【分布】产于亚洲马来半岛至大洋洲；现广泛栽培于热带地区。我国南方地区常见栽培。

【生态习性】喜高温、湿润和阳光充足的环境，不耐寒。若光照长期不足，叶面斑纹、斑点不明显，缺乏光泽，枝条柔软，甚至落叶。

【观赏特性及园林用途】叶形、叶色变化可显示出色彩美、姿态美，在观叶植物中深受人们喜爱，热带地区多用于公园、绿地和庭园绿化，既可丛植，也可作绿篱，在长江流域及以北地区均作盆花栽培，

图 8-237　变叶木

图 8-238　一品红

装饰房间、厅堂和会场。

【品种】约有 120 个品种，常见的有：'飞燕''细黄卷''鸿爪''晨星''柳叶'等。

7. 大戟属 *Euphorbia*

草本，灌木，或乔木，植物体具乳状液汁。叶常互生或对生，少轮生，常全缘，少分裂或具齿或不规则。杯状聚伞花序，单生或组成复花序；雄花无花被，仅有 1 枚雄蕊；雌花常无花被，少数具退化的且不明显的花被；子房 3 室，每室 1 粒胚株。蒴果，成熟时分裂为 3 个 2 裂的分果；种子每室 1 粒，常卵球状，种皮革质，深褐色或淡黄色。

约 2000 种，遍布世界各地，其中非洲和中南美洲较多；我国原产约 66 种，南北均产，但以西南的横断山区和西北的干旱地区较多。

(1)一品红 *E. pulcherrima*

【别名】圣诞花、猩猩木、老来娇。

【形态特征】灌木。茎直立，高 1～3 m。叶互生，卵状椭圆形、长椭圆形或披针形，长 6～25 cm，绿色，边缘全缘或浅裂或波状浅裂；苞叶 5～7 枚，狭椭圆形，通常全缘，极少边缘浅波状分裂，朱红色。花序数个聚伞排列于枝顶。蒴果，三棱状圆形。种子卵状。花果期 10 月至翌年 4 月。

【分布】产于中美洲，广泛栽培于热带和亚热带。我国绝大部分地区市均有栽培，常见于公园、植物园及温室中，供观赏。

【生态习性】喜温暖气候，生长适温为 18～25 ℃。冬季温度不低于 10 ℃，否则会引起苞片泛蓝，基部叶片易变黄脱落，形成"脱脚"现象。喜湿润、喜阳；土壤以疏松肥沃，排水良好的沙质土壤为好。

【观赏特性及园林用途】四季苍翠，冬季新叶红艳，红叶期长。常用作花坛种植或盆栽室内观赏。

(2)肖黄栌 *E. cotinifolia*

【别名】紫锦木、非洲红。

【形态特征】常绿乔木，高 13～15 m，直径 12～

图 8-239　肖黄栌

17 cm。叶 3 枚轮生，圆卵形，长 2～6 cm，先端钝圆，基部近平截；两面红色。花序生于二歧分枝的顶端。蒴果三棱状卵形，光滑无毛。种子近球状，褐色。

【分布】产于热带美洲；我国福建、台湾近年有栽培。

【生态习性】喜阳光充足、温暖、湿润的环境。要求土壤疏松、肥沃、排水良好。生长期应充分浇水、施肥。适当修剪整形。冬季保持温暖，适当控制浇水，越冬温度 8 ℃以上。

【观赏特性及园林用途】叶片终年红色，是非常美丽的观叶植物，温暖地区用于园林布置，可作行道树和独赏树。

(3) 虎刺梅 *E. milii* var. *splenders*

【别名】铁海棠、麒麟刺、虎刺。

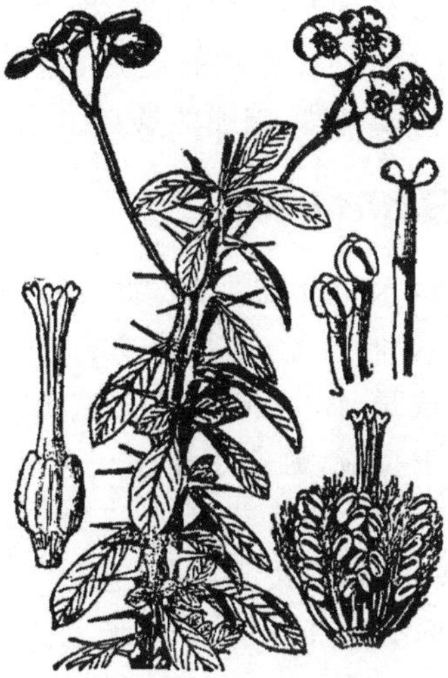

图 8-240　虎刺梅

【形态特征】蔓生灌木。茎长 60～100 cm，具纵棱，密生硬而尖的锥状刺，刺长 1～1.5(2.0)cm，直径 0.5～1.0 mm，常旋转状排列于棱脊上。叶互生，通常集中于嫩枝上，倒卵形或长圆状匙形，长 1.5～5.0 cm，全缘。花序 2、4 或 8 枚组成二歧状复花序，生于枝上部叶腋。苞叶 2 枚，肾圆形，长 8～10 mm，上面鲜红色，下面淡红色。蒴果三棱状卵形，成熟时分裂为 3 个分果。种子卵柱状，具微小的疣点。花果期全年。

【分布】产于非洲（马达加斯加），广泛栽培于古热带植物区和温带。

【生态习性】喜温暖湿润和阳光充足环境。耐高温、不耐寒。以疏松、排水良好的腐叶土为最好。冬季温度不低于 12 ℃。

【观赏特性及园林用途】花期长，红色苞片，鲜艳夺目，我国南北均有栽培，常见于公园、植物园和庭园中。幼茎柔软，可用来绑扎造型，成为宾馆、商场等公共场所摆设的精品。

(4)光棍树 *E. tirucalli*

【别名】绿玉树、绿珊瑚、青珊瑚。

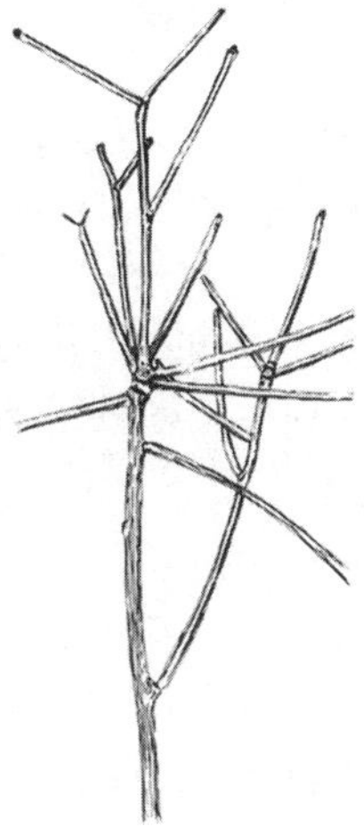

图 8-241　光棍树

【形态特征】小乔木，高 2～6 m，直径 10～25 cm，老时呈灰色或淡灰色，幼时绿色，上部平展或分枝；小枝肉质，具丰富乳汁。叶互生，长圆状线形，长 7～15 mm。花序密集于枝顶。蒴果棱状三角形，平滑。种子卵球状。花果期 7～10 月。

【分布】产于非洲东部，广泛栽培于热带和亚热带，并有逸为野生现象。

【生态习性】喜温暖气候，需要在温室过冬，喜光照，耐半阴，耐干燥，适于排水好的土壤。

【观赏特性及园林用途】树形奇特，常用作行道树或温室栽培观赏。

(5)金刚纂 *E. neriifolia*

【别名】霸王鞭。

【形态特征】肉质灌木状小乔木，乳汁丰富。茎圆柱状，上部多分枝，高 3～5(8)m，具不明显 5 条隆

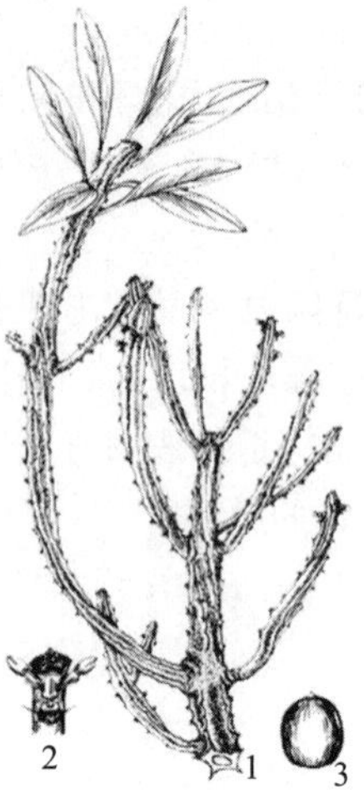

图 8-242　金刚纂

1. 植株；2. 花序（幼时）；3. 种子

起且呈螺旋状旋转排列的脊，绿色。叶互生，少而稀疏，肉质，常呈5列生于嫩枝顶端脊上，倒卵形、倒卵状长圆形至匙形，长4.5～12 cm，全缘。花序二歧状腋生。花期6～9月。

【分布】产于印度；我国南北方均有栽培，常用作绿篱。

【生态习性】喜高温干燥气候，喜半阴、耐干燥，耐寒、忌涝。温度不宜低于8 ℃。根条不强，生根易而生长慢。南方高温地区露地栽培；北方低温地区盆栽，室内越冬。

【观赏特性及园林用途】多作盆栽，布置厅、堂，室内观赏。

8. 海漆属 *Excoecaria*

乔木或灌木，具乳状汁液。叶互生或对生，具羽状脉。花单性，雌雄异株或同株异序，极少雌雄同序者，无花瓣，聚集成腋生或顶生的总状花序或穗状花序。雄花萼片3片，稀为2片；雄蕊3枚，花丝分离，花药纵裂，无退化雌蕊。雌花花萼3裂、3深裂或为3萼片；子房3室，每室具1粒胚珠。蒴果；种子球形，种皮硬壳质。

约40种，分布于亚洲、非洲和大洋洲热带地区。我国有6种和1个变种，产于西南部经南部至台湾。

红背桂 ***E. cochinchinensis***

【别名】青紫木、紫背桂。

【形态特征】常绿灌木，高达1 m；枝无毛，具多数皮孔。叶对生，稀兼有互生或近3片轮生，纸质，叶片狭椭圆形或长圆形，长6～14 cm，边缘有疏细齿，背面紫红或血红色。花单性，雌雄异株，聚集成腋生或稀兼有顶生的总状花序，雄花序长1～2 cm，雌花序由3～5朵花组成，略短于雄花序。蒴果球形；种子近球形。花期几乎全年。

【分布】我国台湾、广东、广西、云南等地普遍栽培，广西龙州有野生。亚洲东南部各国也有。

【生态习性】不耐干旱，不甚耐寒，生长适温15～25 ℃，冬季温度不低于5 ℃。耐半阴，忌阳光暴晒，夏季放在荫蔽处，可保持叶色浓绿。要求肥沃、排水好的沙壤土。

【观赏特性及园林用途】枝叶飘飒，清新秀丽，适合盆栽常点缀室内厅堂、居室，南方用于庭园、公园、居住小区绿化，茂密的株丛、鲜艳的叶色，与建筑物或树丛构成自然、闲趣的景观。

9. 山麻杆属 *Alchornea*

乔木或灌木。叶互生，纸质或膜质，边缘具腺齿，具2枚小托叶或无；羽状脉或掌状脉；托叶2枚。花雌雄同株或异株，花序穗状或总状或圆锥状，雄花多朵簇生于苞腋，雌花1朵生于苞腋，无花瓣；雄花：花萼花蕾时闭合，开花时2～5裂。蒴果具2～3个分果，果皮平滑；种皮壳质。

约70种，分布于全世界热带、亚热带地区。我国产7种、2个变种，分布于西南部和秦岭以南热带和温暖带地区。

山麻杆 ***A. davidii***

【别名】桂圆树、红荷叶、狗尾巴树。

【形态特征】落叶丛生小灌木，高1～2 m。幼枝密被茸毛。单叶互生，叶广卵形或圆形，长7～17 cm，有短毛疏生，背面紫色，叶表疏生短茸毛，主脉由基部三出，叶柄被短毛并有2个以上之腺体。花小、单性同株；雄花密生，排成短穗状花序；雌花疏生，排成总状花序，位于雄花序的下面，无花瓣，紫色。蒴果扁球形，密生短柔毛；种子球形。花期3～4月，果熟6～7月。

【分布】产于陕西、四川、云南、贵州、广西、河

图 8-243　山麻杆

南、湖北、湖南、江西、江苏、福建。

【生态习性】喜光照，稍耐阴，喜温暖、湿润的气候环境，不耐寒，对土壤要求不严，在微酸性及中性土壤上均能生长。萌蘖性强，抗旱能力低。

【观赏特性及园林用途】茎干丛生，茎皮紫红，早春嫩叶紫红，后转红褐，醒目美观，是园林中常见的观叶树种之一，适合丛植于庭园、路边、草坪或山石之旁，具有丰富色彩的效果。

［75］鼠李科 Rhamnaceae

灌木、乔木、藤状灌木，稀草本。常有枝刺或托叶刺。单叶互生，稀对生；有托叶，早落或宿存，或有时变为刺。花小，黄绿色，两性或杂性，腋生聚伞、穗状圆锥花序或聚伞圆锥花序，或单生或簇生；萼 4～5 裂，裂片镊合状排列；花瓣 4～5 片或无。雄蕊 4～5 枚，与花瓣对生，为花瓣所包被；具内生花盘，子房上位或下位，2～4 室，每室 1 粒倒生胚珠。核果、蒴果或翅状坚果。胚乳少或无。

二维码 B-75
鼠李科

58 属 900 余种，广泛分布于温带至热带地区。我国 14 属 133 种 32 个变种 1 个变型，各地均有分布，以西南和华南的种类最为丰富。

1. 枳椇属 *Hovenia*

落叶乔木。小枝较粗，质脆。单叶互生，具长柄，基部 3 出脉，有锯齿。花小，两性，聚伞花序；花萼 5 裂；花基数 5，萼 5 裂，花瓣 5 片，有爪；雄蕊 5 枚；子房 3 室，绕以花盘。核果，有 3 粒种子；果序分枝肥厚肉质并扭曲，果实大小如豌豆，不开裂。

有 3 种，2 个变种，分布于中国、朝鲜、日本和印度。我国除东北、内蒙古、新疆、宁夏、青海和台湾外，各地均有分布。在世界各国也常有栽培。

枳椇 *H. acerba*

【别名】拐枣、鸡爪梨、万字果。

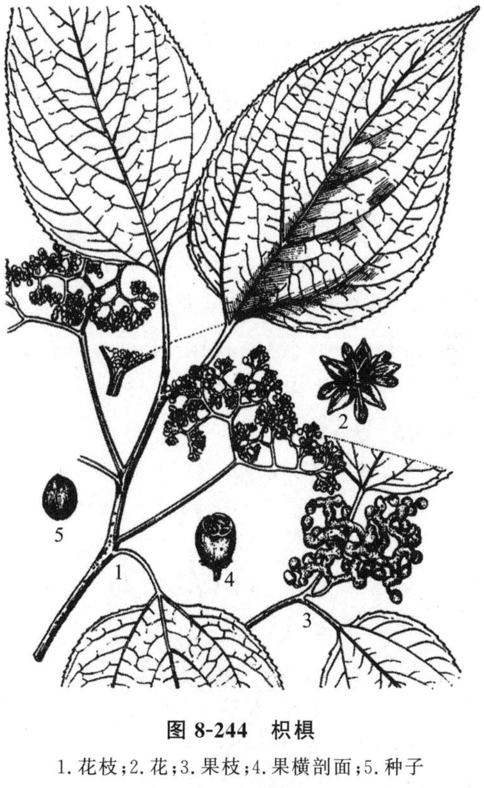

图 8-244　枳椇

1. 花枝；2. 花；3. 果枝；4. 果横剖面；5. 种子

【形态特征】落叶乔木，高 15～25 m。单叶互生，广卵形至卵状椭圆形，长 8～16 cm，先端渐尖，基部近圆形，叶缘有粗钝锯齿，基部 3 出脉，叶脉及主脉常带红晕，背面沿叶脉和脉腋有柔毛。复聚伞花序顶生或腋生。花小、两性，淡黄绿色，花柱浅裂；子房上位，3 室，花盘有毛，花期 6 月。蒴果球形，果梗弯曲，肥大肉质，经霜后味甜可食（俗称鸡爪梨），种子黑色。果熟期 9～10 月。

【分布】华北南部至长江流域及其以南地区普遍分布，西至陕西、四川、云南；日本也有分布。

【生态习性】喜光，耐寒，对土壤要求不严，在土层深厚、湿润而排水良好处生长迅速，能成大材。深根性，萌芽力强。多生于阳光充足的沟边、路旁或山谷中。

【观赏特性及园林用途】叶大而圆，叶色浓绿，树形优美，病虫害少，生长快，适应性强，是理想的园林绿化树种。可作为庭荫树、行道树及农村“四旁”绿化树种。

2. 鼠李属 *Rhamnus*

常绿或落叶，灌木或小乔木；有长枝和短枝，小枝端常具刺。单叶互生或近对生，羽状脉，有锯齿或全缘，托叶小，早落。花小，绿色或黄白色，两性或单性，腋生成簇或伞形总状花序；萼裂、花瓣、雄蕊各为 4～5 枚，有时无花瓣；子房上位，2～4 室。核果浆果状，具 2～4 核，每核 1 粒种子。

约 200 种，分布于温带至亚热带，主要集中于亚洲东部和北美洲西南部。我国 57 种 14 个变种，遍布全国，以西南和华南种类最多。

鼠李 *Rh. davurica*

【别名】臭李子、老鹳眼。

图 8-245　鼠李

【形态特征】落叶灌木或小乔木，高 10 m。树皮灰褐色，常呈环状剥裂。小枝较粗壮，无毛。叶近对生，倒卵状长椭圆形至卵状椭圆形，长 4～10 cm，先端尖锐，基部楔形，缘有细圆齿，侧脉 4～5 对；叶柄长 6～25 mm。花黄绿色，3～5 朵簇生叶腋。果实球形，径约 6 mm，熟时紫黑色；种子 2 粒，卵形，背面有沟。花期 5～6 月，果期 9～10 月。

【分布】产于东北和华北。多生于山坡、沟旁或杂木林中。

【生态习性】适应性强，耐寒、耐阴、耐旱、耐瘠薄。

【观赏特性及园林用途】枝叶繁茂，叶色浓绿，入秋有黑果累累，是美丽的观果植物。可孤植、丛植于林缘、路边或庭园观赏，颇具野趣。

3. 枣属 *Zizyphus*

落叶灌木或乔木。单叶互生，具短柄，叶基 3 或 5 出脉，有齿或全缘，托叶常变为刺。花小，两性，黄白色，成腋生短聚伞花序；花部 5 数，花瓣 5 数；花柱 2 裂，子房上位，埋藏于花盘内。核果，果核 1 枚，1～3 室，每室 1 粒种子。

共约 100 种，主要分布于亚洲和美洲的热带和亚热带地区，少数种在非洲和两半球温带也有分布。我国 12 种 3 个变种，除枣和无刺枣在全国各地栽培外，主要产于西南和华南。

枣树 *Z. jujuba*

【别名】枣、大枣。

【形态特征】落叶乔木或小乔木，高达 10 m。树皮褐色或灰褐色；有长枝，短枝和无芽小枝（即新枝）比长枝光滑，紫红色或灰褐色，呈“之”字形曲折，具 2 个托叶刺，粗直，短刺下弯；短枝短粗，矩状，自老枝发出；当年生小枝绿色，下垂，单生或 2～7 个簇生于短枝上。单叶互生，叶卵形至卵状长椭圆形，缘有细钝齿，基部 3 出脉，叶片较厚，近革质，具光泽。花小，两性，黄绿色。核果卵形至矩圆形，熟后暗红色，果核坚硬，两端尖。花期 5～6 月，果熟期 8～9 月。

【分布】在中国分布很广，自东北南部至华南、西南、西北均有。

图 8-246　枣树

1. 花枝；2. 果枝；3. 具刺的小枝；4. 花；5. 果；6. 种子

【生态习性】强阳性，喜干冷气候，耐干旱瘠薄及寒冷，也耐湿热；对土壤要求不严，山坡、丘陵、沙滩、轻碱地都能生长。根系发达、深而广，根萌蘖力强；能抗风沙。适应性强，寿命长。

【观赏特性及园林用途】枝干苍劲，翠叶垂荫，红果累累。可孤植于小花坛中、列植于道路两侧、群植或丛植于花园和庭园中。作为庭荫树及"四旁"、路边及矿区绿化树种，是园林结合生产的良好树种，幼树可作刺篱材料。

4. 马甲子(铜钱树)属 *Paliurus*

落叶乔木或灌木。单叶互生，有锯齿或近全缘，具基生三出脉，托叶常变成刺。花两性，5 基数，排成腋生或顶生聚伞花序或聚伞圆锥花序，花梗短，结果时常增长；花萼 5 裂。核果杯状或草帽状，周围具木栓质或革质的翅，基部有宿存的萼筒，3 室，每室有 1 粒种子。

约 8 种，分布于欧洲南部和亚洲东部及南部。我国有 5 种和 1 栽培种，分布于西南、中南、华东等地。

马甲子 ***P. ramosissimus***

【别名】白棘、铁篱笆、铜钱树。

【形态特征】灌木，高 6 m；小枝褐色或深褐色，被短柔毛。叶互生，叶背无毛或沿脉有毛，缘有细锯齿，基生三出脉。腋生聚伞花序，被黄色茸毛；核果杯状，被黄褐色或棕褐色茸毛，周围具木栓质 3 浅裂的窄翅。花期 5～8 月，果期 9～10 月。

图 8-247　马甲子

1. 果枝；2. 花；3. 幼枝被毛

【分布】分布于华中、华南及西南。生于海拔 2000 m 以下的山地和平原，野生或栽培。朝鲜、日本和越南也有分布。

【生态习性】阳性树种，生于山地和平原。病虫害少、耐旱、耐瘠。抗寒性强，能耐－15 ℃的低温。

【观赏特性及园林用途】因有锐刺，是优良刺篱材料，常栽培作绿篱，围护果园等场地，叶、花、果均可观赏。

［76］葡萄科 Vitaceae

藤本，稀直立灌木或小乔木。常具与叶对生的卷须。单叶或复叶互生，有托叶。花小，两性或杂性；聚伞、伞房或圆锥花序，常与叶对生；花萼 5 浅裂；花瓣 4～5 片，镊合状排列，分离或基部合生，有时顶端连接呈帽状并早脱

二维码 B-76
葡萄科

落，雄蕊与花瓣同数并对生；子房上位，2～6 室，每室 2 粒胚珠。浆果。

共 16 属 700 余种，主要分布于热带和亚热带，少数种类分布在温带。中国 9 属 150 余种，南北均有分布，长江流域以南最多，野生种类主要集中分布于华中、华南及西南各地，东北、华北各地种类较少，新疆和青海迄今未发现有野生。葡萄 *Vitis vinifera* 是著名的水果，若干野生种类是重要的种质资源，地锦属 *Parthenocissus* 和崖爬藤属 *Tetrastigma* 等是重要的垂直绿化植物。

1. 葡萄属 *Vitis*

落叶藤本；茎无皮孔，老则条状剥落，髓心褐色。借卷须攀缘，卷须与叶对生单叶。单叶掌状裂，稀为掌状复叶，叶缘有齿。花杂性异株，稀同株；圆锥花序与叶对生；花部 5 基数，萼小而明显；花瓣顶部黏合呈帽状，开花时整体脱落；花盘隆起具 5 蜜腺；子房 2 室。浆果含 2～4 粒种子。

约 70 种，分布于温带及亚热带。中国约 38 种，南北均有分布。

葡萄 *V. vinifera*

【别名】蒲陶、草龙珠、赐紫樱桃。

【形态特征】落叶藤木，长 10～30 m。树皮红褐色，老时条状剥落；枝有节，卷须间歇性与叶对生。叶互生，近圆形，3～5 掌状裂，基部心形，叶缘具粗齿，两面无毛或背面稍有短柔毛。花小，黄绿色，两性或杂性异株，圆锥花序大而长。果序圆锥状，浆果椭球形或圆球形，熟时黄绿色或紫红色，被白粉。花期 5～6 月；果期 6～9 月。

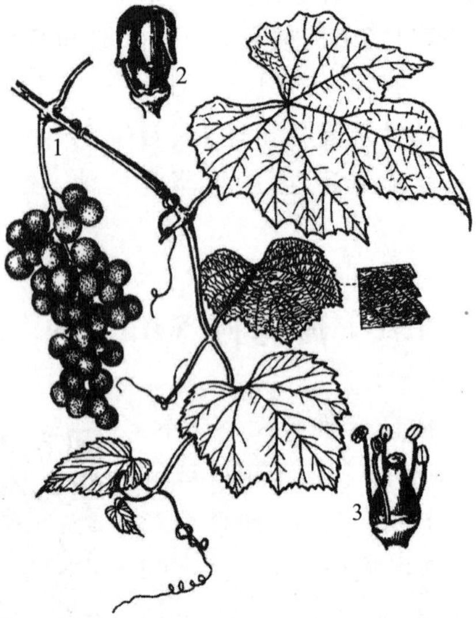

图 8-248　葡萄

1. 果枝；2. 花；3. 花去花冠示雄蕊和雌蕊

【分布】产于亚洲西部；我国在 2000 多年前引入内地栽培，现辽宁中部以南广泛栽培为果树。

【生态习性】喜阳光充足、气候干燥、夏季昼夜温差大的大陆性气候。较耐寒、怕涝，以排水良好、土层深厚肥沃的沙质壤土或砾质壤土生长最好。忌重黏土、盐碱土。

【观赏特性及园林用途】是很好的垂直绿化植物，夏季硕果晶莹，绿叶成荫，既可观赏、遮阴，又可结合果实生产，常应用于棚架、门厅、跨路长廊、花廊等，也宜盆栽观赏。

2. 蛇葡萄属 *Ampelopsis*

落叶藤木，枝具皮孔及白髓，借卷须攀缘，卷须 2～3 分枝，顶端不扩大成吸盘。叶互生，单叶或复叶，具长柄。花小，两性，聚伞花序具长梗，与叶对生或顶生；花部常为 5 基数，花萼全缘，花瓣离生并开展，雄蕊短，子房 2 室，花柱细长。浆果，具 1～4 粒种子。

共约 30 种，分布在亚洲、北美洲和中美洲。中国有 17 种，南北均产。

蛇葡萄 *A. brevipedunculata*

【别名】蛇白蔹、假葡萄、绿葡萄。

【形态特征】落叶藤木，茎长 10 m 以上。髓白色，小枝淡黄色，有细棱线，幼枝有柔毛，卷须分叉并与叶对生。单叶或复叶，互生，具长柄。聚伞花序与叶对生，梗长，其上有柔毛；花小，黄绿色，与叶对生或顶生；花瓣离生并开展。浆果近球形，具 1～4 粒种子。花期 5～6 月；果期 8～9 月。

【分布】产于亚洲东部及北部，中国自东北经河北、山东到长江流域、华南均有分布。

【生态习性】喜光，生长于山坡及林缘或路旁。性强健，耐寒，土壤瘠薄处也能生长。

【观赏特性及园林用途】叶、花、果供观赏，颇具

图 8-249　蛇葡萄

野趣。用于棚架绿化。

3. 地锦属 *Parthenocissus*

藤木。髓白色，卷须顶端膨大成吸盘。叶互生，掌状复叶或单叶 3 裂，具长柄。花两性，稀杂性，圆锥花序与叶对生；花部常 5 基数，花盘不明显或无，花瓣离生，子房 2 室，每室 2 粒胚珠。浆果具1～4 粒种子。

约 13 种，产于北美洲及亚洲。我国约 10 种，其中 1 种从北美引入，南北均有，以长江流域较多。

(1)地锦 *P. tricuspidata*

【别名】爬山虎、爬墙虎。

【形态特征】落叶藤本，长 15 m。卷须顶端膨大成吸盘，卷须短而分枝多。单叶互生，在短枝端两叶呈对生状，广卵形，常 3 裂，幼枝上的叶常 3 全裂或 3 小叶，基部心形，叶缘有粗齿，表面无毛，背面脉上常有柔毛。聚伞花序常腋生于短枝顶端两叶之间，花两性，淡黄绿色。浆果球形，熟时蓝黑色，有白粉。花期 6 月；果期 9～10 月。

【分布】我国分布很广，北起吉林，南到广东均有。日本也有分布。

【生态习性】喜光，较耐阴，耐寒，喜湿，对土壤和气候适应性强，在阴湿、肥沃土壤中生长最好。生长快，植株攀缘能力强，南北向墙面均能生长。

【观赏特性及园林用途】优良的攀缘植物，枝繁

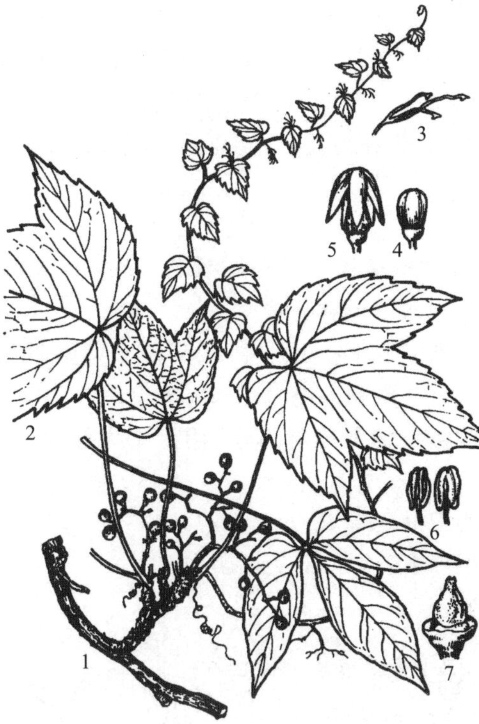

图 8-250　地锦

1. 果枝；2. 深裂的叶；3. 吸盘；4～5 花；6. 雄蕊；7. 雌蕊

叶茂，叶密色翠，层层密布，春季幼叶和入秋后叶色或红或橙，艳丽悦目，格外美观，是绿化墙壁、山石、庭园入口或老树干的好材料。也可作地被，覆土护坡。对二氧化硫、氯气等有毒气体抗性强，且有很好的滞尘能力，适于工矿企业及精密仪器厂的绿化。

(2)三叶地锦 *P. semicordata*

【别名】三叶爬山虎、三角风、三爪金龙。

【形态特征】木质藤本。小枝圆柱形，嫩时被疏

图 8-251　三叶地锦

柔毛，以后脱落几无毛。卷须总状 4～6 分枝，相隔 2 节间断与叶对生，顶端嫩时尖细卷曲，后遇附着物扩大成吸盘。3 小叶，顶端骤尾尖，基部楔形，多歧聚伞花序着生在短枝上。果实近球形，有种子 1～2 粒；种子倒卵形。花期 5～7 月，果期 9～10 月。

【分布】产于甘肃、陕西、湖北、四川、贵州、云南、西藏。生于山坡林中或灌丛，海拔 500～3800 m。缅甸、泰国和印度也有分布。

【生态习性】阳性树种，较耐阴。喜温暖气候，耐热，也有一定耐寒能力。病虫害少。

【观赏特性及园林用途】用于垂直绿化和地表覆盖。

(3)五叶地锦 *P. quinquefolia*

【别名】美国地锦、美国爬山虎。

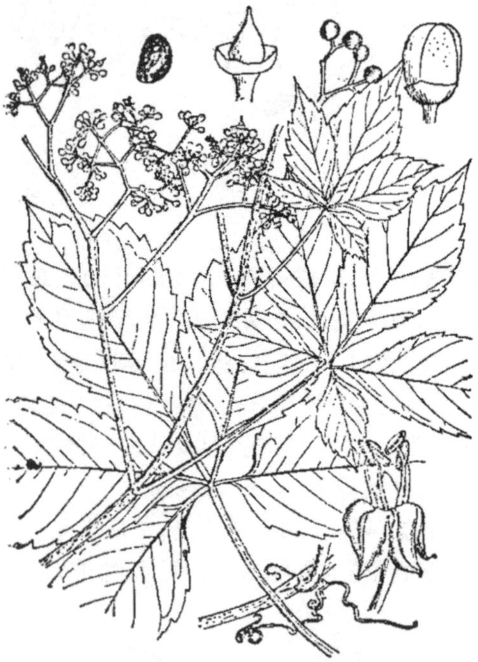

图 8-252　五叶地锦

【形态特征】落叶藤木；幼枝紫红。卷须与叶对生，5～12 分枝，顶端吸盘大。掌状复叶，具长柄，小叶 5 枚，质较厚，卵状长椭圆形至倒长卵形，先端尖，基部楔形，缘具大齿，表面暗绿色，背面稍具白粉并有毛。聚伞花序集成圆锥状。浆果近球形，径约 6 mm，成熟时蓝黑色，稍带白粉，具 1～3 粒种子。花期 7～8 月；果期 9～10 月。

【分布】产于美国东部。我国有引种栽培，现分布地区较广。

【生态习性】喜温暖气候，具有一定的耐寒、耐旱和耐热性。对光照适应性强，喜光，也极耐阴。

【观赏特性及园林用途】用于垂直绿化和地表覆盖。

4. 乌蔹莓属 *Causonis*

木质藤本。卷须通常 2～3 叉分枝，稀总状多分枝。叶为 3 小叶或鸟足状 5 小叶，互生。花 4 数，两性或杂性同株，伞房状多歧聚伞花序或复二歧聚伞花序；花瓣展开，各自分离脱落；雄蕊 5 枚；花盘发达，边缘 4 浅裂或波状浅裂；花柱短，柱头微扩大或不明显扩大；子房 2 室，每室有 2 粒胚珠。浆果球形或近球形，有种子 1～4 粒。种子呈半球形，背面凸起，腹部平。

有 30 余种，分布于亚洲、大洋洲和非洲。我国有 16 种，南北均有分布。

乌蔹莓 *C. japonica*

【别名】五爪龙、虎葛、野葡萄。

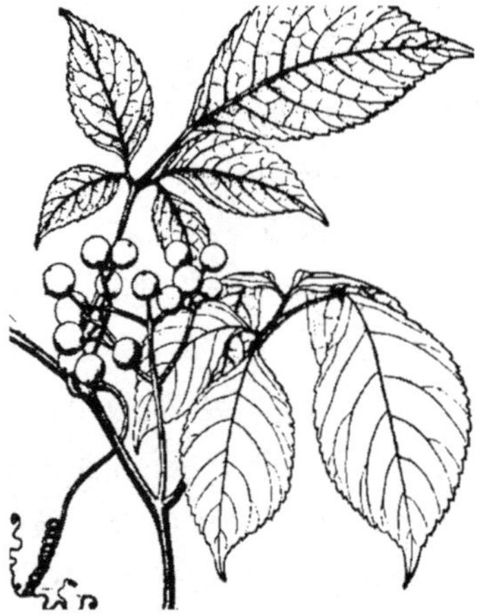

图 8-253　乌蔹莓

【形态特征】落叶藤本。小枝圆柱形，有纵棱纹，无毛或微被疏柔毛。卷须 2～3 叉分枝，相隔 2 节间断与叶对生。叶为鸟足状 5 小叶。托叶早落。花序腋生，复二歧聚伞花序；花盘发达，4 浅裂。

果实近球形，种子三角状倒卵形，顶端微凹，基部有短喙。花期 3～8 月，果期 8～11 月。

【分布】产于陕西、河南、山东、安徽、江苏、浙江、湖北、湖南、福建、台湾、广东、广西、海南、四川、贵州、云南。生于山谷林中或山坡灌丛，海拔 300～2500 m。日本，菲律宾、越南、缅甸、印度、印度尼西亚和澳大利亚也有分布。

【生态习性】喜温暖湿润的气候。生长适温为 25～30 ℃，喜半阴环境。对土壤要求不严，庭园、篱旁、林缘等均可栽种。

【观赏特性及园林用途】四季常绿，可用于护坡和垂直绿化。

5. 崖爬藤属 *Tetrastigma*

木质，稀草质藤本。卷须不分枝或 2 叉分枝。叶通常掌状 3～5 小叶或鸟足状 5～7 小叶，稀单叶，互生。花 4 数，通常杂性异株，组成多歧聚伞花，伞形或复伞形花序；花瓣展开，各自分离脱落。浆果球形、椭圆形或倒卵形，有种子 1～4 粒。种子椭圆形、倒卵椭圆形或倒三角形，表面光滑、有皱纹、瘤状突起或锐棱。

约 100 种，分布于亚洲至大洋洲。我国有 45 种，主要分布在我国长江流域以南各区，大多集中在广东、广西和云南。

扁担藤 *T. planicaule*

【形态特征】落叶木质大型藤本，茎压扁，深褐色。小枝圆柱形或微扁，有纵棱纹。卷须不分枝，相隔 2 节间断与叶对生。叶为掌状 5 小叶，小叶长圆披针形、披针形、卵披针形；侧脉 5～6 对，网脉突出。花序腋生，集生成伞形；花瓣 4 片，顶端呈风帽状，外面顶部疏被乳突状毛；雄蕊 4 枚；花盘明显，4 浅裂。果实近球形，多肉质，有种子 1～2(3)粒。花期 4～6 月，果期 8～12 月。

【分布】产于福建、广东、广西、贵州、云南、西藏东南部。生于山谷林中或山坡岩石缝中，海拔 100～2100 m。老挝、越南、印度和斯里兰卡也有分布。

【生态习性】喜温暖湿润气候，喜阴，在较强散射光下亦能生长，有一定耐旱能力。

【观赏特性及园林用途】花、果、茎皆奇异美观，颇富观赏性和趣味性，可作生态旅游，科普教育、园林绿化等的重要材料。在园林景观营造，尤其是城市立体空间绿化，诸如棚架、墙体等以及边坡绿化等方面，具有较高的开发利用价值。

图 8-254 扁担藤

［77］远志科 Polygalaceae

一年生或多年生灌木或乔木。单叶互生、对生或轮生，叶片纸质或革质，全缘，具羽状脉；无托叶，有则为棘刺状或鳞片状。花两性，两侧对称，白色、黄色或紫红色，排成总状花序、圆锥花序或穗状花序，腋生或顶生，具柄或无，基部具苞片或小苞片。果实或为蒴果，2 室，或为翅果、坚果，开裂或不开裂，具种子 2 粒，或因 1 室败育，仅具 1 粒。种子卵形、球形或椭圆形，黄褐色、暗棕色或黑色，无毛或被毛，有种阜或无，胚乳有或无。

13 属，近 1000 种，广布于全世界，尤以热带和亚热带地区最多。我国有 4 属 51 种和 9 个变种，南北均产，以西南和华南地区最盛。

二维码 B-77 远志科

远志属 *Polygala*

一年生或多年生草本、灌木或小乔木。单叶互生，稀对生，叶片纸质或近革质，全缘，无毛或被柔毛。总状花序顶生、腋生或腋外生；花两性，左右对称，具苞片 1～3 枚，宿存或脱落；萼片 5 片，不等大。蒴果，两侧压扁，具翅或无，有种子 2 粒；种子卵形、圆形、圆柱形或短楔形，通常黑色，被短柔毛或无毛，种脐端具 1 帽状、盔状全缘或具各式分裂的种阜，另端具附属体或无。

约 500 种，广布于全世界，我国有 42 种 8 个变种，广布于全国各地，以西南和华南地区最盛。

黄花远志 *P. arillata*

【别名】荷包山桂花、黄花金盏、观音串。

图 8-255　黄花远志

【形态特征】灌木或小乔木，高 1～5 m。叶纸质，椭圆形、矩圆状椭圆形至矩圆状披针形，长 4～12 cm，宽 2～6 cm。总状花序与叶对生，花黄色或先端带红色，长 15～20 mm；外轮萼片 3 片，甚小，内轮萼片 2 片，花瓣状；花瓣 3 片，中间龙骨瓣背面顶部有细裂成 8 条鸡冠状附属物，两侧的花瓣 2/3 部分与花丝鞘贴生；雄蕊 8 枚，花丝下部 3/4 合生成鞘。蒴果略呈心形，长 7～9 mm；种子 2 粒，除假种皮外，密被白色微毛。花期 4～11 月，果期 5～11 月。

【分布】产于四川、广西、贵州、云南等地，海拔 700～3000 m 的山坡林下和林缘。

【生态习性】喜凉耐阴。要求土壤疏松、肥沃，空气相对湿度大。不耐阳光直射，一般都生长在各建群种的下层通风、有散射光处。

【观赏特性及园林用途】开花时总状花序与叶对生，下垂，黄花绿叶相映成趣，花期长，单枝花序花期 40～50 d，是具有良好开发前景的园林绿化新树种。可用于道路、公路、住宅小区等环境的绿化美化。

【同属其他种】黄花倒水莲 *P. fallax*：灌木或小乔木，高 1～3 m；总状花序顶生或腋生，长 10～15 cm，直立，花后延长达 30 cm，下垂。产于江西、福建、湖南、广东、广西和云南；生于山谷林下水旁阴湿处，海拔(360～)1150～1650 m。

[78] 无患子科 Sapindaceae

乔木或灌木，稀藤本。叶互生，羽状复叶，稀掌状复叶，无托叶。花单性或杂性，整齐或不整齐，圆锥、总状或伞房花序；萼 4～5 裂，花瓣 4～5 片；雄蕊 5～10 枚，花丝常有毛，花盘发达；子房上位，多为 3 室；中轴胎座或侧膜胎座。蒴果、核果、坚果、浆果或翅果，种子有假种皮或无。

150 属 2000 余种，广布于热带、亚热带地区，少数产于温带。我国有 25 属 56 种，主产于长江以南各地。

二维码 B-78
无患子科

1. 栾树属 *Koelreuteria*

落叶乔木或灌木。一回或二回奇数羽状复叶，无托叶；小叶互生或对生，有锯齿或分裂，稀全缘。顶生圆锥花序。花中等大，杂性同株或异株，两侧对称；萼 5 深裂；花瓣 4 片，有时 5 片，鲜黄色，略不等长；花盘厚，偏于一侧；雄蕊 5～8 枚，通常 8 枚；子房 3 室，每室 2 粒胚珠。蒴果膨胀，卵形、长圆形或近球形；种子每室 1 粒，球形，黑色。

共 4 种，除 1 种产于斐济群岛外，我国均产。

(1) 栾树 *K. paniculata*

【别名】灯笼花、木栾、栾华。

【形态特征】落叶乔木，高达 15 m。树冠近圆球

图 8-256　栾树

图 8-257　复羽叶栾树

形，树皮灰褐色，细纵裂，皮孔明显，1 回奇数羽状复叶，有时 2 回羽状复叶；小叶 7～15 枚，卵形或卵状椭圆形，具锯齿或缺裂，近基部常有深裂片，顶端尖或渐尖，背面沿脉有短柔毛。花小，金黄色，圆锥花序而疏散。蒴果三角状卵形，长 4～6 cm，顶端尖，成熟时红褐色或橘红色。花期 6～7 月，果期 9～10 月。

【分布】产于我国北部及中部，北自东北南部、南到长江流域及福建、西到甘肃东南部及四川中部均有分布，以华北较为常见。

【生态习性】喜光，稍耐半阴；耐寒，耐干旱、瘠薄，喜生于石灰质土壤，也能耐盐渍及短期水涝。栾树具有深根性，萌蘖力强，生长速度中等，幼树生长较慢，以后渐快，有较强抗烟尘能力。

【观赏特性及园林用途】树形端庄整齐，枝叶茂密而秀丽，秋叶金黄，夏季开花，满树金黄，十分美丽，是理想的绿化、观赏树种。宜作庭荫树、行道树及园景树，也可用作防护林、水土保持及荒山绿化树种。

(2)复羽叶栾树 *K. bipinnata*

【别名】风吹果。

【形态特征】乔木，高可达 20 余米；皮孔圆形至椭圆形；枝具小疣点。叶平展，二回羽状复叶，长 45～70 cm；小叶 9～17 枚，互生，很少对生，纸质或近革质，斜卵形，长 3.5～7 cm。圆锥花序大型，长 35～70 cm。蒴果椭圆形或近球形，具 3 棱，淡紫红色，老熟时褐色；种子近球形。花期 7～9 月，果期 8～10 月。

【分布】产于云南、贵州、四川、湖北、湖南、广西、广东等地。

【生态习性】喜光，耐半阴，喜温暖湿润气候，对土壤要求不严。深根性。

【观赏特性及园林用途】树形优美，高大端正，枝叶茂密而秀丽，花色鲜黄夺目，果色鲜红，形似灯笼，可作行道树和庭荫树以及荒山绿化树种。

【变种】全缘叶栾树 var. *integrifoliola*：小叶通常全缘，有时一侧近顶部边缘有锯齿，叶面光亮。产于广东、广西、江西、湖南、湖北、江苏、浙江、安徽、贵州等地。

2. 文冠果属 *Xanthoceras*

仅 1 种，产于我国北部和朝鲜。形态特征同种。

文冠果 *X. sorbifolium*

【别名】文冠树、文冠花、文光果。

【形态特征】落叶灌木或小乔木，高 2～5 m。小叶 4～8 对，膜质或纸质，披针形或近卵形，两侧稍不对称，长 2.5～6 cm，边缘有锐利锯齿。花序先叶抽出或与叶同时抽出，两性花的花序顶生，雄花序腋

图 8-258　文冠果

生，长 12～20 cm，直立；花瓣白色，基部紫红色或黄色，有清晰的脉纹。蒴果长达 6 cm；种子长达 1.8 cm，黑色而有光泽。花期春季，果期秋初。

【分布】产于我国北部和东北部，西至宁夏、甘肃，东北至辽宁，北至内蒙古，南至河南。

【生态习性】喜光，耐半阴；耐严寒和干旱，不耐涝；对土壤要求不严，在沙荒、石砾地、黏土及轻盐碱土上均能生长，但以深厚、肥沃、湿润、通气良好的土壤生长最好。

【观赏特性及园林用途】花序大，花密集，春天白花满树，在秀丽光洁的绿叶相衬下，更显美观。常配植于草坪、路边、山坡、假山旁或建筑物前，也适于山地、水库周围风景区大面积绿化造林，能起到绿化、护坡固土作用。

3. 无患子属 *Sapindus*

乔木或灌木。偶数羽状复叶，很少单叶；互生；小叶全缘。聚伞圆锥花序；花单性，雌雄同株或有时异株，辐射对称或两侧对称；萼片 5 片，有时 4 片；花瓣 5 片，有爪；雄蕊 8 枚，很少更多或较少；子房 2～4 室，每室 1 粒胚珠。核果近球形或倒卵圆形，背部略扁；种子黑色或淡褐色，种皮骨质。

约 13 种，分布于美洲、亚洲和大洋洲较温暖的地区。我国有 4 种和 1 个变种，产于长江流域及其以南地区。

无患子 *S. mukorossi*

【别名】皮皂子、木患子、油患子。

图 8-259　无患子

1. 花枝；2. 雄花；3. 花瓣腹面；4. 发育雄蕊；5. 雌蕊；6. 果

【形态特征】落叶大乔木，高可达 20 余米。叶连柄长 25～45 cm，叶轴稍扁，上面两侧有直槽，无毛或被微柔毛；小叶 5～8 对，通常近对生，叶片薄纸质，长椭圆状披针形或稍呈镰形，长 7～15 cm。花序顶生，圆锥形；花小，辐射对称；花瓣 5 片，披针形，有长爪。果近球形，橙黄色，干时变黑。花期春季，果期夏秋。

【分布】产于我国东部、南部至西南部。各地寺庙、庭园和村边常见栽培。日本、朝鲜、中南半岛和印度等地也常栽培。

【生态习性】喜光，稍耐阴；喜温暖湿润气候，耐寒性不强；对土壤要求不严，在酸性、中性、微碱性及钙质土上均能生长，以土层深厚、肥沃而排水良好之地生长最好。深根性，抗风力强；萌芽力弱，不耐修剪。对二氧化硫抗性较强。

【观赏特性及园林用途】树形高大，树冠广展，绿荫浓密，秋叶金黄，颇美观。宜作庭荫树及行道树，常孤植、丛植于草坪、路旁或建筑物附近。

【同属其他种】川滇无患子 *S. delavayi*：落叶乔木，高 10 余米。花两侧对称；花瓣 4 片，无爪，内面基部有 1 个大型鳞片。我国特产，分布于云南、四川、贵州和湖北西部。

4. 龙眼属 *Dimocarpus*

乔木。偶数羽状复叶，互生；小叶对生或近对生，全缘。聚伞圆锥花序常阔大，顶生或近枝顶丛生；花单性，雌雄同株，辐射对称；萼杯状；深 5 裂；雄蕊（雄花）通常 8 枚，子房（雌花）倒心形，2 或 3 裂，2 或3 室；胚珠每室 1 粒。果浆果状，近球形；种子近球形或椭圆形，种皮革质，平滑，种脐稍大，椭圆形，假种皮肉质。

约 20 种，分布在亚洲热带。我国有 4 种。

龙眼 *D. longan*

【别名】桂圆。

【形态特征】常绿乔木，高通常 10 余米，为具板根的大乔木。小叶 4～5 对，很少 3 或 6 对，薄革质，长圆状椭圆形至长圆状披针形，两侧常不对称，长 6～15 cm。花序大型，多分枝，顶生和近枝顶腋生，密被星状毛；花瓣乳白色，披针形，与萼片近等长，仅外面被微柔毛。果近球形，直径 1.2～2.5 cm；种子被肉质的假种皮包裹。花期春夏间，果期夏季。

【分布】产于我国台湾、福建、广东、广西、四川等地。印度也有。

【生态习性】喜温暖、湿润气候，耐寒，耐寒力较荔枝略强；在丘陵山地土层深厚的酸性土和河岸冲积土上均能生长；不耐积水，较耐阴湿。

【观赏特性及园林用途】树冠茂密，终年常绿，初生叶紫红色，可用作观赏果树。

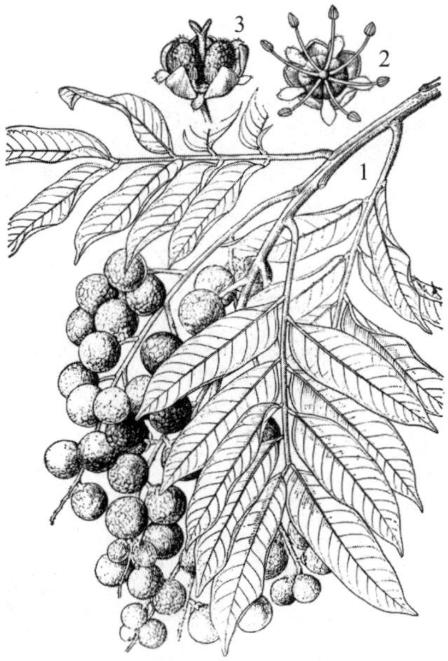

图 8-260　龙眼

1. 果枝；2. 雄花；3. 雌花

5. 荔枝属 *Litchi*

乔木。偶数羽状复叶，互生。聚伞圆锥花序顶生；花单性，雌雄同株，辐射对称；萼杯状，4 或 5 浅裂；无花瓣；花盘碟状，全缘；雄蕊 6～8 枚；子房有短柄，倒心状，2 裂，很少 3 裂，2 室，很少 3 室，每室 1 粒胚珠。果卵圆形或近球形，果皮革质；种皮褐色，光亮，革质，假种皮肉质。

2 种，我国和菲律宾各 1 种。

荔枝 *L. chinensis*

【别名】离枝。

【形态特征】常绿乔木，高通常不超过 10 m。小叶 2 或 3 对，较少 4 对，薄革质或革质，披针形或卵状披针形，有时长椭圆状披针形，长 6～15 cm，全缘。花序顶生，阔大，多分枝。果卵圆形至近球形，长 2～3.5 cm，成熟时通常暗红色至鲜红色；种子全部被肉质假种皮包裹。花期春季，果期夏季。

【分布】产于福建、广东、广西及云南东南部，四川、台湾有栽培。

【生态习性】极喜光，喜暖热湿润气候及富含腐殖质的深厚、酸性土壤，怕霜冻，深根性，抗台风，寿命长。

【观赏特性及园林用途】树冠广阔，枝叶茂密，初生叶为紫红或鲜红色，是优良的观赏果树。可配植于塘、池、渠边，垂映水中，效果甚佳；亦可在山坡成片栽植。

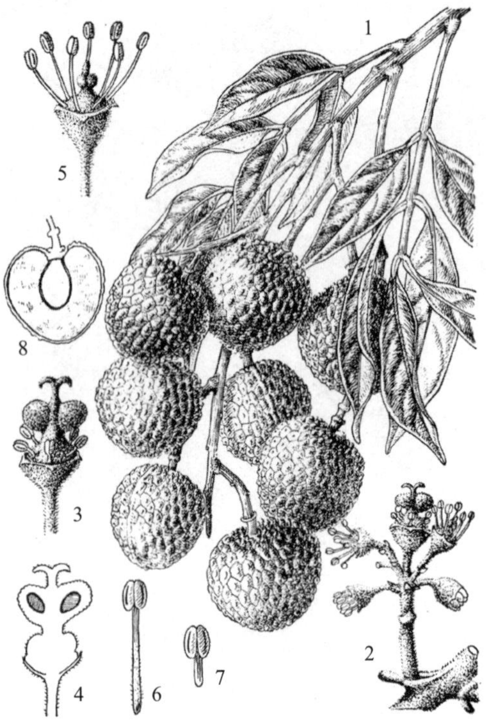

图 8-261 荔枝

1. 果枝；2. 花序一部分；3. 雌花；4. 雌蕊纵切面；5. 雄花；6. 发育雄蕊；7. 不育雄蕊；8. 核果纵切面

[79]七叶树科 Hippocastanaceae

乔木，稀灌木；落叶，稀常绿。叶对生，掌状复叶。聚伞圆锥花序，侧生小花序呈蝎尾状聚伞花序或二歧式聚伞花序。花杂性，雄花常与两性花同株；萼片 4～5 片；花瓣 4～5 片；雄蕊 5～9 枚；子房上位，卵形或长圆形，3 室，每室有 2 粒胚珠，花柱 1 枚，柱头小而常扁平。蒴果 1～3 室，平滑或有刺；种子球形，常仅 1 粒，种脐大型。

二维码 B-79
七叶树科

仅有七叶树属 *Aesculus* 与三叶树属 *Bellia*。

七叶树属 *Aesculus*

落叶乔木稀灌木。叶对生，系 3～9 枚（通常 5～7 枚）小叶组成掌状复叶，有长叶柄；小叶长圆形，边缘有锯齿。聚伞圆锥花序顶生，直立，侧生小花序系蝎尾状聚伞花序。花杂性，雄花与两性花同株。蒴果 1～3 室；种子仅 1～2 粒，发育良好，近于球形或梨形。

约 30 种，广布于亚、欧、美三洲。我国产10 余种，以西南部的亚热带地区为分布中心，北达黄河流域，东达江苏和浙江，南达广东北部。

七叶树 *A. chinensis*

【别名】梭椤树、梭椤子、天师栗。

【形态特征】落叶乔木，高达 25 m。掌状复叶，由 5～7 枚小叶组成；小叶纸质，长圆披针形至长圆倒披针形，边缘有钝尖形的细锯齿，长 8～16 cm。花序圆筒形，平斜向伸展。花杂性，雄花与两性花同株；花瓣 4 片，白色。果实球形或倒卵圆形，黄褐色，无刺，具很密的斑点；种子常 1～2 粒发育，近于球形。花期 4～5 月，果期 10 月。

图 8-262 七叶树

1. 花枝；2. 两性花；3. 雄花；4. 果实；5. 果实横剖以示种子

【分布】中国黄河流域及东部均有栽培，仅秦岭有野生。

【生态习性】喜光，稍耐阴；喜温暖气候，也能耐寒；喜深厚、肥沃、湿润而排水良好之土壤。深根性，萌芽力强；生长速度中等偏慢，寿命长。

【观赏特性及园林用途】树形优美，花大秀丽，果形奇特，为世界著名的观赏树种之一。可作人行步道、公园、广场绿化树种，既可孤植也可群植，或与常绿树和阔叶树混植。

【同属其他种】云南七叶树 *A. wangii*：落叶乔木，高达 20 m。聚伞圆锥花序比较粗大，基部直径 8～10 cm。产于云南东南部。

［80］槭树科 Aceraceae

乔木或灌木；落叶，稀常绿。单叶，稀羽状或掌状复叶，对生。花序伞房状、穗状或聚伞状；花小，绿色或黄绿色，稀紫色或红色，整齐，两性、杂性或单性，雄花与两性花同株或异株；萼片 5 或 4 片，花瓣 5 或 4 片；雄蕊 4～12 枚，通常 8 枚；子房上位，2 室，每室 2 粒胚珠。双翅果。

二维码 B-80
槭树科

仅有 2 属 200 余种。主要产于亚、欧、美三洲的北温带地区，中国约有 140 种。

1. 槭属 *Acer*

乔木或灌木，多为落叶性。叶对生，单叶掌状裂或不裂，或奇数羽状复叶，稀掌状复叶。雄花与两性花同株或雌雄异株，呈总状、圆锥状或伞房状花序；萼片 5 片，花瓣 5 片，稀无花瓣，雄蕊 8 枚。果实两侧具长翅，成熟时由中间分裂为 2，各具 1 枚果翅 1 粒种子。

约 200 种，分布于亚洲、欧洲及美洲。中国约 140 种。

（1）三角槭 *A. buergerianum*

【别名】三角枫。

【形态特征】落叶乔木，高 5～10 m。叶纸质，基部近于圆形或楔形，外貌椭圆形或倒卵形，长 6～10 cm，通常浅 3 裂，中央裂片三角卵形；上面深绿色，下面黄绿色或淡绿色，被白粉。萼片 5 片，黄绿色；花瓣 5 片，淡黄色。翅果黄褐色；小坚果特别凸起；翅张开成锐角或近于直立。花期 4 月，果期 8 月。

图 8-263　三角槭

【分布】产于我国东部、华中及广东和贵州。主产于长江中下游，北到山东，南至广东、台湾均有分布；日本也产。

【生态习性】弱阳性树种，稍耐阴。喜温暖、湿润环境及中性至酸性土壤。耐寒，较耐水湿，萌芽力强，耐修剪。树系发达，根蘖性强。

【观赏特性及园林用途】枝叶浓密，夏季浓荫覆地，入秋叶色变成暗红，秀色可餐。宜孤植、丛植作庭荫树，也可作行道树及护岸树。在湖岸、溪边、谷地、草坪配植，或点缀于亭廊、山石间，都很合适。其老桩常制成盆景，主干扭曲隆起，颇为奇特。

（2）元宝槭 *A. truncatum*

【别名】元宝枫、色树、枫香树。

【形态特征】落叶乔木，高 8～10 m；树皮纵裂。单叶或单叶对生，主脉 5 条，掌状形叶，柄长 3～5 cm。伞房花序顶生 ，花黄绿色。花期 5 月，果期 9 月。

【分布】广布于东北、华北，西至陕西、四川、湖北，南达浙江、江西、安徽等地。

【生态习性】耐阴，喜温凉湿润气候，耐寒性强，但过于干冷则对生长不利，在炎热地区也如此。对土壤要求不严，在酸性土、中性土及石灰性土中均能生长，但以湿润、肥沃、土层深厚的土中生长最好。深根性，生长速度中等，病虫害较少。对二氧

图 8-264　元宝槭

图 8-265　鸡爪槭

化硫、氟化氢的抗性较强，吸附粉尘的能力亦较强。

【观赏特性及园林用途】冠大荫浓，树姿优美，叶形美丽，嫩叶红色，秋叶橙黄色或红色，是重要的秋色叶树种。也可作为庭荫树和行道树，适合在堤岸、湖边、草地，以及建筑附近种植。

(3)鸡爪槭 *A. palmatum*

【别名】鸡爪枫、槭树。

【形态特征】落叶小乔木，高 6～7 m。叶纸质，外貌圆形，直径 7～10 cm，基部心脏形或近于心脏形，稀截形，5～9 掌状分裂，通常 7 裂，裂片长圆卵形或披针形，边缘具紧贴的尖锐锯齿。花紫色，杂性，雄花与两性花同株，生于无毛的伞房花序；花盘位于雄蕊的外侧，微裂。翅果嫩时紫红色，成熟时淡棕黄色，两翅开展呈钝角。花期 5 月，果期 9 月。

【分布】产于山东、河南南部、江苏、浙江、安徽、江西、湖北、湖南、贵州等地。

【生态习性】喜荫蔽的环境，夏日怕日光暴晒，抗寒性强，能忍受较干旱的气候条件。多生于阴坡湿润山谷，耐酸碱，不耐水涝，要求湿润和富含腐殖质的土壤。

【观赏特性及园林用途】鸡爪槭叶形美观，入秋后转为鲜红色，色艳如花，灿烂如霞，为优良的观叶树种。无论栽植何处，无不引人入胜。植于草坪、土丘、溪边、池畔、路隅、墙边、亭廊、山石间点缀，均十分得体。若以常绿树或白粉墙作背景衬托，尤感美丽多姿。制成盆景或盆栽用于室内美化也十分别致。

【变种及品种】①小鸡爪槭 var. *thunbergii*：叶较小，直径约 4 cm，常深 7 裂，裂片狭窄。产于山东、江苏、浙江、福建、江西、湖南等地。②‘红叶’鸡爪槭：叶常年紫红色。③‘羽毛’鸡爪槭：叶片的裂片再次深裂，呈羽毛状。④‘红羽毛’鸡爪槭：叶片的裂片再次深裂，呈羽毛状，常年紫红色。⑤‘蝴蝶’鸡爪槭：叶片的裂片有黄白色至黄褐色的彩边。

【同属其他种】①川滇三角枫 *A. paxii*：常绿乔木，常高 5～10 m。当年生枝紫色或紫绿色；多年生枝灰绿色或褐色。花期 3 月，果期 8 月。产于金沙江流域的四川西南部和云南西北部。②飞蛾槭 *A. oblongum*：常绿乔木，常高 10 m。叶常不分裂成裂片。产于陕西南部、甘肃南部、湖北西部、四川、贵州、云南和西藏南部。生于海拔 1000～1800 m 的阔叶林中。③青榨槭 *A. davidii*：落叶乔木；冬芽有柄；叶的长度很显著地大于宽度，叶纸质，卵形。花序总状。产于华北、华东、中南、西南。

2. 金钱槭属 *Dipteronia*

落叶乔木。叶系对生的奇数羽状复叶。花小，杂性，雄花与两性花同株，呈顶生或腋生的圆锥花序；萼片 5 片，卵形或椭圆形；花瓣 5 片，肾形、基部很窄；雄花与雄蕊 8 枚，子房不发育；两性花具扁形的子房，2 室。果实为扁形的小坚果，通常 2 粒，在基部联合，周围环绕着圆形的翅。

仅有 2 种，为我国特产，主要分布在西部及西南部。

金钱槭 *D. sinensis*

【别名】双轮果。

图 8-266　金钱槭

【形态特征】落叶小乔木，高 5～15 m。叶对生，奇数羽状复叶，长 20～30 cm；小叶通常 7～13 枚，纸质，卵状长圆形或长圆状披针形，长 5～11 cm，边缘具疏钝锯齿。圆锥花序顶生或腋生，长 15～30 cm；花白色，杂性，雄花与两性花同株。翅果通常圆形或近长圆形，周围有圆形或卵形的翅，成熟时淡黄色，无毛；种子近圆形。

【分布】河南、陕西、甘肃、四川、贵州、湖北、湖南。

【生态习性】喜温凉湿润环境和深厚肥沃、排水良好的土壤。喜生于阴坡潮湿的杂木林或灌木林中，适于散射光和光片、光斑的生境。

【观赏特性及园林用途】姿优美，翅果圆形，入夏绿叶红果，如同一串串小铜钱，微风吹拂，沙沙作响，别有一番情趣，是一种颇有观赏价值的园林植物。

［81］橄榄科 Burseraceae

乔木或灌木；叶互生，奇数羽状复叶，稀为单叶；花小，多数，两性或杂性，辐射对称；萼片和花瓣 3～5 片；雄蕊与花瓣同数或 2 倍之；花盘环状；子房上位，2～5 室，每室有胚珠 2 粒；果为核果。

二维码 B-81
橄榄科

16 属，500 种，分布于热带地区，我国有 4 属，14 种，产于东南部、南部至西南部。

橄榄属 *Canarium*

常绿乔木；叶为羽状复叶，小叶常全缘；花两性或杂性，排成圆锥花序；萼杯状，3～5 裂；花瓣 3～5 片；雄蕊 6 枚，稀 10 枚；子房上位，2～3 室；果为核果。

约 100 种，分布于亚洲和非洲热带地区、大洋洲北部，我国有 7 种，海南岛有野生，南部栽培极盛。

橄榄 *C. album*

【别名】山榄、青果、忠果。

图 8-267　橄榄

【形态特征】常绿乔木，高 10～20 m。羽状复叶互生。小叶 9～15 枚，对生，长椭圆形至卵状披针形，长 6～14 cm，先端渐尖，基部偏斜，全缘，革质，无毛，两面细脉均明显凸起，背面网脉上有小窝点。花小，两性或杂性，芳香，白色；圆锥花序腋生，略短于复叶。核果卵形，长约 3 cm，熟时黄绿色。花期 4～5 月；果熟期 9～10 月。

【分布】产于中国华南地区及越南、老挝、柬埔寨。

【生态习性】喜温暖湿润气候，不耐寒，深根性。

【观赏特性及园林用途】枝叶茂盛，是热带地区良好的防风林和行道树种。

［82］漆树科 Anacardiaceae

乔木或灌木，稀为木质藤本或亚灌木状草本，有树脂道。叶互生，稀对生，单叶，掌状三小叶或奇数羽状复叶。花小，辐射对称，两性或多为单性或杂性，顶生或腋生的圆锥花序；双被花，稀为单被或无被花；花萼 3～5 深裂；花瓣多数与萼片同数，雄蕊 5～10 枚或更多；子房上位，少有半下位或下位，心皮合生，通常 1 室，少有 2～5 室，每室有胚珠 1 粒。核果或坚果。

约 60 属，600 余种，分布于全球热带、亚热带，少数延伸到北温带地区。我国有 16 属，59 种。

二维码 B-82
漆树科

1. 黄连木属 *Pistacia*

乔木或灌木。叶互生，奇数或偶数羽状复叶，稀单叶或 3 小叶，小叶全缘。花小，雌雄异株，总状花序或圆锥花序腋生，无花瓣；雄蕊 3～5 枚，稀达 7 枚；子房近球形或卵形，1 室，1 粒胚珠，柱头 3 裂。核果近球形，外果皮薄，内果皮骨质；种子压扁，种皮膜质，无胚乳。

约 10 种，分布于地中海沿岸、阿富汗、亚洲中部、东部和东南部、菲律宾至中美墨西哥和南美危地马拉。我国有 3 种，除东北外，其他地区均有分布。

(1) 黄连木 *P. chinensis*

【别名】楷木、楷树、黄楝树。

图 8-268　黄连木

【形态特征】落叶乔木，高达 30 m；树皮薄片状剥落。通常为偶数羽状复叶，小叶 10～14，披针形或卵状披针形，长 5～9 cm，基部偏斜，全缘。雌雄异株，圆锥花序，雄花序淡绿色，雌花序紫红色。核果径约 6 mm，初为黄白色，后变红色至蓝紫色。花期 3～4 月，先叶开放；果 9～11 月成熟。

【分布】产于中国，分布很广，北自黄河流域，南至两广及西南各地均有；常散生于低山丘陵及平原，其中以河北、河南、山西、陕西等地最多。

【生态习性】喜光，幼时稍耐阴；喜温暖，畏严寒；耐干旱瘠薄，对土壤要求不严，微酸性、中性和微碱性的沙质、黏质土均能适应，而以在肥沃、湿润而排水良好的石灰岩山地生长最好。深根性，抗风力强。生长较慢，寿命可长达 300 年以上。对二氧化硫、氯化氢和煤烟的抗性较强。萌芽力强。

【观赏特性及园林用途】树冠浑圆，枝叶繁茂而秀丽，早春嫩叶红色，入秋后变成深红或橙黄色，红色的雌花序也极美观。宜作庭荫树、行道树及山林风景树，也常作“四旁”绿化及低山区造林树种。在园林中植于草坪、坡地、山谷或于山石、亭阁之旁配植无不相宜。若要构成大片秋色红叶林，可与槭类、枫香等混植，效果更好。

(2)清香木 *P. weinmanniifolia*

【别名】对节皮、昆明乌木、细叶楷木。

【形态特征】灌木或小乔木，高 2～8 m，稀达 10～15 m；树皮灰色，小枝具棕色皮孔，幼枝被灰黄色微柔毛。偶数羽状复叶互生，有小叶 4～9 对，叶轴具狭翅，上面具槽；小叶革质，长圆形或倒卵状长圆形，较小，长 1.3～3.5 cm，全缘，略背卷。花序腋生，与叶同出，被黄棕色柔毛和红色腺毛；花小，紫红色，雌雄异株。核果球形，成熟时红色。

图 8-269 清香木

【分布】产于我国云南、四川、贵州、西藏等地。多生于干热河谷地区的灌木丛中或林中。

【生态习性】阳性树，但亦稍耐阴；喜温暖，有一定耐寒力，成年树能耐 −10 ℃低温，但幼苗的抗寒力不强；耐干旱瘠薄的土壤，不耐积水。

【观赏特性及园林用途】枝叶密集、叶片油绿翠嫩，适合作庭园种植、绿篱或盆栽，亦可作地被。

2. 黄栌属 *Cotinus*

落叶灌木或小乔木，树汁有臭味。单叶互生，全缘或略具齿；叶柄纤细。聚伞圆锥花序顶生；花萼 5 裂，裂片覆瓦状排列，卵状披针形；花瓣 5 片，长圆形，长为萼片的 2 倍；雄蕊 5 枚，比花瓣短，着生在环状花盘的下部；子房偏斜，压扁。核果小，暗红色至褐色，肾形，极压扁；种子肾形。

约 5 种，分布于南欧、亚洲东部和北美温带地区。我国有 3 种，除东北外其余地区均有。

黄栌 *C. coggygria*

【别名】烟树。

图 8-270 黄栌

【形态特征】灌木或小乔木，高 3～5 m。叶倒卵形或卵圆形，长 3～8 cm，全缘，叶背被灰色柔毛。圆锥花序被柔毛；花杂性，花萼无毛，裂片卵状三角形；花瓣卵形或卵状披针形，花盘 5 裂，紫褐色；子房近球形，花柱 3 枚，分离；果序长 5～20 cm，有多数不孕花的细长花梗宿存，呈紫绿色羽毛状。

【分布】产于中国西南、华北和浙江；南欧、叙利亚、伊朗、巴基斯坦及印度北部亦产。

【生态习性】喜光，耐半阴；耐寒，耐干旱瘠薄和碱性土壤，不耐水湿。以深厚、肥沃而排水良好的沙壤土生长最好。萌蘖性强。对二氧化硫有较强抗性。

【观赏特性及园林用途】叶片秋季变红，色泽鲜艳，具有极高观赏价值，是著名秋色叶树种。开花后淡紫色羽毛状的花梗可在枝头形成似云似雾的梦幻般景观，非常漂亮，并且能在树梢宿存很久，成片栽植时远望宛如万缕罗纱缭绕林间，故有“烟树”的美誉。在园林中适于丛植于草坪、土丘或山坡，亦可混植于其他树群，尤其是常绿树群中，能为园林增添秋色。

【变种及品种】①毛黄栌 var. *pubescens*：高达 8 m，小枝有短柔毛。叶近圆形，沿中肋及脉密生灰白色绢状短柔毛，脉外的毛较少。②粉背黄栌 var.

glaucophylla：叶卵圆形，较大，长 3.5～10 cm，无毛，但叶背显著被白粉；叶柄较长，1.5～3.3 cm。产于云南、四川、甘肃、陕西。③金叶黄栌'Golden Spirit'：叶片金黄色，产于欧洲东部，中国华北、华南、华中、西南等地有栽培。④紫叶黄栌'Purpureus'：叶常年紫色。

3. 盐肤木属 *Rhus*

落叶灌木或乔木。叶互生，奇数羽状复叶、3 小叶或单叶；叶边缘具齿或全缘。花小，杂性或单性异株，多花，排列呈顶生聚伞圆锥花序或复穗状花序；花萼 5 裂，宿存；花瓣 5 片，覆瓦状排列；雄蕊 5 枚，着生在花盘基部；子房无柄，1 室，1 粒胚珠，花柱 3 枚，基部多少合生。核果球形，略压扁，成熟时红色，外果皮与中果皮连合，中果皮非蜡质。

约 250 种，分布于亚热带和暖温带，我国有 6 种，除东北、内蒙古、青海和新疆外均有分布。

盐肤木 *R. chinensis*

【别名】五倍子树、五倍柴、五倍子。

图 8-271 盐肤木

【形态特征】落叶小乔木或灌木，高 2～10 m；小枝棕褐色，被锈色柔毛，具圆形小皮孔。奇数羽状复叶，有小叶 2～6 对，纸质，边缘具粗钝锯齿，背面密被灰褐色毛，叶轴具宽的叶状翅，小叶长 6～12 cm。圆锥花序宽大，多分枝，雄花序长 30～40 cm，雌花序较短，密被锈色柔毛。核果球形，成熟时红色。花期 7～9 月，果期 10～11 月。

【分布】产于辽宁、吉林、湖北、湖南、广西、广东、安徽、浙江、福建。

【生态习性】喜温暖湿润气候，也能耐一定寒冷和干旱。对土壤要求不严，酸性、中性或石灰岩的碱性土壤上都能生长，耐瘠薄，不耐水湿。根系发达，有很强的萌蘖性。

【观赏特性及园林用途】在园林绿化中，可作为观叶、观果的树种。

【同属其他种】火炬树（鹿角漆）*R. typhina*：落叶小乔木，高达 12 m。小叶 19～23 对。产于北美，1974 年以来向全国各地推广。主要用于荒山绿化兼作盐碱荒地风景林树种。

4. 南酸枣属 *Choerospondias*

落叶乔木。奇数羽状复叶互生，常集生于小枝顶端；小叶对生或近对生，全缘。花单性或杂性异株，雄花和假两性花排列成腋生或近顶生的聚伞圆锥花序，雌花通常单生于上部叶腋；花萼浅杯状，5 裂；花瓣 5 片，芽中覆瓦状排列；雄蕊 10 枚；子房上位，5 室，每室 1 粒胚珠。核果卵圆形或长圆形或椭圆形，内果皮骨质，顶端有 5 个小孔。

仅 1 种，分布于印度东北部、中南半岛、我国至日本。

南酸枣 *Ch. axillaries*

【别名】五眼果、酸枣树、山枣树。

【形态特征】落叶乔木，高 8～20 m。奇数羽状复叶长 25～40 cm，有小叶 3～6 对，长 4～12 cm，全缘或幼株叶边缘具粗锯齿。雄花序长 4～10 cm；雌花单生于上部叶腋，较大。核果椭圆形或倒卵状椭圆形，成熟时黄色，果核顶端具 5 个小孔。

【分布】产于西藏、云南、贵州、广西、广东、湖南、湖北、江西、福建、浙江、安徽。分布于印度、中南半岛和日本。

【生态习性】喜光，喜湿润的环境，从热带至中亚热带均能生长，能耐轻霜。生长迅速，适应性强。

【观赏特性及园林用途】干直荫浓，是良好的庭荫树和行道树，适于在各类园林绿地中孤植或丛植。

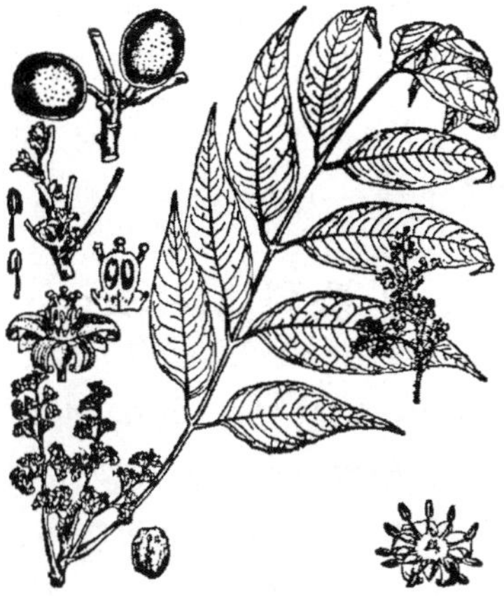

图 8-272　南酸枣

图 8-273　杧果

5. 杧果属 ***Mangifera***

常绿乔木。单叶互生，全缘。花小，杂性，4～5基数，圆锥花序顶生，萼片 4～5 片；花瓣 4～5 片，稀 6 片；雄蕊 5 枚，稀 10～12 枚；子房无柄，偏斜，1 室，1 粒胚珠，花柱 1 枚，顶生或近顶生。核果多形，中果皮肉质或纤维质，果核木质；种子大，种皮薄。

约 50 种，产于亚洲，以马来西亚为多，西至印度和斯里兰卡，东达菲律宾和伊里安岛，北经印度至我国西南和东南部，南抵印度尼西亚。我国东南至西南部有 5 种。

杧果 ***M. indica***

【别名】檬果、漭果、闷果。

【形态特征】常绿大乔木，高 10～27 m。单叶聚生枝顶，革质，长 10～40 cm，宽 3～6 cm；叶柄长4～6 cm。圆锥花序有柔毛；花小，杂性，芳香，黄色或带红色；萼片 5 片，有柔毛；花瓣 5 片，长约为萼的 2 倍；花盘肉质 5 裂；雄蕊 5 枚，但仅 1 枚发育。核果椭圆形或肾形，微扁，长 5～10 cm，熟时黄色，内果皮坚硬，并覆被粗纤维。

【分布】产于印度、马来西亚、缅甸 。世界各地热带地区广为栽培。我国的台湾、广东、广西、海南、福建、云南、四川均有杧果种植。

【生态习性】性喜温暖，不耐寒霜，喜光。在平均气温 20～30 ℃时生长良好，气温降到 18 ℃以下时生长缓慢，10 ℃以下停止生长。对土壤要求不严，以土层深厚、地下水位低、有机质丰富、排水良好、质地疏松的壤土和沙质壤土为理想，在微酸性至中性的土壤生长良好。

【观赏特性及园林用途】树姿挺拔，冠大荫浓，四季苍翠；果实具有很高观赏性。适合用于行道树和遮阴树。果实肉多汁多，味鲜美，芳香，是著名热带果树，品种很多，有“热带水果之王”的美称。

［83］苦木科 Simaroubaceae

乔木或灌木；叶互生，稀对生，羽状复叶；花两性、单性或杂性，辐射对称，排成圆锥花序或总状花序；萼 3～5 裂；花瓣 3～5 片，稀缺；花盘环状或长形，全缘或分裂，稀缺；雄蕊与花瓣同数或 2 倍之，花丝基部常有鳞片；子房 2～5 裂，2～5 室而有中轴胎座，或为 2～5 枚，分离的心皮；胚珠单生；花柱 2～5 分离或合生；果为一核果、蒴果或翅果。

二维码 B-83
苦木科

约 20 属 120 种，主产于热带和亚热带地区。我国 5 属 11 种 3 个变种。

臭椿属 ***Ailanthus***

乔木；小枝被柔毛，有髓。叶互生，羽状复叶；小叶 13～41 枚，对生或近于对生，基部偏斜，有的基部两侧各有1～2大锯齿，锯齿尖端的背面有腺体。花小，杂性或单性异株，圆锥花序生于枝顶的叶腋；萼片5片，覆瓦状排列；花瓣5片，镊合状排列；花盘10裂；雄蕊10枚，着生于花盘基部；花柱2～5枚。翅果长椭圆形，种子1粒。

约10种，分布于亚洲至大洋洲北部；我国有5种，2个变种，主产于西南部、南部、东南部、中部和北部。

臭椿 *A. altissima*

【别名】臭椿皮、大果臭椿。

图 8-274　臭椿

【形态特征】落叶乔木，高达20余m。奇数羽状复叶，长40～60 cm，叶柄长7～13 cm；小叶13～27，对生或近对生，纸质，卵状披针形，长7～13 cm，宽2.5～4 cm，先端长渐尖，基部平截或稍圆，全缘，具1～3对粗齿，齿背有腺体，下面灰绿色。圆锥花序长达30 cm。翅果长椭圆形，长3～4.5 cm。花期4～5月，果期8～10月。

【分布】我国除黑龙江、吉林、新疆、青海、宁夏、甘肃和海南外，各地均有分布。世界各地栽培。

【生态习性】喜光，不耐阴。对土壤适应性强，在中性、酸性及钙质土上都能生长，适生于深厚、肥沃、湿润的沙质土壤。耐寒，耐旱，不耐水湿，长期积水会烂根死亡。深根性。对烟尘与二氧化硫的抗性较强，病虫害较少。

【观赏特性及园林用途】树干通直高大，树冠圆整如半球状，颇为壮观。叶大荫浓，秋季红果满树，是一种很好的城市行道树。也可孤植、丛植或与其他树种混栽，适于工厂、矿区等绿化，是石灰岩地区优良造林树种。

[84] 楝科 Meliaceae

乔木或灌木。羽状复叶，互生，小叶对生、近对生，全缘，基部稍偏斜。花两性或杂性异株，辐射对称；多为聚伞圆锥花序，或为总状花序、穗状花序。花萼小，4～5(6)裂；花瓣(3)4～5(～7)片，离生或基部连合；雄蕊4～12枚，花丝连合成筒状；子房上位，(1)2～5室，每室(1)2粒胚珠。蒴果、浆果或核果。种子常具假种皮。

约50属，1400种，主产于热带及亚热带地区，少数至温带。我国15属，62种，12个变种，引入栽培3属，3种。多为优良速生用材树种。

二维码 B-84
楝科

1. 香椿属 *Toona*

落叶乔木；芽有鳞片；叶互生，羽状复叶；小叶全缘，很少具疏锯齿；花小，两性，组成聚伞花序，再排列成顶生或腋生的大圆锥花序；花萼管状，5齿裂；花瓣5片，远较花萼长；雄蕊5枚，分离；子房5室，每室有胚珠8～12粒；蒴果木质或革质，开裂为5片果瓣；种子一端或两端有翅。

约15种，分布于亚洲至大洋洲。我国产4种6个变种，分布于南部、西南部和华北各地。

香椿 *T. sinensis*

【别名】毛椿、椿芽、春甜树。

【形态特征】落叶乔木，高达25 m；树皮条片状剥裂；小枝有柔毛，叶痕大型，内有5维管束痕。偶数羽状复叶互生，小叶10～22枚，对生，长椭圆状披针形，全缘或具不显钝齿，有香气。花小，两性，雄蕊10枚(其中5枚退化)，花丝分离，子房和花盘无毛；顶生圆锥花序。蒴果5瓣裂，长约2.5 cm，内有大胎座；种子一端有长翅。

图 8-275　香椿

图 8-276　楝

【分布】产于华北、华东、中部、南部和西南部；各地也广泛栽培。

【生态习性】喜光，喜肥沃土壤，较耐水湿，有一定的耐寒能力；深根性，萌蘖力强，生长速度中等偏快。

【观赏特性及园林用途】树干通直，材质优良，冠大荫浓，是优良用材及“四旁”绿化树种，也可植为庭荫树及行道树。

【同属其他种】红椿 *T. ciliata*：落叶大乔木，高可达 20 m 以上；小叶 7～8 对，雄蕊 5 枚。产于福建、湖南、广东、广西、四川和云南等地。为我国南部重要速生用材树种，有“中国桃花心木”之称。

2. 楝属 *Melia*

落叶乔木或灌木；小枝有明显的叶痕和皮孔。叶互生，一至三回羽状复叶；花白色或紫色，排成腋生、分枝的圆锥花序；萼片 5～6 片；花瓣 5～6 片；雄蕊合生成一管，管顶 10～12 裂，花药 10～12 枚；花盘环状；子房 3～6 室，每室有胚珠 2 粒；果为核果。

约 3 种，产于东半球热带和亚热带地区。我国产 2 种，黄河以南地区普遍分布。

楝 *M. azedarach*

【别名】苦楝、楝树、紫花树。

【形态特征】落叶乔木，高达 15～20 m；树皮光滑，老则浅纵裂；枝上皮孔明显。二至三回奇数羽状复叶互生，小叶卵形至椭圆形，长 3～7 cm，缘有钝齿或深浅不一的齿裂。花较大，两性，堇紫色；腋生圆锥花序；5 月开花。核果球形，径 1.5～2 cm，熟时淡黄色，经冬不落。

【分布】产于我国黄河以南，较常见；生于低海拔旷野、路旁或疏林中，目前已广泛引种栽培。

【生态习性】喜光，喜温暖湿润气候，耐寒性不强。对土壤适应性强，在酸性、钙质及轻盐碱土上均能生长；生长快，寿命较短。

【观赏特性及园林用途】树体通直，冠大荫浓，入秋叶色金黄，是优良的园林彩叶绿化材料，适合于城市及工矿区作庭荫树和行道树。也是南方地区习见的速生用材及“四旁”绿化树种。

【同属其他种】川楝 *M. toosendan*：落叶乔木，高 10 m；小叶近全缘或具不明显的钝齿；花序长约为叶的一半。产于甘肃、湖北、四川、贵州和云南等地，其他地区广泛栽培。

3. 米仔兰属 *Aglaia*

乔木或灌木；叶为羽状复叶或 3 小叶，小叶全缘；花杂性异株，小，近球形，排成圆锥花序；花萼 4～5 齿裂或深裂；花瓣 3～5 片，凹陷，短，花蕾时覆瓦状排列；雄蕊管球形、壶形、陀螺形或卵形，顶 5 齿裂或全缘，花药 5～6(～10)枚；子房 1～2 室，很少 3～5 室，每室有胚珠 1～2 粒；果浆果状，不开裂，有种子 1～2 粒。

250～300 种，分布于印度、马来西亚、澳大利亚至波利尼西亚；我国产 7 种 1 个变种，分布于西南、南部至东南部。

米仔兰 *A. odorata*

【别名】米兰、碎米兰、兰花米。

图 8-277　米仔兰

【形态特征】常绿灌木或小乔木。高达 4～7 m；多分枝，幼枝顶部常被锈色星状鳞片。羽状复叶互生，叶轴有窄翅，小叶 3～5 枚，对生，倒卵状椭圆形，长 2～7 cm，全缘。两面无毛。花小而多，黄色，极香，花丝合生成筒状；圆锥花序腋生；夏秋开花。浆果近球形，长约 1.2 cm。

【分布】产于广东、广西。福建、四川、贵州和云南等地常有栽培。分布于东南亚各国。

【生态习性】喜温暖，忌严寒，喜光，忌强阳光直射，稍耐阴，适肥沃富有腐殖质、排水良好的壤土。

【观赏特性及园林用途】既可观叶又可赏花。小小黄色花朵，形似鱼子，因此又名为鱼子兰。其花开时节醇香四溢，为优良的芳香植物，现全国各地都用作盆栽，可用于布置会场、门厅、庭园及家庭装饰。落花季节又可作为常绿植物陈列于门厅外侧及建筑物前。

【品种】四季米仔兰'Macrophylla'：四季开花不绝。

［85］芸香科 Rutaceae

灌木或乔木，有时具刺，稀为草本；叶常有透明的腺点；花两性，有时单性，辐射对称，排成聚伞花序等各式花序；萼片(3)4～5 片，常合生；花瓣(3)4～5 片，分离；雄蕊 3～5 枚或6～10 枚，稀 15 枚以上，着生于花盘的基部；子房常4～5 室；胚珠每室 1 至多粒；果为一肉质的浆果或核果，或蒴果状，稀翅果状。

二维码 B-85
芸香科

约 150 属，900 种。主产于热带及亚热带，少数至温带。我国连引入栽培的共 28 属，约 150 种及 28 个变种。

1. 花椒属 *Zanthoxylum*

奇数羽状复叶，稀 3 小叶或单小叶；茎枝有皮刺；每心皮有 2 粒胚珠；花序直立。茎枝常具皮刺。叶互生，奇数羽状复叶，稀单叶或 3 小叶；小叶互生，稀对生，具锯齿，稀全缘，具透明油腺点。花单性，雌雄异株，稀杂性；花萼(4)5 裂，花瓣(4)5 片，稀无花瓣；雄花具 4～10 枚雄蕊。聚合蓇葖果，外果皮红或紫红色，具油腺点，成熟时内外果皮分离，每蓇葖具 1 粒种子，稀 2 粒。

约 250 种，广布于亚洲、非洲、大洋洲、北美洲热带及亚热带地区，温带较少。我国 41 种、14 个变种。

花椒 *Z. bungeanum*

【别名】椒、大椒、秦椒。

【形态特征】落叶小乔木或灌木状。高达 3～7 m；枝具基部宽扁的粗大皮刺。奇数羽状复叶互生，小叶 5～11 枚，卵状椭圆形，长 2～5(7)cm，缘有细钝齿，仅背面中脉基部两侧有褐色簇毛。花小、单性；成顶生聚伞状圆锥花序。蓇荚果红色或紫红色，密生疣状腺体。

【分布】产地北起东北南部，南至五岭北坡，东南至江苏、浙江沿海地带，西南至西藏东南部；台湾、海南及广东不产。各地多栽种。

图 8-278　花椒

图 8-279　川黄檗

【生态习性】喜光，耐旱，不耐严寒，喜肥沃湿润的钙质土，酸性及中性土上也能生长。

【观赏特性及园林用途】观果，常作绿篱。

2. 黄檗属(黄柏属) *Phellodendron*

落叶乔木。成年树的树皮有发达的木栓层，内皮黄色，枝散生小皮孔，无顶芽，侧芽为叶柄基部包盖。叶对生，奇数羽状复叶，叶缘常有锯齿，仅齿缝处有较明显的油点。花单性，雌雄异株，圆锥状聚伞花序，顶生；萼片、花瓣、雄蕊及心皮均为 5 数；萼片基部合生；花瓣覆瓦状排列，子房 5 室，每室有胚珠 2 粒。有黏胶质液的核果，蓝黑色，近圆球形，有小核 4～10 个；种子卵状椭圆形。

约 4 种，主产于亚洲东部。我国有 2 种及 1 个变种，由东北至西南均有分布，东南至台湾，西南至四川西南部，南至云南东南部，海南不产。

川黄檗 *Ph. chinense*

【别名】檗木、黄柏皮、黄皮树。

【形态特征】落叶乔木，高 10～12 m。树皮开裂，无木栓层，内层黄色，有黏性，小枝粗大，光滑无毛。单数羽状复叶对生，小叶 7～15 枚，矩圆状披针形至矩圆状卵形，长 9～15 cm，宽 3～5 cm。花单性，雌雄异株，排成顶生圆锥花序。浆果状核果球形，直径 1～1.5 cm，密集，黑色，有核 5～6 枚。

【分布】产于湖北、湖南西北部、四川东部。

【生态习性】喜光，也较耐阴，耐寒，喜湿润、肥沃而排水良好的土壤。

【观赏特性及园林用途】枝叶茂密，树形美观，可栽作庭荫树及行道树。

3. 九里香属 *Murraya*

无刺灌木或小乔木。奇数羽状复叶，小叶互生，叶轴很少有翼叶。近于平顶的伞房状聚伞花序；萼片及花瓣均 5 片，稀 4 片；萼片基部合生；花瓣覆瓦状排列，散生半透明油点；雄蕊 10 或 8 枚；子房 5～2 室，每室有胚珠 2 粒，稀 1 粒，花柱纤细，通常比子房长。有黏胶质液的浆果，有种子 4～1 粒；种皮有油点。

约 12 种，分布于亚洲热带、亚热带及澳大利亚东北部。我国有 9 种 1 个变种，产于南部。

九里香 *M. exotica*

【别名】石桂树。

【形态特征】常绿灌木或小乔木，高 3～4 m；多分枝，小枝无毛。羽状复叶互生，小叶 5～7 枚，互生，卵形或倒卵形，长 2～8 cm，全缘，上面深绿有光泽。聚伞花序，腋生同时有顶生，花大而少，白色，径达 4 cm，极芳香；花期 7～11 月。浆果朱红色，近球形。

【分布】分布于南部至西南；亚洲热带及亚热带其他地区也有。

【生态习性】喜温暖，最适宜的生长温度为 20～32 ℃，不耐寒，冬季当最低气温降至 5 ℃左右时，移

图 8-280　九里香

图 8-281　茵芋

入低温(5～10 ℃)室内越冬。喜光,也耐半阴。对土壤要求不严,宜选用含腐殖质丰富、疏松、肥沃的沙质土壤。

【观赏特性及园林用途】株姿优美,枝叶秀丽,花香浓郁。南部地区多用作围篱材料,或作花圃及宾馆的点缀品,亦作盆景材料。长江流域及其以北地区常于温室盆栽观赏。

4. 茵芋属 *Skimmia*

常绿灌木;叶互生,单叶,全缘,有腺点;花单性、两性或杂性,小,白色,排成圆锥花序,4～5 数;花瓣长椭圆形,各瓣常不等大,镊合状或稍覆瓦状排列,长于萼片 3～4 倍;雄花有雄蕊 4 或 5 枚,退化心皮仅于基部合生;雌花的子房 4～5 室,每室有胚珠 1 粒;柱头 2～5 裂;退化雄蕊 4～5 枚;果为浆果状小核果,有核 2～5 粒。

约 6 种,分布于亚洲东部。我国 5 种,见于长江北岸以南各地,南至海南,东南至台湾,西南至西藏东南部。供观赏用。

茵芋 *S. reevesiana*

【别名】深红茵芋、黄山桂、山桂花。

【形态特征】高达 2 m。叶革质,具柑橘叶香气,集生枝上部,椭圆形、披针形、卵形或倒披针形,长 5～12 cm,先端短钝尖,基部宽楔形。花序轴及花梗均被毛;花密集,芳香。花两性;萼片及花瓣(3～4)5 片;花瓣黄白色,长 3～5 mm;雄蕊与花瓣同数。果球形、椭圆形或倒卵形,长 0.8～1.5 cm,红色,具 2～4 粒种子。花期 3～5 月,果期 9～10 月。

【分布】产于安徽、浙江、福建、台湾、江西、湖北、湖南、广东、海南、广西、贵州、云南及四川。

【生态习性】喜温暖和阳光较充足环境,稍耐阴,较耐寒,但怕强光暴晒、严寒和积水,喜湿润,肥沃和排水好的壤土。

【观赏特性及园林用途】叶片翠绿光亮,初夏开白色小花,秋、冬季满树红果,久留不落,观赏效果极佳,适用于公寓的窗前、台坡和路旁栽植,风景区可配置于林缘或草坪边缘。

5. 柑橘属 *Citrus*

常绿灌木或小乔木。具枝刺;幼枝扁,具棱。单身复叶互生,叶柄具翅及关节,稀单叶,叶缘具细钝齿,稀全缘,密生芳香透明油腺点。花两性,稀单性;花单生、簇生叶腋,或少花成总状或聚伞花序。花萼宿存;花瓣 5 片,花时常背卷,白色或背面紫红色,芳香;雄蕊 20～25(～60)枚;花盘具蜜腺。柑果大,外果皮密生油胞,中果皮内层为网状橘络,内果皮具多个瓢囊,瓢囊内壁具菱形或纺锤形半透明汁胞。种皮平滑或具肋状棱。

约 20 种,产于亚洲东南部及南部。现热带及亚热带地区广泛栽培。我国引进栽培的约 15 种,多为优良果树。

香橼 ***C. medica***

【别名】枸橼子、枸橼、香泡。

图 8-282　香橼

【形态特征】常绿小乔木或灌木状，高达 5 m。幼枝、芽及花蕾均暗紫红色。单叶，稀兼有单身复叶；叶椭圆形或卵状椭圆形，长 6～12 cm，先端圆或钝，稀短尖，具细浅钝齿。总状花序或腋生单花。花瓣 5 片；雄蕊 30～50 枚。果椭圆形、近球形或纺锤形，重达 2 kg，果皮淡黄色，粗糙，难剥离，内果皮稍淡黄色，棉质，松软，瓢囊 10～15 枚，果肉近透明或淡乳黄色，有香气。花期 4～5 月，果期 10～11 月。

【分布】产于台湾、福建、广东、广西、云南等地，南部较多栽种。越南、老挝、缅甸、印度等也有。

【生态习性】喜温暖湿润气候，怕严霜，不耐严寒。以土层深厚、疏松肥沃、富含腐殖质、排水良好的沙质土壤上栽培为宜。

【观赏特性及园林用途】果形奇特，各地常盆栽观赏。

【变种】佛手（佛手柑）var. *sarcodactylis*：子房在花柱脱落后即行分裂，在果的发育过程中成为手指状肉条，果皮甚厚，通常无种子，香气比香橼浓，久置更香。手指肉条挺直或斜展的称开佛手（文佛手），闭合如拳的称闭佛手（武佛手）。该种果实极独特，具有很高观赏性。

【同属其他种】①柚 *C. maxima*：常绿乔木。单身复叶；果径 10 cm 以上，顶部扁平，果肉比果皮厚，嫩枝、叶背至少沿中脉被毛。长江以南各地有栽培。东南亚各国也有栽种。②柠檬 *C. limon*：常绿小乔木。单身复叶，叶宽通常超过 4 cm。果径 10 cm 以内，果皮蜡黄色或淡绿黄色，难剥离，果顶端有长或短的乳头状突尖。产于长江以南。③甜橙 *C. sinensis*：常绿乔木。单身复叶，叶宽通常超过 4 cm。果径通常 5 cm 以上，果皮橙红，果顶通常无乳头状突。秦岭南坡以南各地广泛栽种。④柑橘 *C. reticulata*：常绿小乔木。单花腋生或数花簇生，叶柄颇长。果通常扁圆形至近圆球形，果皮甚薄而光滑，或厚而粗糙，淡黄色，朱红色或深红色，易剥离。

6. 金橘属 *Fortunella*

灌木或小乔木，嫩枝青绿，略呈压扁状而具棱。单小叶，稀单叶，油点多，芳香。花单朵腋生或数朵簇生于叶腋，两性；花萼 5 或 4 裂；花瓣 5 片，覆瓦状排列；雄蕊为花瓣数的 3～4 倍，花丝不同程度地合生成 4 或 5 束，个别离生；子房 3～6（～8）室，每室有 1～2 粒胚珠。果圆球形，卵形，椭圆形或梨形，果皮肉质，油点微凸起或不凸起。

约 6 种，产于亚洲东南部。我国有 5 种及少数杂交种，见于长江以南各地。

金橘 ***F. margarita***

【别名】罗浮、长寿金柑、牛奶柑。

图 8-283　金橘

【形态特征】常绿灌木；枝有刺。叶卵状披针形或长椭圆形，长 5～11 cm，宽 2～4 cm，顶端略尖或钝,基部宽楔形或近于圆;翼叶甚窄。花白色芳香,单花或2～3花簇生,花瓣5片,雄蕊20～25枚。果椭圆形或卵状椭圆形,长2～3.5 cm,橙黄至橙红色。花期3～5月,果期10～12月。盆栽可多次开花,农家保留其7～8月的花期,至春节前夕果成熟。

【分布】南方各地栽种,以台湾、福建、广东、广西栽种的较多,未见有野生。

【生态习性】喜温暖湿润、光照充足环境。不耐寒,略耐阴。要求疏松肥沃、排水良好的微酸性沙壤土。

【观赏特性及园林用途】南方春节前夕的迎春花市常见的盆栽果品,民间用以点缀新春气象,越南有同样习俗。

【同属其他种】金柑 *F. japonica*:常绿灌木,高1～2 m。枝较细短,具短尖刺。果圆球形,橙色,径2～3 cm。秦岭南坡以南各地栽种。

[86] 酢浆草科 Oxalidaceae

草木,极稀灌木或乔木。根茎或鳞茎状块茎,常肉质,或有地上茎。花两性,辐射对称,单花或成近伞形或伞房花序,稀总状或聚伞花序。萼片和花瓣各5片,有时基部合生;雄蕊10枚,5长5短,花丝基部常连合;子房上位,5室,每室1至数粒胚珠,花柱5枚,宿存。蒴果或肉质浆果。种子常肉质。

7～10属,约1000种,产于南美洲,次为非洲,亚洲极少。我国3属,10种,分布于南北各地。其中阳桃属是已经驯化了的引进栽培乔木,是我国南方木本水果之一。

二维码 B-86
酢浆草科

阳桃属 ***Averrhoa***

乔木。叶互生或近于对生,奇数羽状复叶,小叶全缘。花数朵至多朵组成聚伞花序或圆锥花序,自叶腋抽出,或着生于枝干上;萼片5片,红色,近于肉质;花瓣5片,白色,淡红色或紫红色;雄蕊10枚。浆果肉质,下垂,有明显的3～6棱,通常5棱,横切面呈星芒状,有种子数粒。

2种,产于亚洲热带地区,现多栽培。我国南部栽培1种。

阳桃 ***A. carambola***

【别名】五敛子、五棱果、洋桃。

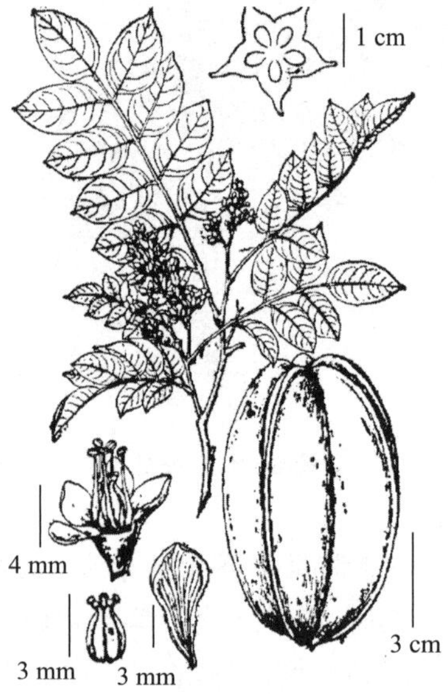

图 8-284 阳桃

【形态特征】常绿小乔木,高达12 m。奇数羽复叶,互生,小叶5～13,卵形或椭圆形,长3～7 cm,先端渐尖,基部圆,一侧歪斜。聚伞或圆锥花序。花瓣稍背卷,背面淡紫红色,有时粉红或白色;雄蕊5～10枚;花柱5枚。浆果肉质下垂,具5棱,稀6或3棱,长5～8 cm,淡绿或蜡黄色,有时带暗红色。花期4～12月,果期7～12月。

【分布】产于马来西亚及印度尼西亚。广东、广西、福建、台湾及云南有栽培。现广植于热带各地。

【生态习性】喜高温多湿,较耐阴,忌冷,怕旱,怕风。生长势弱。

【观赏特性及用途】果形别致,观花、观果均宜,常盆栽观赏。

[87] 五加科 Araliaceae

乔木、灌木、木质藤本,稀多年生草本。叶互生,稀轮生,单叶、掌状复叶或羽状复叶;托叶常与叶柄基部合生为鞘状,稀无托叶。花两性或杂性整齐，稀单性异株，聚伞形花序、头状花序、总状花序或穗状花序，通常再组成圆锥状复花序；苞片宿存或早落；花瓣 5～10 片。浆果或核果，外果皮通常肉质，内果皮骨质、膜质、或肉质而与外果皮不易区别。种子通常侧扁。

有 80 属 900 多种，分布于两半球热带至温带地区。我国有 22 属 160 多种，除新疆未发现外，分布于全国各地。

本科植物在园林中具有广泛用途。

二维码 B-87
五加科

1. 鹅掌柴属 *Heptapleurum*

直立无刺乔木或灌木，有时攀缘状；小枝被星状茸毛或无毛。叶为单叶（中国无分布）或掌状复叶；托叶和叶柄基部合生成鞘状。花聚生成总状花序、伞形花序或头状花序，稀圆锥花序；萼筒全缘或有细齿；花瓣 5～11 片，在花芽中镊合状排列；雄蕊和花瓣同数。果实球形，近球形或卵球形，5～11 棱，有时棱不明显。种子通常扁平。

本属约有 200 种，中国有 37 种，分布于西南部和东南部的热带和亚热带地区，主要产地在云南。

(1)鹅掌柴 *H. arboricola*

【别名】七加皮。

图 8-285　鹅掌柴

【形态特征】藤状灌木，高 2～3 m；小枝有不规则纵皱纹，无毛。叶有小叶 7～9 枚；小叶革质，倒卵状长圆形，长 6～10 cm，宽 1.5～3.5 cm，先端急尖或钝形，基部渐狭或钝形，两面均无毛，全缘。圆锥花序顶生，幼时密生星状茸毛；伞形花序总状排列在分枝上，有花 3～10 朵；苞片早落；花白色，花瓣 5～6 片；果实卵形，5 棱。花期 7 月，果期 8 月。

【分布】产于台湾、广西（防城）及广东（海南岛保亭、崖州区、澄迈）。生于谷地密林下或溪边较湿润处，常附生于树上，海拔在海南岛为 400～900 m。现全国各地均已引种栽培。

【生态习性】生于谷地密林下或溪边较湿润处，耐阴，耐寒，不耐干旱。喜温暖湿润气候。对阳光适应范围广，对土壤要求不严。

【观赏特性及用途】鹅掌藤是常见的园艺观叶植物，经改良后有斑叶鹅掌藤，高可达十余尺，故可当庭园树，虽是阳性植物，但因适应性强，所以被推广为盆栽使用。

【变种、变型及品种】应用较多的有：①斑叶鹅掌藤：常绿，花淡绿白色，果球形，熟时黄红色。叶互生，叶色暗绿散布黄色斑纹。②香港斑叶鹅掌藤：叶绿色，具不规则黄色斑块或斑点，茎干及叶柄常为黄色。

(2)澳洲鹅掌柴(鸭脚木)*H. actinophylla*

【别名】鸭脚木。

【形态特征】常绿乔木，达 12 m。掌状复叶互生。小叶 7～16 枚，长椭圆形，长 10～30 cm，全缘，有光泽。花小。红色，由密集的伞形花序排成伸长而分枝的总状花序，长达 45 cm。核果近球形，紫红色。

【分布】产于大洋洲、新几内亚及印尼爪哇。为热带、亚热带地区常绿阔叶林常见的植物。

【生态习性】喜温暖、湿润和半阴环境。在全日照、半日照或半阴环境下均能生长。但若气温在 0 ℃以下，植株会受冻，出现落叶现象，但如果茎干完好，翌年春季会重发新叶。

【观赏特性及用途】本种较其他的鹅掌柴体形大，植株丰满优美，易于管理，是很好的公共建筑室内的观叶树种。春、夏、秋也可放在庭园荫蔽处和楼房阳台上观赏。可庭园孤植，是南方冬季的蜜源植物。

【同属其他种】鸭脚木 *H. heptaphylla*：乔木。幼枝密被星状毛。小叶 6～10 枚，椭圆形，长 7～18 cm；花白色，芳香。果球形，宿存花柱粗。分布于云南、广西、广东、浙江、福建和台湾等地。

2. 树参属 *Dendropanax*

直立无刺无毛灌木或乔木。叶为单叶；叶片不分裂或有时掌状 2～5 深裂；托叶与叶柄基部合生或无托叶。伞形花序单生或数个聚生成复伞形花序；花两性或杂性；小苞片很小；萼筒全缘或有 5 小齿；花瓣 5 片；雄蕊 5 枚。果实球形或长圆形，有明显至不明显的棱，稀平滑。种子扁平或近球形。

本属约有 80 种，分布于热带美洲及亚洲东部。中国有 16 种，分布于西南至东南各地。

树参 *D. dentiger*

【别名】枫荷桂、半枫荷、木五加。

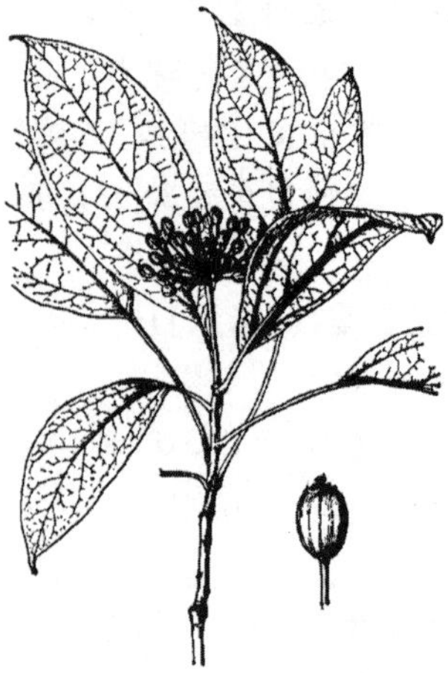

图 8-286　树参

【形态特征】乔木或灌木，高 2～8 m。叶革质，密生腺点，叶形变异很大，不分裂叶片通常为椭圆形，长 7～10 cm，宽 1.5～4.5 cm，先端渐尖，基部钝形或楔形，分裂叶片掌状 2～3 深裂或浅裂，稀 5 裂，两面均无毛，全缘，或近先端处有不明显细齿一至数个，基脉三出。伞形花序顶生；花梗长 5～7 mm；花瓣 5 片，三角形，长 2～2.5 mm。果实长圆球形，长 5～6 mm，有 5 棱；宿存花柱。花期 8～10 月，果期 10～12 月。

【分布】广布于浙江东南部、安徽南部、湖南南部、湖北、四川东南部、贵州西南部、云南东南部、广西、广东、江西、福建和台湾，为本属分布最广的种。越南、老挝、柬埔寨也有分布。

【生态习性】生于低山山谷阴湿的常绿阔叶林中或山坡灌丛。

【观赏特性及用途】四季常青，可作风景区的骨干树种和林层下的辅助树种。本种为民间草药，根、茎、叶可治偏头痛、风湿痹痛等症。

3. 幌伞枫属 *Heteropanax*

灌木或乔木，无刺。叶大，三至五回羽状复叶，稀二回羽状复叶，托叶和叶柄基部合生。花杂性，聚生为伞形花序，再组成大圆锥花序，顶生的伞形花序通常为两性花，结实，侧生的伞形花序通常为雄花；苞片和小苞片宿存；花梗无关节；萼筒边缘通常有 5 小齿；花瓣 5 片，在花芽中镊合状排列；雄蕊 5 片。果实侧扁。种子扁平。

本属约有 5 种，分布于亚洲南部和东南部。中国有 5 种，其中 3 种为特产种。

幌伞枫 *H. fragrans*

【别名】大蛇药、五加通。

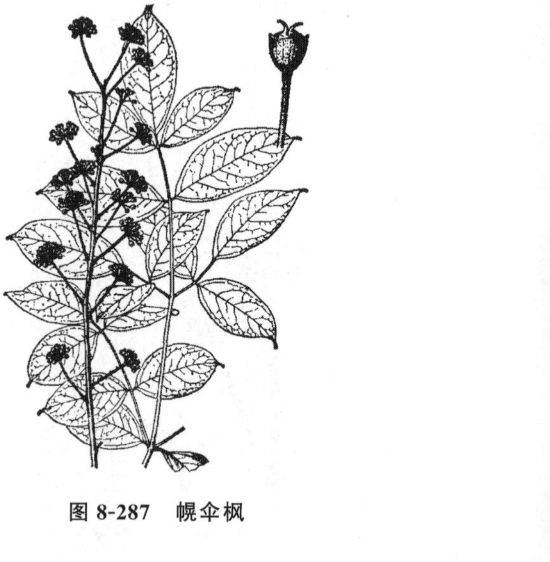

图 8-287　幌伞枫

【形态特征】常绿乔木，高 5～30 m，树皮淡灰棕色，枝无刺。三至五回羽状复叶；小叶片对生，纸质，椭圆形，长 5.5～13 cm，宽 3.5～6 cm，先端短尖，基部楔形，两面均无毛，全缘，侧脉两面明显；小叶柄长至 1 cm 或无柄。圆锥花序顶生，长 30～40 cm，主轴及分枝密生锈色星状茸毛，后毛脱落；伞形花序头状，花多数；花淡黄白色，芳香；花瓣 5 片。果实卵球形，略侧扁，长 7 mm，厚 3～5 mm，黑色，宿存花柱。花期 10～12 月，果期翌年 2～3 月。

【分布】产于云南、广西、广东。生于森林中，海拔数十米至 1000 m。印度、不丹、孟加拉国、缅甸和印度尼西亚亦有分布。

【生态习性】喜光，性喜温暖湿润气候；亦耐阴，不耐寒，较耐干旱，贫瘠，但在肥沃和湿润的土壤上生长更佳。

【观赏特性及用途】幌伞枫树冠圆整，形如罗伞，羽叶巨大、奇特，为优美的观赏树种。大树可供庭荫树及行道树，幼年植株也可盆栽观赏，置大厅、大门两侧，可显示热带风情。

4. 刺楸属 *Kalopanax*

有刺灌木或乔木。叶为单叶，在长枝上疏散互生，在短枝上簇生；叶柄长，无托叶。花两性，聚生为伞形花序，再组成顶生圆锥花序；花梗无关节；萼筒边缘有 5 小齿；花瓣 5 片，在花芽中镊合状排列。果实近球形。种子扁平。

本属仅 1 种，分布于亚洲东部。

刺楸 *K. septemlobus*

【别名】鼓钉刺、刺枫树、辣枫树。

【形态特征】落叶乔木，达 30 m，树皮纵裂，树干及枝上具扁刺。幼枝被白粉。单叶，在长枝上互生，在短枝上簇生，近圆形，径 9～25 cm，掌状浅裂，裂片宽。先端渐尖，基部心形或圆，具细齿。花两性；伞形花序组成伞房状圆锥花序；序梗长 2～6 cm。花白或淡黄色；花瓣 5 片，镊合状排列。果近球形，径约 4 mm，蓝黑色，宿存花柱顶端 2 裂。种子扁平。花期 7～8 月，果期 9～10 月。

【分布】分布广，北自东北，南至广东、广西、云南，西自四川西部，东至海滨的广大区域内均有分布。

图 8-288 刺楸

【生态习性】多生于阳性森林、灌木林中和林缘，水湿丰富、腐殖质较多的密林，向阳山坡，甚至岩质山地也能生长。除野生外，也有栽培。

【观赏特性及用途】刺楸叶形美观，叶色浓绿，树干通直挺拔，满身的硬刺在诸多园林树木中独树一帜，既能体现出粗犷的野趣，又能防止人或动物攀爬破坏，适合作园林背景树配植。木材纹理美观，有光泽，易施工，供建筑、家具、车辆、乐器、雕刻、箱箧等用材。根皮为民间草药，有清热祛痰、收敛镇痛之效。嫩叶可食。树皮及叶含鞣酸，可提制栲胶，种子可榨油，供工业用。

5. 八角金盘属 *Fatsia*

灌木或小乔木。叶为单叶，叶片掌状分裂，托叶不明显。花两性或杂性，聚生为伞形花序，再组成顶生圆锥花序；花梗无关节；萼筒全缘或有 5 小齿；花瓣 5 片，在花芽中镊合状排列；雄蕊 5 枚；花柱离生；花盘隆起。果实卵形。

本属有 2 种：一种分布于日本，另一种系中国台湾特产。

八角金盘 *F. japonica*

【别名】手树。

【形态特征】常绿灌木或小乔木。高达 5 m，常呈丛生状。幼嫩枝叶多易脱落性的褐色毛。单叶互生。近圆形，宽 12～30 cm，掌状 7～11 深裂，缘有齿，革质．表面深绿色而有光泽；叶柄长，基部膨

图 8-289　八角金盘

大；无托叶。花小，乳白色；球状伞形花序聚生成顶生圆锥状复花序；夏秋开花。

【分布】产于日本南部，中国华北、华东大部分地区。

【生态习性】稍耐阴，耐寒性不强，要求土壤排水良好。长江以南城市可露地栽培，北方常温室盆栽观赏。

【观赏特性及用途】八角金盘是优良的观叶植物，四季常青，叶片硕大；叶形优美，浓绿光亮，是深受欢迎的室内观叶植物。适应室内弱光环境，为宾馆、饭店、写字楼和家庭美化常用的植物材料。也可作室内花坛的衬底。叶片又是插花的良好配材。适宜配植于庭园、门旁、窗边、墙隅及建筑物背阴处，也可点缀在溪流滴水之旁，还可成片群植于草坪边缘及林地。另外还可小盆栽供室内观赏。对二氧化硫抗性较强，适于厂矿区、街坊种植。

【变种、变型及品种】①银边‘Albo-marginata’；②金斑‘Aureo-variegata’；③银斑‘Variegata’；④金网‘Aureo-reticulata’（叶脉黄色）。

【同属其他种】多室八角金盘（多果八角金盘）*F. polycarpa* Hayata：小乔木或大灌木；枝幼时有毛。叶掌状深裂，边缘有疏锯齿。圆锥花序顶生；八角金盘与本种的主要区别在于子房 5 室。产于台湾。生长于海拔 2000～2800 m 的阴湿森林中。

6. 南洋参属 *Polyscias*

叶互生，单叶或复叶，木本植物，如为草本植物则叶为羽状复叶；花瓣在花芽时呈覆瓦状或镊合状排列，小叶片边缘全缘（引种栽培的例外）；果实长圆状卵形，大型，长达 5.5 cm，直径达2.5 cm，外果皮坚硬，1 室，仅有种子 1 粒。

南洋参 *P. fruticosa*

【别名】南洋森、福禄桐。

【形态特征】常绿灌木或小乔木。株高 5～8 m，通常少分枝。叶互生，奇数羽状复叶，小叶叶数和叶形变化甚大，小叶卵圆形至披针形，边缘有锯齿或分裂，具短柄，叶片绿色。伞形花序呈圆锥状，花小而繁，绿色。银边南洋参，枝条柔软，叶为一回羽状复叶，小叶 2～4 对，卵形或近圆形，叶绿色，有光泽，叶缘白色。

【分布】产于印度至太平洋地区；中国多引种栽培。

【生态习性】性喜温暖湿润、光照充足的环境。不耐寒，生长适宜温度 20 ℃左右，越冬最低温度 10 ℃，较耐高温；要求较高的空气湿度；半阴或光照充足皆能正常生长。宜疏松肥沃的湿润土壤。

【观赏特性及用途】南洋参株型丰满，叶形、叶色富于变化，是良好的室内观叶植物，适应室内环境能力较强。

【同属其他种及变种】①银边南洋参 *P. guilfoylei* var. *lacin*：枝条柔软，叶为一回羽状复叶，小叶 2～4 对，卵形或近圆形，叶绿色，有光泽，叶缘白色。②圆叶南洋参 *P. scutellaria*：别名圆叶福禄桐，常绿灌木。茎有明显的皮孔。一回羽状复叶，小叶阔圆肾形，直径约为 10 cm，叶缘有粗锯齿或不规则浅裂，先端圆，基部心形。③线叶南洋参 *P. cumingiana*：叶为羽状复叶，小叶长披针形，羽状深裂。常用于室内盆栽观赏。

7. 通脱木属 *Tetrapanax*

无刺灌木或小乔木，地下有匍匐茎。叶为单叶，叶片大，掌状分裂；叶柄长；托叶和叶柄基部合生，锥形。花两性，聚生为伞形花序，再组成顶生的圆锥花序；花梗无关节；萼筒全缘或有齿；花瓣 4～5 片，在花芽中镊合状排列；雄蕊 4～5 枚；花柱离生。果实浆果状核果。

本属系中国特产属，仅 2 种，分布于中国中部以南。

通脱木 *T. papyrifer*

【别名】通草、木通树、天麻子。

图 8-290 通脱木

【形态特征】灌木或小乔木，无刺，高 1～3.5 m。叶集生茎顶，直径 50～70 cm，基部心形，掌状 5～11 裂，裂片浅或深达中部，每一裂片常又有 2～3 个小裂片，全缘或有粗齿，上面无毛，下面有白色星状茸毛；叶柄粗壮，长 30～50 cm；托叶膜质，有星状厚茸毛。伞形花序聚生成大型复圆锥花序；花白色；萼密生星状茸毛；花瓣 4 片，稀 5 片。果球形，熟时紫黑色，直径约 4 mm。

【分布】产于长江以南各地和陕西。

【生态习性】通常生于向阳肥厚的土壤上，有时栽培于庭园中，海拔自数十米至 2800 m。

【观赏特性及用途】生命力强，冬季落叶。宜在公路两旁、庭园边缘的大乔木下种植，可以起到压制杂草生长、减少土壤冲蚀的作用。叶片、果序较大，形态较为奇特，也可在庭园中少量配植。茎髓即中药“通草”，为利尿剂，并有清热解毒、消肿通乳等功效。

8. 梁王茶属 *Metapanax*

常绿无刺乔木或灌木。叶为单叶或掌状复叶；叶柄细长；无托叶或在叶柄基部有小型附属物。花聚生为伞形花序，再组成顶生圆锥花序；苞片和小苞片早落；花瓣 5 片，在花芽中呈镊合状排列。果实球形，侧扁。种子侧扁。

本属约有 15 种，主要分布于大洋洲，中国仅有 2 种。

梁王茶 *M. delavayi*

【形态特征】灌木或乔木，高 2～12 m。单叶，稀 3 小叶的掌状复叶；叶柄长 5～20 cm；叶革质，长圆状卵形至长圆状披针形，不分裂、掌状 2～3 浅裂或深裂，先端长渐尖，基部阔楔形，两面均无毛，边缘疏生细锯齿；圆锥花序顶生，长达 20 cm；伞形花序直径约 2 cm；总花梗长 1.5～2 cm；花白色或淡黄色，芳香；花瓣 5 片，三角状卵形，长约 1.5 mm。果实球形，侧扁，直径 5～6 mm，黑色；宿存花柱长 1.5～2 mm。花期 6～8 月，果期 9～11 月。

图 8-291 梁王茶

【分布】产于陕西、湖北、湖南、四川、贵州、云南。

【生态习性】生于疏林或阳性灌木林中、林缘，路边和岩石山上也有生长，海拔在湖北、四川和贵州通常分布于海拔 800～1800 m 处，在云南海拔则达 2500～3000 m。

【观赏特性及用途】枝叶婆娑，可作为林下灌木层造景配置。本种根茎入药，治疗风湿痹痛、跌打损伤，有祛风除湿活络之效。

9. 楤木属 *Aralia*

小乔木、灌木或多年生草本，通常有刺，稀无刺。叶大，一至数回羽状复叶；托叶和叶柄基部合生，先端离生，稀不明显或无托叶。花杂性，聚生为伞形花序，稀为头状花序，再组成圆锥花序；苞片和小苞片宿存或早落；花梗有关节；果实球形，有5棱，稀2～4棱。种子白色，侧扁。

楤木 *A. elata*

【别名】鹊不踏、刺龙牙、龙牙楤木。

【形态特征】落叶乔木，高可达15 m；或呈灌木状，高2～3 m。茎、枝有刺，小枝淡黄色。二至三回羽状复叶，长达80 cm，叶轴及羽片基部有短刺；羽片具7～11小叶，宽卵形或椭圆状卵形，长5～15 cm，基部圆或心形，稀宽楔形，具细齿或疏生锯齿，小叶两面无毛或脉上有疏毛。花小，白色；由小伞形花序先集成圆锥花序再聚成伞房状；夏末秋初开花。浆果黑色，鸟爱食。

图 8-292　楤木

【分布】主产于中国东北地区，长白山及小兴安岭常见；俄罗斯、朝鲜、日本也有分布。

【生态习性】生于森林、灌丛或林缘路边，垂直分布从海滨至海拔2700 m。

【观赏特性及用途】枝叶疏朗，花序果序较大，有一定观赏价值，可用于自然野趣树林造景。本种为常用的中草药，有镇痛消炎、祛风行气、祛湿活血之效，根皮治胃炎、肾炎及风湿疼痛，亦可外敷刀伤。

【同属其他种】棘茎楤木 *A. echinocaulis*：小乔木；密生直刺。二回羽状复叶；小叶膜质，披针形，边缘疏生细锯齿。圆锥花序。果球形，有5棱。花期6～8月，果期9～11月。分布于浙江、安徽、江西、湖南、广东和广西等地。可作围篱。

10. 五加属 *Eleutherococcus*

灌木，直立或蔓生，稀为乔木；枝有刺，稀无刺。叶为掌状复叶，有小叶3～5枚，托叶不存在或不明显。花两性，稀单性异株；伞形花序或头状花序通常组成复伞形花序或圆锥花序；花梗无关节或有不明显关节；萼筒边缘有4～5小齿，稀全缘；花瓣5片，稀4片。果球形，有2～5棱。

本属约有35种，分布于亚洲。中国有26种，分布几遍及全国。

刺五加 *E. senticosus*

【别名】一百针、老虎潦。

图 8-293　刺五加

【形态特征】灌木，高1～6 m；分枝多，一、二年生的通常密生刺，脱落后遗留圆形刺痕；小叶5枚，稀3枚；叶柄常疏生细刺；小叶片纸质，椭圆状倒卵形或长圆形，长5～13 cm，宽3～7 cm，先端渐尖，基部阔楔形，上面粗糙，边缘有锐利重锯齿，小叶柄长0.5～2.5 cm，有棕色短柔毛。伞形花序单个顶生，或 2～6 个组成稀疏的圆锥花序，直径 2～4 cm，花多数；总花梗长 5～7 cm，无毛；花梗长 1～2 cm，无毛或基部略有毛；花紫黄色；花瓣 5 片。果实球形或卵球形，有 5 棱，黑色，直径 7～8 mm，宿存花柱长 1.5～1.8 mm。花期 6～7 月，果期 8～10 月。

【分布】产于中国东北及华北地区；朝鲜、日本、俄罗斯也有分布。

【生态习性】生于森林或灌丛中，海拔数百米至 2000 m。喜温暖湿润气候，耐寒、耐微荫蔽。种植宜选向阳、腐殖质层深厚、土壤微酸性的沙质壤土。

【观赏特性及用途】本种根皮亦可代"五加皮"，供药用；药圃常有栽培，可作为药用植物园配植植物。

11. 常春藤属 *Hedera*

常绿攀缘灌木，有气生根。单叶，叶片在不育枝上的通常有裂片，在花枝上的常不分裂；叶柄细长，无托叶。伞形花序单个顶生，或几个组成顶生短圆锥花序；苞片小；花梗无关节；花两性；萼筒近全缘或有 5 小齿；花瓣 5 片。果实球形。种子卵圆形。

本属约有 5 种，分布于亚洲、欧洲和非洲北部。中国有 2 个变种。

常春藤 *H. nepalensis* var. *sinensis*

【别名】中华常春藤、爬崖藤、山葡萄。

【形态特征】常绿攀缘灌木，有气生根，一年生枝疏生锈色鳞片。叶革质，在不育枝上通常为三角状卵形或三角状长圆形，先端短渐尖，基部截形，稀心形，边缘全缘或 3 裂，花枝上的叶片通常为椭圆状卵形，先端渐尖或长渐尖，基部楔形或阔楔形，稀圆形，全缘或有 1～3 浅裂，上面深绿色，有光泽，下面淡绿色或淡黄绿色，无毛或疏生鳞片。伞形花序单个顶生，或 2～7 个总状排列或伞房状排列成圆锥花序；花淡黄白色或淡绿白色，芳香；花瓣 5 片。果实球形，红色或黄色，直径 7～13 mm；宿存花柱。花期 9～11 月，果期翌年 3～5 月。

【分布】分布地区广，甘陕以南、华东、华南至西藏波密大片区域均有分布，尼泊尔、越南也有分布。

【生态习性】阴性藤本植物，也能生长在全光照

图 8-294　常春藤

的环境中，在温暖湿润的气候条件下生长良好，不耐寒。对土壤要求不严，喜湿润、疏松、肥沃的土壤，不耐盐碱。

【观赏特性及用途】常春藤叶形美丽，四季常青，在南方各地常作垂直绿化使用。多栽植于假山旁、墙根，让其自然附着垂直或覆盖生长，起到装饰美化环境的效果。盆栽时，以中小盆栽为主，可进行多种造型，在室内陈设。也可用来遮盖室内花园的壁面，使其室内花园景观更加自然美丽。

【同属其他种】①洋常春藤 *H. helix*：常绿；幼枝具毛。单叶互生，全缘。伞形花序。果黑色，球形浆果。有许多变种和品种。产于欧洲。耐阴，不耐寒。江南庭园中常用作攀缘墙垣及假山的绿化材料；北方城市常盆栽作室内及窗台绿化材料。②台湾菱叶常春藤（变种）*H. rhombea* var. *formosana*：与常春藤的区别在于本变种具星状毛而非鳞片，花较小，果实黑色。

［88］马钱科 Loganiaceae

乔木、灌木、藤本或草本；根、茎、枝和叶柄通常具有内生韧皮部；植株无乳汁，被毛；通常无刺，稀腋生棘刺。单叶对生或轮生，稀互生；具叶柄；托叶存在或缺，分离或连合成鞘，或退化成连接 2 个叶柄间的托叶线。花通常两性，辐射对称，单生或孪生，

或组成 2～3 歧聚伞花序，再排成圆锥花序、伞形花序或伞房花序、总状或穗状花序，有时也密集成头状花序或为无梗的花束；合瓣花冠，4～5 裂，少数 8～16 裂。果为蒴果、浆果或核果；种子通常小而扁平或呈椭圆状球形，有时具翅，有丰富胚乳。

约 28 属，550 种，分布于热带至温带地区。本科马钱属、钩吻属和醉鱼草属等植物均有毒，在世界各地均被应用作医疗药物。灰莉属以及醉鱼草属植物均是美丽的观赏植物。

二维码 B-88
马钱科

灰莉属 *Fagraea*

乔木或灌木，通常附生或半附生于其他树上，稀攀缘状。叶对生，全缘或有小钝齿；羽状脉通常不明显；叶柄通常膨大；托叶合生成鞘，常在二个叶柄间开裂而成为 2 个腋生鳞片，并与叶柄基部完全或部分合生或分离。花通常较大，单生或少花组成顶生聚伞花序，有时花较小而多朵组成二歧聚伞花序；苞片小，2 枚，着生于花萼下面或花梗上；花萼宽钟状，5 裂，裂片宽而厚，覆瓦状排列；花冠漏斗状或近高脚碟状，花冠管顶部扩大，花冠裂片 5 片，在花蕾时螺旋状向右覆盖。浆果肉质，圆球状或椭圆状，不开裂，通常顶端具尖喙。

约 37 种，分布于亚洲东南部、大洋洲及太平洋岛屿。中国产 1 种。

灰莉 *F. ceilanica*

【别名】华灰莉、非洲茉莉、华灰莉木。

【形态特征】乔木或攀缘灌木状，达 15 m，树皮灰色；全株无毛。小枝粗圆，老枝具凸起叶痕及托叶痕。叶稍肉质，椭圆形，长 5～25 cm，先端渐尖或骤尖，基部楔形，下延。花单生或为顶生二歧聚伞花序。花萼肉质；花冠漏斗状，长约 5 cm，稍肉质，白色，芳香。浆果卵圆形或近球形，3～5 cm，具尖喙，基部具宿萼。种子椭圆状。花期 4～8 月，果期 7 月至翌年 3 月。

【分布】产于台湾、海南、广东、广西和云南南部，生于海拔 500～1800 m 山地密林中或石灰岩地区阔叶林中。分布于印度、斯里兰卡、缅甸、泰国、老挝、越南、柬埔寨、印度尼西亚、菲律宾、马来西亚。

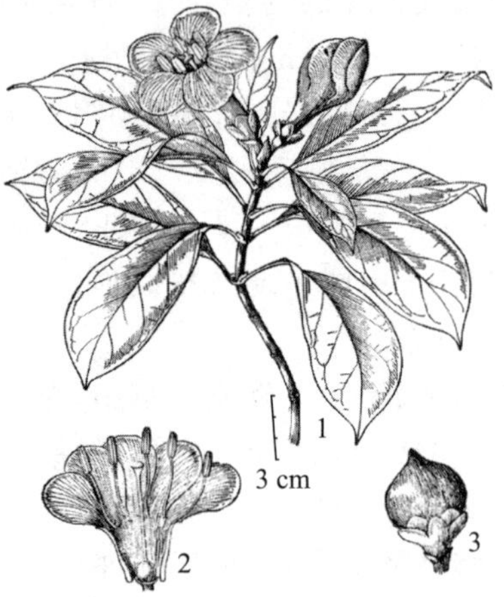

图 8-295　灰莉

1. 花枝；2. 花冠剖面；3. 果实

【生态习性】生于海拔 500～1800 m 山地密林中或石灰岩地区阔叶林中。喜温暖，好阳光，但要求避开夏日强烈的阳光直射；喜空气湿度高、通风良好的环境，不耐寒冷、干冻及气温剧烈下降。

【观赏特性及用途】株型丰满，革质叶碧绿青翠有光泽，花大型，白色，芳香，是理想的园林绿地灌木层配植植物，也可用作绿篱及室内盆栽。

[89] 夹竹桃科 Apocynaceae

乔木，直立灌木或木质藤木，也有多年生草本；具乳汁或水液；无刺，稀有刺。单叶对生、轮生，稀互生，全缘，稀有细齿。花两性，辐射对称，单生或多杂组成聚伞花序，顶生或腋生；花萼裂片 5 片，稀 4 片，基部合生成筒状或钟状，基部内面通常有腺体；花冠合瓣，裂片 5 片，稀 4 片，覆瓦状排列，花冠喉部通常有副花冠或鳞片或膜质或毛状附属体。浆果、核果、蒴果或蓇葖。

二维码 B-89
夹竹桃科

约 250 属，2000 余种，分布于全世界热带、亚热带地区，少数在温带地区。中国产 46 属，176 种，33 个变种，主要分布于长江以南及台湾等沿海岛屿，少数分布于北部及西北部。本科为热带植物区系的主要科。

1. 鸡骨常山属 *Alstonia*

乔木、灌木，具乳汁；枝轮生。叶轮生，稀对生；侧脉密生而平行。花白色、黄色或红色，组成伞房状的聚伞花序，顶生或近顶生；花萼短，为双盖覆瓦状排列，内面无腺体；花冠高脚碟状，冠筒圆筒形；种子扁平，两端被长缘毛。

约50种，分布于热带非洲、亚洲和澳大利亚。中国产6种，分布于广东、广西和云南等地。

(1)盆架树 *A. rostrata*

【形态特征】常绿乔木，达25～30 m。具乳汁；侧枝分层轮生，平展。叶对生或3～4枚轮生，椭圆形至披针形，长5～16 cm。先端急渐尖，基部楔形.全缘而边略卷，羽状侧脉细密，表面有光泽，薄革质。花冠白色，高脚碟状，端5裂；顶生聚伞花序多花；4～7月开花。蓇葖果细长，合生；种子两端有长毛；8～11月果熟。

【分布】产于缅甸、印度、印度尼西亚及中国海南、云南。

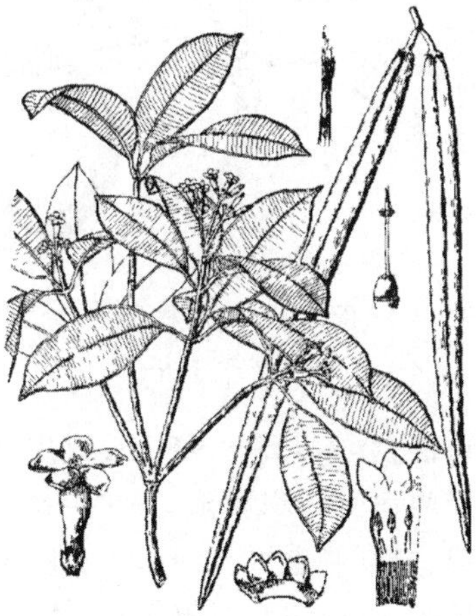

图 8-296 盆架树

【生态习性】生于热带和亚热带山地常绿林中或山谷热带雨林中，喜阳光，喜温暖至高温环境，越冬不得低于15 ℃，喜湿润怕干燥，根系发达，有一定抗风能力，适生于深厚肥沃疏松的酸性沙壤土中；对二氧化硫抗性中等。

【观赏特性及用途】枝条开展呈水平状，层层有序，树冠优美，为华南地区优良庭园绿荫观赏树及行道树，但开花后的香味很浓，建议勿群植。

(2)糖胶树 *A. scholaris*

【别名】面条树、黑板树。

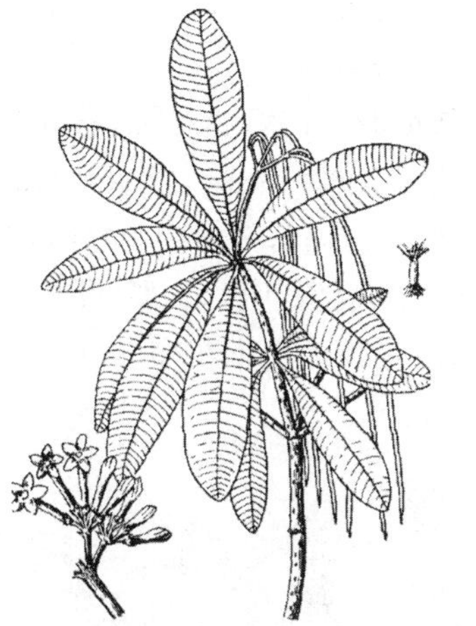

图 8-297 糖胶树

【形态特征】乔木，高约10 m，有白色乳汁；树皮灰白色，条状纵裂。叶3～8枚轮生，革质，倒卵状矩圆形、倒披针形或匙形，长7～28 cm，宽2～11 cm，无毛；侧脉每边40～50条，近平行。聚伞花序顶生，被柔毛；花白色；花冠高脚碟状，筒中部以上膨大，内面被柔毛；花盘环状。蓇葖果2枚，离生，细长如豆角，下垂，长25 cm；种子两端被红棕色柔毛。

【分布】中国云南、广西、广东、台湾等地野生或栽培；印度、越南、马来半岛、印度尼西亚和澳大利亚也有分布。

【生态习性】生于海拔650 m以下的低丘陵山地疏林中、路旁或水沟边。喜湿润肥沃土壤，在水边生长良好。

【观赏特性及用途】全株乳汁丰富，可提取口香糖原料，故名“糖胶树”。树形美观，枝叶常绿，生长有层次如塔状，果实细长如面条，在华南一些城市常栽作观赏树和行道树。

2. 鸡蛋花属 *Plumeria*

小乔木；枝条粗而带肉质，具乳汁，落叶后具有明显的叶痕。叶互生，大型，具长柄，羽状脉。聚伞花序顶生，二至三歧；花冠漏斗状，红色或白色黄心，花冠筒圆筒形，裂片 5 片，在花蕾时向左覆盖。蓇葖果，长圆形，顶端渐尖；种子多数。

约 7 种，产于美洲热带地区。现广植于亚洲热带及亚热带地区。中国南部、西南部及东部均有栽培 1 种及 1 个栽培变种。

鸡蛋花 *P. rubra*

【形态特征】小乔木，达 5 m；枝粗肥多肉，三叉状分枝，有乳汁。单叶互生，常集生枝端，倒卵状长椭圆形，长 20～40 cm，两端尖，全缘，羽状侧脉至近叶缘处相连。花冠漏斗状，5 裂，外面白色，里面基部黄色，芳香；呈顶生聚伞花序；7～8 月开花。果双生．长 10～20 cm。

图 8-298　鸡蛋花

1. 花枝；2. 叶枝；3. 叶柄；4. 花冠展开；5. 蓇葖果；6. 种子

【分布】中国广东、广西、云南、福建等地有栽培，在云南南部山中有逸为野生的；产于墨西哥；现广植于亚洲热带及亚热带地区。

【生态习性】性喜高温高湿、阳光充足、排水良好的环境。生性强健，能耐干旱，但畏寒冷、忌涝渍，喜酸性土壤，但也抗碱性。

【观赏特性及用途】花白色黄心，芳香，叶大深绿色，树冠美观，常栽作观赏。广东、广西民间常采其花晒干泡茶饮，可治湿热下痢和解毒、润肺。

3. 海杧果属 *Cerbera*

乔木，具乳汁。叶螺旋状互生，具柄，羽状脉，无毛。花白色，喉部红色或黄色；花多朵集成顶生的聚伞花序，具长总花梗；花萼 5 深裂；花冠高脚碟状，花冠筒圆筒形，具棱，花冠裂片 5 片。核果 2 个，离生或单个，阔卵圆状或球状，外果皮纤维质或木质，内有种子 1～2 颗。

约 9 种，分布于亚洲热带和亚热带地区及澳大利亚，马达加斯加及亚洲太平洋沿岸为多。中国产 1 种，分布于南部海岸。

海杧果 *C. manghas*

【别名】黄金茄、牛金茄、牛心荔。

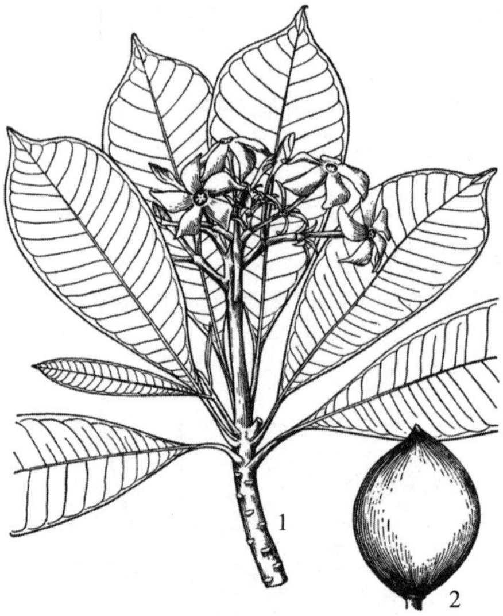

图 8-299　海杧果

1. 花枝；2. 核果

【形态特征】乔木，高 4～8 m；树皮灰褐色。枝条轮生，叶痕明显。叶窄卵形，长 6～37 cm，先端渐尖，基部楔形；叶柄长 2.5～6 cm。花序梗粗，长 5～21 cm。花梗长 1～2 cm；花冠白色，中央粉红色，径 4～7 cm，裂片卵形或镰刀形，长 1.5～2.5 cm，花冠筒长 2.5～4 cm，内面被长柔毛。核果平滑。种子常 1 粒。花期 3～10 月，果期 7～12 月。

【分布】产于广东南部、广西南部和台湾，以广东、海南分布为多。亚洲和澳大利亚热带地区也有分布。

【生态习性】生于海边或近海边湿润的地方。喜温暖湿润气候。

【观赏特性及用途】喜生于海边，是一种较好的防潮树种。花多、美丽而芳香，叶深绿色，树冠美观，可作庭园、公园、道路绿化、湖旁周围栽植观赏。台湾省用作行道树。

4. 萝芙木属 *Rauvolfia*

灌木或乔木。叶对生至5叶轮生，薄膜质或纸质。二歧聚伞花序，有时成伞形式或伞房式；花萼钟状，5裂；花冠钟状或高脚碟状，白色，有时红色，花冠筒中部膨大，内通常具长柔毛，裂片5片，向左覆盖，广椭圆形。核果二个离生或合生；种子一粒。

约135种，分布于美洲、非洲、亚洲及大洋洲各岛屿。我国产9种，4个变种和3个栽培种，分布于西南、华南及台湾等地。

萝芙木 *R. verticillata*

【别名】萝芙藤、鸡眼子、染布子、野辣椒。

图8-300 萝芙木

【形态特征】灌木，达3 m，全株无毛。小枝下部叶对生，叶3～4轮生枝顶，近纸质至膜质，长椭圆状披针形或卵状披针形，长3.5～25 cm，先端长渐尖，基部窄楔形，侧脉6～7对；叶柄长0.5～1.5 cm。聚伞花序，花序梗长2～15 cm。花梗长3～6 mm；花冠白色，裂片宽椭圆形或卵形，长1～4.5 mm，花冠筒圆筒形，长1～1.8 cm，中部至喉部膨大，被长柔毛。核果椭圆状或卵圆形，离生，长约1 cm，径约5 mm。种子1粒。花期2～10月，果期4～12月。

【分布】产于我国西南、华南及台湾等地。越南也有。

【生态习性】喜温暖湿润环境，不耐寒。土壤以肥沃、疏松、湿润的沙壤土及壤土较好。

【观赏特性及用途】可配植于较潮湿的溪边、山沟、坡地、疏林下或灌丛中。根、叶药用。

【同属其他种】云南萝芙木 *R. yunnanensis*：灌木；茎被皮孔。叶膜质，椭圆形，先端长渐尖，基部楔形，聚伞花序；花冠白色。核果红色。花期3～12月，果期5月至翌年春季。分布于云南、贵州和广西等地。配植于林下草地也颇具趣味。

5. 夹竹桃属 *Nerium*

直立灌木，枝条灰绿色。叶轮生，稀对生，具柄，革质，羽状脉，侧脉密生而平行。伞房状聚伞花序顶生，具总花梗；花萼5裂，内面基部具腺体；花冠漏斗状，红色，栽培后有的演变为白色或黄色；花冠裂片5片，或更多而呈重瓣，斜倒卵形。蓇葖果长圆形；种子长圆形。

约4种，分布于地中海沿岸及亚洲热带、亚热带地区。我国引入栽培有2种，1个栽培变种。

夹竹桃 *N. oleander*

【形态特征】常绿大灌木，达5 m；嫩枝条具棱，被毛。叶窄披针形，顶端急尖，基部楔形，叶缘反卷，长11～15 cm，宽2～2.5 cm，叶面深绿无毛，叶背浅绿，幼时被疏微毛；叶柄内具腺体。聚伞花序顶生，被微毛；花萼5深裂，红色，披针形；花冠深红色或粉红色，栽培后有的演变为白色或黄色，花冠为单瓣呈5裂时，其花冠为漏斗状，花冠筒内面被长柔毛；花冠为重瓣呈15～18枚时，裂片组成三轮，内轮为漏斗状，外面二轮为辐状，分裂至基部或每2～3片基部连合。蓇葖果2枚，离生，平行或并连，长圆形，绿色，无毛，具细纵条纹。花期几乎全年，夏秋为最盛；果期一般在冬春季，栽培很少结果。

【分布】全国各地有栽培，尤以南方为多；长江

图 8-301 夹竹桃

1.花枝;2.部分花冠;3.蓇葖果

以北栽培者须在温室越冬。野生于伊朗、印度、尼泊尔;现广植于世界温暖地区。

【生态习性】喜温暖湿润的气候,耐寒力不强,在中国长江流域以南地区可以露地栽植。不耐水湿,要求选择高燥和排水良好的地方栽植,喜光、好肥,也能适应较阴暗的环境,但荫蔽处栽植花少色淡。萌蘖力强,树体受害后容易恢复。

【观赏特性及用途】夹竹桃的叶片如柳似竹,红花灼灼,胜似桃花,是有名的观赏花卉。同时对二氧化硫、二氧化碳、氟化氢、氯气等有害气体有较强的抗性。但其枝叶有毒,在儿童活动活跃区域谨慎种植。

【同属其他种】欧洲夹竹桃 *N. oleander*:本种性状与夹竹桃相同,花冠为单瓣,微香,花萼裂片广展,花冠筒喉部鳞片顶端多裂。我国南方有栽培。产于地中海。花红色,常作绿化观赏。植株有毒。

白花夹竹桃 *N. indicum*.'Paihua':花为白色。花期几乎全年。云南、广西、广东和河北等地有栽培,常见于植物园、公园中。

6. 黄蝉属 *Allemanda*

直立或藤状灌木。叶轮生、对生,稀互生,叶腋内常有腺体。花大型,黄色或紫色,生于枝的顶端,组成总状花序式的聚伞花序;花萼5深裂,内面基部无腺体或有少数腺体,裂片披针形;花冠漏斗状,下部圆筒状,向上扩大而成钟状的冠檐,顶端5裂,宽大;副花冠退化成流苏状,被缘毛的鳞片或只有毛,着生在花冠筒的喉部。蒴果卵圆形,有刺,开裂成2瓣;种子多数。

全世界约15种;产于南美洲,现广植于世界热带及亚热带地区。我国引入栽培有2种,2个变种。

(1)黄蝉 *A. neriifolia*

【形态特征】灌木,达2 m,具乳汁。叶3~5轮生,椭圆形或窄倒卵形,长5~14 cm,宽2~4 cm,脉稍被糙硬毛,下面侧脉凸起;叶柄极短。花长4~6 cm;花冠筒窄漏斗形,长约3 cm,基部膨大,裂片淡黄色,卵形或圆形,长约2 cm,先端钝。蒴果球形,径约3 cm,被长刺。种子长约2 cm,径约1.5 cm。花期5~8月,果期10~12月。

图 8-302 黄蝉

【分布】我国广西、广东、福建、台湾及北京(温室内)的庭园间均有栽培。本种产于巴西,现广泛栽培于热带地区。

【生态习性】喜高温、多湿、阳光充足,稍耐半遮阴。适于肥沃、排水良好的土壤。不耐寒冷,忌霜冻。喜肥沃湿润的沙壤土,忌积水和盐碱地。较耐水湿，不耐干旱，土壤宜经常保持湿润。

【观赏特性及用途】植株浓密，叶色碧绿，花朵明快灿烂，花期较长，6～8 月开放，在花事淡季的暑热夏天，灿烂满枝，增添园林景色。宜于盆栽布置门前、厅堂、阳台、居室等处，也适于种于花坛、花境或建筑物基础，与彩色花配置使用，可丰富园林景色。也可种植于公园、工矿区、绿地、阶前、山坡、池畔、路旁群植或做花篱，供庭园及道路旁作观赏用。

(2)软枝黄蝉 *A. cathartica*

【形态特征】藤状灌木，长达 4 m，具乳汁。叶对生或 3～5 轮生，倒卵形，长 6～15 cm，宽 4～5 cm，无毛或下面脉被长柔毛，侧脉平；叶柄长约 5 mm。花序梗短，花长 7～14 cm，花冠黄色，花冠筒长 4～8 cm，下部圆筒形，上部钟状，冠檐径 9～14 cm，花冠裂片平截倒卵形或圆形。蒴果近球形，长 3～7 cm，刺长达 1 cm。花期春夏。

图 8-303　软枝黄蝉

【分布】产于巴西，现广泛栽培于世界热带地区。我国广西、广东、福建和台湾等地栽培于路旁、公园、村边。

【生态习性】喜光、畏烈日，不耐寒，喜湿，宜肥沃排水良好的酸性土。

【观赏特性及用途】可用于庭园美化、围篱美化、花棚、花廊、花架、绿篱等攀爬栽培。

7. 黄花夹竹桃属 *Thevetia*

灌木或小乔木，具乳汁。叶互生，羽状脉。聚伞花序顶生或腋生；花大：花萼 5 深裂，裂片三角状披针形，内面基部具腺体；花冠漏斗状，裂片阔，花冠筒短，下部圆筒状，花冠筒喉部具被毛的鳞片 5 片。核果。

约 15 种，产于热带非洲和热带美洲，现全世界热带及亚热带地区均有栽培。我国栽培 2 种，1 个栽培变种。

黄花夹竹桃 *Th. peruviana*

【形态特征】乔木，达 5 m；树皮棕褐色，皮孔明显；多枝柔软，小枝下垂；全株具丰富乳汁。叶互生，近革质，线形或线状披针形，两端长尖，长 10～15 cm，宽 5～12 mm，光亮，全缘，边稍背卷；中脉在叶面下陷，在叶背凸起，侧脉两面不明显。花大，黄色，具香味，顶生聚伞花序，长 5～9 cm；花梗长 2～4 cm；花萼绿色，5 裂、裂片三角形；花冠漏斗状，花冠筒喉部具 5 个被毛的鳞片。核果扁三角状球形，直径 2.5～4 cm。花期 5～12 月，果期 8 月至翌年春季。

图 8-304　黄花夹竹桃

【分布】产于美洲热带地区，现世界热带和亚热带地区均有栽培。我国台湾、福建、广东、广西和云南等地均有栽培;有时野生。

【生态习性】喜生长于干热地区,路旁、池边、山坡疏林下;土壤较湿润而肥沃的地方生长较好;耐旱力强,也稍耐轻霜。

【观赏特性及用途】植株全绿、多枝,柔软下垂,花期近5个月,是夏季优美观花树种。可在建筑物左右,公园、绿地、路旁、池畔等地种植。抗污染的能力较强,是工矿美化绿化的优良树种。

8. 飘香藤属 *Mandevilla*

飘香藤 *M. sanderi*

【别名】红文藤、双喜藤、无心花。

【形态特征】多年生常绿藤本植物。叶椭圆形、硕大,叶面皱,近全缘,叶色浓绿、富有光泽,先端急尖,革质。花腋生,花冠漏斗形,花色为红色、桃红色、金红色、粉红色。

【分布】产于美洲热带。

【生态习性】飘香藤喜温暖湿润及阳光充足的环境,稍荫蔽,但光照不足开花减少。对土壤的适应性较强,但以富含腐殖质排水良好的沙质壤土为佳。

【观赏特性及用途】飘香藤花大色艳,株型美观,被誉为热带藤本植物的皇后。其蔓生性强,可用作室内阳台观赏,也可用于室外露天观赏,其喜强光,耐热性很强,适于栽培在南北方的夏季庭园中,可用于容器、篱笆、棚架、天台等小型庭园美化,使庭园充满热带异国情调。

9. 纽子花属 *Vallaris*

攀缘灌木,具乳汁。叶对生,具透明腺点。伞形或复伞房聚伞花序,腋生或顶生。萼片离生,内面基部具腺体或无;花冠近辐状,冠檐伸展,喉部无鳞片,花冠裂片向右覆盖。蓇葖果2枚,离生。种子多数。

约10种,分布于亚洲热带和亚热带地区。我国产2种,分布于我国南部、西南部。

大纽子花 *V. indecora*

【形态特征】攀缘灌木。茎皮淡灰色。叶椭圆形或倒卵形,长7~14 cm,先端渐尖,基部楔形或圆,两面被短柔毛或无毛;叶柄长1~6 mm。聚伞花序具花3~4朵;萼片长圆形,长0.9~1.5 cm;花冠淡黄色,花冠筒长1.3~1.5 cm,内面被短柔毛,花冠裂片具短尖头。蓇葖果披针状圆柱形。花期3~6月,果期秋季。

图 8-305 大纽子花

【分布】为我国特有种,产于四川、贵州、云南和广西。

【生态习性】生于山地密林沟谷中。喜湿度较大、土壤肥沃和有攀缘支撑物的环境。

【观赏特性及用途】大纽子花有攀缘习性,花期较长,宜植于棚架下,让其攀上棚顶作荫蔽物。

10. 络石属 *Trachelospermum*

攀缘灌木,全株具白色乳汁,无毛或被柔毛。叶对生,具羽状脉。花序聚伞状顶生或腋生,花白色或紫色;花萼5裂,花萼内面基部具5~10枚腺体,花冠高脚碟状,花冠筒圆筒形,5棱,在雄蕊着生处膨大,喉部缢缩。蓇葖双生,长圆状披针形。

约30种,分布于亚洲热带和亚热带地区,稀温带地区。我国产10种,6个变种,分布几乎全国各地。

络石 *T. jasminoides*

【形态特征】常绿木质藤本,长达10 m。小枝被短柔毛,老时无毛。叶革质,卵形,长2~10 cm,无毛或下面疏被短柔毛;叶柄长0.3~1.2 cm。聚伞花序圆锥状，顶生及腋生，花序梗长 2～6 cm，被微柔毛或无毛。花萼裂片窄长圆形，长 2～5 mm，反曲，被短柔毛及缘毛；花冠白色，裂片倒卵形。蓇葖双生，叉开，无毛。花期 3～8 月，果期 6～12 月。

图 8-306　络石

【分布】本种分布很广，山东、安徽、江苏、浙江、福建、台湾、江西、河北、河南、湖北、湖南、广东、广西、云南、贵州、四川、陕西等地都有分布。

【生态习性】生于山野、溪边、坑谷、路旁杂木林中，常攀缘树上或墙壁、岩石上。喜半阴湿润的环境，耐旱也耐湿，对土壤要求不严，以排水良好的沙壤土最为适宜。

【观赏特性及用途】花卉芳香，枝叶浓绿，纤细，在园林中多作地被，或做垂直绿化观赏。根、茎、叶、果实供药用，有祛风活络、清热解毒之效能。

【变种、变型及品种】①石血 var. *heterophyllum*：常绿木质藤本；嫩枝被柔毛；以气根攀缘。叶对生，通常披针形。花白色；花冠高脚碟状。蓇葖双生，线状披针形。花期夏季，果期秋季。②变色络石'Variegatum'：本栽培变种的区别，在于叶圆形，杂色，具有绿色和白色，以后变成淡红色。花期春末至夏中，我国广东南部有栽培。叶色多种，美丽，供观赏用。③花叶络石'Flame'：小枝、嫩叶柄及叶背面被短柔毛，老枝叶无毛。叶革质，椭圆形。老叶近绿色或淡绿色，第一轮新叶粉红色，第二至第三对为纯白色叶，整株叶色丰富。

11. 蔓长春花属 *Vinca*

半灌木，蔓性，有乳汁。叶对生。花单生于叶腋内，极少 2 朵；花萼 5 裂；花冠漏斗状，花冠筒比花萼长，花冠裂片斜形。蓇葖 2 枚，直立；种子 6～8 粒。

约 10 种，分布于欧洲。我国东部栽培有 2 种，1 个变种。

蔓长春花 *V. major*

【别名】长春蔓。

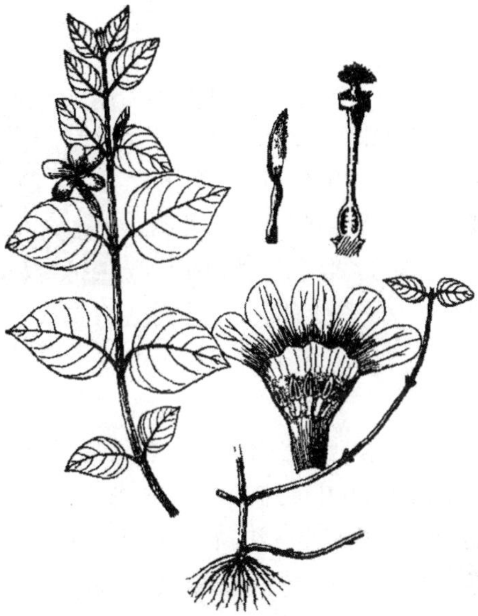

图 8-307　蔓长春花

【形态特征】蔓性半灌木，茎偃卧，花茎直立；除叶缘、叶柄、花萼及花冠喉部有毛外，其余均无毛。叶椭圆形，长 2～6 cm，宽 1.5～4 cm，先端急尖，基部下延；侧脉约 4 对；叶柄长 1 cm。花单朵腋生；花梗长 4～5 cm；花萼裂片狭披针形，长 9 mm；花冠蓝色，花冠筒漏斗状，花冠裂片倒卵形，长 12 mm，宽 7 mm，先端圆形。蓇葖果长约 5 cm。花期 3～5 月。

【分布】产于欧洲。我国江苏、浙江和台湾等地栽培。

【生态习性】喜温暖湿润，喜阳光也较耐阴，稍耐寒，喜欢生长在深厚肥沃湿润的土中。

【观赏特性及用途】叶片翠绿光滑而富于光泽。4～5 月开蓝色小花，优雅宜人。可用作盆栽、地被、廊架种植。

【品种】花叶蔓长春花'Variegata'：叶的边缘白色，有黄白色斑点。

［90］茄科 Solanaceae

草本、灌木或小乔木；叶互生或在开花枝段上有大小不等的二叶双生，全缘或各式的分裂或为复叶，无托叶；花两性或稀杂性，辐射对称，单生或排成聚伞花序或花束；萼 5 裂或截平形，常宿存；花冠合瓣，裂片 5 片，常折叠。果为浆果或蒴果；种子圆盘形或肾形。

约 30 属 3000 种，广泛分布于全世界温带及热带地区，美洲热带种类最为丰富。我国产 24 属105 种，35 个变种。

二维码 B-90
茄科

1. 夜香树属 *Cestrum*

灌木或乔木，无毛、有长硬毛或星状毛。叶互生，全缘。花序顶生或腋生，伞房式或圆锥式聚伞花序。花萼钟状或近筒状，有 5 齿或 5 浅裂，裂片在花蕾中镊合状排列；花冠长筒状、近漏斗状或高脚碟状，筒部伸长，上部扩大呈棍棒状或向喉部常缢缩而膨胀，基部在子房柄周围紧缩或贴近于子房柄，檐部 5 浅裂，裂片镊合状。浆果少汁液，球状。种子少数或因败育而仅 1 粒。

全世界约 160 种，主要分布于南美洲；我国南部通常栽培 2 种。

夜香树 *C. nocturnum*

【别名】洋素馨。

【形态特征】直立或近攀缘状灌木，高 2～3 m，全体无毛；枝条细长而下垂。叶有短柄，叶片矩圆形，长 6～15 cm，全缘，顶端渐尖，基部近圆形或宽楔形，两面秃净而发亮。伞房式聚伞花序，腋生或顶生，疏散，极多花；花绿白色至黄绿色，晚间极香。萼钟状，浅裂；花冠高脚碟状，长约 2 cm，筒部伸长，下部极细，向上渐扩大，裂片 5 片，直立或稍开张，卵形，急尖，长约为筒部的 1/4。浆果矩圆状，有 1 粒种子。

图 8-308　夜香树

【分布】产于南美洲，现广泛栽培于世界热带地区。我国福建、广东、广西和云南有栽培。

【生态习性】喜温暖湿润及阳光充足环境，稍耐阴，不耐严重霜冻。不择土壤。扦插繁殖，易成活。

【观赏特性及用途】枝俯垂，花期长而繁茂，夜间芳香，果期长，且富观赏价值。可用于天井、窗前、墙沿、草坪等处，也用作切花。

2. 鸳鸯茉莉属 *Brunfelsia*

鸳鸯茉莉 *B. brasiliensis*

【形态特征】灌木，达 3.5 m。单叶互生，广椭圆形至倒卵形，长 4～12 cm，全缘. 先端急尖至圆形。花萼宽钟状. 长达 1.2 cm。花冠高脚碟状，筒部长 2.5～3 cm，冠檐 5 裂，径 3～3.8 cm，先紫色，后褪为白色；1～3 朵聚生。

【分布】产于南美阿根廷、巴拉圭和巴西南部，现广泛植栽于亚热带地区。

【生态习性】性喜温暖、湿润、光照充足的气候条件。其耐寒性不强；喜半阴、通风的环境，在充足的日照条件下开花繁茂；耐干旱，不耐涝，不耐瘠薄。

【观赏特性及用途】鸳鸯茉莉观赏性强、易栽养、易繁殖。鸳鸯茉莉由于不同的开花期，呈现出

图 8-309 鸳鸯茉莉

一树两色花，同时具有茉莉的香味，因而成为重要的盆栽观赏花卉。鸳鸯茉莉叶色翠绿，花色紫、蓝、白相间，芳香而浓烈，人们常用其来装饰美化庭园、阳台、窗台、走廊等处，清雅宜人。

3. 木曼陀罗属 *Brugmansia*

灌木或小乔木。茎二歧分枝。叶互生，具叶柄。花大，常单生于枝分叉间或叶腋。花萼长筒状，萼筒具 5 棱或无棱；花冠长漏斗状或高脚碟状，白、黄或淡紫色，冠筒长，冠檐 5 浅裂。蒴果，4 瓣裂，或呈浆果状，被硬刺或无刺。种子多数。

约 7 种，我国引入栽培约 2 种，多供观赏、药用。

木本曼陀罗 *B. arborea*

【别名】大花曼陀罗。

【形态特征】小乔木，高 2 m 余。茎粗壮，上部分枝。叶卵状披针形、矩圆形或卵形，顶端渐尖或急尖，基部不对称楔形或宽楔形，全缘、微波状或有不规则缺刻状齿，两面有微柔毛。花单生，俯垂。花萼筒状，裂片长三角形，长 1.5～2.5 cm；花冠白色，脉纹绿色，长漏斗状，筒中部以下较细而向上渐扩大成喇叭状，檐部裂片有长渐尖头，直径 8～10 cm。浆果状蒴果，表面平滑，广卵状，长达 6 cm。

【分布】产于美洲热带；我国北京、青岛等市有栽培，冬季放在温室；福州，广州等市及云南西双版纳等地区则终年可在户外栽培生长。

【生态习性】喜温暖湿润及阳光充足环境，稍耐阴，不耐严重霜冻。不择土壤。扦插繁殖，易成活。

【观赏特性及用途】在南方园林景观配置中常见，花期长，花大，枝叶扶疏、花形美观、香味浓烈，具有一定观赏价值。适于坡地、池边、岩石旁及林缘下栽培观赏，也适合大型盆栽。其叶、花和种子含有生物碱，有毒。

4. 枸杞属 *Lycium*

灌木，通常有棘刺，稀无刺。单叶互生或因侧枝极度缩短而数枚簇生，条状圆柱形或扁平，全缘，有叶柄或近于无柄。花有梗，单生于叶腋或簇生于极度缩短的侧枝上；花萼钟状，具不等大的 2～5 萼齿或裂片，在花蕾中镊合状排列，花后不甚增大，宿存；花冠漏斗状、稀筒状或近钟状，檐部 5 裂或稀 4 裂，基部有显著的耳片或耳片不明显，筒常在喉部扩大。浆果，具肉质的果皮。

约 80 种，主要分布在南美洲，少数种类分布于欧亚大陆温带；我国产 7 种 3 个变种，主要分布于北部。

枸杞 *L. chinense*

【形态特征】落叶灌木，达 2 m；枝细弱，淡灰色，有纵条纹，棘刺长 0.5～2 cm。叶纸质或栽培者质稍厚，单叶互生或 2～4 枚簇生，卵形，顶端急尖，基部楔形，长 1.5～5 cm，宽 0.5～2.5 cm，栽培者较大。花在长枝上单生或双生于叶腋，在短枝上则簇生。花冠漏斗状，长 9～12 mm，淡紫色。浆果红色，卵状，种子扁肾脏形黄色。花果期 6～11 月。

【分布】产于我国东北、河北、山西、陕西、甘肃南部以及西南、华中、华南和华东地区；朝鲜、日本、欧洲有栽培或逸为野生。

【生态习性】枸杞喜冷凉气候，耐寒力很强。根系发达，抗旱能力强，多生长在碱性土和沙质壤土中。

【观赏特性及用途】枝条开展，花期延续很长。入秋则满枝红果，甚为美观。选其虬干老株育为盆景也极雅致。也适于坡地、岩石旁及林缘下栽培观赏。果实、根皮均入药；嫩叶可作蔬菜食用。

图 8-310 枸杞

1. 花枝；2. 果枝；3. 花冠展开；4. 果

［91］紫草科 Boraginaceae

多数为草本，较少为灌木或乔木，一般被有硬毛或刚毛。单叶，互生，极少对生，全缘或有锯齿，不具托叶。花序为聚伞花序或镰状聚伞花序，极少花单生，有苞片或无苞片。花两性，辐射对称，很少左右对称；花萼具 5 个基部至中部合生的萼片，大多宿存；花冠筒状、钟状、漏斗状或高脚碟状，檐部具 5 裂片，喉部或筒部具或不具 5 个附属物，附属物大多为梯形，较少为其他形状。果实为含 1～4 粒种子的核果，或为小坚果，果皮多汁或大多干燥，常具各种附属物。

约 100 属，2000 种，分布于世界的温带和热带地区，地中海区为其分布中心。我国有 48 属，269 种，遍布全国，但以西南部最为丰富。

二维码 B-91
紫草科

1. 厚壳树属 *Ehretia*

乔木或灌木。叶互生，全缘或具锯齿，有叶柄。聚伞花序呈伞房状或圆锥状；花萼小，5 裂；花冠筒状或筒状钟形，稀漏斗状，白色或淡黄色，5 裂，裂片开展或反折。核果近圆球形，多为黄色、橘红色或淡红色，无毛。

约 50 种，大多分布于非洲、亚洲南部，美洲有极少量分布，其中 E. *tinifoliaLinn.* 为本属的模式。我国有 12 种 1 个变种，主产于长江以南各地。

厚壳树 *Eh. acuminata*

【形态特征】落叶乔木，达 15 m；枝淡褐色，平滑，小枝有明显的皮孔。叶椭圆形，先端尖，基部宽楔形，边缘有整齐的锯齿。聚伞花序圆锥状，长 8～15 cm，宽 5～8 cm；花多数，密集，小型，芳香；花冠钟状，白色，长 3～4 mm，裂片长圆形，开展，长 2～2.5 mm，较筒部长；雄蕊伸出花冠外。核果黄色或橘黄色，直径 3～4 mm；核具皱褶。

图 8-311 厚壳树

【分布】产于西南、华南、华东及台湾、山东、河南等地。日本、越南有分布。

【生态习性】生于海拔 100～1700 m 丘陵、平原疏林、山坡灌丛及山谷密林，喜光也稍耐阴，喜温暖湿润的气候和深厚肥沃的土壤，耐寒，较耐瘠薄，根系发达，萌蘖性好，耐修剪。为适应性较强的树种。

【观赏特性及用途】树冠紧凑圆满，枝叶繁茂，春季白花满枝，秋季红果遍树，是美丽的乔木树种。可观花、观果，也可观叶、观树姿，可作行道树和庭园栽植，也可群植和孤植。

2. 基及树属 *Carmona*

灌木或小乔木。叶小型，具短柄，两面均粗糙，上面多有白色小斑点，叶缘具粗齿，通常在当年生枝条上互生，在短枝上簇生。花生叶腋，通常 2～6 朵集为疏松团伞花序；花萼 5 裂，裂片开展；花冠白色，具短筒及平展的裂片，喉部无附属物。核果红色或黄色，先端有宿存的喙状花柱，内果皮骨质，近球形，成熟时完整，不分裂，具 4 粒种子。

仅 1 种，分布于亚洲南部、东南部及大洋洲的巴布亚新几内亚及所罗门群岛。

基及树 *C. microphylla*

【别名】福建茶、猫仔树。

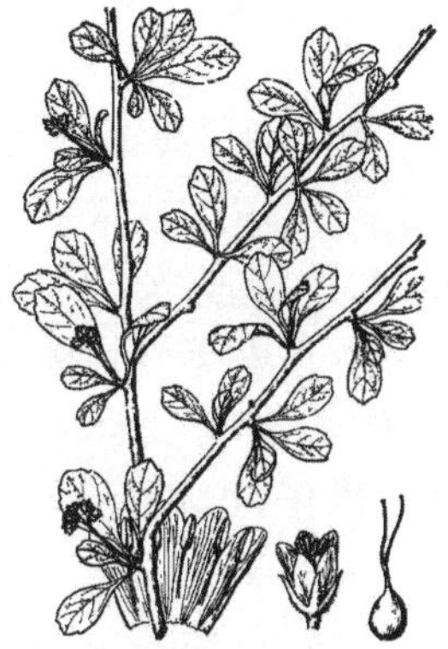

图 8-312　基及树

【形态特征】灌木，高 1～3 m，多分枝；分枝幼嫩时被稀疏短硬毛。叶革质，倒卵形或匙形，长 1.5～3.5 cm，宽 1～2 cm，先端圆形或截形，具粗圆齿，基部渐狭为短柄，上面有短硬毛或斑点，下面近无毛。团伞花序开展，宽 5～15 mm；花冠钟状，白色，或稍带红色，长 4～6 mm，裂片长圆形，伸展，较筒部长；花丝花药伸出。核果直径 3～4 mm。

【分布】产于广东西南部、海南及台湾。生于低海拔平原、丘陵及空旷灌丛处。

【生态习性】比较耐阴，性喜温暖湿润气候，不耐寒，适生于疏松肥沃及排水良好的微酸性土壤；萌芽力强，耐修剪。

【观赏特性及用途】树形矮小，枝条密集，绿叶白花，叶翠果红，风姿奇特。可配植于庭园中观赏。由于生长力强，耐修剪，闽粤一带也常种植作绿篱。在我国岭南派盆景的制作中，它是主要的品种之一。

[92] 马鞭草科 Verbenaceae

灌木或乔木，有时为藤本，稀草本。叶对生，稀轮生或互生，单叶或掌状复叶，稀羽状复叶；无托叶。聚伞、总状、穗状、伞房状聚伞、圆锥或近头状花序。花两性，稀杂性，常左右对称，稀辐射对称；花萼宿存，杯状、钟状或管状，稀漏斗状，具 4～5 (6～8) 齿或平截；花冠筒圆柱形，二唇形或 4～5 裂，全缘或下唇中裂片边缘流苏状。核果浆果状，稀蒴果或离果。

二维码 B-92
马鞭草科

约 80 属，3000 余种，主要分布于热带和亚热带地区，少数延至温带；我国现有 21 属 175 种 31 个变种 10 个变型。

1. 假连翘属 *Duranta*

有刺或无刺灌木。单叶对生或轮生，全缘或有锯齿。花序总状、穗状或圆锥状，顶生或腋生；苞片细小；花萼顶端有 5 齿，宿存，结果时增大；花冠管圆柱形，直或弯，顶部 5 裂，裂片平展，稍不等长；雄蕊 4 枚，内藏，2 长 2 短，着生于花冠管内的中部或中部以上，花药卵形。核果几完全包藏在增大宿存的花萼内。

约 36 种，分布于热带美洲和中美洲热带；我国引进 1 种。

假连翘 *D. erecta*

【形态特征】常绿灌木，高 1.5～3 m；枝条有皮刺，幼枝有柔毛。叶对生，少有轮生，叶片卵状椭圆形或卵状披针形，长 2～6.5 cm，宽 1.5～3.5 cm，纸质，顶端短尖或钝，基部楔形，全缘或中部以上有锯齿，有柔毛。总状花序；花冠通常蓝紫色，5 裂，裂片平展，内外有微毛。核果球形，无毛，有光泽，直径约 5 mm，熟时红黄色，有增大宿存花萼包围。花果期 5～10 月，在南方可为全年。

【分布】产于热带美洲。我国南部常见栽培，常

图 8-313　假连翘

图 8-314　冬红花

逸为野生。

【生态习性】喜光，喜温暖湿润气候，抗寒力较差，应选避风向阳、排水良好、土层深厚、疏松肥沃的沙壤土或壤土。亦耐半阴地。对土壤的适应性较强，较喜肥。

【观赏特性及用途】树姿优美、生长旺盛，花期长而花美丽，橘红色总状果序经久不脱落，是一种很好的绿篱植物。可栽植于宅旁、亭阶、墙隅、篱下、路边、溪边、池畔，同时也可作盆景栽植。

【变种、变型及品种】金叶假连翘'Variegata'：常绿灌木。叶色金黄至黄绿。花淡蓝紫色，总状花序，花期 5～10 月。核果橙黄色。丛植于草坪或与其他树种搭配，也可作绿篱。

2. 冬红属 *Holmskioldia*

灌木，小枝被毛。叶对生，全缘或有锯齿，具叶柄。聚伞花序腋生或聚生于枝顶；花萼膜质，由基部向上扩大呈碟状，近全缘，有颜色；花冠管弯曲，顶端 5 浅裂；雄蕊二强，与花柱同伸出花冠外。果实 4 裂几达基部。

约 3 种，分布于印度、马达加斯加和热带非洲。我国引种栽培。

冬红 *H. sanguinea*

【形态特征】常绿灌木，高 3～7 m；小枝四棱形，被毛。叶对生，膜质，卵形，基部圆形或近平截，叶缘有锯齿，两面均有稀疏毛及腺点。聚伞花序常 2～6 枚再组成圆锥状，每聚伞花序有 3 朵花；花萼朱红色或橙红色，由基部向上扩张成一阔倒圆锥形的碟，直径可达 2 cm，边缘有稀疏睫毛，网状脉明显；花冠朱红色，花冠管长 2～2.5 cm，有腺点。果实倒卵形，包藏于宿存、扩大的花萼内。花期冬末春初。

【分布】产于喜马拉雅山。现我国广东、广西、台湾等地有栽培，供观赏。

【生态习性】喜光，喜温热及排水良好的环境。

【观赏特性及用途】枝条柔软伸展，花形奇特，色彩艳丽，是优良的观花灌木。

3. 紫珠属 *Callicarpa*

直立灌木，稀为乔木、藤本或攀缘灌木；小枝圆筒形或四棱形，被分枝的毛、星状毛、单毛或钩毛，稀无毛。叶对生，偶有三叶轮生，边缘有锯齿，稀全缘，通常被毛和腺点；无托叶。聚伞花序腋生；苞片细小，稀为叶状；花小，整齐；花萼杯状或钟状，稀管状，顶端 4 深裂至截头状，宿存；花冠紫色、红色或白色，顶端 4 裂；花丝伸出花冠管外或与花冠管近等长。果实通常为核果或浆果状，成熟时紫色、红色或白色，内有种子 1 粒。

约 190 种，主要分布于亚洲和大洋洲，少数种分布于美洲，极少数种可延伸到亚洲和北美洲的温带地区。我国约有46种，主产于长江以南，少数种可延伸到华北至东北和西北的边缘。

紫珠 *C. bodinieri*

【别名】珍珠枫、漆大伯。

图8-315 紫珠

【形态特征】灌木。小枝、叶柄及花序被星状毛。叶卵状长椭圆形或椭圆形，长7～18 cm，先端渐尖或尾尖，基部楔形，具细锯齿，上面被短柔毛，下面被星状茸毛，两面被深红色腺点。花序4～5歧分枝。花萼被星状毛及深红色腺点，萼齿钝三角形；花冠紫色，被星状柔毛及深红色腺点。果球形，紫色。花期6～7月，果期8～11月。

【分布】产于河南（南部）、江苏（南部）、安徽、浙江、江西、湖南、湖北、广东、广西、四川、贵州、云南。越南也有分布。

【生态习性】生于海拔200～2300 m的林中、林缘及灌丛中。喜温、喜湿、怕风、怕旱，土壤以红黄壤为好，在阴凉的环境生长较好。根系极发达，为浅根树种。

【观赏特性及用途】紫色小果美丽，植于庭园观赏，也可盆栽。其果穗还可作切花材料。根或全株可入药。

【同属其他种】①日本紫珠 *C. japonica*：灌木。小枝无毛。叶卵形，先端尖，基部楔形，中部以上具锯齿，两面无毛。花序2～3歧分枝。花冠淡紫或白色。果球形，紫红色。分布于山东（青岛）、安徽、浙江、江西、湖南。观果小灌木。②木紫珠 *C. arborea*：乔木，高约8 m；幼枝四棱形，与花序、叶柄都密生黄褐色粉状分枝茸毛。叶革质，椭圆形，通常全缘。聚伞花序；花冠紫色。果黑色。花期5～7月，果期8～12月。阳性树种，耐瘠薄土壤。③枇杷叶紫珠 *C. kochiana*：灌木；小枝、叶柄与花序密生黄褐色茸毛。叶长椭圆形，边缘有锯齿。聚伞花序。花冠淡红色或紫红色。果球形。花期7～8月，果期9～12月。④杜虹花（台湾紫珠）*C. formosana*：灌木。小枝、叶柄及花序密被毛。叶卵状椭圆形，先端渐尖，基部钝圆，具细锯齿；花冠淡紫或紫色。果卵球形，紫色。

4. 马缨丹属 *Lantana*

直立或半藤状灌木，有强烈气味；茎四方形，有或无皮刺与短柔毛。单叶对生，有柄，边缘有圆或钝齿，表面多皱。花密集成头状花序，有总花梗；苞片基部宽展；小苞片极小；花萼小，膜质，顶端截平或具短齿；花冠4～5浅裂，裂片钝或微凹，几近相等而平展或略呈二唇形，花冠管细长向上略宽展。果实的中果皮肉质，内果皮质硬，成熟后，常为2骨质分核。

约150种，主产于热带美洲。

马缨丹 *L. camara*

【别名】五色梅。

【形态特征】灌木，高1～2 m；茎四方形，有短柔毛，通常有刺。单叶对生，揉烂后有强烈的气味，叶片卵形，长3～8.5 cm，宽1.5～5 cm，顶端急尖或渐尖，基部心形或楔形，边缘有钝齿，表面有粗糙的皱纹和短柔毛，背面有小刚毛。花序直径1.5～2.5 cm；花冠黄色或橙黄色，开花后不久转为深红色，花冠管长约1 cm，两面有细短毛，直径4～6 mm。果圆球形，直径约4 mm，成熟时紫黑色。全年开花。

【分布】产于美洲热带地区，现在我国台湾、福建、广东、广西有逸生。世界热带地区均有分布。

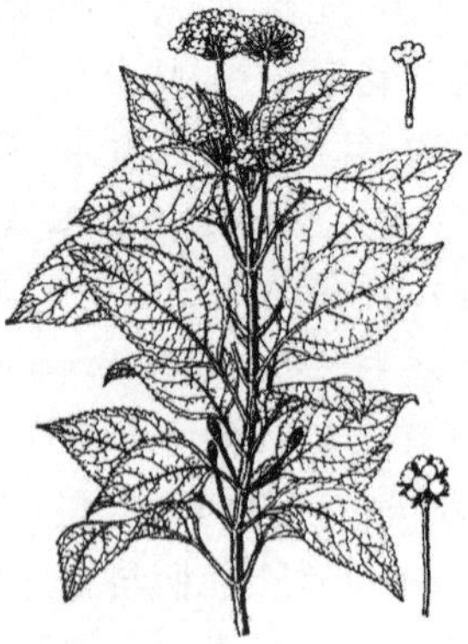

图 8-316 马樱丹

【生态习性】喜温暖、湿润、向阳之地，耐干旱，稍耐阴，不耐寒。南方区域可露地栽培。对土质要求不严，以肥沃、疏松的沙质土壤为佳。生性强健，在热带地区周年可生长，冬季不休眠。

【观赏特性及用途】常见的庭园栽培观赏植物，在北方则为盆栽观赏花木。但其为外来入侵植物，园林配植需谨慎。

5. 大青属 *Clerodendrum*

灌木或小乔木，稀为亚灌木或草本，直立，稀攀缘。单叶对生，稀 3～5 叶轮生，全缘、波状或具锯齿，稀浅裂至掌状分裂。聚伞花序或组成伞房状、圆锥状花序或近头状，顶生、稀腋生；苞片宿存或早落。花萼色艳，钟状或杯状，近平截或具 5(～6)钝齿至深裂，宿存；花冠高脚杯状或漏斗状，5(6)裂；雄蕊伸出花冠。浆果状核果，具 4 分核。

本属约 400 种，分布于热带和亚热带，少数分布于温带，主产于东半球；我国 34 种 6 个变种，大多数分布在西南、华南地区。

(1)赪桐 *C. japonicum*

【形态特征】落叶灌木，高 1～4 m；小枝四棱形。叶片圆心形，长 8～35 cm，宽 6～27 cm，顶端尖或渐尖，基部心形，表面疏生伏毛，脉基具较密的锈褐色短柔毛，背面密具锈黄色盾形腺体；二歧聚伞花序组成顶生；花萼红色，外面疏被短柔毛，散生盾形腺体，内面无毛，有疏珠状腺点；花冠红色，稀白色，花冠管长 1.7～2.2 cm，外面具微毛，里面无毛，顶端 5 裂，裂片长圆形，开展，长 1～1.5 cm。果实椭圆状球形，绿色或蓝黑色，径 7～10 mm，宿萼增大，初包被果实，后向外反折呈星状。花果期 5～11 月。

图 8-317 赪桐

【分布】产于江苏、浙江南部、江西南部、湖南、福建、台湾、广东、广西、四川、贵州、云南。印度东北、孟加拉国、不丹、中南半岛、马来西亚、日本也有分布。

【生态习性】喜高温、湿润、半荫蔽的气候环境，喜土层深厚的酸性土壤，耐荫蔽，耐瘠薄，忌干旱，忌涝，畏寒冷。

【观赏特性及用途】花艳如火，花期长，主要用于公园、楼宇、人工山水旁的绿化，成片栽植效果佳。

(2)臭牡丹 *C. bungei*

【别名】臭枫根、大红袍。

【形态特征】灌木，高 1～2 m，植株有臭味；花序轴、叶柄密被柔毛；小枝皮孔显著。叶纸质，卵形，长 8～20 cm，宽 5～15 cm，顶端尖或渐尖，基部宽楔形、截形或心形，边缘具锯齿，被柔毛，基部脉腋有数个腺体。伞房状聚伞花序顶生，密集；花萼钟状，长 2～6 mm，被腺体；花冠淡红色、红色或紫红色，花冠管长 2～3 cm，裂片倒卵形，长 5～8 mm；雄蕊及花柱均突出花冠外。核果近球形，径 0.6～1.2 cm，成熟时蓝黑色。花果期 5～11 月。

【分布】产于华北、西北、西南以及江苏、安徽、浙江、江西、湖南、湖北、广西。生于海拔 2500 m 以下的山坡、林缘、沟谷、路旁、灌丛润湿处。印度北部、越南、马来西亚也有分布。

图 8-318　臭牡丹

【生态习性】喜阳光充足和湿润环境，适应性强，耐寒耐旱，也较耐阴，宜在肥沃、疏松的腐叶土中生长。

【观赏特性及用途】臭牡丹叶色浓绿，顶生紧密头状红花，花朵优美，花期也长，适于栽植于坡地、林下或树丛旁，也可作地被植物。根、茎、叶入药，有祛风解毒、消肿止痛之效。

【同属其他种】①海州常山 *C. trichotomum*：落叶小乔木。老枝具薄片层状髓心。叶卵形，全缘。聚伞花序。花萼绿白或紫红色；花冠白或粉红，芳香。核果。花果期 6～11 月。蓝紫色核果为红色萼片包被，鲜艳独特。②龙吐珠 *C. thomsoniae*：灌木；小枝髓部嫩时疏松，老后中空。叶纸质，狭卵形。聚伞花序；花萼白色；花冠深红色。核果红紫色。花期 3～5 月。可作花架，也可作盆栽点缀窗台和夏季小庭园。

6. 牡荆属 *Vitex*

乔木或灌木；小枝通常四棱形。叶对生，有柄，掌状复叶，小叶 3～8 枚，稀单叶，小叶片浅裂以至深裂。花序为聚伞花序，或为聚伞花序组成圆锥状、伞房状以至近穗状花序；苞片小；花萼钟状，稀管状或漏斗状，外面常有微柔毛和黄色腺点，宿存，结果时稍增大；花冠白色，浅蓝色，淡蓝紫色或淡黄色，略长于萼，二唇形，上唇 2 裂，下唇 3 裂。果实球形、卵形至倒卵形。

约 250 种，主要分布于热带和温带地区。我国有 14 种，7 个变种，3 个变型。主产于长江以南，少数种类向西北经秦岭至西藏高原，向东北经华北至辽宁等地。

黄荆 *V. negundo*

【形态特征】小乔木或灌木状。小枝密被灰白色茸毛。掌状复叶，小叶 5 枚，少有 3 枚；小叶长圆状披针形或披针形，先端渐尖，基部楔形，全缘或具少数锯齿，下面密被茸毛。聚伞圆锥花序长 10～27 cm，花序梗密被灰色茸毛。花萼钟状，具 5 齿；花冠淡紫色，被茸毛，5 裂，二唇形；雄蕊伸出花冠。核果近球形。花期 4～5 月，果期 6～10 月。

图 8-319　黄荆

【分布】主要产于长江以南，北达秦岭、淮河。非洲东部经马达加斯加、亚洲东南部及南美洲的玻利维亚也有分布。

【生态习性】喜光，能耐半阴，好肥沃土壤，但亦耐干旱、耐瘠薄和寒冷，是北方低山干旱阳坡最常见的灌丛优势种。

【观赏特性及用途】黄荆树形疏散，叶茂花繁，淡雅秀丽，最适于植于山坡、湖塘边、游路旁点缀风景。园林中作盆栽的多是从山区挖取老桩，老桩姿态奇特，上盆后稍加整理即可观赏，管理比较粗放，也很适合家庭盆栽观赏。

【变种、变型及品种】荆条 *V. negundo* var. *heterophylla*：本变种主要特点是小叶片边缘有缺刻状锯齿，浅裂以至深裂，背面密被灰白色茸毛。产于辽宁、河北、山西、四川等地。生于山坡路旁。

[93] 醉鱼草科 Buddlejaceae

乔木、灌木或亚灌木。植株无内生韧皮部，常被星状毛、腺毛或鳞片。单叶，对生或轮生，稀互生，全缘或具锯齿，羽状脉；叶柄短，托叶生于2叶柄基部之间，呈叶状或托叶线。花两性，辐射对称，单生或多朵组成聚伞花序，再排成总状、穗状、圆锥状或头状花序。花4数；花萼及花冠裂片覆瓦状排列。蒴果，2瓣裂，稀浆果或核果。种子多粒。

二维码 B-93
醉鱼草科

约7属，150种，分布于热带至温带地区。我国产1属，29种。

醉鱼草属 *Buddleja*

灌木，稀乔木或亚灌木。植株常被星状毛、腺毛或分枝毛。枝条常对生，圆或4棱，具窄翅。单叶，对生，稀互生或簇生，羽状脉；托叶着生于2叶柄基部之间，呈叶状、耳状、舌状或托叶线。花4数，聚伞花序密集，组成圆锥状、总状、穗状或头状；苞片线形。花萼钟状，常密被星状毛；花冠高脚碟状或钟状，裂片辐射对称，覆瓦状排列；雄蕊着生花冠筒内壁，与花冠裂片互生，花丝短。蒴果，室间开裂，或浆果。

约100种，分布于美洲、非洲和亚洲的热带至温带地区。我国产29种，4个变种，除东北地区及新疆外，几乎全国各地均有。

(1)醉鱼草 *B. lindleyana*

【别名】闭鱼花。

【形态特征】灌木，达3 m。小枝4棱，具窄翅。幼枝、幼叶下面、叶柄及花序均被星状毛及腺毛。叶对生，膜质，卵形、椭圆形或长圆状披针形，先端渐尖或尾尖，基部宽楔形或圆，全缘或具波状齿。穗状聚伞花序顶生，长4～40 cm；花紫色，芳香；花冠长1.3～2 cm，内面被柔毛，花冠筒弯曲。蒴果，花萼宿存。花期4～10月，果期8月至翌年4月。

【分布】产于江苏、安徽、浙江、江西、福建、湖北、湖南、广东、广西、四川、贵州和云南等地。马来西亚、日本、美洲及非洲均有栽培。

图 8-320　醉鱼草

【生态习性】生于海拔200～2700 m山地路旁、河边灌木丛中或林缘。喜温暖湿润气候和深厚肥沃的土壤，适应性强。

【观赏特性及用途】全株有小毒，捣碎投入河中能使活鱼麻醉，便于捕捉，故有“醉鱼草”之称。在园林绿化中可用于装点山石、庭园、道路、花坛，池畔不宜栽植，以免花叶落水为害鱼类。

(2)密蒙花 *B. officinalis*

【形态特征】灌木，达4 m。小枝梢4棱，密被灰白色星状毛。叶对生，纸质，窄椭圆形，长4～19 cm，先端渐尖，基部楔形，常全缘，两面被毛。圆锥状聚伞花序，密被灰白色柔毛。花冠白或淡紫色，喉部橘黄色，长1～1.3 cm，花冠筒长0.8～1.1 cm，

图 8-321　密蒙花

裂片长 1.5～3 mm。蒴果椭圆形，2 瓣裂，被星状毛，花被宿存。花期 2～4 月，果期 4～8 月。

【分布】产于山西、陕西、甘肃、江苏、安徽、福建、河南、湖北、湖南、广东、广西、四川、贵州、云南和西藏等地。

【生态习性】生于海拔 200～2800 m 向阳山坡、河边、村旁的灌木丛中或林缘。适应性较强，石灰岩山地亦能生长。

【观赏特性及用途】全株供药用，尤以密生的花序和色泽灰黄、有短茸毛及质地柔软的花蕾为最佳品。为荒地绿化树种。

(3)白背枫 *B. asiatica*

【别名】驳骨丹、七里香。

图 8-322　白背枫

【形态特征】小乔木或灌木状，达 8 m。小枝 4 棱，老枝圆，小枝、叶下面、叶柄及花序均密被毛。叶对生，膜质或纸质，披针形，长 6～30 cm，先端渐尖，基部楔形下延，全缘或具细齿。圆锥状花序。花小，白色；花冠筒圆，长 3～6 mm，裂片长 1～1.7 mm。蒴果椭圆形。花期 1～10 月，果期 3～12 月。

【分布】产于陕西、江西、福建、台湾、湖北、湖南、广东、海南、广西、四川、贵州、云南和西藏等地。

【生态习性】生于海拔 200～3000 m 向阳山坡灌木丛中或疏林缘。

【观赏特性及用途】根和叶供药用，有祛风化湿、行气活络之功效。花芳香，可提取芳香油。园林造景中常栽培为绿篱。

【同属其他种】①大叶醉鱼草 *B. davidii*：灌木。幼枝、叶下面及花序均密被白色星状毛。叶对生，膜质，披针形，具细齿。圆锥花序顶生，花冠淡紫、黄白至白色。蒴果。花期 5～10 月，果期 9～12 月。性喜阳，温暖气候。②互叶醉鱼草 *B. alternifolia*：灌木。叶在长枝互生，在短枝簇生。长枝叶披针形，短枝叶椭圆形。花簇生状或聚伞花序。花芳香，萼钟状；花冠紫蓝色。蒴果。花期 5～7 月，果期 7～10 月。生于海拔 1 500～4 000 m 干旱山地灌木丛中或河滩边。

[94]木樨科 Oleaceae

乔木，直立或藤状灌木。叶对生，稀互生或轮生，单叶、三出复叶或羽状复叶，稀羽状分裂，全缘或具齿；具叶柄，无托叶。花辐射对称，两性，稀单性或杂性，通常聚伞花序排列成圆锥花序，或为总状、伞状、头状花序，顶生或腋生，稀花单生；花萼 4 裂，有时多达 12 裂，稀无花萼；花冠 4 裂，有时多达 12 裂，或有时在基部成对合生，稀无花冠，花蕾时呈覆瓦状或镊合状排列。果为翅果、蒴果、核果、浆果或浆果状核果。

约 27 属，400 余种，广布于两半球的热带和温带地区，亚洲地区种类尤为丰富。我国产 12 属，178 种，6 个亚种，25 个变种，15 个变型，其中 14 种，1 个亚种，7 个变型系栽培，南北各地均有分布。

二维码 B-94
木樨科

1. 梣属 *Fraxinus*

落叶乔木，稀灌木。芽大，多数具芽鳞 2～4 对，稀为裸芽。叶对生，奇数羽状复叶，稀在枝梢呈 3 枚轮生状；叶柄基部常增厚或扩大；小叶叶缘具锯齿或近全缘。圆锥花序；苞片线形至披针形，早落或缺；花梗细；花芳香，花萼小，钟状或杯状；花冠 4 裂至基部，白色至淡黄色，裂片线形、匙形或舌状，早落或退化至无花冠。果为含 1 粒或偶有 2 粒种子的坚果，扁平或凸起，先端迅速发育伸长成翅，翅长于坚果，故称单翅果。

约 60 种，大多数分布在北半球暖温带，少数伸展至热带森林中。我国产 27 种，1 个变种，其中 1 种系栽培，遍及各地。

(1)白蜡树 *F. chinensis*

【别名】川梣、青榔树、白荆树。

图 8-323　白蜡树

【形态特征】落叶乔木。羽状复叶长 12～35 cm；小叶 3～7 枚，硬纸质，卵形、长圆形或披针形，长3～12 cm，先端锐尖或渐尖，基部圆钝或楔形，具整齐锯齿。圆锥花序；花雌雄异株。雄花密集，花萼长约 1 mm，无花冠；雌花疏离，花萼长 2～3 mm，无花冠。翅果匙形，翅下延至坚果中部。花期 4～5 月，果期 7～9 月。

【分布】南北各地，多有栽培。越南、朝鲜也有分布。

【生态习性】见于海拔 800～1600 m 山地杂木林中。喜光树种，对霜冻较敏感。喜深厚、较肥沃、湿润的土壤，常见于平原或河谷地带，较耐轻盐碱性土。

【观赏特性及用途】该树种形体端正，树干通直，枝叶繁茂而鲜绿，秋叶橙黄，是优良的行道树、庭园树、公园树和遮阴树；可用于湖岸绿化和工矿区绿化。

(2)水曲柳 *F. mandshurica*

【别名】东北梣。

图 8-324　水曲柳

【形态特征】落叶大乔木，达 30 m 以上，胸径达 2 m；树皮纵裂。冬芽大，圆锥形。小枝粗壮，四棱形，散生皮孔；叶痕节状隆起。羽状复叶长 25～35 cm；小叶 7～11 枚，纸质，长圆形至卵状长圆形，长 5～20 cm，宽 2～5 cm，先端渐尖或尾尖，基部稍歪斜，叶缘具细锯齿。圆锥花序先叶开放，长 15～20 cm；雄花与两性花异株，均无花冠也无花萼。翅果大而扁，长圆形至倒卵状披针形，翅下延至坚果基部。花期 4 月，果期 8～9 月。

【分布】产于东北、华北、陕西、甘肃、湖北等地。朝鲜、俄罗斯、日本也有分布。

【生态习性】生于海拔 700～2100 m 的山坡疏林中或河谷平缓山地。

【观赏特性及用途】材质优良，心材黄褐色，边材淡黄色，纹理美丽，是名贵的商品材。

【同属其他种】①洋白蜡(毛白蜡、美国红梣) *F. pennsylvanica*：落叶乔木。羽状复叶；小叶 7～9 枚，薄革质，披针形，近全缘。圆锥花序与叶同放；具花萼；无花冠。翅果倒披针形。花期 4 月，果期 8～10 月。产于美国，树姿美丽。我国引种栽培已久，分布遍及全国各地。②小叶白蜡 *F. bungeana*：落叶小乔木。羽状复叶；小叶 5～7 枚，硬纸质，阔卵形，叶缘具深锯齿至缺裂状。圆锥花序，花冠淡黄色，裂片线形。翅果；花萼宿存。花期 5 月，果期 8～9 月。树形优美，可与大叶榆、枫杨、大叶白蜡等进行群落配植。③茸毛白蜡 *F. tomentosa*：落叶乔木，达 10 m，小枝密被短柔毛，雌雄异株，花杂性，圆锥花序侧生于去年枝上，先开花后展叶。枝繁叶茂，适应性强，特别耐盐碱，抗污染。④欧梣 *F. excelsior*：落叶大乔木。小叶 9～11(13)枚，卵状长椭圆形，仅背面中脉有长柔毛，无小叶柄。花杂性，无花被；圆锥花序生于去年生枝侧。翅果较宽。耐寒，抗风，生长较快，移栽易活。材质优良，秋叶黄色。国外有许多栽培变种，其中垂枝欧洲白蜡'Pendula'枝条下垂很长，有时可达地面；适于庭园栽植观赏。⑤花曲柳 *F. rhynchophylla*：落叶大乔木。羽状复叶；叶柄基部膨大；小叶革质，卵形，顶生小叶显著大于侧生小叶，叶缘粗锯齿。圆锥花序；无花冠。翅果。花期 4～5 月，果期 9～10 月。对气候、土壤要求不严，宜作行道树和庭园树。

2. 连翘属 *Forsythia*

直立或蔓性落叶灌木。枝中空或具片状髓。叶对生，单叶，稀 3 裂至三出复叶；具叶柄。花两性，1 至数朵着生于叶腋，先于叶开放；花萼深 4 裂，多少宿存；花冠黄色，钟状，深 4 裂。果为蒴果，2 室，室间开裂，每室具种子多粒；种子一侧具翅。

约 11 种，除 1 种产于欧洲东南部外，其余均产于亚洲东部，尤以我国种类最多，现有 7 种、1 个变型，其中 1 种系栽培。

连翘 *F. suspensa*

【形态特征】落叶灌木。枝开展或下垂，略呈四棱形，疏生皮孔，节间中空，节部具实心髓。常为单叶，或 3 裂至三出复叶，叶片卵形，先端锐尖，基部楔形，叶缘具锯齿，两面无毛。花通常单生或 2 至数朵着生于叶腋，先于叶开放；花萼绿色；花冠黄色，裂片 4 片。果卵球形，先端喙状渐尖。花期 3～4 月，果期 7～9 月。

【分布】产于河北、山西、陕西、山东、安徽西部、河南、湖北、四川。

【生态习性】生于山坡灌丛、林下或草丛中，或山谷、山沟疏林中，海拔 250～2200 m。喜光、耐寒、耐干旱。

【观赏特性及用途】春季开花，满枝金黄，甚美观，是华北习见的观赏花木。果实可入药。

【同属其他种】金钟花(迎春柳) *F. viridissima*：落叶灌木。小枝绿色四棱形，皮孔明显，具片状髓。单叶，上部常具粗齿，稀近全缘。花 1～3(4)朵生于叶腋，先叶开花；花冠深黄色。果卵圆形。花期 3～4 月，果期 8～11 月。喜光耐半阴。为春季观花灌木。

图 8-325 连翘

3. 丁香属 *Syringa*

落叶灌木或小乔木。小枝近圆柱形或带四棱形，具皮孔。冬芽被芽鳞。叶对生，单叶，稀复叶，全缘，稀分裂；具叶柄。花两性，聚伞花序排列呈圆锥花序；花萼小，钟状，齿裂，或近截形，宿存；花冠漏斗状或高脚碟状，裂片 4 片。蒴果，微扁，2 室，室间开裂；种子扁平，有翅。

约 19 种，不包括自然杂交种，东南欧产 2 种，日本、阿富汗各产 1 种，喜马拉雅地区产 1 种，朝鲜和我国共具 1 种、1 个亚种、1 个变种，其余均产于我国，主要分布于西南及黄河流域以北地区，故我国素有"丁香之国"之称。

紫丁香 *S. oblata*

【形态特征】灌木或小乔木。小枝、花序轴、花梗、苞片、花萼、幼叶两面及叶柄均密被腺毛。叶革质或厚纸质，卵圆形或肾形，长 2～14 cm，宽 2～15 cm，先端短凸尖或长渐尖，基部心形、平截或宽楔形；叶柄长 1～3 cm。圆锥花序直立，由侧芽抽生；花冠紫色，花冠筒圆柱形，长 0.8～1.7 cm，裂片直角开展，长 3～6 mm。果卵圆形或长椭圆形，顶端长渐尖。花期 4～5 月，果期 6～10 月。

图 8-326　紫丁香

【分布】产于东北、华北、西北（除新疆）以至西南达四川西北部（松潘、南坪）。长江以北各庭园普遍栽培。

【生态习性】生于山坡丛林、山沟溪边、山谷路旁及滩地水边，海拔 300～2400 m。喜光，稍耐阴，阴处或半阴处生长衰弱，开花稀少。喜温暖、湿润，有一定的耐寒性和较强的耐旱力。对土壤的要求不严，耐瘠薄，喜肥沃、排水良好的土壤，忌在低洼地种植，积水会引起病害，直至全株死亡。

【观赏特性及用途】因花筒细长如钉且香得名。又称丁香、洋丁香。著名的庭园花木。花序硕大、开花繁茂，花色淡雅、芳香，习性强健，栽培简易，因而在园林中广泛栽培应用。

【同属其他种】①垂丝丁香 *S. komarowii* subsp. *reflexa*：西蜀丁香变种，灌木。叶长圆形。圆锥花序微下垂至下垂；花冠外面呈淡红色或淡紫色，花冠管直径较西蜀丁香细。花期 5～6 月，果期 7 月至翌年 2 月。春季盛开时硕大花序布满全株，是庭园栽种的著名花木。②红丁香 *S. villosa*：灌木。叶卵形，先端尖，基部近圆。圆锥花序直立；花冠淡紫红或白色。花期 5～6 月，果期 9 月。抗性极强。③欧洲丁香（洋丁香）*S. vulgaris*：灌木或小乔木。叶卵形，先端渐尖，基部平截。圆锥花序近直立。花芳香；花冠紫色。花期 4～5 月，果期 6～7 月。产于东南欧。是优秀园艺品种。④花叶丁香 *S.* × *persica*：小灌木，高 1～2 m。枝细弱，开展，具皮孔，无毛。叶披针形，先端渐尖，基部楔形，全缘。圆锥花序；花芳香；冠淡紫色。果未见。花期 5 月。⑤什锦丁香 *S.* ×*chinensis*：灌木；树皮灰色。枝细长，开展，常弓曲，小枝有时呈四棱形。叶片卵状披针形，先端锐尖至渐尖，基部楔形，两面无毛。圆锥花序直立；花冠紫色，花冠管细。花期 5 月。产于欧洲。我国有栽培。⑥云南丁香 *S. yunnanensis*：灌木。小枝无毛。叶椭圆形，先端尖，基部楔形，两面无毛。圆锥花序由顶芽抽出；花序轴、花梗均紫色，被微柔毛。花冠白、淡紫红或淡粉红色。果长圆柱形。花期 5～6 月，果期 9 月。产于云南西北部、四川西南部、西藏东南部。

4. 流苏树属 *Chionanthus*

落叶灌木或乔木。叶对生，单叶；具叶柄。圆锥花序，疏松，由去年生枝梢的侧芽抽生；花较大，两性；花萼深 4 裂；花冠白色，花冠管短，裂片 4 片，深裂至近基部，裂片狭长；雄蕊 2 枚，稀 4 枚，着生于花冠管上。核果，内果皮厚，近硬骨质，具种子 1 粒。

2 种，1 种产于北美，1 种产于我国以及日本和朝鲜。

流苏树 *Ch. retusus*

【别名】如密花、四月雪。

【形态特征】落叶灌木或乔木。幼枝淡黄色或褐色，被柔毛。叶革质或薄革质，长圆形、椭圆形或圆形，长 3～12 cm，先端圆钝，有时凹下或尖，基部圆或宽楔形，全缘或有小齿，幼时上面沿脉被长柔毛，下面被长柔毛，老时仅沿脉具长柔毛；叶柄密被黄色卷曲柔毛。聚伞状圆锥花序顶生，近无毛；花单性或两性，雌雄异株。花梗纤细，无毛；花冠白色，4 深裂，裂片线状倒披针形。果椭圆形，被白粉，蓝黑色。花期 3～6 月，果期 6～11 月。

【分布】产于中国甘肃、陕西、山西、河北、河南以南至云南、四川、广东、福建、台湾。朝鲜、日本也有分布。

【生态习性】生于海拔 3000 m 以下的稀疏混交

图 8-327　流苏树

1. 花枝；2. 果枝；3. 花

林中或灌丛中，或山坡、河边。喜光，也较耐阴。喜温暖气候，也颇耐寒。喜中性及微酸性土壤，耐干旱瘠薄，不耐水涝。

【观赏特性及用途】适应性强，寿命长，成年树植株高大优美、枝叶繁茂，花期如雪压树，且花形纤细，秀丽可爱，气味芳香，是优良的园林观赏树种，不论点缀、群植、列植均具很好的观赏效果。还可以进行盆栽，制作盆景。

5. 女贞属 *Ligustrum*

落叶或常绿、半常绿的灌木、小乔木或乔木。叶对生，单叶，全缘；具叶柄。聚伞花序常排列成圆锥花序；花两性；花萼钟状；花冠白色，近辐状、漏斗状或高脚碟状，裂片 4 片；雄蕊 2 枚，着生于近花冠管喉部。浆果状核果。

约 45 种，主要分布于亚洲温暖地区，向西北延伸至欧洲，另经马来西亚至新几内亚、澳大利亚；东亚约有 35 种，为本属现代分布中心。我国产 29 种，1 个亚种，9 个变种，1 个变型，其中 2 种系栽培，尤以西南地区种类最多，约占东亚总数的 1/2。

(1) 女贞 *L. lucidum*

【别名】冬青、蜡树。

【形态特征】灌木或乔木，高达 25 m。枝圆柱形，疏生皮孔。叶片常绿，革质，卵形，长 6～17 cm，宽 3～8 cm，先端尖，基部近圆形，有时宽楔形或渐狭，叶缘平坦，上面光亮，两面无毛。圆锥花序顶生，长 8～20 cm，宽 8～25 cm；花序梗长 0～3 cm；花序基部苞片常与叶同型，小苞片披针形或线形，凋落；花无梗或近无梗；花冠长 4～5 mm，花冠管长 1.5～3 mm，裂片长 2～2.5 mm，反折。核果肾形，红黑色，被白粉。花期 5～7 月，果期 7 月至翌年 5 月。

图 8-328　女贞

【分布】产于我国长江以南至华南、西南地区，向西北分布至陕西、甘肃。朝鲜也有分布，印度、尼泊尔有栽培。

【生态习性】生于海拔 2900 m 以下疏、密林中。耐寒性好，耐水湿，喜温暖湿润气候，喜光耐阴。深根性树种，须根发达，生长快，萌芽力强，耐修剪，但不耐瘠薄。对大气污染的抗性较强。

【观赏特性及用途】女贞四季婆娑，枝干扶疏，枝叶茂密，树形整齐，是园林中常用的观赏树种，可用于庭园孤植或丛植。因其适应性强，生长快又耐修剪，也用作绿篱。但其落果多且被行人踏破后易留下紫黑痕迹，难以打扫，故选作行道树配置时需谨慎。

(2)小叶女贞 *L. quihoui*

【形态特征】半常绿灌木，高达 3 m。小枝圆，密被微柔毛，后脱落。叶薄革质，披针形、椭圆形、倒卵状长圆形或倒卵状披针形，长 1～4 cm，宽 0.5～2 cm，先端尖、钝或微凹，基部楔形，叶缘反卷，两面无毛，下面常具腺点。圆锥花序顶生。花近无梗；花萼长 1.5～2 mm，无毛；花冠长 4～5 mm，花冠筒与裂片近等长。果倒卵圆形、椭圆形或近球形，长 5～9 mm，成熟时黑紫色。花期 5～7 月，果期 8～11 月。

【分布】产于陕西南部、山东、江苏、安徽、浙江、江西、河南、湖北、四川、贵州西北部、云南、西藏察隅。

【生态习性】生于沟边、路旁或河边灌丛中，或山坡，海拔 100～2500 m。

【观赏特性及用途】小叶女贞主枝叶紧密、圆整，庭园中常栽植观赏，为园林绿化的重要绿篱材料；叶入药，具清热解毒等功效，治烫伤、外伤；树皮入药治烫伤。抗多种有毒气体，是优良的抗污染树种。其花香浓郁，医院、学校、疗养院等地种植需谨慎。

【同属其他种】①日本女贞 *L. japonicum*：常绿灌木。叶革质，平展，卵形。先端短尖或稍钝。圆锥花序；7～9 月开花。产于日本，我国有栽培。较喜阴湿环境，耐寒力较女贞强；生长慢。宜植于庭园观赏。②小蜡女贞 *L. sinense*：落叶灌木或小乔木。幼枝被黄色柔毛，老时近无毛。叶纸质，卵形，常沿中脉被柔毛。花序塔形。果近球形。花期 5～6 月，果期 9～12 月。多用作绿篱。③金森女贞 *L. japonicum* 'Howardii'：日本女贞的变种。大型常绿灌木。春季新叶鲜黄色，至冬季转为金黄色，叶片厚且具革质，具光泽，部分新叶沿中脉有浅绿色斑块。花期 3～5 月。④金叶女贞 *Ligustrum* × *vicaryi*：落叶灌木，是金边卵叶女贞与欧洲女贞的杂交种。叶卵状椭圆形嫩叶黄色，后渐变为黄绿色。须栽植于阳光充足处才能发挥其观叶的效果。⑤水蜡树 *L. obtusifolium*：落叶多分枝灌木。叶长椭圆形。花序轴、花梗、花萼均被柔毛；花冠筒比花冠裂片长 1.5～2.5 倍。果近球成熟时紫黑色。花期 5～6 月，果期 8～10 月。可用于风景林、公园、庭园、草地和街道，丛植、片植或作绿篱。

6. 素馨属 *Jasminum*

小乔木，直立或攀缘状灌木，常绿或落叶。小枝圆柱形或具棱角和沟。叶对生或互生，稀轮生，单叶，三出复叶或为奇数羽状复叶，全缘或深裂；叶柄有时具关节，无托叶。花两性，聚伞花序，聚伞花序再排列成圆锥状、总状、伞房状、伞状或头状；苞片常呈锥形或小叶状；花常芳香；花萼钟状、杯状或漏斗状，具齿 4～12 枚；花冠常呈白色或黄色，稀红色或紫色，高脚碟状或漏斗状，裂片 4～12 片。浆果双生或其中一个不育而成单生，成熟时呈黑色或蓝黑色。

约 200 种，分布于非洲、亚洲、澳大利亚以及太平洋南部诸岛屿；南美洲仅有 1 种。我国产 47 种，1 个亚种，4 个变种，4 个变型，其中 2 种系栽培，分布于秦岭山脉以南。

(1)茉莉花 *J. sambac*

【形态特征】灌木。小枝有时中空，疏被柔毛。叶对生，单叶，叶片纸质，椭圆形，两端圆或钝，基部有时微心形，细脉在两面常明显，微凸起，除下面脉腋间常具簇毛外，其余无毛；叶柄被短柔毛，具关节。聚伞花序顶生，通常有花 3 朵；花极芳香；花萼无毛或疏被短柔毛，裂片线形；花冠白色。果球形，

图 8-329 茉莉花

呈紫黑色。花期5～8月，果期7～9月。

【分布】产于印度，中国南方和世界各地广泛栽培。

【生态习性】暖湿润，在通风良好、半阴的环境生长最好。土壤以含有大量腐殖质的微酸性沙质土壤为最适合。

【观赏特性及用途】叶色翠绿，花色洁白，香味浓厚，为常见庭园及盆栽观赏芳香花卉。

(2)野迎春 *J. mesnyi*

【别名】云南黄馨，云南黄素馨，金梅花。

图 8-330 野迎春

【形态特征】常绿直立亚灌木，高0.5～5 m，枝条下垂。小枝四棱形，具沟，光滑无毛。叶对生，三出复叶或小枝基部具单叶；叶缘反卷，具睫毛；小叶片长卵形或长卵状披针形，先端具小尖头，基部楔形，顶生小叶片长2.5～6.5 cm，宽0.5～2.2 cm，基部延伸成短柄，侧生小叶片较小，无柄；单叶为宽卵形或椭圆形，长3～5 cm，宽1.5～2.5 cm。花通常单生于叶腋；花冠黄色，漏斗状，径2～4.5 cm，花冠管长1～1.5 cm，裂片6～8片，栽培时出现重瓣。果椭圆形。花期11月至翌年8月，果期3～5月。

【分布】产于四川西南部、贵州、云南。我国各地均有栽培。

【生态习性】生于峡谷、林中，海拔500～2600 m。喜温暖向阳、空气湿润，要求土层深厚肥沃及排水良好的土壤。稍能耐阴，不甚耐寒。

【观赏特性及用途】枝长而柔弱，下垂或攀缘，碧叶黄，在我国南方园林中颇为常见，植于路缘，岸边、坡地及石隙均极优美。北方常温室盆栽观赏。本种和迎春花 *J. nudiflorum* 很相似，主要区别在于本种为常绿植物，花较大，花冠裂片极开展，长于花冠管；后者为落叶植物，花较小，花冠裂片较不开展，短于花冠管；在地理分布上本种限于我国西南部，而后者分布至较北地区。

图 8-331 素方花

(3)素方花 *J. officinale*

【形态特征】攀缘灌木，高0.4～5 m。小枝具棱或沟，无毛，稀被微柔毛。叶对生，羽状深裂或羽状复叶，小叶通常5～7枚，卵状椭圆形至披针形，长1～3 cm，小枝基部常有不裂的单叶；叶轴常具狭翼。聚伞花序顶生，稀腋生，有花1～10朵；花冠白色，或外面红色，内面白色，裂片常5片，狭卵形。果球形或椭圆形，成熟时由暗红色变为紫色。花期5～8月，果期9月。

【分布】产于四川、贵州西南部、云南、西藏。世界各地广泛栽培。

【生态习性】生于山谷、沟地、灌丛中或林中，或高山草地，海拔1800～3800 m。喜温暖湿润气候。

【观赏特性及用途】枝叶茂密，在园林中可列植于围墙旁，遍植于山坡地，散植于湖塘边，丛植于大树下，是攀缘绿化的好材料。

【同属其他种】①华素馨 *J. sinense*：缠绕藤本。小枝密被柔毛。叶对生，三出复叶；小叶片纸质，卵形，叶缘反卷，被柔毛。聚伞花序，稀单花腋生；花芳香；花冠白色，高脚碟状，裂片5片。果近球形，黑色。花期6～10月，果期9月至翌年5月。可用于垂直绿化、花架、围篱等。②迎春 *J. nudiflorum*：落叶灌木，枝条下垂。小枝四棱形。叶对生，三出复叶，小枝基部常具单叶。花多单生叶腋；花冠黄色。花期6月。可种植于道旁、池畔。③探春（迎夏）*J. floridum*：灌木，小叶扭曲，4棱。羽状复叶互生，小叶3或5，稀7，小枝基部常有单叶。聚伞花序顶生，冠黄色，近漏斗状。果熟时黑色。花期5～9月，果期9～10月。

7. 雪柳属 *Fontanesia*

落叶灌木，有时呈小乔木状。小枝四棱形。叶对生，单叶，常为披针形，全缘或具齿；无柄或具短柄。花小，多朵组成圆锥花序或总状花序，顶生或腋生；花萼4裂，宿存；花冠白色、黄色或淡红白色，深4裂，基部合生。果为翅果，扁平，环生窄翅，每室通常仅有种子1粒。

2种。我国和地中海地区各产1种。

雪柳 *F. fortunei*

【形态特征】落叶灌木或小乔木，达8 m。枝灰白色，圆柱形，小枝具棱角，无毛。叶片纸质，披针形，先端锐尖至渐尖，基部楔形，全缘，两面无毛。圆锥花序顶生或腋生；花两性或杂性同株；花冠深裂至近基部，裂片卵状披针形。果黄棕色，倒卵形，扁平，花柱宿存，边缘具窄翅。花期4～6月，果期6～10月。

【分布】产于河北、陕西、山东、江苏、安徽、浙江、河南及湖北东部。

【生态习性】生于水沟、溪边或林中，海拔在800 m以下。喜光，稍耐阴；喜肥沃、排水良好的土壤；喜温暖，亦较耐寒。

【观赏特性及用途】叶形似柳，花繁茂如雪，为优良观花灌木，常栽培作绿篱，也可丛植于池畔、坡

图 8-332 雪柳

地、路旁或树丛边缘。

8. 木樨属 *Osmanthus*

常绿灌木或小乔木。叶对生，单叶，叶片革质，两面通常具腺点；具叶柄。花两性，通常雌蕊或雄蕊不育而成单性花，雌雄异株或雄花、两性花异株，聚伞花序簇生于叶腋，或再组成腋生或顶生的短小圆锥花序；苞片2枚，基部合生；花萼钟状，4裂；花冠白色或黄白色，少数栽培品种为橘红色，呈钟状，圆柱形或坛状，裂片4片。核果，椭圆形或歪斜椭圆形，内果皮坚硬或骨质，常具种子1粒。

约30种，分布于亚洲东南部和美洲。我国产25种及3个变种，其中1种系栽培，主产于南部和西南地区。

木樨 *O. fragrans*

【别名】桂花。

【形态特征】常绿乔木或灌木。小枝无毛。叶长圆形或椭圆状披针形，长7～15 cm，宽3～5 cm，先端渐尖，基部楔形，全缘或上部具细齿，两面无毛，腺点在两面连成小水泡状突起；花极芳香；花冠黄白、淡黄、黄或橘红色，长3～4 mm。花冠筒长0.5～1 mm。果斜椭圆形，长1～1.5 cm，成熟时紫黑色。花期9～10月，果期翌年3～5月。

【分布】产于我国西南部。现各地广泛栽培。

【生态习性】桂花喜温暖，抗逆性强，既耐高温，也较耐寒。较喜阳光，亦能耐阴，在全光照下其枝

图 8-333 木樨

叶生长茂盛，开花繁密，在阴处生长枝叶稀疏、花稀少。好湿润，忌积水，但也有一定的耐干旱能力。桂花对土壤的要求不太严，但以土层深厚、疏松肥沃、排水良好的微酸性沙质壤土最为适宜。

【观赏特性及用途】中国传统十大名花之一，周《客座新闻》中记载："衡神词其径，绵亘四十余里，夹道皆合抱松桂相间，连云遮日，人行空翠中，而秋来香闻十里，其数竟达 17000 株，真神幻佳景。"可见当时已有松桂相配用作行道树。传统配置中自古就有"两桂当庭""双桂留芳"的称谓，也常把玉兰、海棠、牡丹、桂花四种传统名花同植庭前，以取玉、堂、富、贵之谐音，喻吉祥之意。现代利用桂花枝叶繁茂、四季常青等优点，用作绿化树种。其配置形式不拘一格，或对植，或散植，或群植、列植。

【变种、变型及品种】应用较多的有：①丹桂'Aurantiacus'：秋季开花，花色较深，橙黄、橙红至朱红色，气味浓郁，叶片厚，花冠稍内扣；香味淡。花期 9 月下旬至 10 月上旬。②银桂'Latifolius'：常绿小乔木，树冠大枝开展，枝叶稠密。树皮浅灰色，皮孔多且大，形似雪花，非常明显。春梢新梢褐红色。叶厚革质，较宽阔且厚实；叶缘浅波状，偶先端有疏齿；开花在 9 月上中旬，花色乳黄至柠檬黄，香气浓郁；花后不结实。③四季桂'Semperfloren'：丛生灌木状，树形低矮，分枝短密。新叶深红色，老熟叶绿色或黄绿色；叶片呈椭圆状阔卵圆形，全缘或疏生锯齿。花芽常单生或 2～3 枚叠生，每年 9 月至翌年 3 月分批开花。花色较淡，为乳黄色至柠檬黄色，花香不及银桂、金桂、丹桂浓郁。

【同属其他种】①云南桂花（野桂花）*O. yunnanensis*：常绿乔木。幼枝被柔毛。叶卵状披针形或椭圆形，全缘或具齿，腺点在两面均针尖状突起。花 5～12 朵簇生叶腋；花冠黄白色。果长卵形，成熟时紫黑色。花期 4～5 月，果期 7～8 月。②蒙自桂花 *O. henryi*：常绿小乔木。枝有皮孔。叶厚革质。花序簇生于叶腋，每腋内有花 4～5 朵；苞片卵形，先端有明显长尖头，被柔毛；花冠白色或淡黄色。花期 10～11 月，果期 5 月。多用作道旁、庭园绿化。

9. 木樨榄属 *Olea*

乔木或灌木。叶对生，单叶，叶片常为革质，稀纸质，全缘或具齿，常被细小的腺点，有时具鳞片状毛；具叶柄。圆锥花序顶生或腋生，有时为总状花序或伞形花序；花小，两性、单性或杂性，白色或淡黄色，干时常呈玫瑰红色；花萼小，钟状，4 裂，裂片齿状，宿存；花冠管短，裂片 4 片，稀无花冠。核果，球形；种子通常仅 1 粒发育。

约 40 种，分布于亚洲南部、大洋洲、南太平洋岛屿以及热带非洲和地中海地区。我国产 15 种，1 个亚种，1 个变种，分布于华南、西南至西藏，其中 1 种及 1 个亚种系栽培。

(1)木樨榄 *O. europaea*

【别名】油橄榄。

【形态特征】常绿小乔木，高可达 10 m；树皮灰色。枝近圆柱形，散生圆形皮孔，小枝具棱角，密被银灰色鳞片，节处稍压扁。叶片革质，披针形，有时为长圆状椭圆形或卵形，长 1.5～6 cm，宽 0.5～1.5 cm，先端锐尖至渐尖，具小凸尖，基部渐窄或楔形，全缘，叶缘反卷，上面深绿色，稍被银灰色鳞片，下面浅绿色，密被银灰色鳞片，两面无毛。圆锥花序腋生或顶生，长 2～4 cm，花芳香，白色，两性；果椭圆形，长 1.6～2.5 cm，径 1～2 cm，成熟时呈蓝黑色。花期 4～5 月，果期 6～9 月。

【分布】可能产于小亚细亚，后广栽于地中海地区，现全球亚热带地区都有栽培。我国长江流域以南地区也栽培。

【生态习性】喜光、喜温暖，喜土层深厚、排水良

图 8-334　木樨榄

图 8-335　锈鳞木樨榄

好的石灰质土壤，稍耐干旱，不耐水湿。

【观赏特性及用途】世界著名的油料兼果用树种，栽培品种有较高食用价值，可榨取橄榄油。可用作行道树、庭荫树，营造独特异域风情。

(2)锈鳞木樨榄 *O. europaea*

【别名】尖叶木樨榄。

【形态特征】灌木或小乔木，高 3～10 m。小枝褐色或灰色，近四棱形，无毛，密被细小鳞片。叶片革质，狭披针形至长圆状椭圆形，长 3～10 cm，宽 1～2 cm，先端渐尖，具长凸尖头，基部渐窄，叶缘稍反卷，两面无毛或在上面中脉被微柔毛，下面密被锈色鳞片。圆锥花序腋生；花白色，两性；花萼无毛，小，杯状，长约 1 mm，裂齿，极短，宽三角形或近截形；花冠长 2.5～3.5 mm，花冠管与花萼近等长，裂片椭圆形，长 1.5～2 mm，宽约 1.5 mm。果宽椭圆形或近球形，长 7～9 mm，径 4～6 mm，成熟时呈暗褐色；果梗长 1～5 mm。花期 4～8 月，果期 8～11 月。

【分布】产于云南。印度、巴基斯坦、阿富汗等地也有分布。

【生态习性】生于林中或河畔灌丛，海拔 600～2800 m。喜温暖日照强烈、湿润气候，适应性强。

【观赏特性及用途】优良园林绿化树种，枝密叶浓、叶面光亮，树形美观，且生长快，萌芽力强，耐修剪，适应性强，可修剪成千姿百态的观赏树形，在南宁、湛江及广州表现良好，有较强抗热性和耐寒性。

【同属其他种】云南木樨榄 *O. yuennanensis*：灌木。小枝被微柔毛或无毛。叶倒披针形。圆锥花序腋生；花杂性异株，白、淡黄或红色。果成熟时紫黑色。花期 3～7 月，果期 5～12 月。

［95］玄参科 Scrophulariaceae

草本、灌木或少有乔木。叶互生、下部对生而上部互生，或全对生，或轮生，无托叶。花序总状、穗状或聚伞状，常合成圆锥花序，向心或更多离心。花常不整齐；萼下位，常宿存，基数 5，少有 4；花冠 4～5 裂，裂片多少不等或作二唇形。蒴果，少有浆果状；种子细小，有时具翅或有网状种皮。

二维码 B-95
玄参科

约 200 属 3000 种，广布于全球各地。我国有 56 属。

泡桐属 *Paulownia*

落叶乔木，但在热带为常绿，树冠圆锥形，幼时树皮具显著皮孔，老时纵裂；通常假二歧分枝，枝对生，常无顶芽；除老枝外全体均被毛。叶对生，大而有长柄，生长旺盛的新枝上有时3枚轮生，长卵状心形，全缘、波状或3～5浅裂，在幼株中常具锯齿，多毛，无托叶。花3（1）～5（8）朵成小聚伞花序，萼钟形；花冠大，紫色或白色，漏斗状，檐部二唇形。蒴果卵圆形，室背开裂；种子有膜质翅。

共7种，均产我国，除东北北部、内蒙古、新疆北部、西藏等地区外全国均有分布，栽培或野生，有些地区正在引种。APG系统中，泡桐属已并入泡桐科Paulowniaceae。

白花泡桐 *P. fortunei*

【形态特征】乔木，高达30 m，树冠圆锥形，主干直，树皮灰褐色；幼枝、叶、花序各部和幼果均被黄褐色星状茸毛。叶长卵状心形，长达20 cm，顶端长渐尖或锐尖头，其凸尖长达2 cm，新枝上的叶有时2裂，下面有星毛及腺，成熟叶片下面密被茸毛，有时毛很稀疏至近无毛；叶柄长达12 cm。花序狭长几成圆柱形，长约25 cm，小聚伞花序有花3～8朵；花冠管状漏斗形，白色仅背面稍带紫色或浅紫色，长8～12 cm，管部在基部以上不突然膨大，而逐渐向上扩大，稍稍向前曲，外面有星状毛，腹部无明显纵褶，内部密布紫色细斑块。蒴果。花期3～4月，果期7～8月。

图8-336 白花泡桐

【分布】分布于安徽、浙江、福建、台湾、江西、湖北、湖南、四川、云南、贵州、广东、广西，野生或栽培，在山东、河北、河南、陕西等地近年有引种。

【生态习性】生于低海拔林中。喜光，耐寒性不强。

【观赏特性及用途】幼年生长极快。春天白花满树，夏日浓荫如盖，常作庭荫树及行道树。木材轻软，耐湿，不翘不裂；树皮及花可入药。

［96］爵床科 Acanthaceae

叶对生，无托叶。花两性，左右对称，通常组成总状花序、穗状花序、聚伞花序，伸长或头状，有时单生或簇生而不组成花序；苞片通常大，有时有鲜艳色彩，或小；小苞片2枚或有时退化；花萼通常5裂或4裂，稀多裂或环状而平截，裂片镊合状或覆瓦状排列；花冠合瓣，2唇形或近相等的5裂，裂片覆瓦状排列或旋转排列，雄蕊4或2枚，子房上位，2室，胚珠1至多粒。果为蒴果，开裂时将种子弹出，有种钩。

250属3000余种，广布于热带和亚热带地区。是一个主要分布于热带地区的大科。我国有61属400余种，以云南省最多，四川、贵州、广西、广东和台湾等地也很丰富，只有少数的种类分布至长江流域。

二维码B-96
爵床科

1. 少君木属 *Sanchezia*

穗状花序顶生，花单生或簇生，萼深5裂，花冠管狭长，喉部扩大呈钟形，裂片5片，螺旋状排列，发育雄蕊2枚，位于前方，不育雄蕊2枚，子房有胚珠3～4粒，花柱顶端2裂，前裂片长。在我国常不结实。

约30种，分布于南美洲。我国南部和台湾有栽培1种。

长圆叶黄脉爵床 *S. oblonga*

【别名】金叶木、黄脉爵床、斑马爵床。

【形态特征】常绿小灌木，高约1 m，嫩枝四棱形，红色。叶对生，卵状披针形，长20～30 cm，先端急尖或短渐尖，基部楔形，叶缘锯齿，叶面绿色，中脉、侧脉及边缘均为鲜黄色或乳白色。穗状花序，花萼褐红色，花冠管状，二唇形，黄色。花期 3～9 月。叶片嫩绿色，叶脉橙黄色。夏秋季开出黄色的花，花为管状，簇生于短花茎上，每簇 8～10 朵，整个花簇为一对红色的苞片包围。

【分布】产于巴西。现热带地区广泛栽培。

【生态习性】喜半阴，忌强光直射，否则易灼伤叶面。不耐寒。喜高温多湿气候，宜植于半遮阴和湿润之地，要求深厚肥沃的沙质土壤。

【观赏特性及园林用途】是珍稀名贵的观花观叶植物之一。叶脉及花都是金黄色，鲜艳美丽，叶形和叶色奇特，花开放时呈宝塔形，是叶、花俱佳的观赏花卉。可于庭园半阴处栽培供观赏。因植株矮小，适于作高档盆花发展。

2. 老鸦嘴属 *Thunbergia*

木质或草质藤本。叶对生，单叶。花黄色、白色或紫色，单生于叶腋内或为总状花序，有叶状苞片 2 枚，萼截平或 10～15 齿裂，花冠大，漏斗状或钟状，雄蕊 4 枚，两两成对，胚珠每室 2 粒。蒴果有喙。种子无种钩。

约 200 种，分布于东半球热带地区。我国约 6 种，产于西南和南部。

大花老鸦嘴 *Th. grandiflora*

【别名】大邓伯花、通背消。

【形态特征】常绿木质大藤本。叶大，对生，阔卵形，长 12～18 cm，两面粗糙，边缘浅裂。总状花序长而下垂，花大，长 5～8 cm，花冠呈略偏斜的高脚碟状，筒部一侧膨大，檐淡黄色。全年均可开花，5～11 月为盛花期。蒴果。

【分布】产于印度和孟加拉国，现广植于热带和亚热带地区。我国南方常见栽培。

【生态习性】喜光，喜高温多湿气候。以富含腐殖质的土壤为宜。

【观赏特性及园林用途】花期长，花大而美丽。为花架、花廊、围墙或花门的垂直绿化材料。

【同属其他种】硬枝老鸭嘴(蓝吊钟)*T. erecta*：常绿灌木，高 1～2 m，幼茎四棱形。花单生于叶腋，花冠二唇形，管部白色，檐部蓝紫色，喉部黄色。产于非洲热带；我国南方常见栽培。

图 8-337 大花老鸦嘴

1. 叶枝；2. 花枝；3. 雌蕊；4. 子房纵剖；5. 子房横剖

3. 红楼花属 *Odontonema*

常绿灌木；单叶对生；穗状花序，花红色，花梗细长；花萼钟状，5 裂；花冠长管形，二唇形，上唇 2 裂，下唇 3 裂；可孕雄蕊 2 枚，不孕雄蕊 2 枚；雌蕊心皮 2 枚，合生；花柱 1 枚，柱头 2 裂，子房 2 室，上位；蒴果，背裂 2 瓣。

约 40 种。*Odontonema* 属的中文名称不一，有红楼花属、红筒花属、鸡冠爵床属和齿丝属等。

红苞花 *O. strictum*

【别名】鸡冠红、红楼花。

【形态特征】常绿灌木。茎枝自地下伸长，圆柱形，茎节肿大，自然分枝少。叶对生，卵状披针或卵圆状，叶面有波皱，先端渐尖，长 8～12 cm。穗状花序顶生，具多而密的花，花鲜红色，花梗细长；花萼钟状，5 裂；花冠长管形，二唇形，上唇 2 裂，下唇 3 裂；可孕雄蕊 2 枚，不孕雄蕊 2 枚；花柱 1 枚，柱头 2 裂，子房 2 室，上位；蒴果，背裂 2 瓣。花期 9～12 月。

【分布】产于中美洲热带雨林地区，我国热带地区广泛栽培。

【生态习性】喜温暖和充足的阳光，阳光不足则不能开花。宜疏松和排水良好的土壤，腐殖土或泥炭均可。

图 8-338　红苞花

【观赏特性及园林用途】花形独特，花色鲜黄，花期很长，从春至秋不断开花，为优良观花灌木，暖地可庭园栽种，北方则作温室盆栽花卉。

4. 金苞花属（厚穗爵床属）*Pachystachys*

常绿低矮小灌木，高 20～70 cm，茎直立，方形；分枝多，基部逐渐木质化。叶对生，阔披针形或长卵形，长 10～20 cm，先端尖；叶脉明显，叶缘波浪形，叶面皱褶。穗状花序顶生，有数层密集苞片，苞片心形，金黄色，紧密排列成 4 纵列，花冠伸出苞片之外，白色，二唇形。

金苞花 *P. lutea*

【别名】黄虾花、金苞虾衣花。

【形态特征】常绿低矮小灌木，高 20～70 cm，茎直立，方形；分枝多，基部逐渐木质化。叶对生，阔披针形或长卵形，长 10～20 cm，先端尖；叶脉明显，叶缘波浪形，叶面皱褶。穗状花序顶生，有数层密集苞片，苞片心形，金黄色，紧密排列成 4 纵列，花冠伸出苞片之外，白色，二唇形。春秋开花。

【分布】产于秘鲁、墨西哥。现多地有引种广泛栽培。

【生态习性】喜温暖和充足的阳光，阳光不足则不能开花。宜疏松和排水良好的土壤，腐殖土或泥炭均可。

【观赏特性及园林用途】花序大而密集，花色鲜艳美丽，花期很长，从春至秋不断开花，暖地可庭园栽种，北方则作温室盆栽花卉。

［97］紫葳科 Bignoniaceae

乔木、灌木或木质藤本，稀为草本；常具有各式卷须及气生根。叶对生、互生或轮生，单叶或羽叶复叶，稀掌状复叶；顶生小叶或叶轴有时呈卷须状，卷须顶端有时变为钩状或为吸盘而攀缘他物。花两性，左右对称，通常大而美丽，组成顶生、腋生的聚伞花序、圆锥花序或总状花序或总状式簇生。花冠合瓣，钟状或漏斗状，常二唇形，5 裂。蒴果，室间或室背开裂。种子具翅或两端有束毛。

约 120 属，650 种，广布于热带、亚热带，少数种类延伸到温带，但欧洲、新西兰不产。中国有 12 属，约 35 种，南北均产，但大部分种类集中于南方各地；引进栽培的有 16 属，19 种。

二维码 B-97
紫葳科

1. 菜豆树属 *Radermachera*

直立乔木，当年生嫩枝具黏液。叶对生，为 1～3 回羽状复叶；小叶全缘，具柄。聚伞圆锥花序顶生或侧生，但决不生于下部老茎上，具线状或叶状苞片及小苞片。花萼在芽时封闭，钟状，顶端 5 裂或平截。花冠漏斗状钟形或高脚碟状，裂片 5 片，圆形，平展。蒴果细长，圆柱形，有时旋钮状，有 2 棱。

约 16 种，产于亚洲热带地区，包括中国、印度、菲律宾、马来西亚、印度尼西亚。我国有 7 种，产于广东、广西、云南、台湾。

菜豆树 *R. sinica*

【别名】山菜豆、辣椒树、朝阳花。

【形态特征】小乔木，高达 10 m。2 回羽状复叶，稀为 3 回羽状复叶；小叶卵形至卵状披针形，顶端尾状渐尖，基部阔楔形，全缘，向上斜伸，两面均无毛。顶生圆锥花序；苞片线状披针形，早落，苞片线形。花萼蕾时封闭，锥形，内包有白色乳汁，萼齿 5，卵状披针形。花冠钟状漏斗形，白色至淡黄色。蒴果细长，下垂，圆柱形，稍弯曲，多沟纹，渐尖。种子椭圆形。花期 5～9 月，果期 10～12 月。

图 8-339　菜豆树

1.花枝;2.果实;3.花;4.种子

【分布】产于中国台湾、广东、贵州、云南。

【生态习性】性喜高温多湿,阳光充足的环境。畏寒冷,忌干燥。喜疏松肥沃,排水良好的壤土和沙质壤土。

【观赏特性及园林用途】树姿优雅,叶片茂密青翠;花朵大,花香淡雅,花色美且多,花期长,是热带、南亚热带地区城镇街道、公园、庭园等园林绿化的优良树种。

2. 火焰树属 *Spathodea*

常绿乔木。奇数羽状复叶大型,对生。伞房状总状花序顶生,密集。花萼大,佛焰苞状。花冠阔钟状,橘红色,基部急骤收缩为细筒状,裂片5片,不等大,阔卵形,具纵皱褶。雄蕊4枚,其中2枚雄蕊强,着生于花冠筒上。蒴果,细长圆形,扁平,室背开裂。种子多数,具膜质翅。约20种,大部分产于热带非洲、巴西,在印度、澳大利亚也有少量分布。中国栽培1种。

火焰树 *S. campanulata*

【别名】喷泉树、火烧花。

【形态特征】乔木。树皮平滑,灰褐色。奇数羽状复叶,对生;小叶13～17枚,叶片椭圆形至倒卵形,顶端渐尖,基部圆形,全缘。伞房状总状花序,顶生,密集。花萼佛焰苞状。花冠一侧膨大,基部紧缩成细筒状,檐部近钟状,橘红色。蒴果黑褐色;种子具周翅,近圆形。花期4～5月。

图 8-340　火焰树

1.花枝;2.花(花冠剖开);3.雄蕊;
4.花盘和雌蕊;5.子房横切面

【分布】产于非洲,现广泛栽培于印度、斯里兰卡。中国广东、福建、台湾、云南有栽培。

【生态习性】生性强健,喜光照;耐热、耐干旱、耐水湿、耐瘠薄,但栽培以排水良好的壤土或沙质壤土为佳;但不耐寒,生长适温23～30 ℃。

【观赏特性及园林用途】花美丽,树形优美。可用于行道树及庭园绿化。

3. 梓属 *Catalpa*

落叶乔木。单叶对生,稀3叶轮生,揉之有臭气味,叶下面脉腋间通常具紫色腺点。花两性,组成顶生圆锥花序、伞房花序或总状花序。花萼2唇形或不规则开裂,花蕾期花萼封闭成球状体。花冠钟状,二唇形,上唇2裂,下唇3裂。花盘明显。果为长柱形蒴果。

约13种,分布于美洲和东亚。我国引入共5种及 1 个变型，除南部外，各地均有。

(1)黄金树 *C. speciosa*

【别名】白花梓树。

【形态特征】乔木；树冠伞状。叶卵心形至卵状长圆形，顶端长渐尖，基部截形至浅心形，上面亮绿色，无毛，下面密被短柔毛。圆锥花序顶生；苞片 2 枚，线形。花萼 2 裂，裂片 2 片，无毛。花冠白色，喉部有 2 黄色条纹及紫色细斑点，裂片开展。蒴果圆柱形，黑色。种子椭圆形。花期 5～6 月，果期 8～9 月。

【分布】产于美国中部至东部。我国台湾、河南、山西、陕西、新疆、云南等地均有栽培。

图 8-341　黄金树

1. 花枝；2. 叶；3. 花冠展开示雄蕊；4. 花萼展开示雌蕊；5. 花药背腹面；6. 蒴果；7. 种子

【生态习性】强喜光树，耐寒性较差，喜深厚肥沃，疏松土壤。

【观赏特性及园林用途】黄金树株型优美。各地园林多植作庭荫树及行道树。

(2)梓 *C. ovata*

【别名】楸、水桐、黄花楸、木角豆。

图 8-342　梓

1. 叶；2. 花枝；3. 蒴果；4. 花冠展开示雄蕊；5. 发育雄蕊；6. 花萼展开示雌蕊；7. 种子；8. 叶下面部分放大

【形态特征】乔木；树冠伞形，主干通直，嫩枝具稀疏柔毛。叶对生或近于对生，有时轮生，阔卵形，长宽近相等，顶端渐尖，基部心形，全缘或浅波状，常 3 浅裂，微被柔毛或近于无毛。顶生圆锥花序。花萼蕾时圆球形，2 唇开裂。花冠钟状，淡黄色，内面具 2 黄色条纹及紫色斑点。蒴果线形，下垂。种子长椭圆形。

【分布】产于长江流域及以北地区；日本也有。

【生态习性】喜光，稍耐阴；适生于温带地区，颇耐寒，在暖热气候下生长不良；喜深厚、肥沃、湿润土壤，不耐干旱瘠薄，能耐轻盐碱土。

【观赏特性及园林用途】梓树树冠宽大，可作行道树，庭荫树及村旁、宅旁绿化材料。

(3)楸树 *C. bungei*

【别名】楸、木王。

【形态特征】小乔木。叶三角状卵形或卵状长

图 8-343　楸树

1. 花枝；2. 果枝；3. 花冠展开示雄蕊；4. 种子

圆形，顶端长渐尖，基部截形、阔楔形或心形，叶面深绿色，叶背无毛。顶生伞房状总状花序。花萼蕾时圆球形，顶端有 2 尖齿。花冠淡红色，内面具有 2 黄色条纹及暗紫色斑点。蒴果线形。种子狭长椭圆形，两端生长毛。花期 5～6 月，果期 6～10 月。

【分布】产于陕西、甘肃、江苏、浙江、湖南。在广西、贵州、云南栽培。

【生态习性】喜光，幼苗耐荫蔽，以后需较多的光照；喜温暖湿润气候，不耐严寒，不耐干旱和水湿；喜深厚、湿润、肥沃的中性土，及微酸性土及钙质土。

【观赏特性及园林用途】树姿挺拔，干直荫浓，花白紫相间。宜作庭荫树及行道树；孤植于草坪中也极适宜。

【同属其他种】灰楸 *C. fargesii*：乔木。花冠淡红色至淡紫色，内面具紫色斑点。蒴果细圆柱形。种子椭圆状线形，薄膜质。花期 3～5 月，果期 6～11 月。产于广西、四川、贵州、云南。

4. 蓝花楹属 *Jacaranda*

乔木或灌木。叶互生或对生，2 回羽状复叶，稀为 1 回羽状复叶；小叶多数。花蓝色或青紫色，组成顶生或腋生的圆锥花序。花萼小，截平形或 5 齿裂，萼齿三角形。花冠漏斗状，裂片 5 片，外面密被细柔毛。蒴果木质，扁卵圆球形，迟裂；种子扁平，周围具透明的翅。

约 50 种，分布于热带美洲。我国引入栽培 2 种。为美丽的庭园观赏树。

蓝花楹 *J. mimosifolia*

【形态特征】落叶乔木。叶对生，为 2 回羽状复叶，小叶椭圆状披针形至椭圆状菱形，顶端急尖，基部楔形，全缘。花蓝色。花冠筒细长，蓝色，下部微弯，上部膨大，花冠裂片圆形。蒴果木质。花期 5～6 月。

【分布】产于南美洲巴西、玻利维亚、阿根廷。我国广东、海南、广西、福建、云南南部栽培，供庭园观赏。

【生态习性】喜光，喜温热多湿气候，不耐寒。

【观赏特性及园林用途】绿荫如伞，叶纤细似

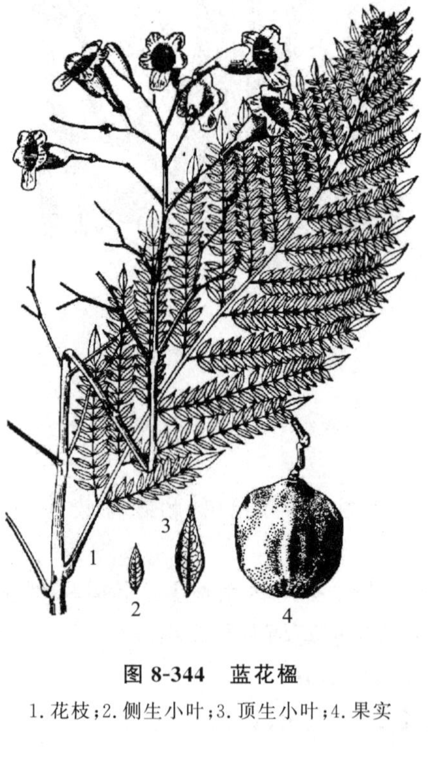

图 8-344　蓝花楹

1. 花枝；2. 侧生小叶；3. 顶生小叶；4. 果实

羽，蓝花朵朵。秀丽清雅，又花开于夏季少花季节，是美丽的庭园观赏树。华南城市常栽作行道树及庭荫树；草坪上丛植数株，格外适宜。

5. 猫尾木属 *Markhamia*

乔木。叶对生，为奇数 1 回羽状复叶。花大，黄色或黄白色，由数花排成顶生总状聚伞花序。花萼芽时封闭，开花时一边开裂至基部而呈佛焰苞状，外面密被灰褐色绵毛。花冠筒短，钟状，裂片 5 片，近相等，圆形，厚而具皱纹。蒴果长柱形，外面被灰黄褐茸毛，似猫尾状，隔膜木质。约 12 种，分布于非洲和亚洲。我国产 2 种及 2 个变种。

猫尾木 *M. stipulata*

【别名】猫尾。

【形态特征】乔木，高达 10 m 以上。叶近于对生，奇数羽状复叶，幼嫩时叶轴及小叶两面密被平伏细柔毛，老时近无毛；小叶无柄，长椭圆形或卵形，顶端长渐尖，基部阔楔形至近圆形，两面均无毛或于幼时沿背面脉上被毛。花大，组成顶生、具数花的总状花序。花冠黄色，漏斗形，下部紫色，无毛。蒴果极长，密被褐黄色茸毛。种子长椭圆形，极薄，具膜质翅。花期 10～11 月，果期 4～6 月。

图 8-345　猫尾木

1. 小叶一部分；2. 花；3. 花的纵切面；4. 果实

【分布】产于广东、海南、云南。

【生态习性】性喜温暖，不耐寒。

【观赏特性及园林用途】是良好的冬季观花树种。可作庭园观赏绿化树种。

6. 凌霄属 *Campsis*

攀缘木质藤本，以气生根攀缘，落叶。叶对生，为奇数 1 回羽状复叶，小叶有粗锯齿。花大，红色或橙红色，组成顶生花束或短圆锥花序。花萼钟状，近革质，不等的 5 裂。花冠钟状漏斗形，檐部微呈二唇形，裂片 5 片，大而开展，半圆形。雄蕊 4 枚，2 强。蒴果。

2 种，1 种产于北美洲，另 1 种产于我国和日本。

凌霄 *C. grandiflora*

【别名】紫葳。

图 8-346　凌霄

1. 花枝；2. 花冠展开；3. 花萼及雌蕊

【形态特征】攀缘藤本；茎木质，表皮脱落，枯褐色，以气生根攀附于它物之上。叶对生，为奇数羽状复叶。顶生疏散的短圆锥花序。花萼钟状，长3 cm，分裂至中部，裂片披针形，长约1.5 cm。花冠内面鲜红色，外面橙黄色，长约5 cm，裂片半圆形。蒴果顶端钝。花期5～8月。

【分布】产于长江流域各地，以及河北、山东、河南，在台湾有栽培。

【生态习性】喜光而稍耐阴，幼苗稍荫蔽；喜温暖湿润，耐寒性较差；耐旱忌积水；喜微酸性，中性土壤。

【观赏特性及园林用途】干枝虬曲多姿，翠叶团团如盖，花大色艳，花期甚长，为庭园棚架、花门之良好绿化材料，适于攀缘墙垣、枯树、石壁；经修剪、整枝等栽培措施，可呈灌木状栽培观赏。

【同属其他种】美国凌霄 *C. radicans*：藤本，具气生根。蒴果长圆柱形。产于美洲。在广西、江苏、浙江、湖南栽培作庭园观赏植物。

7. 硬骨凌霄属 *Tecomaria*

常绿，半藤状或近直立灌木。枝柔弱，常平卧地下。奇数羽状复叶，小叶有锯齿。顶生圆锥或总状花序；萼钟状，5齿裂；花冠漏斗状，稍弯曲，端5裂，二唇形；雄蕊伸出花冠筒外；花盘杯状；子房2室。蒴果线形，压扁。

2种，产于非洲；中国引入栽培1种。

硬骨凌霄 *T. capensis*

【别名】南非凌霄。

【形态特征】常绿半藤状灌木。枝绿色，常有小痂状突起。羽状复叶对生，卵形至阔椭圆形，缘有不甚规则的锯齿。顶生总状花序；花冠长漏斗形，弯曲，橙红色，有深红色纵纹；雄蕊伸出。蒴果扁线形。花期6～9月。

【分布】产于南非好望角。

【生态习性】不耐寒，我国华南有露地栽培，长江流域及华北多盆栽。

【观赏特性及园林用途】硬骨凌霄枝平卧铺地，花橙红鲜艳，且花期长，是秋季观花的极好材料。常植于庭园观赏。

图 8-347 硬骨凌霄

1. 花枝；2. 雄蕊；3. 雌蕊

8. 炮仗藤属 *Pyrostegia*

攀缘木质藤本。叶对生；小叶2～3枚，顶生小叶常变3叉的丝状卷须。顶生圆锥花序。花橙红色，密集成簇。花萼钟状，平截或具5齿。花冠筒状，略弯曲，裂片5片，镊合状排列。蒴果线形。种子具翅。

约5种，产于南美洲。我国南方引入栽培1种。

炮仗藤 *Py. venusta*

【别名】黄鳝藤。

【形态特征】藤本，具有3叉丝状卷须。叶对生；小叶2～3枚，卵形，顶端渐尖，基部近圆形，下面具极细小分散的腺穴，全缘。圆锥花序着生于侧枝的顶端。花萼钟状，有5小齿。花冠筒状，内面中部有一毛环，橙红色，裂片5片，花蕾时镊合状排列，边缘被白色短柔毛。种子具翅，薄膜质。花期长，在云南西双版纳热带植物园可长达半年，通常在1～6月。

【分布】产于南美洲巴西，在亚洲已广泛作为庭园观赏藤架植物栽培。我国广东、海南、台湾、云南等地均有栽培。

图 8-348　炮仗藤

【生态习性】喜温暖湿润气候，不耐寒。

【观赏特性及园林用途】花形如炮仗，花朵鲜艳，下垂成串，是良好的垂直绿化植物。花橙红茂密，累累成串，状如炮仗，且花期较长，是美丽的观赏灌木。多植于建筑物旁或棚架上，遮阴、观赏都极适宜。

[98] 茜草科 Rubiaceae

乔木、灌木或草本，有时为藤本；茎有时有不规则次生生长。叶对生或有时轮生，有时具不等叶性，通常全缘。花序各式，均由聚伞花序复合而成，很少单花或少花的聚伞花序；花两性、单性或杂性，通常花柱异长；花冠合瓣，管状、漏斗状、高脚碟状或辐状，通常 4～5 裂。浆果、蒴果或核果。

本科属、种数无准确记载，为 600 余属，6000～10700 种。广布全世界的热带和亚热带，少数分布至北温带。中国有 98 属约 676 种，其中有 5 属是自国外引种的经济植物或观赏植物。主要分布在东南部、南部和西南部，少数分布在西北部和东北部。

二维码 B-98
茜草科

1. 栀子属 *Gardenia*

灌木，稀为乔木，无刺或很少具刺。叶对生；托叶生于叶柄内，三角形，基部常合生。花大，腋生或顶生，单生、簇生或很少组成伞房状的聚伞花序；萼管常为卵形或倒圆锥形，萼檐管状或佛焰苞状，顶部常 5～8 裂，裂片宿存，稀脱落；花冠高脚碟状、漏斗状或钟状。浆果大，平滑或具纵棱，革质或肉质；种子多数。

约 250 种，分布于东半球的热带和亚热带地区。我国有 5 种、1 个变种，产于中部以南。

栀子 *G. jasminoides*

【别名】黄栀子、山栀子。

图 8-349　栀子

1. 花枝；2. 花

【形态特征】灌木；嫩枝常被短毛，枝圆柱形，灰色。叶对生，革质，稀为纸质，少为 3 枚轮生，叶形多样，通常为长圆状披针形、倒卵状长圆形、倒卵形或椭圆形，顶端渐尖或短尖而钝，基部楔形或短尖；托叶膜质。花芳香，通常单朵生于枝顶；花冠白色或乳黄色，高脚碟状，通常 6 裂。果卵形、近球形、椭圆形或长圆形，黄色或橙红色；种子多数，扁，近圆形而稍有棱角。花期 3～7 月，果期 5 月至翌年 2 月。

【分布】产于山东、江苏、台湾、四川、贵州和云南等地，河北、陕西和甘肃有栽培。

【生态习性】喜光也能耐阴，在荫蔽条件下叶色浓绿，但开花稍差；喜温暖湿润气候，耐热也稍耐寒；喜肥沃、排水良好、酸性的轻黏壤土。

【观赏特性及园林用途】叶色亮绿，四季常绿，花大洁白，又有一定耐阴和抗有毒气体的能力，故为良好的绿化、美化、香化材料。可成片丛植或配植于林缘，庭前等地。

【变种、变型及品种】①玉荷花（重瓣栀子）'Fortuneana'：花较大而重瓣，径达7～8 cm。②大花栀子 var. *grandiflora*：花较大，径达7～10 cm，单瓣；叶也较大。③雀舌栀子（雀舌花，水栀子）var. *radicans*：植物株矮小，枝常平展匍地；叶较小，倒披针形，花也小，重瓣。④单瓣雀舌栀子 var. *radicans* f. *simpliciflora*：花单瓣，其余特征同雀舌栀子。

【同属其他种】大黄栀子 *G. sootepensis*：乔木，常有胶质状分泌物。花大，直径约7 cm，芳香。花期4～8月。产于云南澜沧、勐海、景洪、勐腊。

2. 龙船花属 *Ixora*

常绿灌木或小乔木；小枝圆柱形或具棱。叶对生，很少3枚轮生，具柄或无柄；托叶在叶柄间，基部阔，常常合生成鞘，顶端延长或芒尖，宿存或脱落。花为聚伞花序，常具苞片和小苞片；花冠高脚碟形，喉部无毛或具髯毛，顶部4裂，罕有5裂。核果球形或略呈压扁形，有2纵槽，革质或肉质，有小核2粒。

300～400种，大部分分布于亚洲热带地区和非洲、大洋洲，热带美洲较少。我国有19种，分布于西南部和东南部。

龙船花 *I. chinensis*

【别名】卖子木、山丹。

【形态特征】灌木；小枝初时深褐色，有光泽，老时呈灰色，具线条。叶对生，披针形、长圆状披针形至长圆状倒披针形，顶端钝或圆形，基部短尖或圆形。花序顶生，多花，具短总花梗；花冠红色或红黄色，顶部4裂，裂片倒卵形或近圆形，顶端钝或圆形。果近球形，双生，中间有1沟，成熟时红黑色。花期5～7月。

【分布】产于福建、广东、香港、广西等地。分布于越南、菲律宾、马来西亚、印度尼西亚等热带地区。

图 8-350 龙船花

1. 花枝；2. 花蕾花冠裂片展开示雄蕊着生位置；3. 花萼；4. 果；5. 托叶

【生态习性】喜热，不耐寒。

【观赏特性及园林用途】花红色而美丽，花期极长，是庭园理想的观赏花木，常植于园中观赏。

【品种】有白花'Alba'、暗橙花'Dixiana'等品种。

3. 白马骨属 *Serissa*

分枝多的灌木，无毛或小枝被微柔毛，揉之发出臭气。叶对生，近无柄，通常聚生于短小枝上，近革质，卵形；托叶与叶柄合生成一短鞘，有3～8条刺毛，不脱落。花腋生或顶生，单朵或多朵丛生，无梗；花冠漏斗形，顶部4～6裂，裂片短。果为球形的核果。

2种，分布于我国和日本。

六月雪 *S. japonica*

【形态特征】小灌木，有臭气。叶革质，卵形至倒披针形，顶端短尖至长尖，边全缘，无毛；叶柄短。花单生或数朵丛生于小枝顶部或腋生，有被毛、边缘浅波状的苞片；萼檐裂片细小，锥形，被毛；花冠淡红色或白色，顶端3裂。花期5～7月。

【分布】产于江苏、香港、广西、四川、云南等地。

【生态习性】性喜阴湿，喜温暖气候，在向阳而干燥处栽培生长不良，对土壤要求不严，喜肥。

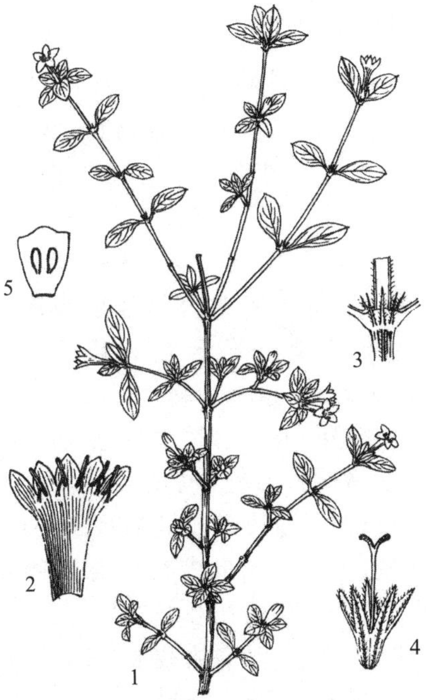

图 8-351 白马骨

1. 花枝；2. 花冠裂片展开示雄蕊着生位置；3. 花萼；4. 柱头；5. 子房纵切面

【观赏特性及园林用途】树形纤巧，枝叶扶疏，夏日盛花，宛如白雪满树，玲珑清雅，枝叶茂密，树姿可塑性大。适于作花坛境界，花篱和下木。

【品种】①金边六月雪 'Aureo-marginata'：叶边缘黄色或淡黄色。②重瓣六月雪 'Pleniflora'：花重瓣，白色。③粉花六月雪 'Rubescens'：花粉红色，单瓣。

4. 虎刺属 *Damnacanthus*

灌木；枝被粗短毛、柔毛或无毛，具针状刺或无刺；根肉质。叶对生，全缘，卵形，长圆状披针形或披针状线形；托叶生叶柄间，三角形，易碎落。花于顶部叶腋处常 2～3 束组成具短总梗的聚伞花序，下部叶腋 1 束或因 1 朵脱落而变单花；苞片小，鳞片状；花冠白色，管状漏斗形，外面无毛，内面喉部密生柔毛，裂片三角状卵形，蕾时镊合状排列。核果红色，球形。

约 13 种 2 个变种，主产于东亚温带地区。我国产 11 种，分布于南岭山脉至长江流域和台湾。

虎刺 *D. indicus*

【别名】伏牛花。

【形态特征】具刺灌木，根为肉质链珠状；茎下部少分枝，上部密集多回二叉分枝，幼嫩枝密被短粗毛，有时具 4 棱，节上托叶腋常生 1 针状刺。叶卵形、心形或圆形，顶端锐尖，边全缘，基部常歪斜，钝、圆、截平或心形；托叶生叶柄间。花两性，1～2 朵生于叶腋，2 朵者花柄基部常合生，有时在顶部叶腋可 6 朵排成具短总梗的聚伞花序；花萼钟状，绿色或具紫红色斑纹，裂片 4 片，宿存；花冠白色，管状漏斗形，内面自喉部至冠管上部密被毛。核果红色，近球形。花期 3～5 月。

图 8-352 虎刺

1. 枝叶；2. 花冠展开；3. 花萼与雌蕊；4. 果

【分布】产于西藏、云南、贵州、四川、台湾等地。生于山地和丘陵的疏、密林下和石岩灌丛中。分布于印度北部和日本。

【生态习性】喜散射光，喜较肥沃的沙质或黏质的微酸性土壤，忌温差过大，忌大肥，不耐寒。

【观赏特性及园林用途】枝叶茂密，初夏白花繁盛，秋冬果实累累，鲜艳悦目，是观叶、观果、观花的极具观赏价值的灌木。

5. 咖啡属 *Coffea*

灌木或乔木；枝略呈圆柱形，顶部略压扁。叶对生，极少 3 枚轮生，膜质或薄革质；托叶阔，生于叶柄间，不脱落。花通常芳香，簇生于叶腋内呈球形或排成腋生少花的聚伞花序，偶有单生；苞片常常合生；萼管短，近管形或陀螺形，顶部截平或4～6齿裂，里面常具腺体，宿存；花冠白色或浅黄色，罕有呈玫瑰红色，高脚碟形或漏斗形，喉部无毛或被长柔毛，顶部5～9裂。浆果球形或长圆形。

约90多种，分布于亚洲热带和非洲。我国南部和西南部引入栽培约有5种。

小粒咖啡 *C. arabica*

【形态特征】小乔木或大灌木，基部通常多分枝；老枝灰白色，节膨大，幼枝无毛，压扁形。叶薄革质，卵状披针形或披针形，顶端长渐尖，基部楔形或微钝，罕有圆形，全缘或呈浅波形；托叶阔三角形。聚伞花序簇生于叶腋内，无总花梗或具极短总花梗；花芳香；苞片基部合生，二型，其中2枚阔三角形，另2枚披针形；花冠白色，顶部常5裂。浆果成熟时阔椭圆形，红色；种子背面凸起，腹面有纵槽。花期3～4月。

图8-353　小粒咖啡

【分布】产于埃塞俄比亚或阿拉伯半岛。福建、台湾、四川、贵州和云南均有栽培。

【生态习性】喜低纬度，高海拔，阳光充足，雨水充沛的地理环境。

【观赏特性及园林用途】为早春观花观果良好灌木。经济价值高，广泛作为经济栽培作物。

6. 滇丁香属 *Luculia*

灌木或乔木。叶对生；托叶在叶柄间，脱落。花红色或白色，芳香，具短花梗，组成顶生、多花伞房状聚伞花序或圆锥花序；花冠高脚碟状，裂片5片，覆瓦状排列。种子多数，微小，向上覆叠，种皮微皱，有翅，具齿。

约5种，分布于亚洲南部至东南部。我国有3种、1个变种，产于广西、云南、西藏。

馥郁滇丁香 *L. gratissima*

【形态特征】灌木或小乔木；树皮薄，淡褐色；小枝有皮孔，幼嫩时淡红色，有疏柔毛。叶纸质或薄革质，卵状长圆形、椭圆形或椭圆状倒披针形，顶端渐尖，基部楔形或短尖，叶背沿中脉和侧脉上被柔毛，脉腋内有时有簇毛；托叶披针形，早落。伞房状的聚伞花序大，顶生，有多数线形早落的苞片；总花梗被疏柔毛；花大，芳香；花冠红色，高脚碟状，裂片圆形。蒴果倒卵状长圆形，被疏柔毛或毛以后脱落。花果期4～11月。

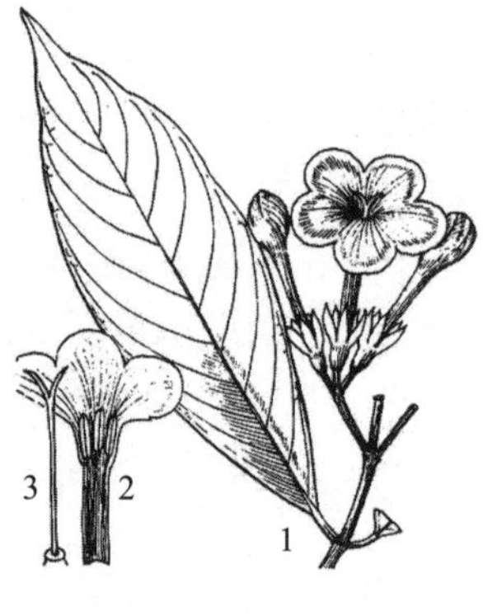

图8-354　馥郁滇丁香

1.花枝；2.部分花冠展开，示雄蕊；3.雌蕊，示子房上部

【分布】产于云南西部和西南部，西藏墨脱。国外分布于印度东北部、缅甸、泰国、越南等地。

【生态习性】喜光，稍耐阴，喜温暖湿润气候，适生于疏松肥沃排水良好的土壤。

【观赏特性及园林用途】馥郁滇丁香是优良的观花树种，花色美丽且具芳香。可孤植、丛植，或在路边、草坪、角隅等地成片栽植，也可与其他乔灌木尤其是常绿树种配植。

【同属其他种】①滇丁香 *L. pinciana*：灌木或乔木，花芳香；花冠红色，少为白色；种子多数，近椭圆形，两端具翅。花果期 3～11 月。产于云南，西藏墨脱、察隅。②中型滇丁香 *L. pinceana*：灌木。聚伞花序伞房式排列。种子两端具翅。花期 7～8 月。产于云南及西藏东南部。

7. 玉叶金花属 *Mussaenda*

乔木、灌木或缠绕藤本。叶对生或偶有 3 枚轮生；托叶生叶柄间，全缘或 2 裂。聚伞花序顶生；苞片和小苞片脱落；花萼管长圆形或陀螺形，萼裂片 5 片，脱落或宿存，白色或其他颜色，且有长柄，通常称花叶；花冠黄色、红色或稀为白色，高脚碟状，花冠管通常较长，外面有绢毛或长毛，里面喉部密生黄色棒形毛，花冠裂片 5 片。浆果肉质，萼裂片宿存或脱落。

约 120 种。分布于亚洲、非洲和太平洋诸岛。我国约 31 种、1 个变种、1 个变型，产于西南部至东部。

玉叶金花 *M. pubescens*

【别名】白纸扇。

图 8-355　玉叶金花

【形态特征】攀缘灌木，嫩枝被贴伏短柔毛。叶对生或轮生，膜质或薄纸质，卵状长圆形或卵状披针形，顶端渐尖，基部楔形，上面近无毛或疏被毛，下面密被短柔毛；托叶三角形，深 2 裂，裂片钻形。聚伞花序顶生；苞片线形，有硬毛；花梗极短或无梗；花萼管陀螺形，被柔毛；花冠黄色，花冠管外面被贴伏短柔毛，内面喉部密被棒形毛，花冠裂片长圆状披针形，渐尖，内面密生金黄色小疣突。花期 6～7 月。

【分布】产于广东、香港、海南、广西、福建、湖南、江西、浙江和台湾。

【生态习性】喜较荫蔽、湿润的环境条件。

【观赏特性及园林用途】花形艳丽奇特，为良好攀缘植物。多用于溪丛、溪谷、山坡等地绿化。

【同属其他种】①大叶白纸扇 *M. shikokiana*：叶较大，长 10～20 cm，花有梗。产于长江以南。②红叶金花 *M. erythrophylla*：产于西非，也常作栽培观赏。③无柄玉叶金花 *M. sessilifolia*：叶无柄；花萼管、萼裂片及花冠外面均密被红色长柔毛；花冠黄色，花冠管向上膨大。我国特有，产于云南南部。

［99］忍冬科 Caprifoliaceae

灌木，稀小乔木或草本。叶对生，单叶或复叶通常无托叶。花两性，或簇生或单生；花萼筒与子房合生，顶端 4～5 裂；花冠管状或轮状，4～5 裂，二唇形或辐射对称；雄蕊与花冠裂片同数且与裂片互生；子房下位，1～5 室，每室 1 粒至多数胚珠。浆果、核果或蒴果，种子有胚乳。

二维码 B-99
忍冬科

18 属 500 余种，主要分布于北半球温带地区，尤以亚洲东部和北美洲东北部为多。我国 12 属 300 余种，广布南北方各地。

1. 忍冬属 *Lonicera*

落叶，稀常绿灌木或小乔木。小枝实髓或空心，皮部老时呈纵裂剥落。单叶对生，全缘，极少有齿；通常无托叶。常 2 朵花生于总梗顶端，简称双花，每双花具苞片和小苞片各 1 对；花萼顶端 5 裂，裂齿常不相等；花冠管状，唇形或近 5 等裂；雄蕊 5 枚；子房 2～3 室，每室胚珠少数至多数；花柱细长，柱头头状。浆果肉质，种子 3～8 粒。

约 200 种，分布于北半球温带和亚热带地区。

我国约98种，南北各地均有分布，以西南部为多。

(1)金银忍冬 *L. maackii*

【别名】金银木。

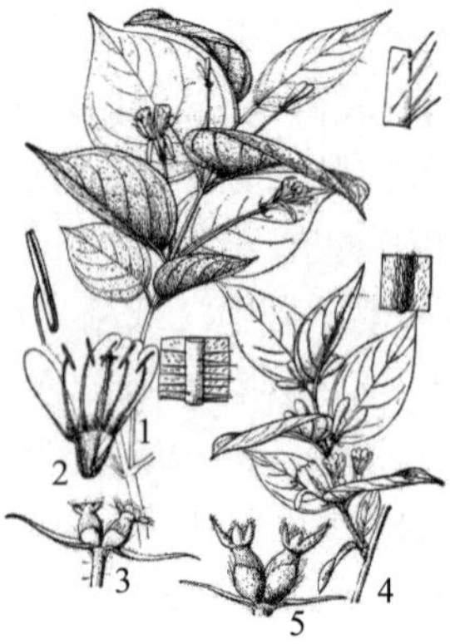

图 8-356　金银忍冬

1.花枝；2.花冠纵剖面放大；3.苞片、小苞片、萼筒；4.花枝；5.苞片、小苞片、萼筒放大

【形态特征】落叶灌木，高达5 m。小枝髓褐色，后变中空。叶卵状椭圆形或卵状披针形，全缘，两面疏生柔毛，先端渐尖。花腋生，总花梗短于叶柄；相邻两花的萼筒分离；花冠唇形，先白后黄，芳香；雄蕊5枚，短于花冠。浆果，红色。花期5月，果期9月。

【分布】产于我国东北、华北、西北，南至长江流域及西南。俄罗斯远东地区、朝鲜、日本亦产。

【生态习性】性强健，耐寒，耐旱，喜光也耐阴，喜湿润、肥沃、深厚的土壤，病虫害少。

【观赏特性及用途】树势旺盛，枝叶丰满，初夏花开芳香，秋季红果缀满枝头，是良好的观赏灌木。孤植、丛植于林缘、草坪、水边均很适合。

(2)忍冬 *L. japonica*

【别名】金银花、二色花藤、鸳鸯藤。

【形态特征】常绿缠绕性藤蔓类植物，长可达10 m。枝细长中空，幼枝暗红褐色，密被黄褐色糙毛及腺毛；茎和老枝皮棕褐色，条状剥落。叶对生，卵形至卵状长圆形，长3～8 cm，先端短渐尖至钝，基部圆形至心形；全缘，幼时两面被毛，成年时光滑；表面深绿色，下面灰绿色，叶脉凸起清晰。花成

图 8-357　忍冬

1.花枝；2.花的纵剖面；3.果放大示叶状苞片；4.几种叶形

对生于叶腋；苞片叶状；萼筒无毛，顶端5裂；花冠二唇形，花冠管细长，上唇4裂而直立，下唇后转，花冠筒与裂片等长，花冠先白色，后转黄色，芳香；雄蕊5枚，伸出；花柱细长，柱头头状。浆果球形，蓝黑色。花期4～6月，果期9～10月。

【分布】产于我国，广布南北各地。朝鲜、日本也有分布。

【生态习性】喜光，耐半阴，喜温暖至高温湿润气候，耐寒，耐干旱和水湿，对土壤要求不严，酸性、碱性土壤均能适应。根系发达，萌蘖力强，茎着地即可生根。

【观赏特性及用途】春观金银花，藤蔓缭绕，翠绿成簇，一派春色；夏赏金银花，花开不绝，黄白相映，"金银花"因此而得名；冬观金银花，冬叶微红，临冬不落，故有"忍冬"之美誉，金银花气味芳香，颇具田野气息。由于金银花花香叶美，适合配植于篱笆、栏杆、门架、花廊等处，也可在假山和岩坡缝隙间点缀，观其下垂的枝蔓，闻其迷人的花香。

【变种、变型及品种】①黄脉金银花 var. *aureo-reticulata*：叶较小，网脉黄色；②紫脉金银花 var. *repens*：小枝、叶柄、嫩叶带紫红色，花冠淡紫色；③红花金银花 var. *chinensis*：花冠外面带红色；④白花金银花 var. *halliana*：花色纯白，后变黄色；⑤四季金银花 var. *semperflorens*：一年三次开花，在温度较高或冬季寒流较迟到来的年份，花期可达

三季半；⑥斑叶金银花 var. *variegata*：叶有黄斑；⑦紫叶金银花 var. *purpurea*：叶近光滑，叶脉常带紫色，叶基部有时有裂，花冠白色或带淡紫色，上唇的分裂约为 1/3。

【同属其他种】①蓝靛果忍冬 *L. caerulea*；②郁香忍冬 *L. fragrantissima*；③盘叶忍冬 *L. tragophylla*；④淡红忍冬 *L. acuminata*；⑤毛萼忍冬 *L. trichosepala*。

2. 锦带花属 *Wergela*

落叶灌木，小枝常具 2 棱，具坚实髓心。单叶对生，有锯齿，无托叶。腋生或茎生聚伞花序或簇生，稀单生；萼片 5 片；花冠白色、粉红色、深红色、紫红色，管状钟形或漏斗状，两侧对称，顶端 5 裂，裂片短于花冠筒；雄蕊 5 枚，短于花冠；子房 2 室，每室多数胚珠。蒴果，2 裂；种子多数，常具翅。

约 12 种，产于亚洲东部。我国 6 种，产于中部、东部至东北部。

(1)锦带花 *W. florida*

【别名】五色海棠。

图 8-358 锦带花

【形态特征】落叶灌木，高达 3 m。小枝具 2 棱，棱上具毛。叶椭圆形或卵状椭圆形，长 5～10 cm，顶端锐尖，基部圆形或楔形，叶两面被毛。花 1～4 朵呈聚伞花序，萼 5 裂至中部，裂片披针形；花冠玫瑰红色，裂片 5 片。蒴果长 1.5～2 cm，2 裂；种子无翅。花期 4～5(6)月，果熟 10 月。

【分布】产于我国东北、华北、华东。朝鲜、日本亦产。

【生态习性】喜光，耐寒，对土壤要求不严，耐瘠薄，以深厚、湿润、腐殖质丰富的土壤生长最好，怕水涝。对氯化氢的抗性较强。萌芽力、萌蘖力强，生长迅速。

【观赏特性及用途】枝叶繁茂，花色艳丽，花期长达 2 个月。适于庭园角隅、湖畔群植，也可在树丛、林缘作花篱、花丛配植，点缀于假山、坡地同样适宜。

【变种、变型及品种】①红王子锦带花'Red Prince'：嫩枝淡红色(杭州为绿色)，老枝灰褐色，花冠胭脂红色；②粉公主锦带花'Pink Princess'：花期早，浅粉红色；③花叶锦带花'Variegata'：叶缘为白色至黄色；④紫叶锦带花'Purpureis'：叶片紫红色，花色深粉色；⑤'斑叶'锦带花'Goldrush'：叶金黄色，有绿斑，花粉紫色；⑥'变色'锦带花'Versicolor'：开花时由奶油白色渐变为红色。

(2)朝鲜锦带花 *W. coraeensis*

【别名】海仙花、花关门、柴门关柴、临界海棠。

图 8-359 朝鲜锦带花

1. 花枝；2. 花萼展开；3. 花冠展开并展示雄蕊及花柱

【形态特征】落叶灌木，高达 5 m。叶阔椭圆形或倒卵形，缘具钝锯齿，表面深绿，背面淡绿，长 8～12 cm，顶端尾状，基部阔楔形。聚伞花序腋生；萼片披针形，裂达基部；花冠漏斗状钟形，初为白色、黄白色或淡玫瑰红色，后变为深红色。蒴果柱形；种子有翅。花期 5～6 月。

【分布】我国山东青岛、江苏南京、上海、浙江杭州及江西庐山等庭园或寺庙有栽培，未见有野生分布。朝鲜、日本有分布。

【生态习性】喜光，稍耐阴。耐寒性不如锦带花，北京仍能露地越冬。喜湿润肥沃土壤。

【观赏特性及用途】枝叶较粗大，着花较少，色也浅淡，故观赏价值不及锦带花。常作庭园栽培。

3. 蝟实属 *Kolkwitzia*

落叶灌木。叶对生，具短柄，无托叶。由贴近的两花组成的聚伞花序呈伞房状，顶生或腋生于具叶的侧枝之顶；苞片 2 枚；萼檐 5 裂，裂片狭，被疏柔毛，开展；花冠钟状，5 裂，裂片开展；雄蕊 4 枚，二强，着生于花冠筒内，花药内向；相近两朵花的二萼筒相互紧贴，其中一枚的基部着生于另一枚的中部，幼时几已连合，椭圆形，密被长刚毛，顶端各具 1 狭长的喙，基部与小苞片贴生；雄蕊二强，内藏；子房 3 室，仅 1 室发育，含 1 粒胚珠。2 枚瘦果状核果合生，外被刺刚毛，各冠以宿存的萼裂片。

蝟实 *K. amabilis*

【别名】美人木。

图 8-360　蝟实

1. 花枝；2. 花放大；3. 花纵剖面放大；4. 子房横切面放大；5. 花瓣放大；6. 幼果放大

【形态特征】落叶灌木，高达 3 m。树皮薄片状剥裂，小枝幼时疏生柔毛。叶卵形至卵状披针形，长 3～7 cm，顶端渐尖，基部圆形，全缘，稀有浅锯齿，两面疏生柔毛。顶生聚伞花序，每小花梗具 2 朵花；萼筒下部合生，外面被长柔毛，在子房以上缢缩，裂片 5 片；花冠钟状，稍两侧对称，粉红色至紫色，裂片 5 片；雄蕊 2 长 2 短，内藏。2 枚瘦果状核果，合生，被刺毛。花期 5～6 月，果期 8～9 月。

【分布】产于我国山西、河南、陕西、甘肃、安徽、湖北等地区。

【生态习性】喜充分日照，有一定耐寒力，北京能露地越冬。喜排水良好、肥沃的土壤，有一定耐干旱、耐瘠薄能力。

【观赏特性及用途】着花茂密、花色娇艳，果形奇特，是国内外著名观花灌木。宜丛植于草坪、角隅、路边、屋侧及假山旁，也可盆栽或作切花用。

4. 六道木属 *Abelia*

落叶灌木。老枝有时具 6 棱。冬芽卵圆形。单叶对生，全缘或有锯齿，无托叶。单花、双花或多花组成聚伞花序或圆锥状；苞片 2～4 枚；萼片 2～5 片，花后增大，宿存；花冠管状、钟状或漏斗状，5 裂，稍两侧对称；雄蕊 4 枚，2 长 2 短，生于花冠筒基部；子房 3 室，仅 1 室发育，有 1 粒胚珠。瘦果果皮革质，顶端冠以宿萼。

25 种以上，主产于东亚及中亚，少数产于墨西哥。我国产的种类大多数分布于中部和西南部。

(1)六道木 *A. biflora*

【别名】六条木、交翅。

【形态特征】落叶灌木，高达 3 m。老枝具 6 条沟棱，幼枝被刺毛。叶长椭圆形至椭圆状披针形，长 2～7 cm，基部楔形，全缘或具梳齿，两面被短柔

图 8-361　六道木

1. 花枝；2. 花放大；3. 花纵剖面

毛；叶柄短，基部膨大，具刺毛。花2朵生于小枝顶端，无总花梗；花萼疏生短刺毛，裂片4片；花冠高脚碟形，4裂，白色、淡黄色或带浅红色，外被短柔毛，杂有刺毛；雄蕊2长2短，内藏。瘦果状核果，常弯曲，有宿存萼片4片。花期4～5月，果期8～9月。

【分布】产于我国辽宁、内蒙古、河北、陕西、山西、河南、甘肃等地区。

【生态习性】耐阴，耐寒，喜湿润土壤。生长缓慢。

【观赏特性及用途】叶秀美。可配植在林下、石隙及岩石园中，也可栽植在建筑背阴面。

(2)南方六道木 *A. dielsii*

【形态特征】落叶灌木，高2～3 m；当年小枝红褐色，老枝灰白色。叶长卵形、矩圆形、倒卵形、椭圆形至披针形，长3～8 cm，宽0.5～3 cm，嫩时上面散生柔毛，下面除叶脉基部被白色粗硬毛外，光滑无毛，全缘或有1～6对齿牙，具缘毛；叶柄长4～7 mm，基部膨大，散生硬毛。花2朵生于侧枝顶部叶腋；总花梗长1.2 cm；花梗极短或几无；苞片3枚，形小而有纤毛，中央1枚长6 mm，侧生者长1 mm；花冠白色，后变浅黄色，4裂，裂片圆，长为筒的1/5～1/3，筒内有短柔毛。果实长1～1.5 cm；种子柱状。花期4月下旬至6月上旬，果熟期8～9月。

【分布】产于我国黄河以南的河北、山西、陕西、宁夏南部、甘肃东南部、安徽、浙江、江西、福建、河南、湖北、四川、贵州、云南及西藏等地。

【生态习性】生于海拔800～3700 m的山坡灌丛、路边林下及草地。

图8-362 南方六道木
1.花枝；2.几种叶形

【观赏特性及用途】叶秀美。可配植在林下、石隙及岩石园中，也可栽植在建筑背阴面。

(3)大花金叶六道木 *A.* ×*grandiflora*

【形态特征】叶小，长卵形，长2.5～3.0 cm，宽1.2 cm，边缘具疏浅齿，在阳光下呈金黄色，光照不足则叶色转绿。圆锥状聚伞花序，花小，白色带粉，繁茂而芬芳，花期6～11月。

图8-363 大花金叶六道木

【分布】国内外广泛栽培。

【生态习性】喜光，耐热，能耐－10 ℃低温，即使在南京露地种植也能安全越冬，对土壤适应性较强。

【观赏特性及用途】花谢后，粉红色萼片宿存直至冬季，十分美丽。花期自春到秋络绎不绝，是少花的夏、秋两季的一道亮点。在园林绿化中可作为花篱或丛植于草坪及作树林下木等，是北方不可多得的夏秋花灌木。

(4)小叶六道木 *A. parvifolia*

【形态特征】落叶灌木或小乔木，高1～4 m；枝纤细，多分枝，幼枝红褐色，被短柔毛，夹杂散生糙硬毛和腺毛。叶有时3枚轮生，革质，卵形、狭卵形或披针形，长1～2.5 cm；叶柄短。具1～2朵花的聚伞花序生于侧枝上部叶腋；花冠粉红色至浅紫色，狭钟形，外被短柔毛及腺毛。果实长约6 mm，被短柔毛。花期4～5月，果熟期8～9月。

【分布】产于陕西、甘肃、福建、湖北、四川、贵州、云南。

【生态习性】生于海拔240～2000 m的林缘、路

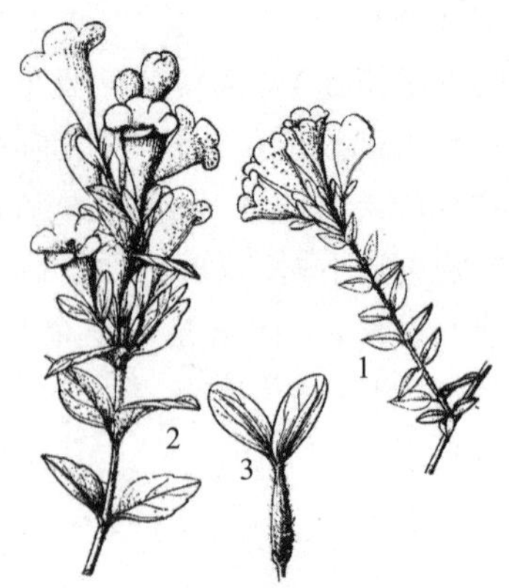

图 8-364　小叶六道木

1～2. 两种叶形的花枝；3. 瘦果放大

边、草坡、岩石、山谷等处。

【观赏特性及用途】叶秀美，花娇艳。广泛于园林绿地中栽植。

(5)糯米条 *A. chinensis*

【别名】茶条树。

【形态特征】落叶灌木，高达 2 m。幼枝红褐色，被微毛，小枝皮撕裂，枝节不膨大。叶卵形，长 2～3.5 cm，先端尖至短渐尖，基部圆形或心形，边缘具浅锯齿，背面叶脉基部密生白色柔毛。圆锥状聚伞花序顶生或腋生；花萼粉红色，被短柔毛；花冠白色至粉红色，芳香，漏斗状，裂片 5 片，外有微毛，内有腺毛；雄蕊 4 枚，伸出花冠。瘦果状核果。花期 7～9 月，果期 10～11 月。

图 8-365　糯米条

1. 密生叶形花枝；2. 疏生叶型花枝；3. 花放大；4. 瘦果放大

【分布】产于我国长江以南，在秦岭以南各地的低山湿润林缘及溪谷岸边多有生长。北方仅在公园或温室引栽。

【生态习性】喜光，耐阴性强。喜温暖、湿润气候，耐寒性较差，北京露地栽培，冬季枝梢受冻害。对土壤要求不严，酸性、中性土均能生长，有一定的耐旱、耐瘠薄能力。适应性强，生长旺盛，根系发达，萌蘖力、萌芽力均强。

【观赏特性及用途】叶枝下垂，树姿婆娑，花开枝梢，洁莹可爱，花谢后粉色萼片长期宿存枝头，颇美观，花期正值少花季节，且花期特长，花香浓郁，是不可多得的秋花灌木。可丛植于草坪、角隅、路边、假山旁，于林缘、树下作下木配植极其适宜，又可作基础栽植、花篱、花境用。

5. 荚蒾属 *Viburnum*

落叶或常绿，灌木，少为小乔木。冬芽裸露或被鳞片。单叶对生，全缘、有锯齿或分裂；托叶有或无。花全发育或花序边缘为不孕花，组成伞房状、圆锥状或伞形聚伞花序；萼片 5 小裂；花冠钟状、辐射状或管状，5 裂；雄蕊 5 枚；子房通常 1 室，有胚珠 1 至多粒，花柱极短，柱头 3 裂。浆果状核果。

约 200 种，我国 74 种。

(1)荚蒾 *V. dilatatum*

【形态特征】高 2～3 m。小枝有星状毛，老枝红褐色。叶宽倒卵形至椭圆形，顶端渐尖至锐尖，基部圆形至心形，叶缘有尖锯齿，表面疏生柔毛，背部

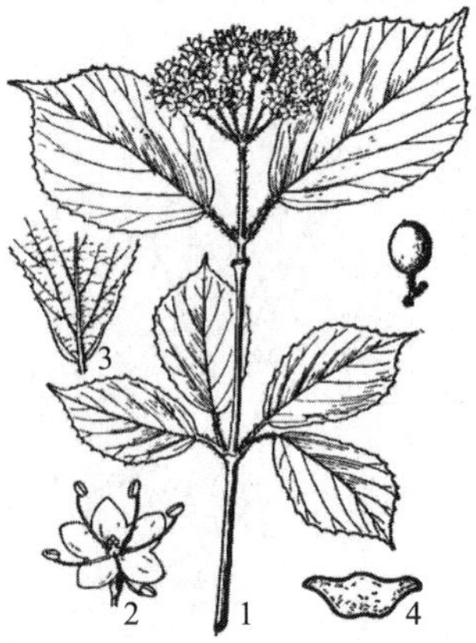

图 8-366　荚蒾

1. 花枝；2. 花朵；3. 叶背；4. 果实

两侧有少数腺体和多数小腺点。复聚伞花序，直径 8～12 cm；花冠白色，5 裂；雄蕊 5 枚，长于花冠。核果近球形，深红色。花期 5～6 月，果期 9～10 月。

【分布】分布于陕西、河南、河北及长江流域，以华东常见。

【生态习性】喜光，喜温暖湿润气候。

【观赏特性及用途】花白色而繁密，果红色而艳丽，可栽植于庭园观赏。

栽培品种有‘黄果’荚蒾‘Xanthocarpum’，果金黄色，非常诱人。

(2)珊瑚树 *V. odoratissimm*

【别名】法国冬青。

【形态特征】常绿灌木或小乔木，高 2～10 m。树皮灰褐色而平滑。叶对生，革质，长椭圆形，长 7～15 cm，先端急尖或钝，基部阔楔形，全缘或近顶部有不规则的浅波状钝齿，表面深绿而有光泽，背面粉绿色，脉腋有腺窝。圆锥状聚伞花序顶生或腋生，长 5～10 cm；萼筒钟状，5 小裂；花冠辐射状，白色，芳香，5 裂。浆果状核果，倒卵形，绿色，然后转为红色，成熟时黑色。花期 3～6 月，果期 6～10 月。

图 8-367　珊瑚树

1. 花枝；2. 花放大；3. 果放大；4. 叶；5. 叶背放大

【分布】产于我国福建、广东、湖北、台湾等地，缅甸、印度、菲律宾亦有分布。长江流域地区均有栽培。

【生态习性】亚热带树种。喜半阴，喜温暖湿润气候，不耐寒；喜肥沃湿润之中性、微酸性土壤。对氯气、二氧化硫等有害气体、烟尘等均有较强的抗性。根系发达，移植易成活；萌枝力强，易整形，耐修剪。

【观赏特性及用途】叶繁枝茂，终年碧绿光亮，花素洁芳香，果鲜红美丽，布满枝头，状如珊瑚，甚为自然美观，可孤植或丛植于草坪，或作绿篱、绿墙，用以隔离隐蔽；也是防火的优良树种，宜配植于房屋周围或作为防火隔离带树种；抗污染力强，也是工厂绿化的好树种。

(3)天目琼花 *V. opulus* subsp. *calvescens*

【别名】鸡树条荚蒾、天目琼花。

【形态特征】落叶灌木，高达 3 m。树皮厚，木栓质发达，小枝具明显皮孔。叶广卵形至卵圆形，通常 3 裂，掌状 3 出脉；叶柄顶端有 2～4 无柄盘状腺点；托叶丝状，贴生于叶柄。复伞形聚伞花序，有白色大型不孕边花，花序直径 5～10 cm；中间花可育，白色或带粉红色；雄蕊 5 枚，长于花冠 1.5 倍，花药紫色；核果，近球形，红色。花期 5～6 月，果期 8～9 月。

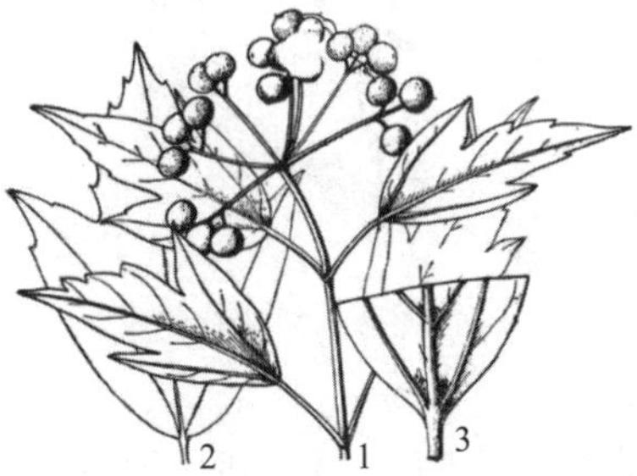

图 8-368　天目琼花

1. 果枝；2. 叶；3. 叶背放大

【分布】产于我国东北、华北、西至陕西，甘肃，南至浙江、江西、湖北、四川。俄罗斯远东地区、日本、朝鲜亦产。

【生态习性】喜光又耐阴，耐寒，对土壤要求不高，在微酸性、中性土上都能生长。幼苗必须遮阴，成年苗生于林缘。

【观赏特性及用途】叶绿、花白、果红，是春季观花、秋季观果的优良树种，植于草坪、林缘或建筑物背面。

(4)皱叶荚蒾 *V. rhytidophyllum*

【别名】枇杷大糯米条、枇杷叶荚蒾。

【形态特征】常绿灌木或小乔木，高达 4 m；幼枝、芽、叶下面、叶柄及花序均被由黄白色、黄褐色或红褐色簇状毛组成的厚茸毛；当年小枝粗壮，稍有棱角，二年生小枝红褐色或灰黑色，无毛，散生圆形小皮孔，老枝黑褐色。叶革质，卵状矩圆形至卵状披针形，长 8～18(～25)cm，顶端稍尖或略钝，基部圆形或微心形，全缘或有不明显小齿，上面深绿色有光泽，幼时疏被簇状柔毛，后变无毛，各脉深凹陷而呈极度皱纹状。聚伞花序稠密；萼筒筒状钟形，被黄白色簇状毛组成的茸毛；花冠白色，几无毛，裂片圆卵形，略长于筒。果实红色，后变黑色，宽椭圆形，无毛。花期 4～5 月，果熟期 9～10 月。

图 8-369　枇杷叶荚蒾

【分布】产于陕西南部、湖北西部、四川东部和东南部及贵州。

【生态习性】喜温暖、湿润，较耐阴，不耐涝。好生于深厚肥沃、排水良好的沙质土壤。生于山坡林下或灌丛中，海拔 800～2400 m。

【观赏特性及用途】枇杷叶荚蒾树姿优美，叶色浓绿，秋季果实累累，冬季叶片宿存，是华北地区少见的常绿阔叶观赏灌木。适于孤植或丛植于小区绿地、路边等采光较好的地方。

(5)水红木 *V. cylindricum*

【别名】揉揉白。

【形态特征】常绿灌木或小乔木，高达 8(～15)m；枝带红色或灰褐色，散生小皮孔，小枝无毛或初时被簇状短毛。叶革质，椭圆形至矩圆形或卵状矩圆

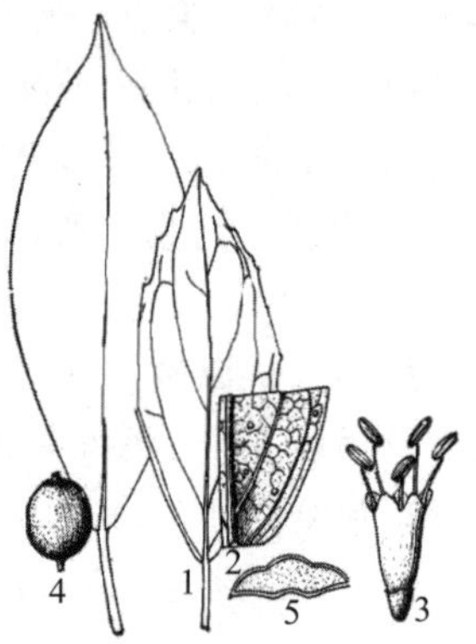

图 8-370　水红木

1. 两种叶型；2. 叶背放大；3. 花放大；
4. 果放大；5. 果的横切面放大

形，长 8～16 (～24)cm，顶端渐尖或急渐尖，基部渐狭至圆形，全缘或中上部疏生少数钝或尖的不整齐浅齿，通常无毛，下面散生带红色或黄色微小腺点(有时扁化而类似鳞片)，近基部两侧各有 1 至数枚腺体。花冠白色或有红晕，钟状；聚伞花序伞形式。果实先红色后变蓝黑色，卵圆形。花期 6～10 月，果熟期 10～12 月。

【分布】产于福建、广东、海南岛、广西、湖南、浙江、安徽、台湾、四川、云南、贵州等。日本、印度、朝鲜亦产。

【生态习性】生于阳坡疏林或灌丛中，海拔 500～3300 m。

【观赏特性及用途】树形美观，常作园林栽植。叶、树皮、花和根供药用。树皮和果实可提制栲胶。种子含油 35%，可制肥皂；云南民间用以点灯。

(6)木本绣球 *V. macrocephalum*

【别名】大绣球、斗球、绣球荚蒾。

【形态特征】落叶灌木，高达 4 m。枝广展，树冠半球形。芽、幼枝、叶柄均被灰白或黄白色星状毛。冬芽裸露。单叶对生，卵形或椭圆形，端钝，基部圆形，缘有细锯齿，下面疏生星状毛。4～5 月开大型球状花，聚伞花序，白色。不结实。

【分布】产于中国长江流域，山东、河南也有分布，生于山坡灌丛或疏林中。江南园林中常见栽培观赏。

图 8-371　木本绣球

【生态习性】喜光，略耐阴。生性强健，耐寒，耐旱。能适应一般土壤，好于肥沃、湿润的土壤中生长。萌芽力、萌蘖力均强。

【观赏特性及用途】树姿舒展，开花时白花满树，犹如积雪压枝，十分美观。宜配植在堂前屋后，墙下窗外，也可丛植于路旁林缘等处，常作观花观果树种，或作绣球花砧木。

【变种、变型及品种】琼花（聚八仙）*V. macrocephalum*：聚伞花序，直径 10～12 cm，中央为两性的可育花，仅边缘有大型白色不育花。核果椭球形，先红后黑。果期 9～10 月。

【同属其他种】①地中海荚蒾 *V. tinus*：高达 3 m。叶椭圆形，深绿色。聚伞花序，花蕾粉红色，盛开后花白色，花期 11 月至翌年 2 月。果卵形，深蓝黑色。产于欧洲地中海地区。中国引入栽培。②珍珠荚迷（珍珠花）*V. foetidum.*：植株直立或攀缘状；枝披散，侧生小枝较短。叶较密，倒卵状椭圆形至倒卵形，顶端急尖或圆形，基部楔形，边缘中部以上具少数不规则、圆或钝的粗牙齿或缺刻，很少近全缘，下面常散生棕色腺点，脉腋集聚簇状毛。花期 4～6（～10）月，果熟期 9～12 月。产于四川西南部、贵州西部和云南东北部至西部和西南部。生于山坡密林或灌丛中，海拔 900～2600 m。③密花荚蒾 *V. congestum*：常绿灌木，高达 5 m，幼枝、芽、叶下面、叶柄和花序均被由灰白色簇状毛组成的茸毛；二年生小枝灰褐色，散生圆形小皮孔。叶革质，椭圆状卵形或椭圆形，稀椭圆状矩圆形，顶端钝或稍尖，基部圆形或狭窄，全缘。聚伞花序小而密，花冠白色，钟状漏斗形。果实圆形。花期 1～9 月。产于甘肃、四川西南部、贵州东北部及云南西北部、北部和东南部。生于山谷或山坡丛林中、林缘或灌丛中，海拔 1000～2800 m。

6. 接骨木属 *Sambucus*

大灌木，稀小乔木或多年生草本。枝内髓部较大。奇数羽状复叶对生，小叶有锯齿或分裂；托叶细小，早落，稀叶状宿存或肉质腺点状。伞房或圆锥状聚伞花序，花辐射对称；花萼顶端 3～5 裂；雄蕊 5 枚，花药外向；子房下半位，3～5 室；花柱短，柱头 3 裂。浆果状核果，具 3～5 核，种子三棱形或圆锥形。

（1）接骨木 *S. williamsii*

【别名】公道老、扦扦活。

【形态特征】灌木至小乔木，高达 6 m。小枝红褐色，无毛；老枝有皮孔；髓心粗，淡黄棕色。奇数羽状复叶，小叶 5～7(11)枚；椭圆状披针形，常不对称，缘有不整齐锯齿，两面光滑无毛，揉碎有臭味；托叶条形或退化成淡蓝色突起。花叶同时开放，顶生圆锥状聚伞花序，长 5～11 cm，宽 4～14 cm；花冠初为粉红色，后为白色或淡黄色；雄蕊 5 枚，约与花冠等长；花药黄色；子房 3 室。浆果状核果近球形，黑紫色或红色。花期 4～5 月，果 6～7 月成熟。

【分布】产于我国东北、华北、华东、华中、华南及西南。

图 8-372　接骨木

1. 花枝；2. 果实放大；3. 花放大；4～5. 冬芽

【生态习性】性强健，喜光，耐寒，耐干旱。根系发达，萌蘖力强。

【观赏特性及用途】叶枝繁茂，春季白花满树，夏季红果累累，是良好的观赏灌木，宜植于草坪、林缘和水边，也可用于城市、厂区绿化。

(2)西洋接骨木 *S. nigra*

【形态特征】落叶乔木或大灌木，达 4～10 m，幼枝具纵条纹，二年生枝黄褐色，具明显突起的圆形皮孔。羽状复叶有小叶 1～3 对，通常 2 对，具短柄，椭圆形或椭圆状卵形，长 4～10 cm，宽 2～3.5 cm，顶端尖或尾尖，边缘具锐锯齿，基部楔形或阔楔形至钝圆而两侧不等，揉碎后有恶臭，中脉基部、小叶柄基部及叶轴均被短柔毛。圆锥形聚伞花序分枝 5 出，平散，直径 12 cm；花小而多；萼筒长于萼齿；花冠黄白色，裂片长矩圆形；雄蕊花丝丝状，花药黄色。果实亮黑色。花期 4～5 月，果熟期 7～8 月。

图 8-373　西洋接骨木

【分布】产于欧洲。中国山东、江苏、上海等地民间及庭园引种栽培。

【生态习性】喜光，亦耐阴。较耐寒，又耐旱。常生于林下、灌木丛中或平原路旁。根系发达，萌蘖性强有力。忌水涝。

【观赏特性及用途】接骨木可促进发汗、抗炎症、利尿，具有改善花粉症、治疗风湿、痛风等功效。庭园内有时栽作观赏树。欧洲以之做饮料。

【变种、变型及品种】①'金边'接骨木'Aureo-marginata'；②'银边'接骨木'Albo-marginata'。

7. 鬼吹箫属 *Leycesteria*

落叶灌木或小灌木；小枝常中空。单叶，对生，全缘或有锯齿，很少浅裂；托叶存在或否。由 2～6 朵花的轮伞花序合成的穗状花序顶生或腋生，有时紧缩成头状，常具显著的叶状苞片；萼裂片 5 片，不等形或近等形；花冠白色、粉红色或带紫红色，有时橙黄色，漏斗状，整齐，裂片 5 片；雄蕊 5 枚，花药"丁"字状背着；子房 5～8（～10）室，每室有多数胚珠，花柱细长，柱头盾状或头状。浆果，具宿存萼；种子微小，多数。

约 8 种，分布于喜马拉雅地区、缅甸。我国有 6 种，分布于西南部的温带和亚热带山区。

鬼吹箫 *L. formosa*

【别名】叉活活、梅竹叶、狭萼鬼吹箫。

【形态特征】叶通常卵形、卵状矩圆形或卵状披针形，全缘，有时有疏生齿牙或不整齐、浅或深的缺刻，或羽状分裂。穗状花序通常顶生，稀腋生；苞片常带紫色或深紫色。萼裂片较狭长，披针形、条状披针形至条形，常 4 长 1 短或近等长或 3 长 2 短，短者 1～2（～3）mm，长者 4～7（～9）mm；花白色至粉红色或带紫红色。果实由红色或紫红色变黑色或紫黑色。

【分布】产于四川西部，云南西北部、中部至东部及西藏东南部和南部。

图 8-374　鬼吹箫

1. 花枝；2. 穗状花放大；3. 花放大；4. 子房横切面放大；5. 花冠纵剖面放大；6. 花冠基部腺囊放大；7. 浆果放大

【生态习性】生于山坡、山谷或溪边林下、林缘或灌丛中，海拔 1600～3500 m。

【观赏特性及用途】狭萼鬼吹箫具白色的小花，花瓣聚合成钟状，质薄而韧，花序下垂，看起来像一串串白色的小铃铛。它的茎干是空心的，天气晴朗时，在微风的吹动下，能发出浑厚悠扬的声音，有如洞箫鸣奏。因其美丽的花形常见于园林中。

［100］棕榈科 Arecaceae

乔木、灌木或藤本。干常不分枝，单干或丛生，常以残存的老叶柄基部或叶脱后留有环状痕迹。叶常聚生于茎顶或在藤本中呈散生，羽状或掌状分裂；叶柄基部常扩大成鞘状。花小，常辐射对称；两性或单性，雌雄同株或异株，有时杂性；组成分枝或不分枝的肉穗花序；佛焰苞 1 至多枚，鞘状、管状或舟状；萼片和花瓣各 3 片，分离或合生；雄蕊常 6 枚，2 轮排列，花药 2 室，纵裂；子房上位，1～3 室，或 3 枚心皮分离或基部合生；每室 1 粒胚珠；花柱短或无，柱头三裂。果为浆果、核果或坚果，外果皮常为纤维质或鳞片状。胚小，胚乳均匀或嚼烂状。

约 217 属 2500 种，主要分布于热带、亚热带地区，尤以美洲热带和亚洲热带地区种类最多。中国有 18 属，约 90 种，主要分布于西南部至东南部。

棕榈科植物因其优美的叶姿和树形，热带风情的观赏效果，并且具有抗性强、落叶少、易管理的特性，受到普遍的喜爱。在园林应用中，已从原来的景观造园和庭园栽植为主，向室内观叶与造园应用两方面平衡发展，而且有向高纬度扩展的趋势。棕榈科植物的栽培应用已成为热带、亚热带地区观赏植物生产的重要组成部分，并在各地迅速推广，纷纷引种栽培。

二维码 B-100
棕榈科

1. 棕榈属 *Trachycarpus*

乔木，不分枝，树干具环状叶痕，上面具黑褐色叶鞘。单叶，掌状分裂至中部以下，裂片先端 2 裂，几直伸，有皱褶；叶柄上面近平，下面半圆，两侧具细齿。圆锥状肉穗花序粗大而多分枝，佛焰苞多数，革质，压扁状，被茸毛；花杂性；花萼、花瓣各 3 片；雄蕊 6 枚，花丝分离；心皮 3 枚，仅基部连合，柱头 3 枚，向后反曲。核果 1～3 粒，球形、长圆形至肾形；种子直生，腹面有沟，胚乳均匀。

8 种，分布于我国长江流域以南地区和日本、印度、尼泊尔等。我国 3 种。本属植物是棕榈科植物中抗寒性较强的类群，分布于棕榈科区域北缘至最北界限。

棕榈 *Tr. fortunei*

【别名】山棕、棕树、唐棕、中国扇棕、拼棕。

图 8-375 棕榈

1. 植株的形态；2. 一分枝果序；3. 果实；4. 果实纵剖面

【形态特征】常绿乔木，高 5～7 m，干径可达 20 cm。树干圆柱形，直立无分枝，干上具环状叶痕。叶圆扇形，簇生于树干顶端，向外展开，掌状深裂几达基部，裂片线状披针形，革质，坚硬，先端钝 2 齿裂；叶柄细长，基部两侧有细锯齿；叶鞘纤维质，细而柔软，棕褐色。花单性，肉穗花序圆锥状。核果球状或呈肾形、成熟时由绿色变为黑褐色或灰褐色，稍被蜡和白粉，甚坚硬。花期 4～5 月，10～11 月果熟。

【分布】产于我国长江流域以南及印度、缅甸和日本。

【生态习性】喜温暖湿润的气候，耐寒，较耐阴，成年植株较耐旱。要求排水良好的肥沃土壤。

【观赏特性及用途】棕榈的树形挺拔秀丽，适应性强，能抗各种有毒气体，可植于庭园赏其树姿，尤其适于小庭园或空间稍狭窄处。此外，棕榈具有许多用途，其树干是优良的建筑用材；叶鞘纤维可制蓑衣、枕垫、床垫等；棕皮可制绳索；棕叶可用作防雨棚盖；花、果、棕根及叶基棕板可加工入药；种子蜡皮则可提取出工业上使用的高熔点蜡；种仁含有丰富的淀粉和蛋白质。

2. 酒椰属 *Hyophorbe*

雌雄同株，一次开花结实；无茎或乔木状；小穗轴的苞片衬托着单生的花，基部为雌花，上部为雄花，我国栽培 1 属，花单生于小穗轴苞片的腋内，小穗轴基部的雌花伴以 2 枚小苞片，顶部的雄花伴以 1 枚小苞片，果实具少数大鳞片。

酒瓶椰子 *H. lagenicaulis*

【别名】酒瓶椰、酒瓶棕。

图 8-376 酒瓶椰子

1. 植株；2. 部分叶轴和裂片；3. 部分果序；4. 雄花花蕾；5. 雄花；6. 雄花去花萼，示雄蕊和花瓣；7. 果实

【形态特征】乔木，高 2～4 m；单干，树干中下部膨大，呈酒瓶状，直径可达 60 cm。叶聚生于顶，羽状全裂；裂片线形，两列排列，长 30～46 cm，宽 1.5～2.3 cm，裂片边缘及叶脉背面红褐色；叶轴粗大，于背面隆起。肉穗花序生于叶丛下，具多分枝，长达 60 cm；佛焰苞单生，鞘状或舟状。花单性，雌雄同株，常 6～8 朵聚生于花序分枝上，通常雄花生于上部，雌花生于下部。果椭圆形或倒卵状椭圆形，长 2～2.3 cm，宽 1～1.2 cm，熟时黑色，表面光滑。花期 7～8 月，果期为翌年 3～4 月。

【分布】产于马斯克林群岛，现各热带地区均有栽培，我国广东、福建、海南、台湾等地有引种栽培。

【生态习性】喜高温、多湿的热带气候，适宜向阳或背风的环境。不耐寒，怕霜冻，冬季最低温度要求 10 ℃以上。要求排水良好、湿润、肥沃的土壤，不甚耐旱。

【观赏特性及用途】酒瓶椰子是一种非常珍贵的观赏棕榈，树干形如酒瓶，非常美观。在南亚热带地区适宜用于庭园的各类栽植及植物造景，栽植点宜选择向阳避风处；在北方地区也可作温室栽培观赏。

3. 丝葵属 *Washingtonia*

大乔木，不分枝，茎有明显的环状叶痕及叶鞘残基。叶羽状全裂，簇生于茎顶；裂片多数，明显地外向折叠。圆锥花序肉穗花序生于叶丛中，佛焰苞 2 个，长而木质化。花两性，雌雄同株，雄花小，多数。果实阔卵球状，外果皮光滑，中果皮厚而纤维质，内果皮骨质；种子 1 粒。

约 2 种，分布于美国西部及墨西哥的西部。我国南部热带及亚热带地区有引种栽培。

丝葵 *W. filifera*

【别名】华盛顿棕榈、裙棕。

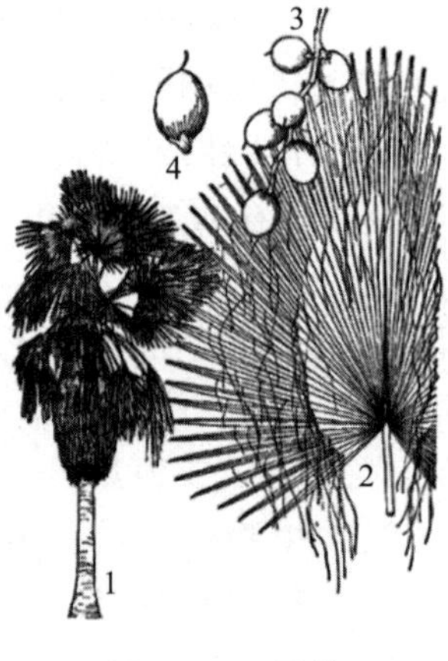

图 8-377 丝葵

1. 植株形态；2. 叶片；3. 果穗一部分；4. 果实

【形态特征】乔木，单干型，高 4～8 m，原产地可达 15 m，直径可达 1 m，茎基部略膨大。叶圆扇形，直径 1～1.5 m，掌状分裂至中部；具多数掌状脉；裂

片披针形，长约 50 cm，宽 4～6 cm，边缘及裂口处有多数卷曲、白色的丝状纤维，先端 2 浅裂，叶柄下部有短而扁平、分叉的利刺，基部扩大抱茎，且于中央开裂。肉穗花序生于叶腋内，长 3～4 m，初时直立，后下垂，佛焰苞长而膜质，纵裂。花两性，白色，长 8～9 mm。果椭圆形或卵形，熟时黑褐色。

【分布】产于美国加利福尼亚、亚利桑那及墨西哥，现各热带地区有栽培。我国华南、西南及华东地区有引种栽培。

【生态习性】喜温暖、湿润、阳光充足的环境，幼时稍耐阴。较耐寒，成树可耐－12 ℃低温。喜疏松肥沃的土壤，较耐干旱瘠薄，抗风力强，忌积水。

【观赏特性及用途】丝葵树干挺拔，叶片茂密，干枯的叶子下垂覆盖于茎干，犹如穿上棕色的裙子，如丝的纤维随风飘逸极为美丽动人，是优美的风景树种。可作各类庭园栽植，也可作行道树，在滨海景区栽植尤为适宜；年幼植株稍耐阴，可将其盆栽作室内观赏。

【同属其他种】大丝葵 *W. robusta*：茎基部常不膨大。叶裂片边缘的丝状纤维永存；叶柄绿色，仅下部边缘具正三角形小刺。

4. 假槟榔属 *Archontophoenix*

乔木，不分枝，树干具有明显环痕。叶羽状全裂；裂片条状披针形，中脉明显，叶背及叶轴背面有鳞秕状茸毛。圆锥状肉穗花序生于叶鞘束下方的树干上，悬垂；总苞 2 枚。花无梗，单性，同株异序。雄花萼片 3 片；花瓣 3 片；雄蕊 9～24 枚，花丝近基部合生。雌花近球形，花后花被增大；萼片 3 片；花瓣 3 片，较萼片小；退化雄蕊 6 或 0 枚；子房三角状卵形，1 室，柱头 3 枚。坚果球形或椭圆状球形，果皮纤维质。种子具嚼烂状胚乳。

14 种。产于澳大利亚的热带、亚热带地区。我国引入 1 种。

假槟榔 *A. alexandrae*

【别名】亚历山大椰子。

【形态特征】乔木，高可达 20 m；单干型，树干挺直，有整齐明显的环痕，基部略膨大。叶羽状全裂，长 2～3 m，裂片呈 2 列排列成一平面，线状披针形，

图 8-378　假槟榔

1. 植株形态；2. 叶中部，示羽片；3. 叶顶部；4. 果序一部分；5. 果实；6. 果实剖面；7. 小穗状花序一段；8. 雄花

长达 45 cm，宽 3～5 cm，顶端渐尖，边全缘，表面绿色，背面具灰白色鳞秕，叶鞘长 1 m 以上，膨大抱茎。肉穗花序三歧式多分枝，生于叶鞘下，下垂，长 50～80 cm，佛焰苞长约 50 cm，雌雄异序。雄花为三角室，纵裂。雌花卵形，黄色；萼片和花瓣圆形，长 3～4 mm，宿存；子房上位，三角状卵形，1 室，柱头 3 裂。果卵状球形，长 1.2～1.4 cm，熟时红色。花期夏末秋初，冬春季结实。

【分布】产于澳大利亚。我国广东、广西、云南、海南和台湾等地常见栽培。

【生态习性】喜高温、高湿和避风向阳的环境。不耐寒，叶片易受霜冻危害。要求土层深厚、肥沃、排水良好、微酸性的沙质壤土，根系不耐积水。

【观赏特性及用途】假槟榔树干通直、形姿优美，且生长迅速，在南方地区，可作行道树或庭园树孤植、列植、群植等应用。在北方地区可作盆栽观赏，但冬季要注意防寒。

5. 槟榔属 *Areca*

直立乔木状或丛生灌木状，茎有环状叶痕。叶簇生于茎顶，羽状全裂，羽片多数，叶轴顶端的羽片合生。花序生于叶丛之下，佛焰苞早落；花单性，雌雄同序；雄花多，单生或 2 朵聚生，生于花序分枝上部或整个分枝上，萼片 3 片，小，稍为覆瓦状排列，花瓣 3 片，镊合状排列，雄蕊 3、6、9 枚或多达 30 枚或

更多，花丝短或无，花药基生；雌花大于雄花，少，萼片3片，覆瓦状排列，花瓣3片，镊合状排列；退化雄蕊3～9枚或无；子房1室，柱头3枚，无柄，胚珠1粒，基生，直立；果实球形、卵形或纺锤形，顶端具宿存柱头；种子卵形或纺锤形，胚乳深嚼烂状，胚基生。

约60种，分布于亚洲热带地区和澳大利亚。我国有2种，1种产于台湾、海南及云南，另1种引进栽培于上述热带地区。

三药槟榔 *A. triandra*

【别名】三雄芯槟榔。

【形态特征】丛生型灌木至小乔木，高4～6 m；干具环状叶痕，茎粗5～15 cm，绿色。叶羽状全裂，聚生茎顶，裂片12～19对；侧生裂片矩状条形，顶端斜渐尖，长43～63 cm，宽4～6 cm，有主脉2～3条；叶轴顶端的2片裂片较大，宽达9 cm，连合成燕尾状；叶鞘绿色，抱茎，其上有散生、紫红色鳞秕。肉穗花序生于叶丛下，具多分枝，排成圆锥花序式；佛焰苞鞘状，长30～40 cm，早落。花单性，雌雄同序。果椭圆形或橄榄形，长约2.5 cm，熟时橙红色至红色；种子圆锥状；胚乳嚼烂状。花期3～4月，果期9～11月。

【分布】产于印度、马来西亚，现各热带地区有栽培。我国广东、福建、海南、云南、台湾等地有引种栽培。

【生态习性】喜温暖、湿润的气候，适应背风、半荫蔽的环境。不耐寒，小苗期易受冻害，成树可耐1 ℃左右低温。要求肥沃、疏松而排水良好的土壤，不耐积水，不耐干旱。

【观赏特性及用途】三药槟榔树形优雅，叶色翠绿，形如翠竹，深受人们的喜爱，在南方可作庭园园林布置，其耐阴性强，也可盆栽作室内观赏。

图 8-379 三药槟榔

1.植株；2.叶；3.花序；4.雄花；5.雄花去花被；6.部分果序

6. 桄榔属 *Arenga*

乔木或灌木状。茎上密被黑色的纤维状叶鞘；叶通常为奇数羽状全裂，罕为扇状不分裂，羽片内向折叠，近线形至不整齐的波状椭圆形或近菱形，基部楔形，在一侧或两侧常呈耳垂状，先端通常不整齐的啮蚀状。花雌雄同株或极罕见为雌雄异株，多次开花结实或一次开花结实；花序生于叶腋或脱落的叶腋处，直立或下垂，花序梗为多个佛焰苞所包被，多分枝或罕为不分枝；花单生或3朵聚生即2朵雌花之间有1朵雄花。果实球形至椭圆形，常具三棱，顶端具柱头残留物。种子1～3粒，平凸或扁形，胚乳均匀。

桄榔 *A. pinnata*

【别名】砂糖椰子、糖椰。

【形态特征】乔木，株形高大壮观，高可达12 m或更高，叶片长7 m以上，裂片极多数，每侧约100片或更多，顶端和上部边缘有啮蚀齿，基部两侧有2个不等大的耳垂，背面长白色；叶鞘褐黑色，粗纤维质，包茎。肉穗花序长达1.5 m；鞘状佛焰苞5～6

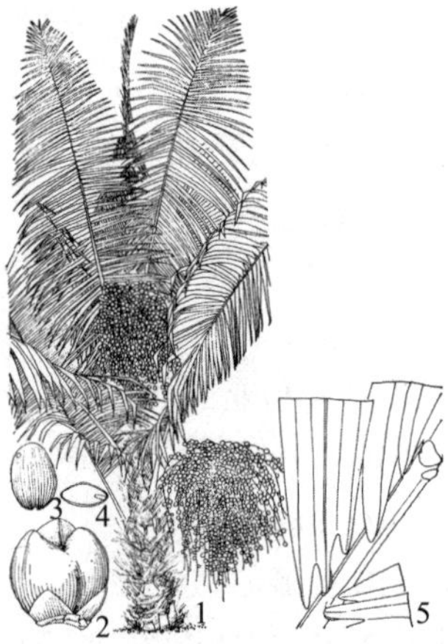

图 8-380 桄榔

1.植株；2.果实；3.种子；4.种子横剖面；5.叶中部

枚，披针形；雄花：常成对着生，萼片近圆形，宽约 6 mm；花瓣革质，长圆形，长 15～20 mm；雄蕊 70～80 枚；雌花：常单生，萼片宽过于长，长约 4 mm；花瓣阔卵状三角形，长约 1.3 cm；子房三菱形。果近球形，长 3.5～5 cm，棕黑色，基部有宿存的花被片。花期夏季，果在开花后 2～4 年时间成熟。

【分布】产于海南、广西及云南西部至东南部。中南半岛及东南亚一带亦产。

【生态习性】喜阳，不耐寒，在年平均温度 20～30 ℃及以下生长良好。

【观赏特性及用途】巨大的羽状叶片形成天然华盖。适合作行道树、庭荫树。花序割伤后有汁液流出，可熬煮制砂糖。髓心可提取淀粉。叶鞘纤维可做绳索。

7. 鱼尾葵属 *Caryota*

灌木至乔木。茎单生或丛生，有环状叶痕。叶大，聚生茎顶，2～3 回羽状全裂；裂片菱形、楔形或披针形，顶端极偏斜而有不规则的齿缺，状如鱼尾；叶鞘纤维质。圆锥状肉穗花序腋生，下垂，分枝多；花单性，雌雄同株，常 3 朵聚生。雄花萼片 3 片，覆瓦状排列；花瓣 3 片，镊合状排列；雄蕊 6 枚至多数。雌花萼片圆形，覆瓦状排列；花瓣卵状三角形，镊合状排列；子房 3 室，柱头 3 裂。浆果球形，种子 1～2 粒。

12 种，分布于热带亚洲至澳大利亚东北部。我国 4 种，产于云南南部、广东、广西等地。

鱼尾葵 *C. maxima*

【别名】酒椰子、单干鱼尾葵、假桄榔。

【形态特征】乔木，单干，高达 20 m，有环状叶痕。叶大，裂片暗绿色，每边 18～20 片，悬垂，质厚而硬，顶端 1 片扇形，不规则的齿缺，侧面的菱形而似鱼尾，15～30 cm。肉穗花序花单性，雌雄同株，常 3 朵聚生，中间较小的 1 朵为雄花或全部为雄花；雄花萼片 3 片，阔倒卵形，花瓣 3 枚，雄蕊多数；雌花萼片与雄花相同，花瓣卵状三角形，子房圆形，3 室，柱头 3 裂。果球形，熟时紫红色，浆果状，中果皮新鲜时肉质，其内有种子 1 粒；种子球形，具花纹。花期 7 月，果 1～2 年后成熟。

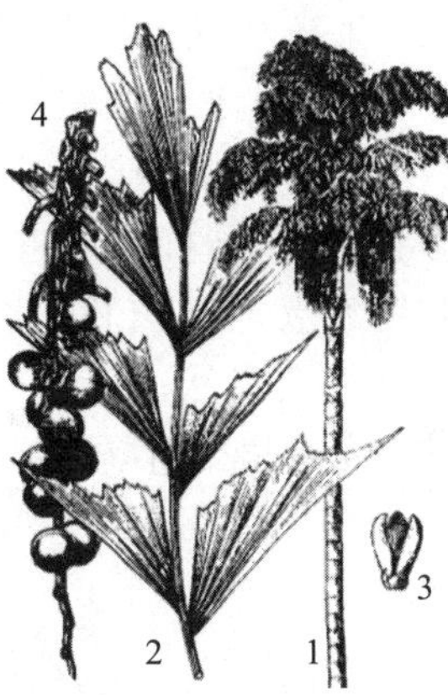

图 8-381　鱼尾葵

1. 植株上部(缩小)；2. 部分裂片；3. 雄花；4. 部分果序

【分布】产于亚洲热带、亚热带及大洋洲，我国西南、华南至南部常见栽培，华南至西南地区有野生种。

【生态习性】喜温暖、湿润气候。较耐寒，能耐短期－5 ℃低温。可耐半阴环境。根系浅，不耐干旱。要求排水良好、疏松肥沃的土壤，对土壤酸碱度要求不严。

【观赏特性及用途】鱼尾葵树形端庄，叶形优美，在庭园或园林布置中可作丛植、列植栽培，也可以盆栽作室内观赏。

【同属其他种】短序鱼尾葵 *C. mitis*：丛生小乔木，高 5～8 m，具环痕，近地面有棕褐色肉质气生根。叶与鱼尾葵相似，但叶鞘较短。肉穗花序较鱼尾葵短。果熟时蓝黑色。华南常见栽培，滞尘、减噪效果好。

8. 散尾葵属 *Chrysalidocarpus*

单生或丛生灌木。叶长而柔软，羽状全裂，裂片线形或披针形；叶柄和叶轴黄色，上部有槽。圆锥状肉穗花序生于叶鞘束下，花单性同株；萼片和花瓣 6 片；雄蕊 6 枚；子房球状卵形，柱头 3 枚。果近球形或稍为陀螺形，橙黄色至紫黑色。

20 种，主产于马达加斯加。我国引入 1 种。

散尾葵 *Ch. lutescens*

【别名】黄椰子。

【形态特征】丛生灌木至小乔木，高 3～8 m；干上有明显的环状叶痕。叶羽状全裂，有裂片 40～60 对；裂片狭披针形，两列排列，长 40～60 cm，先端尾状渐尖并呈不等长的 2 裂；叶轴和叶柄光滑，黄绿色，腹面有浅槽；叶鞘初时被白粉。肉穗花序生于叶丛下，多分枝；佛焰苞舟状；花单性，雌雄同株或异株，花小，黄白色；萼片 3 片，覆瓦状排列；花瓣 3 片，稍肉质。花期 5～6 月，果期 8 月。

图 8-382　散尾葵

1. 植株形态；2. 叶一段，示羽片；3. 果穗一部分；4. 果实纵剖面；5. 分枝花序一部分；6. 雄花

【分布】产于马达加斯加群岛，各热带地区有栽培。我国华南至东南部常见栽培。

【生态习性】喜温暖、湿润、半阴环境。耐阴性强，成树耐晒；不耐寒，5 ℃低温会引起叶片损伤，10 ℃以上可安全越冬。要求疏松、肥沃、深厚的土壤，不耐积水，亦不甚耐旱。根系发达，生长较快。

【观赏特性及用途】散尾葵叶枝茂密，叶色翠绿，四季常青，且耐阴性强，是著名的室内观赏植物。可作盆栽，作各种室内布置；在温暖地区可作庭园绿化。

9. 椰子属 *Cocos*

大乔木，不分枝，干上有明显的环状叶痕及叶鞘残基。叶羽状全裂，簇生茎顶；裂片多数，先端长渐尖，基部明显向外折叠。圆锥花序肉穗花序生于叶丛中；总苞厚革质至木质，1 枚至多数。花单性同株，同序；雄花两侧对生，雄蕊 6 枚；雌花子房 3 室。坚果大，倒卵形或近球形，外果皮薄革质，中果皮厚纤维质，内果皮（椰壳）骨质，基部有萌发孔 3 个。种子 1 粒，与内果皮黏着。胚乳大（即椰肉），白色，内有一大空腔内贮存丰富的浆汁（椰水）。

1 种，原产地至今不清，现主产区为东南亚及太平洋诸岛。我国海南、台湾和云南南部栽培椰子已有 1000 年以上的历史。

椰子 *C. nucifera*

【别名】可可椰子。

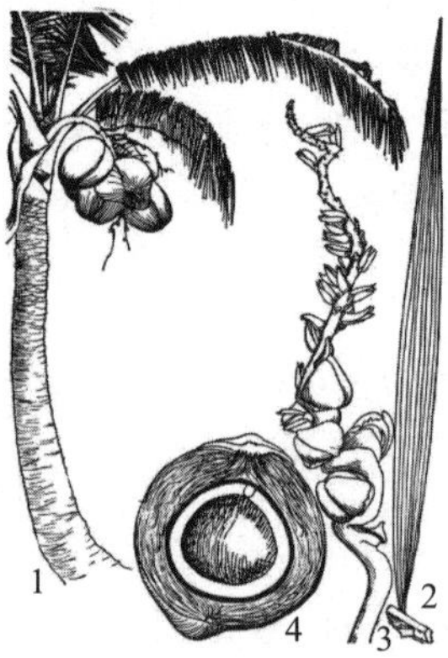

图 8-383　椰子

1. 植株形态；2. 叶一段，示羽片；3. 花穗之一小穗状花序；4. 果的纵剖面

【形态特征】乔木，高 18～30 m；单干，茎干粗壮，有环状叶痕。叶长 3～7 m，羽状全裂；裂片线状披针形，基部外向折叠。肉穗花序腋生；多分枝，圆锥花序式。花单性，雌雄同序。花瓣 3 片，镊合状排列，雄蕊 6 枚。雌花呈略扁的圆球形；花萼和花瓣各 3 片，覆瓦状排列。坚果卵形、倒卵形或近球形；外果皮薄，中果皮厚而纤维质，内果皮骨质，基部有 3 个萌发孔；种子 1 粒，种皮薄，紧贴着白色坚实的胚乳，内有一富含液汁的空腔。椰树几乎全年均可开花，7～9 月果熟，4～6 月和 10 月有少量收获。

【分布】生长于热带地区海岸。我国台湾、广东南部诸岛及雷州半岛、海南、广西及云南等地栽培。

【生态习性】喜高温、湿润、阳光充足的环境。不耐寒冷，要求平均温度 24～25 ℃，最低温度 10 ℃以上，才能正常开花结实。不耐干旱，要求年降水量 1500～2000 mm。喜海滨和河岸的深厚冲积土或沙质壤土。根多而深，抗风力强，能耐盐碱。

【观赏特性及用途】叶子苍翠挺拔，树姿优美，具浓厚的热带风情，在热带和南亚热带地区的风景区，尤其是海滨地区为主要的园林绿化树种，可作行道树，或丛植，成片栽成椰林或椰堤。椰子全身是宝，有“宝树”之称。椰水富含维生素B、维生素E和糖分；椰肉作食品加工原料，可加工椰奶、椰子露、椰子糖、糕点等；椰肉烘干含油量60%～65%，椰油可供食用和各种工业用途；树干坚硬耐水浸，可作梁柱、家具或建筑用材；椰棕（中果皮）可制床垫、地毯、绳索，制成椰糠作植料；椰壳（内果皮）可制工艺品或干馏活性炭。

10. 油棕属 *Elaeis*

常为乔木状，单干直立。叶簇生于茎顶，羽状全裂，裂片外向折叠，线状披针形，叶轴下部的羽片退化为针刺。花单性，雌雄同株异序；雄花萼片、花瓣3片，离生，雄蕊6枚；雌花萼片、花瓣3片，子房3室。核果。

2种，产于非洲热带地区和南美洲；其中原产非洲的油棕，广泛作为油料作物栽培，我国热带地区有引种栽培。

油棕 *E. guineensis*

【别名】油椰子、非洲油棕。

【形态特征】直立乔木状，高达10 m或更高，直径达50 cm，叶多，羽状全裂，簇生于茎顶，长3～4.5 m，羽片外向折叠，线状披针形，长70～80 cm，宽2～4 cm，下部退化成针刺状；叶柄宽。花雌雄同株异序，雄花序由多个指状的穗状花序组成，雌花花序头状。果实卵球形或倒卵球形，熟时橙红色。种子近球形或卵球形。花期6月，果期9月。

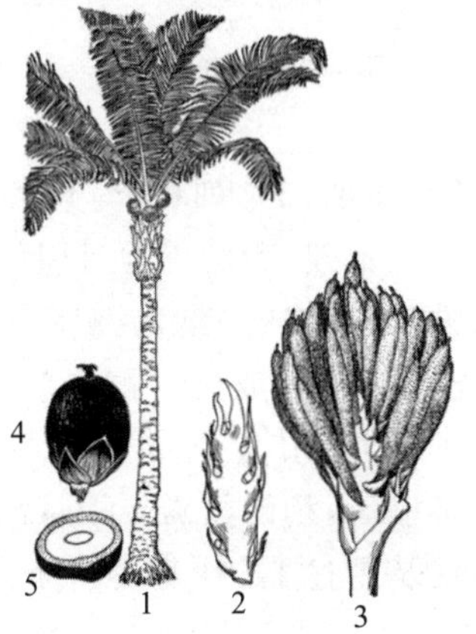

图8-384 油棕

1. 植株形态；2. 雌花序之一小穗状花序；3. 雄花序；4. 果实；5. 果实横剖面

【分布】油棕原产地在南纬10°至北纬15°、海拔150 m以下的非洲潮湿森林边缘地区，主要产地分布在亚洲的马来西亚、印度尼西亚、非洲的西部和中部、南美洲的北部和中美洲。我国引种油棕已有80多年的历史。现主要分布于海南、云南、广东、广西。

【生态习性】油棕喜高温、湿润、强光照环境和肥沃的土壤。年平均温度24～27 ℃，年降水量2000～3000 mm，分布均匀，每天日照5 h以上的地区最为理想。年平均温度23 ℃以上，月平均温22～30 ℃的月份有7～8个月，年降水量1500 mm以上，干旱期连续3～4个月的地区能正常开花结果，但出现季节性产果。土层深厚、富含腐殖质、pH 5～5.5的土壤最适于种植油棕。

【观赏特性及用途】树形优美，用作行道树或丛植于草坪。

11. 蒲葵属 *Livistoma*

乔木，有环状叶痕。叶近圆形、扇状折叠，掌状分裂至叶片中部附近；裂片多条形，顶端2裂，在芽时向内折叠；叶柄长，腹面平，背面圆凸，两侧具长而显著的骨质齿刺；叶鞘纤维棕色，网状。花两性，排成圆锥状肉穗花序；佛焰苞管状，多数，包被花梗；萼片3片，覆瓦状排列，革质；雄蕊6枚，花丝合生成一环；心皮3枚，几近分离，每一心皮内各有直立、基生胚珠1粒，花柱短，分离或连合。核果1～3粒，球形至卵状椭圆形；种子1粒。

约30种，分布于亚洲及大洋洲。我国4种，分布于华南南部至西南部地区。

蒲葵 *L. chinensis*

【别名】葵扇树、葵树。

【形态特征】常绿乔木，高可达20 m；单干直立，有致密环纹，无残存叶基。叶阔肾状扇形，宽1.2～

图 8-385　蒲葵

1.植株;2.叶;3.部分果序

1.5 m,掌状分裂至中部;裂片条状披针形,下垂,先端长渐尖,再2深裂成长达50 cm的丝状下垂小裂片;叶柄两侧具骨质钩刺;叶鞘具棕色、网状纤维。肉穗花序生于叶丛中,排成圆锥花序,分枝多而疏散;花小,两性,黄绿色,常4朵集生。核果椭圆形,蓝黑色。花期3～4月,果期8～11月。

【分布】产于我国南部至东南部,印度、越南、日本也有分布。

【生态习性】喜温暖多湿气候,较耐寒,可耐0 ℃短暂低温,苗期稍耐阴。喜深厚、湿润、肥沃的黏质壤土,稍耐干旱和水湿。抗逆性强,对氯气和二氧化硫抗性强。

【观赏特性及用途】蒲葵树冠浓密,树形优美,抗性强,可作行道树栽植,也可作庭园丛植、列植、孤植,在南方地区也是水边置景的良好树种。在北方可作温室栽培。蒲葵是经济植物,嫩叶可制葵扇,葵骨可做牙签,树干可做梁柱;果实、根、叶可入药。是园林结合生产的理想树种。

12. 刺葵属 *Phoenix*

灌木或乔木状;茎单生或丛生,有时很短,直立或倾斜,通常被有老叶柄的基部或脱落的叶痕。叶羽状全裂,羽片狭披针形或线形,芽时内向折叠,基部的退化成刺状。花序生于叶间,佛焰苞鞘状,革质;花单性,雌雄异株;花小,黄色,革质;雄花花萼杯状,雌花球形。果实长圆形或近球形,外果皮肉质,内果皮薄膜质。种子1粒,腹面具纵沟。

约17种,分布于亚洲与非洲的热带及亚热带地区。我国有2种,产于台湾、广东、海南、广西、云南等地,另引入3种,多为观赏栽培。

(1)长叶刺葵 *Ph. canariensis*

【别名】加拿利海枣。

【形态特征】乔木,高8～12 m,胸径达50 cm;干常单生,叶羽状全裂,长5～6 m,略弯垂;裂片极多,呈2列排列,每侧100～200片,披针状线形,先端尖刺状;叶轴基部有坚硬的长刺,长达1 m以上,具多分枝;佛焰苞单生,鞘状。花单性,雌雄异株。雄花花萼杯状,雄蕊6枚;雌花球形;花瓣3片,圆形,覆瓦状排列。果椭圆形顶端有小凸尖,熟时黄色。种子卵状纺锤形,基部有一长尖头,腹面有深凹槽。花期4～5月,果期9～10月。

图 8-386　长叶刺葵

【分布】产于非洲加拿列群岛,现各热带地区有栽培。我国广东、福建、台湾等地有引种栽培。

【生态习性】喜高温、多湿的热带气候。需要光照充足的环境,较耐寒,成树可耐－10 ℃低温。要求肥沃、深厚的土壤,在肥沃的土壤中生长快而粗壮,也能耐干旱瘠薄,稍耐盐碱。根系深而发达。

【观赏特性及用途】长叶刺葵树干高大雄伟,羽叶繁茂,形成一密集的羽状树冠,尤具热带风情。在南方地区可作行道树及各种庭园及园林绿化种植,幼株可盆栽作室内观赏。在北方地区可作温室栽培,温度过低时要注意保温防寒。

(2)软叶刺葵 *Ph. roebelenii*

【别名】美丽针葵、美丽珍葵、江边刺葵。

图 8-387 软叶刺葵

【形态特征】常绿灌木。茎丛生,栽培时常为单生,高 1～3 m,稀更高,直径达 10 cm,具宿存的三角状叶柄基部。叶长 1～1.5(～2)m;羽片线形,较柔软,长 20～30(～40)cm,两面深绿色,背面沿叶脉被灰白色的糠秕状鳞秕,呈 2 列排列,下部羽片变成细长软刺。佛焰苞仅上部裂成 2 瓣;雄花序与佛焰苞近等长,雌花序短于佛焰苞;雄花花萼长约 1 mm,顶端具三角状齿;雌花近卵形,长约 6 mm。果实长圆形,顶端具短尖头,成熟时枣红色,果肉薄而有枣味。花期 4～5 月,果期 6～9 月。

【分布】产于印度、缅甸、泰国及中国云南西双版纳等地,广东有栽培。

【生态习性】性喜高温、湿润和光照充足的环境,有一定的耐阴性、耐寒性。耐干旱、瘠薄的土壤,但在湿润、疏松、排水良好和肥沃的酸性土壤上生长最好。

【观赏特性及用途】软叶刺葵树姿雄健,叶丛圆浑紧密,细密的羽状复叶潇洒飘逸,颇显南国热带风光。在南部热带地区可作行道树和园林绿化树种。家庭小苗盆栽可摆设在客厅、住室,大苗盆栽适宜装饰宾馆会议室、大厅,能给人一种身居南国的感觉。

【同属其他种】刺葵 *Ph. hanceana*:茎丛生或单生,羽片单生或 2～3 枚簇生,在轴上排为 4 裂;果紫黑色。

13. 棕竹属 *Rhapis*

丛生灌木,茎细如竹,直立,上部被以网状纤维的叶鞘。叶生茎顶,扇状或掌状深裂几达基部;裂片 2 片至多数,叶脉显著;叶柄纤细,顶端与叶片连接处有小突起。花雌雄异株或杂性,无梗,组成松散、分枝的肉穗花序;雄花花萼杯状,3 齿裂;花冠倒卵形或棒状,3 浅裂,裂片三角形,镊合状排列;雄蕊 6 枚,生于花冠管上,2 轮;雌花花萼与雄花相似,花冠则较雄花为短;心皮 3 枚,分离,胚珠 1 粒果稍肉质,球形或卵形。种子球形或近球形。

约 12 种,分布于东亚至东南亚。我国 6 种,主产于长江流域及其以南地区。

(1)棕竹 *Rh. excelsa*

【别名】筋头竹、观音竹。

图 8-388 棕竹

1. 植株形态;2. 雄花花蕾时形状;3. 雄花解剖

【形态特征】丛生灌木,高 2～3 m;茎绿色,竹状,直径 2～3 cm,常有宿存叶鞘。叶掌状。5～10 深裂或更多;裂片线状披针形,顶端有不规则齿缺;边缘和主脉上有褐色小锐齿,横脉多而明显。肉穗花序生于上部宿存于叶鞘腋内具多分枝;佛焰苞管状,2～3 枚。背面被弯卷的茸毛;花小,雌雄异株;雄花:淡黄色,雄蕊 6 枚;雌花:较大,卵状球形;心皮 3 枚,离生。果倒卵形或近球形,熟时黑褐色。花期 4～5 月,果期 10～11 月。

【分布】产于我国西南、华南至东南部，日本也有分布。

【生态习性】生长强壮，适应性强。喜温暖湿润气候；耐阴性强，也稍耐日晒。较耐寒，可耐 0 ℃以下短暂低温。宜湿润而排水良好的微酸性土壤，在石灰岩区微酸性土也能正常生长，忌积水。

【观赏特性及用途】棕竹株丛饱满，秀丽青翠，叶形优美，生势强健，是优良而富有热带风光的观赏植物。适宜作盆栽室内观赏；在温暖地区，也可作庭园植物造景栽植，作园景时宜植林荫处或庭荫处。

(2)细棕竹 ***Rh. gracilis***

【别名】龙州棕竹；小叶棕竹。

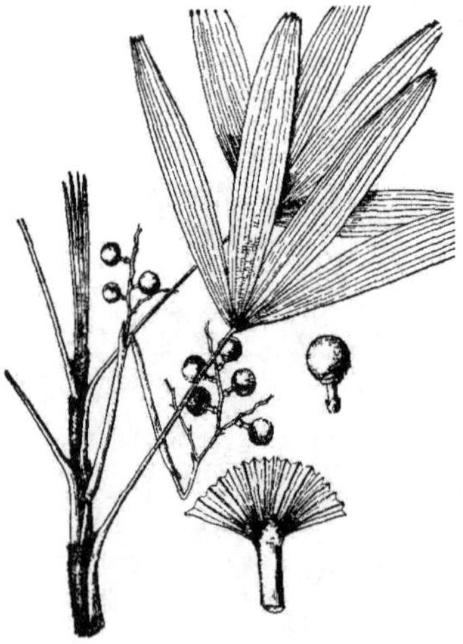

图 8-389 细棕竹

【形态特征】丛生灌木，高 1～1.5 m，茎圆柱形，有节，直径约 1 cm。叶掌状深裂成 2～4 裂片，裂片长圆状披针形，长 15～18 cm，宽 1.7～3.5 cm，具 3～4 条肋脉，先端通常渐狭，有不规则的急尖的齿，边缘及肋脉上具粗糙的细锯齿；横小脉不多，明显波状；叶柄很纤细，上面扁平，背面稍圆，截面呈半圆形，边缘具脱落性的鳞秕状物顶端具钝三角形或几圆形的小戟突；叶鞘被褐色、网状的细纤维。花小，雌雄异株。果实球形，蓝绿色。种子 1 粒，球形。果期 10 月。

【分布】产于广东西部、海南及广西南部。

【生态习性】细叶棕竹主要产于云南，属热带常绿植物，喜温暖湿润的生长环境，喜酸、喜肥、喜阴湿、喜光，也耐寒、耐旱、耐阴，适应性强，和其他南方花木相比，在北方地区养护容易，观赏性好，成活率高，越冬越夏都比较容易。

【观赏特性及用途】细叶棕竹是棕竹属中观赏价值很高的一种，它株形紧凑，叶子纤细，叶形规则，枝叶婆娑，观赏性极高，尤其在北方作室内盆栽观赏，效果十分理想。

(3)矮棕竹 ***Rh. humilis***

【别名】竹棕、棕榈竹、樱榈竹。

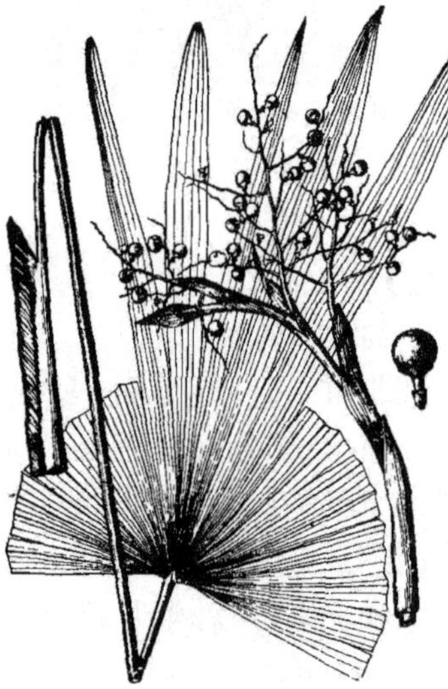

图 8-390 矮棕竹

【形态特征】丛生灌木，高 1 m 及以上，茎圆柱形，有节，上部被紧密的网状纤维的叶鞘，纤维毛发状(或丝状)，淡褐色。叶掌状深裂，裂片 7～10(～20)片，线形，长 15～25 cm，具 1～2(～3)条肋脉，横小脉稀疏，边缘及肋脉上具细锯齿，先端短 2～3 裂，稍渐尖；叶柄约与叶片等长，较细，两面凸起，边缘平滑，顶端小戟突呈卵圆形，顶端被毛或无毛。花雌雄异株。果实为球形，直径约 7 mm。种子球形，直径约 4.5 mm。花期 7～8 月。

【分布】产自我国南部至西南部，各地常见栽培。

【生态习性】棕竹常繁生山坡、沟旁荫蔽湿润的灌木丛中，性喜温暖湿润、半阴通风的环境，畏烈日，喜欢生长于富含腐殖质的疏松湿润的沙壤土。若土壤干旱瘠薄，则生长欠佳。

【观赏特性及用途】棕竹姿态秀雅，翠杆亭立，叶盖如伞，四季常青，观赏价值很高。如作成丛林式，再配以山石，更富诗情画意。在园林上可作庭园绿化观赏。

14. 大王椰属 *Roystonea*

常绿乔木，干近基部或中部膨大。叶羽状全裂，裂片线状披针形；叶鞘长筒形，抱茎。花序巨大，分枝长而下垂，生于叶鞘束下，佛焰苞 2 枚，外面 1 枚早落，里面 1 枚全包花序，开花时纵裂。花单性同株。雄花萼片 3 片，雄蕊 6～12 枚，具退化雌蕊。雌花花冠壶状，3 裂至中部；子房 3 室；具退化雄蕊。果近球形或长圆形，长约 1.2 cm。种子 1 粒。

约 17 种，产于热带美洲。我国引入 2 种。

大王椰 *R. regia*

【别名】王棕。

【形态特征】乔木，高 10～20 m。茎淡褐灰色，具整齐的环状叶鞘痕，幼时基部明显膨大，老时中部膨大。叶聚生茎顶，长约 4 m，羽状全裂；裂片条状披针形，长 85～100 cm，宽 4 cm，先端渐尖或 2 裂；叶鞘长 1.5 m，光滑。佛焰苞及肉穗花序上有大量白色及灰褐色锯末状散落物。小穗长 12～28 cm，基部或中部以下有雌花，中部以上全为雄花，雄花淡黄色。果近球形，红褐色至淡紫色。花期 3～4 月，果期 10 月。

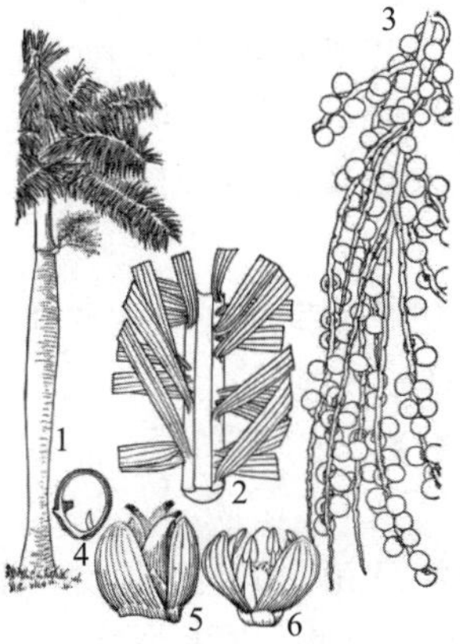

图 8-391 大王椰

1. 植物形态；2. 叶中部，示羽片排列；3. 果序一部分；4. 果实剖面；5. 雌花；6. 雄花

【分布】产于古巴，现广植于世界各热带地区。我国福建、台湾、广东、海南、广西、云南均有栽培。

【生态习性】适生于高温、湿润、阳光充足的海边和热带内陆地区。

【观赏特性及用途】树形奇特，常在适生地区作行道树、园景树，可孤植、丛植和片植，均具良好景观效果。

15. 女王椰子属 *Syagrus*

茎单生或丛生。叶一回羽状全裂，羽片单折，背面中脉具鳞片，先端 2 浅 2 裂，在叶轴上排为 2 至多列，叶鞘半抱茎，具交织纤维。花序单生叶腋，一回分枝。雄花萼片 3 片，离生，覆瓦状排列，花瓣 3 片，离生，镊合状排列，远长于萼片，雄蕊 6 枚；雌花的萼片 3 片，离生，覆瓦状排列；花瓣 3 片，离生，与萼片近等长，具退化雄蕊；子房 3 室，胚珠 3 粒。果具 1 粒种子。

约 32 种，主产于南美洲，从委内瑞拉向南至阿根廷，其中巴西种类最多，1 种产于小安的列斯群岛。我国南方常见栽培 1 种。

女王椰子 *S. romanzoffiana*

【别名】皇后葵。

【形态特征】乔木，高达 10 m 以上；干有环状叶痕，上部具宿存叶柄。羽状全裂，长 2～5 m，下弯；裂片多数，通常 2～6 片成束着生于叶轴两侧，不规则排列，致使整个叶片形如试管刷状；裂片线状披针形，长 40～70 cm，顶端 2 浅裂。肉穗花序长达 1 m以上，分枝多而纤细；佛焰苞木质，狭长舟状，背面具多数纵向条纹，花后脱落。花单性，雌雄同株。雄花生于花序分枝上部，披针形，雄蕊 6 枚。雌花生于分枝的下部，卵圆形，萼片和花 3 片，近等大。果近球形或倒卵形，密被灰白色紧贴茸毛，黄色。种子 1 粒。花期夏末至深秋，果期冬春间。

【分布】产于巴西、乌拉圭及阿根廷。我国广东、广西、福建、海南、台湾等地有栽培。

【生态习性】喜温暖、高湿、光照充足气候条件。幼苗可耐半阴，可耐 −2 ℃低温。要求肥沃疏松的微酸性土壤，根系稍耐水湿。有较强的抗风力，能耐碱潮，不耐干旱。

图 8-392　女王椰子

1. 植物形态；2. 叶下部，示羽片排列；3. 叶顶部，示羽片排列；4. 一羽片；5. 一果穗，带部分果实；6. 内果皮；7. 内果皮横剖面，示种子（胚乳）

【观赏特性及用途】树干挺拔，簇生在干顶的叶片，有如松散的羽毛，酷似皇后头上的冠饰。可作庭园孤植、列植、群植或行道树，亦可作海岸绿化树。

［101］露兜树科 Pandanaceae

常绿乔木或灌木，或攀缘藤本，稀为草本。茎多呈假二叉式分枝，偶扭曲状，具气根。叶狭长，呈带状，硬革质，3～4 列或螺旋状排列，聚生于枝顶。花单性，雌雄异株；花序腋生或顶生，穗状、头状或圆锥状，有时呈肉穗状，常为数枚叶状佛焰苞所包围；花被缺或呈合生鳞片状；雄花具 1 枚至多枚雄蕊。果卵球形或圆柱状聚花果，或为浆果状。种子极小。

二维码 B-101
露兜树科

3 属约 800 种。中国 2 属，10 种，产于华南、西南部的热带、亚热带地区；广布于亚洲、非洲和大洋洲热带地区，少数生长在暖温带。

露兜树属 *Pandanus*

常绿乔木或灌木。茎常具气根；少数为草本。叶常聚生枝顶；叶革质，带状，边缘及下面沿中脉具锐刺，且具鞘。花单性，雌雄异株；无花被；花序穗状、头状或圆柱状，具佛焰苞。雄花多数，子房上位。聚花果圆球形或椭圆形，由多数木质、有棱角核果或核果束组成。

约 600 种，产于东半球热带，个别种分布至亚热带（北起中国华南、日本，南达新西兰）。中国 8 种，产于福建、台湾、广东、海南、广西、贵州、云南、西藏等地季雨林、雨林等热带、亚热带地区。

红刺露兜树 *P. utilis*

【别名】红刺林投、红章鱼树、红林投、麻露兜树、麻露兜。

图 8-393　红刺露兜树

【形态特征】常绿灌木或小乔木状，株高可达 8 m，干分枝少，具轮状叶痕，主干下部生有粗大且直立的气根；根状似章鱼，极为特殊。叶深绿色，硬革质，丛生于顶端，叶呈螺旋状着生，剑状长披针形，叶缘及主脉基部具有红色锐钩刺，在同一个生长环境，雌株的叶宽较雄株宽 1 cm。雌雄异株，雌花顶生，穗状花序，无花被，白色佛焰包；雄花呈伞形着生；聚合果球形、下垂；核果约 100 粒，成熟时黄色。

【分布】产于马达加斯加。喜光、喜高温、多湿气候，适生于海岸沙地。

【生态习性】喜光，喜高温，多湿气候，适于海岸沙地。

【观赏特性及用途】生性强健，耐旱又耐阴，幼株可盆栽作观叶植物，成树为庭园美化高级树种，也可作绿篱和盆栽观赏。

[102] 禾本科 Poaceae

草本或木本,有地下茎或无,地上茎统称为秆。秆有显著的节和节间,节间多中空。单叶互生,排成2列,每个叶包括叶鞘、叶片和叶舌三部分;叶鞘包着秆,常在一边开裂;叶片呈带形、线形或披针形,具平行脉;叶舌生于叶片与叶鞘交界处内方,呈膜质或一圈毛或退化;叶鞘顶端的两侧常各具1耳状突起,称叶耳。花序以小穗为基本单位,在小穗轴上再排成穗状、指状、总状或圆锥状。小穗基部常有1对颖片,内包排列在小穗轴上的1至多朵小花;小花两性,外有2枚苞片,称为鳞被或浆片;雄蕊通常3枚,稀1、2、4、6枚;雌蕊1枚,子房1室,花柱通常2裂。颖果。

700余属10000余种。我国约200属1500种。通常分为竹亚科(Bambusoideae)和禾亚科(Agrostidoideae)。

竹亚科植物的竿一般为木质,多为灌木或乔木状。竹竿叶和普通叶明显不同。包着竹竿的叶由箨鞘(相当于叶鞘)、箨叶(相当于叶片)、箨舌(相当于叶舌)、箨耳(相当于叶耳)组成。箨叶通常缩小而无明显的中脉。普通叶片具短柄,且与叶鞘相连成一关节,叶容易自叶鞘处脱落。

二维码 B-102
禾本科

本亚科700属1000余种。我国37属500余种。

1. 刚竹属 *Phyllostachus*

乔木或灌木状。竿散生,圆筒形,大部分中空有节,节间在分枝一侧扁平或有沟槽,每节2分枝。竿箨革质,早落,箨叶明显,有箨舌、箨耳。花序为下托有叶或苞片的小穗丛组成。

约50种,分布于东亚。我国为该属分布中心,有50种。

毛竹 ***Ph. heterocycla***

【别名】江南竹、楠竹、龟甲竹。

【形态特征】竿散生,高达20 m,径16 cm,中部节间长40 cm,基部节间较短,新竿密被柔毛,有白粉,老竿无毛,节下有白粉环,后渐变黑,分枝以下竿环不明显,箨环隆起,初被一圈毛,后脱落。竿箨厚革质,褐紫色,密被棕色毛和黑褐色斑点,在箨鞘先端密集成块;箨耳小,耳缘有毛;箨舌宽短、弓形,两侧下延;箨叶较短,长三角形至披针形,绿色,初直立,后反曲。枝叶2列状排列,每小枝2~3叶,叶较小,披针形,长4~11 cm,宽0.5~1.2 cm;叶舌隆起,叶耳不明显,有肩毛,后渐落。笋期3月下旬至4月。花序穗状。

图 8-394 毛竹

1. 花枝;2. 竿箨上部,背面观

【分布】产于秦岭、汉水流域以南各地,多地有引种栽培。

【生态习性】喜光、喜温暖湿润气候及排水良好、深厚肥沃的土壤,忌积水。

【观赏特性及用途】竹竿高大挺拔,叶片翠绿秀丽,历四时而常茂,遇霜雪而不凋,雅俗共赏。易成大面积纯林,颇为壮观。四川宜宾长宁县的"蜀南竹海"、杭州西湖的韬光道(幽径)、云栖竹径等景观,均以毛竹为主景的著名风景名胜区。也是园林建筑、小品、雕塑、水池和色叶花木的背景材料。

【变种、变型及品种】①佛肚毛竹'Ventricosa':竿基10节以上的节间中部膨大,如佛肚状,但节环并不交互。②绿槽毛竹'Viridisulcata':竿黄色,但节间的沟槽则为绿色。③梅花毛竹'Obtusangula':竿高4~6 m,有纵向沟槽5~7条,断面如'梅开五福'而得名,美观别致。④金丝毛竹'Gracilis':竿高仅 5～8 m,胸径仅 3～5 cm,竿细小但匀称坚韧,叶细小但茂盛,竹壁较厚,呈黄色。

【同属其他种】①桂竹(刚竹)*Ph. viridis.*:竿高 10～15 m,径 4～9 cm。新竿绿色,分枝以下的竿环不明显。每小枝有 2～6 叶。产于黄河及长江流域以南广大地区。常见栽培品种有'斑'竹('湘妃'竹)'Tankae':竿和分枝上有紫褐色斑块或斑点,内深外浅。'黄金间碧玉'竹('金明'竹)'Gastilloni':竿黄色,间有宽绿条带。'碧玉间黄金'竹('银明'竹)'Gastilloni-inversa':竿绿色,间有黄色条带。②刚竹 *Ph. viridis*:竿高 10～15 m,径 4～9 cm。新竿绿色,分枝以下的竿环不明显。每小枝有 2～6 叶。产于黄河及长江流域以南广大地区。③金竹 *Ph. sulphurea.*:又名黄金竹。散生型,竿高 6～15 m,直径 4～10 cm。竿环在竿下部不分枝的各节中不明显或低于其箨环;箨舌在鲜时其边缘生有淡绿色或白色的纤毛。末级小枝有 2～5 叶;叶鞘几无毛或仅上部有细柔毛。产于我国,黄河至长江流域及福建均有分布,西南地区亦广为栽培。④紫竹 *Ph. migra.*:又名黑竹、乌竹。竿高 3～10 m,径 2～4 cm。新竿绿色,老竿变为棕紫色至紫黑色。每小枝顶端着叶 2～3 枚。产于华北、长江流域以至西南各地。变种有毛金竹 var. *henonis*,竿绿色至灰绿色,箨鞘淡玫瑰红色,箨耳紫色。产于长江流域以南、西南至西藏。为观箨竹种。⑤罗汉竹 *Ph. aurea.*:又称人面竹、布袋竹。竿高5～12 m。中部或以下数节节间有不规则的短缩或畸形肿胀,节环交互歪斜,或节间正常而于节下有1 cm 的明显膨大。新竿绿色,老竿黄绿色,节下有白粉环。箨鞘紫色,具黑色小斑点,无毛。每小枝具叶 2～3 枚。产于长江流域各地。⑥黄槽竹 *Ph. aureosulcata*:竿高 3～6 m。新竿绿色,被白粉,凹沟槽黄色,竿环略隆起。箨鞘淡灰色,有淡红色或淡黄纵条纹。每小枝具叶 2～3 枚。产于江苏、浙江等地。

2. 箬竹属 *Indocalamus*

灌木状,地下茎复轴型。竿散生或复丛生,直立,节间细长,圆筒形,无沟槽。每节具一分枝,上部可多分枝,分枝粗度与主竿相接近。竿箨宿存;箨鞘厚而脆;箨片披针形,直立开展。叶片宽大,叶片长度 20 cm 以上。圆锥花序,小穗具柄,有数至多朵小花。

20 多种,分布于印度、斯里兰卡以及菲律宾等地。中国约 20 种,主产于长江流域以南亚热带地区。

阔叶箬竹 *I. latifolius*

【形态特征】竿高达 2 m,径 0.5～1.5 cm,节间长 5～22 cm。竿被微毛。竿环略高,箨环平。箨鞘硬纸质或纸质,背部常具棕色基小刺毛。箨舌截形,箨片直立,线形或狭披针形。叶片大,长 10～40 cm,宽 3～9 cm,长圆状披针形,先端渐尖,下表面灰白色或灰白绿色。圆锥花序长 6～20 cm,基部为叶鞘所包裹。笋期 5 月。

图 8-395 阔叶箬竹

1. 竿的一部分,示已破损的宿存竿箨和分枝;2. 分枝;3. 花枝

【分布】产于安徽、山东、浙江、江苏、福建、湖北、湖南、广东、四川、江西及西南各地。北京以南各地有引种栽培,表现良好。

【生态习性】喜温暖湿润的气候,较耐阴,宜生长在疏松、排水良好的酸性土壤,有一定的耐寒能力。

【观赏特性及用途】竹丛密生,叶片较大,翠绿雅丽,适宜种植于林缘、水滨及建筑基部,也可点缀山石,同时还是作绿篱或地被的良好材料。

【同属其他种】①箬竹 *I. tessellatus.*:竿高达 2 m,最大直径为 7.5 mm,一般为绿色。每小枝具

2～4 叶。可作地被绿化、河边护岸、公园绿化材料。②箬叶竹 *I. longiauritus*：又叫粽粑叶。竿高达 1 m，最大径为 8 mm，暗绿色有白毛；每小枝具叶 2～4 枚。该种叶片大型，多用以衬垫、茶篓或各种防雨用品，亦可包裹粽子。是矮生品种的竹种，特别喜欢选择在山崖涧边的密林里扎根。

3. 大明竹属 *Pleioblatus*

灌木至小乔木状竹类；竿散生或丛生，圆筒形，竿环很隆起，每节有 3～7 分枝。箨鞘厚革质，基部常宿存在竿的鞘节上；箨叶锥状披针形，箨鞘口部常有波状弯曲的刚毛，基部有灰色刺毛；箨舌较长或极短，平截；叶片 2～13 枚，生于小枝顶端，有小横脉。总状花序着生于枝下部各节。

(1)菲白竹 *P. fortunei*

【形态特征】低矮竹类，地下茎复轴型，竹鞭径 1～2 mm。竿散生或丛生状，高 10～30 cm，高大的可达 50～80 cm，节间细而短小，圆筒形，直径 1～2 mm，光滑无毛，竿环较平坦或微有隆起；竿不分枝或仅 1 分枝。竿鞘宿存，无毛。每节具 2 至数分枝或下部为 1 分枝。小枝具 4～7 叶；叶鞘无毛，鞘口毛白色；叶片狭披针形，长 6～15 cm，宽 8～14 mm，两面均具白色柔毛，有明显的小横脉，叶片上通常有白色、浅黄色纵条纹。夏初出笋。

图 8-396　菲白竹

【分布】产于日本。中国华东地区有栽培。浙江的安吉、杭州，南京，上海有引种栽培。

【生态习性】喜温暖湿润气候，喜阴性，夏季忌长时间暴晒，耐寒性较强，在疏松、肥沃、排水良好的沙壤土生长良好，耐瘠薄，在石缝中也能生长。

【观赏特性及用途】植株低矮、叶色独特秀美、根系发达，是很好的地被植物或绿篱植物。

(2)苦竹 *P. amarus*

【别名】伞柄竹。

【形态特征】复轴型，竿高 3～7 m，径 2～5 cm，节间圆筒形，每节 3～6 分枝，在分枝一侧稍扁平；箨环隆起呈木栓质。箨鞘厚纸质或革质，绿色，有棕色或白色刺毛，边缘密生金黄色纤毛；箨耳细小，深褐色，有直立棕色缘毛；箨舌截平；箨叶细长披针形。叶鞘无毛，有横脉；叶片披针形，长 8～20 cm，质坚韧，表面深绿色，背面淡绿色，有微毛。笋期 5～6 月。

【分布】产于中国，分布于长江流域及西南部。

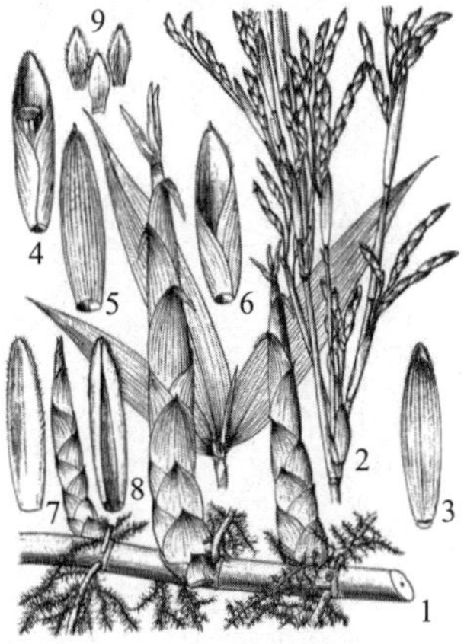

图 8-397　苦竹

1. 地下茎及笋；2. 花枝；3. 小花背面；4. 小花腹面；5～6. 外稃背面和腹面观；7～8. 内稃背面和腹面观；9. 鳞背

【生态习性】适应性强，较耐寒，北京在小气候条件下能露地栽植，在低山、丘陵、山麓、平地的一般土壤上，均能生长良好。

【观赏特性及用途】苦竹常于庭园栽植观赏。竿直而节间长，大者可作伞柄、帐竿、支架等用，小者可作笔管、筷子等。笋味苦，不能食用。

4. 簕竹(孝顺竹、莿竹)属 *Bambusa*

地下茎合轴型。竿丛生,直立。节间圆筒形,竿环较平坦。每节分枝数枝乃至多枝,簇生,主枝较为粗长,且能再分次级枝,竿下部分枝上所生的小枝或可短缩为硬刺或软刺,但亦有无刺者。竿箨迟落,箨鞘厚,革质。箨片三角形,常直立,箨耳显著。小穗簇生于枝条各节,组成大型假圆锥花序。小穗有多数小花,内稃等长或稍长于外稃。颖果长圆形。

全世界100余种,分布于亚洲、非洲和大洋洲的热带及亚热带地区。中国有60余种,产于华东、华南及西南部。

(1)佛肚竹 *B. ventricosa*

【别名】佛竹、密节竹。

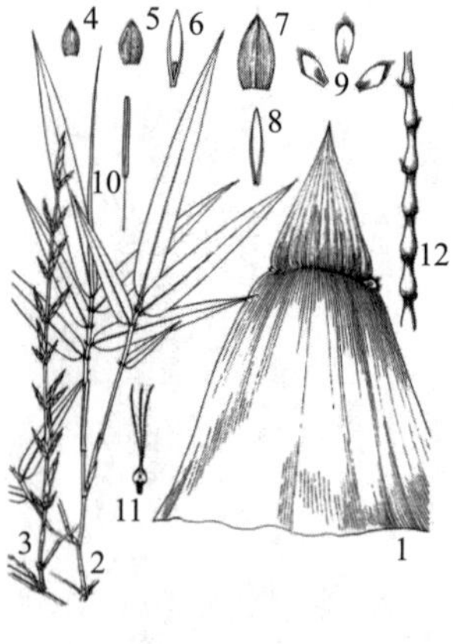

图 8-398　佛肚竹

1.竿箨背面观;2.叶枝;3.花枝;4.具芽孢片;5.颖;6.小花;7.外稃;8.内稃;9.鳞被;10.雄蕊;11.雌蕊;12.畸形竿的一段

【形态特征】丛生型竹类。植株多灌木状,无刺,竿无毛,幼竿深绿色,梢被白粉,老时转榄黄色。竿二型:正常竿圆筒形,高8~10 m,节间长30~35 cm;畸形竿通常高25~50 cm,竿节甚密,节间较正常竿为短,基部显著膨大呈瓶状。箨叶卵状披针形;箨鞘无毛,初时深绿色,老后则变成橘红色,干时浅草黄色;鞘口刚毛多,纤细;箨耳发达,圆形或倒卵形至镰刀形、榄黄色至褐色,干时草黄色;箨舌极短,长0.3~0.5 cm。叶片卵状披针形,长12~21 cm,两面同色,背面被柔毛。

【分布】广东特产。我国南方各地以及马来西亚和美洲均有引种栽培。长江流域作盆栽观赏,冬季入温室越冬。

【生态习性】喜温暖、湿润气候,不耐寒。

【观赏特性及用途】竹竿畸形、状若佛肚、奇异可观,在广东等地可露地栽植。其他地区盆栽观赏。

(2)孝顺竹 *B. multiplex*

【别名】凤凰竹、凤尾竹。

【形态特征】灌木型丛生竹。竿高2~7 m,径1~3 cm,节间圆柱形,绿色,老时变黄色,长20~30 cm;竿箨宽硬,向上渐狭,先端近圆形;箨叶顶端渐尖而边缘内卷;箨鞘硬而脆,背面草黄色,无毛;箨耳不明显或不发育;箨舌甚不显著。叶片线状披针形,长4.5~13 cm,宽6~12 mm,顶端渐尖,叶表深绿色,叶背粉白色,叶鞘无毛,笋期6~9月。

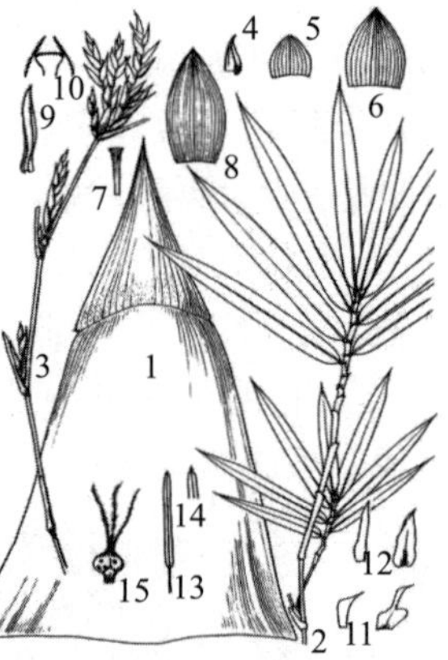

图 8-399　孝顺竹

1.竿箨背面观;2.叶枝;3.花枝;4.先出叶;5.第一过渡颖片;6.第二过渡颖片;7.小穗轴节间;8.外稃;9.内稃;10.内稃顶端放大观;11.前方两枚鳞被;12.后方一枚鳞被,示其变异情况;13.雄蕊;14.花药顶端放大观;15.雄蕊

【分布】产于广东、广西、云南、贵州、四川、湖南、浙江、福建、江西等地。

【生态习性】性喜温暖湿润气候,喜排水良好、湿润的土壤,是南方暖地竹种中耐寒力和适应性最强的竹种之一,可以引种北移。在一般年份,南京地区气候好的地方能安全越冬。

【观赏特性及用途】枝叶密集下垂，姿态婆娑秀丽。在庭园中可孤植、群植，可作划分空间的高型绿篱，或植于建筑物附近及假山边，或在大门内外入口角道两侧列植或对植，也可在宽阔的绿地上散植，其下可设座椅，翠叶蔽日，使人有素雅清净之感。此外，还可种植于宅旁作基础绿地中，也常在湖边、河岸栽植。

【品种】①凤尾竹(观音竹)'Fernleaf'：竿高1～2 m，径4～8 mm，通常自基部第二节开始分枝，每小枝具叶10枚以上，宛若羽状。枝叶稠密，纤细而下弯，尤其适宜盆栽或作为低矮绿篱。②花凤尾竹'Alphonse-karri'：又名小琴丝竹。竹竿金黄色，间有绿色纵条纹。

(3)慈竹 *B. emeiensis*

【别名】义竹、子母竹、水竹。

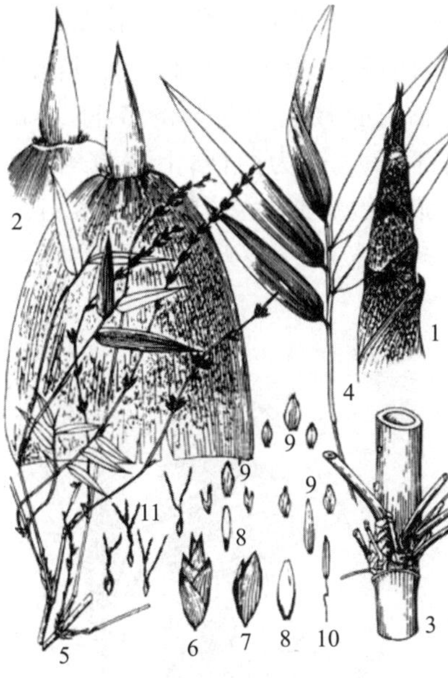

图8-400　慈竹

1.笋；2.竿箨背面观及上部的腹面观；3.竿的一部分，示分枝；4.叶枝；5.枝叶及花枝；6.小穗；7.一朵小花；8.内稃背面观；9.三朵小花中的鳞被，示不同的形状；10.雄蕊；11.四种不同柱头的雌蕊

【形态特征】竿直立丛生，高5～10 m。箨环明显。箨鞘革质，背面密生棕黑色刺毛。箨叶先端渐尖，基部略呈圆形。每节分生20余枝，最后小枝生叶数枚至10枚以上。叶片质薄，长10～30 cm，宽1～3 cm，先端渐尖，基部圆形或楔形，边缘具小锯齿。花枝成束，下垂，小穗2～4枚生于1节，各具花4～5朵。颖果纺锤形。

【分布】产于四川、云南、贵州、重庆、广西、湖南、湖北、甘肃、陕西南部等地。浙江、广东有引种栽培，表现良好。

【生态习性】喜温暖湿润气候，要求肥沃疏松土壤，干旱瘠薄处生长不良。

【观赏特性及用途】枝叶茂盛，优雅秀丽，非常适于布置庭园，可栽于窗前、石际、池畔、宅后，川西平原农家村落常密植作围篱，为当地特有景色。

【变型及品种】①金丝慈竹'Viridiflavus'：节间分枝一侧具黄色纵条纹，产于四川。浙江南部有引种。②黄毛(慈)竹'Chrysotrichus'：幼竿节间密被锈色刺毛和间敷白粉，竿色别致。产于四川。③绿竿花慈竹'Striatus'：节间有淡黄色条纹，叶片有时亦具淡黄色。

5.单竹属 *Lingnania*

乔木或灌木型，地下茎合轴型。竿丛生，直立，节间圆筒形，极长。竿环几乎不高起；每节多分枝，主枝与侧枝粗细相仿。竿箨脱落性；箨鞘顶端甚宽，平截或弓形；箨叶近外反，其基部宽度仅为箨鞘顶端的1/4～1/2。花序由无柄或近无柄的假小穗簇生于花枝节上组成。

约10种，分布于中国南部和越南。中国7种。

粉单竹 *L. chugli*

【别名】白粉单竹。

【形态特征】竿高达3～10 m，最高可达18 m，径5～8 cm。节间圆柱形，淡黄绿色，被白粉，尤以幼竿被粉较多。竿环几乎不隆起，箨环木栓质，隆起，其上有倒生的棕色刺毛。箨鞘硬纸质，顶端平宽，背面多刺毛。箨耳狭长圆形。箨舌远比箨叶基部宽。箨叶淡绿色，卵状披针形，边缘内卷，强烈外翻。每小枝有叶6～7枚，笋期6～8月。

【分布】中国南方特有树种，分布于广东、广西、湖南、福建、四川、云南、台湾等地。

【生态习性】喜温暖、湿润气候，要求疏松、肥沃的沙壤土。

【观赏特性及用途】竹冠略呈半圆形，枝叶秀丽，四季葱绿，竿和新叶具有较多银白色蜡粉，是中国常见观叶竹种，易栽于溪边、河岸及村旁。

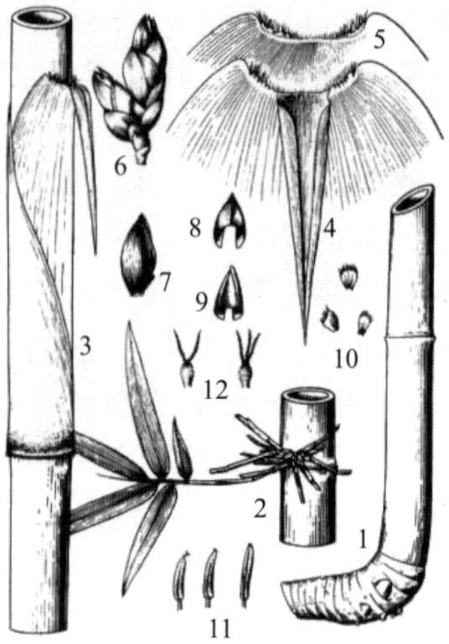

图 8-401　粉单竹

1. 竿基部是合轴型地下茎；2. 竿节，示分枝；3. 幼竿的一段，示竿箨；4. 竿箨顶端的背面观；5. 竿箨顶端腹面；6. 花序之一部分；7. 小花；6. 外稃；9. 内稃；10. 鳞被；11. 雄蕊；12. 雌蕊

6. 鹅毛竹属 *Shibataea*

小型灌木状竹类。地下茎复轴型。竿高通常在 1 m 以下，偶有较高者亦多不超过 2 m；竿每节具 2 芽；节间在竿下部不具分枝者呈细瘦圆筒形，在竿有分枝的各节间则略呈三棱形，在接近枝条的一侧具纵沟槽，竿壁厚，空腔小；竿环甚隆起；竿每节分 3～5 枝，枝短而细，常不具次级分枝(唯被砍伐或受损伤时则可发生次级枝)。箨鞘早落性，纸质；箨耳不发达；箨舌较发达，略呈三角形；箨片小，披针形或芒状。枝具 1 或 2 叶(稀具较多叶)，当为 2 叶时，下方的叶片因其叶鞘较长反而超出上方叶片；叶鞘质稍硬，紧卷而边缘愈合，呈叶柄状(尤以枝仅具 1 叶时为然)，易被人误认为无叶鞘，鞘顶端具席卷呈锥状的叶舌，鞘内包裹着败育的枝之顶芽(当枝具 2 叶时，下方叶鞘的顶端则有低矮而不席卷的叶舌)；叶片厚纸质，长圆形或卵状长圆形，先端锐尖，边缘具小锯齿，有明显呈方格状的小横脉；叶柄短。花枝生于具叶枝的下部各节，且可再分枝，后者的下方托以佛焰苞状的苞片；假小穗生于苞片腋内，有时亦可直接生于具叶枝之各节，其基部有 1 枚先出叶和 2 或 3 枚苞片(顶生假小穗之下方可无苞片亦无先出叶)，下方苞片之腋内具芽或无芽，而上方的 1 或 2 枚苞片之腋内一定具芽或次生假小穗，末级次生假小穗的基部仅有先出叶而无苞片；花柱 1 枚，柱头 3 个。颖果。笋期 4～6 月，花期 3～5 月。

倭竹 *S. kumasasa*

【形态特征】竿高仅 1 m 左右，直径 3～4 mm；节间光亮、无毛；竿环明显肿胀；节内较长，可达 3～5 mm，竿壁厚而中空小；竿每节具 3～5 (～6)枝。各枝筒短，长仅 0.5～1.5 (3) cm，每枝有 2～4 (～6)节，枝箨膜质，迟落或宿存。箨片小，斜披针形。叶片形小，卵形或长卵形，先端渐尖，基部阔楔形或近于圆形，上表面深绿色，光滑无毛，下表面苍绿色，具均匀的斜立短毛。花枝生于具叶枝条的下部节上，或稀可直接生于主竿的节上，小穗含 3～7 朵小花，基部 1～3 朵为两性，上部者为雄性或为中性；颖果长卵形。笋期 5～6 月，花期 5 月。

图 8-402　倭竹

1. 竿的一部分，示分枝及叶；2. 叶片下的表面放大，示次脉，小横脉及毛

【分布】产于我国东南沿海。浙江、福建天然分布。生于山坡上。上海、杭州、台湾、广州等地栽培供观赏。日本西南部也有分布。俄罗斯、德国、印度尼西亚等国均有引种栽培。

【生态习性】喜光照充足，土壤湿润的环境，具有抗旱、耐水湿的特性，易于成活。

【观赏特性及用途】具有一定的观赏价值，适用于庭园栽植。

7. 箭竹属 *Fargesia*

灌木状或稀可乔木状竹类。地下茎合轴型，竿柄假鞭粗短，其两端不等粗，前端（远母竿端）直径大于后端（近母竿端），中间较两端为细，节间长常在 5 mm 以下，实心，通常无通气道，鳞片为正三角形，排列紧密。竿直立，疏丛生或近散生；节间圆筒形，中空、实心或近于实心；竿环平坦乃至微隆起，通常较其箨环为低；竿的维管束呈开放型或半开放型；竿芽单一，长卵形，贴竿而生，在圆芽箭竹组竿芽明显由多数芽组成为 1 枚半圆形复合芽时，则不贴竿；竿每节分数枝乃至多枝，枝斜展或直立，近等粗，枝环较平。箨鞘宿存或迟落，稀早落，革质或厚纸质，具刺毛或近无毛；箨耳无，或明显；箨舌圆拱形或截形；箨片三角状披针形或带状，脱落性，或稀可宿存；末级小枝具数叶；叶片小型至中型，具小横脉。花序呈圆锥状或总状，着生于具叶小枝的顶端，花序下方托以由叶鞘扩大而成或大或小的一组佛焰苞，致使花序起初只能由最上方的佛焰苞开口之一侧露出，唯以后因花序主轴的延伸以及佛焰苞脱落或破碎，则可使花序全部露出；小穗形细长，具长柄；颖 2 枚；外稃先端具小尖头或呈芒状，具数脉，小横脉通常明显；内稃等长或略短于其外稃，背部具 2 脊，先端具 2 齿裂；鳞被 3 枚，边缘生纤毛；雄蕊 3 枚，花丝分离，花药黄色；子房椭圆形，花柱 1 或 2 枚，柱头 2 或 3 个；颖果细长。

本属 80 余种。据目前所知，除尼泊尔东部产有总花箭竹 *F. racemosa* 外，其余的种类均产于我国。在我国，北自祁连山东坡，南达海南，东起江西、湖南，西迄西藏吉隆，在海拔 1400～3800 m 的垂直地段都有本属竹类生长，其中以云南的种类最为丰富。过去通常认为本属竹类矮小，分布在交通条件不便的山区，经济价值不大。其实本属竹类种群繁多，分布广泛，林地面积颇大，蓄积量蕴藏丰富，用途多，有相当多的种类其竿为中型，是亟待开发利用的宝贵自然资源。

本属几乎所有竹种都对山地水土保持、减缓地表径流、涵养水源、调节小气候环境、促进农业稳产丰产等都起着不同程度的有利作用。

(1)华西箭竹 *F. nitida*

【形态特征】竿柄长 10～13 cm，粗 1～2 cm。竿丛生或近散生，高 2～4 (5)m，粗 1～2 cm。梢端劲直，微弯；节间长 11～20(25)cm，圆筒形，幼时被白粉，无毛，光滑。箨片三角形或线状披针形，干后平直而不皱褶，边缘无锯齿或有微锯齿。叶片线状披针形，基部楔形，下表面灰绿色，两面均无毛，叶缘近于平滑或其一侧具微锯齿而略粗糙。总状花序顶生，从佛焰苞开口之一侧伸出，排列紧密；小穗含

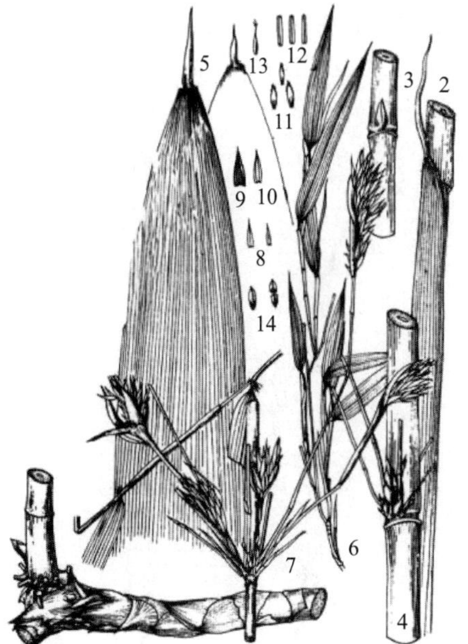

图 8-403　华西箭竹

1. 地下茎及竿之基部；2. 竿之一段，示宿存竿箨；3. 竿之一段，示竿芽；4. 竿之一段，示分枝；5. 竿箨；6. 具叶小枝；7. 花枝；8. 颖；9. 外稃；10. 内稃；11. 鳞被；12. 花药；13. 雌蕊；14. 颖果

2～4 朵小花，呈小扇形，紫色或绿紫色；颖果卵状椭圆形或椭圆形，黄褐色至深褐色，无毛，具浅腹沟。笋期 4 月底至 5 月，花期 5～8 月，果期 8～9 月。

【分布】产于甘肃南部和四川西部。

【生态习性】耐寒冷和瘠薄土壤，耐阴，喜湿润气候，常生于海拔 2450～3200 m 的高山针叶林下，成为大面积林地之下木。

【观赏特性及用途】华西箭竹是大熊猫主要采食的竹种，也是重要的山地水土保持植物。高海拔地区可用于风景区林下，河边片植点缀，颇有趣味。竿劈篾供编筐用。

(2)矮箭竹 *F. demissa*

【形态特征】竿柄长 4.5～7 cm，粗 5～8 mm。竿高 1～1.5 m，粗 0.3～0.5 (～0.8)cm；节间长8～10 (～20)cm，竿基部节间长 3～4 cm，圆筒形，纵细线棱纹不发达，幼时密被白粉，无毛。箨片三角形或线状三角形，外翻，初时绿色但边缘为紫色，无毛。叶片披针形，长 3.8～7.2 cm，宽 7～10 mm，基部圆形，无毛，次脉 3(4)对，小横脉细密，略呈方格形，叶缘具小锯齿。花枝未见。笋期 7～9 月。

图 8-404 矮箭竹

1.竿之一段，示节间及竿箨；2.具叶小枝

【分布】产于宁夏南部、甘肃东部和青海东部。

【生态习性】常见于海拔 1900～2300 m 的湿润地林下。

【观赏特性及用途】矮小而美丽，在兰州、西宁等城市常栽培，作为园林观赏植物。

8. 筇竹属 *Qiongzhuea*

中小型竹类。地下茎复轴混生型。竿直立；节间圆筒形或基部数节略呈方形，在有分枝一侧的节间略扁平，常具 2 纵脊和 3 沟槽，无毛或有时微具毛，竿下部节间实心或近实心；竿环不隆起乃至极度隆起而呈一圆脊，且在脊处有环痕，容易自环痕脆断。竿每节 3 芽，其芽在解箨后抽长，此时不贴竿或紧贴竿；竿各节常分 3 枝，或有时在以后成多枝，斜举乃至开展，可再分枝，小枝纤细。箨鞘早落，稀宿存性，厚纸质；箨耳缺；箨片退化，长不逾 1 cm。叶片披针形至狭披针形，小横脉清晰。花枝可一再分枝，形成圆锥状“花序”，若生于上部具叶分枝的各节，则花枝常不再分枝，各级分枝常与假小穗混生于同一节上；末级花枝的基部有一组向上逐渐增大的苞片。假小穗无柄(顶生者似具柄)，基部有 1 枚先出叶及 0(2)～5 枚苞片，上方的 1～3 枚苞腋内具芽或有次生假小穗，末级次生假小穗的基部常仅有 1 枚先出叶而无苞片。小穗含 3～8 朵小花，略为两侧扁；绿色或暗绿色；小穗轴脱节于颖之上及诸小花之间，其节间扁平，无毛，基部微被白粉；颖(1) 2 或 3 片；外稃先端渐尖或长渐尖，无毛，7～9 脉；内稃通常短于其外稃，先端钝或微有分 2 裂，背部具 2 脊；鳞被 3 枚，后方 1 片较狭窄，侧生的 2，片较宽大；雄蕊 3 枚，花药黄色至紫色；子房倒卵形或椭圆形，无毛，花柱 1 枚，柱头 2 个。果实呈坚果状，果皮厚，革质。

本属已知 8 种 1 个变型，均为我国特产。分布于湖北、四川、贵州和云南等地。生于海拔 1200～2200 m 山地的常绿阔叶林下。

筇竹 *Q. tumidinoda*

【别名】罗汉竹。

【形态特征】竿高 2.5～6 m，直径 1～3 cm，基部通常有 5 节位于地表以下；节间圆筒形，长 15～25 cm(基部数节间长 10～15 cm)，竿下部不分枝的节间常具 1 极狭沟槽；箨片较短小，长 5～17 mm，易脱落，钻形或锥状披针形，直立，质地较坚韧，纵脉明显。叶片狭披针形，长 5～14 cm，宽 6～12 mm，两侧边缘粗糙，上表面绿色，下表面灰绿色，两面均无毛。小穗含 3～8 朵小花；颖 2(3) 枚，薄纸质，无毛。果实呈厚皮质的坚果状，倒卵状长椭圆形或广椭圆形，新鲜时呈墨绿色，光滑无毛。笋期 4 月，花期 4 月，果期 5 月。

图 8-405　筇竹

1. 地下茎的一段；2. 竿的一部分，示分枝；3. 竿箨背面观；4. 枝叶；5. 花枝；6. 小穗；7. 雌蕊；8. 雄蕊；9. 果实；10. 内稃正面观；11. 外稃；12. 第一颖；13. 第二颖；14. 鳞被

【分布】本种自然分布于四川宜宾地区和云南昭通地区，即云贵高原东北缘向四川盆地过渡的亚高山地带。

【生态习性】筇竹喜冬冷、夏暖和空气温度较大的气候条件。分布区年平均温 10 ℃左右，极端最高温 29 ℃，极端最低温 −10 ℃，年降水量 1100～1400 mm，干温季不明显，相对湿度 80%左右。土壤为山地黄壤，pH 4.5～5.5。多见于常绿阔叶林下，常构成灌木层的主要成分，局部地区亦可出现大片的筇竹丛，每亩竿数常多达 800～1700 根，笋期 4 月。

【观赏特性及用途】筇竹是著名的笋用竹种，为目前竹亚科中仅有的两种国家三级重点保护植物之一，由于笋肉厚，质脆，味美，干笋黄褐色并略具光泽，产区每年有大量的笋干外销。竿为制作手杖和烟杆的上等材料，具有较高的美术和经济价值；筇竹手杖，据历史记载远在汉唐时代就远销至印度、中亚乃至欧洲和非洲，在当时已是我国传统的著名输出商品；幼竿用于造纸，质量优于产区其他竹种。该种还是很好的观赏竹种。目前本种仍属野生状态。由于滥伐日益加剧，今后应对其天然竹林进行保护管理，并加以人工培育。

[103] 龙舌兰科 Agavaceae

大多为多年生草本植物或灌木，具有缩短或直立的长茎。叶单生，纤维质丰富，厚肉质，簇生于短缩茎顶或螺旋状着生于茎干上，全缘或具刺齿，圆锥花序或总状花序。多分布于温带和亚热带。

二维码 B-103
龙舌兰科

1. 丝兰属 *Yucca*

多年生常绿木本。叶多基生或簇生于茎顶端，叶剑形，常坚硬而具刺状顶端，边缘有细齿或有丝状纤维。圆锥花序从茎顶端抽出；花两性，花被片 6 片，离生，通常乳白色；雄蕊 6 枚，短于花被片；花柱短，柱头 3 裂；子房近圆形，3 室。蒴果。

约 30 种，分布于中美洲至北美洲。我国有引种栽培。

(1) 凤尾兰 *Y. gloriosa*

【别名】凤尾丝兰、菠萝花。

【形态特征】常绿灌木，稀小乔木。茎短，有时分枝，高达 5 m。叶密集，螺旋排列于茎顶端，质坚

图 8-406　凤尾兰

1. 花枝；2. 果实；3. 花序

硬，剑形，长 40～70 cm，宽 4～6 cm，顶端硬尖，边缘光滑，老叶边缘有时具白色丝状纤维。圆锥花序高达 1 m；花大而下垂，乳白色，杯状；花被片宽卵形，长 4～5 cm；雄蕊花丝肉质，上部约 1/3 向外反曲。蒴果椭圆状卵形，长 5～6 cm，不开裂。花期 10～11 月。

【分布】产于北美东部及东南部。温暖地区广泛露地栽培。在我国黄河中下游及其以南地区可露地栽植。

【生态习性】喜温暖湿润和阳光充足环境，性强健，耐瘠薄，耐寒，耐阴，耐旱也较耐湿，对土壤要求不严，对肥料要求不高。喜排水好的沙质壤土，瘠薄多石砾的堆土废地亦能适应。对酸碱度的适应范围较广，除盐碱地外均能生长。喜光照。抗污染，萌芽力强，适应性强。

【观赏特性及用途】凤尾兰常年浓绿，花、叶皆美，树态奇特，数株成丛，高低不一，叶形如剑，开花时花茎高耸挺立，花色洁白，繁多的白花下垂如铃，姿态优美，花期持久，幽香宜人，是良好的庭园观赏树木，也是良好的鲜切花材料。常植于花坛中央、建筑前、草坪中、池畔、建筑物、路旁及绿篱等栽植用。

(2)丝兰 *Y. smalliana*

【别名】洋菠萝。

【形态特征】常绿木本，植株低矮，近无茎。叶近莲座状簇生，坚硬，近剑形或长条状披针形，长 25～60 cm，宽 2.5～3 cm，顶端具一硬刺，边缘有许多稍弯曲的丝状纤维。花葶高大而粗壮；花近白色，下垂，排成狭长的圆锥花序，花序轴有乳突状毛；花被片长 3～4 cm；花丝有疏柔毛；花柱长 5～6 mm。花期 6～7 月。

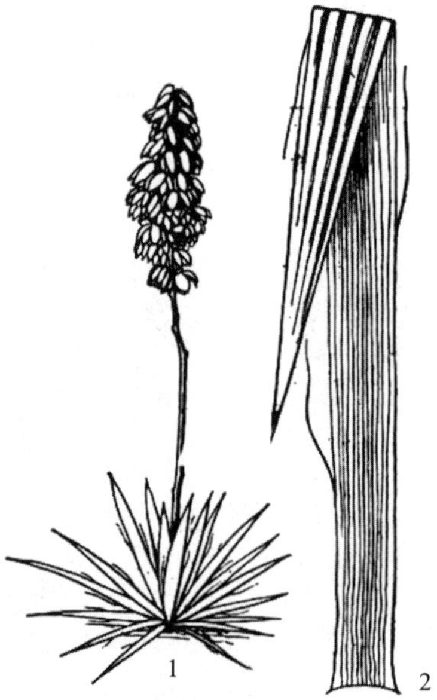

图 8-407　丝兰

1. 植株；2. 叶

【分布】产于北美洲，热带植物。现温暖地区广泛作露地栽培。中国有少量引种栽培。

【生态习性】丝兰在中国大部分地区均可露地越冬，性强健，容易成活，对土壤适应性很强。性极耐寒，喜阳光充足及通风良好的环境，体形健壮，适生于排水良好的沙质壤土及日照良好与通风之地，抗旱能力亦极强。

【观赏特性及用途】花叶俱美的观赏植物。丝兰常年浓绿，花、叶皆美，树态奇特，数株成丛，高低不一，叶形如剑，开花时花茎高耸挺立，花色洁白，繁多的白花下垂如铃，姿态优美，花期持久，幽香宜人。是良好的庭园观赏树木，也是良好的鲜切花材料。常植于花坛中央、建筑前、草坪中、池畔、台坡、建筑物、路旁及绿篱等栽植用。其叶有纤维洁白、强韧、耐水湿的特性，称“白麻棕”，可作缆绳。此外，叶片还可提取甾体激素。

2. 朱蕉属 *Codyline*

乔木状或灌木状植物。茎多少木质，常稍有分枝，上部有环状叶痕。叶常聚生于枝的上部或顶端，有柄或无柄，基部抱茎。圆锥花序生于上部叶腋，大型，多分枝；花梗短或近于无，关节位于顶端；花被圆筒状或狭钟状；花被片 6 片，下部合生而形成短筒；雄蕊 6 枚，着生于花被上。浆果具 1 至几粒种子。

约 15 种，分布于大洋洲、亚洲南部和南美洲。我国有 1 种。

(1)朱蕉 *C. fruticosa*

【别名】铁树、红铁、红秆铁树。

【形态特征】常绿灌木，高可达 4～5 m。常单干，偶有分枝；节明显。叶聚生茎顶，绿色或紫红色，披针状椭圆形至长矩圆形，长 30～50 cm，宽 5～10 cm，中脉明显，侧脉羽状平行，顶端渐尖，基部渐狭。圆锥花序生于上部叶腋，多分枝；花两性，淡红色至紫红色，稀为淡黄色，近无柄；雄蕊 6 枚；子房上位，3 室，椭圆形。浆果。花期 6～7 月。

【分布】主要分布于我国南部热带、亚热带地区，印度东部至太平洋诸群岛亦有分布。

【生态习性】喜半阴，对光照要求不严，但烈日下叶色较差，叶片带色彩的品种相对较耐阴。喜高温、湿润的环境，以昼温 20～25 ℃，夜温 16～20 ℃ 条件下，生长最佳，较耐寒，低于 4 ℃，叶片易受冻伤，10 ℃以上可安全越冬。对土壤要求不严，但忌积水，稍耐旱。

【观赏特性及用途】朱蕉植株挺立，体态端庄，叶丛于茎顶铺散丛生，形如伞状。栽培品种十分丰富，叶形多变，叶色艳丽，且适应性强，是优良的观叶植物和庭园绿化植物，盆栽可作室内观赏；在华南地区的园林中，常于避风处配植，应用极为普遍。

图 8-408 朱蕉

1. 植株；2. 叶；3. 花序的分枝；4. 花；5. 雄蕊；6. 雌蕊的纵剖面

【品种】①‘亮叶’朱蕉‘Aichiaka’：叶阔披针形至长椭圆形，新叶亮红色，成叶颜色多样，叶缘艳红色。②‘二色’朱蕉‘Bicolor’：叶绿色有红边或紫红色边。③‘朱边’朱蕉‘Red Edge’：叶片浓绿色，边缘红色。④‘彩纹’朱蕉‘Goshikiba’：新叶淡绿色，间杂淡黄色，成叶间有不规则红色条纹。

(2)剑叶朱蕉 *C. congesta*.

【别名】红竹、红叶铁树、千年木。

【形态特征】常绿灌木，株高可达 3 m，茎直立，茎秆上叶痕密集；叶聚生顶端，无柄，剑状条形，厚革质，长 30～50 cm，宽 2～3 cm，先端长渐尖，基部与叶片几乎等宽，稍扩大半抱茎，边缘有细锯齿；花淡紫色，有香味。

【分布】产于新西兰。

【生态习性】能忍耐黑暗状态 15 d，贮运时应保持温度 16～18 ℃，相对湿度 80%～90%。

【观赏特性及用途】株型美观，色彩华丽高雅，盆栽适用于室内装饰。盆栽幼株，点缀客室和窗台，优雅别致。成片摆放会场、公共场所、厅室出入处，端庄整齐，清新悦目。数盆摆设橱窗、茶室，更显典雅豪华。

3. 龙血树属 *Dracaena*

乔木状或灌木状植物。茎多少木质，有髓和次生形成层，常具分枝。叶剑形、倒披针形或其他形状，有时较坚硬，常聚生于茎或枝的顶端或最上部，无柄或有柄，基部抱茎，中脉明显或不明显。总状花序、圆锥花序或头状花序生于茎或枝顶端；花被圆筒状、钟状或漏斗状；花被片 6 片，不同程度的合生；花梗有关节；雄蕊 6 枚，花丝着生于裂片基部，下部贴生于花被筒，花药背着，常丁字状，内向开裂；子房 3 室，每室 1～2 粒胚珠；花柱丝状，柱头头状，3 裂。浆果近球形，具 1～3 粒种子。

约 40 种，分布于亚洲和非洲的热带与亚热带地区。我国有 5 种，产于南部。

(1)富贵竹 *D. sanderiana*

【别名】万寿竹、仙达龙血树。

图 8-409　富贵竹

【形态特征】常绿灌木，茎干纤细，直立，基部分枝，高 1.5 m，宽 40 cm。叶略呈波浪状，弯曲，披针形，长 15～25 cm，叶面中脉两侧为黄色纵带。

【分布】产于非洲西部的喀麦隆及刚果一带。

【生态习性】喜高温多湿和阳光充足环境，不耐寒，耐修剪，夏季忌强光直射，土壤以疏松的沙壤土为好，冬季温度不低于 10 ℃。

【观赏特性及用途】株型矮小，色彩绚丽。适合家庭绿化装饰，布置于窗台、阳台和案头，也可于厅堂内成行点缀，并用作切花配料。

(2)香龙血树 *D. fragrans*

【别名】巴西铁、巴西木、香千年木。

【形态特征】常绿灌木或小乔木，高达 6 m 以上。常单干，有时有分枝；有明显叶痕。叶簇生茎顶，革质，条状披针形，长 30～90 cm，宽 3～10 cm，绿色或有时有条状斑纹；叶基渐狭，先端渐尖，具锐尖头；中肋粗厚，背面隆起，侧脉不明显；叶柄短，基部呈鞘状。花两性，有香味，由伞形花序排成圆锥花序，有小苞片，卵状披针形；花被裂片 6 枚，下部合生成管状，淡黄色，裂片卵状披针形；雄蕊 6 枚，分离，花药背着；子房上位，3 室，每室 1 粒胚珠。浆果卵形，熟时淡黄色。花期 12 月至翌年 2 月。

图 8-410　香龙血树

【分布】产于西非至非洲东南部热带地区。我国广东、福建、台湾等地常见栽培。

【生态习性】喜高温多湿的环境。喜半阴，耐阴性强；对光照适应性强，在全光照下亦可正常生长。生长适温 18～30 ℃，不耐寒，7 ℃以下低温时叶片易受伤害，13 ℃以上可安全越冬。要求 70%～80%

的相对湿度。喜疏松、肥沃、湿润的土壤，可浸水栽植。

【观赏特性及用途】叶形优美，适应性较强，是优良的室内观叶植物，可作各种室内绿化装饰，在居家厅堂、会场、宾馆大堂或门庭等场所布置尤其适宜；可丛植于庭园。

【品种】①白纹香龙血树‘Lindeniana’：叶片有乳白色纵向条纹，老叶时条纹呈黄绿色。②花叶香龙血树(金边巴西铁)‘Victoria’：叶绿色，有黄的宽边，中央间有纵向银灰色的线状条纹。③缟纹香龙血树（金心巴西铁)‘Massangeana’：叶绿色，中央有黄色、较宽、纵向的带状条纹，新叶时尤为鲜明，老时转为淡黄绿色。

【同属其他种】小花龙血树 *D. cambodiana*、长花龙血树 *D. angustifolia*：圆锥花序大型，长 30～50 cm；花通常 2～3 朵簇生，较少单生；叶条状倒披针形。

［104］菝葜科 Smilacaceae

攀缘状灌木，有刺或无刺；叶互生或对生，有掌状脉 3～7 条，叶柄两侧常有卷须；花单性异株，稀两性，排成伞形花序；花被裂片 6 片，2 列而分离，或外轮的合生成 1 管而内轮缺失；雄蕊 6 枚，花丝分离或合生成一柱。子房上位，3 室，每室有下垂的胚珠 1～2 粒；雌花中有退化雄蕊；果为浆果。

共 3 属，375 种；中国 2 属，66 种。主要分布于热带地区，也见于东亚和北美的温带地区。

菝葜属 *Smilax*

攀缘或直立小灌木，常绿或有时落叶，极少为草本，常具坚硬的根状茎。枝条圆柱形或有时四棱形，常有刺，有时有疣状突起或刚毛。叶为二列互生，全缘，具 3～7 主脉和网状细脉；叶柄两侧边缘常具或长或短的翅状鞘，鞘的上方有一对卷须或无卷须。花小，单性异株，通常排成单个腋生的伞形花序，较少若干个伞形花序又排成圆锥花序或穗状花序；花被片 6 片，离生，有时靠合；雄花通常具 6 枚雄蕊，极少为 3 枚或多达 18 枚(中国不产)；雌花具 1(3)～6 枚丝状或条形的退化雄蕊，极少无退化雄蕊。浆果通常球形，具少数种子。

共约 300 种，广布于全球热带地区，也见于东亚和北美的温暖地区，少数种类产于地中海一带。我国有 60 种和一些变种，大多数分布于长江以南。

二维码 B-104
菝葜科

菝葜 *S. china*

【别名】金刚兜。

【形态特征】攀缘灌木；根状茎粗厚，坚硬，为不规则的块状，粗 2～3 cm。茎长 1～3 m，少数可达 5 m，疏生刺。叶薄革质或坚纸质，干后通常红褐色或近古铜色，圆形、卵形或其他形状，下面通常淡绿色，较少苍白色。伞形花序生于叶尚幼嫩的小枝上，具十几朵或更多的花，常呈球形；花序托稍膨大，近球形，较少稍延长，具小苞片；花绿黄色，内花被片稍狭；雄花中花药比花丝稍宽，常弯曲；雌花与雄花大小相似，有 6 枚退化雄蕊。浆果熟时红色，有粉霜。花期 2～5 月，果期 9～11 月。

图 8-411　菝葜

1. 根状茎；2. 雄株的花枝；3. 叶柄

【分布】产于山东、江苏、浙江、福建、台湾、江西、安徽(南部)、河南、湖北、四川(中部至东部)、云南

(南部)、贵州、湖南、广西和广东。生于海拔 2000 m 以下的林下、灌丛中、路旁、河谷或山坡上。

【生态习性】耐旱、喜光,稍耐阴,耐瘠薄,生长力极强。

【观赏特性及用途】花后结球形浆果,果色渐由绿变红,可作切枝观果之用。瓶插观赏期 30 d 左右,直到干燥仍可作为干果用。同时,其药用价值也极高。

参考文献

陈俊愉. 中国花卉品种分类学[M]. 北京:中国林业出版社,2001.

陈其兵. 观赏竹配置与造景[M]. 北京:中国林业出版社,2011.

陈有民. 园林树木学[M]. 2版. 北京:中国林业出版社,2011.

陈有民. 中国园林绿化树种区域规划[M]. 北京:中国建筑工业出版社,2006.

程金水,刘青林. 园林植物遗传育种学[M]. 北京:中国林业出版社,2010.

范舒欣,晏海,齐石茗月,等. 北京市26种落叶阔叶绿化树种的滞尘能力[J]. 植物生态学报,2015(7):736-745.

方志先,廖朝林. 湖北恩施药用植物志[M]. 武汉:湖北科学技术出版社,2006.

傅立国. 中国高等植物[M]. 青岛:青岛出版社,2000.

关文灵,李叶芳. 风景园林树木学[M]. 北京:化学工业出版社,2015.

关文灵. 园林植物造景[M]. 2版. 北京:中国水利水电出版社,2017.

何小弟,金飚,马东跃,等. 彩色树种栽培与应用[M]. 南京:凤凰出版传媒集团,2006.

黄郎. 贵州野生木本观赏植物分布格局及其城市应用区域规划研究[D]. 贵阳:贵州大学,2021.

金煜. 园林植物景观设计[M]. 沈阳:辽宁科学技术出版社,2008.

李海荣. 西南地区园林植物资源区划研究[D]. 昆明:西南林学院,2007.

林楠. 东亚特征植物的系统进化和谱系地理区划研究[D]. 北京:中国科学院大学(中国科学院武汉植物园),2021.

林有润. 观赏棕榈[M]. 哈尔滨:黑龙江科学技术出版社,2003.

刘海桑. 观赏棕榈[M]. 北京:中国林业出版社,2002.

刘云彩,施莹,张学星. 云南城市绿化树种[M]. 昆明:云南民族出版社,2008.

龙雅宜. 园林植物栽培手册[M]. 北京:中国林业出版社,2004.

路璐. 彩色叶树种在园林造景中的应用[J]. 南方农业,2021,15(12):74-75.

马帅,乌日娜,熊文鹏,等. 观赏竹种选择及在园林景观中的应用[J]. 竹子学报,2023,42 (1):56-60.

马永鹏,刘德团,高富. 中国西南地区乡土树种选择研究[M]. 昆明:云南科技出版社,2019.

莫鸿伟. 新优木本植物引种、繁育及其在城市绿化中的应用效果初报[J]. 上海农业科技,2019(4):73-75.

彭华. 中国西南地区植物资源与农业生物多样性[J]. 云南植物研究,2001,23(s1):28-36.

祁承经,汤庚国. 树木学(南方本)[M]. 北京:中国林业出版社,2005.

施建敏,陈兵元,许仕. 关于花园城市优新园林植物材料的选用与配置[J]. 江西农业大学学报(社会科学版),2005,4(4):163-166.

孙晓丹,李海梅,郭霄. 10种灌木树种滞留大气颗粒物的能力[J]. 环境工程学报,2017,11(2):1047-1054.

孙晓锋,赵文方,陈卫萍. 24种新优花灌木应用价值的综合评价[J]. 上海交通大学学报(农业科学版),2015,33(3):80-85.

王国玉,白伟岚,梁尧钦. 我国城镇园林绿化树种区划研究新探[J]. 中国园林,2012,194(2):5-10.

王继华,关文灵,李世峰. 云南木本观赏植物资源(第一册、第二册)[M]. 北京:科学出版社,2016.
王慷林,李莲芳,刘广路. 云南棕榈植物资源及其多样性[J]. 西南林业大学学报(自然科学),2020,40(2):1-11.
熊济华. 观赏树木学[M]. 北京:中国农业出版社,2009.
徐来富. 贵州野生木本花卉[M]. 贵阳:贵州科技出版社,2006.
徐幼榕,董丽,郝培尧. 浅谈植物景观设计与城市意境[J]. 景观设计,2021(1):118-121.
杨玉培,江明艳,陈其兵,等. 风景园林植物造景[M]. 2版. 重庆:重庆大学出版社,2022.
云南省植物研究所,中国科学院昆明植物研究所. 云南植物志(各卷册)[M]. 北京:科学出版社,1977—2006.
赵爱华,李冬梅. 园林植物景观的设计美与意境美浅析[J]. 西北林学院学报,2004,19(4):170-173.
郑勇平,田地. 红叶石楠[M]. 北京:中国林业出版社,2005.
植物智 https://www.iplant.cn
中国科学院植物研究所. 中国高等植物图鉴(1~5卷及补篇1~2册)[M]. 北京:科学出版社,1972—1983.
中国科学院植物志编委会. 中国植物志(各卷册)[M]. 北京:科学出版社,1979—1990.

附录　中国主要城市市花、市树

省(自治区、直辖市)	省会城市(首府)	市树	市花
北京	北京	侧柏、国槐	月季、菊花
天津	天津	茸毛白蜡	—
上海	上海	梧桐	玉兰
重庆	重庆	黄葛树	山茶
黑龙江	哈尔滨	榆树	丁香
吉林	长春	柳树	君子兰
辽宁	沈阳	油松	丁香
内蒙古	呼和浩特	油松	—
新疆	乌鲁木齐	大叶榆	玫瑰
西藏	拉萨	—	格桑
青海	西宁	柳树	丁香、郁金香
甘肃	兰州	国槐	玫瑰
宁夏	银川	国槐、沙枣	马兰、玫瑰
陕西	西安	国槐	石榴
山西	太原	槐树	菊花
河北	石家庄	国槐	月季、菊花
山东	济南	柳树	荷花
河南	郑州	法桐	月季
江苏	南京	雪松	梅花
安徽	合肥	广玉兰	桂花、石榴
湖北	武汉	水杉	梅花
四川	成都	银杏	芙蓉
湖南	长沙	樟树	杜鹃
云南	昆明	玉兰	山茶
江西	南昌	香樟	月季
贵州	贵阳	樟树、竹子	兰花、紫薇
广西	南宁	扁桃树	朱槿
广东	广州	—	木棉
浙江	杭州	樟树	桂花
海南	海口	椰子树	叶子花
香港	香港	—	洋紫荆
澳门	澳门	—	莲花
台湾	台北	榕树	杜鹃